中国气象现代化60年

中国气象局

气象出版社
China Meteorological Press

图书在版编目(CIP)数据

中国气象现代化60年/中国气象局. —北京：气象出版社，2009.11

ISBN 978-7-5029-4858-0

Ⅰ. 中… Ⅱ. 中… Ⅲ. 气象-工作-中国-1949—2009 Ⅳ. P4

中国版本图书馆CIP数据核字(2009)第199340号

Zhongguo Qixiang Xiandaihuan 60 nian

中国气象现代化60年

中国气象局

出版发行：气象出版社

地　　址：北京市海淀区中关村南大街46号　　**邮政编码**：100081

总 编 室：010-68407112　　**发 行 部**：010-68409198

网　　址：http://www.cmp.cma.gov.cn　　**E-mail**：qxcbs@263.net

责任编辑：陶国庆　　**终　　审**：纪乃晋

封面设计：博雅思企划　　**责任技编**：吴庭芳

印　　刷：北京中新伟业印刷有限公司

开　　本：787 mm×1092 mm　1/16　　**印　　张**：31

字　　数：545千字

版　　次：2009年11月第1版　　**印　　次**：2009年11月第1次印刷

印　　数：1—6000册　　**定　　价**：68.00元

《中国气象现代化60年》编委会

序 言

今年是新中国成立 60 周年，也是中国气象局成立 60 周年。回顾这 60 年，建设中国特色社会主义，历经坎坷，成就辉煌。总结这 60 年，推动中国气象现代化，矢志不渝，一往无前。

今天，历史已经翻开了新的篇章，我们也已经站在了新的历史起点上。60 年的奋斗呈现给我们的是一派欣欣向荣，而 60 年的历史告诉我们，探索一条中国特色气象现代化道路是何等的艰辛。始终坚持走中国特色社会主义道路，坚持气象现代化不动摇，中国气象事业的前景更加广阔，这是历史的经验，时代的要求，是一代又一代气象人肩负的重大的共同责任。

什么是现代化，为什么要现代化，如何推进现代化，这是探索我国现代化和气象现代化道路必须明确回答的问题。

唯有自立才能现代化，现代化必须自强不息。现代化是中华民族久远的梦想，是数代人长期为之奋斗、孜孜以求的目标。翻开中国近代史，我们可以清楚地看到，中国的现代化萌芽于鸦片战争之后，始于清朝的洋务运动，后有康梁变法、戊戌维新、辛亥革命、五四运动，无数仁人志士苦苦探索如何向西方学习，实现中国的现代化。中国的现代化屡受挫折、屡遭失败、屡次失去发展机遇。直到 1949 年中华人民共和国成立之后，中国才真正走上现代化的发展道路。历史告诉我们，在一个没有国家主权的半封建、半殖民地国家，现代化无从谈起，气象现代化更无从谈起。

唯有改革才能现代化，现代化必须开拓创新。共和国的诞生实现了国家的高度政治统一和社会稳定，标志着中国现代化进入一个新的历史时期。这一时期，中国的现代化大致经历了仿效前苏联模式，实行中央指令性计划经济后，又突破前苏联式教条主义的束缚，独立地探索中国式的工业化道路。党的十一届三中全会坚持解放思想、实事求是，作出把党和国家的工作重心转移到经济建设上来、实行改革开放的历史性决策。这场在我国历史上从未有过的大改革大开放，极大地调动了亿万人民的积极性，使我国成功地实现了从高度集中的计划经济体制到充满活力的社会主义市场经济体制、从封闭半封闭到全方位开放的伟大历史转折。

国家兴则事业兴。在党中央和国务院的正确领导下，经过 60 年的建设和发展，中国气象现代化成就令世人瞩目，初步建成了结构合理、布局适当、功能齐备的综合气象观测系统、气象预报预测系统、公共气象服务系统和科技支撑保障系统，气象整体实力达到了 20 世纪末世界先进水平。我们可以十分自豪地说，气象现代化已成为国家现代化的重要标志，中国已成为世界气象大国。

历史经验证明，没有气象现代化，我国气象事业就没有今天这样的地位和作用。不断推进气象现代化建设，是提高气象服务能力和水平、提高服务社会经济效益的根本途径，是培养业务技术以及干部队伍的有效手段，是改善基层台站工作、生活条件的重要途径，是气象文化建设的重要内容，也是气象事业发展的出路和希望所在。因此，我们必须毫不动摇地推进气象现代化建设，努力实现气象事业与国民经济和社会发展相适应，并尽可能适度超前。

气象现代化永无止境，继续推进气象现代化任重而道远。我们清醒地看到，较长时期内我们仍将面对发达国家在科学和技术上继续占据优势的严峻挑战，较长时期内我们仍将面临气象科技业务水平和服务能力与国家经济社会发展和人民安全福祉日益增长的需求不相适应这一根本矛盾。在现代化建设和业务服务能力已有明显进步的情况下，我们必须准确判断形势，掌握气象事业发展规律，牢牢把握科技是第一生产力、人是生产力中最具有决定性的因素这两个要点，继续解放思想，坚持改革开放，推动科学发展，毫不动摇地加快气象事业发展，全面实现气象现代化。

在中国气象局成立 60 周年之际，中国气象局党组决定组织编写《中国气象现代化 60 年》一书，既是隆重庆祝建国 60 周年和建局 60 周年，更是深刻铭记 60 年来为中国气象现代化奋斗不息的气象人的伟大贡献。以史为鉴，与时俱进，本书试图用科学发展观的新视角，站在新的历史起点上，对 60 年来中国气象现代化的基本情况、发展历程、主要成就、基本经验做一回顾、总结和分析，并对未来做了若干展望，为坚定不移地推进中国气象现代化建言献策。

本书的选材，立足部门，面向行业。各项统计数字，除另有标明外，均选自 2008 年底全国气象部门的统计报表。

值此，我特别感谢以刘英金为首的编写团队，查阅了许多文献，组织了多次研讨，广泛征求了多方意见，多次易稿，完成了这本权威性的《中国气象现代化 60 年》一书。

中国气象局党组书记、局长 郑国光

目 录

第一章　中国气象现代化概述

近年来，我国对现代化的研究不断深入，在理论和实践上都取得了一批重要研究成果。学习、运用这些研究成果，弄清国家现代化的基本内涵、发展历程，把现代化放在世界发展潮流和国家改革发展大局两个层面上来审视，对于回顾总结中国气象现代化是十分重要的。本章在研究中国气象现代化 60 年走过的发展历程、取得的巨大成就的基础上，探讨了什么叫气象现代化，如何推进气象现代化等重大问题。

第一节　国家现代化和气象现代化

现代化是一个十分复杂的概念。虽然自 20 世纪 80 年代以来，现代化一词就已在我国广泛应用，但目前理论界对现代化尚无一个公认的统一定义。改革开放以来，现代化一词也在气象部门广泛应用，但各方对现代化的理解不尽一致。中国气象现代化 60 年的伟大实践，使我们对气象现代化的认识逐步深化，思想趋于统一。

一、现代化

现代化是外来词，早在 20 世纪 20 年代就已出现在汉语中。英文“Modernization”所表达的是一直延续至今的时间概念，我国学者起初曾使用近代化一词，后来逐步演变用现代化来表达中国近代的现代化过程。

作为一种社会思潮，现代化通常是指 18 世纪西方工业革命以来，人类社会、经济、文化、政治领域发生的深刻变化，是指传统社会向现代社会的全方位转变过程。

第二次世界大战结束后，现代化理论伴随着全球性工业化高潮应运而生。美国学者在 20 世纪 50 年代初就提出了国家现代化概念，认为 20 世纪是美国世纪，现代化不仅是“西方化”，首先是“美国化”。我国学者在 20 世纪 60 年代对现代化理论持拒绝、批判态度，直到 20 世纪 80 年代才开始广泛采用现代化的概念，并对现代化理论进行深入研究，取得了不少重要研究成果。如：北京大学世界现代化进程研究中心罗荣渠先生所著《现代化新论》，中国科学院中国现代化战略研究中心何传启先生提出的第二次现代化理论等。我国对现代化评价标准的研究十分广泛、深入，取得了一大批对指导推进现代化具有重要导向作用的研究成果。

广义的现代化主要是指工业革命以来现代生产力导致社会生产方式的大变革，引起世界经济加速发展和社会适应性变化的大趋势。具体地说，就是以现代工业、科学和技术革命为推动力，实现传统的农业社会向现代工业社会的大转变，使工业化渗透到经济、政治、文化、思想各个领域并引起社会组识与社会行为的深刻变革过程。

无论是作为一种理论也好，还是作为一种社会思潮也好，现代化的基本内涵大致包括：

——现代化是一个历史发展过程。这个过程不是自然地历史演变，它是落后国家通过有意识地学习发达国家，采用先进的经济技术手段，迅速赶上先进工业国的发展过程；

——现代化实质上是由科技和产业革命推动下的工业化。工业化虽有各种模式，但有大致相同特点：城市化、机械化、自动化与专业化，非生物能源的广泛应用，经济持续增长，职业和社会分工复杂等；

——现代化不仅包括经济领域，也包括人类在政治发展、社会动员、心理适应和知识增长方面的急剧变化，它更重视社会制度和经济发展的关系，主要体现在民主化、法制化、工业化、都市化、均富化、福利化、社会阶层流动化、宗教世俗化、教育普及化、知识科学化、信息传播化、人口控制化等方面。

二、国家现代化

当代中国的研究资料表明，一些主要工业发达国家，实现现代化大约用了 200 多年时间，他们在 20 世纪 40—50 年代基本实现了现代化。我国的现代化虽然思想萌芽较早，但屡遭失败，屡次断裂，直到 1949 年中华人民共和国成立后，才真正开启现代化进程，相比西方落后了 140 年。

中国现代化经历了三个发展阶段：

19 世纪下半叶到 20 世纪初，是中国现代化运动的初始阶段。在这半个世纪中，中国的现代化是在旧王朝的体制下探索资本主义的发展取向。在“中学为体、西学为用”的指导思想下，开办实业、兴办水师。由于旧的政治体制原封不动,没有任何制度性改革支撑,早期的工业化在中日甲午海战中以北洋水师全军覆没而告终。

从1911年辛亥革命到1949年中华人民共和国成立前,是中国的现代化被边缘化阶段。辛亥革命推翻了两千多年的封建帝制,确立了适应世界潮流的共和制度,但没有完成共和体制下的国家重建。之后,国家政治分裂、权威失落、地方割据、军阀混战,日寇入侵,内忧外患,经历了近40年的大动荡。

1949年中华人民共和国成立,结束了中国近百年的内部衰败与半边缘化,实现了国家的高度政治统一和社会稳定,标志着中国现代化进入一个新的历史时期。60年来,中国共产党团结带领全国各族人民承前启后、继往开来,独立自主、自力更生,为实现社会主义现代化进行不懈探索和顽强奋斗,取得了举世瞩目的伟大成就,走出了一条具有中国特色的社会主义现代化发展道路。

然而,中国现代化60年的发展道路并不平坦,经历和战胜种种艰难曲折才迎来社会主义现代化和中华民族伟大复兴的光明前景。中华人民共和国诞生后,我国仿效前苏联模式,扬弃西方资本主义,建立指令性计划经济,推行优先发展重工业的高速工业化战略,现代化在"一五"取得重大进展;中苏关系破裂后,突破苏联模式束缚,探索通过强化政治手段与群众运动相结合的超前工业化战略,探索没有成功,十年内乱,国民经济濒临崩溃;1978年以后,我国实行全面改革开放,推行从封闭式的现代化转向开放式的现代化,从计划经济逐步转向市场经济,从单一经济成分转向多种经济成分,改革取得巨大成功!到2000年,我国已初步进入小康社会。当前,我们正在按照"三步走"的发展战略,为在2020年全面建成小康社会,为在2050年基本实现现代化,达到世界中等发达国家水平而奋斗。

中国经过半个多世纪的实践,终于找到了适应世界潮流、兼采各国所长的发展方式,实现了从单纯政治方式推动经济发展到加强经济手段推动经济发展的根本性转变,实现了中国现代化的一次大转折。

三、气象现代化

气象现代化是国家现代化的重要组成部分。中外气象现代化的历史进程表明,国家现代化是气象现代化的依托,没有国家的现代化就不可能有气象的现代化;同时,气象现代化又促进国家现代化,体现国家现代化水平。

西方的气象现代化是在工业革命后兴起的。机械、电子技术的发展,大大推动了大气科学的发展,开启了气象现代化的新纪元。1603年意大利伽利略发明温度计,1643年英国托里拆里发明气压计,这些技术在气象领域的逐步应用，推动气象观测方法从传统的目测向现代的器测转变。

1854 年俄国和英国、法国、土耳其等国爆发了克里米亚战争。英法等联合舰队遭受冬季黑海强风暴袭击，损失惨重，包括法国海军的骄傲——“亨利四世”号在内的 37 艘舰船沉没。战后法国人在大西洋沿岸布设气象台站网，应用电报等技术，首先绘制天气图，首次用天气图制作天气预报，实现了天气预报技术的重大变革，天气图成为气象现代化的标志。

第二次世界大战爆发后，随着电子计算机的问世，数值预报试验首次在美国获得成功，以此为标志，确立了美国的世界气象强国地位。战后，卫星、雷达技术又在美国气象部门广泛应用，致使美国的气象强国地位一直延续至今。

在农业文明时代，中国积累了丰富的气象知识和看天经验。然而在工业革命后我们落后了，虽然在辛亥革命前，我国也有了专门气象机构，但气象台站寥若星辰，多为外国教会所办，直到解放战争时期，才开始组建人民气象事业。中国气象现代化同样落后了西方 140 年！

60 年来，中国气象现代化在经济建设和社会发展的牵引下大步前进，气象现代化成为国家现代化的重要标志。计算机、通信、遥测与遥感技术在气象部门的广泛应用，给中国气象现代化插上了腾飞的翅膀。在国家和有关部门的大力支持下，气象现代化与发达国家的差距缩短到了 10 年。同时，气象对现代化的广泛需求也促进了国家科技的快速发展，气象成为高性能计算机、卫星、雷达及通信网络技术的最好用户。

由此可见，气象现代化是一个发展的过程。这个过程就是遵循气象科学自身的发展规律，对现代新思想、新科学、新技术、新成果的吸收、应用和创新的过程。气象现代化也是一个发展的目标。这个目标就是在更好地适应经济社会发展对气象需求的同时，实现自身的发展和完善。

第二节　中国气象现代化历史进程

1949 年中华人民共和国成立，以此为标志，开启了气象现代化的新阶段。60 年来，中国气象创造了一个又一个奇迹，走出了一条具有中国特色的气象现代化发展道路。

一、起步建设阶段

从 1949 年中华人民共和国成立起，到 20 世纪 50 年代末期是气象现代化的起步建设阶段。这一阶段的最显著标志就是大规模建设气象台站，大规模引进和培训干部，并且边建设、边统一、边服务，为以后的发展奠定了坚实的基础。

旧中国留给气象的是 72 个主要为航空服务的台站，加上解放区我军建立的 29 个台站，全国仅 101 个气象台站，而且设备陈旧落后；受过专业培训的新老气象科技人员只有二三百人，人才严重不足。气象现代化是在一穷二白的基础上起步的。

大规模引进气象干部，培训人才。完成原有气象台站的接收、重组后，立即开始了大规模培训干部。当时的中央气象局决策者们四处奔走，广纳人才，经过多方努力，一批海外学子，毅然回国，投入气象现代化建设。与此同时，采用多种形式，大规模培训干部。1950 年 9 月，中央军委气象局与清华大学合办的气象观测人员培训班结业，新中国培养的第一批气象观测员走上台站建设岗位；次年 3 月，军委气象局举办的预报实习班结业，新中国培养的一批预报人员走上预报岗位。有了首批训练班之后，随着一批又一批地举办，逐步地、有计划地把训练班扩建成正规的干部学校，进而创办中等专业学校、大专院校。硬是在短短的几年中完成了这个教育史上的奇迹。

大规模建设气象台站。中国幅员辽阔，省、地、县各级气象台站的建设完全靠中央来进行是不现实的，只有发挥两个积极性才能迅速把全国气象台站网建立起来。在“分区建设，集中领导”的正确方针指导下，我们用不到十年的时间，基本实现了省、市有台，县、市有站，乡、镇设哨，村、队设组，为迅速开展天气预报和服务工作奠定了基础。

起步建设阶段，军委气象局确定的“建设，统一，服务”的气象现代化建设指导方针是完全正确的，举措是有力的。在气象台站网的布局，观测、通信仪器设备的研制、改进，天气预报（长、中、短）的发布，数值预报研究的开展，人工影响天气试验的起步等方面都实现了高起点，高效率，自力更生，艰苦奋斗，创造了一个又一个奇迹，尤其是初创时期培育的不怕困难、艰苦创业精神，影响着一代又一代气象人！

二、曲折发展阶段

20 世纪 60 年代初到 70 年代末是中国气象现代化曲折发展阶段。经过前十年的发展，中国气象现代化迈出了坚实的步子。但从 50 年代末期开始受到党内“左”的思想和错误路线影响，尤其是十年内乱的破坏，这一阶段气象现代化的指导思想发生问题，业务方针、技术路线发生偏离，管理体制多次变动，气象现代化在曲折中发展。

在这个阶段，由于国务院领导对气象工作的关心和爱护，广大气象工作者对现代化的执著追求，中国气象现代化还是在曲折中发展。经过 60 年代初期的调整，气象台站网的布局已趋于合理，这种布局一直延续至今。59 型探空仪的研制成功，701 雷达、711 雷达、713 雷达等气象雷达的设计生产，气象卫星工程的开始启动，促进了我国探空站网的建设和探测水平的大幅提升。农业气象及其服务体系的建设得到了加强，农业气象试验研究取得许多重要成果。特别是北京区域通信枢纽的起步建设，为提升我国的气象通信能力奠定了基础。新中国正规院校培养的大、中专毕业生开始源源不断走上气象工作岗位，为气象现代化注入了新鲜血液。十年内乱期间，绝大部分气象台站工作照常进行，气象人这种敬业爱岗、严守纪律的精神着实令人钦佩。

三、快速发展阶段

改革开放 30 年，是中国气象现代化发展快、效益好、成绩大的 30 年。这一阶段，气象现代化自上而下、有计划、分系统、按步骤全面推进。随着气象卫星、气象通讯、大型计算机、大气监测自动化、短期气候预测、新一代天气雷达网、气象监测与灾害预警等一系列重点工程项目的建设，我国的气象现代化一跃成为国家现代化的重要标志。

气象信息传输网络化　20 世纪 80 年代初期建成并投入业务使用的北京气象通信枢纽系统，实现了我国气象通信的自动化，彻底改变了我国气象信息传输和存储系统的落后面貌，跨进了世界气象通信先进行列。20 世纪 90 年代建设并投入业务的卫星气象通信系统，使气象通信的瓶颈问题得到缓解。

气象预报预测精细化　通信自动化和高性能计算机的引进为数值预报业务发展提供了条件。我国的短期数值预报业务（B 模式）从研究试验，到投入业务，仅用不到 5 年时间；与此同时，经过多年科技攻关，相继建立起我国全球中期数值天气预报业务系统和短期气候预测动力模式系统，我国已步入世界上具有中期数值天气预报能力的少数国家的行列，成为世界上少数几个能利用气候预测模式制作气候预测产品的国家之一。

气象探测自动化　遥测、遥感和自动化技术的进步，雷达、卫星工程的建设，自动气象站的广泛布设，极大地提升了我国的气象探测水平，探测能力实现了从地面到太空，从大气物理到大气化学等立体、综合、连续的时空监测。在雷达、卫星这两大应用领域，我国已接近世界先进水平。

气象服务多样化　改革开放以来，我国已形成了具有中国特色的决策服务、公众服务、专业服务、科技服务等四种主要气象服务形式，服务内容涵盖政治、经济、社会、文化各领域，与农业、林业、水利、交通、国土资源、环境保护、卫生、安全监管等行业建立了密切的合作关系，与新闻传媒建立了良好的互动关系，气象电视节目成为最受百姓欢迎的节目。

气象管理规范化　60 年来，我国气象工作在领导管理体制、法规制度建设、内部运行机制等方面进行了一系列成功改革和探索，为气象现代化提供了有力的制度保障。“双重领导、以部门为主”的领导管理体制的确立与完善，以气象法为主体的各项气象法规制度建设，业务技术体制改革，为气象现代化提供了强有力的制度保障；气象事业结构调整，精神文明和气象文化建设，使中国气象现代化的发展环境得到了极大改善。

第三节　中国气象现代化的主要成就

经过半个多世纪的努力，我国用 60 年的时间走完了发达国家用 100 多年才走完的气象现代化之路。到本世纪初，我国的气象现代化已处在发展中国家前列，某些方面已达到或接近世界先进水平。中国气象现代化成就令世人瞩目。

一、形成了具有中国特色的气象服务体系

60 年来，我国气象工作始终坚持面向国家经济社会发展的需要，始终坚持以为人民服务为根本宗旨，服务领域逐步拓宽，服务手段不断改进，服务效益日益显著，初步形成了中国特色气象服务体系。

气象防灾减灾能力显著提高　气象灾害监测预警时效和精度显著提高，突发性气象灾害预警信息发布能力显著增强。初步形成了“政府主导、部门联动、社会参与”的气象灾害防御体系，上下联动、部门联合、区域联防的气象灾害防御机制日臻完善。气象部门与民政、国土资源、铁道、交通、水利、农业、卫生、环保、安全监管、林业等部门建立了联合预警、信息共享机制。以乡镇气象协理员和社区、村屯气象信息员为主体的基层气象灾害防御队伍达 37 余万人。

应对气候变化能力不断增强　气象部门进一步发挥在应对气候变化工作中的基础性科技优势和作用，在政府应对气候变化工作中的地位显著提升。通过参加我国应对气候变化谈判总体方案、对外口径、对内政策制定，为我国参与政府间气候变化专门委员会（IPCC）评估工作、《联合国气候变化框架公约》（UNFCCC）国际谈判等提供了很好的科学支撑。气象部门积极参与《中国应对气候变化国家方案》等相关政策措施的制定，气象防灾减灾内容写入《中国应对

气候变化的政策与措施》(白皮书)。31 个省(区、市)气象局牵头组织或参与了地方应对气候变化工作。开展了一系列面向社会的应对气候变化专题宣讲。各级气象部门认真组织做好风能资源详查和评价工作,为风能开发利用提供了科学依据和气象服务。

气象服务领域不断拓宽 通过加强部门合作,专业气象服务领域在传统的农业气象服务基础上,实现了向海洋气象、航空气象、人工影响天气、交通气象、水文气象、能源气象、城市气象、环境气象、公共卫生气象、旅游气象等领域的拓展,服务内容已涵盖农业、林业、水利、环境、交通、能源、海洋、旅游等上百个行业;中国气象局与国务院十余个部(委、局)签订了合作协议,联合开展地质灾害、森林草原火险等气象衍生、次生灾害的监测、预警业务。专业专项气象服务产品日益丰富、精细,针对性更强,深受专业专项用户的欢迎和信赖。气象部门建立了全国完善的农业气象情报、作物产量气象预报、农业气象灾害监测预警等服务体系,针对农业生产的具体要求,开展产前、产中、产后的全过程气象服务。长江三峡、南水北调、载人航天飞行、北京奥运会、生态工程建设、青藏铁路等重大活动、重大项目气象保障服务的成功,标志着重大专项气象保障服务能力明显提升。防雷减灾服务和人工影响天气工作取得显著成绩。我国已形成国家、省、地、县四级人工影响天气业务体系,开展了以开发空中云水资源、人工增雨抗旱、河流和水库增水增雪、防雹减灾、机场和公路消雾、森林草原防火扑火服务以及重大社会活动保障的人工影响天气作业服务,全国 30 个省(区、市)开展了飞机、火箭、高炮人工影响天气作业,人工增雨、防雹保护作业面积分别达 300 余万平方千米和 44 余万平方千米。

气象服务信息覆盖面和时效性逐步提高 气象信息的服务方式和发布手段不断完善,信息覆盖面不断扩大,时效性不断增强。气象部门建成了包括广播、电视、报纸、电话、手机短信、网络、电子显示屏、IPTV、手机电视、警报系统、海洋预警电台等多种现代化信息传播手段的气象服务信息发布平台。全国每天接受气象信息服务的公众超过 10 亿人次。中国天气网的最大日点击率超 775 万人次。气象声讯电话月平均拨打次数超过 2600 万人次。全国气象专业网站和乡村信息服务站分别达 1400 个和 15000 多个。中国气象频道在 28 个省(区、市)的 172 个地级以上城市落地,用户数总计近 2000 万户。全国定制气象短信用户达 9000 多万户,建成气象信息电子显示屏 4 万余块。

气象服务效益显著提高 气象部门主动及时为各级党委、政府指挥生产、防灾减灾提供决策依据,为各有关行业提供针对性服务建议,为广大公众提供个性化服务信息,经济社会效益十分显著。全国因气象灾害造成的死亡人员数由20世纪90年代平均每年5000人左右，下降到21世纪以来每年2000人左右。气象及其衍生灾害造成的人员死亡较改革开放初期显著减少。气象灾害造成的经济损失占GDP的比例从20世纪80年代的3%～6%下降到1%～3%。根据2007年的调查估算，气象工作的投入产出比达到1:50，效益十分显著。

二、气象预报预测水平有了很大提高

天气预报业务已基本完成了由传统的以手工为主的定性分析向自动化、客观和定量分析方向转变，实现了以数值天气预报产品为基础、以人机交互处理系统为平台、综合应用多种技术方法的天气预报业务的重大变革。

我国各级气象部门的短时临近预报业务有了长足发展，广泛利用雷达技术、风暴追踪和风暴系统多阈值识别技术，结合多种资料同化分析及数值预报等技术，提供强风暴识别、定位、自动报警、追踪预报、短时强降水预报、强对流天气临近预警、雷电监测预警及发生潜势预报等预报产品和综合分析信息，实现对中小尺度天气系统的全过程监测、跟踪，国家级逐步建立了强对流天气的短期和短时预报业务，省级(含)以下逐步建立和完善了监视和临近预报业务。

初步建立了适合我国天气气候特点的、由全球中期数值天气预报模式、中尺度数值天气预报模式、全球集合预报系统、热带气旋路径数值预报模式、沙尘暴数值模式和污染物扩散传输模式等组成的数值天气预报业务体系。新一代中期数值天气预报系统(T639L60)、中尺度数值预报系统、台风数值预报模式先后投入业务，我国自主研发的具有四维同化功能的区域数值预报模式系统(GRAPES_Meso)投入业务运行，全球数值预报模式系统(GRAPES_GFS)投入准业务运行。中期数值模式对北半球区域的预报可用时效达到6.5天，暴雨和台风路径预报水平有了很大进步，2008年台风24小时和48小时路径预报准确率已达到发达国家的同等水平。气象信息综合分析处理系统(MICAPS)V3.0在全国气象台站投入业务应用，成为日常天气预报业务的基础平台，使我国天气预报业务能力得到了全面提高。

气候变化的研究和气候资源开发工作迈出重要步伐。制定和实施了《中国国家气候计划纲要(2001—2010年)》、《中国气候系统观测计划》，七个部委联合发布了《中国气候系统观测实施方案》。同时，在气候变化预估及其影响评价和对策研究、温室气体观测和模型研究、气候和生态相互作用研究，以及古气候环境研究等方面都取得了重要进展。气候影响评价从农业拓展到水资源、能源、交通、生态、人体健康等多个领域。

我国第一代动力气候数值预测模式系统投入业务运行，模式产品解释应用工作已成为省级和区域气候预测业务的重要技术手段。近几年研发了大气环流模式、海洋环流模式、陆面模式、海冰模式及海陆气耦合模式，较好地模拟了东亚季风雨带的推移、大气环流的季节突变和海陆气相互作用对我国气候的影响。动力气候模式正在逐步成为模拟和预测气候变化的有力工具，并已成为 IPCC 第四次评估报告引用的两个中国气候模式之一，新一代海—陆—气—冰—生多圈层耦合气候系统模式正在建立中。

我国已初步形成了具有中国特色的短期气侯预测业务体系。随着高性能计算机和国家级存储检索系统、业务骨干网络、气候开放实验室和大气化学实验室的建立，气候业务能力显著增强。国家气候中心已成为世界气象组织 14 个能发布年、季、短期气候预测产品的机构之一。国家气候中心和各省级气候中心制作的短期气候预测产品，已成为国家和地方政府应对气候变化、组织防灾减灾的重要依据。

三、建立了比较完善的气象综合探测系统

初步形成了地基、空基和天基相结合，门类比较齐全，布局基本合理的比较现代化的气象综合探测系统，监测能力和水平有了很大提高，实现了从人工观测到基本自动化观测，从地面到太空，从大气物理到大气化学等立体、综合、连续的时空监测。

地面观测系统不断完善。截至 2008 年底，气象部门共有 2438 个地面气象观测站，其中有人值守的 2416 个气象台站中有 2259 个实现了基本气象要素观测自动化。建成了 25420 个中尺度加密自动气象(雨量)站，观测密度和数据应用时效的提高，明显提升了对中小尺度天气和气象灾害的监测能力。

高空探测系统快速发展。新中国诞生前，我国高空探测站点极少，探空仪器主要靠进口。截至 2008 年底，已建成了 121 个探空站，主要探空仪器实现了国产化，多数探空站安装了电解水制氢设备，117 个探空站配备了 L 波段雷达—电子探空仪探空系统。建设了 228 个 GPS/MET 观测站。

建成了具有世界先进水平的新一代多普勒天气雷达监测网，气象卫星探测进入世界先进行列。60 年来，我国天气雷达经历了模拟天气雷达、数字化天气雷达、多普勒天气雷达发展阶段。目前，全国新一代多普勒天气雷达网发展迅速，已建成 146 部。成功发射了 5 颗极轨气象卫星和 5 颗静止气象卫星，气象卫星观测和产品的生成初步实现了业务化。我国已成为世界上同时拥有静止和极轨气象卫星的三个国家或地区之一，风云系列气象卫星已被世界气象组织纳入全球业务应用气象卫星序列，成为全球地球观测系统的重要成员。

气象探测领域大大拓宽。建成了由35个大气成分观测站组成的全国大气成分观测网，开展了气溶胶、黑碳、降水化学等项目的观测。完成了大气本底台（站）的改造升级，具备了开展温室气体、反应性气体、气溶胶、降水化学等30多项要素的观测能力。有387个气象站开展雷电监测业务，初步实现了联网定位和数据共享；建立了由330个站组成的酸雨观测网，建成了100个自动土壤水分观测站，形成了全国土壤水分实时监测网。新建了空间天气监测预警中心，开展了空间天气监测预警业务并提供了服务产品。

四、建成了功能强大的气象信息网络系统

气象通信经历了莫尔斯、电传、传真、自动化通信等阶段，现在，气象信息加工处理已从主机和终端方式走向网络方式，实现了传输系统网络化，大大提高了气象信息的综合传输能力。

截至2008年底，已建立了连接全国2300多个县（区）气象台站、具有卫星通信和地面公共通信相结合的气象信息网络系统，初步建成了与国防、海洋、航空、航天等部门联通的通信网络。国家气象信息中心已成为世界气象组织全球气象电信系统的区域通信枢纽，同时与全国31个省（区、市）气象局开通了到区域中心8Mbps、到省级系统6Mbps的全国气象宽带网。气象信息宽带网建设，缓解了气象信息传输的瓶颈问题。中央气象台与各省（区、市）气象台、各省级气象台与地市级气象台建立了全国天气预报电视天气会商系统。在珠峰地区建立了DCP传输系统，首次实现了高寒地区无人值守自动气象站的实时观测和实时资料传输。

高性能计算机能力建设进一步加强。由峰值性能高达每秒3840亿次浮点运算的国产“神威I”和引进的高速巨型计算机及海量存储系统、高速局域网，组成了高性能计算机网络。2005年底，运行峰值性能达21.5万亿次的高性能计算机系统投入业务，气象用于业务和科研的计算能力比“九五”提高了近200倍，使气象信息综合应用能力显著提升。

中国气象局在全国相关行业中率先实现了面向用户的气象资料共享，共享能力处于国家科学数据共享工程建设的前列，2008年免费适时共享数据总量达51984GB。

五、气象科研和技术开发取得了重要成果

科技进步是气象现代化的重要支撑和保障。60年来，气象科技始终坚持

面向国家需求和国际前沿，制定实施一系列科技发展战略和发展规划，深化改革，不断推进气象科技创新体系建设，组织实施一系列重大科研项目和大型科学试验，取得了大批优秀气象科技成果，有力地推动了气象事业的发展。

科技创新体系建设不断完善 经过新中国几代气象科技工作者的不懈努力，特别是改革开放以后，随着气象现代化的积极推进，气象科技体制改革不断深化，气象科技基础条件不断改善，气象科技投入持续增加，科技人才队伍稳步壮大。近年来，气象科技创新体系建设取得明显进展，科技创新主体的定位和任务更加明确，科技创新体系布局更加完善，科技创新能力不断增强，科技成果产出明显增加，国际、国内大合作的格局初步形成。业、研、学、企相结合的气象科技创新体系建设步入科学发展的轨道。目前，我国已经形成了分布于气象系统、科研部门、高等院校、军队系统和产业部门五个主要体系的气象科研与技术开发队伍和一批具有国际影响的研发机构；科技创新主体包括了国家公益类研究机构、省级科研所、各级气象业务单位和相关企业；国家重点实验室、部门重点实验室、省级重点实验室以及共建的联合重点实验室、研究中心和工程中心和一批各具特色的野外科学观测试验基地；形成了以具有博士、硕士学位的中青年学术骨干为主体的老、中、青相结合的研究队伍；建立了针对大气、海洋、水文、冰雪、陆地、生态等多方面的立体观测系统和各种先进的科研仪器装备；具备了组织和实施具有国际水平的大型科技项目和气象野外科学试验的能力。气象科学数据共享成为国家科学数据共享的首个试点，实现了面向全社会的气象科学数据实时共享，大气本底观测台站进入国家野外科学观测站网体系，为国家科学数据和科技资源共享做出了重要贡献。

科技创新能力不断增强 气象科研紧密联系业务需要，围绕我国重大天气和气候灾害、城市大气环境污染、气候资源利用等国家重大需求，在国家各类重大科技计划和气象业务发展项目的支持下，不仅组织实施了大批国家级科学研究和技术开发项目，而且开展了多次有国际影响的重大科学试验，在天气与大气动力、气候与气候变化、大气探测、数值预报、大气物理与人工增雨、大气化学与城市环境、农业气象、冰冻圈与极地气象、卫星气象与空间天气、航空与军事气象以及应用气象等学科领域开展了大量的科学研究与技术开发，在气象基础理论、应用基础研究和气象应用方面形成了一系列重大成果。不仅传统气象学科领域得到了长足的发展和拓展，而且通过积极吸收相关科学技术的发展成果开拓了许多新的气象学科领域，为提高我国气象科技水平和推动气象业务服务发展提供了有力支撑。据不完全统计，新中国成立以来，全国气象行业仅获得国家级一、二等奖的科研成果即达 40 多项。2005 年，中国科学院院士叶笃正先生获得国家最高科学技术奖。

科技对业务发展提供了坚实支撑　气象科技在改善综合气象观测的能力、提高气象预报预测的准确率、提升公共气象服务水平方面对气象业务的科学发展提供了坚实的科技支撑。通过引进和自主研发，气象观测已发展成为地基、空基、天基一体化的综合气象观测系统，风云系列卫星的地面应用系统达到了国际先进水平，关键技术达到国际领先水平。我国自主研发的新一代数值预报系统缩小了我国数值预报与发达国家的差距，“台风暴雨灾害性天气监测预报技术研究”、“我国短期气候预测系统的研究”、“风云二号气象卫星及地面应用系统”、“天气预报人机交互处理系统”、“我国重大天气气候灾害形成机理和预测理论研究”、“中国气象数值预报系统技术创新研究”等研究成果在我国气象业务发展中发挥了重要作用，使得我国台风、暴雨、高温、大风、冰雹的短时临近预报准确率大为提高，中长期天气预报和月、季、年尺度的气候预测也得到了很大的改善。在气候变化领域的科研成果为我国应对气候变化和参与国际环境外交谈判提供了有力支撑。

对外开放与合作富有成效　1972 年 2 月 24 日世界气象组织恢复中国合法席位以来，我国已与 140 多个国家和地区开展气象科技合作和交流。中国科学家在世界气象组织（WMO）、政府间气候变化专门委员会（IPCC）、地球观测组织（GEO）、地球系统科学联盟（ESSP）、国际科联（ICSU）等国际组织，以及世界气候研究计划（WCRP）、世界天气研究计划（WWRP）等国际科学计划中都担任了重要职务。我国气象专家在 WMO 等国际组织中任职达 9 人。中国官员先后担任了世界气象组织主席和执行理事会成员、世界气象组织副秘书长、政府间气候变化专门委员会（IPCC）第一工作组联合主席、国际地圈—生物圈计划（IGBP）执行委员会副主席、国际大气科学协会科学指导委员会副主席等重要职务，中国气象局原局长邹竞蒙连任两届世界气象组织主席。

气象科普空前繁荣　随着气象事业的发展，气象科普工作已经成为气象联系经济社会发展与人民群众生产生活的重要纽带。多年来，气象科技工作者突出气象防灾减灾和应对气候变化两个主题，充分发挥媒体作用，不断创新科普形式，丰富科普内容，积极推进气象科普业务化，使气象科普进学校、进农村、进社区、进机关。迄今，气象科普图书、报纸、期刊、网站、各类电视节目、科普馆、主题夏令营、各类科普报告会、科普沙龙、科普展览、科普论坛、气象知识竞赛、送书下乡等不同形式的科普媒介和不同主题的科普活动形成了一个立体的、常态化的气象科普格局。许多优秀科普作品获奖，气象科普已成为气象业务现代化不可或缺的组成部分。

六、培养造就了一支素质较高的气象人才队伍

气象现代化建设的伟大实践，培养造就了一支政治素质高、业务技术精、工作作风好的气象人才队伍。目前，全国从事气象相关的业务、科研和教育工作人员的数量，已由新中国成立初期的 700 多人发展壮大到现在的约 10 万人。其中，气象部门国家编制和地方编制人员 5.4 万人、编制外聘用 1.2 万人，其余为军队、高校、科研、民航、水利、农垦、林业、盐业等部门的气象专业技术人员。此外，全国还有约 3 万人工影响作业人员和 37 万气象信息员队伍。我国已成为世界上气象业务、科技和教育队伍人数最多的国家。

截至 2008 年底，全国气象部门具有研究生学历人员有 2834 人，占 5.19%；本科学历人员有 20309 人，占 37.20%；大学专科学历人员有 17153 人，占 31.42%；中专学历 8644 人，占 15.84%；其他学历 5647 人，占 10.34%。正研级职称资格的有 393 人，占 0.72%；副研级职称资格的有 5535 人，占 10.14%；中级职称资格的有 21843 人，占 40.02%；初级职称资格的有 19397 人，占 35.53%；其他人员 7419 人，占 13.59%。

近年来，注重了高层次气象人才队伍建设。博士、硕士、本科生人数呈明显上升趋势，1981—2008 年，博士生、硕士生和本科生人数分别由 4 人、38 人、4476 人增加到 560 人、2614 人和 19935 人。2000—2008 年，大专以上人员比例由 40.3%增加到 73.9%，本科以上比例由 18.1%增加到 42.6%，研究生比例由 1.2%增加到 6.0%。高级职称比例由 5.4%增加到 11.1%，中级职称比例由 34.1%增加到 40.7%。截至 2008 年底，中国气象局共有两院院士 7 人，10 人入选“百千万人才工程”和“新世纪百千人才工程”国家级人选，28 人被确认为中央直接联系专家，515 人次享受国务院政府特殊津贴，4 人获得中国青年科技奖，4 人获得杰出青年基金资助，17 位海内外专家当选为中国气象局特聘专家，38 人当选为中国气象局首席预报员。与此同时，气象部门按照国家统一部署，大力推进机构改革、工资分配制度改革、干部人事制度改革，为优秀人才成长创造了良好的环境和条件。通过引进人才、加强继续教育和岗位培训，广大基层气象台站的专业技术人才队伍知识层次、专业结构和整体素质得到了提高，尤其是西部基层台站人才严重缺乏的状况开始好转，为保证新时期气象事业的快速发展提供了强有力的人才和智力支持。

七、科学管理水平有了明显提高

60 年来，气象部门不断解放思想、锐意改革，在领导管理体制、法规制度创

新、内部运行机制等方面进行了一系列成功探索，取得了显著的成绩。

领导管理体制不断完善　在认真总结正反两方面经验教训的基础上，对气象部门管理体制进行了全面改革，实行了以部门为主的双重领导管理体制，并建立了双重计划体制和相应的财务渠道。这一体制创新，适应了气象现代化建设的客观需要，实现了气象现代化建设的“统一规划、统一布局、统一建设、统一管理”，发挥了中央和地方两个积极性，推动了国家气象事业和地方气象事业协调发展，保证了气象部门各级领导班子的相对稳定和干部的“四化”要求。

事业单位改革继续深化　改革开放以来，气象部门按照国家经济体制改革精神，率先开展气象专业有偿服务，主动调整气象事业结构，积极探索在市场经济条件下不同的运行机制和内部分配制度，为事业发展注入了活力。气象影视制作、气象信息服务、气象防雷工程成为气象事业发展的重要保障和支撑。

气象法规体系逐步健全　1994 年国务院颁布实施了我国第一部气象行政法规——《中华人民共和国气象条例》；1999 年全国人大常委会颁布了我国第一部气象法律——《中华人民共和国气象法》，标志着中国气象事业逐步走上依法发展轨道。截至 2008 年底，国务院先后颁布了《人工影响天气管理条例》，颁布或者批准实施了 27 部气象法规性文件。中国气象局也制定或修订了 19 部部门规章，发布了 459 部规范性文件，与有关部门联合发布了 43 部规范性文件和一系列技术规范，建立气象国家标准 20 项和气象行业标准 121 项。各省(区、市)人大和人民政府出台了地方性气象法规和规章 96 部，全社会的气象活动进一步规范。与此同时气象行政执法检查监督体系也逐步完善，气象行业管理得到加强，行业监督、技术交流、组织协调、信息共享的机制初步建立。

战略规划得到持续加强　中国气象局党组始终高度重视事业发展的战略规划和顶层设计，从 20 世纪 50 年代的 12 年远景发展规划到 80 年代的气象现代化发展纲要、90 年代的气象事业 30 年发展纲要和 10 年规划，再到新世纪以来的中国气象事业发展战略研究、现代气象业务体系建设，以及一系列的五年计划、规划和各个时期的气象业务发展专项规划，都以其特殊的历史背景和发展视角，勾勒出气象事业发展的蓝图，指引着气象事业不断发展进步。

政务管理更加科学　积极学习、应用科学管理方法，总结提出了管理如何处理集权与分权、广度与深度、法治与主观能动性、决策质量与时效、分工与协调、定量与定性等关系，推广运用分级、分类、目标、归口、规范化等管理方法，建立了综合评价体系，工作业绩考核和述职制度。科学完善的财务管理体制机制和持续增长的经费投入，也成为气象现代化建设的有力保障。大力推进电子政务和信息化建设，先后建成了办公自动化局域网络系统、微机网络中文传输系统。目前，国家到省、地、县气象部门全部开通了电子邮件系统，国家到省级气象部门建立了电子公文系统，部分省（区、市）气象部门也建立了电子公文系统，办文和办事效率显著提高。

党的建设和气象文化建设得到加强 60 年来，气象部门在党的建设和文化建设中也取得了辉煌成绩。截至 2009 年 7 月底，全国气象部门（未含海南）共有党员 44243 名，占职工总数的 46%；共有各级党组 396 个，党委 44 个，党总支 262 个，党支部 3775 个，实现了站站有支部，科室有党员。在气象现代化实践中培育了艰苦创业、无私奉献，爱岗敬业、团结协作，严谨求实、崇尚科学，勇于改革、开拓创新的优良传统和作风，涌现出一批具有时代特征的先进模范。

第四节　中国气象现代化的基本经验

经过 60 年的建设和发展，中国气象现代化取得令世人瞩目的成就。60 年的伟大实践，丰富了对中国特色气象事业发展规律和全面推进气象现代化的认识，探索了具有中国特色的气象现代化的道路，为更好地为国家经济社会发展和人民群众安全福祉服务，积累了丰富的经验。这些经验，对今后的工作减少盲目性，增强自觉性和前瞻性、整体性具有十分重要的意义。这些经验，主要表现在以下五个方面。

一、正确的指导思想和发展理念

气象工作在从传统向现代的转变过程中，必然会有不同的思想认识，会遇到来自各方的阻力，只有解放思想，实事求是，才能与时俱进，科学发展。我国的气象现代化建设正是在排除各种干扰和纠正各种偏差中前进的。我国曾一度受到极左思潮的影响，排斥气象现代化，拉大了与国际先进水平的差距。党的十一届三中全会后，首先进行拨乱反正，确立了正确的指导思想，排除了各种干扰，才使气象现代化步入了快速发展的轨道。

气象服务是立业之本 只有面向国家需求，紧密地与经济建设、社会发展和广大人民群众的安全福祉结合起来，把提高气象服务的社会、经济和生态效益作为整个气象工作的出发点和归宿，不断提高气象服务的针对性和主动性，才能体现气象工作的价值和地位，也才能得到各级人民政府和广大人民群众的支持，从而推动气象现代化持续快速发展。

新中国成立之初，气象工作主要为军事和国防建设服务，在国家开始大规模经济建时，气象工作适时转移到了为经济建设和国防建设服务的轨道上来，在为经济建设服务中，确定了以农业服务为重点的方针。党的十一届三中全会后，气象服务工作突出防灾减灾，强调为各行各业开展有针对性的服务。进入新世纪、新阶段以来，在全球变化的背景下，提出了“公共气象、安全气象、资源气象”发展的新理念。发展理念的与时俱进，保证了气象现代化建设稳定、健康、快速发展。

气象现代化是兴业之路　当今世界科学技术日新月异，只有始终坚持气象现代化不动摇，瞄准世界先进水平，制定不同阶段的发展目标，扎实推进各项改革，气象事业才能逐步发展壮大。新中国成立初期，我们向前苏联和东欧国家学习，以气象台站网建设为重点，进行全面恢复和建设，实现了历史性跨越；改革开放以来，跟踪欧美等发达国家的先进技术，高起点推进我国气象现代化的进程，走出了一条引进、消化、吸收、再创新的路子，从而使我国气象现代化迈上了一个大台阶。我国的气象卫星与卫星气象、新一代天气雷达、数值预报模式、计算机网络等高新技术的应用等，在国内处于领先地位，在发展中国家处于前列，与发达国家的差距不断缩小。历史经验证明，科学技术的不断发展，决定了气象现代化永无止境。我们必须坚持气象现代化不动摇。

二、科学的战略规划和系统设计

气象现代化的正确指导思想和发展理念必须落实到科学的战略规划之中，切实做好各系统的总体设计工作。通过科学的战略规划明确现代化的发展方向、战略布局、重点任务；通过系统设计明确各个阶段的奋斗目标、技术路线、装备标准、建设进度，才能使气象现代化的各个环节，各个方面相协调，使业务技术的发展和人的全面发展相统一。从而使气象现代化有条不紊推进。

新中国建立以后，1956 年中央气象局制定了《十二年（1956—1967）气象事业发展计划建议》，就气象观测网、农业气象、气象服务、气象科研、科技干部培养、气象仪器设计和生产等做出全面部署；党的十一届三中全会之后，国家气象局在总结建国后 34 年气象现代化建设经验和教训的基础上，制定了到 2000 年的《气象现代化建设发展纲要》，提出了气象现代化的发展目标、建设任务、战略重点和主要措施；1991 年，国家气象局制定了《关于气象事业发展十年规划的意见》，从气象业务、气象服务、气象科技、气象教育、现代化管理等方面进行了全面规划；1993 年制定了《全国气象事业发展纲要（1991—2020 年）》和《全国气象事业发展规划（1991—2000 年）》；进入 21 世纪，在国务院领导下，中国气象局牵头组织了跨行业跨部门的“中国气象事业发展战略研究”，描绘了 21 世纪头 20 年中国气象事业发展蓝图。这些纲要、规划、计划、战略的制定,紧密结合当时经济社会发展对气象工作的需求,瞄准先进的科学技术,立足当前,着眼未来,有效地统一了思想,明确了目标,凝聚了力量,确保了气象现代化持续、快速、健康发展。

实践证明:战略规划和系统设计的完成,只是第一步,关键还要持之以恒地抓落实。无论 20 世纪 50 年代的 12 年规划、80 年代的《气象现代化建设发展纲要》及气象卫星、新一代天气雷达等分规划,我们持之以恒地抓落实,并根据实际不断滚动修订,才使气象现代化环环相扣、稳步推进,取得如此长足进步,使气象现代化成为国家现代化的重要标志。但是,也有些规划虽然制定了,或者是因为科学性不够,或者是因为没有持之以恒地抓下去,使这些规划或者半途而废,或者成为一纸空文束之高阁。这也是极其重要的经验和教训,需要深刻汲取。

三、充满活力的体制、机制

改革开放是气象现代化的活力源泉,体制机制建设是推进现代化的重要着力点。只有毫不动摇地坚持改革、扩大开放,不断增强自身的活力和发展动力,才能实现气象现代化又好又快地发展。

党的十一届三中全会以后,我们首先进行领导管理体制的改革和完善,为气象现代化提供了有力的体制保障。气象部门的领导管理体制,经过几上几下的调整实践,找到了适合气象事业发展特点的"双重领导以部门为主"的领导管理体制,并建立了与此相适应的"双重计划体制和相应的财务渠道"。这一体制创新,既确保了气象现代化的"统一规划、统一布局、统一建设、统一管理",又调动了中央和地方两个积极性,促进了国家气象事业和地方气象事业协调发展。改革开放以来,气象部门积极探索社会主义市场经济体制下现代化的实现途径,适时调整事业结构,探索不同的运行机制,完善业务技术体制,改革内部分配,极大地增强了部门活力。从 20 世纪 80 年代气象专业有偿服务的推出,到 20 世纪 90 年代气象事业结构的战略性调整,从"三大块"到"三部分",这一系列成功的改革,不断为气象现代化注入了新的活力,使气象现代化的路子越走越宽广。

我国气象部门还率先实行对外开放,为气象事业快速发展提供了良好的国际政治环境和科学技术环境。有组织、有计划、有重点地开展与世界气象组织和相关国际机构的多边合作,开展与各国的气象科技的双边合作,引进国外先进技术和人才,选派专业技术和管理人员出国(境)学习和培训。使我国气象现代化少走了很多弯路,大大加快了现代化的步伐,缩短了我国与国际先进的水平的差距。

改革开放是气象现代化的必然要求，没有改革开放就没有气象现代化。我们要充分认识改革开放的重大意义，封闭是没有出路的，不改革死路一条。坚持走“派出去，请进来”、走“引进—消化—吸收—再创新”的路子，激发继续改革开放的激情和推动发展的力量，不断解放思想，坚持改革开放，推动科学发展，在中国特色气象现代化道路上继续把改革开放的伟大事业推向前进。

四、有力的科技支撑和人才保障

科技进步是气象现代化的灵魂　从20世纪50年代开始，气象部门与高等院校、科研单位、军队构建全国气象科研平台；改革开放以后，实施科技兴气象战略，重新整合组建了中国气象科学研究院、八个专业研究所和省级研究所，集合气象业务单位、有关高校、科研院所、企业，构成业、研、学、产相结合的气象科技创新体系，聚集全国的气象科技力量与相关学科联合攻关，解决了很多气象业务、技术的重大问题。回顾新中国气象事业的建立和发展，从天气学预报到数值预报，从莫尔斯到信息网络，从计算尺到巨型计算机，从人工观测到遥感遥测，以及气象卫星、气象雷达、GPS探空仪等气象新技术新装备的引进、吸收、开发和创新，无一不体现气象科研的引领、尖兵和基础作用。60年的实践充分证明，只有坚持依靠科技进步，重视科研与业务的结合，不断把科研成果转化为气象业务能力，才能又好又快地推进气象现代化，才能不断攀登新的气象科技高峰，不断推进气象事业迈上新的台阶。

高素质人才队伍是推进气象现代化的保障　推进气象现代化，首先是拥有一大批甘于奉献、勇于攀登、善于创新的高素质人才队伍。气象部门历来十分重视人才培养。第一任局长涂长望受命筹建中央气象局时，四处罗致人才，把一批海外气象学子感召回国，开创了新中国气象事业一代辉煌。为了适应大规模台站建设和气象事业快速发展对人才的需求，气象部门举办培训班、创建中等气象学校、成立高等气象院校、建立博士后工作站，形成了比较完整的气象教育培训体系，培养出一批批从初级到高级、政治思想和业务素质都比较高的气象专门人才；我们选拔优秀人才派到前苏联及美国、欧洲等发达国家学习先进技术，培养出一批高级专门人才，推动着中国气象现代化瞄准世界科技前沿走向高端；我们通过气象卫星、中期数值预报、“9210”、新一代天气雷达、短期气候预测、大气监测等一系列重大工程的实施，培养出了一大批掌握高新科学技术的适用人才；我们还开展“局校合作”、“局企合作”、“对口交流”，探索高层次人才培养的新形式；我们还通过网络远程教育、函授、委托培训等多种方式，提高在职人员的文化素养和业务水平。气象发展历史表明，打造高端人才脱颖而出、适用人才有用武之地的良好环境和氛围，建立训练有素、保持优良传统和作风的气象人才队伍，是实现气象现代化、推进国家气象事业健康、快速、持续发展的重要保障。

五、良好的发展环境

气象现代化建设必须有良好的内、外发展环境和条件。长期以来，特别是改革开放以后，党和各级政府给予气象工作极大的关怀，从领导体制、制定法规到安排项目、加大投入，为气象现代化开辟了广阔天地，营造了全社会关心、支持气象工作的良好氛围。气象部门经过 60 年的奋斗和探索，逐步改善了“三苦”的形象，形成了事业留人，感情留人，适当的待遇留人的良好环境。我们靠艰苦奋斗，经过近三个五年计划的大规模综合改造和建设，气象台站旧貌变新颜，极大地改善了气象人的工作和生活环境，许多气象台站成为城市建设的重要标志，当地政府指挥防灾减灾的基地，普及科技知识的阵地，旅游观光的景点。气象部门成为越来越多的人向往的单位。良好的工作和生活环境极大地改善了气象人的形象，促进了气象现代化的发展。

气象文化建设和宣传工作为创建良好环境发挥了重要作用。气象部门在抓好业务、科研、管理现代化建设的同时，大力加强气象文化和精神文明建设，取得了丰硕成果。气象部门的优良传统与作风、气象职业道德规范、精神文明载体和气象宣传格局，组成了具有部门特征和气象人品质的特色鲜明、内涵丰富的气象文化。60 年来，利用各种媒体开展气象宣传，拍摄了大量气象故事片、科教片、科普片和专题片；气象电视节目收到广大人民群众的喜爱；气象出版社出版了 5000 余种约 10 多亿字的气象专业图书；中国气象报社出版报纸近 2160 多期约 6600 多万字；还兴办了全国性和省级各类气象专业期刊。气象文化建设和宣传工作为传播和普及气象知识、交流推广气象科技成果、宣传气象现代化的成绩和作用做出了重要贡献。进入新世纪，实施《中国气象文化建设纲要》，在全部门广泛开展气象文化建设，广大干部职工的政治思想和道德素质以及科学文化素质有了新的提高，基层台站文化基础设施建设得到加强，职工的精神文化生活不断丰富，进一步形成和发扬了爱岗敬业、精益求精的职业道德，淡泊名利、艰苦奋斗的奉献精神，发展创新、争创一流的时代风范。

以上五个方面的基本经验是几代气象人共同实践的成果，是各级气象部门几届领导集体智慧的结晶，是指导中国特色气象事业的宝贵财富。这些基本经验集中到一点就是：高举中国特色社会主义伟大旗帜，坚持解放思想，深化改革，扩大开放，以气象服务为引领、预报预测为核心、综合观测为基础、科技和人才为支撑，大力推进气象现代化，提高气象防灾减灾和应对气候变化能力，促进人与自然的和谐，为经济社会发展和人民安全福祉做贡献。

第五节 中国气象现代化前景展望

经过 60 年的发展，我们站到了一个新的历史起点上。在这个新的历史起点上，气象现代化面临着传统的天气、气候学向气候系统的重大转变，面临着气象信息采集、加工、分析、传递的重大变革，面临着应对气候变化和防御气象灾害的内容、形式、手段的重大挑战。加快构建具有世界先进水平的气象现代化体系，率先实现气象现代化刻不容缓！

一、中国气象现代化面临的机遇与挑战

从国内经济社会发展看，未来很长一段时间，中国深入贯彻落实科学发展观，全面建设小康社会，并进一步基本实现现代化，既对气象工作赋予了新的历史使命，也为气象现代化开辟了新的历史空间；实现社会经济又好又快发展，既对气象工作提出了前所未遇的课题，又对气象现代化提出了前所未遇的需求；随着我国综合国力的增强，既对气象工作提出更高的标准，也将为气象现代化建设注入更多的投入。我们要紧紧抓住难得的历史机遇，积极应对来自各方面的巨大挑战，围绕经济社会发展的新需求，取得气象现代化建设新的进展。

气象防灾减灾、服务民生迫切需要推进气象现代化建设 随着全球变暖的加剧，气象灾害给人民生命财产安全、城乡生产生活秩序所带来的影响将更加严重，社会防御突发气象灾害的难度将不断增加。气象防灾减灾关系千家万户，关系各行各业，关系社会稳定，关系经济发展，是深入贯彻落实科学发展观、保障人民群众生命财产安全的需要，更是构建社会主义和谐社会、全面建设小康社会的重要任务。

应对气候变化、保障国家安全迫切需要推进气象现代化建设 气候变化问题对经济、社会产生多方面重大影响，已引起全世界的广泛关注。我国正处于经济快速发展阶段，科学应对气候变化，事关我国经济社会发展和人民群众的切身利益，事关国家的根本利益。建设气象现代化，增强应对气候变化能力，是我国实现科学发展、维护国家利益最迫切的任务。

建设生态文明、推动可持续发展迫切需要推进气象现代化建设 我国人口众多，人均资源占有量少，生态环境脆弱。建设气象现代化，促进人与自然的和

谐，建立资源节约型、环境友好型社会，对合理开发利用风能、太阳能等可再生能源，对开展典型生态系统和生态环境敏感区监测和服务提出了越来越高的要求。

从国际气象科技发展趋势看，世界气象科学不断向地球气候系统多学科交叉融合方向发展，国际气象防灾减灾不断向综合预警、早期预警方向发展，应对全球气候变化这一前沿领域的研究与合作不断向纵深方向发展，气象服务不断向多元化、全球化气象与经济社会融合方向发展；气象观测继续向多圈层全程、实时和定量监测方向发展；天气预测预报继续向无缝隙的方向发展；气候预测预估模式继续向更广领域、更加集成的气候系统模式方向发展；与气象密切相关的信息技术继续向超大规模集成、网格化、智能化方向发展。美国、加拿大、澳大利亚等国家已相继建成高水准的地面基准气候观测网。为期 10 年的全球"观测系统研究与可预报性试验"（THORPEX）计划正在世界气象组织框架内组织实施，有力地推进观测—预报交互系统技术、多模式多中心超级集合预报技术的发展，加速提高了 1～14 天数值预报准确率。发达国家都已经建立了气象资料四维变分同化系统，卫星观测资料的数值预报模式同化率已经达 90%以上，世界各主要国家的全球数值预报模式水平分辨率都将提高到 10～20 千米，尤其是欧洲中期天气预报中心的全球中尺度模式水平分辨率已达 10 千米，全球集合预报模式分辨率已达 30 千米。气象科技的快速发展，为气象现代化奠定了重要的技术基础和发展机遇，同时也面临发达国际气象科技长期占据优势并有可能拉大差距的严峻挑战，面临区域气象竞争不断加大的严峻挑战。我们应跟踪世界前沿，并结合中国国情，大力提升气象现代化水平。

相比经济社会发展需求和国际气象科技进展，当前气象现代化建设还存在不少的薄弱环节和制约因素。虽然气象现代化取得了长足的进展，但与社会经济发展日益增长的需求仍不相适应，整体实力与发达国家仍有较大差距，气象现代化速度、规模、结构、效益不够协调等问题还需解决。主要表现在公共气象服务现代化水平偏低，气象防灾减灾体系薄弱，应对气候变化能力不强。数值预报模式和资料同化等核心技术发展缓慢，预报准确率和精细程度亟待提高。精度高、长期稳定运行的基准气候观测系统不健全，气候系统多圈层相互作用监测能力不足，地面气象观测站网布局仍然存在空白，自动化程度有待提高。上述气象现代化建设中存在问题，都需要予以重视并得到逐步解决。

二、中国气象现代化体系架构

做好气象现代化系统设计工作，是气象现代化快速发展的成功经验。2006 年，温家宝总理在主持审议《国务院关于加快气象事业发展的若干意见》（国发

〔2006〕3 号）文件时明确指示，到 2020 年，使气象整体实力接近世界先进水平，这个目标是积极的，通过努力也是可以达到的。但是需要具体化，把这一目标分解到各个系统，每个系统都达到什么水平，要提出明确要求。下功夫、花力气切实把气象现代化体系设计好，对调动各个方面的积极性，凝聚各个方面的智慧和力量，实现气象现代化的新跨越意义重大。气象现代化体系设计的实质，就是以国家经济、社会发展需求和国际气象现代化先进水平分别作为纵横坐标，寻找我国气象现代化的最佳结合点。

应当指出，气象现代化体系的架构是动态的，逐步演进的。早期气象现代化是从“观测、通信、预报、资料”四个方面来展开的；改革开放后，气象现代化改从“信息采集、信息传递、分析加工、预报服务”四个功能块来推进。中国气象局牵头组织中国气象事业发展战略研究时，提出建设“综合气象观测系统、气象预报预测系统、公共气象服务系统和科技支撑保障系统”。随着科技的快速发展和改革开放的深入，我们对气象现代化的认识也在不断深化。搞现代化既要重视硬件建设，更要重视软件建设；既要重视国外引进，更要重视自主创新；既要重视科研和业务的现代化，更要重视人才和管理的现代化。基于这些新的认识，中国气象局党组遵循气象事业发展规律，把握气象现代化面临的具体实际，从战略高度上进一步明晰了当前和今后一个时期气象现代化体系的基本架构，即现代气象业务体系、国家气象科技创新体系、气象人才体系共同构成气象现代化体系，同时又进一步明确现代气象业务体系主要由公共气象服务系统、气象预报预测系统、综合气象观测系统构成。

在气象现代化体系总体架构中，构建现代气象业务体系是中心任务，是实现气象事业又好又快发展的基石。科技创新能力不足和高层次人才短缺是制约气象现代化发展的主要瓶颈，必须把建设国家气象科技创新体系和气象人才体系放在更加突出的位置。国家气象科技创新体系建设和气象人才体系建设必须紧密围绕现代气象业务发展的需要，面向现代气象业务服务发展方向，推动气象科技创新，培养高素质人才队伍。

现代气象业务体系最鲜明的特征就是强化公共气象服务的引领作用，由国家需求引领公共气象服务业务发展，并通过公共气象服务业务发展需要引领气象预报预测业务和综合气象观测业务发展，科技、人才、装备保障和信息为其提供支撑。

要全面加强公共气象服务，把公共气象服务进一步融入经济社会发展大局，建成全方位、多层次、开放式的公共气象服务系统。决策服务让领导满意，公众服务让群众满意，专业服务让部门满意，科技服务让用户满意。要进一步加强气象灾害防御体系建设，制订气象灾害防御规划，切实做好气象灾害预警、发布、风险评估、应急处置等工作。

要着力提高预报预测水平，建成无缝隙、精细化的预测预报系统，坚持以数值预报为基础，综合运用多种预测技术的技术路线，使预报准确率和可用时效进一步提高，灾害性天气的监测预警能力达到国际先进行列。

要努力建设结构合理、布局适当、功能齐备的综合气象观测系统。坚持天基观测以卫星为主，空基观测由飞机、气球、火箭组成，地基观测以遥感、遥测为主的技术路线，实现多要素、全天候、高分辨观测。

现代气象业务发展靠科技，科技发展靠人才。不断提高气象业务的科技含量，提高队伍整体素质；加快科研和业务体制创新，推动科研业务结合、多学科融合、多部门协同、国内外合作与交流，构建产、学、研、业相结合的科技创新体系。要牢固树立正确的人才观，把握人才的成长规律，深化改革，扩大开放，完善人才管理制度和办法，创新文化，营造人才成长的良好环境。

三、建设"四个一流"，提供一流服务

从世界气象科技发展潮流和国家经济社会发展大局来看，展望到 2020 年，中国要建成结构完善、功能先进的气象现代化体系，实现"一流装备、一流技术、一流人才、一流台站"的要求，为我国经济社会发展提供一流的气象服务，使气象事业整体实力接近同期世界先进水平，若干领域达到世界领先水平。这些目标可大致包括如下内容：

一流装备　气象装备是气象事业发展的坚实基础，是气象现代化的重要标志。到 2020 年，建成完善的国家气候观测网、国家天气观测网、专业气象观测网和区域气象观测网，形成地基、空基、天基观测有机结合的综合气象观测系统，实现观测自动化、布局科学化、装备国产化、业务标准化，实现对灾害性天气全天候、多要素、高时空分辨率观测和主要气候要素的系统性综合观测。建立专用的飞机和船舶气象探测系统。气象通信网对实时观测资料的收集传输达到分钟级，观测资料与预报服务资料的分发时效达到分钟级。高性能计算机峰值计算能力达千万亿次/秒量级以上。建成世界先进的分布式气象信息存储与共享系统，实现对所有实时和历史气象数据的在线存档处理。

一流技术　气象技术是气象事业发展的重要支撑，是气象现代化的核心。到 2020 年，自主研发的数值天气预报模式接近世界先进水平，资料同化中占有的比例显著提高；自主研制的气候系统模式在气候预测和气候变化预估中发挥重要作用。建立精细化、客观化和无缝隙的天气预报业务系统。研制出具有自主知识产权的气候探测卫星，具有对温室气体、反应性气体和气溶胶的探测能

力。气象仪器设备的国产化水平显著提高，在核心技术和关键共性技术领域有重大突破。

一流人才　气象人才是气象事业发展的重要保障，是气象现代化的根本。到 2020 年，建成健全的气象培训体系，全面提升气象人才队伍的整体素质。形成高层次人才队伍，明显提升气象核心与关键技术人才的创新能力。在关键业务科研领域培养造就一批领军人才，形成具有国际知名度的预报员和科学家队伍。人才辈出、人尽其才的机制体制不断完善，充满生机和活力的气象人才体系基本形成。

一流台站　气象台站是气象事业发展的牢固基石，是气象现代化的根基。到 2020 年，台站业务现代化水平大幅提升，台站业务用房满足各项气象业务运行需求并符合抗御自然灾害设计要求，台站观测环境及水、电、路、暖、护坡、消防、安全等基础设施得到显著改善，台站职工工作生活条件达到当地中等以上水平。艰苦台站综合改造基本完成，生活基地更加完善，职工轮休等制度更加健全。气象台站发展的软实力进一步提升，气象人精神得到发扬，基层学习型单位普遍形成。

气象服务是立业之本，是气象现代化的出发点和归宿。通过上述“四个一流”的建设，要提供一流的气象服务。要不断完善“政府主导、部门联动、社会参与”的气象灾害防御机制，建成“预案到村、预警到户、责任到人”的基层气象灾害防御体系，力求每个行政村（屯）设置气象信息员。建成气候资源保护和开发综合体系。应对气候变化工作为建设生态文明、资源节约型、环境友好型社会和参与国际活动提供有力支撑。专业气象服务领域真正融入经济社会的有关行业。气象服务公众满意度达到 95％以上。

四、中国气象现代化——明天更美好

中国气象现代化已走过了两个 30 年。在党中央、国务院的领导下，气象人以一往无前的进取精神和波澜壮阔的创新实践，推动中国气现代化快速发展，中国气象事业发生了历史性的深刻变化。气象工作从来没有像今天这样受到各级党政领导的高度重视，从来没有像今天这样受到社会各界的高度关切，从来没有像今天这样受到广大人民群众的高度关心，从来没有像今天这样受到国际社会的高度关注。

第一个 30 年，中国气象现代化在艰难曲折中探索前进。大规模建设气象台站网，大规模培养、引进专业人才，迅速开展天气预报和气象服务，超前开展数值预报、人工影响天气试验、农业气象试验、卫星雷达等研究，中国气象现代化在艰难曲折中不断探索前进。

第二个 30 年,中国气象事业在改革开放中开拓奋进。这 30 年,气象部门不失时机推进改革,扩大开放,瞄准美国等发达国家奋起直追。目前已建立了一个站网布局基本合理、探测手段比较现代化、监测功能比较强大的天基、空基、地基相结合的综合气象探测系统;我们已实现了气象预报预测技术的重大转变,建立了以数值预报为基础,人机交互系统为平台,综合运用多种技术方法的预报预测系统,气象预报水平得到很大提升;我们坚持公共气象的发展方向,融决策服务、公众服务、专业服务、科技服务于一体,形成了具有中国特色的公共气象服务体系。中国的气象现代化已达到发达国家 20 世纪 90 年代后期水平,成为国家现代化的重要标志。

如今,中国气象现代化又站到了一个新的历史起点。下一个 30 年,率先实现中国气象现代化,并为国家基本实现现代化提供一流的气象服务。需求是牵引历史前进的火车头,"高举中国特色社会主义伟大旗帜,坚持解放思想,深化改革,扩大开放,以服务为根本、预报为核心、观测为基础,大力推进气象现代化,提高气象预报预测准确率和应对气候变化能力,促进人与自然的和谐,为经济建设和社会发展做出新贡献"的历史责任已落在新一代气象工作者肩上。我们坚信,经过下一个 30 年或更长一段时间的不懈努力,中国气象将成为全世界最先进的现代化系统之一。到那时,气象观测手段将更加先进;气象预报预测将更加精细;气象服务产品将更加丰富;科技支撑与保障能力将大大提升。

发展永无止境,气象现代化永无止境。我们既要倍加珍惜中国气象现代化 60 年取得的伟大成就和基本经验,又要继续探索新形势下继续推进中国气象现代化的发展道路和模式。历史证明,世界上没有放之四海而皆准的发展模式,也没有一成不变的发展道路。我们坚信,在党中央和国务院的领导下,继续坚持解放思想、实事求是、与时俱进、勇于创新,到 2020 年全面建成"四个一流"、率先基本实现气象现代化、进而为国家基本实现现代化作出一流的气象服务的目标就一定能够实现!

中国气象现代化的明天一定会更加美好!

本章编写组成员:刘英金　王邦中　王　立　韩通武　赵同进　周　恒　郑江平　张洪广

第二章　气象服务系统

气象服务系统是现代气象业务体系的重要组成部分。中国气象现代化一直坚持公共气象的发展方向，融决策服务、公众服务、专业专项服务、科技服务于一体，形成了具有中国特色的公共气象服务系统。本章回顾总结新中国成立以来气象服务系统拓展领域、提高效益的现代化建设历史进程，分述决策气象服务、公众气象服务、专业专项气象服务、气象科技服务以及气象灾害防御体系建设与应急服务的发展与成就，对公共气象服务系统现代化发展前景提出展望。

第一节　概　述

一、气象服务系统的定位与结构

气象服务是整个气象工作的出发点和归宿，是气象事业发展的立业之本。新中国成立以来，中国特色社会主义气象事业始终坚持为社会主义建设服务、为人民大众福祉安康服务的根本宗旨，不断扩大服务领域，不断提高服务效益，气象服务取得举世瞩目的巨大成就，并以服务引领气象事业不断向前发展。在气象服务工作中发展形成了包括决策气象服务、公众气象服务、专业专项气象服务、气象科技服务在内的具有中国特色的现代化的气象服务系统。明确现代气象业务体系中公共气象服务系统是根本，防灾减灾、应对气候变化，服务经济社会发展和人民安全福祉是党和政府对气象工作的总体要求，也是公共气象服务的主要任务。

在气象服务发展历程中，气象部门始终坚持以公益性气象服务为主体的原则。根据各类服务对象、特点和需求，发展多种服务模式和组织形式，紧密围绕国家经济建设、社会发展和人民生活以及国家可持续发展和国家安全等重大需求，开展全方位、多层次、多元化的服务，体现了中国特色社会主义气象事业科技型基础性公益事业的本质属性。

1. 气象服务系统的定位

在气象现代化进程中，气象服务领域不断拓宽，规模不断扩大，由单一到多元、由传统到现代，指导思想明确，与时俱进，气象服务系统具有明确的定位。

始终坚持把服务放在首位，以服务为立业之本 新中国气象事业在创建之初就确立了气象为人民服务、为经济社会发展服务的根本宗旨。随着国家经济社会发展，不断深化巩固和发展完善对气象服务宗旨的认识和实践，提出气象服务是整个气象工作的出发点与归宿，以气象服务为立业之本，各个历史时期一脉相承、与时俱进。气象部门始终坚持以提高气象服务的综合效益为中心，以经济建设和社会发展的需求为导向，以农业服务为重点，发展、完善与社会主义市场经济相适应的，以公益气象服务为主体、多种气象服务并存，全方位、多元化的气象服务系统，使气象工作不断融入经济社会发展之中。在新的历史时期，面对日益增长的气象服务需求，气象部门提出了实施拓展领域战略，确立了气象服务是贯彻落实"公共气象、安全气象、资源气象"发展理念的落脚点，强调"以人为本，无微不至，无所不在"气象服务新理念，坚持面向决策、面向生产、面向民生发展公共气象服务，坚持把公共气象服务放在首位，增强防御气象灾害和应对气候变化能力，不断提高气象服务的经济、社会和生态效益，赢得了各级政府、人民群众、社会各界的信赖和支持。

公共气象服务系统是现代气象业务体系建设的根本 气象部门不断强化气象服务对气象事业发展和现代化建设的引领作用，把气象服务作为中国从气象大国向气象强国进行跨越式转变、率先实现气象现代化的突破点，进而推动气象事业的全面发展。在科学发展观指导下，明确现代气象业务体系主要由公共气象服务系统、气象预报预测系统和综合气象观测系统构成，各业务系统间相互衔接、相互支撑。由国家需求引领公共气象服务业务发展，并通过公共气象服务业务发展需要引领气象预报预测业务和综合气象观测业务发展，科技、人才、装备保障和信息为其提供支撑。公共气象服务直接反映了国家、社会需求，其发展水平直接反映了现代气象业务建设的成效。各项业务的发展都必须建立在充分分析公共气象服务发展需要的基础上，各个系统的建设都必须以增强公共气象服务能力为基本落脚点，业务技术体制改革也必须服从和服务于公共气象服务体系建设的根本需要。

2. 中国特色气象服务系统的结构

决策气象服务、公众气象服务、专业专项气象服务、气象科技服务等部分，整体构成了全方位、多元化的具有中国特色的气象服务系统(图 2.1)。

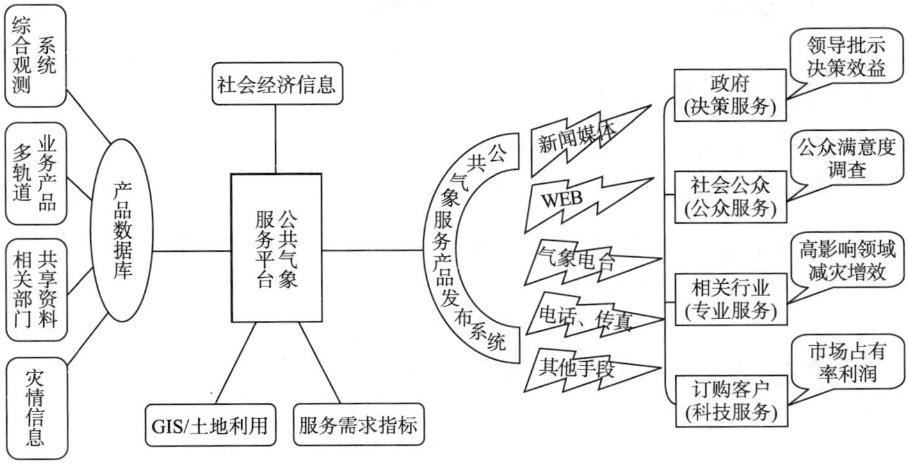

图 2.1　公共气象服务系统(许小峰,2007)

决策气象服务　决策气象服务是气象部门为各级党委、政府及相关部门决策层防灾减灾、应对气候变化等科学决策所提供的气象信息与咨询服务。气象部门向党中央、国务院和地方各级党委、政府报送重要天气气候信息和防灾减灾信息,并根据天气气候实况及趋势预测进行综合分析,提供重大事件咨询和防灾减灾、应对气候变化等重大对策建议,为国家防灾救灾、制定国民经济和社会发展计划、组织重大社会活动等起到重要参谋和助手作用。在各项气象服务工作中,决策气象服务对国家安全、社会稳定、经济发展、防灾减灾、应对气候变化等具有举足轻重的作用。

公众气象服务　公众气象服务是气象部门履行社会公共服务职能,通过电视、广播、报纸、电话、手机和网络等多种公共传播媒介和手段,向社会公众提供的公益性气象服务信息,体现气象服务以人为本理念的具体行动。公众气象服务在做好灾害性天气公众预警服务的同时,不断丰富公众服务内容与产品种类,以简明、直观和通俗易懂的方式制作与公众工作、出行、健康和日常生活息息相关的服务产品。农村公众气象服务的重点是围绕农业、农村与农民的需要,拓宽气象服务的覆盖面。城市公众服务的重点是气象灾害防御与高质量的气象信息服务。

专业专项气象服务　专业专项气象服务是为经济社会有关行业和用户,重点工程建设领域以及重大政治、社会、经济活动提供的有专门用途的气象服务。服务的对象包括政府有关职能部门、专门行业、重点工程建设项目、重大活动的组织者、合作伙伴和有关单位等。专业专项服务除提供各种信息服务外,还包括直接为防灾减灾服务的人工影响局部天气作业，以及以气象科技为支撑的减灾适用技术服务等。

气象科技服务 气象科技服务主要是指在确保公益性气象服务的前提下，根据经济社会发展和用户、市场的精细化特色需求，利用气象业务服务产品进行专门加工，开展具有针对性、专业化和多样化的各类气象服务。气象科技服务与国民经济各行各业和广大人民群众的生产生活息息相关。气象科技服务以气象信息服务和技术服务为主，具有增值性、收益性，并依照国家有关政策和法规开展。

二、气象服务系统现代化历史进程

新中国成立以来，气象服务工作取得了飞跃发展。经过各个历史时期，气象服务走过了不寻常的发展历程，气象服务的发展轨迹，始终贯穿着服务于经济社会发展和人民安全福祉这一主线，谱写出了绚丽篇章。气象服务的发展历程有以下几个时段，具有各自的特点：

1. 大力建设，积极服务

1950—1952 年国民经济建设三年恢复时期，气象部门在做好为军事气象服务的同时，尽力为交通、渔业、农业、林业和水利建设服务。1953 年毛泽东主席和周恩来总理签署的转建命令强调，气象工作“既为国防建设服务，同时又要为经济建设服务”。同年提出气象部门第一个五年计划的方针是“大力建设，积极服务”，各地气象台站逐步开展了为当地经济建设、社会发展和防灾减灾的气象服务。1954 年 3 月 6 日，周恩来总理签署《政务院关于加强灾害性天气预报、警报和预防工作的指示》，对各级人民政府、气象及相关部门，在灾害性天气的预报、警报和预防工作中的责任提出明确要求。据此，中央气象局先后与铁道部、农业部、水利部、林业部等签订了气象部门提供天气预报、警报暂行办法，与民航局签订了民航气象保障总合同，与农业部等部门达成设立专业气象台站的协议。1954 年 6 月，全国气象工作会议确定了“今后气象工作必须为国防现代化、国家工业化、交通运输业及农业生产、渔业生产等服务；有计划有步骤地满足各方面对气象工作日益增长的要求，以防止或减轻人民生命财产和国家资财的损失，积极地支持国家各种建设工作”的五年气象工作总方针。随后，各级气象台站陆续开展了军航、民航的飞行气象保障服务，开展了国家和重点工程建设设计所需要的气象服务，还承担了长江、黄河、淮河、海河、辽河、珠江、松花江等主要江河流域的气象服务。1954 年汛期长江流域出现历史罕见特大洪水，广大气象工作者发扬顽强拼搏精神，群策群力，认真做好每一次灾害性天气预报，及时提供雨情等相关情报服务，为防汛抗灾做出了突出贡献。1955 年《国务院关于加强防御台风工作的指示》，强调了“防重于救”。1956 年毛泽东主席主持最高国务会议，会上毛主席说：“人工造雨是非常重要的，希望气象工作者多努力。”1956 年 6 月 1 日起，国内各种气象报告取消加密，天气实况、天气预报公开对外广播。1957 年 4 月 27 日，国务院副总理邓子恢指出：“为农业服务是气象工作者一个极为重要的任务。”1958 年 6、7 月间在广西桂林召开的第三次全国气象会议通过“依靠全党全民办气象，提高服务的质量，以农业服务为重点，组成全国气象服务网”的气象工作方针。同年 9 月，中央农村工作部批转中央气象局党组的报告，指出“气象工作为国民经济建设、国防建设服务，并以农业服务为重点，这是正确的。”1958 年中央气象局编发《全国农业气象旬报》，并开展农业气象预报服务。到 1959 年，全国约有 80％的农区气象台站开展了农业气象情报预报服务工作，普遍进行了群众性的气象调查，总结出许多服务指标。1958 年我国在吉林省首次进行飞机人工降雨抗旱作业，甘肃、北京、安徽、湖北、江苏、湖南、河北等地也相继开展人工增雨作业、消云、消雾试验。1958 年底召开全国第一次人工降水工作会议，开启了我国人工影响天气服务工作。1959 年《国务院关于加强气象工作的通知》，要求“加强气象工作，提高气象工作的服务质量”，“气象部门应当积极地向生产建设部门提供气象情报、气象资料和气象预报，并做好为生产建设服务的组织工作。”按照国务院的要求，气象部门在开展气象预报的同时，积极开展各类气象情报、气象资料的服务工作，并逐步扩大服务的领域，在做好为农业服务的同时，在海洋、水库、江河防汛、森林火险等专业服务领域相继进行了有益的探索，不断提高服务质量，气象服务在为国民经济建设服务和社会发展中日益发挥重要的作用。

20 世纪 60 年代前 5 年，在国务院领导的关怀和支持下，气象服务进一步向主要为经济建设服务的工作重点转移，进一步确立以农业为重点的气象服务指导思想。1960 年召开全国第二次人工降水工作会议，推动人工影响天气服务工作的开展。1964 年 4 月在苏州召开“全国农业气候区划工作会议”，开始全国第一次农业气候区划工作，促进农业气候资源的开发利用。在不到两年时间里，有十几个省（区、市）完成省级区划，并完成一大批县级区划。为各级人民政府组织生产和防灾减灾配备气象“参谋”。以灾害性天气预报、警报服务为中心，开展气象情报、气候分析、专业气象、人工影响天气等多种气象服务。

2. 经受干扰，曲折发展

1966—1976 年“文革”时期，是气象服务受冲击停滞不前的特殊时期。气象科技人员流散，管理瘫痪，仪器设备失修，气象基本业务质量下降，严重影响了气象服务的发展。同时由于当时过分强调为国防和战备服务，大大削弱了为社会发展和国民经济建设服务，直接影响了气象服务效益的发挥。

此时坚守岗位的气象工作者，仍努力坚持重大灾害性天气预报服务工作。1970 年 5 月，中央气象局上报国务院，决定每年 6 月 1 日至 9 月底，每天上午以《天气公报》的形式汇报全国雨情。1972 年 8 月 14 日，按周恩来总理在中央气象局第 107 期《天气公报》上的批示，自当日起开始向台湾同胞发布台风、大风警报和预报。1972 年 10 月 7 日，国务院、中央军委以国发〔1972〕86 号文批转中央气象局关于加强北方 14 省(区、市)抗旱斗争中气象服务工作的意见，要求继续加强对气象工作的领导，充分发挥气象工作在抗旱斗争中的作用。1973 年 12 月在上海召开全国气象工作会议，针对当时片面强调为国防建设和战备服务，明确提出“做好为经济建设和国防建设服务，在为经济建设服务中，把为农业服务放在首位”的工作方针。1975 年 8 月 4—8 日，河南省的汝河、沙河、颖河、唐河和白河流域上游的浅山丘陵地区发生了我国历史上罕见的“75·8”特大暴雨，8 月 5—7 日 3 日最大降水量达 1605 毫米。位于暴雨中心的板桥、石漫滩两座大型水库溃坝。河南省在这次特大暴雨中有 29 个县市的 113.3 万公顷农田被淹，其中 73.3 万公顷农田受到毁灭性的灾害。受灾人口上千万，死亡近 9 万人，京广铁路中断行车达 18 天。面对严重的自然灾害，中央气象台、河南省各级气象台站，力排干扰，全力以赴做好预报服务工作，在政府部门组织防灾救灾抗灾工作中发挥了重要作用。1975 年《国务院批转农林部关于加强海洋渔业气象服务的报告的通知》，提出了加强海洋气象服务需要解决的若干问题。“文革”时期气象工作者坚持人工影响天气试验服务，1966 年中央气象局发出关于做好北方八省(区、市)抗旱气象服务的紧急通知，要求结合抗旱，抓住有利天气时机，积极开展人工降雨和防雹试验工作。1967 年中央气象局庐山云雾物理研究所承担人工消雾任务，先后在庐山、邵武、重庆进行了消雾试验。1972 年前在山西昔阳县开展人工防雹试验。1972 年全国人工降水防雹座谈会，反映了人工影响天气工作尤其是防雹工作的进展。20 世纪 70 年代后期农业气象观测恢复，杂交水稻气象条件试验研究、小麦干热风防御与东北低温冷害防御三大农业气象协作课题边试验研究，边为生产服务，成绩显著。

3. 拓展领域，创新发展

改革开放以来的 20 世纪 80 年代是气象服务发展、改革的年代。1979 年 12 月 19 日至 1980 年 1 月 5 日召开的全国气象局长会议，明确提出要把气象工作的重点转移到以提高气象服务经济效益为中心的轨道上来，转移到气象现代化建设上来。从此，气象部门一直抓住这个重点不动摇，取得了气象事业与气象服务发展的巨大成功。1984 年《气象现代化建设发展纲要》提出气象服务系统是现代化建设的五个组成系统之一，指出："气象服务是气象工作的根本目的和体现"，要"全面运用各种气象服务手段，不断提高服务质量和社会、经济效益，为国民经济和国防建设服务"。气象服务系统现代化建设的目标是建成"综合运用各种气象服务手段及现代化传播工具的气象服务系统"。在各地前期探索的基础上，1985 年气象部门提出要拓宽气象服务领域，在坚持公益服务的前提下，积极开展专业气象有偿服务，提高气象服务的经济效益和社会效益。根据国务院办公厅国办发〔1985〕25 号文批转的《关于气象部门开展有偿服务和综合经营的报告》的精神，专业气象有偿服务很快得到了发展，大大增强了气象部门的活力，对拓展服务领域、加强服务的针对性、弥补气象事业经费的不足发挥了作用。1987 年 1 月，国家气象局第一次全国气象服务工作会议在广州召开，首次规范了气象服务工作，提出各级气象部门在实际工作中要十分重视质量第一、用户第一、信誉第一，在"准"字、"专"字上狠下功夫。1988 年《关于加强气象服务改革的意见》，提出进一步深化气象服务的改革，发展气象服务业务。1990 年 10 月，第二次全国气象服务工作会议在上海召开，提出紧密结合国民经济发展的需要，进一步提高服务能力，拓宽服务领域，巩固提高公益服务和专业有偿服务，开拓发展科技服务和专项服务，进一步提高气象服务的社会效益和经济效益。气象服务的指导思想不断与时俱进，不断深化。

1985 年全国农业气象工作会议召开，系统总结了农业气象业务服务工作的历史经验，继续坚持以农业服务为重点，全面推进农业气象的改革与现代化建设，引导气象为农业服务向深、广、细、活方向发展。重新调整农业气象基本观测站网与农业气象试验站，国家和省级农业气象基本观测站分别为 402 个和 317 个，农业气象试验站 68 个，进一步提升气象为农业服务的能力。1988 年国家农业气象观测网、情报网和预报网三网合一，业务服务效益提高。1989 年 5 月，国家气象局下发了《农业气象产量预报业务服务工作暂行规定》。至 1991 年底，全国有 28 个省(区、市)气象部门利用气象卫星遥感信息开展了粮食作物产量预报，冬小麦估产准确率达 95%以上。

这一阶段一直把对灾害性天气的预报服务放在突出的位置。1983 年 7 月上中旬，长江流域普降暴雨，有些地方甚至超过了 1954 年最大洪水水位，7 月底川北、陕南连降暴雨，安康出现了罕见的特大洪水，各级气象部门准确预报了暴雨过程，为防汛抗洪救灾作出贡献。1989 年 4 月，国家气象局重新颁发了《汛期气象服务暂行规定》，规定了组织分工与职责、汛前准备与汛后总结、汛期气象服务的联防协作等，明确全国防汛气象服务工作的重点是大江大河、大型水库，以及重点防洪城市。同年7月下发了《关于进一步做好城市防洪气象服务的通知》。

森林防火和远洋导航气象服务等专业专项气象服务在这一时期迅速发展。1986年4月，国家气象局下发了《关于切实做好护林防火气象服务工作的紧急通知》，首次要求各级气象部门把气象为森林防火服务作为一件大事来抓。1987年5月8日，卫星气象中心从卫星云图发现大兴安岭发生森林火灾，国家气象局领导及时向国务院领导报告火情，在扑灭这起特大森林火灾中提供了大量云图信息服务，组织了人工增雨灭火工作，为扑灭大火做出了重要贡献，得到了国务院的表彰。1987年2月，国家气象局批复了《关于全国性气象导航业务系统建设方案》；1988年12月成立了中央气象台海洋气象导航中心，开始了我国自己的远洋导航服务。同时开展了气象为重大社会活动、重点建设工程服务。1990年6月，国家气象局发出《关于积极支持办好亚运会的通知》，积极为亚运会服务。人工影响天气服务取得良好效益。各级气象部门先后为黄土高原的水土保持、大江大河的综合治理等工程建设进行了专门服务。在长江三峡水利工程规划设计中，气象部门提供了大量的气象背景资料，成立了专门的气象专家组，审查了百年一遇和千年一遇的洪水资料。组织专家设计了“长江三峡水利枢纽工程气象保障服务系统”，为开展举世瞩目的三峡水利工程服务奠定坚实基础。

4. 多种形式，全面发展

20世纪90年代，气象服务工作进入了一个全面快速发展的新阶段。1991年10月，国家气象局在青岛召开全国气象科技兴农会议，提出气象科技兴农是以农业服务为重点的方针在新时期的深化和发展。1992年中国气象局下发《关于贯彻党的十三届八中全会〈决定〉，进一步做好气象科技为农业和农村经济发展服务的意见》，全国气象科技兴农、科技扶贫服务蓬勃开展。1992年国发25号文件《国务院关于进一步加强气象工作的通知》要求“进一步拓宽气象服务领域，提高服务能力，切实做好气象为国民经济建设的服务工作，努力提高气象服务的社会、经济和生态效益，这是气象工作的根本任务。”气象部门认真贯彻国务院文件精神，积极推进气象服务现代化建设，不断拓展服务领域，努力提高气象服务的社会经济效益。广泛开展了决策服务、公众服务、专业专项服务、气象科技服务等多种类型气象服务。服务领域明显拓宽，服务对象涵盖了各级党政领导机关、国民经济各部门、企事业单位和广大人民群众以及国防科学试验研究部门等。服务的内容从单纯的气象信息服务发展到气象信息、适用技术和气象工程服务等多种气象服务。服务产品包括天气预报、气象情报、气象资料、气候分析应用、气象卫星信息分析应用、气象适用技术、气象雷电灾害防御、人工影响天气等。随着改革开放和社会主义市场经济体制的建立,促进了气象服务观念、服务思想的更新和发展,气象服务呈现一派欣欣向荣的景象。1995 年 4 月在湖北宜昌召开的第三次全国气象服务工作会议提出,坚持把气象服务作为气象工作的出发点和归宿,坚持在公益服务与有偿服务中,把公益服务放在首位;在决策服务和公益性公众服务中,把决策服务放在首位,以及坚持在为国民经济各行各业服务中,突出以农业服务为重点的"两个首位一个重点"的服务理念。1994 年 7 月颁布《中华人民共和国气象条例》,1999 年 10 月颁布《中华人民共和国气象法》,以及相继颁布的气象服务专门法规文件《气象服务规定》、《汛期气象服务规定》等,保证了气象服务依法健康发展。2000 年 5 月在上海召开的第四次全国气象服务工作会议,提出了"气象服务是立业之本","一年四季不放松,每个过程不放过"的气象服务思路,明确提出要建立和发展面向 21 世纪的现代化气象服务体系,要求国家级、省级气象部门建立决策气象服务机构、公众气象服务机构、气象有偿服务机构等,以适应国民经济建设和社会发展对气象服务的需求。

20 世纪 90 年代,气象服务工作取得重大成就。对 1991 年 6 月江淮地区发生的特大洪涝灾害,1998 年长江大水,从气候预测到中短期天气预报都做出了比较准确的预报,为党中央和国务院领导防洪和抗洪斗争提供了优质气象服务。1995 年世界反法西斯战争胜利 50 周年和中国抗日战争胜利 50 周年、香港回归、澳门回归的成功服务,为建国 50 周年大庆提供精细化服务、保障国庆阅兵正常顺利进行等,受到党中央、国务院和社会各界的普遍赞誉。为长江三峡大江截流等重点工程服务效益明显。兴农网的建立丰富了气象为"三农"服务的内容和手段。

5. 融入社会,科学发展

面对 21 世纪日益增长的气象服务需求,气象服务的内涵和内容大大丰富。党的十六大召开后,党中央和国务院领导高度重视民生,提出了以人为本,科学发展的理念,防灾减灾工作受到各级党政领导和社会的高度重视。中国气象局把气象灾害的防御和公共气象服务工作作为重中之重予以加强。先后与国务院应急办、国家减灾委员会、国家防总等建立了气象灾害应急联动机制和灾害防御规划管理协调保障机制,与国土资源部、铁道部、交通部、农业部、水利部、卫生部、国家核应急办公室、环保总局、安全监管总局、林业局等部门建立了地质气象灾害、交通安全、城市环境空气质量预报服务、高温中暑、一氧化碳中毒、农林病虫害、森林草原火险等联合预警制度，以及海上搜救、应对气象条件引发公共卫生安全等突发事件气象保障机制，逐步打开了开放、合作、共赢的新局面。通过中国气象事业发展战略研究，确立了“公共气象、安全气象、资源气象”的事业发展新理念，特别明确了要坚持公共气象的发展方向，坚定不移地发展公共气象服务。贯彻落实《国务院关于加快气象事业发展的若干意见》（国发〔2006〕3 号）文件精神，进一步确立了“以人为本，无微不至，无所不在”的气象服务新理念。2002 年《人工影响天气管理条例》的实施，大大推进了全国人工影响天气工作，随着《飞机人工增雨作业业务规范》和《高炮人工防雹增雨作业业务规范》的制定和下发，全国人工影响天气业务服务的规范化建设得到加强。人工影响天气工作发展迅速，成为各级地方政府抗旱防灾的重要手段。中国气象局适时调整加强了组织机构，2003 年建立了国家空间天气监测预警中心。2004 年在中国气象科学研究院内成立了大气成分监测与服务中心。2005 年中国气象局成立了应急管理办公室，在国家气候中心内成立了风能太阳能评估中心。2005 年 4 月《国务院办公厅关于加强人工影响天气工作的通知》印发各地和各部门。2006 年中国气象局批准在中国气象科学研究院内成立中国气象局人工影响天气中心。2006 年 6 月印发“重大气象灾害预警应急预案”。2006 年 7 月国务院办公厅下发了《关于进一步做好防雷减灾工作的通知》，要求各地区、各有关部门进一步做好防雷减灾工作，保障人民群众生命财产安全，明确提出“气象部门要加强防雷减灾工作指导，依法履行雷电灾害防御工作的组织管理职责”。2007 年国务院办公厅下发了《国务院办公厅关于进一步加强气象灾害防御工作的意见》对气象灾害防御工作做出全面部署。2007 年，在国家气象中心内成立了气象灾害评估中心。中国气象局加强了决策服务中心的建设。2007 年下发了关于发展现代气象业务的意见，提出建设公共气象服务系统、预报预测系统、综合观测系统组成的现代气象业务体系，明确了公共气象服务是根本，预报预测是核心，综合观测是基础，信息与技术是保障的定位，以及公共气象服务对基本业务的引领作用。2008 年，中国气象局组建了公共气象服务中心，为进一步做好公共气象服务工作提供了组织保证。

新世纪气象部门积极做好应对气候变化工作，针对国内外气候变化重大事件、极端天气气候事件和经济社会可持续发展等重大问题进行决策服务，为国家应对气候变化作出重要贡献。胡锦涛总书记在 2007 年春节看望一线气象工作者时特别要求气象部门要做好气候变化研究工作，为经济社会可持续发展提供服务，为人民群众福祉安康服务。温家宝总理对 2007 年 2 月中国气象局党组增强应对气候变化和防御极端气候灾害能力的专报、4 月中国气象局 IPCC

评估报告分析材料及8月关于应对全球变化防御极端气候灾害的科学分析报告，都作出了重要批示，要求“要高度重视全球气候持续变暖问题，采取综合有效措施，积极应对气候变化所带来的威胁和灾害”。中国气象局还针对我国温室气体排放、美国五角大楼气候变化特别报告、英国斯特恩报告等进行分析并形成决策服务材料上报国家领导人。中国气象局领导和专家多次为党和国家领导以及省(部、委)领导做气候变化问题科技报告。各级气象部门积极开展应对气候变化相关决策服务，气象部门在中国应对气候变化工作中的地位显著提升。

2008年9月在北京召开第五次全国气象服务工作会议，深入贯彻落实党的十七大精神，以及国务院3号文件精神，站在政府角度研究公共气象服务问题，提出进一步强化气象业务服务职能，健全公共气象服务体系。从理论和实践两个方面明确了气象服务的公益性特征，公共气象服务的定位、内涵、属性和发展思路。这是新中国气象事业创建以来对气象服务的认识、内涵和任务等进行的较为系统的阐述，无论是广度还是深度，都是一个新的飞跃，也是气象部门深入贯彻落实科学发展观，推动新时期中国特色气象事业又好又快发展的又一重大举措。中国气象局下发了《公共气象服务业务发展指导意见》。还下发了《中国气象局关于贯彻落实〈中共中央关于推进农村改革发展若干重大问题的决定〉的指导意见》，要求坚持把气象为农业服务作为首要任务，着力建设发展适应农业防灾减灾、农业应对气候变化、国家粮食安全保障、社会主义新农村建设需要的现代农业气象业务，加快推进农村公共气象服务能力建设，努力实现气象为农村改革发展服务的新突破。农村气象信息员队伍达37万人。为了加强服务管理，2009年中国气象局成立“应急减灾与公共服务司”。

新时期的气象服务在服务国计民生、国家安全、防灾减灾中做出了重大贡献。2003年夏季淮河流域大水、2008年初南方严重低温雨雪冰冻灾害、四川汶川特大震灾的气象服务，举世瞩目的“2008北京奥运会”气象服务，“神舟七号”气象保障服务，建国60周年大庆气象保障服务，以及对近年来在我国沿海登陆的强台风的气象服务，都取得了巨大成功，受到国内和国际社会的高度赞扬。

三、气象服务系统现代化主要特征

我国气象服务系统现代化具有以下的主要特征：

逐步实现服务产品的多元化、专业化　经过多年努力，在天气预警预报、气候预测和专业气象预报等基础上，建立农业、水利、交通、旅游、卫生、能源等专业气象服务产品制作系统，逐步实现服务产品的多元化、专业化。依托气象综合监测信息、精细化的预报预测产品，对各类服务产品进行集成、深加工和包装，丰富服务内容与形式，满足用户个性化需求，实现对各种时空尺度大气现象、各种要素和各类用户的精细化服务。在提高灾害预警的准确率和预警时效的同时，对可能发生的灾害进行预评估，针对性地提出预防措施和对策；灾中为政府及相关部门提供实时的气象灾情和灾害发展趋势预报信息；灾后加强灾情的收集、调查和评估，为政府及相关部门科学有效地组织灾后恢复重建、实施防灾避灾措施提供决策依据。气象服务向系列化、个性化、数字化、多媒体化及灵活迅速、动态跟踪、全程服务方向发展。

服务手段不断现代化 依托气象现代化建设，气象服务手段和方式不断改进和完善。各级气象部门利用计算机、卫星通信、多媒体等高新技术，大力发展和丰富气象服务手段与形式。各级气象部门充分利用电视、广播、报纸、电话、手机短信、网络、警报系统、气象信息电子显示屏、海洋预警电台、农村有线广播前端接收机等多种现代化信息传播手段传播气象服务信息。决策气象服务已实现图、文、视频并茂。电视天气预报节目已遍布中央、省、市(地)、县(市)的大部分电视频道。中国天气网每天发布 34 类天气预报警报、气象灾害预警信息。手机短信平台每天发布国内外 2000 多个城市预报信息。正在建设的气象预警信息卫星数字语音广播系统，有望实现自动播报语音和报警功能。气象服务充分利用各种现代化手段和方式，高频次地发布气象服务产品，实现对预报预警信息进行无缝隙的连续滚动发布。

气象服务逐步实体化 分类建设气象服务机构，实现气象服务实体化。各级气象部门坚持分工合理、职责明晰、互补合作和内部透明的原则，逐步建成国家级、省级、市(地)级、部分有条件的县(市)级气象服务机构实体。国家和省级气象服务实体按照“大实体、多功能、大服务”的原则，整合相关资源，优化资源配置。中国气象局公共气象服务中心，以中国气象局影视宣传中心为基础，整合国家级网络公众气象服务及面向专业用户的专业气象服务等气象服务资源，承担国家级公共气象服务任务；各省(区、市)气象局以本单位影视、网络公众气象服务等气象服务资源为基础，组建专门的公共气象服务机构，承担省级公共气象服务任务。中国气象局决策气象服务机构和省级决策气象服务机构以各业务部门为基础，以“小实体、大网络”方式运作，建立健全协调配合、联动的高效运行机制，明确各单位相应职责，充分发挥各组成单位的积极性，不断增强决策气象服务的综合性。

服务队伍逐步专职化 气象服务的实体化、专业化，必然要求气象服务队伍专职化。各级气象部门强化气象服务队伍建设，有计划地培养和引进能够承担气象防灾减灾、应对气候变化、气象应急服务、专业专项气象服务任务具备多元知识结构的综合性气象服务人才，设置明确的岗位，采用灵活的用人机制，并加强气象服务人才的教育培训，培养服务专家，已逐步形成一支素质较高的专职化气象服务队伍，拥有一批具有较大影响力的气象服务带头人。专职化的服务队伍能够承担包括气象服务信息采集、产品制作、集成、显示、包装、分发，产品研究开发，响应和反馈，服务需求分析、公众满意度调查、行业气象服务效益评估、用户反馈信息收集、用户培训等各项气象服务工作的需要。

服务管理规范化　法制化、规范化管理是现代气象服务的基本要求。《中华人民共和国气象条例》尤其是《中华人民共和国气象法》颁布实施以来，气象服务法规不断完善，标准化建设快步发展，初步形成符合我国气象服务发展规律的法规体系，为气象服务又好又快发展营造了良好的政策法制环境，使我国气象服务进入法制化的发展轨道，保障了气象服务持续、健康发展。多年来气象部门十分重视制定气象服务的法规性文件，包括:《气象服务规定》、《决策气象服务周年方案》、《汛期气象服务规定》、《台风业务服务规定》、《中国气象局汛期气象服务工作实施方案》以及《决策气象服务质量考核办法》、《公众气象服务质量考核办法》,《重大气象服务表彰办法》、《气象灾害预警信号发布与传播办法》等，对气象服务工作的规范管理、健康快速发展起到重要作用。

四、气象服务系统具有鲜明的中国特色

60年来，我国气象服务工作不断创新发展，气象服务系统现代化建设的生动实践，体现了我国的气象服务具有非常鲜明的中国特色，是中国特色社会主义气象事业发展的具体表现。

以服务人民的安全福祉和经济社会发展为根本宗旨　各级气象部门长期以来坚持以服务人民安全福祉和经济社会发展为根本宗旨，以人为本，不断增强为构建社会主义和谐社会服务的能力。为经济社会发展、国家安全和人民生活提供天气、气候及气候变化的全方位、多元化保障服务。在气象灾害防御中，坚持把人民的生命财产安全放在第一位，不断提高公众气象服务的满意度和覆盖率。把为党政领导的决策气象服务放在各类服务的首位，坚持主动服务、超前服务，不断提高决策气象服务的主动性和有效性，不断提高气象工作的社会影响力。气象部门建立了国家、省两级决策气象服务专门机构和专职队伍，决策气象服务的效果显著提高。在政府组织开展的自然灾害防御和应急处置、事故灾难救助、公共卫生事件应急和社会安全事件应对中发挥着越来越重要的作用，为维护国家安全、重大工程建设、资源开发利用和生态建设、环境保护等提

供了有力的科学支撑与保障。

以服务农业为重点，拓展领域，提高效益 农业是国民经济的基础。在气象服务发展历程中，气象部门一直在为国民经济各行各业服务中，坚持以农业服务为重点。各级气象部门充分发挥气象为农业生产和农村改革发展服务的职能和作用。根据现代农业高产、优质、高效、生态、安全的需要，提升现代农业气象预报服务水平；提高现代农业气象情报服务质量；推进现代农业气象灾害监测预警与评估服务；深入开展农业气候区划与农业适应气候变化业务服务；做好农业气象防灾减灾、应对气候变化和国家粮食安全保障工作。有组织、有计划地开展人工影响天气服务工作，积极开展城市供水和工农业用水紧缺地区的人工增雨作业；建立应对扑灭大规模森林草原火灾、严重空气污染、城市高温天气等公共事件的人工影响天气应急作业机制。气象服务不断融入经济社会发展之中，扩大服务领域，提高服务效益。

以公共气象服务为引领，增强气象业务基础作用，提升服务能力 公共气象服务与综合气象观测和预报预测都是现代气象业务体系的重要组成部分。公共气象服务直接反映社会需求，其发展需求对气象业务和科研的发展具有引领作用。增强气象综合观测、预报预测业务对公共气象服务的基础作用，通过气象综合观测、预报预测业务能力的增强，又为公共气象服务发展提供强有力的信息和技术支持。把公共气象服务系统纳入政府公共服务体系建设的范畴，加快公共气象服务系统的现代化建设进程，大力开发政府需要、公众关心的气象服务产品，不断从无到有、从有到好、从好到精，是提升服务能力的必由之路。

以防灾减灾、应对气候变化为着力点，全面强化服务 防灾减灾、应对气候变化，对保护资源、生态、环境，促进经济社会可持续发展，对国计民生具有十分重大的意义。气象事业发展突出以防灾减灾、应对气候变化为着力点，是从我国国情出发，以科学发展观指导的突出成果。国务院办公厅发布《关于进一步加强防御气象灾害的意见》，推进了公共气象服务体制机制的创新，形成了“政府领导、部门联动、社会参与”的气象灾害防御体系。根据《中国应对气候变化国家方案》、《国务院落实应对气候变化国家方案部门分工》制定的《气象部门贯彻落实〈中国应对气候变化国家方案〉的行动计划》，着力加强我国应对气候变化的业务服务能力。以防灾减灾、应对气候变化为着力点，全面强化服务，是气象工作的根本宗旨在新时期的重要体现。

以体制机制创新和开放式发展为途径 长期以来，中国特色气象服务系统坚持改革创新，以体制机制创新和开放式发展为途径，不断探索具有中国特色的气象服务发展道路。以改革开放为根本动力，解决气象服务系统中不同服务类型发展遇到的体制机制问题。在气象服务发展中，加强结构调整，实行队伍分流，建立服务机构和气象服务工作管理机构，设立服务岗位，逐步实现气象服务专门化、实体化。改革开放，拓宽了气象服务领域，促进了气象服务全方位、多层次协调发展。气象服务系统依靠改革创新、依靠科技进步，才能从早期比较单一的形式、类型、内容，发展为目前具有比较先进的多元结构、多元运行机制，极大地推动了气象服务的进步。既坚持了以公益性气象服务为前提的发展，又依法开展了气象科技服务，不断增强了气象事业发展的活力，全面提升了气象服务能力。通过部门合作、局校合作、局院合作，实现开放式发展，提高了气象服务的科技水平和综合效益。

以依法发展为保障　完善的气象服务法律、法规及标准化体系，是我国气象服务依法发展的重要特点。《中华人民共和国气象法》的颁布实施，标志着中国气象事业进入依法发展新的历史阶段。《气象法》实施后，国家层面相继形成了《人工影响天气管理条例》、《通用航空飞行管理条例》，以及《重大气象灾害预警应急预案》、《国务院办公厅关于进一步加强气象灾害防御工作的意见》等一系列与气象服务相关的法律法规与文件。中国气象局先后制定和修订了《气象预报发布与刊播管理办法》、《防雷减灾管理办法》、《气象灾害预警信号发布与传播办法》等法规性文件。中国气象局还与相关部门联合发布了有关预防高速公路交通事故、汛期地质灾害气象预报预警、施放气球管理等规范性文件。气象服务法制化建设的迅速推进，增强了气象服务社会管理职能，对依法规范气象服务管理、健康有序发展气象服务起到重要的作用。

五、气象服务系统现代化前景展望

经过 60 年的发展，我国气象服务系统现代化水平有了极大的提高。新时期发展公共气象服务系统的宗旨是切实增强防御和减轻气象灾害以及应对气候变化的能力，进一步提高服务水平，提高气象服务综合效益，为国民经济和社会发展以及人民福祉安康提供更加优质的气象服务。

展望未来 10 年我国气象服务系统现代化前景是美好的，主要表现在：

有效构建气象灾害防御及灾害管理体系　提高气象灾害信息收集和分析处理能力，气象灾害预警信息发布更为准确及时；气象灾害风险评估和风险区划不断改进。建立、健全城乡气象灾害防御网络，提高城市、农村气象灾害防御水平；加强部门联动机制，增强气象灾害和突发公共事件气象应急保障能力；公民气象防灾减灾素质进一步提高。

应对气候变化服务全面开展　气候变化监测向区域化、具体化方向发展，实现应对气候变化服务的业务化与常态化;进一步开发利用气候资源,发展能源气象服务,加强气候承载力分析,深化气候变化对区域经济社会安全的影响和应对措施的服务。

进一步强化决策气象服务 提高决策气象服务的针对性、敏感性、综合性和时效性,全面提高决策气象服务的能力和水平,积极主动地为各级政府、部门提供全方位决策气象服务,决策气象服务由提供信息向决策参谋转变。

全面加强公众气象服务 实现公众气象服务的多样性与精细化,进一步改进服务手段,公众气象服务达到广覆盖与高频次发布;加强气象预警发布系统建设和终端用户的响应,突发性气象灾害预警信息的覆盖率将达到 85%以上,常规气象信息公众覆盖率将达到 90%以上。

不断提高专业专项气象服务 进一步拓展专业专项气象服务领域、提升科技水平。发展现代农业气象等一批骨干专业气象服务,建立有世界先进水平的专业气象服务系统;充分发挥人工影响天气的多种功能,作业服务向高效益方向发展;提高专项气象服务能力,建立气象保障服务组织机构,完善专项气象服务的运行保障机制。

持续健康地发展气象科技服务 依托基本气象业务,积极开拓气候工程服务、环境气象服务、气象能源开发评估、雷电灾害风险评估等服务新领域,努力寻求新的增长点;开发科技内涵丰富的新项目与服务产品,推进气象科技服务向深层次、精细化方向发展;优化资源配置,完善发展机制,加强规范管理,增强竞争能力,不断提高服务效益。

公共气象服务系统平台达到新的水平 建立和完善公共气象服务基础信息收集系统与服务数据库,实现国家、省、市、县之间的服务信息共享;建设公共气象服务产品制作、分发平台,适时提供相应的优质、高水平的服务产品;完善服务产品制作规范和气象服务指标体系;建立公共气象服务响应与反馈机制。

第二节　决策气象服务

决策气象服务面向党中央、国务院,面向各级党委、政府和有关部门的决策层,带有全局性和战略性的作用和地位,是中国特色气象事业的突出亮点。

一、决策气象服务发展进程

决策气象服务是气象服务最重要的组成部分,是最具有中国特色的气象服务。气象部门历来高度重视做好为党政领导部门的气象服务。自 1949 年 12 月 8 日中央人民政府革命军事委员会气象局成立之日起，气象工作就积极配合人民解放军，为解放全中国提供军事气象服务。1950 年 6 月朝鲜战争爆发后，在基础十分薄弱的情况下，大力建设气象台站网，为空军提供气象保障服务。1953 年转建后，气象工作既为国防建设服务，同时又为经济建设服务。在国民经济建设的各个历史时期，气象部门十分重视做好对国家经济建设和人民生命财产影响很大的灾害性天气监测、预报和服务，为各级党政领导组织防灾减灾及时提供有针对性的防范措施和建议。同时，还积极为各级政府和有关部门研究发展经济战略，制定长远规划和指挥生产提供科学依据。

经过长期的探索和实践，气象部门认识到面向各级党政领导的决策气象服务，是有效组织防灾减灾、保护人民生命安全的重要科学依据之一，逐步发展了决策气象服务的内涵，凝练了决策气象服务的理念。1987 年新疆维吾尔自治区气象局首先提出了“决策气象服务”一词，随后各地对决策气象服务的理论和实践开始了新的探索和深化。在 1990 年度全国气象局长会议上，正式确定了决策气象服务的概念。1995 年 4 月，在湖北宜昌召开的全国第三次气象服务工作会议上，对决策气象服务作了进一步的全面论述，明确提出“坚持在公益服务与有偿服务中，以公益服务为首位，在决策服务与公益性公众服务中，以决策服务为首位”，确定了决策气象服务的地位。1998 年 5 月召开的“全国决策气象服务工作研讨会”，着重分析研究了加快决策气象服务发展的思路与措施，进一步丰富了决策气象服务的内涵。

多年来，气象部门努力拓宽决策气象服务领域，提升服务产品科技含量，决策气象服务水平显著提高，已形成了具有中国特色的气象服务模式。气象部门建立了国家、省两级决策气象服务专门机构和专职队伍。1996 年 9 月中国气象局成立决策气象服务的业务协调机构“中国气象局决策气象服务中心”。气象现代化建设明显提高了决策气象服务能力。各级气象部门决策气象服务的业务逐步成熟，质量不断提高，服务领域不断拓宽。准确、及时地为各级政府防御和减轻气象及相关灾害、应对气候变化、重大工程建设、区域开发、气候资源开发利用等方面提供了决策所需要的气象服务，其服务面之广，内容之丰富，手段之多样，位于世界前列。

2008 年 5 月 30 日，中国气象局局长办公会专题研究决策气象服务工作，指出新时期经济社会发展对气象服务、尤其是对决策气象服务提出了更高的要求。建设现代气象业务体系要将建设公共气象服务系统放在第一位，而决策气象服务是公共气象服务系统的重中之重，是现代气象业务体系的核心之一，要求采取各种措施提高决策气象服务的能力和水平，全面做好新时期决策气象服务工作。

二、决策气象服务发展成就

我国决策气象服务发展迅速，成绩显著。

1. 决策气象服务内容拓展

以防灾减灾、应对气候变化为着力点 各级气象部门高度重视气象灾害防御工作，防灾减灾坚持避害与趋利并举，不断完善防灾减灾体系。我国建立了各级政府组织协调、各部门分工负责的气象灾害应急响应机制，构建气象灾害预警应急服务系统，提升气象灾害防御服务能力，最大限度地减少重大气象灾害造成的人民生命财产损失。中国气象局及时向国家及各有关部门提供气候变化前沿及热点问题分析与评论、气候变化领域的重要活动、应对气候变化政策建议以及减缓与适应气候变化措施等重要信息。根据应对气候变化的需求，积极开展对极端天气气候事件发生频次、强度和空间分布特征及其变化规律的研究，为决策部门防范应对极端天气气候事件提供服务。分析气候变暖对农业、粮食安全、交通、能源、水资源、生态环境等造成的影响，制订科学的战略对策，为提高我国适应和减缓气候变化能力提供服务，为气候变化外交谈判提供决策支持。各省级气象部门也结合实际，积极开展了应对气候变化的相关决策服务工作。2008 年 6 月国家气候中心、国家气候变化专家委员会专家就全球气候变化和我国加强应对气候变化能力建设，为中共中央政治局第六次集体学习进行讲解。中国气象局领导为 20 多个省（区、市）党委、政府，及外交部等国家部委与中央党校作气候变化专题报告，讲解气候变化最新进展，分析气候变化对经济社会发展的影响，就国家和地方应对气候变化提出建议。其中一些建议已被国家和地方政府采纳，对加强各地区应对气候变化能力建设，促进经济社会可持续发展具有重要的意义。

积极开展重大活动气象保障服务、突发公共事件应急决策气象服务 重大政治社会活动、突发公共事件，影响面大，还关系到国家形象。我国决策气象服务逐步建立适应社会政治活动需要的、稳定可靠的气象业务和服务管理体系以及快速反应能力，提供精细化的预报预警服务产品，为政治社会活动的顺利进行提供及时准确的气象保障服务。国庆 50 周年、60 周年、北京奥运会、载人航天飞行、上海特奥会等重大活动气象保障服务的成功标志着重大气象保障服务能力的显著提升。为保证气象灾害应急工作高效、有序进行，提高气象防灾减灾能力，中国气象局制定了气象灾害应急预案，成立气象灾害应急指挥机构，明确相关部门职责，加强对台风、暴雨、强对流等重大灾害性天气的监测预警，最大限度预防和减轻气象灾害造成的人员伤亡和财产损失。同时，中国气象局和各省（区、市）气象局还制定了突发公共事件应急预案，建立了重大突发事件应急气象保障服务系统，成立了突发公共事件应急机构，建立了统一高效的气象应急信息平台和流动气象台，开展森林火险、污染物及有毒气体扩散等应急气象服务。应急气象服务为各级政府、部门处置突发事件和防御重大气象灾害的决策提供了科学依据。

全面加强决策气象服务　气象系统全面加强国家安全、社会主义新农村建设、生态文明建设的决策气象服务。多年来，积极探索维护国家安全的决策气象服务新途径，开展粮食安全、水资源安全、能源安全、生态与环境安全等决策气象服务。提高农业趋利避害的能力，近几年在做好国内重点产粮区农业气象条件的监测、预测预警和病虫害发生气象条件预报基础上，加强农业灾害性、关键性天气预报和各种农用天气预报的决策服务。加强和改进粮食产量气象预报业务服务，发展与我国粮食进出口有关的国外主要粮食作物产量预报，不断增强保障国家粮食安全的气象服务能力。加强农业年景气候预测，为农业生产部门科学规划全年农业生产活动提供有效的决策服务。紧紧围绕社会主义新农村建设，大力推进政策性农业保险气象服务工作，提高决策气象服务的覆盖面。

2. 决策气象服务手段发展，能力提升

决策气象服务手段从电话、传真逐步发展为网络、影视、短信发送渠道及专报等，建立传输专线和专网，建立专人专送制度和文件交换渠道等。建立了国家级、省级、市（地）级决策气象服务产品分送分发平台，将决策气象服务信息通过传真、网络、影视、手机短信等专门渠道直接发送至政府决策部门。遇有突发灾害性天气，保证在第一时间同时通过手机短信、电话、传真、网络等多种手段将预警信息直接发送到决策者手中。1997 年初，中国气象局决策气象服务系统研制成功并投入业务运行，提高了国家级决策气象服务的能力。在此基础上，经过不断实践和努力，各省逐步研制本地特色的决策气象服务系统。2002 年汛期前，各省（区、市）决策气象服务系统基本建成。随着全国气象业务服务信息共享系统、气象灾情信息收集上报处理系统、气象灾害风险评估系统的相继建成，基本实现了决策气象服务信息实时交流，显著提高了决策气象服务的能力与水平。

3. 决策气象服务逐步实体化、专门化

气象部门成立了国家级、省级决策气象服务专门机构，并发展了决策服务产品制作、集成、分发业务技术，逐步实现决策服务实体化、产品制作专业化。决策气象服务由国家、省、市(地)、县四级承担.国家级在气象部门内提供决策服务指导产品，充分发挥各区域中心、各省级气象部门的作用，各地结合本地天气气候特点和决策气象服务的实际需要开展服务，上下协同，及时、准确提供决策部门需要的气象服务产品和决策咨询服务。建立、完善了决策气象服务的考核评价机制与效果反馈机制。

4. 决策气象服务成效显著

多年来，各级气象部门积极主动地服务，不断提高决策气象服务的及时性、针对性，为国家防灾救灾、应对气候变化、制定国民经济和社会发展计划、组织重大社会活动等起到了重要参谋和助手作用，成效显著，得到了党中央、国务院领导和各级党政领导的高度评价。60 年来，无论是 1954 年抵御长江特大洪水、1969 年抵御超强台风袭击以及 1975 年的“75・8”特大暴雨服务等，还是近年来在 2008 年年初南方低温雨雪冰冻灾害和“5・12”汶川特大地震等特大严重灾害的防御中，气象部门都主动及时地为各级党政领导科学指挥抗灾救灾提供决策依据。进入新世纪，气候变化成为当今国际社会普遍关心的重大全球性热点问题。中国气象局围绕气候变化的热点问题、政府关注的重点问题，科学分析，及时提出高质量的决策建议，为党中央和国务院制定我国应对气候变化内政外交政策提供决策依据。中国气象局向党中央提出加强应对气候变化能力建设的建议，被写入了党的十七大报告。积极参与《中国应对气候变化国家方案》、《中国应对气候变化的政策与行动》(气候变化白皮书)、《中国应对气候变化科技专项行动》等相关政策措施的制定，为我国参与政府间气候变化专门委员会(IPCC)的评估工作、《联合国气候变化框架公约》(UNFCCC)国际谈判等提供了很好的科学支撑。针对《京都议定书》生效、“G8＋5”首脑会议召开等重要事件的分析，对 IPCC 第四次评估报告的分析，对美军方《国家安全与气候变化威胁》报告的分析和建议，对我国二氧化碳和甲烷等主要温室气体分析报告、粮食价格上涨气候背景分析、气候变化对中国农业生产及粮食安全影响等决策服务材料，得到了中央领导的肯定。

三、决策气象服务未来发展

新时期将进一步快速发展和大力加强决策气象服务。主要是充分发挥部门整体资源的作用，提高决策气象服务的综合性；全面提高决策气象服务的能力和水平；充分发挥决策气象服务的效能，实现决策气象服务由提供信息向决策参谋转变。

提高决策气象服务针对性　结合当地天气气候特点，深入分析当地防灾减灾形势，建立与相关部门的多渠道沟通协作机制，加强对政府决策部门的需求分析，制定和完善《年度决策气象服务方案》，明确年度决策气象服务关注重点，确立各时段固定上报的服务产品，提高决策气象服务针对性。充分发挥各区域气象中心、各省级气象部门的作用，加强决策气象服务的对下指导，组织国家、省上下联动运行方案，上下结合，努力提高决策气象服务产品的内涵和质量，做好服务。

提高决策气象服务敏感性　认真研究和牢牢把握政治、经济、社会、文化建设等事关发展全局的重大战略问题，了解防御和减轻自然灾害、适应和减缓气候变化、开发和利用气象能源等重大发展方面各类问题的决策需求，研究政府决策部门关注的热点、新点，做到视野宽、思路宽。增强决策服务的敏感性、预见性和主动性，提高决策气象服务意识，变被动服务为主动服务，变滞后服务为超前服务，真正做到"想领导之所想、急领导之所急、做领导之所需"，决策服务由提供信息向决策参谋转变，最大程度地体现决策气象服务的效果。

提高决策气象服务综合性　重点加强气象灾害防御、应对气候变化、国家安全、社会主义新农村、生态文明建设、人工影响天气、气象能源开发利用、雷电防护等方面的决策气象服务。提高决策气象服务的整体性、综合性与科学性，服务内容包括综合气象实况监测分析、预警预报预测预估、极端事件检测、灾情与灾害分析、环境影响评估、灾害风险与防御、适应与减缓对策等。不断增加决策气象服务产品的通俗性、可读性。

提高决策气象服务时效性　建立决策气象服务产品至政府决策部门的及时高效的电话、传真、网络、影视、短信发送渠道，建立传输专线和专网，或专人专送。遇有突发灾害性天气，必须在第一时间运用多种手段保证将预警信息主动发送到决策者手中，提高决策气象服务时效性，实现决策部门在第一时间最快地得到决策气象服务产品。

四、重大决策气象服务实例

长期以来，中国气象局与各地气象部门在防灾减灾、重大活动气象保障等决策气象服务中，做出了非常重要的成绩。在此通过部分重大决策气象服务的成功实例加以反映。

1. 防汛抗洪服务

(1)1954年汛期，长江流域出现历史罕见特大洪水，在当时气象科技水平比较低下的情况下，气象部门全力以赴为防汛抗灾开展气象服务，为荆江三次分洪和保卫武汉长江大堤，安全撤离群众等，提供了准确及时的天气预报和气象情报。中央气象台、汉口、上海中心气象台受到国家通报表扬。

(2)1983年7月上中旬，长江流域普降暴雨，沿江水位普遍超过警戒水位，有些地方甚至超过了1954年最大洪水水位。各级气象部门准确预报了数次暴雨过程，特别是报准了11—15日上游暴雨、局部大暴雨过程。湖北省和荆江地区防汛指挥部根据预报，紧急部署，组织10多万人加固江堤险段，对该区大型水库提前泄洪，以错开长江洪峰，从而确保了长江大堤的安全。1983年7月底，川北、陕南连降暴雨，安康出现了罕见的特大洪水，老城全部被淹。对这次暴雨过程，中央气象台、有关省和地区三级气象部门都提前数日做出了准确的预报，并多次向各级政府领导和防汛指挥部门汇报。在关键时刻，陕西省政府做出立即撤离安康老城区近7万群众的重大决策，从而大大减少了人民生命财产的损失。

(3)1991年6月，江淮地区发生特大洪涝灾害。在6月14日中央决定午夜在蒙洼分洪的关键时刻，气象部门预报雨带将南压、淮河流域雨势将减弱，并向在防洪一线的李鹏总理作了汇报。根据预报，中央决定将分洪时间推迟到第二天上午8时，为蒙洼蓄洪区1.9万多人的安全撤离争取了7个多小时的时间。

(4)1998年，长江流域、嫩江和松花江特大洪水。1998年7—8月，长江流域发生1954年以来特大洪水，嫩江和松花江也出现了有气象记录以来的大洪水。面对十分复杂的天气气候变化和极端严峻的防汛抗洪形势，全国气象部门上下动员、通力协作，严密监视、科学分析，短期气候预测和中短期重大灾害性、关键性、转折性天气预报准确，为党中央和国务院领导防洪和抗洪斗争、为各级党政领导科学决策，避免荆江分洪，夺取抗洪抢险的胜利，提供了优质气象服务，发挥了重要作用，受到了党中央、国务院和各级党政领导及社会各界的好评。在全国抗洪抢险总结表彰大会上，江泽民总书记在讲话中多次提到气象工作，这是党中央、国务院对决策气象服务的充分肯定。

(5)2003年6月下旬到7月中旬，淮河流域发生了自1998年长江流域特大洪水后的又一次重大洪涝灾害事件。6月21日至7月22日，淮河出现6次集中降雨过程，过程降雨量普遍达400～500毫米，江苏、安徽两省沿淮地区及河南东南部的部分地区达500～600毫米，较常年同期偏多1～2倍。由于雨区和降雨时段集中，雨量大，导致淮河干、支流水位普遍上涨，高于警戒水位。中央气象台、安徽、江苏、河南等省气象台及沿淮地区气象部门，以高度负责的精神严密监视天气变化，短期气候预测基本准确，中短期重大灾害性、关键性、转折性天气预报服务主动及时，为各级领导指挥防汛抗洪抢险，战胜洪水起到了十分重要的作用，受到了党中央、国务院领导和各级地方党委、政府的高度赞扬。

2. 台风防御服务

(1)1956 年 7 月 26 日，5612 号台风温黛(WANDA)在冲绳东南的洋面形成后向西北方向移动，台风中心最低气压为 905 百帕，最大风速 90 米/秒。8 月 1 日 24 时在浙江象山县石浦附近登陆，中心气压 923 百帕，石浦站最大风速 60～65 米/秒；暴雨中心在天目山和四明山区，日雨量大于 200 毫米的超过 10000 平方千米，12～18 小时雨量大于 100 毫米的有 41000 平方千米。尽管当时气象监测设备比较落后，但气象部门通过利用气球探测、沿海台站监测资料和天气图资料，在台风登陆的前三天就预报强台风将在我国东南沿海登陆，于 7 月 30 日就发布强台风将袭击浙江沿海的警报。中共浙江省委、省政府、省防汛指挥部、省军区根据气象预报警报紧急动员全省党、政、军、民并出动空军抢险救灾，使灾害损失降到最低限度。

(2)近年在我国沿海登陆的台风，预报基本无失误，服务主动及时。对强度强、影响大的“森拉克”、“杜鹃”、“云娜”、“海棠”、“麦莎”、“泰利”、“卡努”、“达维”、“龙王”、“碧利斯”、“凤凰”、“桑美”等台风都提前做出了准确的路径预报和及时的服务，大大减少了人民生命财产的损失。2006 年针对超强台风“桑美”的气象服务，中国气象局第一次启动了由局领导签发的Ⅰ级应急响应命令，实行 24 小时主要负责人领班制度，全程跟踪台风动态，做好“桑美”的监测、预警、预报服务工作。各级政府根据气象部门发出的台风预警信息和防台预案，积极部署。在“桑美”登陆前，福建省各级政府紧急转移安置危险地区群众 71 万人，海上 3.6 万艘船只回港避风；浙江省紧急转移安置危险地区群众 100 多万人，回港避风船只达 3.44 万艘。为防御风暴潮“三碰头”带来的严重危害，浙江省、福建省政府还根据台风预警信息对危险沿海地区采取停工、停学、停市等必要措施；及时转移居住在沿海一线海塘至二线海塘内的群众及其他危险地带的群众到安全地带，将人员伤亡降低到了最低程度。

3. 抗低温雨雪冰冻服务

2008 年 1 月 10 日至 2 月 2 日，我国大部尤其南方地区连续四次出现低温雨雪冰冻天气过程，其影响范围之广、强度之大、持续时间之长，为历史罕见。这次灾害性天气过程正值春运高峰，主要发生地域又是我国交通、电力、煤炭和其他物资运送的重要通道和人口稠密地区，造成的影响几乎涉及各行业及人民生产生活的各个方面。对于这次低温雨雪冰冻天气过程，各级气象部门以高度负责、靠前服务的精神严密监视天气变化，精心做好预报预警服务工作。中国气象局于2007年12月8日，在针对北美暴风雪灾害进行了深入分析后，向国务院报送了我国防御暴风雪灾害的专题分析材料。气象部门提供的《全国主要公路干线天气预报》、《中国气象局煤电油运应急气象服务专报》、《春运气象信息服务专报》等多份应急专报材料，报送到党中央、国务院，并送到民政、交通、铁路、民航等有关部门，为政府及相关决策部门部署工作提供了有效的气象保障。2月5日，回良玉副总理在视察中国气象局并看望慰问气象工作者时明确指出：在这次罕见的自然灾害当中，气象部门作出了较为准确的预报，并在抗灾救灾工作中及时提供了详细的气象服务，为各级政府抗灾救灾决策指挥提供了重要支持，为广大人民群众防灾避险提供了有效指导，在防灾减灾工作中发挥了重要作用。

4. 抗震救灾服务

2008年5月12日四川汶川发生8.0级特大震灾，气象部门及时组织开展抗震救灾的各项气象服务工作，为抗震救灾提供科学数据和气象保障服务。中国气象局在向国务院报送的专题决策气象服务材料中，明确提出四川地震重灾区(北川、茂县、汶川、绵竹、都江堰等)5—9月的降水、气温变化趋势，特别指出地震重灾区位于汶水和岷江两岸，历来是滑坡、泥石流多发区，泥石流灾害占该地区地质灾害总数的59%。建议要尽早撤离地质灾害危险区内的群众，按科学要求重新选址安置，灾后重建应在地质灾害评价的基础上，选择比较安全的地方；在重建和恢复生产时，各地不要对环境有太多的开挖、扰动，减少诱发地质灾害的可能性。在随后的服务过程中，各有关气象部门逐日提供降水、气温实况和预报，为灾区防暑、防疫工作提供及时服务。同时还开展了对大型堰塞湖监测滚动天气预报服务，防御雷电灾害服务等。

5. 抗旱气象服务

2009年春华北、黄淮等地发生严重干旱。2008年入冬后，华北及黄淮地区降水异常偏少，其中，河北、山西、江苏、安徽、山东、河南、陕西、甘肃等省旱情较为严重。截至2009年2月5日统计，八省共有8723万人受旱，饮水困难人口477.1万人，饮水困难大牲畜136.4万头；农作物受旱面积853.45万公顷。2008年11月，中国气象局在2009年年度预测中指出，冬、春季华北、黄淮等地降水偏少，将有旱情发生。并将预测意见以“重大气象信息专报”形式上报国务院。旱情发生后，各级气象部门积极为抗旱提供预报预测信息，力争做准转折性、关键性天气预报。中央气象台准确预报出 2 月 7—9 日、2 月 13—14 日、2 月 17—19 日 3 次北方冬麦区大范围雨雪天气过程，各地抓住时机，及时组织开展人工增雨作业，大部分地区解除旱情或缓解了旱情。有关气象台站还组织农业气象服务人员深入田间、地头，指导广大农民开展抗旱保墒，抗旱气象服务效益显著，为减轻旱情影响，确保农业丰收做出了重要贡献。

6. 重大社会活动保障服务

(1)1995 年反法西斯战争胜利 50 周年服务。1995 年 9 月 5 日，首都各界数万群众在天安门广场举行世界反法西斯战争和中国抗日战争胜利 50 周年的重大活动，党和国家领导人出席活动。为保障重大活动的成功举办，中央气象台、北京市气象台联合协作，加强监测，提前准确预报出降水出现的时间，主办单位根据预报信息及时调整了日程，将活动由 10 时提前到 9 时开始，保证了重大活动在降雨来临前顺利完成。

(2)1999 年新中国成立 50 周年大庆气象保障服务。为纪念新中国成立 50 周年，1999 年 10 月 1 日，党中央、国务院、中央军委在天安门举行重大阅兵活动。为了做好国庆重大阅兵的气象服务，中央气象台、北京市气象台与在京军队、民航系统联合会商，提前一周为党中央、国务院提供多要素逐日滚动预报信息。特别是 9 月 30 日下午，北京下起了大雨，至午夜都没有停的迹象，阅兵活动能否成功举行，成了国内、国际瞩目的重点。气象部门通过运用各种先进手段和探测、监测信息，准确预报 10 月 1 日凌晨 4 时左右雨停，上午 10 时后云层变薄。及时、准确的预报服务，确保国庆阅兵等各项重大活动顺利进行，受到了党中央的表扬。

(3)2008 北京奥运会气象保障服务。2008 年夏季奥林匹克运动会于 8 月 8 日—24 日在北京成功举行。奥运会期间主协办城市正值盛夏和主汛期，高温、暴雨、雷电、台风等灾害性天气时有发生。北京主赛区在奥运会期间，降雨异常偏多，局地性降雨特征较为明显，并多伴有雷电，大部分地区降水比常年同期偏多 2 成至 2.5 倍不等。面对复杂多变的天气形势，中国气象局按照党中央、国务院关于全力办好奥运会的部署和要求，围绕“有特色、高水平”奥运气象服务目标，精心组织，周密部署，集全国气象部门之智，举全国气象部门之力，为奥运火炬接力珠峰传递和境内外 134 个城市的传递、奥运会开闭幕式、奥运会体育赛事、城市运行保障、公众出行观赛等提供了出色的气象服务。气象部门在奥运史上首次成功实施人工消(减)雨作业，保障了开幕式、闭幕式顺利进行。奥运会气象保障服务效果得到了国内、国际广泛赞扬。

(4)2008 年“神舟七号”发射气象保障服务。2008 年 9 月 25—28 日，举世瞩目的“神舟七号”载人航天飞行任务圆满成功。中国气象局继为“神舟五号”、“神舟六号”航天飞船发射提供气象保障服务之后，再度为“神舟七号”载人航天飞行保驾护航，为任务的圆满成功做出了贡献。在圆满完成北京奥运会、残奥会气象保障服务工作后，中国气象局要求各级气象部门发扬不怕疲劳、连续作战的精神，做好“神舟七号”气象保障服务工作。气象部门多次与有关部门沟通，了解“神舟七号”气象服务需求，精心组织制定气象保障服务方案。国家气象中心、国家卫星气象中心和甘肃省、内蒙古自治区气象局成立了神舟七号载人飞行气象保障领导小组，甘肃省气象局和酒泉卫星发射中心联合建立甘肃航天气象保障中心，积极备战“神舟七号”载人航天飞船气象保障任务。中央气象台、中国气象局国家空间天气监测预警中心以及甘肃省、内蒙古自治区气象台团结协作，组织完成“神舟七号”所经过国家的气候背景分析和关键保障服务软件开发，利用移动应急指挥车、车载风廓线仪、车载多普勒雷达等先进的监测、通信设备开展发射场、着陆场及周边地区各种气象要素的加密观测，并加强了整个发射过程的天气会商。天气预报、短期气候预测、气象观测、信息网络、卫星遥感等技术专家联合为“神舟七号”飞船发射、航天员出舱和飞船返回提供了天气预报和空间天气保障服务，出色完成了“神舟七号”飞船的气象保障任务。

(5)新中国成立 60 周年庆祝活动气象保障服务取得巨大成功。2009 年新中国成立 60 周年大庆期间天气形势复杂，庆祝活动对气象部门作好定时、定点、定量的天气预报要求极高，预报的技术难度很大。早在年初，中国气象局就专题部署此项重点工作，制定了庆祝活动气象保障服务、人工消云减雨技术及实施、演练、应急等 10 余个工作方案。充分运用奥运气象科技成果，开展天安门地区精细化天气预报。多次与军队、民航、中科院等单位进行联合天气会商，比较准确地做出了北京特别是天安门地区 1～14 天的滚动天气预报和 12 小时以内的短时临近精细化天气预报。9 月 23 日就准确预报了 9 月 30 日至 10 月 1 日北京地区的天气，并及时提供了“9 月 30 日有小阵雨转多云，10 月 1 日天气逐渐转好”的预报意见，为北京市筹委会及早制定和完善国庆活动防雨预案提供了重要依据。从 9 月 28 日起，向党中央、国务院及有关部门提供天安门地区逐小时天气、降雨量、风力、风向、气温、相对湿度、低云量、能见度、体感温度等精细化预报，特别是 9 月 29 日下午 16 时做出的“30 日 20 时后天安门地区的小雨将于 1 日凌晨 4 时停止并转阴，10 月 1 日 10 时天气多云转晴”预报结论，与天气实况完全相符。北京市及周边天津、河北、内蒙古、山西、山东等省（区、市）增加气象观测频次，及时掌握天气变化，针对庆祝活动的特殊需要，全方位做好气象保障服务。9月28日起，根据天安门地区逐小时天气变化，向指挥部提供了庆祝活动准备、集结、阅兵、游行、晚会、燃放焰火、散场等各阶段和时段应对天气变化采取的相关措施共15项。多部门配合，有效实施人工消云减雨作业，迫使降雨云层提前减弱其对北京地区的影响。9月30日至10月1日，通过多次实施飞机和火箭消云减雨作业，有效减弱了北京的降雨，加速了天安门地区天气由雨转阴、转晴的进程，为国庆活动的顺利进行创造了好天气。北京市筹委会和阅兵联合指挥部根据天气预报科学调度、周密部署，提前采取防雨、防雷电等措施，确保了阅兵（飞机编队飞行）、群众游行以最佳时间和状态行进。国庆晚会组委会根据气象部门作出的天安门地区温度、风力、风向的精细化预报，提前细化焰火燃放安全及保暖等各项方案，有针对性地采取措施，确保晚会的最佳效果和安全进行。气象部门还充分利用电视台、广播电台、报纸、网站及手机气象短信等，并举行各类新闻发布会，及时向社会各界发布了天气预报和各类气象服务信息。中央领导同志充分肯定气象部门出色地完成60周年国庆气象保障服务任务。多位领导批示：国庆气象保障服务工作做得很好，完成得很出色；国庆活动取得圆满成功，气象保障服务功不可没；在中国气象局的领导下，气象保障服务工作为国庆系列活动的顺利进行发挥了重要作用，气象工作者创造了又一个奇迹。

第三节　公众气象服务

一、公众气象服务的发展

1. 公众气象服务发展进程

公众气象服务是直接面向广大人民群众的气象服务，是公共气象服务的基础。我国早在20世纪50年代初期就开展了公众气象服务。1953年4月，毛泽东主席指示，气象部门要把天气常常告诉老百姓，体现了党和政府对广大人民群众的关爱。公众气象服务最初只提供天气预报信息。早期，天气预报主要是通过广播和报纸，甚至是人工的形式将气象信息传递给公众。1956年6月1日，气象部门开始通过中央人民广播电台、各地人民广播电台每天定时发布天气预报。1980年7月7日起中央电视台新闻联播开始播发中央气象台的天气预报，使天气预报首次以电视画面的形式出现，成为为广大社会公众提供气象服务的重要手段。

改革开放以来,随着经济社会发展和人民生活的提高,社会公众迫切要求享受高质量的气象服务,涉及人民群众福祉安康的公众气象服务需求更加多样,对服务的时间、空间、要素和生产生活指导的要求也越来越高。需求推动公众气象服务飞速发展,公众气象服务的方式和发布手段不断完善,信息覆盖面不断扩大,公众气象服务产品不断丰富。各种平面媒介也纷纷开设了气象专栏和专报。继 20 世纪 90 年代大力发展气象声讯电话之后,2005 年开始,利用手机短信发送气象预警信息,并在部分城市公共场所建立气象信息显示屏。

2006 年 5 月 18 日,中国气象频道正式开播,进一步扩大了气象信息的传播面。中国气象频道在 28 个省(区、市)的 171 个地级以上城市实现落地,用户数总计近 2000 万户。2008 年 5 月,中国天气网正式上线,最大日点击率超过 600 万人次。新华网、人民网等门户网站开设气象专版专页,全国气象专业网站和乡村信息服务站分别达 1400 多个和 15000 多个。各地省会城市建成气象信息电子显示屏 73000 多块。目前建成了包括电视、广播、报纸、电话、手机短信、网络、警报系统、气象信息电子显示屏、海洋预警电台等多种现代化信息传播手段的公众气象服务信息发布平台,全国每天接受气象信息服务的公众超过 10 亿人次。公众气象服务的形式、手段的不断发展,服务内容的不断丰富,使人民群众的满意度不断提高。

2. 公众气象服务内容

及时向公众提供高质量灾害性天气、气象灾害预警预报服务 我国灾害性天气频繁,气象灾害损失严重,对广大人民群众的生产生活构成严重威胁。多年来,各级气象部门在做好常规天气要素预报预测服务的同时,多时次地及时向公众提供台风、暴雨、雷暴、冰雹、寒潮大风等灾害性天气预报警报信息。随着预报水平的提高,近几年,开展了强对流天气 0—2 小时时效的临近预报和 3—12 小时的短时预报产品服务,12 小时至 7 天的常规气象要素的预报在网络、报纸上发布,还开展了未来 10—30 天延伸期环流形势特征及演变趋势预报、降水及温度趋势预报等。公众气象服务在做好灾害性天气和气象灾害预警服务中,以图、文、视频并茂、通俗易懂的表现形式描述灾害性天气气候事件发生、发展及演变过程,使广大公众能及时获得各类灾害性天气气候信息及其演变、发展过程,提前采取有效防御措施,最大限度地减少或避免灾害与不利天气造成的损失。

提供覆盖面广的公众生活工作、出行、医疗健康等多样化服务 人民生活水平的不断提高,对气象信息服务的需求也越来越高,依赖性越来越大。公众气象服务始终坚持在提高预报预测准确率和多样化服务上狠下功夫。各级气象部门逐步开展与公众工作、出行、健身、医疗和日常生活息息相关的公众气象服务产品，如人体舒适度指数、紫外线指数、风寒指数、花粉浓度、中暑指数等，提供空气质量、污染物汇聚、扩散的预报预测及其对居民生活的影响和生活指导服务。近几年，与医疗卫生部门联合开展人类疾病发生、流行的气象条件分析和预报服务等，以满足社会各阶层的需求。与此同时，着力不断提高公众气象服务的覆盖率，克服气象服务的“最后一公里”瓶颈，使公众气象服务信息覆盖面逐步扩大。

开展公众关心的重大天气气候事件预报预警和实况监测资讯服务　在全球气候变暖背景下，各类气象灾害和极端天气气候事件造成的损失和影响更趋严重，特别是超强台风、特大暴雨、持续干旱等极端天气气候事件发生频率增加，破坏程度增强，影响也越来越复杂，应对难度也加大。为了使广大人民群众认知气象灾害，了解气象灾害和极端天气气候事件对经济发展和社会进步造成的巨大影响和损失，面对气象灾害如何应对等，各级气象部门在做好干旱、台风、暴雨、高温、大风、雪灾、冰雹、沙尘暴、大雾、低温冷害、雷电等重大气象灾害监测预警预报和分析服务的同时，加强对洪涝、山洪、风暴潮、山体滑坡、泥石流、森林（草原）火灾、荒漠化等次生和衍生灾害以及磁暴、太阳耀斑等空间天气灾害监测预报服务，并及时向公众提供灾害监测预报预警、影响、跟踪评估、防御措施和应对建议等服务，使公众能及时方便地得到所关心的重大天气气候事件的预报预警与实况监测资讯，为全社会防灾减灾做出了应有的贡献。

为提高公众气象意识及防灾减灾知识服务　公众的气象意识及防灾减灾知识的提高，是气象防灾减灾能否深入发展，能否运用气象知识趋利避害的重要环节。气象部门采取多种方式传播气象知识，通过发布公众关心的重大天气、气候、环境和空间气象事件信息及气象新闻等，传播和普及天气、气候、气候变化等科学知识。加强对公众气象知识、防灾减灾的培训，增强了公众科学应用气象产品的意识和能力。

3. 公众气象服务未来发展

继续大力发展现代化的公众气象服务，是公共气象服务发展的核心任务之一，其发展要求主要是：

实现公众气象服务多样性　在做好常规天气要素预报预测和天气实况服务的同时，加强暴雨洪涝、台风、山洪、地质灾害、干旱、高温热浪、雷电、冰雹、雪灾、低温冷害、雾、霾、酸雨等灾害性天气预警服务，开发更多的与公众工作、出行、健身、医疗和日常生活紧密相关的各类公众气象服务产品，面向社会制作发布公众关心的重大天气、气候、气候变化等事件信息，以及相关的科普知识。

实现公众气象服务精细化 依托精细化的预报产品，加强公众气象服务产品的深加工和包装，不断满足用户精细化和个性化需求，逐步实现对各种时空尺度大气现象和各种要素的精细化服务，改变以预报产品代替服务产品的做法，从工作流程上将预报和服务分离，使公众气象服务产品的质量越来越高。

实现公众气象服务发布高频次 充分利用各种手段和方式，提高公众气象服务产品发布频次。通过网络、电视、电台、报纸等手段，每天为公众提供逐时的天气实况，未来7天天气预报，其中24小时以内为6小时间隔，24～48小时内为12小时间隔。预计灾害性天气和相关气象灾害发生时，通过气象预警信息发布平台实时发布并及时更新气象预警信息和实况信息，实现电视、广播等气象预警信息和实况信息的及时插播。

实现公众气象服务广覆盖 利用计算机、卫星通信、多媒体等高新技术，大力发展和丰富公众气象服务手段与形式。充分利用各种气象预警信息发布平台，及各种社会资源与传播载体，扩大公众气象服务覆盖面，实现公众气象服务信息迅速、及时、准确、广泛地传递到公众手上。

二、公众气象服务的主要发布手段

电视、广播、报纸、电话与声讯气象信息服务台、手机短信与掌上气象台、网络、警报系统、气象信息电子显示屏、海洋预警电台等多种现代化信息传播手段在传播公众气象服务信息中起着十分重要的作用。2009年公众气象服务调查结果表明，电视是公众获取气象服务的最重要渠道，有95.3%的城市公众和97.6%的农村公众通过电视获取气象服务信息。同时公众获取气象服务信息的渠道趋向多样化。除电视外，城市公众获取气象服务信息的其他渠道排名前六位的，依次是手机短信(41.8%)、报刊(32.5%)、广播(32.4%)、网络(21.1%)、手机彩信(12.6%)和电话(6.5%)；农村公众获取气象服务信息的其他渠道排名前五位的，依次是手机短信(36.9%)、广播(24.2%)、电话(8.6%)、报刊(7.7%)和网络(4.5%)。以下简述公众气象服务中有特色的电视天气预报以及新兴气象服务网络媒体、手机短信服务平台等新传播手段的发展。

1. 电视天气预报

电视天气预报服务 我国电视天气预报服务开始于20世纪80年代初。1980年7月7日中央气象局首次与中央电视台合作，由预报员上电视台播讲天气预报，实现了我国电视天气预报“零的突破”。1983年开始在中央电视台开辟了城市天气预报节目，在全国新闻节目之后广播全国各大城市天气预报，各地电视台都进行转播。1985 年，经过与中央电视台商谈，最终在节目制作、播出时次等问题上达成共识，确立了气象部门电视气象服务的主导地位。从此，我国成为国际上第一个在气象部门制作气象影视节目的国家。1986 年 10 月 1 日，由国家气象中心独立制作的电视天气预报节目在中央电视台播出，得到社会各界广泛好评。1990 年 6 月，国家气象局下发了《关于通过中央电视台播发气象信息的通知》，各级气象部门自己制作的天气预报服务节目通过当地电视台播出，成了最受人民群众关注的电视节目之一。1991 年开通至中央电视台光缆传输系统；1992 年开通至中南海光缆传输系统，使《气象信息节目》直接传送至国务院。1993 年 3 月 1 日，中央电视台新闻联播天气预报节目开始上主持人，面向公众直播天气预报。1996 年 1 月中国气象局和广电部联合下发了《关于进一步加强电视天气预报工作的通知》，明确了气象影视节目的制作权、广告经营权等，文件的下发有力地推动了全国气象部门气象影视服务的蓬勃发展。1999 年 10 月 31 日全国人大通过的《中华人民共和国气象法》，进一步明确了气象影视节目由气象部门制作，通过传播气象信息获得的收益，应当提取一部分支持气象事业的发展，标志着气象影视服务进入新阶段。2000 年初，建成了完全与中央电视台设备相匹配的准数字化、网络化的电视天气预报制作系统，引进了当时世界上先进的三维动画、虚拟演播系统，开发了字幕和图形图像制作软件，并通过光缆向中央电视台传输节目。2004 年 6 月起，制作提供凤凰卫视所有的气象节目，增强了中国气象在全球的影响力。2006 年 5 月 18 日，中国气象频道正式开播，成为我国唯一的专业气象频道。

截至 2009 年 9 月，电视天气预报节目已遍布中央、省、市(地)、县(市)的大部分电视频道，每天在全国各类电视频道播出的气象服务节目达 3000 多套。国家级气象影视节目每天制作 80 余档，时长为 4 小时左右，节目覆盖中央电视台 9 个频道、旅游卫视、中国教育电视台、凤凰卫视、中华卫视、阳光卫视等。31 个省(区、市)和 5 个计划单列市全部开展气象节目的制作，分别在 200 多个频道播出 400 多套节目；300 多个地级市在 300 多个频道上开播 700 余套气象节目；1500 多个县拥有自己的气象节目；省级气象影视部门每天制作广播电视天气预报节目 20 小时，电视天气预报节目收视率均列各电视频道之首。在央视每年的节目收视率调查中，气象影视节目稳居第一，最高曾达到 29.29%。广播内容从单纯天气预报发展到预报、情报、卫星云图和气候评价，预报范围从国内发展到国外各大城市，广播的语种从中文发展到英文等多种语言。电视天气预报类节目的收视人次已经由 1986 年的每天 4 亿人次，增加到现在的每天 8 亿多人次，成为受众面最广、最受欢迎的节目之一。全国气象部门气象影视从业人员有 4000 多人。影视气象服务已经成为公共气象服务的最主要渠道之一，成为了气象防灾减灾信息“第一时间、权威发布”的窗口。全国气象影视服务呈现良好发展态势。

中国气象频道 2006 年，中国气象频道成功开办，进一步扩大了气象信息的传播面。中国气象频道以防灾减灾、服务大众为宗旨，全天候提供权威、实用、细分的各类气象信息和其他相关生活服务信息。借鉴美国、加拿大、澳大利亚等发达国家专业天气频道的成功经验，中国气象频道采用非栏目化、整频道打通的播出方式，以十分钟为基本单元，全天高频次滚动播出，内容随时更新。观众只要打开电视机，就可以在 10 分钟内收看到所需的天气预报，其中的天气预警预报、城市天气预报等与百姓生活密切相关的内容每天可播出 144 次，改变了电视观众必须在固定时间收看天气预报的局面，大大提升电视气象信息的触达率。除了气象信息之外，中国气象频道还高频次播出与环境、交通、旅游、医疗卫生、养生等有关的资讯，以贴近生活，服务大众。遇有重大灾害性天气，中国气象频道可以进行连续直播报道。目前，中国气象频道已对国际国内 2500 座城市 24—120 小时天气预报进行播报。中国气象频道已在 28 个省（区、市）的众多地级以上城市实现落地。其中，16 个省（区、市）实现全境基本覆盖，用户数约占目前全国数字电视用户数的 2/5。全国公众对中国气象频道的知晓率明显上升，城市和农村分别达 42.1％和 28.6％。

2. 新兴气象服务网络媒体

中国天气网 2008 年 5 月，中国气象局建成了中国天气网。中国天气网是中国气象局面向公众提供气象信息服务的核心门户网站，集成了中国气象局下属各业务部门最新更新的气象业务服务产品和及时丰富的气象资讯。中国天气网的 22 个主要频道，信息分为灾害预警信息和资讯信息两类。灾害预警信息包括高温、寒潮、大风、大雾、雷电、暴雨、暴雪、冰雹、台风等 14 类。它是将收集上来的原始数据信息按照发布单位的地域性进行分类，共 34 类预警。天气资讯包括重大天气事件专题、气象新闻和未来 3 天全国天气预报以及海洋天气预报、交通天气预报、公路天气预报等信息。除此之外，中国天气网还拥有最全的天气预报和天气实况查询、最权威的历史资料、天气事件第一时间综合报道等。服务方式多样，图、文、视频并茂，知识性、趣味性强，满足社会各阶层的需求。2009 年 7 月 16 日，中国气象局公共气象服务中心与新华网、人民网、新浪网等 10 余家国内网络媒体签订了《气象预警信息共享服务合作协议》。上述媒体可在气象信息预警时效内，第一时间向公众播发气象预警信息共享服务平台内的信息，有利于最大限度地防御和减少突发灾害性天气给社会造成的危害，以保障公众的生命财产安全。中国天气网自2008年5月开播后，一直在国内生活服务类网站中稳定地排在第一位。

气象兴农网等专业网站　20世纪90年代起各地气象部门纷纷举办兴农网等专业网站和乡村信息服务站，积极开展为三农的农村气象与经济信息服务。2001年6月28日开始运行的“中国兴农网”，由一个国家级中心网站，31个省（区、市）、各计划单列市网站、300多个地市节点和2500多个县级节点和数万个乡镇信息点组成。中国兴农网是依托气象业务网络建立的，覆盖全国、连村入户，直接为广大农民提供公益性信息服务。中国兴农网信息种类多、信息量大，为了便于信息的传输和使用，国家级网站设立了行业资讯、市场信息、农业科技、气象农情、政策法规、商务中心、兴农专题、兴农视频、兴农图片、兴农搜索等10个频道，50多个栏目信息。其中气象农情频道中的农用天气预报、农业气象指导、农业气候下月预评估、农业主要气候事件与影响、农作物生长发育与农业气象条件等栏目的信息深得网民的喜爱。中国兴农网已开通了专用卫星信道和基于因特网络平台的农业信息传输，建立了包括供求信息、价格信息、招商引资和资讯信息的全国兴农网信息库，实现了全国范围的农业信息网络化共享。“中国兴农网”开播8年来，努力地为农民群众提供优质信息服务，引导农民进入市场，以减少生产盲目性、降低市场风险，提高竞争力和经济效益，为提高农业生产的科学化和社会化水平、加快农村经济发展和提高农民收入，发挥了重要作用。

3. 手机短信平台与3G技术掌上气象台

随着移动通讯技术与业务的不断发展和人民生活水平的日益提高，手机短信作为新兴的通讯手段，已成为人们相互交流、获取信息的一个重要渠道。各地气象部门抓住手机短信业务蓬勃发展的机遇，于2005年开展了利用手机短信发送气象预警信息服务业务。4年来，坚持公众气象预报和灾害性天气警报内容以气象部门的短信平台为发送渠道，确保信息发送的准确和安全，以及客户服务响应的及时、到位，积极利用和吸纳社会资源，努力实现服务形式多样化、服务内容个性化和服务获取简便化。手机气象短信已成为公众气象服务的最便捷手段，遇有灾害性天气和突发性事件，气象部门无偿向各级党政部门和用户发布预报预警信息。

3G技术的发展带来公众气象信息传播能力与水平新的提升。华风集团与国家气象中心开发了面向3G手机的气象服务客户端软件。2009年6月，安徽省气象局推出全新的气象服务产品—《3G手机气象信息服务产品》，省委、省政府领导亲自点击开通。贵州省气象局开发结合3G技术的手机气象信息服务平台，集气象信息 WAP 服务、气象彩信、气象 HTTP 网站于一体，目前已完成天气预报、气象百科、气象专家访谈三个视频栏目。2009 年 6 月，湖南省气象局与中国电信湖南分公司签署全面合作框架协议，双方将加快开发 3G 气象信息服务的业务，为 3G 用户提供更加丰富的气象信息服务。

三、气象服务效益评估与满意度调查

1. 气象服务效益评估

气象服务效益评估工作的目标是在全国范围内定量评估公共气象服务的效用和成本，得出当前公共气象服务的成本效用比，以定量评估气象服务的效益。对重大灾害性天气过程、重大社会活动气象服务效益进行评估，分析气象服务在防灾减灾和社会活动中发挥作用的程度，有利于改进、提高气象服务的水平和效益。开展气象服务效益评估不仅能为气象部门投资决策提供依据，而且能使气象部门更有针对性地改进和完善气象服务，同时也有利于进一步改进和发展现代气象业务体系。

我国 20 世纪 80 年代和 90 年代进行了两次较大规模的研究和评估。20 世纪 80 年代主要是：1983 年组织了气象科技经济效益研究；1985 年组织了气象服务的社会调查和一定数量的个例分析，得出气象服务成本效益比是 1∶15～1∶20。主要成果和方法是从气象服务的微观经济评估出发评价气象服务的价值。1994 年组织了全国性的气象服务效益评估研究工作，运用经济学和统计学理论，在理论模型和实际抽样调查的基础上，定量分析评估公益气象服务的总体经济社会效益，得出我国气象服务成本效益比是 1∶35～1∶40。2008 年气象服务效益评估，在中国目前的经济社会发展和气象服务水平下，我国气象部门提供的气象服务的投入产出的效益比可达 1∶50（预测减灾司，2008）。

2. 满意度与服务需求调查

在全国范围内调查公众和各经济部门（行业）对当前公共气象服务的满意度和对气象服务的需求情况，以准确把握受众对公共气象服务及其产品与信息的应用情况。2006 年进行了公众气象服务满意度和需求随机抽样调查，调查范围覆盖了所有省、市、县。共收到有效问卷超过 17 万份，调查样本率在各省（区、市）和计划单列市都超过了万分之一，被调查者职业和年龄分布也具有比较好的代表性。2008 年，中国气象局公共气象服务中心委托第三方专业市场调查机构开展了公众气象服务满意度与服务需求调查，以小区定点拦截访问形式进行问卷调查，最终成功样本 10430 个。其调研范围覆盖到我国七大区域的

24个城市，总覆盖人口规模7904万。

2006年、2008年调查评估的主要结论是：

①公众关注程度较高的气象信息依次是：灾害性天气预报警报、天气实况信息、短期预报、短时预报、生活健康指数和农业等专业预报。

②电视、手机短信、报刊、广播、网络成为公众获取气象信息的主要手段。与过去相比，公众获取气象信息的渠道呈现出多样化的趋势，新兴媒体的作用越来越大(图2.2)。

③公众收听(看)气象信息的频次平均每天1.33次。公众对增加天气预报次数的要求不是很高，仅有28.47%的人对增加天气预报次数有迫切需求。公众收听(看)天气预报主要集中晚上(77.40%)和早晨(32.84%)两个时段，但中午收听(看)的人数也有所发展(16.50%)(图2.3)。

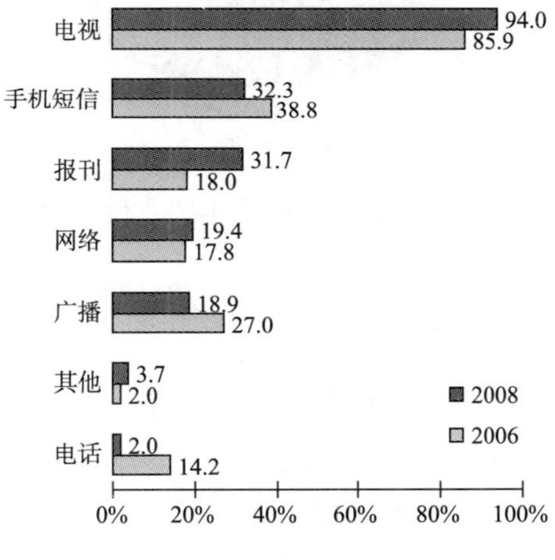

图2.2　公众获取气象信息的主要手段(预测减灾司，2008)

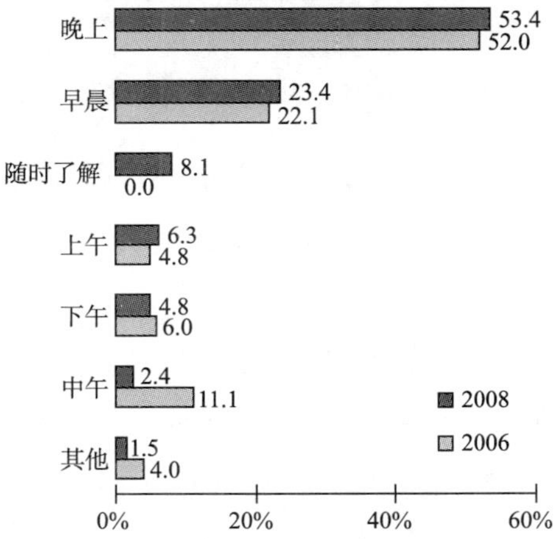

图2.3　公众获取气象信息的时段(预测减灾司，2008)

④84％的公众认为当前天气预报“准确”和“基本准确”；但是，公众认为天气预报“准确”的比例仍较低。与 1994 年的调查结果比较看，公众对天气预报准确性的总体评价没有明显的变化，其中认为天气预报“准确”的公众，2006 年比 1994 年增加了 6.3 个百分点。

⑤公众对当前气象服务基本上是满意的。“满意”和“较满意”百分率合计 74.2％，2008 年为 84.9％，1994 年为 79.9％。与中国公共服务指数的满意度比较，气象服务居于高位（图 2.4，图 2.5）。

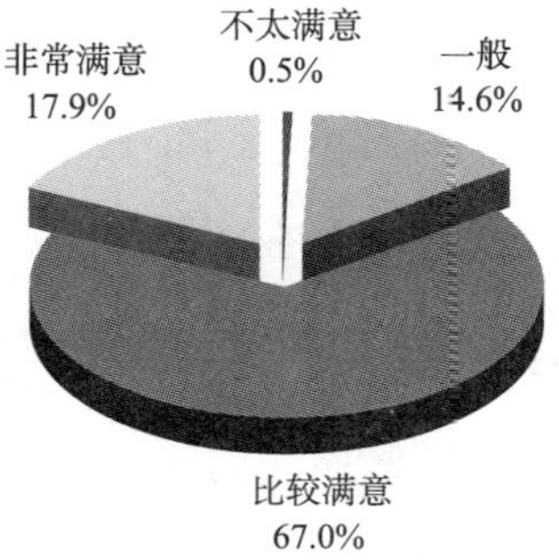

图 2.4　公众对气象服务的总体满意度（朱定真，2008）

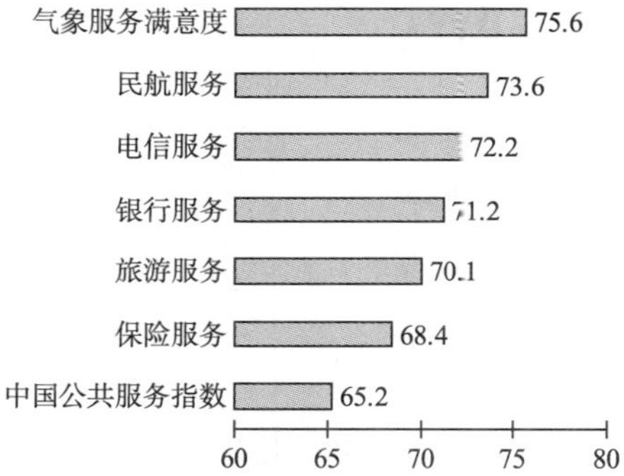

图 2.5　气象服务与中国公共服务指数比较（朱定真，2008）

⑥在改进气象预报服务的具体内容方面，公众比较急迫的需求依次是：提高天气预报准确率、提高气象预报警报的受众覆盖率和增加预报服务的内容（图 2.6）。

近期，中国气象局与国家统计局首次联合完成了 2009 年公众气象服务调查评估工作。调查作为中国气象局公共气象服务中心的常规业务开展，由国家统计局各省调查总队具体承担。此次调查对全国 31 个省（区、市）的 18～65 岁城市和农村居民进行了首次直接入户式访问，调查规模为 45800 人，其中城镇人口 30500 人，农村人口 15300 人。调查结果表明，2009 年公众气象服务“满意"和"较满意"百分率合计为 85.6%，比 2008 年的 84.9%略有提高。根据被访者不同程度的满意率进行加权平均的指标，即公众气象服务满意度为 87.5 分，明显高于 2008 年的 75.6 分。可以看出，随着我国经济社会的快速发展，随着气象事业和业务服务能力的发展提高，公众对气象服务的满意度在逐渐上升，气象服务的总体效益明显提高。

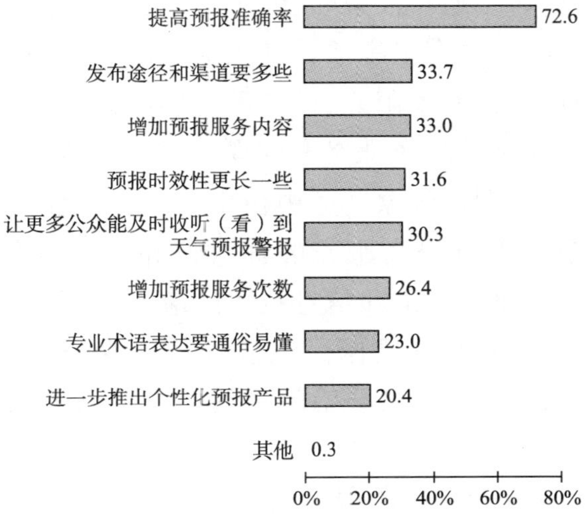

图 2.6　公众对改进气象预报服务的需求(预测减灾司，2008)

第四节　专业气象服务

一、专业气象服务的发展

1. 专业专项气象服务发展概况

专业专项气象服务主要是为经济社会高影响相关行业、重点工程建设领域减灾增效提供的有专门用途的气象服务，以及为国家重大社会、政治、经济活动提供的专项气象服务，是公共气象服务的重要组成部分。

为农业、林业、水利水文、海洋、交通、工业、能源、商业、环保、旅游、航空、医疗、电力、建筑、邮电、体育、保险、盐业、渔业、消防、仓储、物流行业等开展的专业气象服务范围很广。如面向农业和林业生产、农田建设和林业资源保护等，开展农业气象、森林草场火险预警、植被监测等服务；面向航空、水陆运输、旅游等，开展导航、交通安全等天气气候和环境气象服务；面向盐业、渔业和水产养殖业，开展生产调度、存储、运输和销售服务，提供养殖品种、养殖最优时机的信息服务；面向大江大河、湖泊水库水文，提供重点流域面雨量和汇流、重点江河冰情、凌汛监测和预报服务，以及重点城市的积涝预报和地表水资源定期评估分析等服务；面向公共卫生安全，开展流行性疾病预报服务等。

国家重大社会政治经济活动气象保障服务，国家重大工程项目的气象服务，国家、区域发展战略、主体功能区规划、开发与建设活动等的有针对性气象服务，属于专项服务范畴。如长江三峡、南水北调、天然林保护、生态省建设、铁路、公路、水电工程等国家重大工程项目气象保障服务，卫星和航天器发射等军事活动的气象保障服务，大型太阳能、风能等气候资源开发利用建设项目，上海世博会和一些大型运动会的气象服务任务等。专项气象服务是逐步从决策气象服务、公众气象服务和专业气象服务中衍生、发展形成的气象服务类型。

专业专项气象服务着重提高服务的针对性和满足服务对象具体的需求。通过气象服务产品的专业化加工和信息技术的应用，构建专业化、精细化、个性化的专业专项气象服务平台，满足国民经济各行各业的不同生产对象、不同生产过程的具体要求，满足重大社会政治经济活动及重点工程项目对气象条件的特殊要求。

20世纪50年代专业专项气象服务的服务领域相对较窄，早期专业气象服务主要是农业气象服务、海洋气象服务、航空气象服务等，专项气象服务也局限于人工影响天气服务等。20世纪80年代以来，专业专项气象服务随着经济社会和气象现代化的发展而得到快速发展。进入新世纪以来，中国气象局发挥积极主动性，推动部门合作，探索多部门合作的运行机制和方式。2001年6月5日国家环保总局和中国气象局在中央电视台共同发布47个环境保护重点城市环境空气质量预报。从2003年开始，每年汛期(5—9月份)，国土资源部和中国气象局联合开展地质灾害气象预报预警工作。2005年签署了“交通部、中国气象局共同开展公路交通气象监测预报预警工作备忘录”。2006年与交通部合作开展海上搜救气象服务、与卫生部开展应对气象条件引发公共卫生安全问题的合作。2007年与公安部开展道路交通信息共享。多部门协作更好的推动了气象服务领域和服务内容的不断拓展。通过中国气象局多年来和农业、林业、水利水文、航空、海洋、交通、电力、环境、国土资源、公安、卫生、体育等国家主管部门的有效合作，我国专业专项气象服务达到了一个新的水平。

2. 专业专项气象服务发展成绩

服务领域不断拓宽 专业专项气象服务随着各个时期经济社会的发展，服务领域不断拓宽。尤其是改革开放以来，国民经济的飞速发展，有力地促使各级气象部门积极拓宽服务领域，由传统的农业气象、海洋气象、航空气象、人工影响天气服务等向地质灾害气象、交通气象、流域气象、气象能源利用、城市气象、大气成分环境气象、公共卫生气象、环境评价工程气象等拓展，服务的领域已扩展到上百个行业，为国民经济建设和社会发展全面服务。专业专项气象服务坚持以各行各业的需求为导向，不断提高服务的针对性和专业化水平。如在为农业服务中，针对农业生产的具体要求，开展产前、产中、产后的全程服务。在城市的气象服务中，面向工业、城市交通、商业、仓储业、装卸作业和市政建设以及重大社会活动开展针对性服务。海洋气象服务在已有的基础上，开展了海上石油开发和水产捕捞养殖的专业服务以及海洋气象导航服务。人工影响天气作业在重点流域、大型水库、干旱地区和国家生态建设重点区域，开展以开发空中云水资源、人工增雨抗旱、河流和水库增水增雪、防雹减灾、机场和公路消雾、森林草原防火扑火服务以及重大社会活动保障的服务。同时，专业专项气象服务还加强了为工矿、城建、能源、铁路、交通、商业、水利、环保、保险、旅游、航海、渔业、仓储、体育、公共卫生等行业的多方面的服务。

专业专项气象服务水平提高，针对性、精细化服务能力增强　依托气象现代化建设成果和当代气象科技的发展，为提高专业气象服务水平、增强专业化、精细化服务能力，奠定了科技基础。近几年，各级气象部门在做好决策气象服务、公众气象服务的同时，针对专业用户的精细化和特殊需求，逐步开展专业气象预报和专业气象实况监测产品服务。为专业用户提供其所需要的温度、降水、风速、风向等气象实况监测产品，气象卫星、天气雷达、闪电定位等监测产品，以及天气系统和台风、暴雨、雷电、冰雹、大风、大雪等灾害的种类、出现地点、时间和强度的图示性描述等产品。开展了沙尘暴、流域面雨量、地质气象灾害、渍涝风险、森林和草原火险气象等级、公路交通气象、城市沥涝预报和空气质量等预报服务，以及公共卫生气象条件和能源、电力、旅游、体育等专业预报服务。专业专项气象服务产品日益丰富、精细，针对性更强，深受专业专项用户的欢迎和信赖。

专业专项气象服务效益明显提升　近年来，通过部门合作，专业专项气象服务不仅领域拓展，效益也明显提高。与国务院的十余个部委局签订合作协议，联合开展气象衍生、次生灾害、大气环境的监测、预警业务，丰富了气象服务的内涵，更进一步提高了气象服务的经济社会效益。长江三峡、南水北调、载人航天飞行、北京奥运会与上海特奥会场馆与赛事、天然林保护、生态省建设、铁路、公路、水电工程等重大活动、重大项目气象保障服务的成功，标志着重大专项气象保障服务能力明显提升，获得社会各界的广泛赞誉。人工影响天气工作取得显著成绩。

二、农业气象服务

农业是国民经济的基础。做好气象为农业生产服务历来是党中央、国务院对气象工作的明确要求。我国气象服务在为各行各业服务中，始终坚持以农业服务为重点。2008 年 9 月，第五次全国气象服务工作会议要求坚持把为“三农”服务作为气象服务工作的重点，发展现代农业气象业务服务体系，农业气象服务进入了新的发展阶段。

1. 农业气象服务发展概况

我国在几千年的农业生产实践中，积累了大量气象为农业服务的经验。我国当代农业气象业务服务始于 20 世纪 50 年代初，新中国的气象事业发展史，包括了农业气象业务服务发展的全部历程和成就。60 年来，特别是改革开放 30 年来，我国农业气象现代化建设与业务服务取得了长足进步。1954 年在气象系统建立了农业气象观测站，开始了较为系统的农业气象观测，编制了农业气象旬月报的电码，农业气象预报服务工作开始于 1954 年的霜冻预报。1958 年中央气象局编发《全国农业气象旬报》，并开展农业气象情报预报服务。此后，中央气象局发布了全国范围生产关键期的农业气象情报预报。到 1959 年，全国约有 80％的农区气象台站，开展了农业气象情报预报服务工作。其中包括农业气象旬月报服务，农作物播种期、收获期、果树开花期预报，农业的灾害性天气预报和病虫害预报服务等，我国北方干旱地区有的气象台站还进行墒情预报服务。早期农业气象情报预报服务提出了“四结合过两关”的技术方法。20 世纪 60 年代初，初步形成国家、省（区、市）、地、县农业气象情报预报服务的多层次日常业务。1964 年开始全国第一次农业气候区划工作，促进农业气候资源的开发利用。但“文革”期间，农业气象业务服务工作基本中止，到 20 世纪 70 年代中后期才逐步恢复。20 世纪 80 年代以来，作物产量的气象预报服务系统开展。从 1979 年开始试报东北地区粮食产量，继而试报全国冬小麦、双季稻和粮食总产量，提供给国家有关部门参考，受到好评。1983 年初，国家气象局和国家经济委员会合作，国家级农业气象情报服务工作发展。农业气象观测站网经过几次调整，逐步形成了服务于大农业的格局，新编的农业气象观测规范颁布实施，农业气象情报预报业务流程趋于自动化，服务向广度、深度发展。大力开展我国亚热带东部、西部丘陵山区农业气候资源开发利用研究与服务。自 1985 年全国农业气象工作会议以后，大力加强重要农事季节天气预报、农业气象情报分析、农业气象灾害监测预报、作物产量预报、农作物病虫害发生发展气象条件预报，努力做好农村易发气象灾害和衍生灾害的预警服务，积极开展农业气候资源开发利用与区划、农业气象科技兴农、科技扶贫、适用技术推广和农村经济信息服务等。20世纪90年代以来，我国农业气象条件监测评价、作物生长发育和灾害的监测分析、作物产量预报、土壤墒情报告等农业气象服务发展迅速。利用GIS(地理信息系统)和卫星遥感等现代高科技手段开展了重大农业气象灾害、作物长势、土壤墒情等的监测，开展了区域农业气候资源分析和区划及农业生态环境监测与评估，部分省市还应用GIS开展气候资源利用可行性论证。随着经济社会的发展，农业气象情报预报业务服务领域从传统的大宗粮食作物拓展到棉花、油料等经济作物，部分省市开展了针对畜牧业、设施农业和特色农业的农业气象情报预报服务。农业气象情报服务面向政府、农村和农民，产量预报服务主要面向各级决策部门。各地的主要粮棉油作物产量预报时效性好、准确率较高，受到普遍关注，成为各级政府指导农业生产和农产品流通的重要参考信息。国家级农业气象服务启动了对世界主要产粮国的粮食产量预报。我国构建了具有中国特色的农业气象业务服务工作，制定了一系列农业气象业务服务考核制度，农业气象服务为各级党委、政府和广大农民群众安排农业生产生活提供了气象支持，在农村防灾减灾、粮食增产、农业增效、农民增收中发挥了重要作用。我国农业气象目前已拥有一支有一定数量、一定水平的专业队伍。农业气象业务服务成为我国专业气象业务服务中发展最早、规模最大、相对成熟的一项重要专业气象工作，是新时期公共气象服务系统的重要组成部分。

农业气象业务服务发展的主要成绩：

建立了比较完整的专业化观测网络 截至2007年底，全国已建成631个农业气象观测站、68个农业气象试验站，1300余个土壤水分观测站点，开展了农作物生长状况、农田土壤水分、农业气象灾害、畜牧气象、农业小气候、自然物候等观测，为农业气象业务服务积累了资料基础。

国家、省、市、县四级布局的农业气象业务服务体系逐步发展完善 农业气象情报预报业务服务领域不断拓展，服务范围由主要针对粮、棉、油等种植业发展到包括农、林、牧、渔以及特色农业、设施农业等在内的大农业服务，服务效益不断提高。目前国家级建立了集数据管理、模型计算和产品分析于一体的以粮、棉、油为主体的国内作物产量预报服务系统，作物产量预报平均准确率达到95%以上。国外主要作物产量预报系统近年来投入业务服务。基于作物生长动力模型的作物产量预测评估系统有所发展。初步建立了包括北方作物低温冷害监测、农业干旱监测预报和主要作物病虫害（稻飞虱、稻瘟病、赤霉病和草原蝗虫等）发生发展气象条件预报等在内的主要农业气象灾害监测预报系统。基于 ArcGIS 的农业气象情报分析处理服务系统，实现了逐旬作物发育期信息分析、主要农业气象灾害分析、天气要素制图分析以及逐候土壤水分监测分析服务，农业气象情报分析成为农业生产重要的基础经济信息。对农业干旱等农业气象灾害开展监测、预报、警报业务服务。初步建立了多元遥感资料处理分析系统，基本实现了 NOAA/AVHRR、EOS/MODIS 等遥感资料预处理、产品加工分析等能力，主要应用于作物长势（植被）监测、农业干旱监测、作物播种面积提取等方面的业务服务。

农业气候资源利用、资源区划服务不断深化，农业适应气候变化业务服务逐步发展 农业气候区划继 20 世纪 60 年代、80 年代取得一批重要成果之后，全国第三次农业气候区划工作已经开始。我国亚热带东部、西部丘陵山区农业气候资源开发利用研究与服务取得实效。

各地农业气象科技兴农、科技扶贫、适用技术服务成效显著 20 世纪 80—90 年代以来大别山、陕甘宁、湘赣革命老区气象科技扶贫协作，辽宁省朝阳市、内蒙古自治区杭锦旗定点气象科技扶贫做出显著成绩。历年来推广应用了一批以地膜覆盖、节水灌溉、二氧化碳施肥、设施农业小气候调控技术为代表的农业气象适用技术服务。农经网、兴农网等农村气象与经济信息服务积极开展。20 世纪 90 年代以来生态气象业务服务从无到有正在建立。

2. 农业气象服务正在实现由传统向现代的转变

进入 21 世纪，我国农业正处在由传统农业向高产、优质、高效、生态、安全的现代农业加快转变的关键时期。受全球气候变暖的影响，各类极端天气气候事件发生频率明显加大，我国农业生产面临更大的自然风险。进一步提高土地产出率、资源利用率、劳动生产率，以及增强农业的抗风险能力与可持续发展能力等现代农业发展的方方面面，都对气象为农业服务提出了更新更高的要求。特色农业、设施农业成为满足社会民生、农民持续增收的重要农业门类迅猛发展，是气象为农业服务新的增长点。种植业、林业、畜牧业、渔业以及农产品储运加工业等的全面发展也对气象服务提出了更多更具体的要求。在科学发展观指导下，以粮食安全保障、农业防灾减灾、农业应对气候变化为重点，围绕服务新形势下现代农业发展需求与公共气象服务为引领，农业气象业务服务正在开始实现由传统农业气象向现代农业气象的转变。中国气象局 2008 年 9 月在河北省涿州市及时召开了全国农业气象业务发展研讨会，深入分析、研讨新形势下现代农业气象业务服务发展的思路与对策，科学谋划、大力推进现代农业气象业务服务发展。中国气象局要求根据现代农业和现代气象科学技术的发展，进一步拓宽现代农业气象业务服务领域，显著提高农业气象业务服务的针对性、时效性、准确性和精细化程度，更好地为现代农业发展、为农村经济建设、为农民生产生活提供全方位、多元化的有效的专业气象服务。目前，《现代农业气象业务发展专项规划（2009—1015 年）》已经下发，我国农业气象业务服务现代化进入了一个历史发展新时期。

3. 农业气象服务现代化发展任务

农业气象服务现代化的发展以农村防灾减灾、农业应对气候变化和国家粮食安全气象保障为核心，努力拓宽服务领域，在做好种植业、林业的气象服务基础上，加强畜牧业、渔业服务，强化特色农业、设施农业等气象服务，加强农业气象服务的现代化建设。

全面提升现代农业气象预报服务水平　围绕国家粮食安全和现代农业发展的需要，开展多元化、多时效的农用天气、农业年景、作物产量、特色农业产量与品质、土壤墒情与灌溉、关键物候期、牧草产量和载畜量、农林病虫害发生发展气象条件等级等的动态化和精准化预报服务。

着力提高现代农业气象情报服务质量　实现覆盖主要农作物生产产前、产中、产后的全程农业气象情报信息分析评价，拓展大农业的各项专题情报。提高农业气象情报业务服务产品的定量化水平与时效性、针对性，为农业生产管理提供基础信息、为农民（包括合作社、农业大户等）提供“点对点”、“面对面”的实用的情报信息服务。

大力推进现代农业气象灾害监测预警与评估服务，大力发展农业气象灾害防御技术服务　灾害评估范围、种类明显扩大，形成稳定的业务服务能力与规范的业务服务产品，服务的定量化程度和时效性明显提高。积极试验示范，进一步向农村推广应用灾害防御适用技术，增强农业抗御自然灾害风险的气象保障服务能力，取得农业防灾减灾显著的业务服务效益。

深入开展农业气候区划与农业适应气候变化业务服务　围绕现代农业战略布局和可持续发展的需要，不断增强农业气候资源科学高效合理开发利用能力与农业应对气候变化能力，满足农业可持续发展和农业产业结构调整、生产布局、作物熟制搭配与品种选择等的需要。

加强现代农业气象服务平台建设　建立农业气象服务资料信息自动化采集管理系统。加强农业气象灾情收集上报，建立与有关部门的资料交换共享机制，实现全国农业气象灾情与相关信息的共享。围绕不同服务对象、不同服务问题，开发先进的现代农业气象服务产品加工制作平台，针对不同的用户提供不同形式的直观、形象、针对性强的各类农业气象服务产品，显著提高农业气象服务产品的加工制作能力和服务质量。

提高农业气象服务产品与信息的传递应用能力 强化市、县、乡、村的气象信息接收系统，完善多渠道的信息传播平台，提高农业气象服务信息覆盖率，及时有效地将农业气象服务产品与信息有针对性地分发传递到各类用户，使政府、有关部门和广大农民及时、准确地获得有关农业气象服务产品和信息。强化决策农业气象服务，加强面向农村和农民的农业气象服务，发展面向专业用户的农业气象服务。做好农业气象跟踪服务，实现农业气象服务进村到户。加强技术咨询、气象科技知识的普及、农业气象适用技术的应用和推广，提高农村和农民处置规避气象灾害以及根据农业气象信息进行农业生产的能力。

三、海洋气象服务

1. 海洋气象服务发展概况

我国海洋气象服务工作开展较早。1954 年 3 月根据《政务院关于加强灾害性天气预报、警报和预防工作的指示》精神，中央气象台和沿海省（区、市）气象台就发布了海上大风天气预报，并与渔业生产部门签定了气象服务合同。1955 年《国务院关于加强防御台风工作的指示》，强调“防重于救”，“各级气象部门，应进一步提高台风警报的时效和准确性”。根据国务院文件精神，各级气象部门不断加强台风预报警报服务工作，经过多年努力，台风、海上大风预警服务水平不断提高。多年来，未发生过因气象预报原因而造成的严重海难事故。

改革开放以来，海洋开发事业迅速发展，海事活动日益频繁。面对日益增大的海洋经济需求，气象部门努力提高海洋气象灾害监测预警水平，不断拓宽服务领域，积极开展海洋气象专业服务。海洋气象服务从最初单一为渔业捕捞作业提供海上大风、台风预报预警服务，逐步发展到中尺度海洋天气预报服务，海雾、海上对流风暴等海洋气象灾害预报警报服务。服务领域从我国海域渔业捕捞不断向海洋航运、远洋捕捞、海洋石油、天然气资源开发、滩涂养殖、旅游、海上事故救援等领域发展。为沿海省（区、市）人民政府防灾减灾、防汛、海上安全生产、救助打捞、军事活动等提供、发布海洋灾害预报警报，为海上交通运输、油气勘探开发、渔业生产养殖、港口建设、海岛旅游、海洋捕捞作业、海盐和盐化工业等提供专业气象服务及海岸重大社会活动气象保障服务等等，推动综合开发与海洋经济的发展。海洋气象服务取得显著社会经济效益。未来一段时期，气象部门将以海洋气象减灾防灾、海洋资源开发等国计民生的需求为牵引，进一步开展有针对性、有特色的专业化海洋气象服务，充分提高海洋气象的综合服务能力。

2. 海洋气象服务主要成绩

海上航运气象服务不断满足需求　为海运服务，一直是海洋气象服务的主要内容。尤其是改革开放以来，我国海洋航运事业飞速发展，目前国内海运船舶已增加到 9000 多艘，大小港口 100 余个，来往中国的外轮日益增多。1986 年 2 月组建了上海海洋气象传真广播，替代了通过海岸电台莫尔斯广播。航行在中国责任海区的国内外船舶都能及时接收海洋天气预报、警报和加工指导产品。1988 年国际海事组织(IMO)对 1974 年的海上生命安全公约(SOLAS)作了修改，引进了“全球海上遇险安全系统(GMDSS)”。该系统由海事卫星安全网系统(NMARSAT SAFETY NET SYSTEM)、航行电传(NAVTEX)和高频海上安全情报(HFMSI)系统组成。“全球海上遇险安全系统”实施，使海上船舶接收气象预报和航行通告完全实现自动化。20 世纪 80 年代后期，我国开展了海洋气象导航服务，为远洋航运推荐最佳航线和跟踪导航服务。近几年相继开展了海上大雾、大浪、海冰等气象服务项目，不断满足海上航运气象服务需求。

海洋石油气象服务效益明显　1982 年国务院办公厅和军委办公厅下发的[1982]6 号文件明确海上石油开发的气象服务由气象部门负责后，沿海气象部门高度重视，天津、广东、上海相继成立了海洋石油气象服务实体或相关机构，沿海有些主要港口气象台也开展了这一专业气象服务。国家气象中心和上海、天津、广东等省市气象台顺利完成了“勘探一号”、“勘探二号”等大型平台的拖航、定位和作业的现场气象保障服务，未因气象预报不准而造成海损事故，取得了很好的经济效益，地质部门对气象服务表示满意。1983 年开始广东、上海、天津等气象服务实体为日本、法国、美国和英国等十多家外国公司提供了气象服务。各地以“服务第一，质量第一，信誉第一”为宗旨，严格遵守合同的各项条款，对海上作业的钻井平台、钻井船、守护船、直升飞机平台拖航等提供优质服务，赢得了很好的信誉。

海洋渔业捕捞服务向外海、远洋发展　自 20 世纪 50 年代起，海洋渔业捕捞气象服务就是沿海各级气象部门的一项重要任务。根据多年来海洋渔业捕捞面临的两大问题：一是近海渔业资源衰竭，捕捞向外海远洋发展，大多数专业渔船集中在东经 125 度以东、北纬 28 度以北以及济州岛、对马海峡一带的海域生产，作业区远离大陆；二是个体小渔船迅速发展，船体质量差，抗风能力弱，缺乏通信设备，作业极为分散。气象部门积极改进服务手段，在提高国家气象中心和沿海区域气象中心对海洋气象业务技术指导的同时，加强沿海省级气象台和海洋气象台的现代化建设，并于“七五”时期，在扩建舟山地区气象台的基础上，组建了海洋渔业气象台，负责舟山渔场(包括外海)的渔业气象服务，主要渔汛期派流动气象台开展现场服务。海洋渔业气象服务产品除通过当地电视台、广播电台、渔业电台和甚高频天气警报网分发外，“七五”时期又研制成功短波单边带天气警报系统。此外，沿海各级气象部门还采取了相应的措施，特别是组织动员、协作联防，及时掌握生产动态，加强了服务的针对性。尽管海洋渔业捕捞气象服务难度很大，但多年来没有出现过因气象预报失误而造成的重大海损事故，保证了渔民的生命安全和捕捞作业的顺利进行。历史上，1991 年冬季渔汛期间出现的 13 次 8 级以上的大风过程，中央气象台和沿海有关气象台的预报都比较准确，服务及时，特别是 1991 年 12 月 25 日的大风，有关气象台于 22 日就作出准确预报，各地渔业指挥部门采取了果断措施，使正在外海作业的 1 万多条渔船、20 多万渔民安全回港避风。

积极开展滩涂养殖气象服务 我国滩涂资源丰富，可供养殖的面积约 130 多万公顷，发展海水养殖是开创渔业新局面的重要措施。利用丰富的沿海滩涂资源，养殖对虾、鲍鱼、鳗鱼、蟹、珠贝、海参、海带、紫菜等有很大的经济效益。针对沿海滩涂养殖业的需求，气象部门在做好短、中期与长期天气预报的同时，开展了海产养殖生态气象环境的试验研究、养殖现场水文气象条件的观测研究，开展针对性、系列化服务，为滩涂养殖业趋利避害和可持续发展做出了重要贡献。例如，河北省黄骅县气象站对 5 个乡 23 个渔村的人工养虾进行系列化服务，根据蒸发量和降水量情况采用排灌控制适宜对虾生长的盐度，按照温度高低决定饵料投放量，使虾苗生长良好。该站准确及时发布的强寒潮预报服务，指导黄骅全县日夜抢收，使 500 多吨对虾赶在气温降到 3℃～4℃之前全部抢收完毕，避免了上千万元的经济损失。

3. 海洋气象导航服务

为了适应中国远洋航运事业迅速发展的需要，填补中国海洋气象导航服务的空白，1981—1984 年间，国家气象局组织大连气象台、海军水面舰艇学院、大连水产学院、大连海运学院和大连远洋运输公司等单位研制出一套海洋气象导航技术方法和程序，为远洋运输推荐最佳航线和跟踪导航。中央气象台通过对该项成果的改进、优化和扩充，建立了功能较强的自动化海洋气象导航业务系统。1987 年 2 月，国家气象局批复了《关于全国性气象导航业务系统建设方案》。从 1988 年起，中央气象台海洋气象导航中心和大连、上海、天津、广州、青岛分中心相继建立，正式开展了海洋气象导航服务。20 多年来，我国海洋气象导航服务在竞争中得到巩固和发展，为远洋船舶提供有力保障，深受国内外远洋运输业的信赖。

四、交通气象服务

1. 交通气象服务发展概况

我国交通气象服务主要包括航空、铁路、公路、海上和内河交通服务，一直是气象服务十分重视的专业领域。随着改革开放的不断深入，对外贸易、旅游事业发展迅速，交通运输越来越繁忙，对气象服务的需求也越来越增加。常规气象服务已不能满足日益发展的交通运输的专业需求。近些年来，中国气象局联合交通部门、公安部门建设交通气象灾害监测网络，提供高速公路、铁路、跨海大桥、内河等交通干线能见度、强降雨、雪、雾、大风、沙尘、结冰、低温、泥石流等的监测服务；针对公路运输的专门需求提供路面温度、湿滑程度、积雪厚度、路面结冰等监测服务产品。针对大雾、大风、台风、大雨、冰冻、大雪、冰雹、滑坡、泥石流等影响公路、铁路、水运等交通干线的恶劣天气与次生灾害，通过高速公路沿路电子显示屏、交通广播电台、海洋气象广播电台等提供交通干线的天气实况、天气预报、气象灾害预警等信息，确保交通运输安全畅通、减少交通意外。根据交通干线的监测预报预警，提供低能见度、强降水、路面湿滑等天气条件对交通的影响，向相关部门提供高速公路、铁路、水运等是否关闭、关闭时间、关闭区段的服务建议。针对气候特点和气候变化，开展交通运输的气候区划工作。开展交通气象评估论证和规划，提供铁路、公路建设的路线选择气象评估，为交通规划部门科学规划和设计提供依据。

2. 交通气象服务主要成绩

大力支持航空运输气象服务　我国民航气象服务和管理属于民用航空部门，飞行所需要的航站、航线天气预报和情报服务由民航气象部门承担。为了使航空气象部门适应发展需要，保障飞行安全，中国气象局注重行业管理，加强业务技术指导，增加民用航空所需的加工指导产品，特别是在有重要专机飞行任务时，国家气象中心千方百计收集国外有关地区的气象情报，认真会商有关航线的天气预报，保证专机飞行安全。在民航部门没有设立专用气象台的地方航线，当地气象台也积极提供所需航站的预报。气象部门还组织了探矿、播种、护林、喷洒农药和人工增雨等飞行保障的气象服务，均取得了显著效益。

积极开展铁路、公路运输气象服务　我国地域辽阔，各地铁路、公路沿线的天气气候差异很大，夏季的台风、暴雨经常引起山洪暴发或江河水位猛涨而冲毁路基、桥梁，或造成滑坡、泥石流等事故，中断交通。近 10 多年来，由于对暴雨的监测、预报能力不断提高，对铁路、公路交通运输的气象保障有了明显改进。沿线相关气象台站深入铁路、公路沿线的险工险段进行调查，利用天气雷达、卫星云图等现代化技术装备，加强对易诱发山体滑坡和泥石流等的暴雨、强对流天气的监测和预报，开展大雾、低能见度、路面积水、结冰预报，通过天气警报传输系统及时提供气象服务，为交通管理部门迅速采取防御措施赢得了时间，避免事故的发生，保障运输安全。如贵州省气象台对川黔线暴雨的及时准确预报，使桐梓工务段及时组织人员巡查线路，发现该段内有 4 处严重塌方，道床被冲空 100 米，及时拦停了正在运行的 191 次列车和 255 次客车，防止了重大事故的发生。

航运气象服务保障运输安全　航运包括海上和内河运输，是我国交通运输的重要组成部分，海上运输气象服务已在海洋气象服务中述及。随着气象事业现代化建设的发展，各地气象部门充分利用天气雷达、卫星云图和先进的通信设备，建立健全大江、大河流域内的灾害性天气联防网，大大提高了对局地强对流天气的监测能力，广泛开展了短时预报服务，及时通过广播、电视和天气警报系统发布灾害性天气警报。各类船只都可以利用警报接收机、收音机、电视机等直接收听到所在省或附近省的有关气象台的天气预报、警报的广播，了解未来天气变化，从而减免重大航运事故的发生。历史上，1990 年 4 月 22 日 17 时，广东省珠江航行公司一艘客轮从广西梧州开往广州途中，在西江受到雷雨大风的袭击，但因他们事先收到了肇庆气象台发布的雷雨大风警报，做好了防风准备，关键时刻采取了正确的抗风措施，避免了一起重大航运事故，保障了全船 400 多名旅客、船员的安全。

五、人工影响天气服务

1. 人工影响天气服务发展概况

人工影响天气，是指为避免或者减轻气象灾害，合理利用气候资源，在适当条件下通过科技手段对局部大气的物理、化学过程进行人工影响，实现增雨雪、防雹、消雨、消雾、防霜等目的的活动。我国是一个农业大国，农业生产一直受到干旱、冰雹、霜冻等气象灾害的严重威胁。随着国民经济建设的发展，大雾也成为严重影响城市交通的重要灾害。增雨雪、防雹、消雾、防霜等人工影响天气作业随着手段的现代化和科技水平的提高，在国民经济建设，尤其在防灾减灾中发挥着越来越大的作用。

我国人工影响天气工作开始于 1958 年在吉林等地的人工增雨抗旱作业。

气象灾害频发的现实，决定了人工影响天气的需求十分强烈。20 世纪 50 年代末以来，我国各地围绕抗旱防雹救灾的迫切要求，纷纷开展增雨防雹作业，人工影响天气工作不断发展。特别是改革开放以来，人工影响天气工作获得了持续健康快速发展。1978 年 2 月，中央气象局在南宁召开全国人工影响天气科学技术会议，会议制定了《1978—1985 年人工影响天气的科研规划》，提出了要加强人工影响天气科学研究，大规模作业要慎重的调整意见。1978 年，中央气象局气象科学研究院人工影响天气研究所成立。在其后一个时期内全国人工影响天气科技水平快速提高，取得了一批重要的科技成果。1987 年，人工影响天气作业在扑灭大兴安岭森林大火中发挥重要作用，各地规模化作业全面恢复。1988 年 7 月，在长春召开全国云物理和人工影响天气科学讨论会，总结了 30 年来人工影响天气工作取得的进展和在防灾减灾中的重大效益，强调了进一步推动人工影响天气工作发展的必要性。1989 年 3 月，国家气象局在天津召开了全国人工影响天气工作会议，提出了要积极开展人工影响天气工作，抓好有关服务、科研、人才培养、安全作业、科学管理，为防灾减灾做出更大贡献。国家气象局发布了《人工影响天气工作管理办法》，提出要在各级政府领导下，积极做好外场作业的有关组织和服务工作。1989 年国家气象局批准成立国家气象局人工影响天气办公室。1991 年后国家气象局的职能部门成立人工影响天气处，加强了全国人工影响天气工作的业务管理。在这些举措的推动下，我国人工影响天气工作发展很快，成为防灾减灾的重要手段，得到了各级党政部门的人力、物力、财力上的大力支持，成为气象事业发展的一个重要的新的增长点。各地根据不同需求，开展了以水库增水、生态环境改善、扑灭林火等为目的的人工增雨(雪)作业，开展了保障大型社会活动的人工消雨和防雹作业试验，以及对机场、高速公路、城市的人工消雾试验等，人工影响天气工作在开发空中水资源、改善生态环境和西部大开发等方面取得了积极成效。

1994 年国务院批准建立人工影响天气协调会议制度。1995 年经国务院批准，中国气象局以“全国人工影响天气协调会议”名义召开了全国人工影响天气工作会议。1996 年《国务院办公厅转发中国气象局关于加强人工影响天气工作请示的通知》给各地和各部门。1997 年，经“全国人工影响天气协调会议”批准，人工影响天气科技咨询评议委员会成立。1999 年 10 月国家颁布了《中华人民共和国气象法》，《气象法》要求“县级以上人民政府应当加强对人工影响天气工作的领导，并根据实际情况，有组织、有计划地开展人工影响天气工作”，明确“国务院气象主管机构应当加强对全国人工影响天气工作的管理和指导。地方各级气象主管机构应当制定人工影响天气作业方案，并在本级人民政府的领导和协调下，管理、指导和组织实施人工影响天气作业”。2002 年 3 月，国务院颁布了《人工影响天气管理条例》，并自 5 月 1 日起施行。《中华人民共和国气象法》和《人工影响天气管理条例》的实施，大大推进了全国人工影响天气工作。

2003 年国务院批准调整了“全国人工影响天气协调会议”成员，加强了对人工影响天气工作的组织协调和领导。到 2003 年，全国有 30 个省(区、市)开展了人工影响天气工作，达到相当大的规模(表 2.1)，取得了较大的经济、社会和生态效益。各地相继成立了人工影响天气领导机构，基本建立了各级政府领导，同级气象主管机构管理、实施和指导的人工影响天气领导管理体系。全国有 23 个省(区、市)以及新疆生产建设兵团和 4 个计划单列市成立了由政府有关领导任组长的人工影响天气工作协调组织。24 个省(区、市)、新疆生产建设兵团和计划单列市政府给人工影响天气管理机构配备了人员编制。各省(区、市)、新疆生产建设兵团和计划单列市均建立了人工影响天气工作管理机构，全国绝大多数市(地)、县建立了管理机构，基本理顺了工作关系，形成了以地方各级政府财政投入为主的人工影响天气工作投入机制。随着《飞机人工增雨作业业务规范》和《高炮人工防雹增雨作业业务规范》等多部规范的制定和下发，全国人工影响天气业务服务的规范化管理不断加强，作业安全责任制基本建立，作业人员培训和作业装备管理日趋规范，检查、监督力度不断加大。2004 年 2 月中国气象局经报国务院批准，以“全国人工影响天气协调会议”名义召开了第二次全国人工影响天气工作会议，确定了新时期人工影响天气工作的指导思想和重点工作。2004 年 5 月，胡锦涛、温家宝等多位中央领导对人工影响天气工作作出重要批示。2005 年 4 月，《国务院办公厅关于加强人工影响天气工作的通知》印发各地和各部门，进一步推进了人工影响天气工作的健康协调发展。2007 年底，在中国气象科学研究院人工影响天气研究所基础上，组建了中国气象局人工影响天气中心，承担人工影响天气业务服务工作。在加强云物理基础研究和云雾物理环境重点实验室建设的同时，加速人工影响天气成套技术和评估方法研究，不断提高信息收集和产品开发服务能力、业务服务指导能力、催化作业技术指导服务能力和应急服务能力，为提高我国人工影响天气作业试验与服务的整体水平作出了贡献。

2008 年 11 月，回良玉副总理提出“要积极探索人工影响天气工作新机制”的新要求。为落实国务院领导指示精神，中央财政自 2009 年起加强对人影工作的支持力度，设立了人工影响天气专项经费，并计划不断加大支持力度。2008 年 11 月，中国气象局与国家发展和改革委员会联合印发《人工影响天气发展规划(2008—2012 年)》，为这项工作的可持续科学发展奠定基础，并相应启动国家人影工程立项申报工作。2008年国家和地方各级人影业务现代化建设顺利推进，有关单位和地方完成北京奥运会人影保障任务，在奥运史上首次成功实施人工消减雨作业，开展了我国人影工作50周年系列纪念活动，进一步明确了有关业务科研重点工作。2009年，《全国新增1000亿斤粮食生产能力规划（2009—2020年）》，在农业气象防灾减灾中明确提出，加强人工增雨和防雹能力建设，完善人工增雨防雹体系，提高人工影响天气作业及保障能力，并相应在农业气象保障体系建设中将人工增雨防雹工程作为三个工程项目之一予以纳入。上述两项规划的逐步落实，必将有力地促进人工影响天气业务能力、服务水平和整体效益的提高。

表 2.1　2008 年全国人工影响天气工作人员和装备统计

<table>
<tr><th rowspan="3">开展人工影响天气县数</th><th colspan="6">省级人工影响天气机构人员情况</th><th colspan="2">各省人员情况</th><th colspan="8">雷达、高炮和火箭架等数量</th></tr>
<tr><th rowspan="2">编制人数</th><th rowspan="2">现有人数</th><th rowspan="2">高职人数</th><th rowspan="2">中职人数</th><th rowspan="2">初职人数</th><th rowspan="2">科研人数</th><th rowspan="2">炮手火箭手人数</th><th rowspan="2">各省人影总人数</th><th colspan="2">雷达</th><th colspan="3">高炮</th><th colspan="3">火箭发射架</th></tr>
<tr><th>数字化 711</th><th>其他</th><th>双管</th><th>单管</th><th>炮点(站)数</th><th>新型火箭</th><th>其他类型</th><th>火箭点数</th></tr>
<tr><td rowspan="2">2044</td><td rowspan="2">608</td><td rowspan="2">514</td><td rowspan="2">153</td><td rowspan="2">193</td><td rowspan="2">103</td><td rowspan="2">398</td><td rowspan="2">35019</td><td rowspan="2">44680</td><td rowspan="2">106</td><td rowspan="2">227</td><td>5054</td><td>2212</td><td rowspan="2">8600</td><td rowspan="2">4329</td><td rowspan="2">1419</td><td rowspan="2">9410</td></tr>
<tr><td colspan="2">7266</td></tr>
</table>

2. 人工影响天气服务发展成绩

目前，人工影响天气专项技术服务已成为我国防灾减灾的重要手段，在防灾减灾中发挥了重要作用。我国人工影响天气作业取得了显著发展：

①已基本建立了以气象部门组织实施、地方投入为主的国家—省—市(地)—县四级人工影响天气作业体制；建立了飞机人工增雨和火箭高炮地面增雨防雹作业相结合的作业体系以及包括作业指挥、效果检验等功能的人工影响天气作业指挥体系。

②基本形成了依托气象常规地基和空基观测、雷达实时观测，云物理特种观测、云数值模式以及天气预报预测等技术的综合性作业条件监测和预报技术体系。

③基本形成了以碘化银、干冰为主要催化剂，以飞机作为运载工具针对层状云和层积混合云播撒，以高炮、火箭等作为运载工具针对对流云播撒的作业催化方法和技术。

④基本建立了以物理检验和非随机统计检验相结合的作业效果评估方法和技术。

⑤发展了适合我国自己的云数值模式、人工增雨防雹概念模型、催化方法和作业指标判据等人工影响天气新技术得到长足发展。

我国人工影响天气作业规模已居世界首位，经济、社会和生态效益显著。截至 2008 年，我国有 30 个省（区、市）的 2044 个县（包括兵团、农垦单位）开展了高炮、火箭增雨防雹作业，作业高炮达 7266 门，新型火箭发射架 4329 部（另有旧型小火箭发射架 1419 部）。近年来，每年投入作业操作人员 3.7 万余人，24 个省（区、市）组织实施了经常性飞机人工增雨作业，年均租用增雨飞机 30 余架，年均飞行作业 650 架次、1700 小时；增雨作业区面积达 360 万平方公里，年均增加降水约 450 亿立方米，防雹保护面积达 44 万平方公里，年均减免可能发生的雹灾损失约 60 亿元；以地方财政投入为主的经费持续增加，2001—2008 年累计投入近 39 亿元。各地建立了应对污染、森林火灾等突发事件的人工影响天气应急机制，并制定了应急预案。根据不同需求，作业服务领域由单纯的农业抗旱拓展到农业防灾减灾、增加水库蓄水、改善生态环境、森林草原防火扑火、应对污染等突发事件以及保障重大社会活动的人工消雨作业试验和机场消雾试验等领域。青海等省气象部门从 1997 开始，在黄河上游河曲地区实施空中云水资源开发作业，近年来同时开展三江源地区人工增雨作业，据专家测算，共增加降水 200 余亿立方米，增加黄河径流 31.36 亿立方米，为保障水库蓄水、发电和下游径流等做出了贡献。黑龙江在扑灭大兴安岭的大火中，多次使用了人工增雨飞机进行增雨作业。云南在森林火灾易发的冬春季节进行人工增雨，增大林区土壤、植被的湿度，大大降低森林火险等级，减少林火发生的可能性。2008 年北京奥运会期间，气象部门在奥运史上首次成功实施人工消（减）雨作业保障了开幕式、闭幕式顺利进行。人工影响天气工作服务能力、水平和领域的不断扩展，取得显著的经济、社会和生态效益，得到了广大人民群众的高度赞誉和各级政府的大力支持。

我国人工影响天气技术服务始终紧密结合生产和防灾减灾需要，深入地开展了试验研究与现代化建设，人工影响天气作业的能力与水平明显提升。人工增雨、人工防雹、人工消雾、人工防霜、高山云雾降水和大气气溶胶的观测研究、云雾观测仪器的研制和技术方法、云雾微观结构的飞机探测和雷达观测、云降水和催化数值模拟、催化技术和效果评估、催化剂和催化工具等方面取得的一系列研究成果，在我国人工影响天气作业试验与服务的实践中发挥了重大作用。在人工影响天气作业中各地进一步重视作业手段的现代化建设，新一代飞机播撒作业设备的研制与应用取得进展，新型高效增雨防雹火箭得到了广泛应用，人工增雨防雹炮弹的性能不断改进，雷达、卫星和机载云物理观测仪器等先进的探测仪器设备不断被开发应用于该领域，总体技术装备水平明显提高。在国家有关部门的支持下，在黄河上游建立了人工增雨试验基地，改装了新型作业探测飞机，并在人影作业中发挥了作用。飞机、高炮和火箭现代化水平较高的作业指挥系统建设也取得明显进展。目前，全国大部分地面作业站点实现了利用天气雷达实时指挥，明显减少了作业的盲目性，显著提高了作业的科学性。

3. 人工影响天气服务发展前景

进一步拓展多种形式的人工影响天气服务　今后一段时期，以重点流域、大型水库、干旱地区和国家生态建设重点区域、国家粮食生产重点区域等为着眼点，积极开展人工影响天气专项技术服务。大力开发空中云水资源，开展农业抗旱增雨服务。进一步推进以增加水资源以及生态环境建设为目标的人工增雨(雪)工作，为河流和水库增水、民用工业蓄集水资源和改善生态环境、人居环境、保障工业生产用水服务。积极开展植树造林、退耕还林、退耕还草、森林防火和灭火等增雨作业服务。加强人工防雹工作，保护农业生产和人民生命财产安全，适应农村产业结构调整，合理调整防雹作业布局，加大对特色经济区内农作物的防护力度。推进保障交通安全的机场、高速公路、港口等大雾天气的观测、预报、预警和消雾的系列服务工作。开展重大社会和旅游等定点活动的防雹、消云、消雨等人影精细化服务试验，为 2010 年上海世博会等重大社会活动做好保障服务工作；建立应对公共突发污染事件的作业组织运行机制；探索为国家安全和国防建设服务的新途径。

进一步建设现代化的人工影响天气业务服务技术体系，提高服务能力　提高大气云降水过程和人工影响天气的实时监测和模拟预报技术、催化作业技术、综合效果检验和预报预测技术，加强云降水机制和催化条件、播云催化假说和播云催化效果等基本科学问题的研究，力争有突破性进展，以提高人工影响天气的作业效益；加强作业指挥系统建设，提高增雨防雹作业的决策、指挥、指导及保障能力。提高人工影响天气的现代化水平，加强催化作业系统、监测系统和效果评估系统建设，加快催化设备的现代化，装配高效、先进的播撒设备和探测设备，形成高效作业催化系统。推动重点区域人工影响天气工程建设，建设国家级人工影响天气技术支持系统，加强对作业服务的指导。

加强对空中云水资源的长期开发利用　建设基于飞机综合探测平台、气象卫星系统、地面观测系统、GPS/MET 等组成的全国空中云水资源立体监测网，努力提高我国大气科学综合探测和云水资源监测能力，开展空中云水资源状况调查，对空中云水资源实施科学的长期的开发利用。

六、其他专业气象服务

改革开放以来，随着国家经济社会发展及气象趋利避害服务需求的不断增加，专业专项气象业务服务稳步发展，服务领域不断拓展。除了本节上述几个领域外，目前，已初步建立了覆盖水文、地质灾害、环境等多个领域的专业气象服务系统；开展了基于专业化预报模型的七大江河流域面雨量、渍涝风险、地质灾害气象等级、紫外线强度、空气质量、森林和草原火险、高温中暑气象等级等 10 余项专业气象监测预报服务业务。

1999 年 4 月，中央气象台开始开展森林火险气象等级预报；2004 年 9 月 10 日，中央气象台森林火险气象等级数值预报业务系统业务运行；2005 年 9 月，农业部草原防火办公室与中国气象局预测减灾司签署了“2005 年联合开展草原火灾气象预测预报工作协议”，规定每年 3 月 15 日至 6 月 15 日及 9 月 15 日至 12 月 5 日开展草原火险气象等级预报业务。2000 年 6 月 1 日起，中央气象台每天两次传输七大江河流域（86 个子流域）的面雨量预报，并将面雨量监测和预报指导产品向七大流域中心发布；2001 年 11 月，启动了三峡地区面雨量预报服务工作；2002 年 6 月 1—20 日，为三峡明渠截流提供库区未来 3 天以及嘉陵江、岷沱江、乌江、三峡西段、三峡东段等 5 个流域未来 10 天的面雨量预报保障服务，获得了党中央的嘉奖。此外，国家气象中心与中国科学院、中国气象科学研究院等科研单位开展合作，整合利用农业气象、水文气象、遥感应用、GIS 应用等方面的业务科研成果，积极开展“渍涝监测预警气象业务服务系统”基建项目的研发工作，并将渍涝监测预警气象服务纳入其正式业务，2004 年 6 月 23 日，中央气象台正式发布第 1 期《渍涝风险气象预报预警》。

2001 年 6 月国家环保总局与中国气象局联合发布重点城市 24 小时空气质量预报。此外，近年来在大气成分预报产品、不同污染物浓度预报产品、空气质量监测资料、数值模式输出产品等资料的基础上，开展了紫外线强度、空气质量、生活指数等气象预报服务，提供相关的气象服务产品。

2003 年 4 月，国土资源部与中国气象局签订了《国土资源部和中国气象局关于联合开展地质灾害气象预报预警工作协议》，同年 6 月 1 日，地质灾害气象预报预警实时业务正式运行，多年来此项业务在防范和减轻地质灾害方面的气象服务效益明显。

2004 年 12 月，亚洲二区协第 13 次会议创立“支持发展中国家航空气象的示范项目”并组建该项目协调小组，中国气象局联合民航部门开展了建立亚洲航空气象服务网的工作，通过该网站提供的航空气象数值天气预报指导产品，向亚洲二区协内发展中国家的气象部门提供航空气象服务。2005 年 8 月,亚洲航空气象服务网试运行;2007 年 3 月,该网站投入准业务运行,业务产品包括亚洲二区协区域的航空气象条件监测和预警指导产品。2005 年 7 月 27 日,交通部与中国气象局签署了《共同开展公路交通气象预报预警工作备忘录》,同年 11 月 1 日起,全国主要公路气象预报业务正式开展。

此外,还积极开展了为长江三峡工程、南水北调工程、核电站工程、电力工程、道路桥梁工程等重点工程建设项目及其它项目的专项气象服务。2008 年 9 月第五次全国气象服务工作会议要求在坚持把为"三农"服务作为气象服务工作的重点时,还要以科学严谨的作风,重视和加强专业气象服务,尤其是军事气象服务、环境气象服务、航空气象服务、水文气象服务、交通气象服务、海洋气象服务、城市气象服务、旅游气象服务、医疗气象服务以及应急气象服务等,建立专业化的气象服务产品开发系统、开放式的气象服务网络、集约化的业务保障和科技支撑系统,切实履行气象为经济社会发展服务的职能和作用。可以预期专业专项气象服务未来将会得到全面的推进与发展。

第五节 气象科技服务

一、气象科技服务的定位

气象科技服务是公共气象服务的延伸和拓展,属于公共气象服务的范畴(第五次全国气象服务工作会议,2008 年 9 月)。现有气象科技服务项目主要有电视、电话、手机短信等天气预报及其它气象信息传播的增值性服务,用户需求的精细化特色专业预报服务,精细化特色需求专项天气预报服务,重要敏感行业专门的针对性、专业性服务,气象网络(兴农网等)增值性服务,防雷检测技术服务,防雷工程图纸审核服务,防雷工程及其他科技服务等。

气象科技服务伴随着国家的改革和气象事业的发展而发展。气象科技服务是气象服务直接进入经济、融入社会和向现实生产力转化的重要途径,已深入国民经济各行各业,和广大人民群众的生产生活息息相关。气象科技服务不仅是气象服务系统的重要组成部分,而且还是气象事业高速发展的重要支撑,是我国气象现代化和改革、发展的重要成果之一。在坚持以公益性气象服务为主体的原则下,气象科技服务的发展为丰富气象服务内容、创新气象服务手段、提高气象服务质量做出了贡献,也为拓展气象工作领域、扩大气象工作的社会影响、提高气象部门的社会地位发挥了重要作用。气象科技服务支持了气象事业的改革与发展，对增强基层台站活力和稳定气象队伍起到了支撑作用，也为国家防灾减灾、经济社会发展和保护人民生命财产安全起到了应有的保障作用。

二、气象科技服务的发展

1. 气象科技服务发展具有时代特色

气象科技服务是在 20 世纪 80 年代专业气象有偿服务的基础上发展起来的。20 余年来不断拓宽服务领域，不断提升服务效益，为社会公众和经济建设带来了显著的效益。气象科技服务持续、快速和健康发展的根本动力和源泉在于不断解放思想、深化改革、与时俱进、顺应发展形势。气象科技服务的发展经历了具有时代特色的过程。

20 世纪 80 年代初到 1991 年期间，气象科技服务起步发展。20 世纪 80 年代初，随着改革开放和经济社会发展对气象服务的需求，许多对气象有特殊服务需求的用户，要求气象部门提供各种针对性强、需要专门为之加工才能满足的专门服务，这些专门加工的针对性服务可以给用户带来巨大的经济效益，包括商业利益。部分基层气象台站开始探索开展专业气象有偿服务。国家气象局党组及时总结了当时基层台站的好的经验，提出开展专业气象有偿服务的思路，得到国务院领导的支持。1985 年 3 月，国务院正式批准气象事业单位在做好公益服务的前提下，按用户的需求，开展有针对性的专门加工制作的专业气象有偿服务。各地气象部门积极探索、艰难创业，专业气象有偿服务开始在全国展开，不仅使气象服务进一步适应社会主义市场经济体制发展的需要，促进了气象科技向现实生产力的转化，提高了用户的经济效益，也在一定程度上弥补了国家财政拨款的不足。1987 年 1 月广州第一次“全国气象服务工作会议”认为专业气象有偿服务是走有中国特色的气象工作新路子的一种探索，是中国气象工作中的一个新事物。会议要求在加强公益服务的基础上，积极开展专业气象有偿服务。在服务领域上有较大的拓宽，狠抓“准”字、“专”字，重视质量第一、用户第一、信誉第一。做到“深、广、细、活”，在“专”字上下工夫，是这一时期对专业气象有偿服务的基本要求。1990 年 10 月上海第二次“全国气象服务工作会议”认为专业气象有偿服务是气象部门一项成功的改革措施。总结了专业气象有偿服务在巩固的基础上持续发展的经验。会议强调公益服务是气象部门的基本职责，是气象服务工作的首要任务。要在搞好公益服务的基础上，持续、稳定、健康地发展专业气象有偿服务。会议指出:“气象部门拥有较强的科学技术能力,10年来现代化建设已取得较大成绩,在搞好公益服务的基础上,积极利用气象部门已有的知识和技术优势,包括电子技术,遥感技术,计算机软硬件技术等,向社会辐射和移植,争取更多的技术进入科技服务市场,开展科技服务,使气象部门在社会上发挥更大的作用”。这一决策,使气象科技服务得到了进一步的发展。

1992年到1999年期间,气象科技服务积极发展和逐步完善。随着国家各项改革的逐步深入和社会经济的快速发展,中国气象局党组提出气象事业结构由基本气象业务、科技服务和综合经营“三大块”组成的思路,并要求建立和完善相应的运行机制。1995年4月宜昌第三次“全国气象服务工作会议”要求在坚持“两个首位”的前提下,积极推动公益服务和气象科技服务协同发展。这一时期通过气象事业结构调整,从事气象科技服务的人员约比1985年增长6倍,约占整个气象队伍的三分之一。气象科技服务项目不断推陈出新,及时吸收科技新技术,依托基本业务,不断融入经济社会发展的主流,基本形成了以气象影视信息服务、防雷技术服务与工程、专业气象咨询服务、声讯气象信息服务、网络气象信息服务等为主的一批支柱性项目,服务效益大幅度提高。全国大部分省(区、市)和计划单列市成立了气象科技服务管理机构或增加了管理职能,加强了对气象科技服务工作的宏观引导和管理指导。

2000年到现在,气象科技服务依法快速发展。2000年1月1日正式实施的《中华人民共和国气象法》,为气象科技服务的发展提供了法律保障。2002年召开的“全国气象科技服务与产业发展工作会议”明确提出气象科技服务是气象事业新格局的重要组成部分;是气象事业深化改革和可持续发展的重要支撑;是充分发挥气象网络、信息、科技等资源潜力,拓展气象业务和服务领域、扩大气象事业发展空间,推动气象科技直接进入经济、融入社会,向现实生产力转化的重要途径。2007年印发了《气象科技服务管理暂行办法》,进一步规范气象科技服务的管理,保证气象科技服务的持续、健康发展。2007年8月召开了“全国气象科技服务工作会议”,会议总结了气象科技服务发展取得的主要成绩和经验,统一认识,明确今后一段时期气象科技服务的发展目标和主要任务。中国气象局党组经过分析研究,提出了新形势下气象科技服务的战略定位:气象科技服务是气象事业的重要组成部分,是依托基本气象业务充分发挥气象服务效益的重要途径,是促进气象事业全面、协调和可持续发展的重要保障。提出了坚持按照公共气象服务的方向发展气象科技服务,强化管理,推动气象科技服务实现又好又快、持续健康发展的要求。

2. 气象科技服务成效显著

自1985年国务院批准气象部门开展有偿服务以来，随着国家经济社会的发展，气象科技服务坚持需求导向，领域不断拓宽、内容不断丰富、手段不断创新，建立了气象科技服务专业队伍等，发展十分迅速。各地气象部门建立健全气象科技服务机构，不断理顺关系、明确职责，采取了行之有效的目标管理办法，完善气象科技服务分配机制，加强了对气象科技服务的管理。气象科技服务现代化取得了显著的社会效益和经济效益。

气象科技服务领域不断拓宽 在满足社会共性需求，提高服务质量的大背景下，气象科技服务不断瞄准经济社会发展和用户对气象特定服务的日益增长的需求，不断开发出有针对性的、满足社会各界、各行各业精细化特色需求的产品。气象科技服务从最初的单一的专业气象有偿服务，迅速发展成为以气象影视服务、专业气象服务、防雷技术服务、气象信息电话服务、手机定制短信气象服务等多种支柱项目的服务领域。气象影视服务、气象信息电话服务、防雷技术服务、手机定制短信气象服务等项目，都是气象科技服务创新发展的成功探索。在这些符合社会需求的项目应运而生并且不断向纵深发展的同时，各地还不断开发出室内空气质量检测、雷击风险评估等新的气象科技服务项目与增长点。气象科技服务领域的不断拓宽、覆盖面的不断扩大，成为拓展气象业务和服务领域的重要因素。防雷服务已经从单一的科技服务项目发展成为新的气象减灾业务服务体系；全国定制手机气象短信服务的用户达9000多万户，近10年来，手机短信气象服务也迅速从气象科技服务发展成为公共气象服务的主要手段之一，是国家防灾减灾应急服务体系的重要组成部分；2006年5月开播的中国气象频道，成为公共气象服务的重要平台；气象兴农网等的蓬勃发展，得到了党中央、国务院领导和有关部门领导以及地方党政领导的充分肯定，开辟出一条为“三农”服务的新途径。目前，气象科技服务领域已拓展到工业、农业、能源、交通、物流、建筑、旅游、教育、体育等上百个行业和部门，还在不断向经济社会的诸多领域延伸。

社会经济效益显著 气象科技服务为支撑气象事业发挥社会服务职能做出了重要贡献。气象科技服务作为气象科技直接与经济社会相融合的一个重要途径和纽带，随着服务领域不断拓展，用户从个体向群体、向行业、向社会发展，服务效益也不断增长。特别是气象影视服务、手机短信气象服务、防雷技术服务等科技服务手段在国家防灾减灾、保护人民生命财产安全和构建社会主义和谐社会中发挥了重要的作用，取得了显著的社会经济效益，受到了广大社会公众的普遍欢迎，在社会上树立了良好的部门形象。防雷科技服务成为预防雷击灾害、提高社会公共安全的重要举措；气象信息服务通过多种媒体和手段更加快速、广泛地服务于社会，气象科技服务作为国家服务业的一个组成部分，推动了电视、电信、网络服务业的发展，同时也为这些行业产生了难以估量的社会经济效益。全国气象科技服务吸纳了万人以上的科技服务人员，也吸引了社会上专业技术人员投身到气象科技服务之中，为社会就业做出了贡献。

气象科技服务队伍壮大，素质提高　气象科技服务发展初期，气象科技服务人员数量较少、专业素质也较低。随着气象科技服务项目的增多和发展，气象信息产业等高新技术的导向牵引，通过不断选拔高素质人才充实到气象科技服务队伍，并通过培训班、经验交流会、考察学习等形式，提高气象科技服务人员的业务技术水平和适应服务经济社会的能力，培养和造就了一批气象科技服务专门人才。截至到2006年底，全国气象部门气象科技服务队伍有近千人具有高级专业技术职称。

气象科技服务依法发展、科学管理能力不断加强　20多年来，通过宏观政策指导、支柱项目引领推动等方式，促进全国气象科技服务发展不断出现新的发展高潮。1985年以来先后制定下发了《国务院办公厅转发国家气象局关于气象部门开展有偿服务和综合经营的报告的通知》、《关于气象部门开展专业服务收费及其财务管理的几项规定》、《气象专业有偿服务收费项目及标准的原则规定》等规范性文件；1994年《中华人民共和国气象条例》和2000年《中华人民共和国气象法》的正式实施，为气象科技服务提供了法律依据。2002年以来，中国气象局先后发布实施了《防雷减灾管理办法》等5个与气象科技服务有关的部门规章以及《气象科技服务管理暂行办法》等规范性文件；各省（区、市）在地方性法规和政府规章中明确了气象影视服务、专业气象服务和防雷服务等条款，使气象科技服务的开展与管理更加规范。

为气象事业的改革和发展提供有力支撑　随着气象科技服务规模不断发展壮大和领域不断拓展，形成了气象基本业务与气象科技服务相互促进、共同发展的局面。从1998年以后，全国气象科技服务收入总量每年都以超过10%的速率增长（图2.7）。气象科技服务的收益，主要用于弥补气象部门事业经费不足，支持了气象现代化建设，改善了气象职工的工作生活条件，稳定了气象职工队伍，保证了气象事业改革和发展的顺利进行，有力地促进了气象事业全面、协调发展。特别是20世纪80—90年代，在中央财政比较困难的情况下，气象科技服务为气象现代化的超前发展提供了有力的经费支持，为改善职工工作生活条件做出历史性贡献。近年来，各省（区、市）气象局都用50%以上的气象科技服务收益进行台站综合改善、气象现代化建设和人才培养等。特别是在经济欠发达地区气象科技服务为保障气象基本业务的正常运行和职工队伍的稳定，发挥了更加突出的作用。气象科技服务还为改善气象部门人才队伍结构起到了应有的作用。

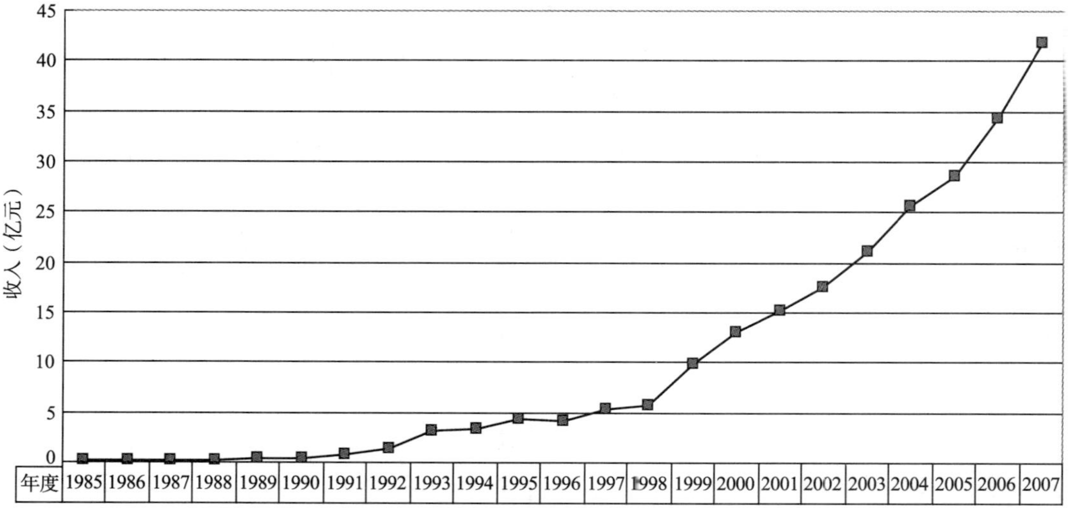

图 2.7　1985—2007 年全国气象科技服务发展趋势图

3. 气象科技服务发展展望

气象科技服务未来一段时期发展的要求是：坚持公共气象服务的发展方向，依托基本气象业务，面向经济社会发展需求，不断拓展气象科技服务新领域，大力开发科技内涵丰富的气象科技服务产品。优化资源配置，完善发展机制，加强规范管理，增强竞争能力，提高服务效益，充分发挥气象科技服务在国家防灾减灾和经济社会、民生福祉可持续发展中的重要作用。

以经济社会发展需求牵引，拓展气象科技服务的深度和广度　紧密结合国家经济社会发展大局，做好为构建社会主义和谐社会、防灾减灾和社会主义新农村建设的气象科技服务。针对主要行业用户的需求，集中力量研发针对性强、科技含量高的适用于气象科技服务的服务技术和产品，为防灾减灾、社会公共应急管理，为民生福祉日益增长的需求提供优质服务。大力拓展已经具备一定规模和优势的气象影视服务、气象信息电话服务、手机定制短信气象服务等气象科技服务项目；大力研发建筑、交通、可再生能源、保险、流通、仓储以及城市环境、医疗保健、旅游观光等方面气象科技服务的的专业化服务产品，积极开拓气候工程服务、环境气象服务、气候可行性论证、风能太阳能开发评估、雷电灾害风险评估等气象科技服务的新领域、新项目，努力寻求新的增长点，推进气象科技服务向全方位、多领域、深层次、精细化方向发展。

依靠科技进步，不断提高气象科技服务的科技含量　实施气象科技服务的技术创新、项目创新和产品创新。加大气象科技服务的技术开发力度，有组织、有计划地开展全局性、关键性的气象科技服务技术研究以及具有重大应用前景的技术和产品开发，逐步建成涉及多学科、服务多行业的气象科技服务产品体系，开发出一系列前景好、科技含量高并且具有创新性和适用性的气象科技服务精品，不断提高气象科技服务的科技含量。

建立气象科技服务的科技支撑系统　依托现代气象业务和科研体系，建设设备先进、技术水平高、适应各种需求的新型气象科技服务的支撑系统，实现气象科技服务的规模化、精细化、专业化服务。形成集气象科技服务信息采集、技术研发和产品分发服务于一体的全国统一的气象科技服务综合信息平台。通过气象科技服务综合信息平台的建设，实现全国气象科技服务信息的共享，不断拓展气象科技服务领域，增强气象科技服务综合实力，为气象科技服务发展提供强有力的科技支撑。

加强联合与协作，不断推进气象科技服务的集约发展进程　积极探索和建立气象科技服务集约发展、创新发展的新机制，适应国家改革进程；要从分散的产品运作转变为集约化的规模运作，增强与国际服务业的竞争能力。建立和完善国家级、省级和省以下气象科技服务实体之间的合作机制，在国家重点工程、重大项目等方面开展多种形式的专业气象科技服务合作，增强服务能力。气象科技服务发展形成结构优化、机制完善、能力增强、管理规范、效益显著的新格局。

加强队伍建设，实现气象科技服务现代化的持续发展　建立健全气象科技服务人才培养机制，采用多种方式，培养一批掌握现代气象业务及相关科技、服务的气象科技服务技术骨干和管理人才，不断提高气象科技服务队伍的整体素质。

三、防雷减灾科技服务

我国防雷减灾技术服务从20世纪90年代开始不断发展，近十余年全面快速发展，社会经济效益十分显著。目前防雷减灾技术服务既是气象科技服务的重要支柱项目，也成为防灾减灾事业的重要组成部分。防雷减灾已经形成为系统化的工作体系，包括防雷管理、雷电和雷电灾害的监测、预警、防护技术服务与工程服务、防雷研究以及雷电灾害的调查、鉴定和评估等，防雷减灾技术服务成为该体系的一个重要组成部分。

《中华人民共和国气象法》规定："各级气象主管机构应当加强对雷电灾害

防御工作的组织管理”，直接推动了我国防雷减灾技术服务的迅速发展。根据《中华人民共和国气象法》等有关法律法规和工作实际，各级气象部门按照防雷管理、基础业务、防雷检测、防雷工程、科研等不同的功能，逐步建立健全相应的机构与实体。根据防雷减灾的社会需求，为了加强防雷技术服务工作，地方各级气象部门成立了专门为社会提供防雷装置检测、防雷工程、设计评价、雷击风险评估、雷灾调查鉴定等服务的技术服务实体（如防雷中心和检测所等）。从事雷电防护的专业技术队伍的规模也在不断壮大，目前经省级气象学会考核合格的防雷技术从业人员达到近 2 万人。各级防雷技术服务机构，以科技为依托，以优质服务为宗旨，积极开展各项防雷技术服务，并已经基本覆盖了经济社会发展和人民群众生活的方方面面，涉及到航空航天、国防建设、信息、通讯、计算机、电子工业、化工石油、邮电、交通、森林、体育及其他各行各业，也深入到密切关系人民群众生活的住宅、医院、学校、商场等场所。这些服务有力地保障了经济社会的发展和人民生命财产的安全，取得了显著的社会效益和经济效益。

2005 年 11 月在广州召开了全国防雷工作会议，会议全面总结和交流了防雷减灾与防雷专业技术服务经验，深入分析和研讨防雷减灾工作面临的形势及发展目标，全面部署新时期防雷减灾工作与防雷专业技术服务的各项任务，积极推进我国防雷减灾工作上了一个新的台阶。据统计，2006 年度全国各级防雷技术服务机构共对约 32 万个项目进行了防雷装置定期检测，对约 2400 个工程项目进行了雷击风险评估，开展了约 2800 次雷电灾害调查、鉴定活动。近年来雷电监测预警服务有新的进展，各省相应开展了雷电预警预报、雷电监测预警，为专业用户提供点对点的服务等。如奥运气象北京雷电监测预警预报服务，又如江苏为石化系统提供半小时前的雷电预警、雷电移动趋势、雷电等级等预测，湖南为重点行业定期检测单位免费提供雷电预警信息等。同时还陆续出台了一批防雷技术标准，不断完善防雷减灾技术服务。

2008 年中国气象局加强与地方政府合作，在雷电灾害频发的 14 个省（区、市）的 3000 所中小学进行了雷电防御示范工程建设，2009 年又在 21 个省（区、市）和计划单列市开展了农村中小学防雷示范工程建设，将防雷列入校舍安全工程，以保障学生的生命安全。各级气象部门不断增强全社会的防雷减灾意识。针对当前雷电灾害危害程度高、社会影响大的情况，充分利用“国际减灾日”、“世界气象日”、“科技活动周”、“安全生产周”等，通过各类媒体，广泛开展防雷减灾宣传教育活动，推进了防雷减灾科学知识的不断普及。中国气象局雷电防护管理办公室每年度都汇总、编辑《全国雷电灾害实例汇编》，先后组织编制和发行了《防雷宣传挂图》、《防雷避险手册》、《防雷避险常识挂图》等出版物，扩大防雷工作的社会影响，全社会防雷减灾的知识水平有所提高，利用科学技术防雷减灾的意识不断增强。通过雷电监测预警预报、防雷专业人员技术培训、防雷技术标准制订、防雷装置设计审核和竣工验收、防雷工程专业资质认定和防雷装置检测资质认定管理行政许可，以及防雷执法检查、防雷科普宣传等工作，防雷减灾科技服务工作取得实质性的进展，近两年，尤其是2008年雷电灾害实例有明显下降的趋势(表2.2)。2008年雷击死亡人数比2007年减少46.1%，而2009年1—7月又比2008年同期减少23.7%，其中2008—2009年全国开展的农村中小学防雷示范工程建设起了重要作用，没有出现中小学重大雷击事件。

表2.2　2005—2008年全国雷电灾情(据不完全统计，政策法规司社会管理处，2009)

项目＼年度	2005年	2006年	2007年	2008年
雷电灾害发生起数	11026	19982	12967	8606
死亡人数	645	717	827	446
引起火灾爆炸事故起数	219	469	183	113
建筑物受损起数	1110	1176	970	528
电子设备受损件数	50846	14601	45653	18283
电力行业雷灾起数	2797	2735	1570	1537
通信行业雷灾起数	673	1712	613	584
石化行业雷灾起数	114	281	254	145
损失百万元以上起数	22	44	28	13
损失千万元以上起数	1	3	4	2

第六节　气象灾害防御体系建设与应急服务

一、气象灾害防御体系的发展

1. 气象灾害防御体系发展概况

面对气象灾害和衍生(次生)灾害日益频发的严峻形势，不断提高气象防灾减灾能力，成为气象服务工作的重中之重。从20世纪50年代防御灾害性天气、台风灾害开始，气象灾害防御已逐步发展成为目前集气象灾害监测、预报预警、评估，与多部门协调联动的气象灾害防御体系。气象灾害监测的技术水平不断跃上新台阶，气象灾害的监测时效和精度显著提高，气象预报预测准确率稳步提高，突发性气象灾害预警信息发布业务服务在全国各地蓬勃发展。气象灾害防御体系的发展为国民经济建设与可持续发展，为保护广大人民群众生命财产安全做出了突出贡献。

我国政府历来十分重视防灾减灾工作，把减灾纳入经济和社会发展计划，作为实现经济社会可持续发展总体目标的重要保障。始终坚持把保护广大人民生命财产的安全，作为防灾减灾的重点。经过多年的不懈努力，我国的灾害管理体制/机制和法制建设取得重要进展，灾害应急体系日益健全。灾害监测预警越来越及时，应对经验越来越丰富，国家财政投入越来越大，抵御自然灾害能力得到明显提高。

气象防灾减灾是国家防御和减轻自然灾害的重要组成部分。党中央、国务院历来高度重视气象灾害防御工作。1999 年 10 月通过的《中华人民共和国气象法》中专门设置了气象灾害防御一章，明确了各级人民政府及其有关部门在编制气象灾害防御规划、制定防御方案、组织实施气象灾害防御方面，气象主管机构及其所属气象台站在加强气象灾害监测、预警、灾害评估方面，有关组织和个人在气象灾害防御方面等的各方的权利、义务和法律责任。胡锦涛总书记多次强调要做好防灾减灾工作，要求提高应对极端气象灾害的综合监测预警能力、抵御能力和减灾能力。《国务院关于加快气象事业发展的若干意见》(国发〔2006〕3 号)和《国务院办公厅关于进一步加强气象灾害防御工作的意见》对气象灾害防御工作做出全面部署。各级党委、政府和国务院有关部门对气象灾害防御的重视程度进一步提高，支持力度进一步加大，全社会对气象灾害倍加关注，气象灾害防御工作取得可喜进展。为进一步做好气象防灾减灾与突发公共事件应急响应工作，中国气象局启动了《气象灾害防御条例》的起草和《国家气象灾害防御规划(2008—2020)》的编制工作。2005 年中国气象局成立了应急管理办公室，并得到中编办批准。2006 年实施“重大气象灾害预警应急预案”，该预案是保证气象灾害应急工作高效、有序进行，全面提高应对重大气象灾害的综合管理水平和应急处置能力，最大限度地减轻或者避免气象灾害造成的人员伤亡、财产损失的重要的规范性文件。2007 年 9 月，首次全国气象防灾减灾大会在京召开，中共中央政治局委员、国务院副总理回良玉到会讲话。在构建社会主义和谐社会的伟大进程中，加强气象灾害监测预警和应急处置工作，是气象部门树立和落实科学发展观的必然要求。

2. 气象灾害防御体系与应急服务发展成绩

经过长期探索和实践，气象灾害防御体系建设与应急服务有了长足发展。

气象灾害监测预报技术水平不断提高　随着气象现代化建设的发展，我国已基本建成了以气象卫星、新一代多普勒天气雷达网、闪电定位监测网和自动气象观测系统为主的综合气象观测网络，及分布在全国各地的气象台站，全天候监视着大气活动与气象灾害的动态变化。我国发射的风云系列气象卫星从太空跟踪地球大气的演变，极大地丰富和补充了广阔海洋、极地、高原和沙漠等人迹稀少地区的气象探测信息。近年来，建立的新一代天气雷达、大气成分、雷电、空间天气系统等业务，加强了对中小尺度灾害性天气的监测。气象监测手段的提高，为气象灾害的预测预警创造了必要条件。我国已建成体系较为完整的数值天气预报和气候预测业务，气象预报预测准确率稳步提高，为气象灾害的及时、准确预警和科学防灾减灾奠定了基础。如，我国台风路径预报已接近国际先进水平；高温、干旱、沙尘暴、雪灾、雷电、大雾等气象灾害的中短期预报水平亦明显提高；突发气象灾害的临近和短时预报已基本形成业务能力。以2008年为例，在我国沿海登陆的台风有10个，且登陆早、强度强，但因台风的死亡人数和直接经济损失均明显少于2000年以来的平均值。

政府领导、部门协调联动、社会参与的气象灾害防御机制初步建立　各级气象部门在当地政府领导下，逐步健全政府部门之间防灾减灾工作协调响应机制，组建由多部门、多学科专家组成的气象防灾减灾综合队伍，建立基层气象协理员和信息员队伍，组织开展气象灾害防御示范社区（村镇）创建活动。已建成了连通全国2359个市、县的卫星与地面相结合的气象通信网络系统，实现了重大气象灾害预警和其他突发公共事件气象应急保障的联合会商；初步建成了气象与国防、军事、海洋、水利、地震、航空、航天、教育和科研等部门资料交换的网络系统，实现了面向社会的气象基础数据实时免费共享。区域间、部门间、部门和地方、部门和企业、科研机构和高校间的合作领域层次不断深化，联合组织防灾减灾相关重大工程、科研计划和人才培养计划。目前已基本形成政府领导、部门联动、社会参与，功能齐全、科学高效、覆盖城乡的气象防灾减灾机制。

气象灾害应急响应能力不断增强　随着我国综合气象观测系统、数值天气预报和气候预测业务系统的建成和不断完善，气象灾害的监测时效和精度显著提高，气象灾害和衍生（次生）灾害预报预警水平显著提高，突发性气象灾害预警信息发布能力显著增强，应急处置能力不断增强。

2004年中国气象局启动了灾害性天气短时临近预报业务和气象灾害调查评估工作，同年10月颁布实施《突发气象灾害预警信号发布规定》。尤其是2006年国务院颁布实施“重大气象灾害预警应急预案”，规定气象灾害应急工作应当坚持人民政府统一领导、分级管理、条块结合、以块为主的原则。各有关部门按照职责分工负责、互相配合、共同做好气象灾害应急工作;“各级气象主管机构应当成立重大气象灾害预警应急领导小组。主要负责人任组长”;按照灾害性天气气候强度标准和重大气象灾害造成的人员伤亡和财产损失程度,确定预警级别为四级预警;明确应急预案启动、应急响应和应急结束的行动要求。为了增强对气象灾害的监测、预警和评估能力,提高为政府部门防灾减灾决策服务水平,2006 年 12 月 30 日,成立了中国气象局灾害监测预警评估中心。2007 年以中国气象局第 16 号令发布了《气象灾害预警信号发布与传播办法》。全国气象灾害普查与灾情收集、整理和上报工作得到进一步规范和加强,积极开展气象灾害风险评估和区划工作,强化气象灾害的普查和灾情调查,建立城乡气象灾害防御网络。

近两年来气象应急管理组织体系继续加强完善。中国气象局适应国家应急管理需要,调整和理顺了局专职应急管理工作机构及其职责,相应制定一系列应急工作制度和流程,明确应急职责,规定行动程序,确保预案启动后,能迅速进入应急状态。各省(区、市)气象局、计划单列市气象局进一步完善了应急管理指挥机构和工作机构,设立专职分管领导,增加了应急办事机构工作人员数量。市(地)级及以下气象部门分别确定了应急管理工作兼任机构和应急联系人,全国气象应急管理组织体系日臻完善。初步建立气象应急预案体系。按照《国家突发公共事件总体应急预案》要求,各级气象部门围绕重大气象灾害和突发公共事件气象保障工作,结合实际,制定了一系列综合、专项、分项、单项应急预案。2008 年印发《中国气象局气象灾害应急预案(试行)》,目前正在推进《国家气象灾害专项应急预案》的制定和出台。覆盖国家、省、市、县四级以及涉及应对重大气象灾害、与气象相关的重大突发公共事件、气象部门内部突发事件等多层次、广领域的气象应急预案体系基本建立。与国务院应急办及有关政府部门建立了气象灾害应急响应联动机制,增强了气象灾害应急保障能力。围绕提高全社会预防和处置突发事件能力,加强应急管理培训和科普宣传,为有力应对气象灾害奠定了群众基础。随着充分发挥气象服务在防灾减灾中的“发令枪”、“消息树”作用,有效处置应对各类特别重大突发事件,气象灾害防御能力不断增强,气象灾害防御的社会经济效益日益显著。我国气象灾害造成的人员死亡人数由 20 世纪 80 年代、90 年代平均每年 5000 人左右,下降到新世纪平均每年 2000 人左右(图 2.8),每年气象灾害造成的经济损失占 GDP 的比例从 20 世纪 80 年代的 3%～6%下降到目前的 1%～3%(图 2.9)。

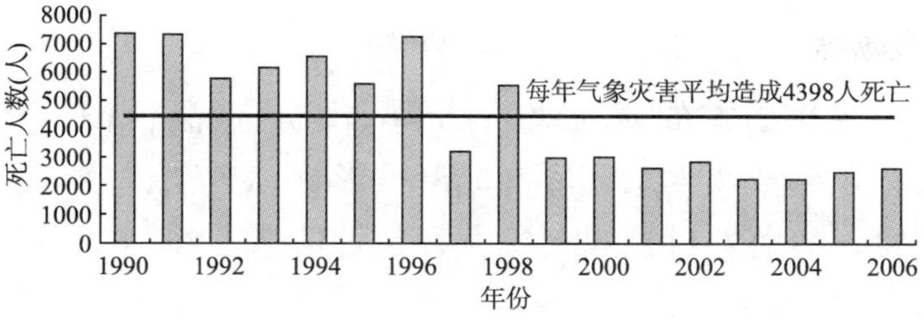

图 2.8　1990—2006 年我国因气象灾害造成的人员死亡人数(许小峰,2007)

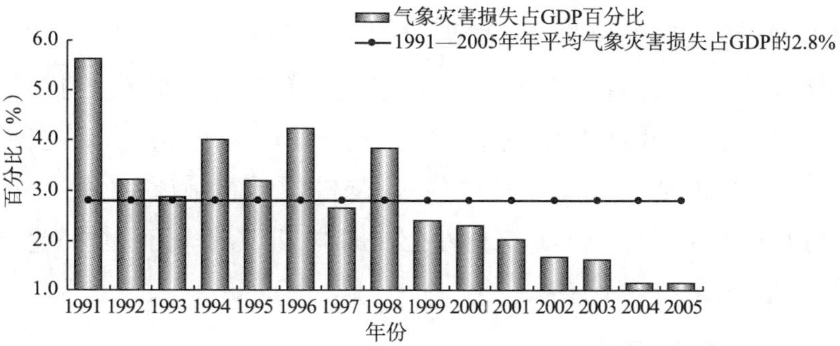

图 2.9　1991—2005 年我国气象灾害损失占 GDP 的比例(许小峰,2007)

二、气象灾害防御战略布局

我国幅员辽阔,各地天气、气候变化复杂,城市、农村、沿海地区、主要江河流域的气象灾害防御侧重点各不相同。而农业、交通、水利、电力等国民经济关键行业和以长三角、珠三角、环渤海等地区为代表的主要战略经济区对气象灾害影响的敏感程度也极高。因此,需要区分城市、农村、沿海、重要江河流域、主要战略经济区、重要交通与输变电线沿线,按照点面结合、全面防御、突出重点的战略布局,组织开展气象灾害的防御工作。

1. 城市气象灾害防御

随着我国城市化快速发展,城市内涝、干旱缺水、高温、霾等灾害日益严重,城市热岛效应和空气污染以及其他导致人居气象环境恶化等问题日益突出。防御城市气象灾害及次生灾害,需要在城市规划和建设前,开展气象灾害及次生灾害风险评估,为研究制定相关基础设施防御标准提供依据,加强城市生命线工程的抗灾能力建设;加强城市气象灾害及次生灾害的监测预警系统建设,增强早期预警、提前防范的能力;对城市建筑物的布局和密度进行气象环境评价,使之达到绿色建筑标准,保护城市居民的人居环境。

2. 农村气象灾害防御

农村是气象灾害防御的薄弱地区，干旱、洪涝、低温、霜冻等气象灾害对粮食、经济作物、林业生产及生态环境造成严重影响，对新农村建设和国家粮食安全造成严重威胁。然而农村接收气象灾害预警信息不畅，农业和农村基础设施抗灾能力薄弱，部分村屯、民宅建造在气象灾害易发区域，农村防灾意识不强，防灾避灾技能不高，农村减灾工作亟待加强。防御农村气象灾害，需要加强气象灾害监测预警发布能力建设，建立进村入户的农村气象灾害信息系统，提高农村气象灾害预警信息的覆盖面；加强农村防灾科普宣传和农民防灾避灾技能培训，建设农村防灾科普宣传与技术培训基地；增加气象科技的贡献率，保障粮食等农产品稳产高效；开展新农村建设气象灾害风险评估，开展农业和农村基础设施防御气象灾害能力普查，修改完善农村建筑物和农业生产设施防灾标准；科学规划农业生产布局和新农村小区，加固和改造现有的农业与农村防灾基础设施和民宅等建（构）筑物。

3. 沿海地区气象灾害防御

我国沿海地区气象灾害多、损失重。每年平均有7个热带气旋（含台风）登陆我国，对经济社会和人民生命财产安全构成严重威胁。海洋大风、海雾、海冰对航运的安全影响很大，由此引发的风暴潮和地质灾害造成的损失呈上升势头。因气候变暖导致的海平面上升对沿海地区经济社会可持续发展的影响日趋严重。沿海地区需要以防御台风、大风及其产生的风暴潮、地质灾害和海平面上升为重点，加强海洋气象灾害监测网和多部门联合的海洋监测信息共享平台建设，建立海洋气象灾害监测预警业务和应急服务系统；提高预警发布能力，建设由海洋气象预警电台、卫星广播等组成的气象灾害预警信息发布系统；开展沿海地区气象灾害风险评估和海洋气象资源可持续开发利用的综合评估，开展重点工程建设气候可行性论证，加强沿海气象灾害防御基础设施建设。

4. 重要江河流域气象灾害防御

东亚地区独特的季风气候，造成我国主要江河流域降水量时空分布不均，夏季易发生流域性洪涝。冬春季节，北方河流还易发生凌汛灾害。在全球气候变暖背景下，极端强降水和干旱发生概率均呈增大趋势，流域洪涝灾害重现期缩短，流域大面积干旱时有发生，严重威胁流域内人民生命财产安全和区域经济发展。重要江河流域的气象灾害防御要把防御由于大范围暴雨和持续性强降水引发的流域性洪涝，以及防御流域大面积干旱、严重的季节性干旱放在首位，实现工程性与非工程性防御措施有机结合，构成完善的流域防洪抗旱减灾体系。建立跨地区、跨部门的流域洪涝干旱联防工作机制，合理布设流域气象、水文监测网，确保及时获取流域面雨量信息，并实现部门间信息共享；提高流域天气预报的准确率和精细化水平，开展流域降水过程预报；建立洪涝、干旱灾害预警机制和应急响应预案；编制和更新流域洪涝、干旱风险区划，调整流域防洪标准，提高抗御洪水的能力；提高抗旱能力。

5. 重要铁路公路沿线和输变电线路气象灾害防御

交通运输和电力工业是国民经济的重要基础产业，同时也是易受气象灾害影响的行业。低温、霜冻、暴雪、大雾等对铁路、公路和输变电线路的影响尤为显著，造成道路结冰、交通瘫痪、电力供应中断等严重后果。随着我国经济一体化程度的不断提高，不同行业、不同经济生产部门的相互依存度越来越高。某一经济部门或行业受灾后，不利影响会迅速连锁传递到其他行业或部门，灾害影响范围和严重程度明显放大。重要铁路公路沿线和输变电线路的气象灾害防御，重点是建立交通气象观测、电力气象观测等专业专项气象灾害监测网络体系，发展专业专项气象灾害监测预警技术和预警服务，实现部门间、行业间的信息与资源共享以及灾害协同防御；开展铁路公路沿线和输变电沿线精细化气象灾害影响风险评估，在此基础上建立气象灾害防御的设计标准；建立铁路、公路和输变电线路工程设计气候可行性论证制度，合理规划和布局，科学防灾避灾。

6. 重点战略经济区气象灾害防御

以长三角、珠三角、环渤海、武汉城市圈、长株潭城市群、成渝地区等为代表的我国主要战略经济区，交通发达，城市化与经济一体化程度高，综合经济实力强，是我国大规模的人口稠密区和经济密集区，但同时也是灾害频发区。这些地区气象灾害的区域性和连带性十分明显，暴雨、干旱、台风、雷电等气象灾害危害程度高，造成的经济损失大，是气象灾害防御的重点区域。重点战略经济区的气象灾害防御，要突出区域联防，点面结合，统筹规划区域性稠密气象观测网络，加强区域内先进探测技术和移动观测系统的协同建设，提高对突发性气象灾害的监测能力；建立区域一体化的精细化预报预测业务和灾害性天气短时临近预警业务，发展气象灾害高影响行业的专项预警技术和服务；开展区域气象灾害影响风险评估，合理布局重大工程建设项目；根据风险评估结果，及时调整气象灾害防御标准，加强重点战略经济区气象灾害防御基础设施能力建设，提高防御气象灾害的能力。

三、气象灾害防御体系发展蓝图

气象灾害防御体系建设与应急服务是我国气象现代化需要继续大力加强与开展的领域。未来10年发展的主要任务是：

1. 提高气象灾害监测预警和发布能力

建立结构合理、布局适当、功能齐备的气象灾害综合探测系统，构建气象灾害综合信息共享平台；发展精细化气象预报业务和公共气象服务平台；加强气象灾害预警的发布，显著提升气象灾害监测、预警和发布能力。

提高气象灾害综合探测能力 调整、优化国家和地方气象站网布局，充实观测项目，增加台站密度，提高地面和高空自动化观测水平；加快推进新一代天气雷达在重点区域的加密布设，发展其他地基遥感观测系统和专用的飞机气象探测系统；风云静止气象卫星实行双星观测互为备份，风云极轨气象卫星实现组网观测，增加雷达测量降水等新的探测能力，构建对地气象灾害探测系统和空间天气灾害探测系统。建成由地基、空基、天基观测系统组成的气象灾害立体观测网，实现对气象灾害，尤其是对重点区域主要气象灾害的全天候、高时空分辨率、高精度的综合立体性连续监测。多部门联合建设气象灾害综合监测网，建立和完善跨地区、跨部门的包括各类专业监测网在内的气象灾害综合监测网，全面提高气象灾害的综合监测能力。

提高气象灾害预警能力 进一步做好灾害性、关键性、转折性重大天气监测和预警以及极端天气气候事件的预测，建立和完善气象灾害监测预警业务服务系统，提高预报的精细度、预警时效和准确率。加强部门合作，建立和完善气象灾害预警业务服务系统，建设各类专业气象服务平台，加强精细化预报能力建设，大力提高对国民经济各部门各行业的各类专业气象灾害的预警能力。

完善气象灾害预警信息发布系统 建立和完善气象灾害预警信息发布系统，完善突发气象灾害预警信息发布制度，及时向公众发布气象灾害预警信息，不断提高发布频次，实现预警信息的滚动发布。建立充分利用各类现代化媒体、通信工具、通信资源进行气象灾害预警信息发布的机制和平台。综合运用多种手段、多种渠道使气象灾害预警信息及时有效传递给公众，尤其是人员密集场所的群众。加强覆盖城乡社区的立体化信息发布体系，扩大预警信息公众覆盖面，实现气象灾害预警信息迅速及时准确地“进农村、进企事业、进社区、进学校”。完善气象灾害信息网络，统筹发挥公共信息网络和专用信息网络基础设施的作用，建设各相关部门间气象灾害信息实时快速交换网络和共享平台，实现全国气象灾害信息的高度共享。

2. 加强气象灾害风险评估

全面开展气象灾害普查和隐患排查，开展城乡规划、重大工程等的气象灾害风险评估和气候可行性论证，为有效防御气象灾害提供科学依据。

加强气象灾害普查和隐患排查　组织开展全国气象灾害普查工作，建立以社区、村镇为基础的气象灾害调查收集网络，建立气象灾害数据库，分灾种编制气象灾害区划图。完善气象灾害信息上报系统和制度，包括建立气象灾害目击者报告制度，加强对气象灾害信息的综合分析、处理和应用。组织开展基础设施、建筑物等防御气象灾害的能力普查，编制承灾体脆弱性区划；开展气象灾害隐患排查，查找气象灾害防御的隐患和薄弱环节，为编制气象灾害风险区划、完善气象灾害防御措施等奠定基础。

建立气象灾害风险评估和气候可行性论证制度　建立县以上城乡规划、重大工程建设的风险评估制度和气候可行性论证制度，建立相应的建设标准，将气象灾害风险评估和气候可行性论证纳入城乡规划和工程建设项目行政审批的重要内容。确保在规划编制和工程立项中充分考虑气象灾害的风险性，避免和减少气象灾害的影响；在农业引种改制、结构调整，农牧业开发，生态工程建设，调水工程设计，公路和铁路重大项目线路选择，城市建设，风能和太阳能开发等之前，根据《中华人民共和国气象法》及《气候可行性论证管理办法》，组织气候可行性论证。研究制定综合评估气象灾害危险性、承灾体脆弱性和气象灾害风险评估的方法和模型、风险等级标准和风险区划工作规范，开展气象灾害风险区划和评估，为经济社会发展布局和编制气象灾害防御方案、应急预案提供依据。

加强气候变化影响评估　加强全球气候变暖背景下气象灾害发生和发展规律研究，开展气候变化对极端气象灾害事件，以及对经济、社会、国防、能源、水资源、农业和粮食、生态环境等的影响评估和应对措施研究。

3. 提高气象灾害综合防范能力

制定并实施气象灾害防御方案，加强组织领导，完善工作机制，完善防灾法规和标准，充实气象灾害防御队伍，有效形成政府领导、部门联动、社会参与的气象灾害综合防御体系。

制定、实施气象灾害防御方案　依据当地气象灾害特点及其风险区划，针对各类气象灾害组织编制防御方案，明确气象灾害政府行政管理体制、实施防御的各部门的职责和联动机制、气象灾害防御重点和防御措施等事项，完善气象灾害防御组织领导体系和应急救援组织体系。加强气象灾害防御方案的实施，完善气象灾害防御工作机制，全面落实气象灾害防御工作责任制。建立气象灾害防御综合效益评估机制，及时分析总结气象灾害防御工作中的新问题，不断修订、补充和完善气象灾害防御方案。

完善气象灾害防御组织体系 以政府主导建立气象灾害防御指挥部，负责气象灾害防御的组织领导和协调工作，建立各有关部门互联互通的气象灾害信息共享机制、跨区域的气象灾害协作联防等工作机制，形成灾害防御合力。统筹做好农村和农业的气象灾害防御工作。在乡镇设立气象协理员，协助气象灾害防御管理工作；在社区、村屯设立气象灾害信息员，负责气象灾害预警信息的接收、传递，报告灾害性天气实况和灾情，参与本社区、村屯气象灾害防御方案的制定和气象灾害防御的科普宣传、应急处置和调查评估等工作。

加强气象灾害防御法规和标准体系建设 建立健全内容完善、科学配套的气象灾害防御法律法规体系。各地根据国家的气象灾害防御法律法规，制定相应的配套法规办法。加快推进以国家标准和行业标准为主体的气象灾害防御标准体系建设，根据气象灾害种类及风险区划，制定或修订气象灾害防御工程标准和非工程标准，增强气象灾害防御的科学性、规范化、标准化。

加强气象灾害防御科普宣传教育工作 在各级科普馆中设立气象科普室，扩展气象科普基地，广泛开展全社会气象灾害防御知识的宣传，将气象灾害防御知识纳入国民教育体系，纳入文化、科技、卫生“三下乡”活动，加强对全民特别是农民、中小学生等防灾减灾知识和防灾技能的宣传教育。定期组织气象灾害防御演练，提高全社会气象灾害防御意识和利用气象信息避险防灾能力。

4. 提高气象灾害应急处置能力

完善气象灾害应急预案，提高应急处置能力 组织制定各类气象灾害的应急预案，明确气象灾害的等级划分、气象灾害的监测预警和信息发布、应急救援的启动和终止规程等，加强应急预案的动态管理，适时对预案进行修订和更新。

建立基层突发气象灾害应急响应认证制度 开展社区、村镇突发气象灾害应急响应的认证和气象灾害防御模范社区（村镇）创建活动，全面提高基层单位综合防御气象灾害的能力。建立社区、村镇气象灾害警报站，确保及时接收气象灾害预警信息并向责任区内的群众传递，按照防御方案和应急预案，正确防御气象灾害。面向社区、村镇，开展气象灾害防御远程培训、集中培训和应急演练相结合的综合培训。

本章编写组成员：沈国权　陈振林　高兰英　王晓辉

第三章 气象预报预测系统

气象预报预测是气象公共服务的前提、气象基本业务系统的核心和整个气象现代化的重要组成部分。预报预测系统现代化的基本特征是，以提高预报预测准确率为核心，以数值预报预测模式系统为基础，以现代预报预测理论和技术为支撑，以业务技术流程的科学合理化和预报精细化、专业化为目标。本章旨在客观分析新中国成立以来气象预报预测系统的定位与作用，描述预报预测系统的现代化建设历史进程以及天气预报、专业气象预报、气候系统监测与短期气候预测、气候影响评价与气候资源开发利用、气象预报预测模式系统的业务发展与技术跨越，展望预报预测系统现代化的发展前景。

第一节 概 述

预报预测系统是气象基本业务的核心。新中国成立 60 年来，预报预测业务和科研人员共同努力，发扬认真、勤奋、敢于改革、勇于实践的精神，开创了中国预报预测业务稳步发展的新局面。

一、预报预测系统的定位

1. 定位与作用

气象预报预测工作是气象事业为社会经济发展和人民生活提供保障服务的重要窗口。江泽民同志指出："气象预报是否准确，不仅是经济问题，也是政治问题，关系到经济建设，关系到社会安定。人民群众关心，党中央、国务院关心。"随着我国经济的发展和产业结构调整，经济社会对气象灾害日益敏感，气象灾害所造成的损失越来越大，对气象及相关灾害监测预警能力和预报精细度及准确率的要求也越来越高。预报预测不仅经济发展需要，政府和职能部门需要，而且与全社会及人民群众的生活紧密相连，是气象为快速发展经济和提升人民生活品质提供服务的重要平台。

预报预测系统是防灾减灾应急体系的重要一环。我国幅员辽阔，气象与地理条件十分复杂，自然灾害频发，危害巨大。而气象灾害是占全部自然灾害70%以上的一种影响大、涉及面广的重大灾害。一方面各种气象灾害频繁发生，种类很多，危害和影响也很大；另一方面气象灾害是一种源发性的上游灾害，常诱发地质、洪涝、热浪、交通等次生灾害，形成危害更大的灾害链。为了更好地应对灾害，减少损失，各级政府都把气象预报预警工作纳入应急体系、总体预案和各类专业预案之中，并将其放在整个应急响应的首要环节。

预报预测技术是气象事业现代化和先进性的重要标志。考核一个部门或单位的工作必须采用极少数重要指标表征，而要衡量气象工作优劣主要是看预报预测业务。社会公众、各级气象部门间、不同部门的气象同行比较气象工作的情况着重评判的也是预报预测系统建设现代化和预报预测准确率的高低。国家与国家间的交流、合作、考察，同样是把重点放在预报预测上，考察其预报预测业务系统现代化水平、预报预测数值模式发展以及预报预测准确率等。因此，预报预测的现代化是气象现代化的重要组成部分与重要标尺。

2. 与其他系统的关系

气象基本业务系统是一个功能十分完善的信息分析处理系统。它由公共气象服务系统、气象预报预测系统和综合气象观测系统三部分组成。预报预测是气象基本业务的核心。

从系统工程观点看，系统功能的关键是整个系统的信息加工、分析部分。预报预测系统主要从事天气预报、短期气候预测、专业气象预报和数值模式的开发运行，这正属于气象基本业务系统的关键功能块。

从信息处理角度看，预报预测系统接收监测系统各种资料以及拓宽服务原产品信息，再根据业务、科研和服务的要求进行加工分析，制作出各类预报预测产品，下传给服务系统。它直接处于信息流中的一个承上启下的中心位置。

从系统建设内容看，其他气象现代化建设尤其是耗资甚大的探测系统（雷达、卫星）以及通信、计算机系统的设备配置与工程建设主要是围绕预报预测业务发展来规划、设计与实施。

从基本业务布局看，观测网的结构、站点设置、探测要素、观测精度等基本是为了适应预报预测工作及其需求，而大部分气象服务布局同样主要是基于预报预测系统的实时现代化水平及今后的发展与能力建设。

二、预报预测系统现代化发展进程

1. 创建阶段

从新中国成立到1957年底是预报预测业务开始实施，水平效率不高的起步初创阶段。

旧中国气象事业发展十分缓慢，到1949年气象台站稀少，仪器设备陈旧简陋，气象工作处于难以为继的状况，无法制作天气预报。1949年，中华人民共和国的诞生，为气象事业的发展开辟了广阔的前景。

20世纪50年代，气象工作者在业务条件非常艰苦的情况下，针对特殊的需求，采取中央气象台、大学、科学院实行大协作的联合会商、分析和制作天气预报，顺利完成了对内的、专为国防安全和抗美援朝提供预报的任务。50年代后几年，随着省、专、县级台站网的建立，资料逐步增加，为社会公众制作天气预报的环境逐步形成，1956年6月1日，气象部门开始在报纸和电台上发布天气预报。其后，由于地面、高空探测网的建设加快，在全国范围内广泛开展了县站补充天气预报。同时，20世纪50年代气象部门开展了气候要素变化和大气环流的研究，在此基础上，到50年代末正式对外发布长期天气预报（短期气候预测）。20世纪50年代中后期开始了农业气象产量预报的探索，并开展了农作物发育期预报。至此，气象预报预测工作已成为气象部门的一项常规业务。

这一阶段的预报预测业务从创建到正常运作，进展很快，工作的重点是制作1～3天的短期天气预报，预报对象是阴晴、温度及有无降水，其预报准确率还不高；天气图填图及分析以及少量的其他资料图表都是手工操作，预报作业流程比较单一，无自动化作业方式；开始建立由业务领导与预报员参加的集体会商制度，并取得了成效；当时的预报方法大多是基于天气图的预报方法和后来在地区及县站发展起来的单站预报方法。因为气象预报业务建立时间不长，人才不多，科研不足，这些个人的初步预报经验、单站图表等方法的科技含量不够，也缺少针对重大天气过程和灾害性天气的预报方法。因此，温度和晴雨预报准确率不能满足社会需求，基本上还不具备对外发布暴雨等灾害性天气预报的能力。

2. 调整阶段

从20世纪50年代末到“文化大革命”十年是预报预测业务调整巩固和受到干扰，水平与效率明显波动，业务技术曲折发展的阶段。这一阶段可以分成两个时期：50年代末到“文革”之前，因全国执行调整巩固方针，我国气象事业的恢复和发展是曲折的；“文革”中，预报预测业务受到了严重的干扰和破坏。

1960 年以后，全国各级气象部门遵照国务院关于“今后气象工作的建设重点应放在农业气象方面”的指示精神以及社会经济发展的需要，加强了农业气象工作，开展了天气预报改革，更加广泛、深入地开展了县站补充天气预报和农业气象预报。至 1962 年底，在全国初步形成了从中央气象台到县站的短期天气预报业务体系框架。但同时，于 1958 年后又提出了天气预报三个“三结合”和三个“为主”（大中小结合，以小为主；长中短结合，以中为主；图资群结合，以群为主）的技术原则，以后又把它上升为业务指导思想，提到了阶级斗争高度，混淆了学术问题和政治问题的界限，背离了预报预测业务的客观规律，延误了预报预测业务的发展。

特别是“文化大革命”期间，天气预报、气候预测和专业气象预报业务遭受到了严重破坏：大批科技工作者遭受打击，预报业务技术人员流散，管理机构瘫痪、制度废弛，有些观测项目漏缺、资料中断，甚至天气图也被砍掉，气象业务和天气预报工作受到严重干扰，预报和服务质量下降。但是，即使在这样的艰难日子里，广大气象业务人员怀着强烈的事业心和责任感，克服重重困难，坚守工作岗位，气象资料的连续性基本得到了保证。

3. 快速发展阶段

20 世纪 70 年代后期至今是预报预测准确率稳步提高，预报预测业务现代化持续上台阶的快速发展阶段。

“文化大革命”结束不久，对气象工作中的“极左”思潮及其影响进行了彻底批判，纠正了之前产生的一些错误指导思想和要不要搞数值预报等现代化骨干工程的一些模糊观念。1982 年全国灾害性天气预报会议制定了关于“多种方法综合运用，重点发展数值预报，尽快实现客观定量”的新时期天气预报技术路线和政策；1984 年 1 月，全国气象局长会议审定通过了《气象现代化建设发展纲要》，规划了到 2000 年的气象事业发展蓝图，预报预测系统开始迈上了现代化征程。

回顾改革开放后预报预测现代化进程，其主要特点是，预报预测业务系统不断完善，业务方式不断变革，业务自动化水平不断提升，重大技术不断突破，数值模式发展迅速，预报准确率稳步提高。

这一阶段的开始以 1982 年短期数值预报业务系统正式投入使用为标志；1984 年国家气象局大力抓紧《纲要》的实施，全力实施中期数值预报等现代化重点骨干工程，并于 1991 年 6 月 15 日，正式建成我国第一个中期数值预报业务系统（简称 T42）并投入业务运行，使我国天气预报能力显著提升，预报时效从 3 天延长到 5 天。

到 20 世纪 90 年代初，建立气候和气候变化、中小尺度灾害性天气监测预警等新业务的需求日显突出，国家气象局党组及时提出气象业务向“两头”发展的思路，开始大力发展灾害性天气短时临近预报业务和气候、气候变化工作。经全国气象局长会议审议，1993 年国家气象局颁发了《发展纲要》和《规划》，提出了到 2000 年和 2020 年气象事业及预报预测业务的发展目标和主要任务。

与此同时，数值天气预报业务、预报技术平台以及多种预报业务的建设均获得了很大发展。1995 年 5 月、1997 年 6 月第二代中期数值预报业务系统全球谱模式（T63L16 和 T106L19）先后投入业务运行，2002 年底升级为 T213L31。2007 年底升级为 T639L60，并于 2009 年 3 月正式业务运行。2009 年我国自主研发的全球气象数值预报系统 GRAPES 投入准业务化运行。

1996 年 5 月 15 日起，高分辨率的有限区域数值预报模式（HLAFS）和台风路径数值预报模式正式投入业务运行。1997 年 9 月，新一代天气预报人机交互处理系统（MICAPS），在北京通过验收并在全国推广应用，统一了全国的预报工作平台，并于 2002 年、2007 年升级为 MICAPS2.0 和 3.0 版，使预报业务真正实现了从传统的手工作业方式向自动化的人机交互方式的转变。经过较长时间的研究开发和业务试验，中国气象局于 2004 年 7 月正式发文启动全国短时临近预报业务。各级气象部门还十分重视预报经验总结，在国家气象局的统一部署下，编制了天气预报手册，研究和开发多种预报方法，建立了灾害性天气预报专家系统等，使天气预报质量尤其是台风、暴雨等灾害性天气的预报准确率有了稳步的提高。

在短期气候预测业务的发展方面，经国务院批准，1995 年国家气候中心正式成立。1996 年起，实施了“九五”国家重中之重科技项目——“我国短期气候预测系统的研究”，在国家和省（区、市）建立起以计算机为平台的气候诊断（监测）、预测、评价和应用服务的气候业务系统。动力气候模式从无到有，大大加强了气候预测能力。

在专业气象预报业务发展方面，农业气象业务快速发展，海洋气象业务能力进一步加强，航空气象业务不断完善，空间天气预报业务逐步建立，应用气象业务稳步发展，逐步建立和完善了专业气象预报业务系统。

通过近 30 年的建设与努力，我国已建立了比较完整的预报预测业务体系，独立自主地发展了数值预报预测业务系统以及天气、气候与气候变化、应用气象等业务系统；构建了科学的预报预测业务技术体制和技术路线，开发了预报预测人机交互处理平台，使预报预测基本实现了由传统的定性分析方式向自动化、客观化和定量化分析方向的重大变革；预报预测业务内涵不断丰富，预报预测产品的针对性和时效性不断提高，预报预测准确率稳步提高，我国对区域性暴雨、台风路径以及月、季、年降水和温度等的预报预测有了长足的进步，24～48 小时天气预报和短期气候预测的准确率接近发达国家的同等水平。

三、预报预测系统发展趋势

1. 国外预报预测业务发展趋势

欧美等发达国家的气象监测、预报、预测业务总体上已经跨入以现代科学技术和大量遥感探测信息为支撑、以数值模式为关键技术的现代气象监测、加工、分析与制作的阶段，代表了世界气象监测、预报、预测的发展潮流。

预报业务将由单一的天气领域向更广的领域拓展。美国、英国等国家已开始向环境领域拓展，着眼于天气对环境影响的多样化预报。未来的天气业务将大大突破现有范畴，向地球系统领域延伸，实现对大气及相关环境要素的监测、预报。天气实况及预报信息与地理信息系统（GIS）资料及天气影响模型的结合，可提供天气对不同地区影响的预报图像。

发达国家一直十分重视数值天气预报业务技术的发展。今后数值预报的发展趋势是：资料处理与分析方面，资料源从传统的常规观测发展为以卫星、雷达探测为主，这使资料覆盖与时空分辨率均发生了质变。分析上发展同化技术，欧美将四维同化系统确定为可业务化的同化系统；数值模式方面，未来的发展一是以欧州中心为代表继续采用谱模式，二是以英国为代表将依然采用格点模式，并将发展多尺度统一模式。另外，模式结构已经从单一大气模式向海—气、陆—气等耦合系统模式发展；预报方法方面，集合预报已成数值预报业务的一个重要技术手段。今后，集合预报在欧美不仅用于延伸预报或更长时效的预报，在短时、短期及台风等预报中都将发展应用。

美国、英国、日本等发达国家今后将加快发展新的探测系统，强化对各种天气，尤其是灾害性天气的发生发展过程可以进行有效连续监测，甚至对一些局地强对流天气也能比较有效地捕捉，进一步发展灾害性天气临近预报业务。

专业气象预报预测的精细化、个性化、针对性和领域拓展将有十分显著的提高。水文—气象模式可提供土壤湿度、土壤蒸散状况以及太阳辐射量等的分析预测信息；甚高分辨率气象模式结合火险模型可及时预报火情并对火势的蔓延等做出预测；用地表和地下水参数初始化的水文模式与降水模式的结合可做出一系列洪水发生可能性的集合预报；极高分辨率的中尺度模式与大气化学模式的结合可提供空气质量预报;大气—海洋耦合模式水平的提高必将大大提高海浪、风暴潮的预报水平。除了能提供准确的重大灾害性天气的预报和短期气候预测外,还能提供全方位、多层次、系列化和更具针对性、个性化的专业气象服务。

短期气候预测将采用动力模式和物理统计相结合的方法,开展月、季、年和年际气候预测业务,并向以动力模式为主的短期气候预测方式发展。气候系统模式将得到显著发展。随着人们对各圈层相互作用的认识进一步增强,未来描述上述复杂过程的工具就是耦合地球各圈层的海—陆—气—冰—生物气候系统模式,目标是建立一个包含各圈层各种过程及圈层相互作用的、模块化的地球气候系统模式,并向地球系统模式发展。

气候监测、诊断、分析、影响评估等业务也将不断向定量化、多领域、多应用方向发展。产品不断丰富,并逐步覆盖五大圈层不同区域、不同时段的各种气候灾害和气候异常现象,产品的可用性明显增强。

2. 我国预报预测业务未来发展方向

21 世纪前 20 年,我国预报预测业务的发展目标是:

继续以提高天气预报气候预测准确率为核心　着力提高灾害性和突发性天气预警水平,实现定点、定时、定量的灾害性天气临近预报业务;明显提高短期气候预测与气候变化长期趋势预估水平,使短期气候预测成为政府决策的重要参考依据。建立包括中短期天气预报、月、季、年际、年代际气候预测的“无缝隙”预报系统,预报业务系统总体水平达到国际先进水平。我国自主研发的 GRAPES 模式系统全球中期数值天气预报可用时效达到 8 天,制作预报时效内的气象要素精细预报产品,5 天、4 天、3 天的降水和温度预报水平分别达到目前 4 天、3 天、2 天的预报水平。

大力发展数值天气预报业务　将全球数值天气预报的水平分辨率细化到 10 千米以内,中国区域数值天气预报分辨率达到 1 千米;发展资料同化业务系统,提高初始场的客观性描述水平;发展多初值、多过程、多模式的超级集合预报业务系统,明显提高灾害天气短时(0～12 小时)、短期(1～3 天)预报水平。

大力发展天气监测和临近预报业务　综合利用天基、空基和地基观测信息,实现对我国大部分地区灾害性天气全天候的连续实时监测,使中尺度灾害性天气监测率达到 70%以上;发展各类观测资料的融合技术和灾害性天气短时临近预报技术,提高突发性气象灾害的监测和预警水平。

大力发展全球气候监测诊断分析业务　对全球极端气候事件和影响中国区域气候的主要因子进行实时监测。对影响中国气候的主要陆面与海洋因子、海气相互作用过程和水循环进行实时监测、分析，建立冰雪圈监测诊断业务。发展土地利用、生态系统监测分析业务。发展多圈层耦合的气候系统模式及相应的资料同化系统。在此基础上建立具有国际先进水平的地球系统模式。

大力发展短期气候预测和影响评估业务 短期气候预测从月、季、年向年代际预测拓展，预测要素不但包括降水、温度等，还将对干旱洪涝、热浪等极端事件做出预测。发展气候影响评估业务系统，对农业、水资源、能源、交通、人类健康、城市环境、生态系统等领域进行定量评估。全面履行世界气象组织区域气候中心的职责，发挥区域气候中心在亚洲地区的服务和指导作用。

随着大气科学和其他学科的快速发展，预报预测系统的发展方向是：天气监测向全方位、综合化、高时空分辨率和定量化发展；数值天气预报由天气尺度向中小尺度和次季节尺度发展；集合预报成为未来天气预报的重要技术手段；临近预报业务将得到明显发展；天气预报向无缝隙、精细化和专业化方向发展；天气预报制作方式将更加合理、流程更加规范。气候监测向五大圈层拓展，引入动力学诊断量的气候监测诊断得到显著加强；气候模式向多圈层、标准化、模块化的地球气候系统模式发展；大气、海洋、陆面等资料的同化技术及其系统将成为发展方向；重点发展模式超级集合系统以及与其他方法的综合集成；气候影响评价业务得到全方位的强化；开发先进的气候影响综合评估模型成为评估业务的趋势。

第二节　天气预报

60年来，我国已建立了比较完整的天气预报业务体系，预报方式发生了重大变革，业务内涵不断丰富，预报准确率稳步提高。本节主要介绍天气预报的发展进程及取得的主要成就。

一、天气预报业务的起步与建立

1. 筹建短期天气预报业务

为适应建立人民空军之急需，刚成立不久的中央军委气象局立即着手筹建气象观测和天气预报业务。在被我接管的前国民政府中央气象局所属华北气象台的基础上，于1950年3月1日成立了中央气象台，承担制作全国天气预报和指导全国天气分析和预报的任务。为了提高国家级天气分析和预报水平，由中央军委气象局与中国科学院地球物理研究所联合组建了联合天气分析预报中心。联合天气分析预报中心于 1950 年 11 月 27 日成立，承担中央气象台的天气预报业务和对全国天气分析、预报的指导任务。当时，东北、华东、中南、西北、西南军区司令部气象处（大区气象台）也开展了短期天气预报业务。1953 年，省会城市（除拉萨外）都建立了气象台，开展了短期天气预报业务。1955 年春，联合天气分析预报中心撤销，在中央气象台内成立预报科，接替了联合天气分析预报中心的全部工作。同时，中央气象台在预报工作中坚持了联合天气分析预报中心严格的工作和学习等一套规章制度和严谨的工作作风。1956 年 6 月 1 日起，气象部门正式开始在报纸、电台上发布天气预报。

2. 天气图和其他资料的手工分析与处理

从 19 世纪 70 年代至 20 世纪 60 年代的近百年间，世界各国制作短期天气预报都是以天气图为主要工具。我国在获取气象信息极度困难的 20 世纪 50 年代，绘制天气图及各类辅助图表就成了制作天气预报的第一道难关。为填补青藏高原探空资料的空白，每次分析高空图时需用本已稀少的地面气压和温度逐点计算其上空 850 百帕或 700 百帕、500 百帕的高度。当时制作天气图的整个流程全为手工操作。先由填图员每天把数以万计乃至数十万计的数据、符号一个个填在天气图上，再由预报员进行手工分析。由于缺乏快速的计算工具和手段，预报所需的各种物理量和辅助图表无法提供，只能手工绘制一些简单的图表，如 24 小时变高、变压图，单站温度对数压力图等。24 小时变高、变压图也只能用“穿线法”获得。

作为指导全国各级气象台的天气分析业务的一部分，20 世纪 50 年代联合天气分析预报中心每天将各时次的地面、高空分析图和地面预报图编成电报向全国播发；各气象台再将电报译出点绘成图，以便本台会商，并作为值班预报的分析图表与指导材料。

3. 集体天气预报会商的初建及作用

为了充分发挥预报员的集体智慧，不断提高预报员的业务水平，20 世纪 50 年代初联合天气分析预报中心即开始创建集体预报会商制度。尽管当时值班时间很紧，但每天均须定时进行天气会商，遇有可能出现重大灾害性天气过程时，临时增加会商次数和人数。每次会商讨论前，大家认真准备，讨论中各抒己见，遇有不同意见，充分辩论。为了培养年轻预报员，要求发言中要特别说明预报依据（包括理论和经验）。最后由领班，重要天气则由预报组长甚至主任作总结。此后，各级气象台站都建立了不同形式的天气会商制度。除本台每天进行天气会商外，各级气象台根据天气演变情况，还不定期地与有关气象台通过公共长途电话进行异地天气会商，及时交换本台的预报结论和不同意见，讨论预报依据。最后由各台自行确定具体预报结果并对外发布。

半个多世纪的实践证明，天气会商是制作天气预报，特别是以天气图方法和经验为主制作天气预报的集思广益、行之有效的好方式。尽管会商的形式及手段随着气象现代化建设的发展而有很大变化，但这个制度一直延续至今。

4. 天气图预报方法及其预报水平

20 世纪 50 年代，世界各国都是以挪威学派的锋面学说和芝加哥学派的长波理论为主要依据的天气图方法制作短期天气预报。由于我国地理条件十分复杂，天气气候多变，各地差异大，特别是青藏高原直接影响了大气环流和我国中、东部地区的天气气候。在预报业务初创阶段，我国气象学家和预报人员在引入当时国外的先进理论与方法的同时，一方面苦心钻研，研究合乎我国所处的特殊地理环境的天气系统，研究高原天气图分析方法和高原天气预报方法，研究副热带高压活动对我国降水的影响等等。另一方面，通过写天气日记、重要天气过程总结、灾害性天气预报经验的收集和交流等各种形式，逐步深化对我国或某一地区天气气候特点的认识，积累预报经验，以不断提高短期天气预报水平。

这一时期，我国各级气象台都是采用天气图方法制作短期天气预报。在接受中央气象台技术指导的同时，大区、省、地区级气象台努力研究本辖区内的天气气候特点和有关天气系统的演变规律，积累、总结有关的预报经验，从而作出本辖区的短期天气预报。

以天气图与预报经验相结合的预报方法，对较有规律的大范围天气过程及其演变，以及区域性的大风、降水、温度等要素具有较好的预报能力。例如，在 1954 年长江流域汛期大洪水期间，联合天气分析预报中心较准确的作出了未来 5 天以内的中短期降雨预报，特别是未来 12～36 小时的短期强降水预报，并及时向水利、农业等部门提供服务，为 1954 年的防大汛作出了应有的贡献。

5. 单站补充预报方法的应用及其效果

20 世纪 50 年代中期后，天气图方法做出的区域性天气预报难以满足社会经济和农业生产发展的需要。1956—1957 年，有气象站在当地政府的鼓励和支持下，开始非正式地进行补充订正上级气象台的区域预报，做出本县的天气预报。其中，云南省镇雄县气象站经过 100 多次的试验，于 1957 年 6 月，通过县有线广播站正式向全县发布 24 小时补充天气预报，受到当地党政领导和广大群众的欢迎。其后，中央气象局决定全国气象（候）站（除个别高山边远站外）

都要开展单站补充天气预报。

单站补充天气预报技术主要是以本地的群众看天经验为线索，天气形势为背景，本站气象资料为依据，制作各种预报工具和预报方法。单站补充预报方法的开展，改变了国内外关于气象站不能做预报的状况，弥补了当时对局地天气预报之不足，从而提高了局地天气的预报质量。

6. 中期天气预报的建立及技术方法

20 世纪 50 年代初，首先由联合天气分析预报中心创建了中期天气预报业务。1950 年冬，联合天气分析预报中心组织专家采用前苏联牟尔坦诺夫斯基·帕加瓦的自然天气周期预报方法，试做我国的中期天气预报。1953 年制作了我国东部地区夏季降水预报，1954 年开始向水利、农业等部门提供中期降水预报产品。50 年代中期，有些地方气象台开始试做本辖区的中期预报，并提供给党政领导和有关部门内部参考。1955 年 4 月 15 日起，中央气象台通过编报播发未来 3～5 天的预报图，供各级气象台作预报参考。自然天气周期预报方法在全国气象部门推广应用后，成为当时我国中期天气预报的主要预报方法。

此后，各级气象台中期预报人员根据本辖区的服务需求及天气气候特点和技术力量，分别采用天气学统计方法、滤波和分波方法等多种预报方法，研究长波、超长波活动规律，特别注重对灾害性、关键性天气的中期过程演变规律的认识和预报，为我国中期天气预报技术的发展打下了良好的基础。

二、天气预报业务的调整与曲折发展

1. 短时、临近预报的研发和试验

20 世纪 60 年代初，国家气象局从国外引进了 3 厘米波长的小型雷达，主要用于研究和航空气象保障。60 年代中期在东南沿海组成雷达探测台风警戒网。尽管当时因受器材限制，只能探测与台风中心定位有关的情报，但对监测我国沿海的台风，做好台风预警发挥了明显作用。1970 年初，在当时仅有的 9 个测雨雷达中选择了 8 个站进行联网观测，并由中央气象台手工绘成雷达回波图，供业务试用。自 1970 年起，我国自行研制的 711 型和 713 型天气雷达，在多降水和强对流天气频繁的地区逐步布点，为组织雷达联防，开展短时和临近预报创造了必要的条件。1980—1982 年，中央气象局组织了"华东区域天气雷达联防组网试验"，采用定时观测、手工拼图与交叉进行加强观测、上下游联防相结合的办法，使有关气象台站能及时获取回波综合图和上游地区雷达站发出的加强观测报告。在观测和联防的基础上，华东区域各级气象台站陆续开展了短时和临近天气预报。随后，中南、华南、东北各大区也陆续开展了雷达联防组网业务试验。同时，有些省、地区级气象部门也分别组织了省内、相邻省边界地区以雷达为主的灾害性天气联防网，开展短时和临近预报业务试验。

2. 中短期天气预报业务的恢复发展

20世纪50年代末至80年代初，全国的天气预报工作先受到干扰，以后逐步恢复并开始发展。一方面，20世纪50年代后期至70年代中后期，由于业务指导思想上受到"左"的错误的影响和思想方法上的片面性，将现代气象科学技术与群众看天经验对立起来，强调"以群为主"；将气象站的预报与气象台的预报对立起来，强调"以小为主"。而且将广大气象人员对技术原则的不同意见当作阶级斗争的反映而加以压制，使天气预报业务技术的发展受到严重影响。

另一方面，即使在"文化大革命"这样的环境中，广大预报员克服困难，坚守岗位，力争做准每次灾害性、关键性天气预报。例如，1969年7月28日在广东汕头登陆的第3号台风，其强度之大、范围之广为历史罕见。当台风还远在太平洋上时，中央气象台和沿海各级气象台就跟踪监测，做出了准确的路径和登陆地段的预报，为取得防台、抗台的重大胜利做出了贡献。

在这10余年时间里，各地的短期天气预报主要是收听气象台大范围天气形势和区域天气预报的口语广播，点绘成简易天气图，结合本地地形影响和天气的演变情况，应用本站气象资料和群众看天经验加以补充订正。同时，为了进一步提高天气预报质量，20世纪60年代在全国气象站普遍开展了"四基本"，即基本资料、基本图表、基本工具(方法)、基本档案的业务建设。

中期预报方面，1959至1960年，中央气象局组织中央气象台及湘、鄂、豫、陕、川、黔、滇等7省的69个气象台站，利用环流分型方法，进行汛期1～3天的逐日降水量和4～5天甚至7天总降水量预报的试验研究，并在四川进行试点，研制出"大中小结合中期降水预报方法"(简称四川预报方法)。此方法在全国气象部门推广后成为了20世纪60年代我国中期天气预报业务中普遍应用的预报方法。

"文化大革命"结束到全国灾害性天气预报工作会议的召开，全国的中短期预报业务才步入正轨和开始发展，天气图得以恢复，预报员的经验总结、天气图预报方法及统计预报方法重新受到重视，并在日常预报中被广泛应用。

3. 天气图的自动填绘与传真

1974年10月1日，我国第一组气象传真广播在国家气象中心正式投入业务运行。其后，各区域气象中心和省级气象台也相继建立了适用于本辖区的传真广播，使广大基层气象台站增加了所需的预报图表和资料，特别是气象站，原来靠收听公众广播电台口语播发的天气形势，改收传真图，受益匪浅。

1980 年 1 月北京气象通信枢纽（BQS 系统）建成后，开始了自动填图，部分高空图实现了机器自动分析，减轻了劳动强度，提高了工作效率。同年 7 月 15 日起，加强了北京气象传真广播，原来对全国播发的所有分析、预报指导产品，由编码发报改为无线传真广播。但是，由于传真图上站点记录不够清晰，还不能代替各级气象台区域性的天气图。因此，不少气象台还需同时采用小型的自动填图机来替代繁重的手工填图作业。

4. 气象卫星资料的接收与应用

1970 年，中央气象局与中国科学院大气物理研究所合作，在中央气象台建立了卫星云图接收业务，并成立了由中央气象局、大气物理研究所和北京大学地球物理系专家组成的分析应用研究组。同年 10 月，中央气象局决定在全国推广气象卫星云图接收和应用的新技术。1972 年，全国各省级气象台和沿海 7 个重点地区级气象台（后陆续改为海洋气象台）相继建立了卫星云图接收和应用业务。20 世纪 80 年代初，通过引进、开发和创新，使我国对国外气象卫星资料的处理和应用从模拟定性阶段发展到数值定量分析阶段。为使广大基层气象台站都能普遍应用卫星云图，自 1985 年 5 月起，在中央电视台每天定时播发卫星云图、天气形势等资料。

通过对国内外气象卫星资料的分析和应用，对影响我国的天气系统，特别是来自海洋和青藏高原的天气系统，有了进一步的了解和新的认识，极大地增强了对台风和其它热带海洋天气系统的监测和预报能力。静止气象卫星的高时空分辨率资料，极大地增强了对暴雨和强对流等中尺度灾害性天气系统的分析认识和监测预警能力。1997 年风云二号静止气象卫星发射成功，不仅使我国上空的云、水汽等图像的分辨率得到改善，而且扩大了对西部上游天气的监测，从而有效地增强了天气预报的能力。例如，在 1997 年底至 1998 年初长江流域少见的持续阴雨和西藏那曲地区特大雪灾，以及 1998 年长江流域特大洪水等重要天气的监测和预报业务服务中都发挥了重要作用。

5. 数值预报业务的开发与初建

早在 1954 年，联合天气分析预报中心就开始了数值天气预报的研究。从 1960 年 2 月起，用简化的正压过滤涡度方程模式作出的 24 小时、48 小时 500 百帕形势预报供台内预报员试用；其中 48 小时的预报于 1965 年 3 月向全国发布。当时资料处理和分析都是手工作业，时效很低，未能正式形成日常业务。

1978年，国家计委气象组决定，把发展数值预报作为气象事业现代化建设的重要步骤。据此，国家气象中心与中国科学院大气物理所、北京大学合作，在国家气象中心成立了联合数值预报室，通过引进和研制，发展了我国的数值预报业务系统。1980年7月，A模式系统开始投入业务运行，制作出亚欧范围48小时形势预报，并向全国试发传真图，标志着我国数值天气预报业务正式启动。

尽管该系统采用的技术方案不够先进，预报能力有限，但它标志着我国天气预报业务技术开始向客观、定量方向迈出了一大步。

三、天气预报业务的拓展与改革发展

1. 中尺度基地的短时临近预报业务试验

从1986年起，为进一步提高中小尺度灾害性天气的监测和预报水平，科研和业务部门紧密结合，建立了珠江三角洲、长江三角洲、京津冀、长江中游等四个试验基地，同时通过开发，初步建立了上述四个区域的0～12小时短时灾害性天气预报试验系统，并开始了雷达人工数字化拼图技术条件下的短时临近预报业务试验。它较之编码、手工拼图具有信息量多、定量化、时效快的优点，对监测和预报暴雨、冰雹等强对流天气是一种有效的工具。

为了适应我国经济社会快速发展对天气预报业务，尤其是短时临近预报预警业务的需求，中国气象局在进入上世纪90年代后更加重视中尺度基地建设，在其发展规划中明确要加快发展东部中尺度灾害性天气监测网，福建、北京、广东、和深圳等地随即率先开展了中尺度基地建设。同时，在这些基地建设中利用地面、高空、雷达、卫星等多种资料，展开了短时临近预报方法的开发研究，并进行了有针对性的短时临近预报业务试验，取得了较显著的成效，预报水平有了较大的提高。从1998年起，中国气象局开始在全国布设新一代多普勒天气雷达(CINRAD)，为实现完全数字化拼图和短时临近预报业务运行奠定了基础。

2. 短期天气预报技术的发展及其水平

进入20世纪80年代，预报技术开始从以天气图方法为基础到向以数值预报为基础过渡。按照1982年全国灾害性天气预报工作会议的要求，全国各级气象台站大力推进气象现代化建设，天气预报业务发生了很大变化，统计预报、天气过程模型、能量预报等一批客观预报方法相继产生，投入业务，并在应用中不断拓展和开发；数值预报产品也随着数值模式的建立开始应用。

全国气象部门积极探索多种预报方法的综合分析应用，有些气象台利用微机开发天气预报专家系统技术，建立了天气预报知识库和推理系统，为定性预报经验的应用开拓了有效途径。尤其是国家气象局科研、业务单位和上海、广东等沿海各省（区、市）气象部门对台风的路径、强度预报研制了多种客观预报方法，并制定了统一的检验办法。经过多年发展，共形成了 8 种客观预报方法。其中，上海台风研究所的统计动力和国家气象中心的相似法还参加了 1982—1983 年国际台风业务试验。其后，8 种客观预报方法的预报结果都实时传送给国家气象中心和沿海有关气象台，供值班中参考。20 世纪 80 年代后期，上海、广州区域中心分别开始研制台风业务数值预报模式和热带地区数值预报模式，特别是 1996 年 5 月，国家气象中心台风路径数值预报投入业务运行，为提高台风预报水平发挥了重要作用。

此外，各级气象台预报员通过“传帮带”及自己多年的实践，积累了丰富的预报经验，在重点发展数值预报的同时，不放松总结预报经验。预报员坚持月天气过程总结，建立重要天气过程技术档案。每年汛期过后，预报员还对各类灾害性天气过程进行全面总结，撰写技术报告并参加全国性重大灾害性天气预报技术经验交流会。从 20 世纪 80 年代初开始，各省系统地收集总结本省预报员的丰富经验，并将某些定性的预报经验处理成客观定量的预报方法。截止到 1989 年，各省都分别编写出版了《天气预报指导手册》。该手册对后来建立天气预报专家系统、人机交互系统以及运用人工智能技术等起到了重要作用。

预报业务技术的快速发展使预报质量有了明显提高，预报效益十分显著。全国省级以上气象台短期天气预报的评定结果表明：一般降水的预报准确率 90 年代初比 80 年代初提高 4.3％左右；1982—1986 年，全国共出现大范围的重大天气过程 84 次，中央气象台及有关省级台报出或基本报出的占 80％以上；1987—1990 年的重大灾害性天气预报也较准确。1985—1997 年，中央气象台热带气旋 24 小时、48 小时路径预报平均误差为 191.92 千米、365.5 千米。24 小时预报误差与日本、关岛相当。1981—1984 年的 4 次重大灾害性天气的成功预报，获得国家级科技进步一等奖。1991 年 5—7 月间，江淮地区出现了历史上罕见的暴雨过程，各级有关气象台站都做出了及时准确的预报，为抗洪救灾做出了贡献。

3. 中期天气预报业务的发展及其成效

中期数值预报业务系统的建立，及预报能力的明显提高，为中期天气预报的发展奠定了基础。中期数值预报提供的大量实时格点场资料、预报场和物理量等，更为中期天气预报提供了丰富的信息。中期预报人员有效地使用各种数值预报产品，运用回归、判别法、主因子法、相似离度、PPM 和 MOS 等技术方法，制作出一些客观要素预报，并研制和建立了春季低温阴雨、秋季寒露风、长江中下游旱涝等中期预报业务系统；在实时预报业务中取得了一定的效果，促进了中期天气预报业务的快速发展。

1992 年汛期起，中央气象台每旬通过中南海电视服务节目发布中期天气趋势预报。1994 年 5 月起，通过中央电视台晚间气象服务节目，向公众发布天气预报（预报时效不超过一周）。1995 年 11 月起，在报纸上发布未来一周天气趋势预报。1996 年 7 月起，通过国务院气象信息系统发布旬天气趋势预报。

多年来，中央气象台对江南春季低温阴雨、北方麦区初夏干热风、麦收天气、长江中下游伏旱、南方深秋寒露风、华西秋雨、东北夏季低温冷害、冬季冷暖趋势、寒潮、夏季大范围持续高温天气、主要雨带位置、台风活动情况等，均提供了比较准确的中期预报产品，也对地方台起到了重要指导作用。尤其是，在 1991 年淮河大水、1998 年长江流域特大洪水期间提供的中期趋势预报准确，效益显著。并为 1997 年香港回归、1997 年长江三峡大江截流、1999 年建国 50 周年庆祝活动等重大社会活动提供了优质的中期预报产品。

4. 天气分析预报与信息处理系统的研制

20 世纪 80 年代初，由于气象服务和基本业务深化与细化的需要，全国气象部门开始用系统工程的观点，借助计算机和信息技术，发展短期天气预报业务系统及其数据库。1986 年，国家气象中心开发研制了天气分析预报业务系统（AFDOS）并投入业务使用。随后，国家气象局组织各省气象台也进行了天气预报业务系统（简称 STYS）的建设，并推广采用统一的基本软件。1985 年至 1994 年，上海、武汉、广州、兰州、沈阳和成都六个区域气象中心的天气预报实时业务系统建成。按照分工，各中心为本区域的省、市及基层气象台站提供包括区域天气图在内的更具特色的分析预报产品，从而基本改变了天气预报技术及其传统的作业方式。

自 80 年代后期开始，天气预报业务系统的建设逐步向地区级气象台以至县气象站延伸。到 1997 年底，地区级天气预报系统（DTYS）已全部投入业务使用。大部分县级业务系统也于 2000 年前陆续建成，从而大大改变了基层气象台站天气预报业务服务的面貌。

为了进一步实现天气预报业务的客观、定量、自动化，1994 年中国气象局又开始组织开发了新一代天气预报人机交互平台—气象信息综合分析与处理系统（MICAPS）。其初级版于 1996 年 6 月在中央气象台投入业务运行，以后陆续在各省级气象台推广使用。在实际业务运行中，边开发、边使用、边改进，使其功能不断扩充，性能逐步提高，设计更加合理，形成 MICAPS 的 1.0 版本(含工作站版本和微机版本)，于 1998 年 6 月在全国正式投入业务应用。该系统的特点是时效快、信息量大、综合集成功能强、资源共享、编辑功能齐全。新一代天气预报人机交互平台(MICAPS)的建成，改变了传统的天气预报操作程序，提高了中短期天气预报的效率，特别是台风、寒潮、暴雨等重大灾害性天气预报的效率。新系统在 1998 年 6—8 月长江流域和嫩江、松花江流域特大洪涝以及其后一些重大气象灾害期间的预报业务和服务中发挥了重要作用。

5. 数值预报业务发展与应用

为适应国民经济迅速发展对天气预报越来越高的需求，20 世纪 80 年代初开始研发以北半球 5 层原始方程模式及 5 层有限区域细网格降水预报模式为主体的短期数值预报系统，并于 1982 年 2 月和 1983 年 8 月分别正式投入业务，向全国各级气象台站提供 24～72 小时的北半球高低空形势预报和 24～36 小时国内降水量预报及各种诊断量分析预报产品。这是我国第一个从资料收集、译码、检误、客观分析、模式计算到产品检验以及产品分发的全自动化数值预报业务系统。

1983 年开始准备中期数值预报天气业务的建设。“中期数值天气预报业务系统工程”和中期数值天气预报研究分别被列入了国家“七五”期间的重点工程项目和重点科技攻关项目。经气象部门、科学院及高等院校三大部门科技人员的共同努力，1991 年 6 月，在引进欧洲中期天气预报中心模式基础上，我国第一代中期数值预报业务系统建成并投入业务运行。与此同时，我国又开展了中尺度数值模式的研发。1996 年 5 月，高分辨率的暴雨数值预报和台风路径数值预报正式投入业务运行。

随着数值预报模式技术的发展，广大预报人员应用其产品的能力也在不断提高，逐步积累了应用数值预报产品的经验，从而成为“预报经验”中新的内容。1982 年全国灾害性天气预报工作会议后，广大气象台站积极开发研制适合我国的数值预报释用技术。国家气象中心率先开发研制了全国 264 个站的最高最低温度和 248 个站的中到大雨以上降水概率 MOS(模式输出统计法)预报，作为指导产品每日通过气象传真播发。各级气象台站还根据本地区的需要，自行制作一些基于数值预报统计订正技术的要素预报。至 1991 年，各省先后研制和建立了台风、寒潮、降水、气温、大风、大雪、冰雹等 MOS、PPM(完全预报法)客观定量的预报方法。20 世纪 90 年代中期，国家气象中心又成功地研制了模式输出动力释用预报系统，对暴雨落区预报也有较好的预报能力。

四、21 世纪天气预报的快速发展

1. 短时、临近预报的业务运行和完善

20 世纪末，多普勒雷达监测网开始在我国全面建设。新一代天气雷达系统的建设使用，全国自动气象站网、区域自动气象站网的建成以及我国东部地区雷电监测网的业务化运行，为我国短时临近预报业务的开展提供了一个坚实的基础。2004 年 7 月 2 日，中国气象局预测减灾司发文，对全国短时临近预报业务进行了规范，也标志着我国短时临近预报业务的正式开展。从此，全国省级台站设有专门的业务岗位，在汛期和强对流易发季节开展本责任区灾害性天气的监测、预报和联防工作，极大地增强了灾害性天气的监测预报能力。

中央气象台的预报业务主要是以中短期天气预报为主，只是在 1999 年国庆阅兵活动、2008 年北京奥运会等重大活动气象保障时开展一些短时、临近预报工作。2003 年 4 月起，中央气象台开始承担全国区域雷达拼图业务工作，雷达产品作为一种监测产品开始正式在中央气象台的日常业务中应用。2009 年 3 月 1 日，国家气象中心成立了强天气预报中心，主要承担以强对流天气为主的灾害性天气的监测、短时和短期潜势预报业务。

目前，短时临近预报技术主要包括雷暴识别追踪和外推预报技术、分析观测资料为主的概念模型预报技术以及数值预报技术等。近几年，我国各级气象部门的短时临近预报系统的建设有了长足的发展，如：广东省气象局的综合临近预报系统“雨燕”(GRAPES-SWIFT)，北京市气象局的对流风暴自动临近预报系统(BJ-ANC)，湖北省气象局的长江中游短时天气预警报业务系统(MY-NOS)，等等。

在充分吸收和借鉴先进国家经验和成果基础上，2008 年中国气象局组织广东省气象局、国家气象中心、湖北省气象局、安徽省气象局、北京市气象局等在 MICAPS 框架基础上联合开发了强对流天气临近预报系统 SWAN。2009 年系统进行了初步试验和评估，并在部分省份试用。临近预报系统的建立为预报员进行深入的主观分析提供了有价值的指导产品，有助于预报员临近预报水平的提高和预报效率的提高。

我国短时临近预报业务建设、发展任重道远。根据发达国家相关业务的发展经验，完善的监测系统、完备的数值预报支持系统、友好的综合资料分析处理业务平台以及专业化的队伍、合理的业务流程是非常重要的几个环节。目前中国气象局在大力全面建立省级(含)以下短时临近预警报业务，加强短时临近预

报业务系统的建设，并基于中尺度天气分析工作的开展以及中尺度数值预报产品的支撑，期望形成展望(6 小时以上)、警戒(2～6 小时)和警告(0～2 小时)三个层次的现代业务预报体系，其中在国家级逐步建立展望、警戒业务，省级(含)以下逐步建立和完善警戒、警告等短时临近预报业务。

2. 天气与动力相结合的短期预报技术及水平

进入 21 世纪，数值预报模式和以数值预报为基础的、以天气学和动力学相结合的现代天气预报技术方法逐步在天气预报业务中建立和发展，技术水平不断提高。

我国最早从欧洲中心引进并在其基础上不断开发的中期数值预报模式经历了从 T106、T213 到 T639 的逐步升级，T639 北半球全年平均的可用预报时效已达 6.5 天。对于 0～72 小时预报，T639 的形势场预报水平在超过 50%的时间里非常接近世界上最好的预报模式—欧洲中心预报模式的水平。21 世纪初叶，在我国天气预报发展史上的一个里程碑是中国气象局的科技人员自主研发的具有自主知识产权的数值预报系统 GRAPES 投入业务运行。GRAPRE 中尺度模式的水平已经与目前国际上最先进的中尺度模式 WRF 相当。中国气象局正在集中力量，进一步加强 GRAPES 系统的改进，并将逐步以此为主建立和完善我国的数值预报业务系统。

尽管目前的数值天气预报模式可以直接预报一些重要的气象要素，比如地面气温、湿度、风向风速和降水，但由于数值预报模式不可避免的系统偏差和对局地地形的考虑不充分，预报员通常是依据数值预报形势场，参考数值预报要素场预报(例如降水)，利用动力气象理论、概念模型和经验规则对数值预报产品和各种观测资料进行综合分析，最终做出要素和高影响天气预报。

目前预报员使用最多的预报技术是流型辨识，这种方法有很大的局限性。1996 年美国著名天气分析和预报专家 DOSWELL 提出了基于构成要素的(Ingredients Based)预报方法，即“配料法”。国家气象中心建立了基于“配料法”的暴雨客观预报方法。流型辨识方法和配料法各有所长和局限性，两者互补性很强，可以结合使用。中国气象局培训中心自 2005 年起每年都邀请 DOSWELL 博士来中国气象局为国家级和省级骨干预报员授课，促进了“配料法”在我国天气预报，尤其是在雷暴、强对流和暴雨预报中应用。

经过几个五年计划的集中攻关，我国对区域性暴雨和台风路径的预报也有了长足的进步。从 2001 年开始，热带气旋路径和强度预报的时效延长到 3 天，2008 年热带气旋的路径预报平均误差分别为 24 小时 114 千米、48 小时 195 千米、72 小时 315 千米，明显好于 2001—2007 年的平均水平(24、48 和 72 小时平均距离误差分别为 132 千米、223 千米和 336 千米）。2008 年 24 小时晴雨预报准确率达到 85.6%，暴雨预报准确率达到 17.4%。

3. 人机交互预报平台的功能扩展和加强

MICAPS 2.0 系统从 1999 年 1 月 15 日开始研制，采用边研制、边试用、边改进的方式进行。2002 年 1 月 1 日，MICAPS 2.0 第一测试版在中央气象台和部分省气象台进行试用；2002 年 6 月 28 日，MICAPS 2.0 第二测试版发布并在全国省、地级气象台试用；2002 年 10 月 24 日，MICAPS 2.0 通过验收；2003 年 7 月 MICAPS 2.0 正式定版。从 2004 年 1 月 1 日起，MICAPS 2.0 先后在全国 2200 多个气象台站安装并投入业务应用。2003 年 11 月开发完成了 MICAPS 2.0 英文版系统，2004 年 12 月，MICAPS 2.0 英文版系统通过验收并出口伊拉克，还支援了越南、缅甸、马尔代夫、孟加拉等第三世界国家。

MICAPS 3.0 自 2005 年 10 月开始设计开发，2006 年上半年完成系统基本构架设计，开始功能模块设计与开发。2007 年 8 月，MICAPS 3.0 在全国测试应用，2007 年 12 月 24 日完成第一个正式版本，在全国业务应用。2008 年 7 月和 2009 年初 MICAPS 3.0 进行了两次重要升级，大大提高了系统稳定性、启动和运行效率。目前正在 MICAPS 框架基础上开发包含短时临近、台风、强天气、科研等专业模块的较完整的应用体系，未来还将覆盖海洋、交通等领域。

MICAPS 3.0 系统实现了从纸面天气图分析到各类资料检索、天气分析、预报产品生成的全计算机支持的跨越，实现了在数值预报基础上人机交互制作预报产品的全新流程，具有新资料应用丰富、资料检索，方式多样、数据适应性强、图形质量较高和软件结构开放灵活等特点，具备多种数据分析与处理功能、多种图形图像显示功能、预报文字、图表、图形等服务产品的自动生成和分发功能、业务系统监控功能、地理信息应用功能。

历经 10 年的不断更新和应用，MICAPS 系统已经成为在全国范围内通用的标准业务预报分析工作平台，在预报预测业务和科研工作中起到了基础性和关键性作用。该系统的开发和应用，标志着我国的气象信息综合分析处理系统的研发进入了一个新的阶段。

4. 天气预报电视会商系统的开发和建设

全国天气预报电视会商系统建设项目于 2000 年 9 月立项，2002 年 4 月开始在北京、湖北、重庆进行试点建设，2002 年 7 月基本安装完毕。2002 年 9 月，完成 8 个省市系统建设，并建成了北京主控系统及中央气象台系统。2005 年 7 月，全国 31 个省级气象台天气预报电视会商系统全部开通。在建设过程中，随着用户需求的不断提升和技术的发展，对原有系统设计进行了部分完善，从建设之初采用以卫星线路为主、地面线路为辅的方式，发展为以地面线路为主、卫星线路为辅的方式；从计算机图像传输通过转换为视频信号的方式，发展为采用 H.239 国际标准的双流信号传输方式。

按照“边建设边发挥效益”的要求，各站点从建设完成即投入业务使用。2003 年 7 月 1 日全国天气预报电视会商系统正式投入业务运行，每天承担着中央气象台与各省市台间每天早上八点的天气预报会商、每旬的中期会商和每月的农气会商等定期业务会商，同时承担各类突发天气事件的紧急会商任务，取得较好的使用效果。从最初仅为少量远程会商，到现在会商系统的使用时间、频次逐年增加，服务范围和内容不断扩大，从全国会商、区域会商、流域会商到省内会商，会商内容涉及从日常天气会商、气候会商、灾情会商、重大天气过程会商、应急现场连线扩展到汛期动员会等众多类别。

面对各类突发天气事件和重要社会活动，全国天气预报电视会商系统还承担视频通信服务保障任务。尤其是在 2008 年抗击低温雨雪冰冻灾害、汶川地震抗震救灾、北京奥运会残奥会等重大事件的气象保障服务中发挥了重要作用。

全国天气预报电视会商系统可以提供多点间的话音、图像、图形、文字和视频并存的多媒体实时天气预报会商功能，能方便、快捷的实现跨省、跨地区的天气会商，为预报员提供身临其境的会商环境。电视会商系统已成为气象部门实时业务系统的重要组成部分，改变了传统的天气会商方式，对预报业务流程提供了全新的技术平台，效益显著。

5. 奥运预报业务系统的研制与贡献

自 2002 年开始，围绕奥运气象保障技术，分别由北京市气象局、国家气象中心、青岛市气象局牵头，联合国内外的科研院所和大专院校，开展了多个奥运科技专项的研究工作。2004 年底，北京 2008 年奥运会天气预报示范和研究开发计划项目（B08FDP/RDP）启动。在这些科技项目的带动下，奥运主协办城市气象局和相关国家级业务科研单位在奥运场馆精细化气象要素预报技术、突发灾害性天气临近预报技术和气象信息快速加工处理、预警产品制作、分发平台等方面取得了一大批直接支撑奥运气象预报服务的实用科技成果。2006 年开始，进入科研成果向业务转化的测试运行阶段，向“好运北京”系列奥运测试赛的气象服务提供了技术支持，并在实际的测试运行中进一步改进完善。2008 年 6 月 2 日，以北京市气象局建立的“四个系统、二个平台”为代表的奥运精细化预报服务系统完成全面业务化运行。“四个系统、二个平台”即：

高分辨率中尺度探测数据预处理系统(Hi-MAPS) 采用天气雷达同步体扫和径向数据传输技术实现了高时间分辨率的雷达组网基数据同步采集和实时传输;基于消息驱动方式实现天气雷达、自动气象站等本地数据实时快速收集、处理与分发;应用资料综合质量控制技术等关键技术,为奥运会短时临近预报服务和世界气象组织世界天气研究计划 B08FDP 项目的示范运行提供了高质量的中尺度探测数据环境。

强天气自动临近预报业务系统(BJ-ANC) 在引进消化吸收国际先进雷暴临近预报方法的基础上,发展了雷暴识别和追踪的关键技术,系统地研究了北京雷暴回波新生、发展、消亡及移动等气候特征,形成了模糊逻辑集成等关键技术,为奥运开闭幕式和室外赛事气象保障服务中雷暴天气预警提供了客观指导产品。

快速更新循环预报系统(BJ-RUC) 在引进国外中尺度数值模式框架(MM5/WRF)的基础上,自主研发了自动站、GPS/Met 等局地观测资料的变分同化技术、有效抑制预报初始场噪声的技术、数值预报误差快速订正技术等,通过对关键技术集成创新,建成了分辨率达 3 km、更新频率 3 小时、预报时效 24 小时的快速更新分析与预报业务系统。

短时临近交互预报预警业务平台(VIPS) 借鉴国外的先进设计思想,针对奥运会灾害性天气落区临近预报预警需求及最新技术进展进行设计、开发。此平台基于地理信息系统,实现了观测资料和预报数据的综合分层显示,以及预警产品的交互制作、自动发布等功能,使预报员可以迅速地对复杂天气作出判断,并快速制作和发布预警产品。

奥运场馆精细化预报交互平台(OFIS) 以预报员需求为导向而建立的一套从资料慎选、方法分析、预报检验到产品输出的高度集成的业务化和自动化系统。该系统针对奥运气象预报制作多时效、多要素、高频次的要求,基于数值预报产品和观测实况,研制了奥运场馆气象要素客观预报方法(SVM 和动力统计),并在此基础上,开发了人机交互式的奥运精细预报产品快速制作平台,提高了预报产品制作的自动化能力。

奥运气象服务信息发布系统(OMIS) 实现了奥运气象服务产品制作与分发软件平台的整合,是北京奥运气象服务中心向重点用户、社会公众传递气象信息的枢纽。该系统的主要功能包括数据收集、数据加工、产品制作、监控统计、数据分发、综合显示、数据存储等,能够自动收集奥运主协办城市实况探测数据和预报产品,进行格式转换、计量单位换算、产品包装等工作,并能按照预先制定的产品模版,加工生成奥组委各部门所需的各种产品,通过专线按时主动发送到奥组委其他用户。

“四个系统，二个平台”的建立，在预报预警技术上，弥补了北京地区短时临近预报客观技术方法的空白，使精细化的奥运场馆气象要素预报和灾害性天气落区预警成为可能；保障了超过常规业务工作量 40 倍的奥运气象信息的制作和分发工作圆满完成。对奥运会期间北京地区五大比赛场馆 24 小时内逐 3 小时预报要素检验结果表明，温度平均误差为 1.39℃，相对湿度平均误差为 7.33%，风速平均误差为 0.94 米/秒。

此外，青岛市气象局针对青岛奥帆赛赛区海面风的复杂性，在风场精细化预报方面进行了研发，建立了最高分辨为 1.67 千米的赛区 MM5 数值预报系统，在此基础上引入本地资料同化，建立了更新循环预报系统（MM5-RUC）。基于数值预报产品和赛场浮标站观测资料，分析青岛近海风速日变化特征，建立了浮标样站逐时风的解释应用方法，预报员再结合当日天气形势以及 3 年赛场风的预报经验总结进行订正，形成了一套制作赛场风的精细化预报方法，有效弥补了海上风的预报技术和经验缺乏的不足。奥帆赛期间浮标站逐时风速风向预报平均绝对值偏差分别为 1.1 米/秒和 34 度。

6. 中期预报技术发展及延伸期预报的尝试

进入 21 世纪，随着数值预报的发展，中期天气预报已从主要用统计方法制作旬预报转入了新的发展时期。目前，数值预报产品解释应用已成为中期预报的重要手段，客观预报方法也越来越多。中央气象台中期天气预报业务产品逐步增加，对地方台站的指导能力逐步增强。自 2000 年 3 月起，中央气象台通过卫星通信广播系统向各级气象台站发送中期指导预报；2001 年 8 月开始发布 96 小时、120 小时和 144～240 小时降水量逐日滚动预报指导产品；2002 年 4 月起发布未来 10 天逐日滚动天气趋势；2007 年以来，通过电视、网站、报纸等发布未来一周或 10 天天气趋势预报。目前，中央气象台旬温度距平预报准确率在 82%左右，旬 10 毫米以上降水量预报准确率在 71%左右。对 2003 年淮河大水、2008 年南方持续性低温雨雪冰冻天气等，都及早作出了较准确的中期预报；在 2008 年北京奥运会开、闭幕式，2003 年“神州五号”和 2008 年“神州七号”载人飞船发射等重大气象保障中，为党中央、国务院和有关部门提供了较准确的中期预报产品。

随着社会经济的发展和人民生活水平的提高，社会和政府各部门对天气预报提出了更高的要求，尤其党政决策部门要求能够超前提供灾害性、转折性及关键性天气的预警信息。从 2008 年初我国遭受的历史罕见持续性低温雨雪冰冻灾害的极端天气气候事件中，气象部门更是深刻体会到延长中期预报时效的重要性和紧迫性。2002 年,国家气象中心联合相关部门内的有关业务单位、科研院所、高校率先组织开展 10～30 天延伸期预报技术方法研究,尝试将中期预报时效延长至 10 天以上,甚至达到 30 天。经过近 3 年的科学攻关,在国家气象中心中期预报业务平台上建立了 10～30 天延伸期预报业务系统。以该系统为技术支撑,2005 年 9 月开始进行延伸期预报业务试验,以旬为单位滚动制作未来第二旬和未来第三旬降水量及其距平百分率、温度及其距平,以及相应旬的主要天气过程预报。

目前我国中期集合预报系统的预报时效为 10 天,未来 3 年将集中开展科学攻关,使得中期集合预报系统的预报时效延长至 15 天,同时,TIGGE(全球观测系统研究与可预报性试验交互式全球大集合)资料库已经在我国建立,这些均为延长中期预报时效、提高预报技术水平和缩短与发达国家差距提供了有力的科技支撑条件。从科学的角度看,考虑到大气固有的不确定性和可预报性的上限,中期预报和延伸期预报的最合理的表述形式为概率预报,这不仅仅是预报方法和技术的改变,而是整个预报思路的改变。对于决策部门,需要建立相应的根据预报的天气发生概率进行最佳决策的技术。

第三节　专业气象预报

新中国成立 60 年来,特别是改革开放 30 年来,农业气象业务快速发展,海洋气象业务能力进一步加强,航空气象业务不断完善,空间天气预报业务逐步建立,应用气象业务稳步发展。本节主要介绍农业气象预报、海洋气象预报、航空气象预报、空间天气预报及其他专业预报的发展。

一、农业气象预报

1. 农业气象预报发展概况

新中国成立以来,气象部门紧随农业发展的需求,不断拓展农业气象预报服务的种类,发展农业气象预报技术和方法。目前的农业气象预报已囊括农业气象产量预报、农业气象灾害预警、病虫害发生发展气象等级预报、作物发育期预报、农用天气预报等,其中作物产量预报、农业干旱预报、土壤水分预报、作物发育期预报、牧草产量和载畜量预报、果树产量预报、病虫害发生发展气象等级预报、关键农时农用天气预报等已实现业务运行。60 年来,农业气象预报技术和方法也取得了长足的发展,已从以经验为主的农业气象预报,发展到统计方法、统计与指标相结合、农业气象与遥感和GIS技术相结合的农业气象预报，实现部分作物、草地、森林等模拟模型在农业气象预报中的应用。

2. 农业气象产量预报

我国气象部门于20世纪50年代中后期开始农业气象产量预报的探索，70年代末开展了较为系统的作物产量气象预报技术研究，80年代对我国粮食产量的预测预报方法进行了深入、综合的研究和业务化试验，建立了作物产量气象预报模型、遥感估产模型和农学估产模型等，形成了一套适合我国不同时空尺度的作物产量气象预报方法，同时对作物生长与产量形成的动力模拟做了一些初步的尝试。预报的作物囊括了小麦（冬、春）、水稻（早、中、晚）、玉米（春、夏）、棉花、大豆、油菜等主要粮、棉、油作物，秋粮及全年的粮食总产量等。

20世纪90年代初步形成了独具特色的国家、省、地、县四级预报队伍和预报业务体系。90年代末以来，随着经济林果业、畜牧业的快速发展、草原生态环境恶化，气象部门研究建立了苹果等经济林果产量、牧草产量和载畜量预报业务。2002年后，国家级作物产量预报由国内拓展到国外，开展了美国大豆产量预报技术研究和业务系统组建，此后不断拓展国外作物产量预报范围。目前，每年可制作发布美国小麦、玉米、大豆和印度小麦、水稻以及巴西大豆等作物产量预报。

农业气象产量预报经过建国以来的不断研究和业务实践，业务技术取得了较大进展。根据光、温、水等地面气象要素和大气环流、海温等大尺度场气候要素预测作物单产的统计预报方法，已经成为气象部门作物产量气象预报“主打的”技术方法。利用卫星遥感资料预测作物单产、测算作物面积和估测作物总产量以及植被净初级生产力（NPP）的遥感估测方法，不断得到发展和应用。作物、草地、森林模拟模型在产量预报中也开始受到青睐。随着我国卫星遥感技术的发展，目前国家气象中心正在探讨利用FY-3卫星监测全球作物长势和估测作物产量的技术和方法，争取尽快投入业务应用。

多年来，农业气象产量预报精度从开始的90%，提高到95%以上。为各级政府和有关部门提供决策信息，为粮食调拨、储运和进出口安排提供依据，取得了良好的社会经济效益。

3. 农业气象灾害预报

20世纪70—80年代，气象部门对小麦干热风、东北低温冷害、水稻寒露风等农业气象灾害的指标、特征、受害机理及防御措施等开展了大量研究，对一些农业气象灾害的长中短期预报方法进行了尝试。农业气象灾害预报使用最多的方法是，在农业气象灾害指标的基础上，应用时间序列分析、多元回归分析等数理统计方法，建立预报模型。一些农业气象灾害预报还综合考虑大气环流形势背景、影响天气系统及演变转折的天气气候特点，揭示灾害的前兆信号以及根据前期物候现象预测未来异常气候、农业气象灾害。

"十五"期间，在国家科技攻关项目的资助下，气象部门针对华北农业干旱、东北作物低温冷害、江淮小麦油菜渍害、华南经济林果寒害和水产寒害等农业气象灾害，分别建立了统计预测模型和机理预测模型相结合，长、中、短不同预报时效相结合的预警预测模型。其中作物生长模型与区域气候模式相结合的新一代农业气象灾害预测技术在实现区域尺度预测应用上取得重要进展，预报准确率进一步提高。在此基础上，研制了包含多种预测方法、不同预报时效的农业气象灾害多灾种综合预测预警系统。同时，把 GIS 和计算机网络技术等高新技术应用在广东香蕉、荔枝寒害的中、短期预报研究中，绘制香蕉或荔枝寒害预报分布图，预测结果直观、细致，有很强的指导意义。上海市农业气象灾害监测警示系统以实时气象数据监测为基础，结合未来天气预报，根据农业气象灾害指标进行评判分析。通过 Web/ GIS 平台展示农业气象灾害预测的分布，并借助因特网网络为多用户提供服务。

一些省级气象部门根据农业生产的需要，建立了包括农业气象灾害预测、评估、辅助决策在内的综合服务系统，使农业气象灾害预测直接在服务中发挥作用。如江西省研究了各种气象灾害预测模型，建立了农业气象灾害预测决策服务系统；陕西省建立了棉花气象灾害预报系统，根据系统中给定的预报指标，自动推理，判断灾害影响大小，给出栽培管理措施，产品通过信函和微机网络，传送到省、地、县棉花生产管理部门。一些地、县气象局也开展了具有地方特色的农业气象灾害预报。如杭州市气象局向农业专家收集蔬菜、瓜果、林业、果树、水产、畜牧、茶叶、桑蚕、花卉等农业气象灾害指标，建立了基于天气预报、地面实况、土壤墒情、受灾指标的农业气象灾害预警系统。

2005 年以来，国家气象中心开展了农业气象灾害预报工作，根据天气预报和气候趋势预测结果，结合农时和农事以及作物生长发育状况，预测大风降温、低温霜冻、干旱等灾害对农业生产的影响。针对我国农业干旱影响严重且发生广泛的特点，国家气象中心联合农业部在每旬监测农业干旱的同时，预报发布了未来 10 天农业干旱发生的范围和程度。目前，国家气象中心正在中国气象局业务专项和国家"十一五"科技支撑项目的支持下，开展北方农业干旱、东北低温冷害、华南寒害及长江中下游高温热害等农业气象灾害的监测预警技术研究，建立农业气象灾害预警模型和应急服务系统，以增强农业气象灾害预报、预警能力。

4. 病虫害发生发展气象等级预报

新中国成立以来，气象部门一直开展农林病虫害与气象条件的关系和预报技术研究。20 世纪 80 年代初，我国农林病虫害气象预测研究取得了较大的发展。其内容已包括病虫害发生期（流行期）预测、害虫发生量（发生程度）预测、病害流行程度预测、病虫害分布区域预测。从预报时效上看，有长期趋势预测、中期预测和短期预测。其中，以短期预测做得较多，中期、长期预测较少。从预测范围上看，有县、地、省或某个发生区的。从预测对象上看，不仅对多种粮食作物、经济作物的主要病虫害开展农业气象预测，而且还对油料、果树、蔬菜、热带作物等的主要病虫害进行农业气象预测。从技术方法上看，已从以经验为基础的分析方法，逐步摸索出许多统计预报方法，使病虫害的农业气象预测进入到多种统计分析方法并举的阶段，并向着数学模式化方向发展。20 世纪 80 年代中期以来，我国病虫害气象预测研究侧重于中长期预报方法研究。

2006 年以来，国家气象中心在中国气象局多个业务建设项目的支持下，与省农业气象业务和科研单位合作先后开展了作物病虫害气象预测业务技术研究。2007 年研究建立了草原蝗虫、稻飞虱、小麦赤霉病、稻瘟病发生发展气象等级预报技术，开发了局部区域病虫害发生发展气象等级业务预报流程和预报模块。2008 年根据农业种植区和草原区域气候条件的异同，将上述病虫害发生发展气象等级预报技术推广到相邻相近较大区域，改进完善预报技术和预报业务流程，建立了河南小麦条锈病、吉林省玉米螟发生发展气象等级预报技术，初步构建了主要农作物病虫害气象等级预报综合数据平台。2008 年以来，国家气象中心正与农业部、国家林业局开展联合研究，把病虫害气象预测研究和预测业务拓展到草原鼠虫害和森林病虫害领域。

5. 作物发育期预报

20 世纪 50 年代我国就开展了农作物发育期预报，这是农业气象预报中最早的一项业务工作。随着大农业的发展，目前作物发育期预报已由大宗粮、油、棉农作物发育期预报，发展到主要植物发育期预报，如牧草返青期和黄枯期预报、槐树花期预报、桃花花期预报等。在发育期预报方法方面，发展了间隔日数法、物候学法、积温法、光温法、温湿法等多种方法。

2002 年以来，国家气象中心借助全国农业气象观测网观测的小麦、水稻、玉米、棉花、大豆、油菜等 10 种作物发育期资料，利用积温预测法，结合天气预报结果，预报农作物发育期，应用于“三夏”（夏收、夏种和夏管）、“三秋”（秋收、秋种和秋管）等关键农时的农业气象服务。

6. 农用天气预报

现代农业生产品种繁多，极端天气气候事件增多，气象灾害影响严重，农业生产迫切需要针对性更强的天气预报——农月天气预报。一些省级气象部门根据当地现代农业的需求，开展了农事活动天气预报，如新疆维吾尔自治区气象局较早地开展了棉花打顶期预报、头水灌溉期预报；广东省气象局 2006 年完成了省科技计划重点项目——广东省农用天气预报关键技术及防寒减灾对策的研究，建立了大气候与农田小气候要素的匹配转换模型，开发了集资料采集、资料处理、预报模型库、预报制作和数据库查询等为一体的农用天气预报系统，实现了菜田地温、园内气温、鱼塘水温等农田小气候要素的预报。近年来甘肃省气象局也开展了针对农事活动的农用天气预报业务化服务。

2006 年以来，国家气象中心围绕全国夏收和秋收、秋种等关键农时开展了农用天气预报业务服务，发布的夏收和秋收、秋种气象服务产品得到了农业部门的认可。2007 年以来，中国气象局加大了农用天气预报业务技术研究和系统建设的力度，国家气象中心和有关省（区、市）气象局正在建立农用天气预报指标库和主要农事活动作用范围区划库等，结合天气预报、数值预报产品，研究农用天气预报业务技术和业务系统，扩大服务内容和服务品种，提高服务质量。

二、海洋气象预报

1. 海洋气象预报业务的发展

早在 20 世纪 50 年代新中国气象事业创建之初，我国气象部门就十分重视海洋气象预报工作。1952 年底，全国建立了上海、广州、天津、大连、青岛等 5 个海洋气象台以及温州汕头、湛江、海口等 4 个沿海港口气象台。随着海运、渔业生产发展对海洋气象预报的需要，到 1955 年我国又先后建立了烟台、厦门、舟山、北海等海洋气象台。1975 年遵照国务院〔1975〕8 号文件，在中央气象台增设以三大洋为重点的国外天气预报业务；在上海、广州、浙江、福建、江苏、山东、天津、辽宁、广西等省（市、区）气象台和全国沿海重点地区（市）气象台增设海洋气象预报业务，使海洋气象预报能力得到大大加强。从此我国海洋气象台公开发布 48 小时海洋气象预报、警报。

20 世纪 80 年代，我国针对台风预报与海洋气象预报业务领域及职责进行了划分，台风预报作为公共气象预报范畴，而海洋气象预报则被划分为专业气象预报范畴，经过这次业务领域及职责的划分，海洋气象预报业务得到了较快的发展。80 年代后期，由于改革开放政策的实施，海洋航运和海洋经济开发在我国兴起，海洋气象台的业务有了更大的发展，我国海洋预报责任海区由近海扩展到西北太平洋及印度洋，并专门成立了以国家气象中心（中央气象台）为中心，上海、广州、大连为分中心的海洋气象预报、预警业务体系，分别负责各自责任海区的海洋气象预报技术指导，并承担相应海区的国际海事气象预报业务。同时，中央气象台联合沿海 5 个海洋气象台开展全球海洋气象导航业务取得了成功。

进入 20 世纪 90 年代，我国海洋气象预报服务得到了进一步的发展，形成了以台风为主的基础海洋气象预报业务和以近海海洋气象预报、远洋气象导航为主的专业化海洋气象预报服务业务，海洋气象预报业务进一步向专业化方向发展。

21 世纪以来，我国对外贸易急剧增加，港口和航运对海洋预报的需求日益加大。为满足国家经济社会发展和国家安全的需要，作为海上减灾防灾的重要手段的海洋气象预报业务得到了高度重视。到 2004 年，已先后在沿海各省和秦皇岛、连云港、南通、舟山、汕头、湛江等地建立了 9 个省级和 31 个地（市）海洋气象台。2005 年中国气象局组建了国家级海洋气象预报专业队伍，建立了专业化海洋气象预报业务。2007 年，为进一步加强海上灾害性天气的预报、预警能力，中国气象局在国家气象中心组建了“台风与海洋气象预报中心”。我国沿海省市气象台也相继成立了专业化海洋气象台，并围绕着本地海洋气象预报需求开展海洋气象预报业务。目前，我国已初步形成了以中央气象台为核心的国家级海洋气象预报业务和以本地区自身服务为特点的地方性海洋气象预报业务相结合的海洋灾害预报、预警服务体系，为党中央、国务院、各级地方政府、中国海上搜救中心、渔业管理部门、航运管理部门等做好海上防灾减灾工作发挥着重要作用。

2. 海上大风、海雾预报业务

20 世纪 60—70 年代，海上大风的预报主要是通过对陆地地面及高空天气形势场分析后，经过外推预报方法进行的，这种方法预报误差较大。我国气象部门为了提高这类海上大风的预报能力，1979—1982 年组织了辽宁、山东、天津、河北等省（市）气象台站参加的黄渤海海陆大风对比试验研究。通过大量的海陆大风对比观测和分析研究，揭示了黄渤海面和沿岸测站不同风向大风的分布特点及其变化规律，初步研究得出相应海区海陆大风的推算方法，形成了有效的预报工具，大大提高了我国北方海区大风预报的准确率。1987—1989 年又组织了上海、江苏、浙江、福建四省市台站参加的东海海陆大风对比试验，进行了冬春四个时段的海陆台站大风对比观测，取得了大量的对比观测实况资料，总结出东海各海域海陆间风的相互关系计算模式，在业务应用中取得了较好的效果。到20世纪末，沿海各级气象台站多数已建立了各种海上大风预报业务系统，对提高大风预报正确率发挥着越来越大的作用。

为了搞好海雾预报，我国气象部门在海上增设了开展海雾观测的海岛气象站。利用气象卫星具有海雾监测能力的通道，监测海雾及其变化，在利用雷达监测海雾方面也进行了很多研究工作，所有这些都为海雾预报提供了监测手段和重要信息。我国沿海各海洋气象台，都先后开展了港口和责任海区的海雾预报工作，广泛收集海雾实况资料，建立海雾预报的工具和业务系统，不断总结经验，综合运用各种预报方法，使海雾预报水平有了一定的提高，基本上满足了海上服务的需要。

为了更好地做好海上大风、海雾预报工作，我国海洋气象预报业务已经建立起了由气象监测信息系统、数值模式预报产品系统、海洋气象业务服务平台，以及海洋气象信息服务系统组成的海洋灾害预报、预警服务体系。以全球天气数值预报产品为基础，结合预报员预报经验的数值预报释用方法是当前海上大风、海雾预报的主要方法。综合海岛站、岸基站和遥感监测数据，利用星载微波散射计遥感技术（QUIKSCAT）获取的洋面风场探测资料进行同化分析的精细化数值预报产品可以实现海面10千米分辨率的风场预报。这些新产品的研究成果提高了海上大风预报精确度和准确率，针对近2年来海上大风预报统计评定，8级以上大风预报准确率均在80％以上。海雾的监测除了近海常规气象站、海岛观测站、浮标站外，对于卫星遥感监测进行多通道云雾判识方法组合模型研究，建立静止气象卫星包括夜间在内的全天24小时连续监测海雾的遥感识别方法与模型，利用雾的纹理结构特征分析算法模型，提高了分辨海雾与海上层云的水平。同时，以WRF数值预报模式为基础，通过研究海雾生消变化规律，综合考虑大气边界层、云辐射等方案，结合地表能量收支、植被、液态水的重力沉降等物理因素，对高分辨率区域中尺度WRF数值天气预报模式加以优化，建立了分辨率10千米的能见度客观预报方法，大大增强了海雾预报的客观性。

3. 专业化海洋气象预报

专业化海洋气象预报的内容一般包括云、能见度、天气现象、雾、风向、风力和浪高等。

1988年国际海事组织对1974年的海上生命安全公约作了修改，引进了新的全球海上遇险安全系统。经1991年我国在第十届海洋气象学委员会和第十一届世界气象大会上的积极争取，确定将原由日本承担的海上安全情报区的第十一海区中的印度洋海事卫星覆盖区（XI-IOR）的海洋气象预报警报任务由我国承担。这项新任务由国家气象中心负责，并从1995年7月1日起通过印度洋海事卫星开展对该海区的海洋气象广播，每日广播 4 次。这是我国首次承担海运国际责任区的气象预报，体现了我国对国际气象合作所做的积极贡献。

20 世纪 80 年代，随着我国海洋资源的勘探开发，石油平台拖航、海上作业施工等专项服务相继开展。天津、广州、上海相继成立了海洋石油气象服务公司，沿海一些主要港口的气象台也开展了这一专业气象预报。90 年代中后期，针对东海平湖油气田的气象预报，上海海洋气象台开发了精细化气象要素预报及相应海域的浪、涌预报业务，制定了平台遇井喷、溢油、爆炸及台风影响时，人员撤离的应急气象保障流程。同时，还为直升机航行、降落，平台守护船航行及货物吊装等提供气象预报，切实保障了海上石油平台的安全生产，产生了巨大经济效益。

改革开放带来我国对外贸易的增加，港口建设速度日益加快。在洋山深水港建设期间，上海海洋气象台运用区域中尺度模式制作高分辨率要素预报产品，为我国首座跨海大桥主通航口桥体的成功合拢提供准确的逐小时风、气温预报，受到工程指挥部的高度赞扬。这一时期，沿海海洋气象台也相继开展了沿海客运航线及港口气象保障工作，海洋气象成为专业气象预报的重要组成部分。

20 世纪 90 年代，我国相继在南极建立了长城和中山科学考察站，中央气象台多次成功地为“极地号”科学考察船提供远洋气象保障，为我国开展远洋气象导航打下了基础。

4. 远洋气象导航

我国的海洋气象导航始创于 20 世纪 80 年代初期，当时我国部分远洋船舶使用美国气象导航公司（Ocean Routes）所提供的服务，在保障安全、节省航时和减少货损等方面取得了很大的经济效益。为了建立我国自己的气象导航业务，1982 年由大连气象台、海军（大连）舰艇学院、大连水产学院和大连远洋运输公司等单位联合开展气象导航研究，于 1984 年研制完成了气象导航技术方法，其成果填补了我国气象导航技术的空白。同年，国家气象局决定将该项成果投入业务试用，并在实船试导中取得了较好的效果。从 1985 年起，中央气象台海洋气象导航中心成立，大连、上海、天津、广州和青岛五个气象导航分中心也相继建立，逐步开展气象导航业务。1988 年气象导航海域从北太平洋扩展到南太平洋、南印度洋和南极，完成了 16 个航次的海洋气象导航任务，从此改变了我国长期依赖国外气象导航的局面，标志着我国气象导航进入一个新的阶段。为了增强与美国气象导航在我国的代理公司的竞争能力，1990 年中央气象台海洋气象导航中心与中国远洋运输总公司成立联合公司，开展对三大洋气象导航船岸通信联络试验取得成功，使气象导航业务扩大到全球海域。

经过 20 多年的努力，中央气象台海洋气象导航中心开发研制了气象航海新技术，在中央气象台建立了先进的全球船舶气象导航业务系统，研制了全球导航专用电脑图形显示软件和全球气象船位监控系统，开发了全球航线计算、跟踪导航和航次评估自动化技术，建立了全球海事卫星通信链路。经过多年的船舶气象导航实船试验，中央气象台海洋气象导航中心总结和建立了完整的气象导航业务流程。船舶在离港之前或航行途中均可向气象导航中心申请气象导航服务，气象导航中心根据船舶要求，结合船舶特性，通过短、中期气象预报和大洋气候特征分析研究给出船舶最佳航线，并在船舶航行过程中根据最新气象信息进行跟踪导航，及时对原有航线进行修正，从而达到安全和取得最佳经济效益的目的。通过几千艘次的实船导航服务及航行结束后的航行评估报告分析，中央气象台海洋气象导航技术及其水平均已达到或接近世界发达国家的水平，得到了我国远洋运输部门的认可，打破了美国气象导航在中国一家独霸的局面。

5. 海洋气象预报的发展趋势

海洋气象的发展将以科技水平和服务能力为基础，以服务需求为导向，依靠科技创新，建立公众海洋气象预报业务和多样化的专业化海洋气象预报业务。

发展精细化海洋气象数值预报将成为未来海洋气象发展的主要方向。研究和建立海上大风客观预报方法、海雾数值预报方法、海浪及风暴潮数值预报方法、海上灾害性天气短时及临近预报方法等，形成精细化海洋气象环境数值预报系统。其次，重点做好近海海洋灾害性天气预报服务，为各地政府机关、渔业管理部门、航运管理部门、海上搜救中心等部门的减灾防灾工作以及决策服务提供保障。适时发展远洋海洋气象业务，开展多种形式的专业化海洋气象业务与服务。开展海洋气象与渔业、港口及旅游相关问题的研究，形成具有行业相关技术内涵的专业化海洋气象预报服务模式。

三、航空气象预报

1. 航空气象预报发展进程

我国的航空气象业务在新中国建立初起步，由国家气象部门负责。20 世纪 60 年代初，划归专业部门管理，即后来的民航空管部门，国家气象部门对这些专业气象负责业务技术指导。

1950—1958年，民航气象主要为中低空飞行进行保障。1950年初，北京、兰州、迪化（现在的乌鲁木齐）民航机场气象台分别为中苏航空公司经营的北京—赤塔、北京—阿拉木图、北京—伊尔库次克三条国际航线提供航路和有关航站的天气预报。1953年3月，在北京西郊机场成立了民航气象预报组，利用西郊机场空军气象台的资料为中苏航空公司的航班飞行提供航空气象预报。

1959—1971年，民航气象开始向高空飞行保障延伸。1973年初，北京民航气象台开始向机组提供的飞行气象文件由文字型式改为天气图型式，首次改变飞行气象文件形式；1974年12月30日，民航局要求北京、上海、广州、杭州、太原和乌鲁木齐六个对外开放的国际机场气象台，每日发布4次24小时定时预报和提供24小时航空天气报告及附加趋势型着陆预报。

1976年起，民航气象系统使用国际通用的《航空气象电码》来编发预报。1981年开始向国内高空（7000米以上）飞行提供图表式气象文件。试行中提供一张定时重要天气预报图，一张航路高空风和温度预报表（并附供机组填写的飞行天气空中报告表）和一张降落站天气预报（电码形式）表。1988年，按照国际民航组织公约附件3的标准，中国民航气象部门分别为3000—7000米的中空飞行和7000米以上的高空飞行机组提供重要天气预告图、高空风高温度预告图。

1990年，取消了因天气条件关闭机场，为了使起飞机场能够提前了解主、备降机场天气预报，将机场天气预报在预计起飞前两小时发布。

1999年7月正式下发《飞行气象情报交换办法》和《关于制作发布飞行气象情报的规定》，确定了民航各级气象服务机构按照职责制作天气预告图表，提供气象服务。高层飞行的重要天气预告图、高空风/温度预告图由北京气象中心负责制作、发布，中层飞行的重要天气预告图、高空风/温度预告图由地区气象中心制作后发往北京气象中心，低层飞行的图表由省（区、市）气象台负责制作并传送给有关气象台，彻底改变了起降航段由多家气象台分段提供航线天气预报的做法，也减少了省（区、市）局及以下气象台绘制高空图的图次和地面图的范围。航站天气预报时效一律改为9小时，每隔3小时发布一次；国际机场航站天气预报时效一律为24小时，每隔6小时发布一次，同时还要发布时效为9小时的航站天气预报。

2002年7月1日起，由北京气象中心使用民航气象数据库系统自动生成欧亚地区、北太平洋地区以及亚洲大洋洲地区的高空风高空温度预告图作为飞行气象文件的一部分。

目前，民航气象系统承担为国际、国内航线、专机、专业飞行、搜寻救援等一切民用航空飞行以及为空中交通管制部门、航行情报、机场当局提供机场天气实况，航站预报、区域预报、重要气象情报和危险天气警报的气象服务，以确保各类航空器飞行的安全与正常，提高运行效率，保障停场飞机和机场设施的安全。航空天气预报的种类分为：机场预报、着陆预报、起飞预报、区域预报、重要气象情报、机场警报和风切变警报等。

2. 航空气象预报技术与特点

在 60 年发展历程中，航空气象部门在初期完成了机场气象台站监测、预报系统的建设，形成了以外推方法为主要手段的短时临近预报和以统计模型、概念模型为主要方法的航空气象台站和航路预报。

航空气象预报主要是有效时间为 9 小时的机场预报、趋势着陆预报、起飞预报和区域预报，同时兼顾有效时间为 24 小时的预报和有效时间更长的机场预报，其中机场预报和区域预报为短时预报，趋势着陆预报、起飞预报、重要气象情报、机场警报和风切变警报是临近预报。因此航空气象预报时效短、精度高，尤其是机场终端区范围的预报，在大多数天气要素的时间精度要求到分钟，在空间精度上除机场几千米的范围外，区域预报也要预报到某一点。与此同时，区域预报和重要气象情报涵盖的地理范围也很广。

就航空气象预报而言，实时探测资料是基础，数值天气预报模式产品是支撑，机场客观天气预报系统和航空天气预警预报系统是手段，满足用户需求是目标。

实时探测资料的使用是提高机场预报和现实预报质量最有效、最简捷、最容易实现的途径。尽管目前在预报方法上已经取得很大的进展，但最原始的外推预报方法依旧在使用。利用实时探测资料的外推仍然是发布趋势着陆预报、起飞预报、重要气象情报、机场警报和风切变警报最常用的手段。

气象卫星探测资料和雷达探测资料已经成为航空气象预报的重要手段，尤其是多普勒天气雷达，是警戒强风暴、强对流天气和雷雨的有力工具，已成为雷雨预警和临近预报最重要的工具。空管部门、飞行管理部门和机场运行部门也借助及时准确的多普勒天气雷达信息，大幅度减轻雷雨、雷暴等复杂天气对航空运输的影响，保证雷雨天气条件下空中交通的有序运行。

数值天气预报模式产品已成为航空气象预报发布的一个重要依据，对预报准确率的提高做出了重要的贡献。大部分民航气象业务部门接收国家气象中心下发的数值天气预报指导产品，有的也使用接收日本、美国及欧洲中心的数值天气预报产品，还有的业务部门已经拥有业务化运行的区域数值天气预报模式。近 20 年来，各相关科研、业务部门在我国气象部门数值预报产品的基础上，开发了基于MOS模式的机场天气预报指导产品和基于高空要素预报场的颠簸、结冰等相关指导产品等，初步具备了航空气象数值预报技术能力。同时，开发了基于雷达的临近预报系统、基于卫星的云特性及空中含水量等指导产品。

2004年12月，二区域协会（亚洲）第十三次届会设立“支持发展中国家航空气象的示范项目”。以此为契机，国家气象中心联合民航北京气象中心建立了亚洲航空气象服务网，通过该网站提供的航空气象数值天气预报指导产品，向二区域协会（亚洲）内发展中国家的国家气象部门提供航空气象服务。亚洲航空气象服务网于2005年8月开始试运行，2007年3月投入准业务运行。

近十年来，机场客观天气预报系统在逐步建立和完善，机场天气预警预报系统的也逐步开始建立。这两个系统可以充分利用机场气象探测网及其它资料，提高航空重要天气的实时警报与预报能力。

3. 航空气象预报水平与成效

航空气象预报作为专业气象预报，不同的用户，对预报的需求也不尽相同。随着用户对航空气象产品的理解和应用的加深，航空气象预报除已产生明显的社会效益外，也正在产生越来越多的经济效益，为航空公司减少因天气原因造成的航班延误并降低运行成本，为空管部门提高航空安全管制能力和流量管理能力，为运输机场选址和提高复杂天气条件下的运行效率作出了贡献。

目前国内主要航空公司集团已经配备专门的航空预报人员，为其运行决策提供咨询，大多数航空公司已经将航空气象预报产品集成到航空公司的运行签派应用系统中，其中高空风和高空温度的预报产品直接用于航班的飞行计划和飞行路线的制作。同时，飞行机组在飞行前提取飞行气象文件，掌握和了解飞行区域包括的航路、降落机场以及备降机场的天气预报情况；特别是对有可能产生影响飞行天气的区域，会了解其性质、位置、范围、强度、高度、移向移速、变化趋势，以便考虑飞行方案的调整，而航空气候资料则开始应用于航空公司开辟新的飞行航班计划。

航空气象预报在全国性的飞行流量管理和协调中发挥了重要作用。在民航运行决策部门设立专门的气象服务席位，直接为运行决策部门提供气象服务。特别是在因天气原因出现全国大面积航班延误情况时；在有重要飞行活动需要了解天气情况时，气象服务席位都能及时地提供气象服务，为运行决策提供有力的参考。

空中交通管制历来作为航空气象最重要的用户，在起飞和着陆、爬升和下降以及巡航的每一个阶段，更多地需要临近预报产品，尤其在飞行繁忙地区，精准、详细的机场预报和机场警报、飞行区域内重要天气发生、变化情况已成为精密进近、空域流量管理、调配及航路绕飞的需要。近几年，由于飞行流量的迅速增加，航空气象预报和服务的作用更加凸现，对区域管制中心和机场终端区提供专门的航空气象咨询服务。从 2005 年起，民航局建立了首都机场雷雨季节天气应急机制，要求，民航气象部门在雷雨开始前两小时提供准确的航空天气预报，以便决策应急机制的启动，其他飞行流量大的机场也分别建立了灾害性天气条件下的应急机制。

航空气候资料在新建机场的选址起着重要的作用，尤其是当地的盛行风向对机场跑道方向的选择有关键性的影响；在机场的日常运行中，特别是在夏季的暴雨、冬季的降雪和积冰天气情况下都会成为影响机场业务正常运行的因素，因此，准确的航空气象预报提高了机场在非正常天气情况下的运作能力。

近几年来，由于航空设施的大量增加，以及繁忙的飞行要求空管设施的不间断运行，空管设施遭遇雷击的几率越来越高，因此，航空气象服务也就增加了新的内容，一旦预计有雷雨，就提醒设备保障部门，及时采取相应的措施，降低遭遇雷击的几率。同时，在冬季的冰冻灾害中，准确的航空气象预报，也有利于航空设施的维护和保养。

四、空间天气预报

1. 空间天气预报发展进程

我国的空间天气预报是伴随我国人造卫星的发射而逐步发展起来的。发射第一颗人造卫星“东方红”时，中国科学院国家天文台利用太阳光球观测到的黑子资料和早期的射电观测资料发布太阳活动预报。在随后的我国卫星发射期间，太阳活动预报主要依赖国家天文台，空间环境预报则主要是由中国科学院空间科学与应用研究中心来承担的。

1992 年我国开始实施载人航天计划。载人航天计划带动了我国空间天气预报和空间天气研究的发展。近几年，空间环境预报中心、国家天文台、南京大学天文系等单位相继开展了大量的研究，并取得了一系列的成果。1993 年春天中国科学院空间科学与应用研究中心组建了空间环境研究室，随后在该研究室的基础上组建并成立了中国科学院空间环境预报研究中心，主要承担载人航天的空间环境预报工作。

20 世纪 90 年代后期，中国气象局提出了开展空间天气监测预警的业务计划，2002 年初设立了“空间天气监测预警示范项目”。2002 年中央机构编制委员会办公室批示同意中国气象局组建国家空间天气监测预警中心。2004 年 7 月 1 日，中国气象局国家空间天气监测预警中心投入业务运行，正式开始发布空间天气预报。预报的内容包括太阳活动预报、地磁活动预报、电离层预报和中高层大气预报。目前，国家空间天气监测预警中心已建立了空间天气监测预警业务流程，建立了空间天气监测预警服务系统，初步具备了根据各种空间环境探测数据监测和预警空间天气的业务能力。

近几年，国家空间天气监测预警中心正在逐步建立地基和天基空间天气观测体系和完善空间天气预警服务系统，并为多颗气象卫星的发射、鑫诺卫星的发射、神舟六号、神舟七号载人飞船从发射到返回的全程，提供了准确的空间天气监测预警服务。国家空间天气监测预警中心还开展了卫星故障分析方面的业务，并开始为我国卫星用户提供卫星故障的空间天气起因分析服务。

2. 空间天气预报技术与水平

预报技术与观测和研究的基础密不可分。我国太阳活动的观测主要限于地面观测，天基观测主要为风云系列卫星搭载的太阳 X 射线探测器和太阳高能粒子探测器。我国历史观测资料和目前可用于预报研究的资料主要以地面太阳望远镜的资料为主。加上前些年我国空间天气学者在粒子加速、太阳耀斑和日冕物质抛射(CME)和空间天气预报关系的研究方面投入不够，从而使得我国在该领域方面在国际上处于落后地位。由于科研基础的薄弱，造成对相关现象的认知不足，到目前为止，太阳活动预报，特别是 CME 和太阳质子事件的预报，目前水平依然不高。

太阳活动分为两类：一类是太阳活动指数预报，如太阳黑子数，太阳射电流量强度等；另一类是突发性太阳活动的预报，如 CME。根据 1700 年以来观测的黑子数序列，科学家分析了这些黑子数序列的特征，利用这些特征对太阳活动进行长期预报。太阳活动的短期预报，主要是依据对太阳活动区的观测，提取活动区的各种特征来进行太阳活动短期预报。

地磁活动的警报目前主要依赖于日地连线引力平衡点(L1 点)的太阳风观测资料。由于我国在 L1 点没有卫星，因此，只能依赖国外在 L1 点卫星监测的太阳风观测资料来进行地磁暴的警报。尽管在磁暴方面开展了大量的研究，但目前还没有可真正用于实际业务预报的磁暴短期预报模式。

电离层天气预报按预报提前时间可以大致分为中长期和短期两种。长期预报是指预测未来若干个月以后的电离层特性的平均情况，如对电离层总电子含量(TEC)，F2 层临界频率(foF2)和 3000 千米的传输因子 M(3000)等参量的月中值提前预报。其预报方法是建立各电离层月中值参量与其相应的表征太阳活动指数的经验模型，然后预测太阳活动指数，将其代入相关方程求得电离层参量。一般来说，中长期模式能较好地再现需要预报参量的月中值，其结果一般优于国际电离层参考模型(IRI)的预报结果。

而近十年来的发展趋势是从长期预报向短期预报和实时预报发展。电离层短期预报是对电离层参数提前 1 小时～3 天的预报。而电离层是随时间、空间而变化的多变介质，逐日变化差异很大。要想对未来几个小时，甚至几天的电离层作出精确的预报是较困难的。目前国内外比较常用的电离层短期预报方法有：自相关函数法；人工神经网络法；多元线性回归法；暴时电离层经验修正模型；区域电离层的预报——等效太阳黑子数；电离层同化模型等方法。

在我国，电离层建模和预报一直是电离层研究的一个重点，目前已经建立了适用于中国及周边地区的长期预测的中国参考电离层模型和适用于武汉、海南等地的经验模型。最近在电离层重构和短期预报方面作了某些尝试，总的来说，在我国 TEC(三维：经度、纬度、时间)预报关键技术的研究尚处在起步阶段，尚未形成适用于我国电离层 TEC 预报方法。

有人根据磁流体力学方程试图建立空间天气的物理预报系统，但磁流体不是完全理想的磁流体，耗散的存在以及耗散的空间不均匀性使得依据理想磁流体力学建立的方程无法给出真正的预报。加上初始条件和边界条件难以确定，所以，物理预报在很长的时间内都无法在实际预报中发挥作用。不过可以利用磁流体力学方程建立的模式，通过反复调试参数来尝试了解发生的一些物理过程，也可以建立预报演示系统，以加深对各种空间天气物理过程的认识。

目前，太阳活动的长期预报水平还不是很高，主要原因是，已有的 300 多年的太阳黑子的观测数据还不能反映太阳活动规律的全部，因此，依据历史数据推算的太阳活动长期预报就不准确。太阳活动短期与警报预报的难点是 CME 的预报，目前基本上没有什么很好的办法。由于太阳高能粒子事件与 CME 密切相关，所以，太阳质子事件的预报也比较困难。太阳耀斑的预报近几年有较大的进展，预报准确率有较大的提高。

对于缓变型地磁活动，可以利用地磁活动的重现特征进行定量预报，利用该方法，预报的准确性比较高。但是，对于非重现性的地磁活动，定量预报目前还没有太好的办法。地磁暴的短期预报的定量化问题将是一个长期挑战。

3. 空间天气预报成效

非重现性地磁活动的预报，实际上还是依赖对综合观测资料的分析来判断。如利用太阳爆发时的太阳 X 射线和射电的信息，CME 及其相关信息，以及其他可利用的相关信息，可以判断大致的地磁活动。如 2005 年 5 月 14 日国家空间天气监测预警中心成功预报了5月15日的特大磁暴，并在5月14日通过中央电视台的天气预报节目发布；2006年12月13日成功预报了12月15日的大磁暴等突发性灾害性空间天气事件，这些预报都通过中央气象台发布，在国内引起了强烈的反应，极大地提升了国家空间天气监测预警中心的地位。国家空间天气监测预警中心还为多个部门的卫星故障提供了卫星故障的分析报告，并得到用户部门的好评。神舟六号飞船和神舟七号飞船在轨运行期间，由于太阳上没有黑子，不可能会出现突发性的太阳活动，因此，太阳活动的预报非常有把握。只需要了解冕洞的状况，地磁活动的预报就很有把握。宇航员出舱时间的选择上，知道飞船的轨道，选择宇航员出舱位置就可以避开南大西洋异常区的强粒子辐射区。神舟六号和七号，国家空间天气监测预警中心都提供了准确的预报，特别是为宇航员的出舱时间选择提供的服务。严格地说，这几次重大航天活动都没有遇到真正的挑战。

随着我国航天事业的快速发展，国家对空间天气监测预警的需求会越来越高。要提高突发事件的预报能力，除了加强探测能力外，相关的研究工作需要投入极大的力量，这样才可能真正提高预报能力。

五、其他专业预报

1. 气象水文面雨量预报

面雨量估算技术研究已经有一百多年的历史。“八五”期间，我国开展了致洪暴雨预报方法的研究，把面雨量的概念引入气象。从此，面雨量的预报成为我国气象学科一种新的预报对象，是气象和水文两个应用学科相结合的纽带。1998年夏季长江流域和嫩江松花江流域发生特大洪涝灾害期间，为适应国家防汛工作需求，中央气象台开始进行面雨量估算和预报服务。1999年4月，中国气象局召开了全国七大江河流域气象服务工作会议，讨论总结了1998年长江流域特大洪水气象服务经验教训，提出开展七大江河流域面雨量预报业务的建议。湖北等七大江河流域省气象局进行了相应的探索和试验。2000年6—10月，全国七大江河流域先后开展了面雨量业务试验。2001年起中国气象局确定将全国七大江河流域划分为86个子流域，将实时估算与预报面雨量作为全国气象部门的日常业务工作之一，并于2004年初实现了面雨量预报业务化。

为进一步落实七大江河流域气象业务服务工作，2005年3月15日，中国气象局正式批准成立淮河流域气象中心；5月18日淮河流域中心揭牌，并召开了流域中心协调委员会第一次会议；6月1日，淮河流域中心投入业务试运行。

2006年中国气象局发文，明确流域气象的职责和机构，在各流域逐步建立起针对江河各流域的专门服务机构和服务的牵头省份。2006年9月，上海、苏州和湖州共同成立了太湖流域气象中心。2006年和2007年先后挂牌成立了黄河流域气象中心、海河流域气象中心和长江流域气象水文中心。

在七大江河流域中心成立的同时，各省针对本地流域的情况也相应成立了部分省内的流域服务机构，相继挂牌成立了沙澧河流域气象中心、渭河流域气象预警中心、汉江流域气象预警中心。

面雨量的计算方法很多，目前，我国气象业务主要以泰森多边形计算为主。我国面雨量的预报主要根据站点定量降水预报，确定相关流域的面雨量预报值。另外，根据数值预报释用产品或通过集成多种降水产品进行面雨量预报，也广泛应用于面雨量预报业务中。

近年来，以雷达、卫星估测降水资料为主，结合地面常规降水和自动气象站降水观测资料的快速融合，来进行面雨量的估算已成为流域面雨量估算的发展趋势。在我国，由于非常规观测资料的应用还不够普及，资料积累有限，业务运行中仍以地面常规观测资料为主要估算依据，估算精度和时效性已难以满足水文业务的要求。为此，国家气象中心正在建设以GIS为平台，实现数据管理、分析和显示一体化的面雨量业务系统。

2. 地质灾害气象预报

自20世纪80年代末以来，在国际减灾十年计划的推动下，我国开展了大规模的地质灾害整治计划。如长江上游滑坡泥石流防治计划；国家计委和国土资源部制订的地质灾害专项防治计划等。建立了重点灾害区的预警系统。这些工作都为建立全国范围的地质灾害气象预警系统打下了坚实的基础。重庆市于2001年率先建立了山体滑坡气象条件等级预报业务系统并投入运行。

2003年，国土资源部和中国气象局决定联合开展地质灾害气象预报、警报工作，并委托中央气象台和中国地质环境监测院联合攻关，初步建立了基于临界雨量的国家级地质灾害气象预报、预警系统，2003年6月1日正式运行，奠定了一定的研究和业务工作的基础。2004年中央气象台研究并建立了基于广义线性模型的国家级地质灾害气象预警方法。2006年针对西南地区云、贵、川、渝四省（市）研发了基于GIS系统和精细化数值模式（WRF）的西南地区地质灾害预报系统，并于2007年4月进行业务化和地方推广使用。经过6年多的业务运行和完善，国家级地质灾害气象预警业务系统正在发挥着重要作用，对强降雨天气诱发的地质灾害具有较好的预报能力，仅在2007年因预报成功和监测得力共避让各类地质灾害920起，安全转移37926人，避免财产损失5.5亿元。

3. 交通气象预报

20 世纪 90 年代末，我国部分气象部门就开始提供一些局部路段的天气状况预报或交通安全气象指数预报。为预防和减少恶劣天气条件下的道路交通事故，交通部、公安部先后与中国气象局就开展全国交通气象服务进行协商，并签署了相关文件。2005 年 7 月 27 日，交通部和中国气象局签署了共同开展公路交通气象预报工作的备忘录。2005 年 12 月 29 日，交通部与中国气象局联合发布了第一期全国主要公路气象预报，至此全国公路交通气象服务正式展开。进入 21 世纪，北京、辽宁、江苏和广东等省（市）气象局通过与当地交通部门的合作，在公路沿线建立了高密度的气象监测系统，并利用交通部门的监控设备实现了实景视频监控与气象监测的有机结合。在监测的基础上，针对影响交通的低能见度浓雾、强降水、大风、高低温、积雪、结冰等灾害性天气，逐步开展了影响机理和预报、预警技术方法的科学研究，建立了交通沿线雾、路面温度、路面状况等客观预报模型，建立了涉及道路建设、道路管理和养护、信息采集、公路交通灾害评估等多方面的气象标准。同时，综合集成交通沿线监测站、新一代天气雷达、气象卫星等监测信息和已有的预报技术方法，开发了基于 GIS 技术的人机交互系统。从而快捷地生成公路交通气象预报产品，提供给交通运输和管理部门，提高了交通安全系数，为交通事故提供了灾后评估依据。与国外交通气象预报技术相比，现有的预报研究方法还主要是以统计方法为主，存有一定的地区局限性，而对于路面温度和路面状况，以及雾等精细化的数值模拟和机理研究还存在明显不足。

4. 渍涝预报

自 20 世纪 90 年代始，国际上广泛开展了关于渍涝灾害气象风险方面的研究。进入 21 世纪，中国气象局预测减灾司就在天津、江苏和江西三省立项部署，开始大城市渍涝灾害预报技术的开发与研究。近年来，以地表与明渠、河道水流运动为主要模拟对象，将数值模拟方法用于渍涝研究的工作在国内发展迅速。中央气象台发展了利用全球气候模式（GCM）模拟的 24 小时降水和最高最低温度驱动陆面模式（VIC）和水文汇流模式提供土壤湿度、径流和河流流量等初步预报产品，并基于这些水文模式输出产品制定初步的渍涝风险等级预报方法，于 2006 年 6 月开展了渍涝灾害监测预警业务的试运行，取得了较好的预警效果。我国各个省市级气象台也大量开展了城市暴雨内涝和农田渍害的数学模型的研发，并投入业务应用，延长了渍涝预报的预见期，并提高了预报精度。随着气象现代化建设的推进，建立常规雨量站、水文站、多普勒天气雷达、卫星遥感和遥测等组成的水循环监测网，以及实现数值预报模式和气象—水文模型耦合的发展，无疑成为渍涝灾害监测、预警、预报及评估系统建设的坚实基础。

5. 森林、草原火险预报

我国从 20 世纪 50 年代开始林火预报研究，主要借鉴美国、加拿大和苏联等国家的林火预报方法，并结合我国林区特点进行方法修正，其中大多预报方法主要根据气象因子与森林火险的关系，针对某一特定区域或行政区来建立森林火险气象指数的预报模型。1980 年以后，国内森林火险气象指数的研究发展较快，但都是基于局地的研究。

1987 年 5 月至 6 月初，气象卫星遥感监测技术在大兴安岭森林大火监测和服务中发挥了很大的作用。之后，黑龙江、内蒙古等省（区）气象台站对森林火险监测和等级预报进行了许多研究，并在此基础上开展了森林火险等级预报工作。1998 年国家气象中心结合美国洛杉矶林业试验站布龙—戴维斯方案，利用特大火灾历史数据库验证研制出了国家级的森林火险气象指数，并开发了基于 HLAFS1.0 模式的森林火险气象等级数值预报系统，并投入业务运行。2002 年，系统进一步完善和改进，背景场转移为 T213，水平分辨率也提高到 0.5625°×0.5625°。初步形成了我国森林火险气象业务系统。此后，森林火险气象业务在实践中不断完善，形成了从监测、预报、产品发布等一系列较为完善的森林火险气象等级潜势预报业务流程。这些成果揭示了我国森林植被条件下的林火发生和火险预报的规律，可以为科学、主动地预防、控制及扑救森林火灾提供一定的参考依据。

从 21 世纪初开始，针对内蒙古草原火险区划划分、草原火险等级预报技术等课题，我国学者进行了大量研究；2005 年 9 月农业部草原防火办公室与中国气象局预测减灾司签署了“2005 年联合开展草原火灾气象预测预报工作协议”。同年 9 月 15 日草原火险气象等级潜势预报正式投入业务。每年 3 月 15 日至 6 月 15 日、9 月 15 日至 11 月 15 日为常规的业务服务期。近几年，草原火险气象预报产品为防火部门的决策提供了依据和指导，并已经产生很好的社会经济效益。

6. 核污染物扩散传输预报

1996 年 11 月在埃及开罗召开的 WMO 基本系统委员会（CBS）第十一次届会上，国家气象中心被正式认定为亚洲区三个承担环境紧急响应任务的区域专业气象中心之一，并从 1997 年 7 月 1 日起履行相关义务。

自1996年8月至1997年6月，国家气象中心基于当时的业务全球中期数值预报模式T106L19，开发了一个大范围、长距离拉格朗日轨迹扩散模式(LTTM)，并在CRAY-C92机上建立了运行系统。2001年9月引进了美国海洋大气局空气资源实验室开发的较为成熟先进的污染扩散传输模式(HYSPLIT)，并以此建立第二代污染扩散传输紧急响应数值模式系统。2002年1月，顺利完成模式的引进并邀请美方专家来国家气象中心培训指导，2002年5月完成新的环境紧急响应业务系统在ALPHA DS20工作站上的开发建设。从此，该新系统便代替原系统承担了自2002年以来至今的多次国内外环境应急响应气象保障任务，并取得良好的应急响应效果。

2006年下半年起，国家气象中心联合江苏省气象台开展了基于精细中尺度模式的污染物扩散系统方法与技术研发工作，并于2007年6月初步建立起一套基于中尺度模式WRF和污染物扩散模式HYSPLIT4耦合的模式系统，利用地理信息技术对污染扩散模式的输出产品进行加工处理，开发了基于GIS的环境应急响应产品制作平台。2007年7月，区域精细大气环境应急响应系统投入实时运行。

近年来，国内有害物质(煤气、氯气等)的污染物的泄漏和扩散频频发生，国家气象中心利用全球核应急响应数值预报系统提供污染物的扩散轨迹、浓度及沉降浓度预报产品，为抢险救灾决策提供依据，发挥了重要作用。

7. 空气质量预报

自1973年我国召开第一次全国环境保护工作会议开始，先后在北京、沈阳、兰州、太原、长沙等城市初步开展了以二氧化硫为主的城市空气污染试验预测和预报研究工作。2000年国家环境保护总局和中国气象局联合下发通知，启动环境保护重点城市空气质量预报工作。2001年6月5日起，向社会公众发布47个重点城市空气质量预报。目前，空气质量预报的预报值采用空气污染指数，根据我国空气污染的特点和污染防治重点，计入空气污染指数的项目为：二氧化硫、二氧化氮、可吸入颗粒物和臭氧等。各种污染物的污染分指数计算出以后，取最大者为该区域或城市的空气污染指数(API指数)，该污染物是该区域或城市空气中的首要污染物。常用的空气污染指数预报方法有三种，即平流扩散模式、统计模式和烟流—烟团模式。

8. 紫外线指数预报

紫外线指数是20世纪90年代初最先由加拿大大气环境服务局以及美国环境保护署会同国家天气局提出来并发布使用的，后来在欧美各国逐步推广。

1998年，上海、北京等地在国内率先开展紫外线指数预报业务，之后其他省（区、市）气象局也陆续开展了此项业务。从方法上看，紫外线指数预报大致可分为统计预报方法和模式预报方法两种。统计预报方法主要依赖于高精度、高准确度的紫外线实际观测资料和相关的气象要素观测；而模式预报方法则主要依赖于对平流层臭氧的预报和大气辐射传输模式的应用。目前，国家气象中心在作全国大范围紫外线预报时采用了模式预报方法。

9. 高温中暑气象等级预报

为了有效预防极端高温对人体健康的影响，2007年国家气象中心与中国疾病预防控制中心合作开展了"高温中暑气象等级预报技术方法"项目的研究工作。利用全国300多个重点城市1996—2005年逐日地面气象观测资料，通过对气象要素与中暑的相关分析，选择炎热指数为气象指标对引发中暑的气象条件进行了等级划分，同时考虑不同程度高温天气的持续时间确定了高温中暑气象等级，分别为可能发生中暑、较易发生中暑、易发生中暑和极易发生中暑四个等级。

基于项目研究成果，国家气象中心2007年7月初步建立了高温中暑气象等级预报业务流程，2007年8月1日开展了业务试运行。根据各省（区、市）气象台反馈的意见，国家气象中心积极改进国家级区域性中暑预报，使其达到更好的预报效果。2009年6月24日17时，中央气象台在晚间新闻联播节目首次发布《高温中暑气象预报》。

第四节　气候系统监测与短期气候预测

60年来，我国气候业务能力显著增强，初步形成了气候监测诊断和短期气候预测业务体系。本节主要介绍气候系统监测与短期气候预测业务的发展进程及主要技术跨越。

一、气候系统监测诊断

1. 气候系统监测的发展进程

自20世纪50年代起，伴随我国长期天气预报（短期气候预测）业务的开展，气候监测和诊断业务也悄然开始。除了依托长期天气预报业务共同发展外，气候监测诊断业务最初还以"气候分析"的形式独立发展并不断拓展。

1978年，时属北京气象中心的天气预报室国外科创建了每月世界气候概况分析和国外天气气候灾害情报的收集与翻译业务。其技术手段采用传统的手工填图，分析从地面到高空500百帕、300百帕和100百帕的要素及环流状况，以纸介质发布每月《世界气候概况》和《国外天气气候简报》。1980年5月，随着计算机技术的发展，实现了填图自动化，完成了该业务第一次技术变革。

1982/1983年，赤道太平洋发生了百年未遇的强厄尔尼诺现象，对世界许多地区的气候产生重大影响，受到了各国气象界的普遍关注。国家气象局在"七五"期间(1986—1990年)，以国家气象中心为主成立了ENSO监测小组开展ENSO监测工作，并开始每月发布《ENSO监测公报》，双月或季度发布《气候诊断分析报告》。1989年，国家气象中心为实施"国家减灾十年"和"国家气候计划"，启动研制和建立气候监测诊断分析业务系统的工作。1990年，一个从全球气候资料加工处理、资料库生成到气候监测诊断分析以及系统产品分发服务的完整的自动化业务系统建成。同年10月，《气候监测公报》正式刊出，标志着气候监测诊断业务步入快速发展轨迹。

2. 全球气候系统监测诊断

气候系统是由大气圈、水圈、冰冻圈、岩石圈和生物圈组成的高度复杂的系统，这些圈层之间存在着明显的相互作用。比较系统而准确的观测始于19世纪中期，至今已有140年左右的历史。

20世纪80年代，美国、澳大利亚、日本等国在业务中陆续发布了气候系统监测诊断产品。自1990年10月起，中国的《气候监测公报》每月一期对外发布，期号自1990年9月起编，2004年8月更名为《气候系统监测公报》，并于2003年起，在国家气候中心网站发布相应的电子监测产品。随着国家气候中心的成立，监测产品不断丰富，从1996年开始发布《ENSO监测简报》，并在2003—2005年期间，建立了对季风、积雪和海冰等方面的监测业务系统，相继发布了《季风监测简报》、《积雪监测简报》和《海冰监测简报》。随着业务系统的不断完善，监测的时间尺度由最初的月尺度逐步拓展到日尺度。

全球气候系统监测诊断业务的基本内容包括：气候要素异常监测、大气环流异常的监测、海洋异常的监测等。国家气候中心在2003年建立了东亚夏季风监测诊断的实时业务；2004年起建立了北半球积雪监测业务；2005年起建立了全球海冰监测业务，以海冰密集度及距平为监测指标，逐月发布南北极区的海冰状况。

3. 中国气候系统监测

气候监测业务的基础是常规气候观测资料和卫星观测资料等。在地面气候观测方面，近 20 多年来，观测站网的观测质量不断得到改进和提高，同时大量历史和器测时期的气候资料也得到了收集和整编，加之计算机应用技术的迅速发展、气候监测分析技术的更新，使中国气候监测业务水平有了很大的提高。

从地面台站观测要素看，近些年来监测要素种类、时间尺度都有所扩充。要素种类从单纯监测平均气温、降水量发展到包括最高气温、最低气温、日照时数、蒸发量、相对湿度、风向、风速、云量及沙尘、雾、冰雹等天气现象的 20 多种要素的监测和分析。时间尺度上从传统的旬、月、季、年逐步精细到逐日尺度。对地面台站观测要素的监测业务主要由国家级和省级气象部门的气候中心承担。国家气候中心自 1995 年成立以来，针对地面气候要素监测的业务已逐渐发展成熟，主要业务流程为对全国气象站逐日观测实时资料的接收、处理和质量控制，依托全国基本气象站历史沿革库与气候基准数据集，进行常规气候监测指标的统计分析，发布月、季、年及任意时间段气候监测业务产品。其中观测资料的接收处理、监测指标统计、图表制作、网络传输等已基本实现业务自动化。可提供实时和历史的气象资料监测分析信息、气候背景分析信息，为政府部门、有关单位和公众提供丰富多彩的、及时有效的气候监测服务信息。

另外，气候监测业务还包括对土壤水分等与农业密切相关的要素变化情况的监测。目前，全国约有土壤墒情观测站 1000 多个、农业气象观测站 640 个，可提供作物观测、土壤水分观测、自然物候等观测资料。国家级的农业气象监测业务主要由中国气象局农业气象中心承担，逐步开展了对与农业生产密切相关的气候条件、土壤水分条件等方面的监测分析，发布逐旬全国 20 厘米土壤相对湿度分布和农业气象旬、月报、土壤水分监测公报等产品。

大气成分监测业务主要由中国气象局大气成分观测与服务中心承担。2004 年该中心成立后，在对原有的观测站网和大气化学实验室进行升级改造、增容及整合的基础上，重新布设了基本覆盖全国范围的大气成分观测站，对气溶胶、温室气体及相关微量成分、反应性气体与大气光化学、臭氧与辐射、酸雨、沙尘暴等进行监测和分析。

4. 极端气候事件监测

国家气候中心自 1995 年成立以来，逐渐开展了中国和全球范围的极端气候事件的监测业务。经过十余年的发展，我国的极端气候事件监测业务在监测内容、范围和方法上都取得了相当大的进展。在监测要素和时间尺度上，从传统意义上的月平均气温和月降水量监测扩展到了逐日滚动最高气温、最低气温、平均气温以及降水量的监测。监测方法不但包括目前国际上在气候极值变化研究和业务中的最新方法，实现与国际接轨，还自主研发了适合中国地区的极端和重大气候事件监测指标。2005 年底，选取全球降水测站 5104 个和气温测站 2303 个，建立了全球台站逐日气候资料集，用于开展全球极端气温和极端降水的实时极端事件滚动监测业务。2009 年，中国极端气候事件监测业务中使用的监测站网由原来的 700 多站扩展到 2000 余站，极大地提高了监测产品的精度。

与此同时，对干旱、洪涝、高温热浪等极端气候事件的业务监测在近几年也取得了长足的发展。1995 年起，国家气候中心开发研制了“全国旱涝气候监测、预警系统”，目前已实现了多种指标的实时监测，包括降水量距平百分率、标准化降水指数、相对湿润度指数和综合气象干旱指数等。其中，综合气象干旱指数为最主要的监测指标。旱涝监测业务以前期 3 个月内降水量、气温等要素的指标统计结果为主要依据，当全国范围内有较大范围干旱或洪涝出现、持续发展或缓解时，及时发布《中国旱涝气候公报》，向政府部门提供旱涝监测实况信息，并向中央电视台提供每周干旱监测概要，并在国家气候中心网站上发布逐日干旱监测图。另外，国家气候中心还利用连续无降水日数指标监测亚洲和全球范围，发布《干旱监测与展望》(中英文)。

在高温热浪的监测方面，以往的监测主要针对极端最高气温和高温日数(日最高气温≥35℃)。2007 年以后研发了一系列的监测指标，包括热指数、暖昼频率等，对中国和全球范围的高温热浪事件进行实时监测。

目前，我国的极端气候事件监测业务尚处于发展阶段，特别是对全球极端事件的监测业务，尤其是实时监测业务尚不完善，监测的气象要素(包括综合性指标)以及诊断分析技术均有待进一步发展和改进。今后将通过加强极端事件监测诊断技术研发和研究成果的业务化，逐步完善极端事件监测诊断业务系统。

二、短期气候预测

1. 短期气候预测的发展进程

20 世纪前半叶，苏联、美国、德国、日本、英国和法国等相继开展了气候预测研究和业务预报，世界短期气候预测大体经历了 4 个发展阶段：20 世纪 30 年代以前为开创阶段，主要是简单的相关分析； 30—50 年代是天气学方法发展阶段，重点是大气环流分析；60—70 年代为统计学方法发展阶段，数理统计方法广泛应用；80 年代中期以来是动力学方法发展阶段，进入了动力与统计结合的阶段。

我国也是世界上开展气候预测研究和业务较早的国家之一。早在 20 世纪 30 年代就进行了三大涛动与中国旱涝关系等方面的研究，50 年代开展了气候要素历史演变规律和大气环流型的研究，在此基础上，于 50 年代末正式发布短期气候预测（长期天气预报），至今已有 50 余年的历史。从 1960 年开始，我国每年都要召开由气象业务部门主持的全国汛期气候趋势预测会商会议，参加单位除国家级、区域级、省级气象业务部门外，还有科研、高校、水利等单位，一直坚持至今，从未间断。

短期气候预测的技术方法也是随着观测事实的积累丰富和短期气候预测理论的不断发展，以及计算机技术的进步而不断发展、改进、提高。近 50 余年来，我国短期气候预测技术和业务现代化大体经历了以下 4 个发展阶段：

简单的经验统计分析阶段 20 世纪 70 年代以前，由于资料缺乏、年限短，加之计算条件差、方法少，短期气候预测主要采用历史资料和天气气候分析，其中包括历史曲线演变、大气环流型、天气周期和韵律活动等分析方法；另外，也从农谚中吸收了不少预测经验。预报方法基本上是比较简单的天气气候学的统计相关、相似和周期分析。20 世纪 50 年代初提出了气候资料历史曲线演变方法，通过分析气候资料历史演变规律，估计未来的发展走向，作出相应时段的气候趋势预测。这个方法不仅是当时主要的预报工具之一，而且也是长期以来分析气候要素年际变化和年代际气候背景的主要参考方法之一。通过这个阶段，建立了短期气候预测的基本业务，但资料和方法都比较缺乏。这一阶段，由于计算条件非常落后，从资料计算到预报制作完全是人工操作。

数理统计方法广泛应用阶段 20 世纪 70—80 年代，数理统计方法在我国科研和业务部门得到了极其广泛的应用，大大地丰富了我国的短期气候预测方法，使预测结果更加客观化、定量化，为我国短期气候预测奠定了扎实的数理统计基础。我国各级气象台站运用多种数理统计方法（主要有相关相似分析、多元分析、时间序列分析和场展开技术等），建立了各种短期气候预测的统计模型，在实际业务预报中取得了一定的效果。然而，人们在运用统计方法作预测的过程中也清楚地认识到，统计方法只是一种工具，它可以帮助我们提供大量的统计事实，给出客观、定量的预测结果，但提高预测效果的关键还在于对物理因子的分析。在这一阶段，短期气候预测工作者初步分析了我国淮河流域等地区夏季旱涝的前期大气环流特征，以及我国夏季三类雨型的大气环流成因。但由于资料的缺乏和计算机条件的限制等因素，分析的广泛性和深入性都受到了不同程度的限制。所以总的来说，这一时期的物理因子分析仍是一个非常薄弱的环节。从 20 世纪 70 年代中期开始，随着计算机技术的迅猛发展，我国于 80

年代建立了短期气候预测的资料库和程序库，使短期气候预测业务向自动化迈进了一大步，但主要预测手段仍未完全摆脱手工操作的局面，基本处于半自动化状态。

物理统计技术深入发展和动力方法研究试验阶段　20 世纪 80 年代以来，随着短期气候预测理论研究的发展和观测事实的不断揭示，物理因子的分析受到极大重视，对影响大气环流变化和气候异常的物理因素的分析，无论从广度和深度方面都有了很大的发展，如海—气相互作用、陆地热状况、低频振荡、遥相关型等。我国短期气候预测工作者通过 ENSO 事件、青藏高原热状况对中国气候的可能影响以及东亚遥相关型、东亚阻塞高压、西太平洋副热带高压、亚洲季风系统等大气环流异常与中国夏季降水关系的分析研究，大大加深了对中国气候异常物理成因的认识，增强了短期气候预测的物理基础和预测能力。在影响因子分析的基础上，提出具有一定物理意义或天气气候概念比较清楚的预报概念模型，是这一阶段预测思路的显著特点，例如：以 ENSO 事件和大气环流异常为主要预测因子的汛期旱涝预报概念模型，以及各区域汛期降水预测概念模型等物理统计模型在业务使用中都取得了良好的效果。

用动力气候模式进行短期气候预测的试验，我国起步较早。从 20 世纪 70 年代开始就先后研究提出了距平滤波模式、考虑历史演变的动力—统计模式、地温热力学模式等，20 世纪 90 年代初，又先后进行了月动力延伸预报和季节数值预报的研究和业务试验，并在业务预报中进行了试用，取得了可喜成果。

从 20 世纪 80 年代后期开始，气象系统各级业务部门都先后建立了第一代以物理统计方法为主的短期气候预测自动化业务系统，形成了一个完整的客观化、自动化的业务流程，使短期气候预测业务向现代化又迈进了一大步，基本结束了资料处理和预报制作的手工和半手工操作局面。

动力与统计相结合的新阶段　20 世纪 90 年代后期以来，"九五"国家重中之重科技项目的实施，使我国短期气候预测的业务技术迈上了一个新台阶，进入了动力与统计相结合的新阶段。国家气候中心撰写了由气象出版社出版的《中国夏季旱涝及环境场》和《中国汛期降水预测研究及应用》两部专著，总结了预测人员辛勤工作的经验和研究成果，对近 10 年来汛期旱涝预测准确率的提高，以及全国短期气候预测业务的指导起到积极的作用。物理统计技术的深入发展，特别是我国第一代短期气候预测动力模式系统的建立，是这一阶段我国短期气候预测技术进步的重要标志。

科技和业务人员在广泛深入地研究影响中国气候变化，特别是汛期降水诸多基本因素的基础上，重点研究了影响中国夏季降水的东、西、南、北、中 5 个方面的主要因素及其它们之间的相互关系和其前兆信号，提出了以这 5 大因素为基础的中国夏季降水物理统计综合预测模型，为我国夏季降水预测提出了一条新的思路和方法，为我国短期气候预测打下了坚实的物理基础。

20 世纪 90 年代中期以来，国家气候中心先后研制了月、季、年际时间尺度的动力气候模式系列，建立了我国第一代短期气候预测的动力气候模式业务系统，目前正在研究建立新一代的海—陆—气—冰—生多圈层耦合的气候系统模式和动力模式产品的释用技术与方法。动力模式系统的建立及其产品的业务应用，大大加强了我国短期气候预测的动力基础，但动力和统计如何有效的结合，是需要进一步研究的课题。

综合集成一直是短期气候预测的技术难点，通过“九五”国家重中之重科技项目，研究了短期气候预测综合决策技术，提出了物理决策、动力决策和数学决策的基本思路，建立了具有一定数学基础的数理统计综合决策模型，使我国短期气候预测综合决策实现了客观化，增强了短期气候预测的综合决策能力。

随着新一代动力与统计相结合的短期气候预测业务系统的建立，提高了我国短期气候预测的能力和水平，取得了显著的社会、经济效益。

60 多年来，我国短期气候预测的技术发展，经历了从简单的经验统计分析到数理统计分析、物理统计分析的阶段，目前正在向动力与统计相结合的新阶段发展，也就是从以统计为主发展到物理与统计相结合、再进一步发展到动力与物理统计相结合的阶段。同世界上一些发达国家相比，我国短期气候预测的水平已处于国际先进行列。

2. 短期气候预测的技术跨越

我国短期气候预测的业务技术随着短期气候预测理论的不断发展、监测能力的不断提高、观测事实的不断积累、计算机技术的不断进步，国际交流的不断扩大，逐步改进、完善、发展和提高。

短期气候预测的主要技术方法　由于影响我国气候变化的因素很多，其相互作用非常复杂，所以我国短期气候预测多年来一直采用多种因子的综合分析和各种方法综合应用的方式，主要的预测方法有物理统计方法、动力气候模式和综合决策方法三大类型。

物理统计方法一直是我国短期气候预测的主要方法之一。20 世纪 90 年代末以前，我国短期气候预测一直是以物理统计方法为主；90 年代末以后，实现了动力与统计相结合，但物理统计方法仍然起着不可替代的作用。国家气候中心先后研究了影响中国气候变化，特别是汛期降水的诸多基本因素，包括海表温度(ENSO，PDO 和 IOD 等)、冰雪覆盖、地温等下垫面热力因素和亚洲季风、热带对流活动、赤道辐合带、越赤道气流、青藏高压、西太平洋副热带高压、中纬度阻塞高压、东亚西风急流、极涡、三大涛动、南北极涛动、遥相关型、准两年振荡(QBO)等大气活动中心或大气环流系统，以及太阳活动、天文因素、地球物理因素等。在充分分析的基础上，利用各种多元分析和时序统计方法，建立了适合全国或区域的各种物理统计预测概念模型或方法，如海温模型、ENSO模型、积雪模型、季风模型、热带环流模型、阻高模型、副高模型、汛期旱涝预报概念模型、夏季降水物理统计综合预测模型和典型相关法、周期回归法、多因子相关法、环境场相关法、物理量相似法、韵律相似法、历史曲线演变法、周期分析法、时间序列法、最优气候值法等。其中，历史曲线演变法从20世纪50年代初提出后，一直在预测业务中使用，成为分析气候要素年际和年代际变化趋势的重要工具之一。国家气候中心在1998年建立了最优气候值方法来制作我国的月、季温度和降水趋势预测，2007年对OCN预测方法进行了改进。检验结果表明，该方法对月降水的预测效果有所提高，月气温预测评分在75分以上，总体效果较好。20世纪90年代中期以后，提出了以东(海洋)、西(高原)、南(季风)、北(阻高)、中(副高)5大因素为基础的中国夏季降水物理统计综合预测模型，该模型为我国夏季降水预测提出了一条新的思路和方法，具有较强的物理基础和较好的预测能力。2000年将典型相关分析方法用于汛期降水预测，并于2007年建立了月尺度温度、降水的CCA预测模型。预测评分情况表明，CCA方法对月尺度降水和温度的预测效果都比较好，月降水预测准确率除5月份以外，其余月份都超过多年平均值，月温度预测除1月份以外，其余月份评分也都超过多年平均值。

国家气候中心于2005年建立起我国第一代短期气候预测动力气候模式业务系统，包括海洋资料同化子系统、月动力延伸预报子系统、全球海-气耦合模式子系统、东亚区域气候模式子系统，可以提供从全球范围到东亚区域范围逐候滚动的旬月尺度预测和逐月滚动的未来1～3个季节尺度预测。另外，开展了动力模式产品释用技术的研究，分析动力气候模式环流输出资料与预测要素之间的适用条件，在动力延伸预报等模式20年回报资料的基础上，针对全国温度、降水和综合气象干旱指数(CI)预报，开发了动力气候模式的解释应用预测方法；建立了相应的业务系统，进一步提高了动力气候模式产品的应用效果。

20世纪90年代后期以前，我国短期气候预测的综合集成，一直是由预报员根据经验判断、决策的，带有很大的主观随意性，决策结果因人而异。20世纪90年代后期以后，我国建立了具有一定数学基础的数理统计集成、决策模型，包括权重分布法和正权递归法等，这些方法根据各种方法的历史表现确定权重大小，以决定各种方法在决策结果中的贡献大小。投入业务应用后，综合集成结果总体上优于单个方法的预测效果。综合决策方法的建立和应用，使我国短期气候预测综合集成由经验的主观决策向科学的客观决策过渡，提高了我国短期气候预测综合决策的科学水平。

20 世纪 90 年代末，建立了基于物理统计、动力气候模式（动力产品解释应用）、综合集成决策为一体的新一代动力与统计相结合的短期气候预测业务系统，使短期气候预测的物理基础、动力基础和综合能力以及客观化、自动化程度明显增强，从而提高了短期气候预测的能力和水平。

专业气候预测 在短期气候预测方法不断更新和改进、预测水平不断提高的同时，国家气候中心开发、研制了具有专业特色的气候预测服务产品，主要包括南方地区早稻播种期气象条件和北方地区初霜冻日期预测，热带气旋、沙尘暴和冷空气发生频次预测，森林和草原火险等级、三峡库区和七大江河流域降水等预测。

南方地区早稻播种期气象条件和北方地区初霜冻日期预测是国家气候中心开展比较早的专业气候预测业务，其后，又开展了热带气旋、沙尘暴和冷空气发生频次的预测。“九五”期间研究了热带气旋的形成机制和前兆信号，建立了热带气旋预测模型，2008 年建立了热带气旋预测业务系统，使热带气旋预测服务上了一个新的台阶。从 2003 年起开展了沙尘暴预测业务，并于每年 1 月份和国家林业局会商，共同发布春季北方地区沙尘暴趋势预测产品。冬半年（9 月至第二年 5 月）按月发布全国的冷空气过程起止日期和强度预测结果。

国家气候中心先后组织了森林、草原防火期气候预测的研究和开发工作，建立了防火期的森林、草原火险等级预测系统，提高了我国森林、草原防火气象服务工作的业务能力、技术水平和现代化程度。自 1999 年起，其定期向国家林业局提供森林防火期（春防期、秋防期）气候要素和森林火险等级的预测服务等，取得了良好社会经济效益。

从 1996 年起为三峡工程提供了各种气象保障服务产品。1996—1997 年主要提供了三峡一期工程大江截流期（10—12 月）的气候条件分析、夏季和秋季的气候趋势预测产品；1998—2003 年主要提供了三峡二期工程建设的夏季及汛期各月降水趋势预测、雨季起止日期等预测产品；2002—2003 年三峡三期明渠截流的短期气候预测保障服务，提供长江上游 5 个流域各月面雨量气候分析及预测产品等；2004 年至今，三峡工程建设的气候预测服务已经纳入常规业务运行，每年 4 月份提供三峡地区汛期降水趋势预测意见，每月提供三峡地区月降水趋势预测意见，以及不定期地（主要是在临近汛期或汛期期间）提供月、季时间尺度的预测意见等。另外,1999—2000 年期间,国家气候中心开发了七大江河流域的汛期面雨量预测方法,随后建立了七大江河流域的汛期降水预测业务系统,开展七大江河流域汛期降水量和面雨量预测服务,为国家有关部门组织防汛、抗洪提供客观依据。

3. 短期气候预测水平

1971—2008 年,每月底发布的每月气候预测评分中,温度预测平均达 78.8,冬季最高(79.6),春季次之(78.5),夏季稍低(77.4);在历年各季评分中最高得分达 98,最低得分 29。降水预测平均为 63.0,春季最高(63.8),夏季次之(62.9),冬季最低(62.7);在历年各季评分中最高达 81,最低为 38。

1978—2007 年每年 4 月发布的《汛期气候预测》中的夏季降水预测评分,平均为 65.4,最高得分 88.0,最低得分 44.0。20 世纪 80 年代中期以前的大部分年份的评分低于平均水平,80 年代中期到 90 年代中期的评分呈上升趋势,但是 1995 年以后评分波动较大。

1981—2007 年,每年 11 月发布的年度气候预测中,降水预测评分为 60.9,11 月份最高(64.0),9 月份最低(59.4);在历年各月评分中,最高得分为 83,最低得分为 34。温度预测评分达 69.1, 好于月降水预测,7 月份最高(72.1),10 月份最低(64.5);在历年各月评分中,最高得分达 97,最低得分 13.0。2000—2008 年温度评高达为 82.7,比 2000 年以前明显提高。

分析上述评分结果可以看出:①温度预测效果明显好于降水,而且 2000 年以来大幅提高,这可能是由于 20 世纪 90 年代以后气温处在偏暖的气候背景下,预报员对趋势背景把握得比较好,容易出现高分;②降水预测评分,汛期气候预测中评分最高,年度气候预测中评分次之,每月气候预测中评分最低。这一方面是由于汛期降水预测长期以来一直是业务、科研、高校等单位研究的重点课题,研究成果在业务预测中确实发挥了重要作用;另一方面月尺度降水形成机制更为复杂,预测技术难度更大;③预测整体水平还不够高,预测效果不稳定,波动较大,这说明短期气候预测仍然是一个世界性难题,技术上尚未突破,今后需要长期坚持不懈地加强研究。

4. 短期气候预测的主要成就

经过近 60 年,尤其是国家气候中心成立后的 14 年的建设,一个集气候系统监测、诊断、预测为一体的科研与业务相结合的国家级气候预测中心初步建成,并成为世界气象组织东亚季风活动中心、全球长期预报产品中心和亚洲区域气候中心;形成了以气候系统监测、预测为主的比较全面的气候业务系统,为开展各项相关服务提供了保障，也为今后的发展奠定了基础；建立了我国第一代短期气候预测动力气候模式业务系统，包括全球大气环流模式、全球海洋环流模式、东亚区域气候模式和简化的 ENSO 预测模式等多个模式在内的短期气候预测动力模式系统，提供动力模式的旬、月、季节尺度的确定性和概率预测指导产品。

自 2003 年成立 WMO 区域气候中心以来，按照 WMO 有关区域气候中心的指南，大力推进国际化建设，加强国际交流与合作，积极拓展对区域和全球的气候监测、预测和服务能力。目前一套短期气候预测动力模式业务系统已建成，能够提供区域和全球月、季、年时间尺度气候系统监测、预测产品。月尺度预测形成每月 6 次滚动（分别在每候的第一天）发布，集合成员增加到 40 个；季节尺度预测形成每月滚动发布，集合成员增加到 48 个。所有模式预测作业均实现了自动定时执行。月/季节的预测，除给出多成员的集合平均表述外，还利用三分类的（Tercile）概率预测，给出地面气温和降水的最大可能性的预测图。一种适用于动力季节预测的相似误差订正预测方法（FACE）被提出和发展，并在此基础上初步建立了一个相似—动力短期气候预测系统（ADSCAPES），并将预测成果应用于实际预测。北半球阻高实时监测诊断业务系统、逐日亚洲季风监测系统、高温热浪监测预警业务系统等建立。

成功组织和协办了一系列国际会议和培训班，包括 6 届气候系统与气候变化国际讲习班、6 届亚洲区域气候监测、预测和评估论坛（FOCRAII）以及二区域协会（亚洲）区域气候事务工作组会议（RAII WGCRM）、WMO 基本系统委员会北京气候中心（CBS）资料处理与预报系统工作组延伸期和长期预测专家组（ET-ELRF）以及 WMO“干旱与极端温度，可持续农业的备灾与管理”国际研讨会等，在国际上展示 BCC 的最新研究成果和气候监测、诊断、预测业务，通过广泛的业务交流，提高了 BCC 的科研和业务水平。

作为 WMO 全球长期预报中心（GPC），BCC 建立了第一代气候系统模式冻结版本，提供包括 WMO 其他 GPC 模式产品的多模式集合预测产品解释和评估；发布月、季、年气候监测公报及 ENSO，东亚季风监测简报，积雪、海冰监测及气候模式等产品，并不定期发布重要气候报告，取得了良好的社会服务效果；开展了干旱、洪涝、高温、低温冷冻害、沙尘暴等重要天气气候事件的监测、预警和影响评估，出版了《中国灾害性天气气候图集》，有助于决策者制定气象灾害防御对策和措施；发布亚洲干旱监测、旱涝公报、气候公报、气候影响评价等产品，提供气候决策服务和公益服务，为重点工程建设、区域开发以及城市规划等提供专题气候服务。

第五节　气候影响评价与气候资源开发利用

气候影响评价和气候资源开发利用工作在近三十年的发展与完善中，为国民经济建设和防灾抗灾等服务作出了重要的贡献。本节主要介绍气候影响评价和气候资源开发利用的发展进程及技术方法。

一、气候影响评价

1. 气候影响评价的发展概况

我国系统的气候影响评价工作始于改革开放的20世纪80年代初期，之前的农业气候、农业气象和应用气候方面的研究为其奠定了坚实的基础。改革开放30年来，特别是通过近20多年的业务建设，气候影响评价业务系统的业务水平有了明显的提高，我国气候影响评价已经形成了国家、省、地、县四级业务体系，建立了农业、水资源、能源、交通、重大工程等统计评价模型，为建设新一代综合气候影响评估业务奠定了基础，同时也为我国经济和社会的可持续发展以及防灾减灾发挥了重要的作用。

目前的气候影响评价业务系统已基本能够实现对全国基本（准）气象站点实时资料的接收、处理和质量控制，对国内外气象和灾害情报的收集、整理以及出版发行并建立气候资料和社会经济、灾情数据库；实现常规气候影响评价产品的数据分析、图表制作、网络传输和较高程度的业务自动化；定期发布国内旬、月、年的气候影响评价、世界气候月报、国外天气简报等气候影响评价产品；实时监测和发布全国干旱和洪涝等灾情信息；利用农作物生长模式进行气候对我国小麦、玉米、棉花、水稻等主要农作物生长影响的实时评估；采用水资源评估模式进行气候对我国长江中游、海河流域、淮河流域和黄河中下游地区水资源影响评估；进行气候对交通设施、冬季生活采暖和夏季生活耗能以及一些疾病的影响评估；为长江三峡工程提供局地气候与生态环境的监测与评估等功能。另外，国家气象中心农业气象与遥感应用中心也开展了主要针对国内的包括农作物生长动态的卫星遥感监测、夏粮和秋粮的产量预测等农业气候影响评价工作。

2. 气候影响评价的主要内容及方法

随着经济的发展和科学技术的进步，人类活动与气候及气候变化的关系日益密切。不利的气候条件可以给人类带来更大的损失和灾害，而有利的气候条件则会带来更大的利益和效益。因此，对如何利用气候条件和规律的问题就更为人们所关心。按评价内容的性质，气候影响评价大致可分为气候对经济建设的影响评价和气候对社会的影响评价两大类。气候对社会的影响评价目前更多地侧重于较长时间尺度，即气候变化对现代社会和未来社会的影响，其中也包括对国民经济的影响。

气候及气候变化对农业的影响，是一个十分复杂的问题，这是由于农业并不完全决定于气候一个因素，还与作物品种、技术条件以及政策措施等有关。但气候仍然是影响农作物产量的重要因素，据 1950—2000 年 47 年的统计，全国平均每年农田受灾面积 3840 万公顷，其中旱灾对农业影响最大，平均每年受灾面积 2027 万公顷，相当于全国耕地面积的 1/5，每年因旱灾减产粮食约 1 亿吨。洪涝对农业的影响仅次于干旱，据统计，洪涝受灾面积平均每年为 893 万公顷，直接经济损失上百亿元。进入 20 世纪 90 年代以后，洪涝对农业的影响明显加重，在 1990—1999 年这 10 年间，平均每年受灾面积 1567 万公顷，较前 40 年增加近一倍，1998 年洪涝的直接经济损失竟达 2500 多亿元。此外，气候对农业的影响还有风雹、冷冻等灾害。

除了气候对农作物的影响评价外，气候对牧业、渔业、林业，特别是森林火灾的评价也是气候影响评价的重要内容。

水资源包括降水资源、地表水资源、地下水资源以及水资源总量。影响水资源的自然因素有气候、土壤、植物、地貌、地质等，其中气候是变动最大的因素。气候因素影响着降水、蒸发，从而影响水资源。降水变化最大，对水资源有着决定性的意义。世界降水分布非常不均匀，这种分布不均匀决定着各地区水资源丰、枯不同，对经济发展和生存产生重大影响。

气温是影响水资源的一个重要气候因子。气温对水资源的影响一方面是气温升高，蒸发加强，水资源减少；另一方面气温升高，使人们活动对水资源需求增加。就农业而言，气温升高增加了用水需求，因为依赖降水和灌溉的作物都需要更多的水。我国是个农业大国，农业用水量占总用水量 70%～80%，气温升高对我国农业用水影响很大。

随着社会经济的发展，能源问题对人类社会的影响日趋增大，能源在国民经济发展中占有重要地位。气候对冬季采暖、夏季纳凉等能源消耗与供给的影响特别突出。应该指出的是，气候对能源需求的影响，与能源开发利用水平、结构等密切相关，不同的采暖方式，不同的燃料都会直接影响到这种关系。

近年来能源危机已经成为人类共同面临的世界性难题，可再生能源将作为常规能源的替代能源迅速增长。因此，对风能和太阳能资源的评估也将发展成气候影响评价的一个重要方面。此外，交通运输、环境以及重大工程建设等方面也是气候影响评价业务的重要内容。

我国气候影响评价业务，经过了 20 多年的发展，取得了长足的进步，但与先进国家相比还存在差距，主要表现在：目前业务运行的影响评价结果大部分属于定性评价，定量评价还不多；用于评价业务的常用方法主要有经验类比分析、指标和指数模式，评价工具多是经验统计模式，缺乏综合复杂的动力模式；评价带有很大的局限性，大部分仅能作为单项评估，不能提供综合影响评估结果，而且主要是进行实时评价和事后评价，预测性评价业务薄弱；社会经济影响资料采集渠道不畅，信息共享能力差，评价领域不够宽。

今后气候影响评价业务发展方向是：定量化、多领域、多应用；建立完善的气候影响评估系统，完善对农业、水资源、能源、生态环境、城市环境和人体健康影响的定量评估，进一步提高针对性和时效性。其内容包括建立气候影响评价专用数据库；发展城市及区域小气候评价模式；建立对我国农业、水资源、能源等影响的后（预）评估模式、极端天气和气候事件影响跟踪评估模式；开展极端天气、气候事件对我国农业、工业、交通、建筑、旅游等影响评价，发展综合复杂的气候影响评估动力模式，开展气候对我国自然生态系统的综合评估；开展气候对城市和人体健康影响的评价业务；开展利用卫星遥感技术对生态环境进行动态监测、评估，对全国各地区的干旱、洪涝、强降雪、沙尘暴、水土流失、森林火灾等自然灾害进行实时监测、预警；对西部地区的森林植被、荒漠化状况进行监测调查，以及对退耕还林、还草，生态环境建设进行动态监测与评估。

二、气候资源的开发与利用

1. 气候资源开发利用的发展进程

综合气候区划和专业气候区划是气候资源开发利用的基础。早在 20 世纪 30 年代初，中国现代气象学先驱——竺可桢利用当时很少站点的气温和雨量资料，提出了中国气候学者的第一幅气候区划图，在竺可桢基础上进行早期中国气候区划工作的，具有代表意义的主要有涂长望 1936 年的中国气候区划，卢鋈于 1949 年完成的气候区划，此外还有么枕生、陶诗言等各自提出的全国气候区划等。新中国成立后，1959 年首次由中国科学院自然区划委员会经过四年的努力，组织编制了《中国气候区划》（初稿），这是我国由国家组织的规模较大的一次全国性气候区划。该区划共将全国划分为 8 个气候一级区，32 个气候二级区和 68 个气候三级区。1979 年，中央气象局在组织编制《中华人民共和国气候图集》的基础上更新了《中国气候区划》，这是迄今应用最为广泛的中国气候区划。2002 年中国气象局组织编制了 1971—2000 年新的 30 年《中华人民共和国气候图集》，但尚未对中国气候区划进行修订。

除了中国气候区划工作外，农业气候资源、水资源、建筑、旅游等气候资源评估和气候资源信息化工作也在开展，建立气候资源监测评估系统，开展气候资源变化分析，加强气候资源利用和保护研究，这些都促进了我国，特别是西部和山区气候资源的有效利用；以气候资料处理、气候影响评价、气候应用分析等项工作为基础，对全国或特定区域的气候资源及其变化进行监测、评估，开展气候资源利用和保护区划规划、实验示范等工作；在全国、省、县（市）三级气候资源调查的基础上，结合我国的实际情况，加强对森林、草原、湿地、旅游等气候资源状况的调查工作，完成气候资源区划，并依据气候区划和气候生态理论，编制我国生态建设建议方案；建立省级气候资源信息综合服务系统和地县级气候资源信息管理咨询系统，开发相应的各级服务产品数据库。

2. 风能资源评估技术及进展

中国气象局分别在 20 世纪 80 年代和 90 年代开展了两次风能资源普查，均是采用对气象站历史测风资料的统计分析方法，计算各气象站的平均风速、Weibull 参数等风能参数，在垂直高度上没有进行外推，最后给出 10 米高度上风能资源分布图谱。据统计，我国陆地 10 米高度可开发的风能资源总储量为 2.53 亿千瓦。2003 年启动了我国第三次风能资源普查，这次采用了 2000 多个气象站 30 年历史观测资料，虽然技术方法上没有更新，但所用的气象站点数比第二次普查的 900 多个站增加了 1 倍多，因此新的风能资源分布图谱会更接近实际情况。

基于气象站历史观测资料的风能资源评估主要存在三方面的问题：第一，气象站测风高度是 10 米，而风机的轮毂高度大多为 50 米和 70 米，近地层风速随高度的变化取决于下垫面和大气稳定度，因此从 10 米高的风能资源很难准确推断风机的轮毂高度的风能资源；第二，我国气象站的间距是 50～200 千米，风能资源比较丰富的西部地区站点更为稀少，这样统计分析结果的误差就会很大，只能宏观地反映我国风能资源的分布趋势，不能较准确地确定一个区域可开发风能资源的覆盖范围和风能储量；第三，我国气象站大多数都位于城镇，由于城市化影响，城镇地区的风速相对较小，对风能资源评估结果有一定的影响。所以，基于气象站观测资料的风能资源评估还不能满足我国制定风电发展规划对风能资源评估的需求。

近十几年来，欧美国家应用数值模拟的方法开发了许多较为成熟的风能资源评估系统软件。2005年，中国气象局引进了加拿大风能资源数值模拟软件WEST(Wind Energy Simulation Toolkit)，并根据中国的地形特点进行了本地化改进。2007年，中国气象局风能太阳能资源评估中心采用WEST对我国大陆及近海的风能资源进行了评价。结果显示，我国风能资源丰富的地区主要分布在内蒙古、新疆和甘肃河西走廊，东北和华北部分地区，以及青藏高原和云贵高原的部分地区，东南沿海海岸也有较丰富的风能资源。

近海是风能资源十分丰富的区域之一，但海上的风观测资料又异常地匮乏，因此，利用卫星资料反演近海风能图谱技术在近十年来得到了越来越多的开发和应用。卫星反演资料的风能资源图谱可以用来推测海上气象观测点周围的风况，也可以用来监测大范围近海风能资源的变化。但卫星资料用于风能资源评估也存在一定的局限性，主要是资料的时间、空间分辨率太低，精度也较差。

目前开展风能资源数值模拟的普遍方法是：中尺度模式＋小尺度模式。风能资源评估一般分为三个阶段：普查、详查和风电场选址。在风能资源普查阶段选用中尺度数值模式进行数值模似就可以满足要求；在风能资源详查阶段，要求数值模似结果分辨率达到1千米，以满足制定风电发展规划的要求。对于地形复杂的地区需采用小尺度模式或大气边界层模式；风电场选址的风能资源评估要求给出风电场建设范围内水平分辨率100米×100米或200米×200米的风能资源分布，这就必须采用小尺度数值模式。目前，在我国的风能资源评估工作中，主要是引进了欧美国家的模式。中国的风能资源开发迫切需要发展具有自主知识产权的小尺度数值模式，包括计算流体力学模式，建立适用于中国的风能资源数值模式系统，为我国风电发展规划、风电场建设和运营提供有力的技术支持。

3. 太阳能资源评估技术及进展

20世纪50—90年代，我国太阳能资源研究主要采用太阳辐射气候学计算方法。此法计算中的初始值可以有三种选择：天文辐射、理想大气总辐射和晴天总辐射。这三种初始值在本质上是一致的，只是所考虑的对太阳辐射的影响因子有所不同，采用任何一种均有其优点和缺点，实际应用中可视计算区域和观测资料的具体情况而定。

太阳辐射气候学计算方法物理意义明确，计算简单，利于推广，同时计算结果精度较高，可以说是迄今为止最成熟、应用也最广泛的方法。但气候学计算方法也存在着明显不足，首先缺乏在复杂地形情况下地形遮蔽度的考虑；第二，在站点稀疏而地形又比较复杂的地区会产生较大的误差，且这种误差还难以评估;第三,由于统计方法本身的局限性,计算结果难以准确反映出地面辐射极值分布,无法满足实际开发利用的需求。

计算机技术的迅猛发展以及地理信息系统应用技术的推广,为处理复杂地形下太阳辐射的计算提供了良好的平台。坡向、坡度和高度是复杂地形下计算太阳辐射的三个基本地形参数,地理信息系统为此提供了极大的方便,任一地点日出、日没时角以及任一时段天文辐射总量的计算可根据日地距离的基本方程导出。因此,地理信息系统的应用使太阳辐射的计算地形数字化、计算网格化以及结果可视化。

20 世纪 80 年代中后期,辐射传输理论不断发展,卫星遥感观测技术逐渐成熟。利用卫星遥感资料反演地面太阳辐射方法大致可分为两大类:统计方法和物理方法。我国在这方面的研究已经取得了较大的进展。卫星遥感资料为地面太阳辐射量的计算提供了一种自上而下的、时空分辨率较高的观测资料,但目前的精度还不够高,对于云和气溶胶的处理方法也还不够完善。

在未来的研究中,应以气候学计算方法的基本思路为基础,应用地理信息系统技术充分考虑地形的影响,同时充分利用卫星遥感资料时空分辨率方面的优势,对大气成分、水汽和气溶胶等各种影响因子通过辐射传输理论加以考虑,从而形成一个适用于我国的、综合利用各种数据资源、集成的太阳能资源评估方法。

第六节　预报预测数值模式

我国从 20 世纪 80 年代开始开展数值预报业务,经过多年的建设,已建立起完整的数值预报业务体系,步入世界上少数具有制作全球中期数值天气预报与利用气候预测模式作气候预测能力的国家之一。

一、数值天气预报模式的发展

1. 数值天气预报模式的发展概况

中国的数值天气预报大致经历了三个发展阶段:从 20 世纪 50—60 年代最早的 500 百帕单层滤波模式的业务研究试用阶段,到改革开放初期的三层亚欧模式(A 模式)与 80 年代北半球五层模式(B 模式)是业务简单试验阶段;从“七五”开始,实施“移植引进、消化吸收”国际先进数值预报模式为主的技术路线,是数值预报业务体系的建立与完善阶段;进入 21 世纪,转为全面依靠中国科学家自己的力量，走自主研究、自主创新的技术路线，初步研究建立我国新一代业务数值天气预报系统 GRAPES 的阶段。

经过多年的努力，我国目前已基本建立了适合我国天气气候特点的、由全球中期数值天气预报模式、中尺度数值天气预报模式、全球集合预报系统、热带气旋路径数值预报模式、沙尘暴数值模式和污染物扩散传输模式等组成的数值天气预报业务体系，初步研究建立了我国自主研发的新一代业务数值天气预报系统 GRAPES，并将逐渐成为中国气象局业务数值天气预报体系的核心系统，数值天气预报水平逐步提高，北半球中期预报可用时效已达 6.5 天。

2."半手工、半自动"的数值天气预报

早在 20 世纪 50 年代，顾震潮先生牵头推动开展了中国数值天气预报模式的开发研究。当时有两个数值天气预报的研究小组，一个是中科院地球物理研究所小组，另一个是中央气象局小组。我国的第一代数值天气预报研究模式是一个 500 百帕单层的滤波模式，模式覆盖区域为亚欧区域，可制作 48 小时的 500 百帕高度场的天气形势预报。1959 年国庆前夕，用中科院的 104 计算机(每秒 8000 次)，成功地做出了亚欧区域的 48 小时 500 百帕位势高度场的天气形势预报图，并作为大气科学领域的重大成果向新中国成立 10 周年献礼，1965 年 3 月正式向全国台站广播。1966 年，因"文化大革命"，数值天气预报工作被迫停止。

这一时期，我国建立了具有当时先进水平的业务研究应用数值天气预报滤波模式，同时取得了具有国际先进水平的研究成果，如丑纪范先生关于在数值预报中使用历史资料的研究，曾庆存先生关于半隐式时间积分方法的研究等。但是，由于我国当时的通信网络技术和计算机技术相当落后，数值天气预报业务运行的支撑技术达不到要求，这一时期的中国数值天气预报只能采用"半手工、半自动"方式来完成。

3. A 模式、B 模式的建立

1978 年"文革"后，在中国气象学会邯郸年会上，老一代气象学家一致建议，联合一切技术力量，组织推动短期数值预报业务发展。根据专家的建议，1979 年 4 月，由中央气象台、气象科学研究院、中国科学院大气物理研究所和北京大学组建了"联合数值预报室"。

首先，以中国科学院大气物理研究所的三层原始方程模式为基础，配以较为简单的客观分析方案，组成了一个初步自动化的分析预报系统。该系统先在上海区域气象中心投入业务应用，然后移植到北京气象中心，成为国家气象中心第一代业务数值预报系统(简称A模式)。该系统于1980年7月在国家气象中心正式投入业务运行,通过有线传真形式向全国各级气象台站发布高空形势场预报。在我国计算机条件及各种计算技术相对较为落后的情况下,建立了基本自动化的业务数值天气预报系统,为我国数值预报业务的发展奠定了基础。这时的数值天气预报还做不到整个业务流程的全部自动化,业务仍处于简单的试用阶段。

与此同时,"联合数值预报室"也开展了另外一项数值天气预报业务模式的研发工作,主要是以中国科学院大气物理研究所研制的北半球三层原始方程模式和北京大学地球物理系的有限区域原始方程模式为基础,发展了北半球五层原始方程模式和有限区域五层原始方程模式(简称B模式),并在日本气象厅资料处理、客观分析方案的基础上,加以改造,建立了自动化数值预报业务系统,从1982年2月16日起,每天正式发布一次北半球模式预报;1983年8月起发布有限区域模式的降水预报产品。

与A模式相比,B模式在当时计算能力仍较低的条件下,在预报模式中引入了描述非绝热过程的基本物理过程,在改善模式预报水平上起了重要作用;在资料处理技术、客观分析技术上也形成了较为完整的体系;产品服务技术及预报流程的自动化也有了明显改善,分析预报系统的流程、预报效果检验(包括形式场检验和降水量预报检验)、图形输出及传真等一系列工作基本实现了自动化。

4. T系列全球中期数值预报系统的建立

20世纪80年代中期开始,国家气象局根据当时的国际数值天气预报发展趋势,及时确定以建立中期数值预报业务为主要发展方向,并组织了国家"七五"科技攻关项目,采取"引进国外先进模式基础上消化、改进"的技术路线,在80年代末90年代初建立起我国全球中期天气数值预报业务系统,以后又不断更新发展,使我国跻身于国际上少数能发布中期数值预报的国家行列。从此,中国气象局的全球中期数值预报进入了持续发展的阶段,先后建立了T42L9,T63L16,T106L19,T213L31,T639L60等业务系统。

"七五"期间,以欧洲中期天气预报中心(ECMWF)的模式为基础,国家气象局开展了我国第一代全球中期数值预报业务系统(简称T42L9谱模式)的研究开发,包括资料预处理、分析、预报模式、后处理、场库、预报产品的制作与分发、预报结果检验、图形图像、业务监控等子系统。1991年6月15日T42L9在M—360机上投入业务运行,正式提供北半球5天中期数值预报产品。

"八五"期间,国家气象局直接从欧洲中期天气预报中心移植引进了先进的全球中期数值预报模式，并于 1993 年 10 月在我国自行研制的巨型计算机银河-Ⅱ上运行。1995 年 6 月 T63L16 全球中期数值预报业务系统被移植在 CRAY C92 机上运行，加快了业务运行的速度，提供 7 天预报，成为当时全世界为数几个能制作全球中期数值预报的国家之一。1997 年 6 月，T63L16 模式升级为 T106L19 模式，使预报时效延长至 10 天。

“九五”期间，国家气象中心组织开展了下一代业务数值预报系统的开发，全球模式从欧洲中期天气预报中心移植新一代的 T213L31 全球模式（1997 年版本，包括模式动力框架和物理过程；垂直分辨为 31 层，模式采用水平谱截断，取 213 个波，分辨率约为 60 千米），四维资料同化系统则从原有的与 T106L19 模式相联结的最优插值（Optimal Interpolation，缩写为 OI）方案进行升级，建立国家气象中心新一代全球中期数值预报系统 T213L31。2000 年 9 月通过研究开发项目验收，经过两年左右的业务化试验工作，于 2002 年 9 月在新的高性能计算环境平台上正式业务运行，取代原有的 T106L19 全球业务模式，建立了以 T213L31 全球中期数值预报系统为核心的初步完整的业务数值预报体系以及业务系统的监控、检验和数值预报产品解释应用等，使国家气象中心业务数值预报系统上了一个新台阶。

2002 年 9 月 T213L31 系统业务运行后，国家气象局着手开展全球中期数值预报系统的更新升级研究开发工作。首先，从美国国家环境预报中心（NCEP）引进新的 SSI（Spectral Statistic Interpolation）资料同化系统，之后又更新为 GSI（Grid Statistic Interpolation）；全球模式则以 T213L31 为基础，首先升级为 T319L31，然后又升级为 T639L60。以 T639L60 和 GSI 为核心技术的新全球中期数值预报系统于 2007 年 12 月通过验收，进入准业务运行并下发产品，2009 年 3 月在国家气象中心正式业务运行。

与 T213L30 相比，除了分辨率提高外，T639L60 的模式层顶由 10 百帕向上延伸至 0.1 百帕，采用改进的稳定外插两个时间层的半拉格朗日积分方案，对原整套物理过程方案中的云与对流参数化进行改进和优化，对下垫面资料进行了更新和合理初始化。资料同化系统则实现了三维变分同化方案的升级，可以大量使用 ATOVS 等卫星观测资料。

5. *以 GRAPES 为核心的数值预报系统建立*

21 世纪初，中国气象局做出战略性决策，集中人力、物力、财力开展面向 21 世纪的数值天气预报创新研究，并建立了中国气象局数值预报创新基地。自 2001 年开始，中国气象局组织本系统有关科研与业务力量，联合中国科学院及国家教育委员会所属多所大学，首次依靠中国科学家自己的力量，自主研究建立了我国新一代多尺度通用资料同化与数值预报系统(英文缩写为 GRAPES)。该系统的核心技术包括三维变分同化,并可向四维变分同化拓展;半隐式半拉格朗日方法和全可压非静力平衡动力模式;可自由组合的、优化的物理过程参数化方案;全球、区域一体化的同化与预报系统;标准化、模块化、并行化的同化与模式程序。该系统仍在不断地发展、完善和应用研究拓展之中。

2004 年 3 月 5 日 GRAPES_Meso(60 千米版本)中尺度数值预报系统正式对外释放,免费提供使用。2006 年 7 月 GRAPES_Meso(30 千米版本)正式在国家气象中心业务运行。在此之前,GRAPES_Meso(30 千米版本)中尺度系统已先后在广州热带气象研究所、上海台风研究所正式业务运行。目前,GRAPES_ Meso 已在全国 50 多个单位得到应用。该系统的全球版本 GRAPES GFS 于 2009 年 3 月在国家气象中心准业务运行。GRAPES 已被广泛用于全球中期预报、全国区域中尺度预报、台风与热带气象预报、中尺度集合预报,以及沙尘暴、紫外线等专业气象预报。

6. 资料分析同化系统发展

在 20 世纪 50—60 年代,我国早期的单层滤波模式的业务研究系统中并没有采用任何形式的资料同化处理,只是简单地把很稀疏的观测值插值到计算格点上,形成模式积分的初值。到了 20 世纪 80 年代的 B 模式建立,开始在日本气象厅的资料处理、客观分析方案的基础上加以改造,建立了自动化的常规资料处理与客观分析系统。至 20 世纪 80 年代中期,T42L9 中期数值预报系统建立,采用逐步订正客观分析方法形成初值;从 T63L16 开始,直至 T213L31,采用三维、多变量的最优插值 OI 方案,以取代逐步订正方案,并增加了非线性正规模初值化,形成了完整的资料同化。到了 21 世纪初,T639L60 则采用从美国 NCEP 引进的 GSI 同化系统,这标志着大量的非常规卫星直接观测开始得到利用,大大提高了模式预报技巧;进入 GRAPES 发展阶段,我国自主研究开发出了 3DVAR 三维变分/4DVAR 四维变分同化系统,这是当今优秀的资料同化业务系统,使得大量常规资料、非常规卫星资料、时间间隔很密的地面稠密资料和雷达资料都可以得到充分利用,将大大提高模式的预报技巧。

7. 有限区域和中尺度数值预报系统发展

自 20 世纪 80 年代末期开始,国家气象中心有限区域数值预报业务系统的发展大致可以分成四个阶段:20 世纪 90 年代初,初步建成了有限区域分析预报系统(LAFS),实现了有限区模式与全球中期预报模式的嵌套;90 年代中期,建成了高分辨率有限区域同化预报系统(HLAFS),实现了有限区的资料同化;

在区域模式中引入显式降水方案(HLAFS05);建立了较高分辨率的同化预报系统(HLAFS025),并在预报模式中引入了简单混合相云方案。

LAFS于1990年9月在国家气象中心的M-360计算机上建成并开始准业务运转,1991年6月移植到CYBER992计算机上,1992年3月正式业务运行,产品以格点报形式向全国发布,1994年6月替代B模式中有限区域预报模式的传真产品。

HLAFS有限区同化预报系统于1996年5月15日正式投入业务运行,产品以传真图、格点报和远程网文件三种方式向全国各级气象台站发布。与LAFS系统相比,HLAFS系统成功地引入了有限区域资料同化系统;初值化方案由绝热非线性正规模初值化变为非绝热非线性正规模初值化;预报模式除提高了分辨率以外,物理过程也有了较大改善。随后,该系统在HLAFS1((1(—15层本的基础上,先后发展了0.5((0.5(—20层版本,于1998年6月1日正式业务运行;以及0.25((0.25(—20层版本,于2003年9月1日正式业务运行。

国家气象中心在LAFS模式的基础上研制了用于台风路径预报的台风预报模式,在人造台风模型的嵌入、物理过程引入等方面也取得了较大的进展。

"九五"期间,国家气象中心开始移植试验MM5中尺度数值预报系统,并于1996年夏季北方汛期开展了实时预报试验,在1997年6—7月香港回归和长江三峡工程大江截流等气象保障期间进行了实时运行,提供中尺度预报服务。

1998年以来,通过与科研单位和大学的合作研究,以及在适度引进基础上的自行开发,国家气象中心先后建立了核污染物扩散传输、森林火险气象条件、城市空气质量、紫外线、沙尘暴等环境气象数值预报业务。

过去的60年里,区域气象中心的数值预报业务系统也得到了快速的发展,并发挥了重要支撑作用。

上海台风研究所针对西太平洋台风、华东天气预报的特点,较早地开展了数值预报的研究应用,早在20世纪60年代中期就开始研制半球准地转正压模式,并实现了半自动的准业务试验;之后,先后建立4层准地转和3层原始方程模式、华东区域数值预报及东海台风路径预报业务系统;2005年建立了基于GRAPES的台风模式(GRAPES-TCM),并于2006年投入业务运行至今。广州热带气象研究所针对热带天气预报的特点,先后开发建立了P坐标4层原始方程模式、TL6-(坐标-6层和10层原始方程套网格模式、GRAPES_TMM热带气象中尺度模式、GRAPES_CHAF快速循环同化预报系统。北京城市气象研究所根据首都城市发展的需要,自1994年开始中尺度模式开发应用,从最早的

MM4、MM5 模式，到 WRF 模式，先后在北京市气象局移植、业务运行，而且特别根据 2008 年北京奥运会的气象保障需要，开发建立了 3 小时间隔、3 千米分辨率的 BJ-RUC 快速更新循环同化和预报系统，在 2008 年夏季北京奥运会期间发挥了重要作用。武汉暴雨所根据梅雨锋暴雨预报的特点先后开发建立了 CRONWS-5 层原始方程模式、MAPS 模式，引进中国科学院大气物理研究所的 REM/AREM 系统，并拓展了 RUC 快速循环系统和 EPS 集合预报系统；成都高原气象研究所根据西南地区天气预报的特点，引进开发了 ETA-阶梯地形坐标原始方程模式、GRAPES_Tibet 高原中尺度模式。除此以外，沈阳大气环境研究所、新疆沙漠气象研究所、兰州干旱气象研究所以及部分省市气象局也根据地方的实际需要，开发建立了区域中尺度数值预报系统，取得了突出的成果。

8. 集合数值预报系统发展

集合天气预报思想是由 Epstein 和 Leith 首先开展研究探索的。1992 年底，美国 NCEP 和欧洲 ECMWF 先后建立了各自的全球中期集合数值预报业务系统。之后，加拿大、印度、英国、日本等国家也先后建立各自的业务集合预报系统。集合数值预报最初是针对全球中期预报而建立的，然后逐渐向短期天气预报、短期气候预测、中尺度天气预报拓展。目前，集合数值天气预报已经成为各国业务数值预报体系中的重要组成部分。我国数值集合预报业务由全球中期集合预报系统、区域中尺度短期集合预报系统、台风集合预报系统组成。

早在 20 世纪 90 年代中后期，国家气象中心就开展了以 T63L16 为基础的、采用时间滞后法(Lagged-Average Forecasting)的全球中期集合预报的研究开发，于 1998 年实现了初步的集合数值预报在中央气象台业务应用。此后，全球模式 T63L16 升级为 T106L19，初值扰动改用参考 ECMWF 欧洲中心的 TL21-SV 奇异向量(Singular Vector)方法，2000 年在我国自行制造的神威计算机上实现了业务全球中期集合数值预报的升级，建立了基于 T106L19 的、新的全球中期集合预报业务系统。由于业务计算机能力的快速提高，2006 年新引进的 IBM 高性能计算机，其上建立了采用“增长模繁殖法”(Breeding of the Growing Model)为初值扰动法的、基于全球模式 T213L31 的、升级的全球中期集合预报系统。

中尺度集合预报系统的研究开发主要集中于国家中心和区域中心。在国家气象中心，以北京奥运会为契机，在 B08RDP 国际合作项目推动下，基于区域 GRAPES 中尺度模式，建立了华北地区中尺度集合预报系统。集合预报初始扰动场的构造采用增长模繁殖法，以全球集合预报为扰动侧边界，同时对多模式(WRF/GRAPES_meso)、多物理过程交叉组合进行超级集合预报研究与开发。在成都和上海区域气象中心，开展了暴雨集合预报和台风集合预报系统研究开发。成都区域气象中心基于 MM5 模式，采用异物理模态初值扰动方法和多物理组合方法，建立 8 个成员、水平分辨率 20 千米的西南区域中尺度超级集合预报系统，预报时效 48 小时，2005 年实现实时业务运行，暴雨集合预报产品评分优于 T213 模式。上海区域气象中心基于 GRAPES_TCM 模式构建区域台风集合预报系统，该系统分为三部分：台风的初始场处理、集合扰动处理和集合后处理。2006 GRAPES_TCM 集合预报系统实现业务化，可进行未来 72 小时的预报，提供集合成员路径，集合袭击概率，成员路径散点图以及其他一些集合产品。

二、短期气候预测模式的发展

1. 短期气候预测模式的发展进程

我国是世界上开展短期气候预测（早期称“长期预报”）业务和科研较早的国家之一。在 21 世纪初，气候模式在短期气候预测业务中开始得到了应用。且随着时间的推移，气候数值模式的影响与作用将越来越重要。

我国运用气候数值模式进行气候预测试验与国际上其他国家相比并不算晚。20 世纪 70 年代以来，先后研究提出了距平滤波模式、考虑历史演变的动力—统计模式、地温热力学模式等，并在业务预报中进行了试用。80 年代，中国科学家开始了全球大气环流模式和海洋环流模式的研究。例如，中国科学院大气物理研究所大气科学和地球流体力学数值模拟国家重点实验室（LASG）的科学家利用大气环流模式（嵌套简单的陆面过程模式）、大洋环流模式及其耦合方法，尝试开展跨季度的气候距平预测，取得了良好的效果。

从 20 世纪 90 年代初至今，中国气象局、中国科学院和有关高校的专家联合攻关，引进、发展了全球海气耦合模式（BCC_CM1.0）、区域气候模式（RegCM_NCC）、海—陆—气—冰耦合的气候模式系统（BCC_CSM）等一系列模式系统。其中，LASG 和国家气候中心联合研制的全球海—气耦合模式成为我国第一代短期气候预测动力模式系统的核心，目前已在国家级气候预测业务中使用。该动力模式预测系统从 2000 年开始投入业务化试验，2005 年正式业务运行，可以预测我国月、季、年温度、降水和各种气象要素的变化和异常。通过五六年的实践检验，该模式系统对气候预报，特别是旱涝、沙尘暴、冷暖冬的预报非常有帮助，基本满足了国民经济发展的需求。此外，这个模式系统还初步具备预测整个亚洲区域季节气候的能力。

2. 第一代短期气候预测业务系统

国家气候中心当前正在运行的第一代短期气候预测动力模式业务系统包括三种时间尺度的气候预测，即单纯用大气模式进行的月尺度动力延伸预测，用中等分辨率海—气耦合模式所作的季节预测(它同时嵌套一个高分辨率的东亚区域气候模式)以及用简单海-气耦合模式对ENSO事件年际变化的预测。上述三种模式与前处理资料同化系统和后处理子系统有机地形成我国第一代可供业务应用的动力气候模式预测系统，同时也为气候变化研究提供有力工具。

月动力延伸预报系统 我国月动力延伸预报研发工作开始于1990年。当时以T42L16大气模式为基础，以时间滞后方法选择8个初值，进行月尺度动力延伸预报。从1996年开始，在GRAY EL98计算机上建立了以T63L16模式为基础的月动力延伸集合准业务系统。目前月动力延伸预报使用的是“九五”期间国家气候中心与中国科学院大气物理研究所等单位合作研制的一个中等分辨率(T63)的全球大气环流模式(BCC_AGCM1.0)。BCC_AGCM1.0模式在使用前已经进行了近20年的回报试验，同时也在AMIP-II计划所规定的海温、海冰条件下对模式进行了检验，结果表明该模式具有较好的模拟和预测能力。

国家气候中心月动力延伸预报系统是利用全球大气环流模式BCC_AGCM1.0和持续的海温异常，每天运行8组45天的集合预报。大气初始条件采用全球大气同化资料(由国家气象中心T213模式提供)，海洋边界条件采用最近的周平均海表温度距平，用外推的方法生成预报时段的海温强迫场。该系统每次预报最多包括40个集合成员，其中20个由落后平均法(LAF)生成初值，20个由奇异向量法(SVD)的扰动生成初值，预测产品包括月平均的地面温度、降水、海平面气压、Z200/Z500/Z700、U200/U700、V200/V700、环流特征量及其异常等。预测产品频率为每侯第一天更新一次，对40组成员进行集合，预测时段为未来1～10天、11～20天、21～30天、31～40天、1～30天和11～40天。

季节预测模式系统 季节预测需要运行海—气耦合模式BCC_CM1.0。全球海—陆—气耦合模式是由全球大气环流模式BCC_AGCM1.0(T63、L16分辨率)与全球海洋环流模式(NCC/LASG OGCM1.0;T63,L30分辨率)通过日通量距平耦合方案在开洋面上的逐日通量距平耦合来实现的。海洋环流模式(NCC/LASG OGCM1.0)的一系列模拟试验评估结果表明，其性能至少具有目前国际上全球海洋模式的平均水平。对全球海—陆—气耦合模式BCC_CM1.0

进行的200年(1900—2100年)的控制试验积分表明,此全球耦合模式能较好地反映气候平均状态。已用于国家气候中心的短期气候预测业务和长期气候变化模拟研究。

海洋资料同化系统　海洋资料同化系统(BCC_GODAS1.0)为我国海—气耦合模式BCC_CM1.0进行季节和跨季度的气候预测业务提供可靠的海洋初始场资料。将该系统从1982年到2003年3月在热带太平洋的部分同化分析结果与NCEP的结果进行对比分析,结果表明,该系统的同化结果(如SST,SSTA,Nino指数,次表层海温变化等)与NCEP的同期的同化结果一致,同时,对模式的气候场有一定的改进。

区域气候模式预测系统　季节预测模式系统中使用的区域气候模式(RegCM_NCC)是国家科技部"九五"重中之重项目"我国短期气候预测系统的研究"中"高分辨率区域气候模式的研制"专题的一项研究成果。该模式是在美国国家大气研究中心(NCAR)第二代区域气候模式RegCM2(1996年版本)的基础上,通过改进各种物理过程参数化方案,并将模式范围拓展到包含青藏高原在内的东亚区域而形成的。利用RegCM_NCC模式进行的10年(1991—2000年)模拟试验,结果表明该模式能够较好地模拟东亚季风区的重要气候事件,尤其是东亚季节雨带的时空演变特征,能够较好地模拟出1991年夏季长江流域的特大洪涝灾害、1994年的华南暴雨、1998年的长江流域特大降水过程等。

为了将区域气候模式应用于短期气候预测的业务中,使用国家气候中心全球海—气耦合模式(BCC_CM1.0)单向嵌套区域气候模式(RegCM_NCC)对1991—2000年中国夏季降水进行了10年数值回报试验。从模式回报的结果来看,模式基本上能够反映这10年夏季的平均状况。用国家气候中心预报评分、技巧评分、距平相关和异常气候评分4种评估参数对模式的试验回报进行了总体评估分析,表明该模式对我国汛期降水具有一定的跨季度预报能力,对部分地区(西部、东北、长江下游等)有较强的预报能力。

ENSO预测系统　ENSO预测模式也是国家科技部"九五"重中之重项目"我国短期气候预测系统的研究"中"ENSO年际变化预测模式的研制"专题的研究成果,是由国家气候中心、中国气象科学研究院、上海台风研究所等单位共同完成的。在引入国外模式的基础上,通过调整诸如海洋混合层上翻强度等物理参数化过程参数、热通量项、引入资料初始化和计算函数、模式区域扩展到全球热带海洋等,建立了NCCo, NCCn, NCC/STI,NCC/NJU和NCC/NIM五个子模式组成的简化海—气耦合模式系统,专门用于ENSO业务预测。它们的预测模拟范围在热带太平洋或热带海洋。目前，NCCo 模式、NCCn 模式、NCC/NIM 模式和 CAMS/NJU 模式的业务运行模块已经建成，可以进行逐月滚动的 ENSO 预测，预测产品包括赤道海平面温度距平和 Nino 区指数等。

模式评估检验系统 模式检验评估系统是国家气候中心短期气候预测模式业务系统的重要组成部分，选用了 5 种指标对预测试验结果进行定量评估，即中国汛期预测业务预报评分(P)、相对于气候预报(距平为零的预报)的技巧评分(SS)、距平(距平百分率)符号一致率(R)、距平相关系数(ACC)以及 WMO 推荐的 RMSSS 和 ROC 评估方法。这五种评分方法从不同角度反映了预报技巧，利用它们来综合考察气候中心全球大气—海洋耦合模式的预测能力。

3. 气候系统模式发展

目前世界上先进的气候模式不仅包含了大气、海洋、海冰、陆面过程等模式，同时还包含气溶胶、大气化学和碳循环过程。由于气候系统的复杂性，仅仅依靠我国第一代短期气候预测全球海—气耦合模式是远远不够的。要想做好短期气候预测气象服务和气候变化工作，必须立足于研究大气—海洋—陆地—海冰之间复杂的相互作用。因此，开发多圈层耦合的气候系统模式成为了下一代我国短期气候模式预测和气候变化模式预估的重要目标。

自 2004 年，中国气象局开始组织开发大气—陆面—海洋—海冰多圈层耦合的气候系统模式，在 2008 年年底，已建立一个可应用于开展短期气候预测，同时可以开展 IPCC 第五次评估报告(AR5)所要求的气候变化研究的多圈层气候系统模式版本 BCC_CSM1，该 BCC_CSM1 模式实现了全球大气环流模式 BCC_AGCM2.0.1 通过耦合器与陆面过程植被碳循环模式 BCC_AVIM1.0.1、全球海洋环流模式 MOM4_L40、全球海冰动力热力学模式 SIS 的动态耦合，且已包含了陆面碳循环和动态植被、海洋生物地球化学和碳循环过程，能够基本满足 IPCC AR5 气候变化预估对气候模式的要求。该模式已积分 500 年，模式性能稳定，也通过初步的检验，对当今气候也具有一定的模拟能力。

全球大气环流模式 全球大气环流模式(BCC_AGCM2.0.1)是全球谱模式，水平分辨率可调，垂直分为 26 层。该模式中引入了独特的参考大气和参考地面气压，该参考大气更加适合于对流层中上层和平流层的大气热力结构，这样的处理可以减少模式垂直分层的不均匀性和地形截断误差等对模式的影响。温度和地面气压本身不再是预报变量，预报对象变为温度与参考大气温度、地面气压与参考地面气压之间的偏差；除水汽预报方程采用半隐式半拉格朗日方法求解外，涡度、散度、温度偏差和地面气压偏差预报方程均采用显式或半隐式欧拉方法求解。该模式中的模式物理参数化方案大多以 CAM3 为基础，有以下几个方面的特点：引入了最新质量通量型积云对流参数化方案和整层位温守恒干绝热调整方案；采用积雪面积覆盖度参数化方案；考虑到海浪的影响，对洋面感热和潜热通量参数化方案也作了调整，其他模式物理参数化方案与 CAM3 相同。通过 AMIP 试验结果表明，BCC_AGCM2.0.1 模式对降水、气温、大气热力结构和大气环流等气候态和季节变化有较好的模拟能力。

陆面过程模式　陆面过程模式(BCC_AVIM)是在 NCAR CLM3 物理模块基础上，融合了中国学者发展的动态植被模型 AVIM2，可以描述植被光合作用固定 CO_2、植被生长、植被凋落、土壤呼吸释放 CO_2 返回大气的陆地碳循环过程。用 NCEP 再分析资料驱动 BCC_AVIM 模型进行了 300 年积分实验，结果表明，该模型可以比较合理地描述全球陆地植被的季节变化(叶面积指数 LAI)，能够合理模拟植被净初级生产力(NPP)、陆地生态系统净生产力(NEP)。与大气环流模式的长期耦合积分实验以及通过耦合器与其他分量模式的长期积分实验结果表明，BCC_AVIM 性能稳定，与海洋碳循环模型一起可用于 IPCC AR5 要求的模拟碳循环过程的长期积分实验。该模式目前的初级版本命名为 BCC_AVIM1.0.1。

全球海洋环流模式　国家气候中心引入 GFDL 海洋环流模式 MOM4，并将研究重点主要放在热带大洋，将水平分辨率调整为南北纬 30 度以外为 1 度；南北纬 30 度以内，逐渐递减，至赤道为 0.3 度。其垂直方向 40 层，其中上层 200 米，每 10 米一层，形成了全球海洋环流模式 MOM_L40。MOM4_L40 模式中已经加入海洋碳循环模块，形成一个可以模拟海洋碳循环过程的模式。这个海洋碳循环模块是在海洋碳循环比较计划(OCMIP2)生物碳模式基础上发展起来的，包括了较为完整的海洋碳循环过程。该模式采用 NCEP 再分析资料作为强迫场，海温每 10 天恢复一次，盐度每 30 天恢复一次，从静止开始积分，已积分 110 年，选取最后 10 年进行分析。气候平均态模拟评估表明 MOM_L40 能够再现海洋大尺度热力结构和环流场的基本特征，模拟的上层海温，上层盐度，海表高度场，正压流函数基本合理。赤道太平洋 SST 的季节变化与观测一致。

多圈层耦合的气候系统模式　最新开发的气候系统模式 BCC_CSM1.0.1 模式是基于美国国家大气研究中心(NCAR)的气候系统模式 CCSM2.0 发展而来的。同 CCSM2.0 一样，BCC_CSM1.0.1 包括四个分量模式：大气、陆面、海冰和海洋，各分量模式之间由耦合器 CPL5.0 进行耦合。BCC_CSM1.0.1 与 CCSM2 的主要区别在于大气模式和陆面模式，大气模式由 BCC_AGCM2.0.1 替代了 CAM2.0，陆面模式由 CLM3 替代 CLM2。海冰和海洋模式同

CCSM2.0，分别使用的是 CSIM4 和 POP。海洋和海冰模式均采用的是三极网格，水平分辨率约为 1°×1°，海洋模式的垂直分层为 40 层。BCC_CSM1.0.1 版本性能稳定，能够稳定积分 500 年以上。未来该模式能够满足参加 IPCC AR5 对模式的要求，也将实现全球大气环流模式 BCC_AGCM2.0.1 与陆面过程模式 BCC_AVIM、全球海洋环流模式 MOM4_L40 和全球海冰动力热力学模式 SIS 的动态耦合，将建立 BCC_CSM1.1.1 和 BCC_CSM1.1.2 版本，两者的区别在于 BCC_CSM1.1.1 模式未包含碳循环过程，BCC_CSM1.1.2 包含全球碳循环。新一代气候系统模式将在 2011 年年初投入我国短期气候预测业务应用。

海洋和陆面资料同化系统 海洋资料同化系统能充分利用观测资料信息优化数值模式结果。作为第一代短期气候预测全球海—气耦合模式组成部分的全球海洋资料同化系统，在国家气候中心短期气候预测业务中发挥了重要作用。海洋资料同化系统已经成为短期气候预测中不可或缺的部分。

随着新一代全球气候系统模式开发工作的全面展开，国家气候中心从 2007 年 9 月开始着手发展新一代海洋资料同化系统（BCC_GODAS2.0）。新一代海洋资料同化系统 BCC_GODAS2.0 基于国家气候中心新一代气候系统模式 BCC_CSM1 的物理海洋分量模式 MOM4_L40，同化方法采用目前各国气象业务单位普遍采用的成熟技术——三维变分（3DVAR），能同化的观测资料包括中国气象局 GTS 线路上的 XBT、TAO 等各种浮标观测资料，国内外多种卫星遥感观测资料包括高度计资料、海表温度资料等，ARGO 新型浮标观测资料。

预报预测系统现代化发展历程和发展经验表明：气象现代化是整个气象工作的兴业之路，也是天气预报和气候预测工作的兴业之路。虽然在预报预测系统 60 年发展期间曾受到一段时间的干扰，但是从总体上说，我国已经基本建成比较现代化的气象预报预测体系，实现了预报预测技术方式的重大转变，建立了以数值预报为基础，人机交互系统为平台，综合运用各种资料信息和多种技术方法的预报预测系统，成功地发布了精细化、专业化、无缝隙的气象预报预测，并使其成为领域不断拓展的常规业务，气象预报预测准确率稳步提升。因此，新中国成立 60 年，是预测预报现代化快速发展的 60 年，是预测预报业务技术不断突破的 60 年，是为气象公众服务和决策服务做出决定性支撑的 60 年，也是预报预测业务方式实现不断变革的 60 年。同时，我们也必须正视预报预测系统存在的问题，看到在预报预测的许多前沿领域与发达国家比较差距还不小，业务数值预报预测的性能、产品质量和应用等方面明显不足，尤其是在资料同化、集合预报以及非常规资料应用上差距有拉大趋势，另外，气象灾害的综合监测和预警能力还不强，预报预测的精细度和准确率也不高，由多种探测手段获取的资料信息的综合分析、加工、提炼技术能力和应用效率还不甚理想。

21世纪是我国国民经济持续、快速、健康发展的关键时期，是保护环境和关注气候变化的特殊时期，也是对预报预测系统提出更多、更细、更新、更高要求的重要时期。实现预报预测现代化，就必须一步一个脚印，扎扎实实地推进预报预测的现代化建设，坚持始终依靠科技进步的战略选择，在规划、设计、业务和技术上，瞄准国际先进，结合我国的实情，加快发展有世界先进水平的预报预测数值模式，加快发展精细化、专业化、连续滚动的预报预测实时业务系统，加快发展各类常规与非常规资料的综合处理和应用系统，加快发展和完善中短期、短时预报与气候预测的业务技术体制、业务规范、业务流程。

我们相信在发展战略和规划设计指导下，集合力量，发挥优势，就一定能克服不平坦的预报预测业务现代化道路上的重重阻力，攻克一个又一个的技术难题，最终建成能最大限度地满足经济社会可持续发展和广大社会公众需求的现代化的气象预报预测体系。

本章编写组成员：阮水根　翟盘茂　尹尽勇　毛留喜　王永光　乐贵明
田翠英　任福民　吴统文　宋文玲　陆家琏　陈德辉
金荣花　祝昌汉　赵振国　赵琳娜　须剑良

第四章　综合气象观测系统

气象观测是气象业务和科研工作的基础。新中国成立以后，气象部门十分重视气象观测系统建设，从地面、高空气象观测发展到天气雷达、气象卫星观测，从天气观测发展到气候系统观测，从人工观测发展到自动化观测，逐步发展成为现在由天基、空基和地基气象观测组成的综合气象观测系统，气象观测系统获得了快速的发展。本章从地面气象观测、高空气象观测、气象卫星、地基遥感遥测、大气本底和大气成分观测、专业气象观测、移动气象观测等七个方面阐述了60年来气象观测的发展历程和主要成就，并简述了它们的发展趋势。

第一节　概　述

一、综合气象观测系统的结构

气象观测是指对地球大气圈及与其密切相关的水圈、冰雪圈、岩石圈（陆面）、生物圈等的物理、化学、生物特征及其变化过程进行系统的、连续的观察和测定，并对获得的记录进行整理的过程。气象观测是气象科学的重要分支，它将基础理论与现代科学技术相结合，形成多学科交叉融合的独立学科，处于大气科学发展的前沿。气象观测信息和数据是开展气象预报、预测、服务和科学研究的基础。发展一体化的气象综合观测业务是气象事业发展的关键之一。

气象观测系统按照传感器所处位置可分为天基观测、空基观测和地基观测系统。传感器在中层大气之外的为天基观测，主要由低轨卫星和高轨卫星以及相应的地面应用系统组成；传感器在地球表面以上、中层大气及以下的为空基观测，主要由气球探测、飞机探测和火箭探测组成；传感器在地球表面的为地基观测，主要由地面气象观测、地基气候系统观测、地基遥感遥测、地基大气边界层观测、地基中高层大气和空间天气监测、地基移动气象观测、地基气象观测运行监控和技术保障等组成。

二、综合气象观测系统现代化的历史进程

新中国成立以前，中国的气象观测站寥寥无几，解放区只有29个气象台站，加上国民党统治区的72个气象台站，共有101个分布极为不均、设备简陋、技术落后的气象台站。综合气象观测网的建立是从新中国成立以后开始的，大致经历了以下四个发展阶段。

1. 艰苦创业时期

从新中国成立到“文化大革命”之前（1949—1965年）是艰苦创业时期，通过艰苦奋斗，基本建成了地面、高空气象观测台站网。

新中国成立后，百废待兴。1950年，按照“建设、统一、服务”的方针，各级气象部门大力进行台站网建设。1953年，全国各省会城市（除拉萨外）都建立了气象台，到1956年全国建成气象台站1647个，这些气象站遍布祖国大地，按照“代表性”的原则，构建起覆盖我国不同气候区的地面观测网。

在1958年的“大跃进”中，气象部门贯彻“全党全民办气象”的方针，实行“以生产服务为纲”，到1960年，全国气象台站达到3240个，基本实现了“专区有台，县县有站”，其中农业气象旬（月）发报站达1096个。1961年以后，全国贯彻中央“调整、巩固、充实、提高”的方针，撤销合并了一部分重复设置的台站，其中农业气象旬（月）发报站调整为153个。1965年底，全国气象台站达到2383个，形成了目前气象台站网的基本格局，其中农业气象旬（月）发报为358个。

在加强地面站网建设的同时，气象部门逐步建立高空气象探测业务。第一个五年计划期间，气象部门制订并实施了《1953—1957年间台站的建设计划》。“一五”末，全国探空站达到了69个，高空测风站达到了65个。我国在引进前苏联、芬兰探空仪器的同时，着手研制自己的探空仪器，1960年国产59型探空仪研制成功，逐步投入使用，1963年其生产定型后，加快了探空站的建设步伐。到1969年，全国建立了122个探空站，探空观测全部使用国产59型探空仪。

至此，我国已建立了比较完善的地面和高空气象观测网，是全球地面和高空观测密度最高、观测质量较好的三个区域之一（其他两个区域是北美和欧洲），其中参与全球和区域资料交换的探空站有90个，地面站有700多个。这些资料对于世界各国开展数值预报和天气预报业务是不可或缺的，对全球的气象业务的开展作出了巨大贡献。

我国的天气雷达建设始于1958年，1958年12月，中央气象局向周恩来总

理提出建立雷达测台风和雷达测降雨等计划，提出1959年在主要民航站、重点人工控制天气区及福建建立15个测雨雷达站，在昆明等16个点设立雷达测风站。由于当时国家工业水平的限制，该计划没有完全实现。1960年前后，气象部门先后从英国、日本引进了几部3厘米和5厘米小型天气雷达进行测雨观测，以后又从军队调用改装843型10厘米雷达在广东、福建等进行台风观测，同时还开始了自行研制天气雷达的起步阶段。

2. 曲折发展时期

“文化大革命”10年和其后的2年(1966—1978年)是气象观测曲折发展时期，气象观测系统既受动乱影响又获得一些发展。

“文化大革命”期间，全国动乱，气象部门也难以幸免，但是全国气象台站的职工以高度的责任感，坚持气象观测，保持了气象观测资料的不中断，但是农业气象观测基本处于停顿状态。

1968年，我国组织了3厘米小型天气雷达的研制和生产，1969年定型。这是我国自行生产的第一种专用天气雷达。从1970年到1975年，中央气象局和各省(区、市)气象局先后购置配备了近130部711天气雷达，用于人工影响天气作业指挥和兼顾局地灾害性天气监测。1976年9月，713雷达设计定型。

气象卫星是非常重要的气象探测系统，中国政府非常重视气象卫星的建设。早在1969年1月29日，周恩来总理就指示：一要搞我国自己的气象卫星；二要采取各种办法接收利用外国卫星传送的气象情报。同年6月，我国成功研制出第一台自动图像传送(APT)气象卫星云图接收设备样机，并开始接收美国艾萨(ESSA)卫星云图，从此开始了我国接收外国气象卫星发送的气象数据工作。到1972年前后，全国各省(区、市)气象台基本上都配备了气象卫星云图接收设备，对天气的监测和预报起到重要作用。

3. 全面发展时期

20世纪80和90年代，气象观测系统在经费困难的条件下得到全面发展。

改革开放之后，中央气象局拨乱反正，制定了《气象现代化建设发展纲要》和《全国气象事业发展规划》，按照纲要和规划确定的方向，综合气象观测系统开始跟踪国际先进水平，与世界气象组织接轨，逐步向自动化观测、气候系统观测方向发展。

为了适应气候观测的要求，气象部门适时地将地面气象观测站划分为国家基准气候站、国家基本气象站和一般气候站三类，提出了严格保护气象观测环境的要求。1997年建成143个国家基准气象站；1980年，开始重新组织农业气象观测工作，确定全国农业气象基本观测站338个；1989年，农业气象基本站被分为两级，国家级观测站402个，省级站317个，以后基本维持了这种格局。

从1982年开始，我国探测业务普遍采用PC-1500计算机计算、统计、编报，使地面观测开始了自动化。

1996年，我国开始研制地面“有线综合遥测气象仪”，1998年通过设计定型，1999年投入使用。有线遥测气象站和长期自记气候站经过现场考核后也投入使用。

1986年，我国开始立项研制P波段电子探空仪和C波段一次雷达测风系统，1993年通过设计定型，并逐渐转入业务使用。为了做好新一代的L波段测风雷达—电子探空仪系统的研制工作，1996年12月，中国气象局业务发展与天气司组织拟订了《L波段测风雷达—电子探空仪系统功能规格需求书》并通过了专家论证和审定。1998年冬季对南京大桥机器厂、成都784厂和南京14所三厂家探测系统样机进行了严格的静态和动态性能考核和对比试验。2001年10月，南京大桥厂L波段高空探测系统在南京通过了设计定型。2001年12月通过业务验收，2002年1月1日，我国第一部L波段高空气象探测系统在北京观象台正式投入业务使用，标志我国高空气象探测体制跨过了一个新的里程碑。同时新一代卫星导航定位探空系统(GPS)也开始进行研制。

20世纪90年代，一些新型气象探测设备和仪器的研制也取得了重要突破，研制成功了电解水制氢、自动填图机、探空仪自动接收设备、自动气象站、极轨和同步气象卫星云图高低分辨率接收处理设备、飞机气象仪、含水量仪、大小云滴谱仪、中型云室、人工增雨催化剂与作业工具等。这些系统、设备和仪器在气象业务中得到普遍应用，大大提高了气象探测水平和天气预报服务能力。

在天气雷达建设方面，到1980年，建成713天气雷达站26个，843改装型天气雷达站8个，其他进口天气雷达站3个，天气雷达网已初具规模。

为了进一步提高天气雷达的探测能力，1994年，中国气象局制订了《我国新一代天气雷达发展规划》，拟在全国布设126部新一代天气雷达。之后，通过外引内联，引进美国NEXRADWSR-88D先进技术，中美合资组建了北京敏视达雷达有限公司，同时鼓励国内雷达厂家自主研制新型号雷达，从而形成S波段和C波段两个系列的新一代天气雷达系列产品，并实现了年产40～50部新雷达的生产能力。新一代天气雷达自1998年起纳入国债资金项目，全面开始建设。

针对气象服务的需求和气象探测技术的新发展，1996年中国气象局制定了《我国地面气象观测发展规划(1996—2010年)》、《我国高空气象观测发展规划(1996—2010年)》。前者决定2010年之前在我国东中部地区建成中尺度灾害性天气监测网(当时称为“二级基地”),福建、广东、北京和深圳率先在全国建设加密的区域自动气象站(后来由于种种原因,“二级基地”建设没有在全国展开)。后者确定了我国常规气象探空的新体制:目标体制是GPS探空,过渡阶段布设电子探空仪/L波段雷达探空设备。

1978年4月,国务院正式批准建设我国第一颗极轨气象卫星资料接收系统工程,代号为“711—5”,它由资料处理中心和北京、广州、乌鲁木齐3个气象卫星地面站等四个部分组成。但由于当时受国家清理基本建设项目的影响,一直到1982年其才列入国家基本建设计划和重点工程建设项目。1982年12月,气象卫星资料接收处理系统工程—资料处理中心大楼(711—5—0)破土动工。1987年,气象卫星资料接收处理系统工程完成,时任国家主席李先念亲自为工程落成剪彩。

风云序列极轨气象试验卫星FY-1A,FY-1B分别于1988年9月7日、1990年9月3日成功发射,业务卫星FY-1C于1999年5月10日成功发射;静止气象试验卫星FY-2A,FY-2B分别于1997年6月10日、2000年6月25日成功发射。这标志我国气象卫星已从试用、试验阶段进入业务运行阶段。第二代极轨卫星FY-3的研制和发射成功标志我国极轨气象卫星已进入国际先进行列。经过几十年的努力,我国气象卫星已经实现了系列化、业务化。我国风云气象卫星成功运行,被世界气象组织列入全球对地综合观测卫星业务序列,使我国成为世界上少数几个具有同时研制、发射、管理极轨和静止气象卫星的国家之一。气象卫星观测和产品的生成初步实现了业务化。

为了实现气象卫星的可持续发展,国务院于1999年12月6日批准了《未来十二年气象卫星及应用发展计划》,总投资52亿,预计到2012年共发射10颗风云卫星,该计划保证了极轨和静止两个系列气象卫星的持续业务化运行。

我国积极参与了世界气象组织全球大气监视网(WMO-GAW)的建设,分别于1981年、1983年、1991年在北京上甸子、浙江临安和黑龙江龙凤山,建成了3个大气区域本底站。1994年9月正式建成了瓦里关全球大气基准本底观象台,该台是全球唯一一个位于欧亚大陆腹地的为陆大气基准本底台,开展了温室气体、反应性气体和气溶胶观测,已经成为全球本底观测网络的重要组成部分,其观测资料已经为全世界著名气候变化研究机构所重视。

我国气象部门还通过世界气象组织自愿合作计划,向50多个国家提供包括气象仪器设备在内的多方面援助。积极参与世界气象组织(WMO)的仪器和观测方法委员会(CIMO)的工作,为世界气象观测系统的建设做出重要贡献。

同时我国气象部门还积极参加世界气象组织(WMO)、政府间气候变化专门委员会(IPCC)、地球观测组织(GEO，我国的科学家担任GEO的副主席表明国际上承认我国对地球观测系统的重要贡献)、地球系统科学联盟(ESSP)、国际科联(ICSU)等国际组织，以及世界气候研究计划(WCRP)、世界天气研究计划(WWRP)等国际科学计划的活动。我国积极开展了双边和多边气象科技合作，学术交流日益频繁，合作水平不断提高。

4. 快速发展时期

进入新世纪，随着国力的强盛和投资的大幅度增加，我国气象观测系统现代化建设获得快速发展。

2001年10月，经国务院批准，大气监测自动化系统工程正式开工建设，建设内容主要包括地面自动气象观测网、高空自动观测网、特种气象观测网和技术支持保障四部分。通过工程建设，全国2416个地面气象观测站都布设了有线遥测设备，实现了对气压、温度、湿度、风向、风速、降水、地温观测的自动化。

2005年起，中国气象局大大加快了中尺度灾害性天气监测系统建设的步伐，截至2008年底，各省(区、市)建设了25420个区域加密自动气象(雨量)站，提升了对中小尺度天气的监测能力。

高空气象探测业务系统进一步完善。全国75%的探空站安装了电解水制氢设备，120个探空站中91个布设了L波段雷达—电子探空仪探空系统，高空探测的精度和自动化程度明显提高。风廓线雷达示范网的建设改变了我国高空探测手段单一的局面。同时开展了气候系统探空业务试验，为全面开展GCOS高空气象探测业务创造了条件。并建成了228个GPS/MET观测站。

为了进一步加强中国气候系统建设，整合各部门的资源和计划，2002年4月召开的中国气候大会审议并通过的《中国国家气候计划纲要(2001—2010年)》和《中国气候观测系统实施方案》，确定了“有计划地加强气候系统观测”，“加快国家气候系统资料中心(群)的建设”，“完善我国气候系统监测预测业务”，“加大我国气候变化影响评估和对策研究的力度”以及“深化、细化我国气候资源调查工作”等未来气候系统相关业务和科研发展的重点方向。

为了适应拓展业务服务领域的需要，气象部门启动了生态观测业务。中国气象局2004年下发了《关于气象部门开展生态监测与信息服务的指导意见》，明确了开展生态监测和信息服务的基本思路、原则及主要内容；与此同时提出了以农业气象试验站改革为契机，开展了生态试验站建设试点工作，并正式开展业务运行，相应的服务产品受到有关方面的好评；制定下发《生态气象观测规范(试行)》、《生态质量气象评价规范(试行)》，为开展生态观测工作奠定了技术基础；生态监测和评估业务服务工作初见成效。气象部门在现有气象台站的基础上，通过新增生态监测项目，初步建立了生态地基观测系统，同时加大卫星遥感监测生态环境工作的力度，发布了生态动态监测产品。

2002 年 5 月 15 日，我国发射了 FY-1D 星，实现极轨气象卫星的连续运行；2004 年 10 月 19 日、2006 年 12 月 8 日和 2008 年 12 月 23 日，分别发射成功了 FY-2C、FY-2D、FY-2E，实现了静止气象卫星从试验应用型向业务服务型的转变，形成了“双星观测、在轨备份”的业务布局，实现了非汛期每半小时获取一次云图，汛期每 15 分钟获取一次云图，大大提高了我国静止气象卫星的观测能力。2008 年 5 月 27 日，我国成功发射了 FY-3A 星，实现了极轨气象卫星的更新换代。

为满足全行业各部门的需求，2004 年组织修订了《我国天气雷达发展规划》，修订后的规划在全国布设 158 部新一代天气雷达，其中 S 波段 87 部，C 波段 71 部，这将为减轻自然灾害、生态环境保护和经济建设发挥更大的整体效益。全国新一代多普勒天气雷达监测网络发展迅速，截止到 2009 年 5 月，已有 146 部新一代雷达投入业务，初步形成了覆盖全国重点地区的新一代天气雷达监测网，显著增强了对突发性暴雨、台风和大江大河流域强降水等重大灾害性天气的监测和预警能力。我国天气雷达的探测能力和范围已跻身于世界先进行列。

新建了云南香格里拉区域本底观测站。建立了由 334 个站组成的酸雨观测网。初步建成了由 35 个大气成分观测站组成的全国大气成分观测网，开展了气溶胶、黑碳、降水化学等项目的观测，完成了大气本底台（站）的改造升级，具备了开展温室气体、反应性气体、气溶胶、降水化学等 30 多项要素的观测能力，为我国开展大气成分预测预报和气候变化评估提供了科学数据；完成了沙尘暴监测网一期工程建设，为沙尘暴的预报预警提供了重要基础数据。为了适应大气成分分析的要求，2004 年中国气象局成立了大气成分观测与服务中心。

初步构建了雷电监测网，全国各省（区、市）气象部门建成 325 个雷电监测站，实现了联网定位和数据共享；建成了 107 个自动土壤水分观测站，形成了全国土壤水分实时监测网。

2004 年中国气象局组建了大气探测技术中心，进一步完善了大气探测综合试验基地设施，开展了自动气象站、风廓线、GPS 探空系统等方法研究试验与设备试验和考核。更新了部分国家气象计量标（基）准，完善了气象计量量值传递体系，31 个省（区、市）局配备了自动气象站现场标校设施；初步建立了新一代天气雷达全网监控系统，部分省局自主研发了自动气象站省级监控系统，气象技术装备维护维修远程诊断、技术支持和装备管理等综合信息系统;气象技术装备供应系统具备了较强的供应保障能力,确保了在突发事件情况下技术装备和耗材的正常供应。

为适应我国航天事业的快速发展及社会经济发展对气象工作的更多需求,经中编办批准,2003 年,我国建立了国家空间天气监测预警中心,开展了空间天气监测预警业务并提供服务产品,使天基观测系统的业务服务向更广阔的领域拓展。

三、综合气象观测系统现代化的主要成绩

新中国成立 60 年来,在党的路线、方针、政策指引下,全国气象工作者解放思想,开拓进取,建立了比较现代化的综合气象观测体系,气象综合观测能力显著提高。初步建成了地基、空基和天基相结合,门类比较齐全,布局基本合理,比较现代化的综合气象观测体系。台站设置比较全面地考虑到中国不同地域特点、不同气候带气象观测的覆盖率和代表性。

1. 地面气象观测系统不断完善

在我国地面气象观测站网中,国家、省、地、县四级气象台站组成的 2416 个有人值守的各类气象台站中有 2259 个实现了基本气象要素自动观测,各省(区、市)还建成了 25420 个中尺度加密自动气象(雨量)站(表 4.1);为适应环境气象、生态气象、气候变化等业务服务的需要,气象台站观测项目也大大拓展,观测频次增加,并实现了资料的实时上传。观测密度和数据应用时效的提高,明显提升了对中小尺度天气和气象灾害的监测能力。

表 4.1 全国地面自动气象观测网建设进程

年度	自动观测站	区域自动站	年度	自动观测站	区域自动站
1993	26		2001	615	
1994	28		2002	746	
1995	39		2003	1457	1416
1996	82		2004	1705	3144
1997	100		2005	1947	7813
1998	216		2006	2019	16658
1999	324		2007	2134	19290
2000	550		2008	2259	25420

2. 高空气象探测系统建设迈出新步伐

我国高空气象探测系统加快了升级改造的步伐,已有 91 个站使用 L 波段

雷达—电子探空仪探空系统代替原有的 59—701 系统，到 2009 年全国 117 个台站全部使用 L 波段探空系统，高空探测的精度和自动化程度明显提高；同时，全国 75%的探空站安装了电解水制氢设备，减轻了污染，提高了自动化水平。航空器气象资料(AMDAR)下传日均入库量已达 8000 多条纪录。进行了气候系统探空业务试验，GCOS 高空气象探测业务正在逐步推进。

3. 气象卫星探测进入世界先进行列

我国风云气象卫星系列现已成功发射了 5 颗极轨气象卫星和 5 颗静止气象卫星(表 4.2)，风云气象卫星系列成功投入业务运行，已被世界气象组织列入全球对地综合观测卫星业务序列，使我国成为世界上少数几个同时具有研制、发射、管理极轨和静止气象卫星的国家之一，成为与美国、欧洲中心三足鼎立的气象卫星主要成员国。气象卫星观测和产品的生成实现了业务化，成为气象预报预测的重要依据，明显提高了对自然灾害和环境的监测能力。

表 4.2　我国已成功发射 10 颗气象卫星

序号	极轨卫星(FY-1、FY-3)	发射时间	序号	静止卫星(FY-2)	发射时间
1	FY-1A	1988 年 9 月 7 日	1	FY-2A	1997 年 6 月 10 日
2	FY-1B	1990 年 9 月 3 日	2	FY-2B	2000 年 6 月 25 日
3	FY-1C	1999 年 5 月 10 日	3	FY-2C	2004 年 10 月 19 日
4	FY-1D	2002 年 5 月 15 日	4	FY-2D	2006 年 12 月 8 日
5	FY-3A	2008 年 5 月 27 日	5	FY-2E	2008 年 12 月 23 日

4. 建成具有世界先进水平的全国新一代多普勒天气雷达监测网

已有 146 部新一代天气雷达投入业务，初步形成了覆盖全国重点地区的新一代天气雷达监测网，显著增强了对突发性暴雨、台风和大江大河流域强降水等重大灾害性天气的监测和预警能力。初步建设了北京、冀北风廓线雷达示范网；已建设 228 个全球定位系统气象观测(GPS/MET)站，到 2009 年 9 月，纳入气象信息网络业务考核的站点超过 300 个，改变了长期以来我国高空探测手段单一的局面，增加了水汽探测的时空密度。

5. 气象探测领域进一步拓宽

新建了国家空间天气监测预警中心，开展了空间天气监测预警业务并提供了服务产品；成立了大气成分观测与服务中心，初步建成了由 35 个大气成分观测站组成的全国大气成分观测网，开展了气溶胶、黑碳、降水化学等项目的观测；完成了瓦里关等 4 个已建大气本底台(站)的改造升级，具备了开展温室气体、反应性气体、气溶胶、降水化学等 30 多项要素的观测能力；完成了沙尘暴监测网一期工程建设，为沙尘暴的预报预警提供了重要基础数据；初步构建了雷电监测网，全国各省（区、市）气象部门建成325个雷电监测站，实现了联网定位和数据共享；建立了由98个站组成的辐射观测网和334个站组成的酸雨观测网，建成了107个自动土壤水分观测站，形成了全国土壤水分实时监测网，还开展了生态与农业气象观测及产品开发业务。大气边界层观测、高原观测网络建设也正在规划和实施之中。特别是以青岛奥帆赛为契机，海洋气象观测正在扎实推进。如在青岛建立了中国气象局的第一个浮标站、第一个海上移动观测站等。

四、发展趋势

气象观测的总体发展趋势是：从人工观测到自动化遥感遥测；从定性观测到定量观测；从单一的大气圈观测到地球各大圈层及其相互作用的综合观测；综合利用多种手段、多种技术，实现高精度、高时空分辨率、连续、自动、一体化定量观测。各种观测数据的融合和处理技术受到高度重视；部门间和国际的合作日益加强，观测资料的共享成为必然。

1. 地基观测发展趋势

向高精度、高时空分辨率发展　为了提高气象预报的准确率，增强捕获局地突发性中小尺度灾害性天气系统的能力，地面气象观测网将向合理的密度发展。地基气象观测向更高时间、空间分辨率发展，多种探测技术配套使用，将提供对大气多种尺度运动的监测资料，更加科学准确地反映大气的实际状况和变化过程。

向气候系统拓展　地基气象观测正在由传统的大气状态向气候系统领域观测拓展。以监测气候系统变化为目标，全面加强对影响气候系统的主要过程的长期、连续、高精度观测。大气成分监测、陆面过程观测、生态系统观测、海洋气象观测、水文气象观测、环境气象观测等交叉领域将成为地基气象观测的基本组成部分。

向遥感遥测、自动化方向发展　高新技术在气象领域的应用使地基气象观测技术现代化进程加快。人工观测正在被自动化的遥感遥测技术取代，必将大大提高对天气的监测能力。现代通信和信息技术使大量增加的观测资料可以实现远程传输、异地实时共享、智能存取。

向一站多能、综合观测发展　地基气象观测系统将向地球综合观测一体化方向发展，这种趋势必将带动气象观测站的功能和业务发生根本改变。国家气象观测站网不仅承担大气的观测，还将承担环境、生态、水文等多方面的观测，各种专业观测站将实现统筹规划、合理布局、优势互补、资源共享。

2. 空基观测发展趋势

建立在卫星定位基础上的探空系统 建立在我国卫星定位基础上的探空系统将是未来常规探空系统的首选体制。探空仪传感器技术和工艺将应用新技术、突破技术瓶颈，缩短与先进国家的差距。

空基遥感遥测系统 在一体化观测体系框架内，根据气球、飞机、火箭三种探测平台的特点，实现各种空基探测平台的合理配置、优势互补，构成功能齐全、投资效益比高的空基遥感遥测系统，为天气分析预报、气候诊断预测、气候变化和大气环境监测及科学研究提供观测数据，为遥感系统提供校准依据。

3. 天基观测发展趋势

卫星遥感向对地综合观测发展 目前正在发展的气象卫星、海洋卫星或用于其他目的的观测卫星，虽然观测的侧重点不同，但观测数据是可以相互补充，综合使用的。大气、陆地、海洋是人类活动和生存的环境，它们是一个有机的整体。用于不同观测目的的遥感仪器可以共享一个卫星平台，无论是气象卫星还是海洋卫星、资源卫星，都将突破“部门”局限性，向地球综合观测卫星系统迈进。

遥感探测向“四高两全一多”发展 对地观测卫星系统正在经历性能和功能上的飞跃发展。气象灾害、环境恶化、资源开发、气候变化等方面的业务发展对天基气象观测不断提出高时效、高精度、三维、定量化等要求。在需求牵引下，促进卫星遥感仪器向“高空间分辨率、高时间分辨率、高光谱分辨率、高辐射精度以及全球、全天候、多波段观测”发展。“四高两全一多”的有效改进和整体平衡，协调发展，是今后天基探测的方向。

向主动和被动多源遥感相结合方向发展 空间遥感已走向多源观测时代，寻求有效的多源信息融合算法，将微波、红外、可见光多频段多通道、主动与被动等多源遥感数据融合，以获取更确定、更丰富的定量信息将是一个重要的发展方向。

遥感应用向定量和地球系统领域发展 天气、气候和环境监测业务及其科学研究，要求获取精确、可靠的各种地球物理参数，因此，必须完成从卫星遥感的电磁辐射量，到地球环境物理化学变量之间的转换，这是一个复杂的数学物理反演过程，需要大量的科学和实践的试验验证，数据定量处理的关键技术是数据的定标、定位、订正和参数“反演”。加强天基气象观测数据的定量化处理，加强对数据的气候分析和数值同化，是促进卫星遥感应用效益发挥、拓展服务领域的重要手段。

第二节　地面气象观测

地面气象观测从大尺度气象观测发展到中尺度气象观测，从天气观测发展到气候观测，从人工观测发展到自动化观测，获得了长足的进步。

一、地面气象观测站网历史沿革

1. 气象台站建设

新中国成立初期，气象台站数量难以满足当时的需求。气象工作者克服了种种困难从 1952 年开始在艰苦的高山、海岛、高原、荒漠和边远省区建立天气预报工作急需的气象台站。1950 年全国气象台站为 158 个；1951 年为 191 个；1952 年为 317；1953 年为 357 个；1954 年为 511 个；1955 年为 715 个；1956 年为 1377 个，是我国台站建设史上增长最快的一年；1957 年为 1647 个；1958 年为 2755 个；1959 年 2983 个；1960 年为 3240 个；1961 年为 2843 个；1962 年为 2361 个；1964 年为 2416；1965 年为 2383 个。

“文化大革命”期间地面气象观测系统建设基本停滞，但是，广大气象工作者怀着高度的责任心，保证了气象观测不中断和观测的质量。

十一届三中全会以后，气象事业开始恢复。1978—1982 年，中央气象局陆续下发了质量考核、观测规范、奖励办法等各项规章制度，地面气象业务逐步走向正轨，气象台站工作全面恢复正常，期间台站数量没有发生明显变化，目前全国地面气象台站共 2416 个。

2. 气象台站历史沿革

1950 年 11 月，中央军委气象局颁布《气象测报简要》，将气象台站划分为中央气象台、各区气象台、特种气象台和甲、乙、丙等几类。

1961 年中央气象局下发的《地面气象观测规范》将气象台站分为：国家气象(候)服务台站、专业服务台站。

1980 年实施的《地面气象观测规范》(中央气象局，1979 年 12 月)将气象台站划分为国家基本气象站和国家一般气象站。

为了适应新时期的新要求，1980—1982 年期间，我国进行气象台站的全面普查工作。根据普查结果，气象业务开始进行大的调整。1982 年首先开始了基准气候站的试点筹建工作；1983年下发了《基准站建设方案》；1986年下发了《基准站实施方案》，初步确定建设154个基准气候站，并对选址要求、装备人员、建设规范进行了要求。至1987年共有33个基准气候站试运行，1988年44个，1989年51个，1990年72个，至1997年共有143个基准气候站运行。

1987—1988年，气象业务技术体制改革方案初步确定了站网分类布局和任务调整、更新改进技术装备和修订完善各项技术规范、强化业务管理等思路，1989年下发了《地基气象探测系统发展方案》，其中将地面气象台站分为4类，即基准站、基本站、一般站和辅助站，太阳辐射观测站分为3级。1997年在西安召开的全国气象观测工作会议决定自1998年起撤销辅助站建制恢复为国家一般气象站。此后，站网体系为基准站、基本站、一般站，太阳辐射观测站分为3级保持至今。

二、地面气象观测自动化

1. 引进国外自动气象站

为了加快地面气象观测自动化发展进程，我国于20世纪60年代开始研制自动气象站，未有明显成效；70年代开始研制单要素观测自动化，成效不大，直至1986年我国从日本、美国引进了5套通过DCP平台进行数据传输的自动气象站，分别安装在泰山、乌兰、铁卜恰、七角井和鄯善等5站运行后，国内自动气象站的研制开始有了明显成效。

1992年意大利援助的“黄河项目”分别在黄河沿岸安装了25套自动气象站，也是通过DCP平台进行数据传输。

2. 自主研制自动气象站

1991年我国自主研制的地面有线综合遥测站（Ⅱ型）和长期自记气候站确定了初选样机；1992年开始进行业务化考核；1994年8月考核告一段落，决定改进后进行试用，并把考核样机移交有关院校和中国气象科学研究院进行教学和制定规范。1996—1997年又进行了第三次业务化考核。1999年我国开始投入使用地面有线综合遥测站（Ⅱ型）。

3. 台站地面有线综合遥测站建设

1999年引进了34套MILOS500，在青海开展自动气象站小网建设。同年开始进行地面有线综合遥测气象仪（Ⅱ型）的业务化考核，2002开始建设，2003年正式投入业务运行。

随着自动化进程的发展，自动化观测处理终端也随之发展，1982 年我国开始使用 PC-1500 计算机，1984 年开始推广，至 1991 年多数台站普及了 PC-1500 计算机。随着自动气象站的安装，个人计算机代替了 PC-1500 计算机。

截至 2008 年底，我国 2416 个站中 2259 个站安装了自动气象站并实现基本地面气象观测要素（降水、气压、温度、湿度、风向、风速等）的自动化观测，气象要素的观测精度达到世界气象组织的要求，观测数据的获取能力从原来的 1 小时间隔提高到 1 分钟间隔。

三、区域自动气象站的发展

随着我国经济的快速发展，气象灾害造成的损失越来越大，迫切需要建立中尺度灾害性天气监测预警系统。

1. 中尺度基地建设

“七五”期间，气科院开展了“地面自动气象站网”试验课题，在珠江三角洲、长江三角洲、京津冀地区和长江中游地区建设了自动气象站网。1991 年该课题通过验收，并于当年投入业务运行。

为了适应我国经济快速发展对气象工作的需求，中国气象局 1996 年制定了《我国地面气象观测发展规划（1996—2010 年）》，决定在 2010 年之前建成我国中东部中尺度灾害性天气监测网（又称为“二级基地”），福建、北京、广东和深圳率先在全国开展了二级基地的建设。其后由于种种原因，中尺度灾害性天气监测网建设停顿了下来。

2. 区域自动气象站的大发展

2005 年 6 月 10 日，黑龙江沙兰镇由于突发局地暴雨造成重大人员伤亡，中国气象局重新启动了中尺度灾害性天气监测网建设，大大加快了地面气象站建设的速度。截至 2006 年底全国共建设了 15507 个；截至 2007 年底共建设了 19290 个；截至 2008 年底共建设了 25420 个；2009 年 2 月底达到 26200 个。

2004 年中国气象局下发了《扩充气象观测站区站号管理办法》和《加密自动气象（雨量）站管理办法》等管理制度。

四、辐射观测

新中国成立前，在上海、南京北极阁和山东泰山进行过太阳辐射观测。新中国成立后，1957 年是国际地球物理年，我国开始建立太阳辐射观测网，引进苏联的太阳辐射观测仪及观测方法，后来又仿制了这套仪器，一直沿用至 20 世纪 90 年代初。

我国从 20 世纪 70 年代开始研制综合遥测辐射仪，1983 年设计定型后，又经过多次使用、改进和补充完善。同时 1981 年根据 WMO 的要求，我国开始将原来实行的“1956 年国际直接辐射强度标尺”改为“世界辐射测量基准”。1989 年我国决定从 1990 年开始更新原有的观测设备，在 1990—1993 年期间分三批将全部共 98 个辐射观测台站的观测设备更换为有线遥测辐射仪。1996 年将原有的记录器换为 RYJ-4 记录器，自动气象站建设以来，有线遥测辐射仪直接与计算机连接进行观测、记录和处理。

五、海洋气象观测

海洋覆盖了地球表面 71% 的面积，是地球上生命的摇篮、资源的宝库。海洋对大气有着很大的调节控制作用，是许多重要天气系统的发源地，也是气候系统的重要组成部分。

1. 海洋气象台站历史沿革

新中国成立初期，海洋气象探测、预报、服务和研究工作十分薄弱，海上资料十分缺乏。为了保障军事和海上作业人员的生命财产安全，解决海上气象资料严重不足的问题，我国开始积极筹建沿海和岛屿海洋水文气象站网。1951 年，中央军委气象局开始在华东华南沿海建设海洋渔业气象台站，相继建成了长乐、深圳、汕头、汕尾、嵊泗、舟山、定海、阳江等一批早期沿海和岛屿气象观测台站。1954 年 11 月中央气象局商请农林部水产总局所属的机轮渔船进行定时海上气象观测，并用无线电报将气象情报及时传往天津、青岛、上海、广州气象台供预报使用。

随着海运事业和渔业捕捞的发展，渔轮和早期少数的沿海观测站已经不能满足预报需要，建设海洋气象站网势在必行。为此 1956 年国家制订的《十二年远景规划》中把建立和发展我国海洋科学研究列入第 7 项任务，即《中国海洋综合调查及其开发方案》。经聂荣臻副总理批准，由中央气象局负责建立了沿海及岛屿海洋水文气象台站网。1958 年 4 月，中央气象局正式成立海洋水文处，专门负责海洋气象观测和预报工作。为了适应海洋气象台站迅速发展对人才的需要，中央气象局在湛江气象学校开设了海洋气象观测训练班。1958 年 6 月，在广西桂林召开沿海八省一市气象局负责人参加的海洋气象水文工作座谈会，研究部署了海洋气象观测选址建站等任务。1958 年，中央气象局与海军航道测量局共同编写了《海滨水文观测方法》，又在青岛气象局召开海洋水文气象台站建设试点学习班，为建立海洋水文气象观测站网积极做准备。同年10月中央气象局和海军有关部门和苏联专家工作组开展了联合调研，最后确定建立125个海洋水文气象台站(哨)和44个近海调查点。到1959年底，全国已建成海洋水文气象台站109个，其中海洋水文气象台10个，海洋水文气象站99个。这些海洋水文气象站主要设在沿海和近海岛屿上，极少数在外海岛礁上。水文观测的项目主要有潮汐、波浪、海面温度、海水比重、海水发光、海上能见度等。由于海洋气象台站网是在“大跃进”的大环境中建立起来的，偏离国情，所以进行了调整，到1964年，只保留了海洋水文气象台站53个。1958年12月中央气象局向周总理呈报了《关于1959年建立雷达观测和海洋水文气象调查船的计划》的报告，提出急需建造3艘海洋水文调查船。周总理对此事非常重视，很快批复同意。1960年10月由上海求新造船厂建造、排水量791吨、命名为“气象一号”的调查船，正式交付使用。到1959年底，由中央气象局组织各部门开展的海洋水文气象观测工作，已有140余艘船舰开展了海洋水文气象观测，规定观测项目包括表面水温、水色、透明度、海浪及海上气象观测等。

1965年，根据中央和国务院关于成立国家海洋局的指示，中央气象局将海洋水文工作和任务(包括辅助观测)，移交给国家海洋局。之后的1966—1967年“文化大革命”期间，海洋气象站网受到了影响，船舶测报几乎停顿，沿海及海岛气象台站测报质量下降。但由于全国台风联防的迫切需要，天气雷达探测与分析技术业务开始建立并得到一定程度的发展。先后在沿海建立了西沙、陵水、港口、汕头、晋江、长乐、洞头、南汇、石岛等9部843雷达组成的测台(风)雷达警戒线。1985—1990年，逐步完善了沿海雷达警戒网，天津、连云港、温州、三亚新建了714雷达站，大部分843雷达也都更新为714雷达。

党的十一届三中全会以后，海洋气象站网建设也进入了发展时期。20世纪80年代后期沿海测报站网有了较大发展，建立了秀屿、岚山头、大窑湾、辽东湾平台4个海洋气象站和珊瑚岛、东台平台2个自动气象站以及25个海岛自动测风站。沿海14个气象站增加了海浪和海温观测项目。同时，船舶水文气象辅助测报工作也有了快速发展，组织浙江、福建、广西、广东50艘渔轮拍发气象报告。到1980年参加观测的各类船舶近300艘，测报质量也有较大的提高。1990年以后，由于组织渔轮发报难度大、设备不过关、费用大等原因，渔轮气象测报被迫中断，商船测报工作也因经费等原因，维持艰难，发展不快。

2. 海洋观测自动化

2007年7月，首个海洋气象浮标观测站——青岛奥帆赛场小型气象水文浮标站建成并成功用于2007年青岛国际帆船赛气象保障服务，实现了我国地基气象观测从陆地向海洋的拓展。

海洋气象观测技术水平逐步提高，由刚开始的人工观测到人工器测，再到自动观测，观测的准确度和自动化程度不断提高。海洋气象观测要素除风速、风向、气温、气压、湿度、辐射、蒸发、降水、能见度、日照等气象要素外，还尝试性地开展了海水温度、盐度、海浪等海洋要素观测。

60 年来，我国海洋气象监测系统的建设已有一定的基础，除雷达、卫星自动测风气象站外，在沿海和海岛气象观测站总数已经达到 190 多个，初步形成了具有一定监测能力的站网系统。

六、地面气象观测系统展望

到 2015 年，建成比较完善的国家地面气象观测网，形成布局合理、自动化程度高、运行稳定的地面气象观测系统，整体实力达到 2010 年世界先进水平。地面基本气象要素全面实现自动化观测，取消人工并行观测，人工目测和器测项目基本具备自动观测能力。西部资料稀疏区和海上气象观测能力大幅增强。地面基准气候观测和太阳辐射观测的准确度明显提高。气候系统敏感区和关键区基本气候变量实现连续观测能力。地面气象观测装备保障能力显著增强，主要观测设备国产化水平得到提高。

第三节　高空气象观测

新中国成立以后，常规高空气象观测业务从购买国外的探空仪发展到探空仪器设备全部国产化，经历了 59 型探空仪/无线电定向测风、701 二次测风雷达，电子探空仪/L 波段二次测风雷达两个主要阶段。为了人工增雨的需要，人工增雨飞机同时进行云中气象要素和云滴谱的观测。进入 21 世纪，GPS 探空系统的研制成功，为新一代的探空体制奠定了基础。另外，国内商用飞机气象观测 AMDRA 资料开始用于数值天气预报，无人探测飞机在科学试验中也获得了应用。

一、高空气象观测站网发展历程

新中国成立初期，高空气象观测几乎是空白，1951 年从旧政府接手的北京、南京两个探空站，使用旧政府留下的美式仪器设备，之后又增建了汉口、成都、兰州 3 个探空站，到 1952 年共有 5 个探空站和 40 个小球光学经纬仪测风站。自 1953 年开始在重要民航航线(站)及我国西部天气上游地区陆续建站，到 1957 年(“一五计划”末)建成或在建的探空站 69 个，连同海军参加发报的 4 个探空站，全国探空站达到 73 个，全部使用芬式和苏式探空仪，用光学经纬仪测风。由于光学经纬仪易受阴雨天等影响，造成测风高度不高或探测资料残缺不全。

探空仪完全依赖进口显然不能满足国民经济发展的需要，必须研制国产探空仪。中央气象局观象台的建立对研究探索、试验我国高空气象探测体制、方法方面起到了重要作用。1955 年生产的 049 型探空仪开始改变我国探空仪依赖芬兰的局面，以后又研究试验了 57 型、58 型、59 型探空仪。在 59 型探空仪样机的基础上，经过技术改进和工艺创新，1963 年完成了国产探空仪的生产定型。

经周恩来总理批准，二次测风雷达被国家计委正式列入 1959 年计划。经过样机试验改进，生产了几部，称为 910 二次测风雷达。1965 年，二次测风雷达定型称为 701 二次测风雷达，59 型探空仪开始使用 24 兆赫频率，由人工收听探测信号，手工处理探测数据，而 701 二次测风雷达采用 400 兆赫频率。此后，049 型探空仪停止生产，也不再从芬兰进口探空仪。定向测风和马拉赫无线电经纬仪也曾经配合 59 型探空仪使用过，终因低仰角测风准确性差而淘汰。

“三五计划”期间(1966—1970 年)，主要对已有探空站更新使用 59—701 系统，共在近 100 个探空站推广了 59 型探空仪，在 28 个探空站配了 701 雷达，也新建了不少 59 型探空站。到 1970 年，全国 100 多个探空站，除个别站外均更新使用了 59 型探空仪，配备 701 雷达近 30 个站，加上前期的 910 雷达和无线电经纬仪，共有 40 个站使用无线电测风。到 1980 年，全国 70 多个探空站配备了 701 测风雷达。到 20 世纪 80 年代末，全国气象部门共有 118 个探空站，均使用 59—701 探空系统(另有两个雷达单测风)。

1978 年以后，高空气象探测技术又有较大提高：回答器半导体集成化、电子探空仪在 701 雷达上试用、七型电子探空仪、电子探空仪与一次雷达配用等；此外，701-B、701-C 实现自动化和跟踪，实时接收处理，为 2000 年以后采用的技术体制起了台阶的作用。

与此同时，中美、中芬科技合作对我国高空气象探测技术的自动化和探测元件的不断更新起到了很大作用。中美和中芬的探空系统进行的几次比对，特别是在 1996 年，中芬在郑州进行了比对，对我国的高空探测技术起到了促进作用。1989 年在前苏联江布尔进行的世界气象组织第三期探空国际对比，发现我国探空和测风系统存在着明显的缺点，并得出以下几点认识：

①二次雷达测风系统与导航测风、无线电经纬仪以及一次雷达在工作仰角范围内精度在同一量级，而无线电经纬仪在工作仰角低时误差明显增加，不适合我国大范围使用；

②需通过改进仪器元件和观测计算方法来解决出现在 100 百帕以上的系统误差和离散误差，数值化与提升取样率十分有利于探测精度提高；

③GPS 导航测风系统的兴起和发展，降低了施放条件和场地要求。

电子探空仪/L 波段测风雷达以及 GPS 导航测风系统的研制就是在此背景下开始的，电子探空仪/L 波段测风雷达 2001 年研制成功，2002 年开始业务布点，2009 年完成了 117 个探空站设备的更新换代。

二、701 探空系统

我国自行设计生产的第一代探空系统，由 59 型探空仪、701 二次雷达测风系统组成，通常称为 59—701 探空系统。

1. 049 型探空仪试制

1954 年，原中华人民共和国第四机械工业部和中央气象局决定试制探空仪，由上海国营 710 厂承担，中央气象局派技术人员参加。1955 年 2 月，组成试制组，先试制性能样机。在参考和吸收前苏联的梳齿式探空仪的基础上，经过精心组织，反复研究、试验和改进，试制人员夜以继日，用了半年时间完成 30 台样机，于 1957 年 9 月进行了施放试验。样机完成后，经过正式试制和投产设计(代号为 049 型)，于 1956 年 7 月，交上海无线电 23 厂投入批量生产，扭转了我国探空仪依赖进口的局面，并且大大降低了成本。这次探空仪试制生产的成功完成，对下一步研制 59 型探空仪打下很好的基础。

2. 59 型探空仪的研制

在研制 049 型探空仪的过程中，中央气象局已认识到了梳齿式探空仪测量精度低、设计方案技术落后的问题。当时，探测精度较高的转筒式电码探空仪在国际上已成为发展趋势。

转筒式电码探空仪结构简练，基本上无机械摩擦，测量精度有较大的提高，用肠衣或滚压毛发测量湿度，低温性能有所改善。在对样机的分析消化吸收的基础上，上海无线电 23 厂决定研制转筒式电码探空仪。1957 年底试制成功 4 台样机，命名为 57 型探空仪。1958 年又试制成功一批“风斗式”的转筒式电码探空仪样机，命名为 58 型探空仪。

在 57 型、58 型探空仪研制的基础上，为解决存在的问题，吸收国外探空仪

（如 A-22 型 H-50）的优点，综合设计出新的样机，1959 年召开了厂内样机鉴定会，命名为 59 型探空仪。在研制生产样机的过程中，中央气象局观象台技术组在温度元件的改进、时间常数的测定和辐射误差模拟试验等方面做了大量工作，也得到了苏联驻厂专家的指导。

59 型样机完成后，于 1960 年初投入小批量生产，中央气象局安排在四个探空站开展了试验，因试验中暴露了很多问题而终止了试验，进行整改。整改后的一批样机在上海观象台进行了平行施放试验，基本达到设计要求后，1961 年 9 月，在中央气象局和上海市仪表局共同主持下，通过了设计定型。定型后，又生产定型样机 200 余台，分别在解放军 31 基地和北京做了大量实地施放试验。由 31 基地认可后，1963 年 3 月，总参气象局、中央气象局、原第四机械工业部和上海市仪表局组织对 59 型探空仪进行二级生产预审。同年 7 月，经总参谋部批准，在北京召开了审定会，一致通过 59 型探空仪二级生产定型审定，最后由原第四机械工业部正式下达批准文件。之后的各项试验、辐射误差订正、观测方法制定、推广使用等工作，主要由中央气象局观象台完成。

3. 研制生产 701 型二次测风雷达

高空气象探测中，需要由地面设备接收、跟踪和处理升空探空仪发回的温、压、湿信息，并测量出探空仪的空间位移，计算出风向、风速。地面设备多种多样，如雷达、无线电经纬仪、导航定位系统等等，雷达有一次雷达和二次雷达。多种体制的地面设备各有不同特点和优势，我国选择了二次雷达体制。

我国采用 701 二次雷达的出发点，主要是考虑当时国情。20 世纪五六十年代，我国社会主义建设刚起步，经济力量，工业水平，科研技术能力均不高；我国国土幅员广阔，所需要的站点多，维持费用大；我国地理环境复杂，观测场地的条件差，高空风又处在西风急流带上，目标最低工作仰角低（常小于 8 度），如果采用无线电经纬仪，难以满足业务要求，采用二次雷达，耗电功率小，其发射功率比一次雷达小很多，低仰角时地物回波干扰小。综合考虑以上因素，所以只能选择雷达体制。59—701 探空系统是符合我国国情的。而其性能技术指标，处于当时国际的中上水平。

701 型二次测风雷达是我国自行设计生产的第一种气象测风雷达，它和探空仪、回答器配合使用，来综合探测高空大气层的温、压、湿及风向风速。1958 年在学习调研国内外几种探空仪器的基础上，结合 20 世纪 50 年代我国研制无线电定向设备的经验，在国务院和有关部门的支持下，开始自行设计制造适合我国国情的 701 二次测风雷达。

1958 年 12 月，中央气象局报告周总理，请求国家帮助解决测雨雷达、测风雷达及海洋调查船舶设备问题。周总理亲自批示:“此事甚关重要,请有关部门商定解决办法。”国务院第七办公室,遵照批示邀请了有关部门进行协商确定,测风雷达由清华大学设计,武汉703厂生产。1959年底清华大学完成了第一部样机,代号为910,并作了初步测试。武汉703厂于1960年4月试制出两部样机,对试验中发现的问题进行改进后,1962年首批雷达交付试用。经原第四机械工业部领导批准,1965年701雷达转到南京大桥厂生产。在转厂试制的同时,中央气象局观象台对天线馈线系统作了进一步改进,其中天线阵由梯形变为菱形的重大技术改革,不仅降低了最低工作仰角(达8度),有利于我国高空风处在西风急流带情况下的使用,同时提高了雷达低仰角时的测风精度,最大探测距离达到150千米以上。1966年下半年,雷达通过靶场试验,达到原定技术指标要求。

701雷达投产初期,生产了10多部固定式雷达交付建站使用。1969年因全国战备形势变化,改为装拖车箱的可移动式。到1980年前,每年交付中国气象局5~10部雷达,共配备了120多个探空站。701雷达也是军队气象部门使用的重要设备,是我国军民使用的第一种气象雷达。

701型二次雷达由四机部统一命名,第一个字“7”取气象的“气”的谐音,01~10为测风雷达顺序号,11~20为测雨雷达(后称为天气雷达)的顺序号。故“701”是气象用于测风的第一种雷达。

59—701系统是我国上个世纪高空气象探测站的主流设备,是获取高空气象探测数据的支柱。

随着电子技术的迅速发展,各发达国家均不断改进或更新高空气象探测的仪器,相比之下,59—701系统技术落后了,主要问题是本系统主要依靠人工操作,不可避免人为误差,特别是59型探空仪是机械转筒式电码体制,分辨率低,感应元件性能差,滞后系数大,测量精度不高,辐射误差大且不易精确订正等等。特别是进入20世纪90年代,因为种种原因未能进行大改进和体制更新,只是进行了一些局部改进,没有跟上国际先进水平。

局部改进的部分主要有:1982年配备使用了DS-7型多程序库计算器替代绘图板计算风向、风速,提高了计算速度和精度;1984年配备使用了PC-1500袖珍式计算机,实现了资料处理和编制报文的半自动化,数据计算质量和时效都有明显提高;1990年前后,结合701雷达大修进行了技术改造,各分机采用固态和集成电路,实现了数字化,配备286微机终端自动处理系统,提高了数据处理的精度和时效,提高了系统的自动化程度,减轻了劳动强度。1992年改进后的系统通过电子工业部和国家气象局的技术鉴定,命名为701C型雷达,其后又进行 PC-1500 计算机换型，推广微机版高空探测数据处理软件，初步实现探测数据自动化处理。

三、L 波段雷达探空系统

1. L 波段雷达探空系统的决策

59—701 高空探测系统虽然为自力更生建设我国高空气象探测事业取得了不可磨灭的业绩，赢得了广泛的国际声誉。但随着世界科技的发展，高空气象探测精度有了长足的进步，59—701 高空探测系统在技术上没有明显的改进，因此，在 WMO 高空气象探测通报中对我国部分站的探测质量提出了疑问。

在此形势下，为了迅速提高我国高空气象探测的精度和质量，国家气象局除继续按“七五”规划确定的高空气象探测技术体系，加快了 P 波段电子探空仪和 C 波段一次测风雷达系统业务化建设的进程，在全国不同的代表区域（东北长春、华北呼和浩特、华东济南、华中郑州和西北榆中）开始 C 波段一次测风雷达系统小批量业务化试点建设。与此同时，组织各方面专家和技术人员对我国新的高空气象探测体制开展深入研讨，1993—1996 年先后多次召开中国高空气象探测体制、高空气象探测系统发展规划研讨会，对我国现行的 P 波段 59—701 高空气象探测系统、已完成研制的 P 波段电子探空仪-C 波段一次测风雷达系统和 L 波段电子探空仪—二次测风雷达系统、无线电经纬仪系统以及 Ω（欧米伽）、罗兰-C 地面导航系统和 GPS 测风高空气象探测系统进行了反复的研究和科学论证，全面调研全球高空气象探测技术的现状和发展趋势，分析我国高空气象探测技术和业务上存在的差距，探索适合我国国情的高空气象探测新体制和实现途径。

1994 年 4 月，中国气象局将我国新探空技术体制和规划的研究任务正式下达给总体规划与设计研究室。在 1996 年 5 月召开的我国高空气象探测体制研讨会上，对国内外高空气象探测体制的现状和发展趋势，我国高空气象探测业务和科技开发研究的现状，以及世界先进高空气象探测技术的发展等进行了充分的交流和分析，对我国未来高空气象探测体制的发展目标、系统建设、科学技术研究以及有关高空气象探测系统中的具体技术和探测方法等问题进行了非常热烈的讨论，在许多问题上取得了比较一致的意见。特别是明确了坚持自力更生、加强国内外技术合作的发展策略；认识到我国未来高空气象探测体制将是以某种体制为主、少部分其他体制为辅的多元化混合体制；在体制过渡阶段，应集中力量发展 L 波段高空气象探测系统体制，维持和改善现有的 59—

701 高空气象探测系统;要加强探空仪的相对独立超前发展,尽早实现探空仪的通用性,努力适应各种地面探测设备体制,尽快改变我国高空气象探测精度不高的不利局面。

1996 年 7 月 12 日,中国气象局审定并通过了《气象综合探测系统高空气象探测系统和地面观测系统发展规划(1996—2020 年)》。该规划指出我国高空气象探测技术和业务的状况已远远不能满足气象综合观测系统建设的迫切需求,应发展我国新一代高空气象探测系统,迎头赶上世界先进水平。规划同时指出 GPS 探测系统将是未来我国常规高空气象探测的主导技术体制,在 GPS 高空气象探测系统建成之前,L 波段测风雷达—电子探空仪系统是过渡时期里我国常规高空气象探测的主导体制。1996 年 9 月,中国气象局党组听取总体室关于《我国未来高空气象探测体制的建议报告》,研究决定近阶段发展 L 波段二次测风雷达—电子探空仪系统,作为我国新的高空气象探测体制的主要过渡系统,这一决策为我国跨世纪高空气象探测体制的发展指明了方向,迈入了我国新一代高空气象探测系统研制和业务建设征程,并正式确定 L 波段高空气象探测系统建设为大气监测自动化系统一期工程的重要建设项目。

2. L 波段探空系统的研制

为了做好 L 波段测风雷达—电子探空仪系统的研制工作,1996 年 12 月中国气象局组织拟订了《L 波段测风雷达—电子探空仪系统功能规格需求书》并通过了专家论证和审定。1997 年中国气象局对各生产厂家提供的《L 波段测风雷达—电子探空仪系统总体方案》进行了研究和评审,并以招标方式进行样机研制和生产。参加招标的厂商有南京大桥机器厂、成都 784 厂、南京 14 所、总后 3614 厂等,各家方案各有特点和优势,经专家评审组评审,建议对南京大桥机器厂、成都 784 厂和南京 14 所三家给予投资,生产业务样机,业务样机出厂后再做试验比对选择。1998 年冬季三厂家探测系统样机入场中国气象局大气探测试验基地,开始严格的静态和动态性能考核和对比试验。在基地进行的试验考核分三阶段进行。

三个阶段考核分别在 1998 年 12 月、1999 年 10—12 月、2000 年 10—12 月进行。南京大桥机器厂、成都 784 厂和南京 14 所三个生产厂家参加了考核,三次试验考核施放气球、探空仪 300 余个,加上考核期间北京观象台正点施放参比探空仪,合计施放考核探空仪 1000 台以上,取得有效考核数据数千份,获取了海量的试验资料。浩繁的对比试验资料经科学严谨的统计、计算、归类、分析,最后大气试验基地提出的试验报告认为:南京大桥机器厂雷达软、硬件系统设计合理;试验施放取得了完整的资料;最大探测距离为 255 千米;最低探测仰角约6度；静态系统测试性能和精度基本达到设计要求。因此南京大桥机器厂L波段高空探测系统基本通过一期考核。该系统基本通过考核，虽然还存在不少需改进的问题，但我国新一代高空气象探测系统的雏形已经展现在我们面前。

成都784厂和南京14所研制的L波段高空探测系统，有的雷达天线控制角度跟踪正常，但测距系统存在问题，未取得完整的探空、测风资料，有的虽软件功能较强，但测距、解码系统存在问题，不能完成全程测距，探空数据有较多的错码，未能通过一期考核，需改进后再度进场。

南京大桥机器厂研制的L波段高空气象探测系统在第一阶段考核后，在改善温度、湿度测量精度、基测方法，以及改善探空仪发射频谱宽度，减小测距"凹口"跟踪难度等方面做了大量的工作。雷达各部分性能和工作状态良好，未出现因雷达故障造成探测推迟和中断。每分钟测风准确度达到设计指标。电子探空仪与国际公认的探测精度较高的探空仪(RS-80)对比，相对测量差值较小，基本在一个量级上，L波段电子探空仪的探测精度性能有较明显的提高。

南京14所和成都784厂的L波段高空气象探测系统通过改进技术在探测精度上也有较大进步，成都784厂的L波段高空气象探测系统采用了国内具有创新的测风雷达测距方法，这种测距方法具有频带窄的优点，原理上可行。南京14所的系统也能自动跟踪探空仪到200千米以上，但两个系统在系统设计、业务需求适应性和系统稳定性方面还有一定差距，要达到可靠运行的业务化水平，还需要做一定的工作，因此未能进入后期的业务化试验。

在确定南京大桥厂L波段高空气象探测系统基本符合我国高空气象探测业务要求后，中国气象局于2001年在北京观象台进行了准业务化试验。在国际高空气象定时探测时间内，59—701系统和L波段高空探测系统的探空仪同时施放，在实际业务流程中考验系统性能，检测探测精度和质量，审查软硬件系统是否符合高空气象探测规范要求。这次试验后改进了硬件设备，优化了软件性能，提高了系统业务化水平。

经过三次对比考核和业务化试验期间及后期的不断改进，南京大桥机器厂生产的L波段雷达样机和上海无线电23厂研制的L波段电子探空仪系统，主要技术性能指标达到了业务功能规格书规定的要求，通过了考核验收。2001年10月这一系统在南京通过了设计定型，中国气象局将它正式命名为GFE(L)1型二次测风雷达-GTS1型数字式电子探空仪系统。定型的L波段高空气象探测系统在北京观象台进行了一个月的业务化考核，2001年12月通过业务验收。2002年1月1日，我国第一部L波段高空气象探测系统在北京观象台正式投入业务,标志着我国高空气象探测体制跨上了一个新的里程碑。

在进行硬件开发的同时,也加大了 L 波段探空系统软件开发的力度。L 波段高空气象探测系统软件是与系统硬件(雷达、探空仪)同时招标生产的,在投入业务使用前与整个 L 波段高空气象探测系统统一进行编制、测试、考核、定型。2002 年 1 月 1 日第一部 L 波段高空气象探测系统在北京观象台正式投入业务试运行后,软件开发人员对软件运行情况进行全程动态跟踪,对探测过程中出现的问题,及时进行核对、分析、验证并修改优化程序;对软件操作上的问题提出改进措施。为保证 L 波段高空气象探测系统软件提供的探测资料的准确性和探测精度,对软件中使用的气象学公式和相关常数请权威专家逐一进行审定;对软件是否实现常规高空气象探测规范的技术规定,全国高空气象测报检查员对软件多次进行评审。为保证系统操作手册既有可操作性,对软件的各种功能有明确的说明,同时符合高空气象探测规范的技术规定,系统操作手册经过全国高空气象管理人员、技术专家、检查员的逐条修改和审定后定稿颁布执行。

为适应气象预报和服务的新要求,系统软件在 V1.00 版本的基础上,增加了探空仪空间坐标扩充编码、探测秒数据上传、5 百帕资料处理、系统监控信息上传和国际电码 FM35-V TEMP——陆地测站高空压、温、湿和风的报告中“31313”段系统编码等功能,逐步完善了软件本身的信息处理和系统安全问题。根据台站业务需求,编制了高度误差曲线、净举力计算等辅助工具。

2002 年以来,在中国气象局指导下,又对软件进行了三次较大的改动,增加软件功能的 4 次优化升级软件,升级时间分别为:2003 年 3 月、2004 年 7 月、2005 年 12 月和 2007 年 7 月。目前台站使用的软件版本为 V2.03 版。为适应高空气象探测业务发展需要,L 波段高空气象探测系统程序已形成标准化软件,能够兼容 GPS、无线电经纬仪等高空气象探测系统硬件设施,体现以上功能的软件 V3.0 版已经专家审定,将择期推广使用。

L 波段高空气象探测系统质量控制体系沿用了常规高空气象探测三级质量控制体系,即观测人员在探测过程中进行初级质量控制;探测资料出站前由预审人员进行审核;资料传输到省级探测资料审核单位,专职审核人员进行审核和质量监控。L 波段高空气象探测系统软件业务使用后,探测资料采集、数据计算统计等流程中实现了自动化,减少了大部分人为误差。软件具有的快速运算功能,使在手工操作或半手工操作无法实现的运算统计流程得以实现。软件提供的设备、流程和数据的监控信息,使输出的数据在逻辑上有了较好的保证。探测操作软件的应用,使系统的监控功能更加强大和客观,确保上传到中国气象局的观测资料精度和质量。

经过历时 4 年的三阶段考核和准业务化试验，不仅对 L 波段高空气象探测系统探测设备性能给出了科学的结论，同时为中国气象局大气监测自动化项目前期建设提供了很多值得借鉴的经验：必须建立大气探测试验基地；必须培养一支科研技术队伍；必须有多种系统参与对比试验；必须科学总结试验成果。在试验后期积累了丰富的技术资料和操作经验，为技术培训教材和业务流程的编制做好前期准备，为 L 波段高空气象探测系统建设夯实了基础。

L 波段探空系统是我国自主发展的探空系统，该系统不仅满足世界气象组织的观测要求、业务运行可靠，而且性能价格比和自动化水平较高，大大提高了高空气象要素探测精度和观测密度，探测数据的获取能力比之前的机械探空仪提高了 8 倍左右，大大缩小了我国高空探测技术与国际先进水平的差距，

3. L 波段探空系统的建设

为了稳健地进行 L 波段高空气象探测系统的业务试点建设，逐步取得高空气象探测系统换型前后的相关数据，并在系统小批量生产过程中提高设备质量和产品性能，2001 年，在三期多普勒天气雷达国债建设项目中安排了 5 部 L 波段高空气象探测系统建设；2002 年，在四期天气雷达国债建设项目中安排了 8 部 L 波段高空气象探测系统建设。

1999 年重新启动了大气监测自动化系统工程的编制和报批工作，国务院于 1999 年 8 月 20 日批准大气监测自动化系统第一期工程立项，投资 5.4 亿；2001 年 5 月批准大气监测自动化系统一期工程可研报告，投资 5.8 亿；2001 年 9 月批准大气监测自动化系统一期工程开工报告，大气监测自动化系统一期工程开始全面实施。在高空监测分系统中，L 波段高空气象探测系统正式立项建设，共安排资金 10608 万元。

中国气象局党组确定我国常规高空气象探测为 L 波段高空气象探测系统技术体制后，中国气象局制定了严格实用的 L 波段高空气象探测系统设备列装方案、台站建设指南、业务规范和操作手册、业务运行流程、业务技术培训规划、探测资料精度质量保证体系等一系列文件和规定，并在建设中严格执行，特别是通过“三个验收”，即设备出厂验收、台站现场安装验收和业务验收等三个关键节点，确保 L 波段高空气象探测系统建设顺利、探测精度和质量提高。

为了保障设备（雷达、探空仪）质量，由中国气象局上海物管处根据技术服务合同组织专家、相关省局和工厂技术人员根据 L 波段高空气象探测系统设备测试大纲和产品技术要求，进行全面评估和测试验收。

在系统设备生产方面，经过前期调研论证、初步设计、功能需求书编写、技

术方案审定、样机生产、产品生产环节督查、测试对比考核、台站设施建设、人员培训、系统试运行、设备定型、小批量生产、业务技术交流等主要环节的实施，到全面建设的展开，截至2008年底，全国共建成L波段高空气象探测系统91台套，初步建成了我国新一代高空气象探测系统，提前实现了项目设计目标。

四、GPS探空系统

1. GPS探空系统的研发

《我国高空探测系统发展规划(1996—2010)》提出我国GPS探空系统的发展目标是："主要性能达到同期国际先进水平，性能价格比适合于发展中国家，并具有较强的国际竞争能力"。

在中国气象局的支持下，1996年我国气象专家就开始了GPS探空系统的研发，对国外芬兰维萨拉公司和美国AIR公司的GPS探空仪进行了解剖分析，对GPS接收机技术进行了调研。20世纪末以来，一些厂家就已进行了GPS探空系统的研发。1998年项目组确立了研制适合我国国情，在国际市场上有竞争能力的GPS探空系统研发指导思想，正式开始第一阶段研制工作。1999年5月初步研制出原理样机，进行了探测试验，获得成功；1999年10月对原理样机系统的性能和价格进行了分析，认为该系统的测风精度和抗干扰能力优于维萨拉公司的产品，而探空仪价格与其相当，可以进行完善，形成第一代产品。因此开始了产品化工作，至2005年基本实现了这一目标。

2002年GPS项目组申请二期立项，6月与局重点工程办公室签订了GPS系统采购合同。2002年底中国气象局组织专家对"GPS探空系统研发工作实施方案"进行了评审，肯定了降低成本、引进成熟技术的产品化思路，2003年11月完成降低探空仪成本的研究工作，2003年12月30日通过了局科教司组织的成果鉴定。

2004年8月在北京召开的"新一代高空气象探测技术研讨会"上，华云公司及北京观象台、江西省气象科研所介绍了开发的GPS探空系统，上海长望气象科技有限公司也介绍了在研的GPS探空仪，针对有关GPS安全性和经济性的争论，有专家介绍了2003年WMO提出的通用高空系统(RDF+GPS)，初步提出了在我国建设具备无线电经纬仪和GPS功能的集成探空系统，在技术提高和经济可行时，逐步过渡到GPS探空体制的思路。

2. 国产GPS探空系统试验

为在我国高空探测技术体制中推进卫星定位测风技术的应用，遴选出符合我国探空体制建设要求的 GPS 探空系统，完善我国高空探测技术体制，进一步提高高空探测质量，使我国高空探测精度达到同期国际先进水平；同时学习国际高空探测系统对比和评估的技术，为在我国开展国际对比积累经验，根据《中国气象局关于发展现代气象业务的意见》中有关"力争 2 到 3 年遴选出业务可用的国产 GPS 探空系统"的要求，中国气象局气象探测中心承担了国产 GPS 探空系统试验的任务。

根据试验方案，国产 GPS 探空系统试验分为三个阶段。第一阶段比对试验：检验国产 GPS 探空系统工作性能，找出与国外高性能探空系统差距，指导国内厂家进行技术改进。第二阶段试验：试验国产 GPS 探空系统的技术性能，检验其业务应用能力。第三阶段试验：从业务运行需求出发，形成指导业务工作的"业务流程"、"操作手册"等技术文件，为 GPS 探空系统业务建设和应用奠定基础。

试验包括静态测试和动态对比试验两个部分。动态对比试验以芬兰维萨拉公司 RS92 型 GPS 探空系统为参照，采用同球多探空仪同球施放的方法，分为与 RS92 型 GPS 探空仪同球施放进行测量准确性对比和同厂家 3 个同型号探空仪同球施放进行性能一致性试验。

动态试验考核主要在广东省阳江市气象局高空探测站（21°50′N，111°58′E）进行。该站位于南海之滨的低纬度地区，为我国水汽的主要输送入口，具有降水丰富、湿度大、对流层顶高、高空温度低等特点，有利于对高空探测系统性能进行全面检验。

至 2008 年 12 月，完成了第一阶段国产 GPS 探空系统试验。第一阶段试验考核表明，国产 GPS 探空系统具备了基本的探测能力，探空高度和远程探测能力符合技术要求，在准备充分和一般天气条件下能较顺利地完成探空任务。

2009 年 2 月，完成第一阶段试验考核评估后，综合各厂家研发能力、整改效果等情况，组织相关厂家在阳江进行了第二阶段动态试验考核。

第二阶段试验考核表明：

①经过第一阶段整改后，国产 GPS 探空系统的设备制造工艺和自动化程度显著改进、探测技术性能指标明显提高，探空仪在低温高湿条件下的可靠性大幅提升。

②与现有 L 波段高空探测业务系统相比，国产 GPS 探空系统探测性能普遍提高，相对湿度、气压、位势高度和风速的准确性有明显提升，其中位势高度和风速的动态测量误差普遍降低 50%以上。

③与国际先进 GPS 探空系统相比，随着工艺制造水平的改进，国产 GPS 探

空系统在一致性方面的差距进一步缩小，其中，GPS 定位性能相关要素的一致性指标已达到或接近国际先进水平，体现出良好的发展前景。

五、飞机观测

飞机观测主要由用于人影作业的大型飞机观测、商用飞机 AMDAR 资料和无人飞机观测组成。

1. 人影飞机观测

我国人影飞机观测始于 20 世纪 60 年代，1960 年中央气象局观象台与河北省气象局合作改装的民航高级航校里-2 型飞机一架，用于云物理观测和人工降水催化作业。飞机上安装有国产 CM-43 型飞机气象计、飞机温度表、舒尔茨埃根核计数器、ZP-15 三分量过载荷计、飞机积冰指示器，以及人工操作的碰撞法云滴和含水量观测器。

1963 年，为了加强有关试验工作，双方又联合改装民航伊尔-12 飞机一架，该飞机上除原来的里-2 的部分仪器外，加装了由 K-4-51 作为记录系统的电测飞机气象计。机载云物理仪器是改用由前苏联地球物理观象总台引进的云滴谱仪和高空观象台的 A-27 型含水量仪，飞机上还安装了国产的铝箔取样器（冰雪晶取样仪）。在随后的几年中，中央气象局观象台与河北、吉林、湖南省合作，利用该飞机先后执行了在河北、吉林、北京、湖南的云物理观测研究和人工降水作业。获得了许多宝贵的云物理探测试验资料。通过对这些资料的分析研究，初步了解或认识了我国部分降水云系的云物理特征、催化条件等重要基础科学概念。

1984—1986 年间，吉林省、中国科学院大气物理研究所、新疆维吾尔自治区分别引进美国 PMS 公司生产的探头，并在不同的飞机上安装进行探测。此后，已有很多省在实施飞机人工增雨作业的同时进行云物理观测，以提高人工增雨的针对性和效率。

2. AMDAR 资料应用

航空器气象资料下传（Aircraft Meteorological Data Relay，AMDAR）是国际民航组织（ICAO）和世界气象组织（WMO）在全球范围内积极推动的项目。我国航空公司的许多航空器已安装了自动传感器，从 2002 年 4 月下旬开始，民航数据公司将空中报告传递给民航北京气象中心，经过处理将航空器空中报告录入民航气象数据库系统。2002 年 8 月下旬开通气象信息中心到民航北京气象中心的专线。11 月上旬，在中国国际航空公司的配合下，开始进行为期 6 个月的航空器空中报告传输试验。随后传输的资料逐步增加，由最初的每天 100 多份增至每天 800 多份。从 2003 年 8 月份开始，气象信息中心每天可以收到 2000～3000 份资料，到 2008 年，日均入库 6000 多条记录。这些资料经过重编码已经进入气象信息中心业务实时数据库，供数值预报系统研究使用

从 2003 年开始，中国气象局与中国民航之间已经进行了卓有成效的合作。除了进行数据传输试验外，双方在硬件平台的建设、软件系统的开发以及应用方面的研究都有了快速的进步，为我国的 AMDAR 资料在气象业务中的应用和参加全球 AMDAR 资料共享提供了坚实的基础，特别是 2004 年，中国气象局与中国民航签署了飞机气象观测资料的传输合作协议以后，民航方面提供更多的观测资料给中国气象局使用。从 2005 年开始国家气象信息中心收集处理民航数据公司统一接口后的 AMDAR 数据文件，将收集处理的 AMDAR 资料通过国际气象通信系统参与全球资料交换。

AMDAR 提供的主要内容包括观测时间、观测时的高度、观测时的经纬度、温度、风向、风速等。

3. 无人飞机探测

在国际上，气象是民用领域较早有计划、有规模地应用无人小飞机的部门之一。近些年来，这种气象无人小飞机已在海洋、台风和极地等探测领域开展了广泛的研究与应用。

国家气象局在“八五”期间，也就是 1993 年，开始了微型无人驾驶气象探空飞机系统研制攻关项目，开始了无人机在气象领域的应用研究。1994 年底，自控微型飞机首次完成了自主飞行，比美、澳联合研制的这类飞机首次实现自主驾驶早三年多。在 1998 年 2 月之前，我们的 10 千克重量级飞机的控制技术上领先于国外。

在中国气象局气象探测技术中心成立后，由大气探测试验基地与江西省气象科研所共建了气象无人驾驶飞机试验室，该试验室有一定的气象无人驾驶飞机应用研究能力。

在多年与有关单位合作的基础上，形成了两个气象无人机系列：QT 气象探测无人机系列和 RY 人影系列无人驾驶飞机。QT 气象探测无人机系列用于气象探测（温、压、湿、风和臭氧）和遥感探测。RY 人影系列无人驾驶飞机机型用于人工影响天气播撒和探测。两种机型，载重从 1～20 千克，有非常高的载荷重量和起飞重量比。升限高度 5000～6000 米，最高飞行高度 7300 米高度。最大航程 10～1000 千米，平飞速度 100～130 千米/小时，飞行时间 1～10 小时。机身长 1.4～2.8 米，翼展 1.6～3.5 米。滑跑或弹射助力起飞，伞降或滑

降回收，使用安全、方便。降落场地要求是 2 千米内无影响降落的建筑，500 米见方草地，或农田。RY-01 无人机的发射准备时间 10 分钟左右。无人机测控采用 VHF 和 UHF 波段频率。飞机定位方式为 GPS。地面飞行监视控制系统包括控制终端和监视终端。地面系统装在一面包车或越野车内。

气象无人机主要在下列方面得到了应用：南海季风试验和华南暴雨试验，内蒙古半干旱草原大气、土壤、植被相互作用研究等气象科学研究项目野外观测，人工影响天气试验研究野外观测，为地方部门提供遥感服务，国防科学试验，军事训练。目前新疆、广西配置了 RY-01 和 QT2002。

在气象无人机技术应用中，我国气象无人驾驶飞机应用有其特点，无人驾驶飞机在不同的天气条件下[稳定性降水（雨、雪）、雷雨、强对流、大风等]进行大量飞行（2004 年飞行 124 架次），在人工影响天气应用方面取得了创新的成果，不仅在稳定性降水中进行了成功的应用，还开展了在对流天气中的探测。

六、高空气象观测展望

未来五年，我国高空气象探测业务仍将以提高探测精度和稳定可靠性作为重要任务，同时提高高空气候和飞机观测能力。参照 GCOS 高空探测网（GUAN）的技术要求，完成 7 个 GCOS 高空气象观测站的升级改造，提高高空温度、湿度和气压观测准确性。根据 WMO 对高空基准站的要求，完成锡林浩特高空基准气候观测站建设，在部分探空站开展臭氧探空试验。国产 GPS 探空系统达到接近或达到世界先进水平，开展自动探空业务试点，高空气象探测的自动化程度进一步提高。完成从湿敏电阻到湿敏电容湿度传感器的转换。商用飞机气象观测资料收集系统得到不断改进，增加现有的覆盖范围，资料质量得到控制，形成飞机起降和巡航过程中的大气温度和风向风速等资料的观测产品。开展机载、艇载遥感探测和下投探空、平流层平飘气球下投探空试验。

第四节　气象卫星

自从 1960 年美国发射第一颗 TIROS-1 试验卫星以来，世界各国已发射了上百颗气象卫星。我国气象卫星发展虽然起步较晚，但近 20 年来，气象卫星及应用事业取得了快速的发展。自 1988 年 9 月 7 日我国成功发射风云一号 A 极轨气象卫星至 2008 年底，我国已经成功发射 5 颗静止气象卫星和 5 颗极轨气象卫星，目前，风云一号（FY-1）D 星、风云二号（FY-2）C、D 星和风云三号（FY-

3)A 星在轨运行,FY-2E 星在轨备份。我国的气象卫星已初步实现了业务化、系列化,实现了由试验应用型向业务服务型的转变,形成了“双星观测、互为备份”的静止气象卫星业务新格局,极轨气象卫星也实现了技术升级换代。如今,气象卫星已成为现代气象业务发展中不可代替的高技术手段,在国民经济各个领域中都得到了广泛应用,其综合应用效益也越来越显著。当前,我国的气象卫星水平已部分达到国际先进水平,我国也已成为国际上同时拥有静止和极轨气象卫星的三个国家或地区之一。风云系列气象卫星已被世界气象组织纳入全球业务应用气象卫星序列,成为全球地球观测系统的重要成员,我国气象卫星及其应用的国际影响力也显著提升。

一、酝酿与决策

1. 各级领导的关心与支持

我国气象卫星及应用事业的发展得到党中央、国务院领导的亲切关怀。早在 1969 年,周恩来总理就明确提出:应该搞我们自己的气象卫星。20 世纪 70 年代末,在国家经济遇到暂时困难、基本建设投资大幅调整情况下,国务院不但保留了风云一号极轨气象卫星的研制计划,还新增了 FY-2 静止气象卫星的研制计划。2006 年 1 月 4 日,温家宝总理在主持国务院常务会审议《国务院关于加快气象事业发展的若干意见》时明确指出,必须保证气象卫星研制的资金,气象卫星必须要有备份以确保稳定运行。这些都充分证明,党中央、国务院始终高度重视气象事业发展,始终高度重视气象卫星发展,始终高度重视气象卫星更好地服务于经济社会发展和人民福祉安康。

气象卫星及应用事业的发展离不开国家有关部门的大力支持。国家发改委、财政部积极支持建立了气象卫星专项资金,并批准了 FY-3 卫星地面应用系统和 FY-2(02)批气象卫星工程。国防科工委和总装备部批准 FY-1、FY-2 卫星和 FY-3 卫星的立项和研制,并组织进行五大系统的协调,同时总装备部还承担卫星的发射和测控任务。航天科技集团公司和中国科学院等单位承担卫星及运载火箭的研制工作。航天工程是一项复杂的系统工程,正是在各个部门的大力支持和密切配合下,才取得了今天的成绩。

中国气象局高度重视气象卫星的发展和应用工作。原中国气象局局长邹竞蒙多次专门听取气象卫星工作汇报,安排部署气象卫星应用系统的建设和卫星及应用的发展规划工作,并与国防科工局和航天科技集团公司领导协调风云卫星立项和建设等问题。特别是为解决 FY-1 卫星姿态问题,邹竞蒙亲自到美国国务院说服政府官员，成功购得抗辐射芯片1750A，使得FY-1C、FY-1D星的实际运行寿命远远超过了2年的设计寿命。

2. 气象卫星发展规划与专项资金

良好的发展规划和气象卫星专项资金制度是我国气象卫星及应用事业健康发展的关键。

气象卫星专项资金 1998年12月25日，财政部根据时任副总理温家宝的批示和1998年6月6日温家宝听取气象工作汇报的会议纪要关于“气象卫星专项经费，请财政部牵头，会同气象局、国家计委、科技部、国防科工委、总装备部等部门研究提出意见，报国务院审批”的精神，经商有关部门，正式向国务院报送了《关于建立气象卫星专项资金意见的报告》，1999年1月国务院正式批准，正式建立了气象卫星专项资金。专项资金包括FY-1D卫星工程、FY-2B试验卫星地面应用双星扩建工程、FY-2(02批)卫星工程、FY-3试验卫星地面应用系统、FY-3C/D业务卫星工程和FY-4试验卫星地面应用系统，经费匡算52亿元。

气象卫星发展规划 1999年10月25日，国防科工委和中国气象局联合向国务院报送了《关于“九五”后两年至2010年我国气象卫星及其应用发展计划的请示》，12月6日，获得国务院批准，在规划中明确了1999—2010年我国气象卫星发射数量与计划。

2005年中国气象局组织编制了《我国气象卫星及应用“十一五”规划和2020年远景目标》，并于2006年底正式报送国防科工委。国防科工委在2007年5月国务院审议通过的《航天发展“十一五”规划》中，已将FY-2后续卫星、FY-3卫星、FY-4卫星等纳入其中，并提出开展新型气象卫星的研究。

2008年10月，根据气象卫星发展现状，中国气象局拟定了《2011—2020年我国气象卫星及应用发展规划》，目前正在与有关部门沟通。

二、极轨气象卫星

极轨气象卫星绕地球极地轨道运转，运行高度一般在800千米左右，运行周期约115分钟。由于它是逆地球自转方向而与太阳同步，沿着太阳晨升暮落的方向运行，故称其为“太阳同步轨道气象卫星”。我国的风云一号卫星和风云三号卫星属于极轨气象卫星。

1. 风云一号极轨气象卫星

中国于1970年开始研制FY-1极轨气象卫星，FY-1(01)批包括两颗卫星，

FY-1A 和 FY-1B。1988 年 9 月 7 日，我国自行研制的第一颗极轨气象卫星 FY-1A 星发射成功，卫星图像清晰，层次丰富。虽然 FY-1A 星只工作了短短的 39 天，但其成功的意义深远，标志着我国正式成为拥有气象卫星的国家，我国气象卫星及应用从此进入了快速发展的新阶段。1990 年 9 月 3 日发射成功的 FY-1B 星在轨正常运行了五个半月时间，后经抢救后又断续运行了一年多时间，其发送的卫星云图资料在气象业务中得到应用，并为气候研究积累了大量珍贵的历史资料。

这两颗试验气象卫星装载了一个与美国 NOAA 气象卫星十分相似的甚高分辨率扫描辐射器 AVHRR，只是通道的选择不同(见表 4.3)，其传输特性也与 NOAA 卫星 HRPT 兼容。这两颗卫星的成像性能良好，但由于姿态故障未能达到设计寿命。

表 4.3　FY-1A 和 B 星扫描辐射器性能

通道	波长(微米)	用途
1	0.58～0.68	白天云图和地表、植被
2	0.725～1.1	白天云图和地表、植被
3	0.48～0.53	海洋水色
4	0.53～0.58	海洋水色
5	10.5～12.5	昼夜云图、地表和海面温度

FY-1(02)批共计两颗卫星，包括 FY-1C 和 FY-1D 星。1999 年 5 月 10 日和 2002 年 5 月 15 日发射成功的 FY-1C 星和 FY-1D 星在原有技术状态下，遥感探测器的通道数量增加到 10 个，卫星运行状况和寿命均达到业务运行的水平。FY-1C 星在轨业务运行 4 年零 9 个月，FY-1D 星至今仍在业务运行。这两颗卫星在森林草原火灾、水灾、大雾、雪灾、沙尘暴等灾害、环境监测和国防建设方面发挥了非常的重要作用，同时也被世界气象组织纳入全球业务应用气象卫星序列之中。与 FY-1A 星和 B 星相比，这两颗卫星除了大力解决可靠性、延长寿命之外，进行了如下改变：

①多通道扫描辐射计从 5 个通道增加到 10 个通道；

②相应的 HRPT 传输速率从 0.6654 Mbps 提高到 1.3308 Mbps；

③星上存储容量从 60 分钟提高到 300 分钟；

④除每天记录一次覆盖全球的 4 通道、4 千米分辨率线性化图象资料外，还增加记录国外地区 20 分钟的 10 通道、1.1 千米分辨率图像数字资料；

⑤取消 APT 资料播发。

FY-1C 星和 D 星的甚高分辨率扫描辐射器性能和用途如表 4.4 所示。从选择的通道的波段范围来看，FY-1C 星和 D 星兼顾了海洋水色的探测，应用范围比目前美国 NOAA 卫星要广。

表 4.4 FY-1C 星和 D 星扫描辐射器性能

通道	波长(微米)	用途
1	0.58～0.68	白天云图和地表、冰、雪和植被
2	0.84～0.89	白天云图和地表、植被、水陆边界
3	3.55～3.95	热源、夜间云图和地表
4	10.3～11.3	海面温度、昼夜云图和地表
5	11.5～12.5	海面温度、昼夜云图和地表
6	1.58～1.64	土壤湿度、冰雪区分
7	0.43～0.48	海洋水色
8	0.48～0.53	海洋水色
9	0.53～0.58	海洋水色
10	0.90～0.965	水汽总量

2. 风云三号极轨气象卫星

风云三号是列入国家“九五”型号研制计划的我国第二代极轨气象卫星，分二个批次发展，01 批为试验卫星，包括 FY-3A 和 FY-3B，02 批为业务卫星，计划运行到 2020 年以后。

风云三号 01 批卫星于 2000 年正式立项研制，2002 年 12 月转入初样研制，2005 年 12 月转入正样研制。FY-3A 星于 2008 年 5 月 27 日发射成功。2008 年 11 月 18 日，FY-3A 星及地面应用系统投入业务试运行，目前星地系统运行稳定。

FY-3A 星共装载 11 台遥感仪器，所有遥感仪器光谱通道总数多达近百个。除可见光红外扫描辐射计和空间环境监测仪之外，红外分光计、微波湿度计、微波温度计、微波成像仪、紫外臭氧总量探测仪、紫外臭氧垂直探测仪、地球辐射监测仪和太阳辐射监测仪 9 个有效载荷均为第一次在轨试用。FY-3A 星在我国遥感卫星中首次实现了全球、全天候、多光谱、三维、定量探测。其资料主要用于天气预报，特别是为中期数值天气预报提供全球温、湿廓线以及云、辐射等气象参数；监测大范围气象及衍生灾害；监测全球环境变化，为研究全球气候变化规律、气候诊断和预测提供所需的地球物理参数；为军事气象、航空、航海、农业、林业、海洋、水文等国民经济多领域提供全球及地区的气象信息。

风云三号卫星作为新一代极轨气象卫星，是我国气象现代化建设的重要标志之一，实现了从单一遥感成像到地球环境综合探测、从光学遥感到微波遥感、从千米级分辨率到百米级分辨率、从国内接收到极地接收的四大技术突破，极大地提升了我国综合气象观测系统的能力，也必将为我国防灾减灾和应对气候变化作出更大地贡献。它的成功发射和稳定运行，是我国气象卫星与卫星气象事业发展的又一重要里程碑。FY-3A 星主要在五个方面给气象工作带来新的能力提升：

①为天气预报，特别是为中期数值预报准确率的提高作出贡献。FY-3A 星的红外分光计、微波温度计和微波湿度计可探测和反演全球的大气温度、湿度廓线及云、地表辐射等气象参数，这些资料将为提高数值预报模式的准确率做出积极的贡献。

②风云三号气象卫星可进行全天候观测。卫星的可见光、红外观测通道可以进行白天、黑夜的观测。微波成像仪、微波温度计和微波湿度计具有全天候的探测能力，可穿透云层探测云层以下大气及地表，同时还能探测云层的内部结构，对降雨(雪)云团的监测非常有效。

③提供高空间和高时间分辨率相结合的全球监测图像及产品。FY-3A 星实现了高时间分辨率和空间分辨率完美的结合，在实现全球每天两次无缝隙观测的同时，其中有五个通道的空间分辨率达到 250 米，在国内遥感卫星是第一次实现。非常有利于对全球的气象及其衍生的自然灾害、生态环境进行高频次和更加精细的监测。

④更加精细化的环境监测分析产品服务。利用 FY-3A 星上装载的紫外臭氧垂直探测仪、紫外臭氧总量探测仪、地球辐射监测仪等遥感仪器，首次正式推出大气污染状况、城市气溶胶、太阳紫外辐射、城市热环境等精细化的环境监测分析产品。

⑤为研究全球气候变化提供重要的物理参数。风云三号卫星上搭载的臭氧总量探测仪和臭氧垂直探测仪可获得全球，特别是南极上空的臭氧水平和垂直分布情况，同时，中分辨率光谱成像仪和红外分光计可探测水汽、二氧化碳、氮氧化物等温室气体，地球辐射监测仪可监测全球的辐射收支状况，对于全球气候变化的研究具有非常重要的意义。

3. 我国已发射的极轨气象卫星简表

表 4.5　极轨气象卫星简表

卫星名称	发射时间	性质	运行时间	主要载荷
风云一号 A 星(FY-1A)	1988 年 9 月 7 日	试验	39 天	5 通道可见光红外扫描辐射计、空间环境监测仪
风云一号 B 星(FY-1B)	1990 年 9 月 3 日	试验	5 个半月	5 通道可见光红外扫描辐射计、空间环境监测仪

续表

卫星名称	发射时间	性质	运行时间	主要载荷
风云一号 C 星（FY-1C）	1999 年 5 月 10 日	业务	4 年 9 个月	10 通道可见光红外扫描辐射计、空间环境监测仪
风云一号 D 星（FY-1D）	2002 年 5 月 15 日	业务	至今运行	10 通道可见光红外扫描辐射计、空间环境监测仪
风云三号 A 星（FY-3A）	2008 年 5 月 27 日	试验	业务试运行	10 通道可见光红外扫描辐射计、红外分光计、中分辨率光谱成像仪、微波成像仪、微波温度计、微波湿度计、臭氧垂直探测器、臭氧总量探测器、地球辐射监测仪、太阳辐射监测仪、空间环境监测仪

三、静止气象卫星

1. 风云二号静止气象卫星

风云二号是我国研制的第一代静止气象卫星。其主要任务是获取可见光、红外云图和水汽分布图；转发展宽云图和低速率图像(LRIT)；进行数据收集和空间环境监测。

风云二号卫星共分为三个批次，第一批次为试验卫星，共有两颗，即 FY-2A 星和 B 星。第二批次为业务卫星，共计划发射三颗，即 FY-2C、FY-2D 和 FY-2E。第三批次为业务卫星，计划发射三颗，即 FY-2F、FY-2G 和 FY-2H。

我国静止气象卫星的发展历程较为坎坷。1994 年 4 月 7 日，风云二号 01 星在测试厂房发生爆炸；1997 年 6 月 10 日发射成功的风云二号 A 星在轨运行 10 个月后发生消旋系统故障；2002 年 6 月 25 日发射成功的 FY-2B 星在轨运行 8 个月后发生数据传输系统故障，经抢救后转入有限业务运行，后又发生扫描辐射计二扫不同步的故障，转入北半球有限运行模式。虽然 FY-2A 星和 FY-2B 星没有达到设计寿命，但是在其有限的运行时间里，在台风、暴雨等监测和预警中发挥了重要作用，同时为后续卫星的研制和改进积累了可贵的经验和教训。FY-2A、FY-2B 星的主要有效载荷为：

①可见光和红外扫描辐射器 VISSR，每半小时可以获得一张全球可见光、红外和水汽圆盘图，也可以根据需要进行区域观测，FY-2 VISSR 的特性如表 4.6 所示。

②空间环境监视器。

③数据收集平台。共 133 个通道，其中国内通道 100 个，国际通道 33 个，系统总共可配置几千个平台，平台报告数据码速率 100 字节/秒。

表 4.6　FY-2A 星和 FY-2B 星 VISSR 参数

通道	波长(微米)	分辨率(千米)	用途
可见光	0.55～1.05	1.25	白天云图和地表、冰、雪和植被
红外	10.5～12.5	5	海面温度、昼夜云图和地表
水汽	6.2～7.6	5	水汽总量

2004 年 10 月 19 日和 2006 年 12 月 8 日发射成功的 FY-2C 星和 D 星实现了我国静止气象卫星“双星观测、互为备份”，并在主汛期实现了每 15 分钟获取一次云图，显著提高了我国静止气象卫星的观测能力。2008 年 12 月 13 日，FY-2E 星发射成功，经在轨测试后，目前为在轨备份状态，计划接替已超期工作的 FY-2C 星。

风云二号 02 批的主要功能与 01 批相同，与 01 批相比，主要有三个改进：

①可见红外自旋扫描辐射计(VISSR)的光谱通道由 01 批时的三个通道增加到五个通道(表 4.7)：将 10.5～12.5 微米的红外通道，分裂为 10.3～11.3 微米和 11.5～12.5 微米的两个通道；增加一个 3.5～4.0 微米的中红外通道，用以获取地面高温热源、低层薄云和雾的资料。

②增加星上蓄电池的供电能力，保证 72 分最长地影期对全星供电，星上仪器不关机。

③取消 S-FAX 广播功能，不再使用 1699.5MHz 频率。将原来的 WEFAX 云图广播改为 LRIT(低速率图像传输)。

表 4.7　风云二号 02 批卫星 VISSR 参数

通道	波长(微米)	分辨率(千米)	用途
可见光	0.55～0.90	1.25	白天云图和地表、冰、雪和植被
红外 1	10.3～11.3	5	海面温度、昼夜云图和地表
红外 2	11.5～12.5	5	海面温度、昼夜云图和地表
红外 3	3.5～4.0	5	热源、夜间云图和地表
水汽	6.3～7.6	5	水汽总量

2. 我国已发射的静止气象卫星简表

表 4.8　我国已发射的静止气象卫星简表

卫星名称	发射时间	性质	正常运行时间	主要载荷
风云二号 A 星(FY-2A)	1997 年 6 月 10 日	试验	10 个月	3 通道可见光红外自旋扫描辐射计、空间环境监测仪
风云二号 B 星(FY-2B)	2000 年 6 月 25 日	试验	8 个月	3 通道可见光红外自旋扫描辐射计、空间环境监测仪

续表

卫星名称	发射时间	性质	正常运行时间	主要载荷
风云二号 C 星 (FY-2C)	2004 年 10 月 19 日	业务	至今业务运行	5 通道可见光红外自旋扫描辐射计、空间环境监测仪
风云二号 D 星 (FY-2D)	2006 年 12 月 8 日	业务	至今业务运行	5 通道可见光红外自旋扫描辐射计、空间环境监测仪
风云二号 E 星 (FY-2E)	2008 年 12 月 23 日	业务	在轨备份	5 通道可见光红外自旋扫描辐射计、空间环境监测仪

四、气象卫星地面应用系统建设及应用

1. 地面应用系统建设

我国气象卫星地面应用系统以国家卫星气象中心和北京、广州、乌鲁木齐、佳木斯和北极基律纳 5 个卫星地面站(2008 年前为北京、广州和乌鲁木齐 3 个地面站)为主体,同时还包括 31 个省级卫星遥感应用中心和 500 多个卫星资料接收利用站,形成了国家、省、地三级组成的卫星遥感应用体系。目前,我国气象卫星地面应用系统可接收和利用我国 FY-1D、FY-2C、FY-2D、FY-3A,美国 NOAA 系列、EOS/MODIS 系列,日本 MTSAT-1R,欧洲 METEOSAT 系列和 MSG 等 12 颗卫星资料。同时,还通过 GTS、专用网络和国际互联网接收和下载国内外有关遥感卫星的资料和产品。

我国卫星气象事业的发展最早从 1969 年开始,科技人员在认真调研分析的基础上,通过对旧设备进行改造、加工和研制,在不到半年的时间内,就研制出我国第一台 APT(自动图像传送)接收设备,并立即在中央气象台投入业务使用,主要任务是接收和利用美国的第一代业务极轨气象卫星的 APT 云图,气象卫星开始在我国的气象业务中发挥作用。

自 1974 年起,我国就开始卫星资料接收处理的调研和可行性论证。1978 年开展北京、广州、乌鲁木齐地面站的选址和勘察工作,1982 年开始建设风云一号气象卫星地面应用系统,1987 年 12 月建设完成。1987 年 12 月 26 日,国家验收委员会根据验收大纲进行综合检验,一致认为:总体设计合理、功能完备,符合设计要求,给予“优良”的最高评价,予以正式验收,交付使用。国家主席李先念出席了验收仪式并为工程剪彩。为保证风云一号 02 批气象卫星资料的接收和应用,1997 年开始进行风云一号 02 批气象卫星地面应用系统建设,1999 年 4 月全部建设完成。

经过对风云一号 4 颗卫星在轨运行的检验证明,风云一号气象卫星地面应

用系统与卫星匹配良好，运行稳定。其接收和处理的大量风云一号卫星及美国NOAA卫星资料，在气象业务和服务中发挥了重要作用。风云一号气象卫星地面系统是我国建设的第一个气象卫星地面应用系统，在建设过程中培养出一支掌握了系统建设、资料接收处理和系统运行管理的技术队伍，为以后我国气象卫星地面应用系统的建设和发展奠定了坚实基础。

风云二号静止气象卫星地面应用系统从1989年开始建设，1994年完成建设任务，由于风云二号01星发生事故，1994年开始对地面系统的可靠性进行提高，1997年6月风云二号A星发射后，成功实现对卫星的业务运行控制、云图获取、数据传输等功能，1997年11月通过国家验收。为保证风云二号气象卫星地面应用系统对两颗卫星的运行管理，从1998年开始风云二号双星管理扩建工程的建设，2000年建成后实现了对风云二号A星和B星的业务运行和管理。

为适应风云二号02批气象卫星的发展，从2002年开始建设风云二号02批气象卫星地面应用系统。2004年建成后，经卫星和地面应用系统的测试表明，星地系统协调匹配，工作稳定。2005年12月通过了中国气象局组织的验收。目前，风云二号02批地面应用系统可提供5种图像产品、16种定量产品和6种人机交互产品，受到全国多部门各类用户的一致欢迎和好评。

风云二号静止气象卫星地面应用系统是气象部门在国内有关单位的大力支持下，共同建设完成的拥有自主知识产权的大型遥感卫星地面应用系统。系统包括指令和数据接收站、系统运行控制中心、资料处理中心、应用服务、计算机网络及存储和中小规模利用站六个部分。风云二号静止气象卫星地面应用系统承担了卫星业务测控，图像观测，数据接收，资料处理、转发、存档和服务以及空间环境监测数据接收处理等多方面任务。整个系统建设的技术难度大，工作环节多，运行可靠性和实时性要求高。经过广大科技人员的共同努力，应用系统技术状态已经达到了国外同类卫星应用系统的先进水平，特别是高精度图像定位技术解决了我国民用航天关键技术之一，受到了美国航空航天局(NASA)局长麦克·格瑞芬博士的称赞，被国际同行专家公认为达到了国际先进水平。风云系列气象卫星星地一体化的发展模式被我国航天界誉为“天地一体化的楷模，地面应用系统的典范”，风云二号C星及地面应用系统获得2007年度国家科技进步一等奖。

为保证我国新一代极轨气象卫星——风云三号卫星资料的接收和应用，从2005年开始建设风云三号气象卫星地面应用系统一期工程。该工程主要由国家级卫星资料处理中心和北京、广州、乌鲁木齐、佳木斯、北极基律纳(租用国外站)五个卫星地面站和 200 多个用户利用终端组成。2008 年 5 月 29 日—6 月 5 日,风云三号地面应用系统接收到 FY-3A 星的 HRPT、MPT 和 DPT 三个信道传输的全部 11 个有效载荷的资料,星地系统协调匹配,数据处理、传输和存储正常,2008 年 11 月 18 日,FY-3A 星地面应用系统投入业务试运行。

FY-3A 星地面应用系统是我国"十五"期间投资和建设规模最大、技术最复杂、功能最先进的遥感卫星地面应用系统。卫星发射成功后,地面系统成功实现了对卫星数据的接收、处理、存档和分发服务功能,并投入业务运行。应用系统每天调度 1 万多个预处理和产品生成作业运行,按时效要求自动处理出多种遥感产品,每日可生成数值天气预报模式应用产品、中国及周边高时效初级产品及高级产品、全球初级产品及高级产品,地面应用系统每日处理的科学数据量高达 1.3TB,一年来获取了超过 160TB 的对地观测数据,相当于第一代风云极轨气象卫星 10 年内观测数据总量的 10 倍。风云三号数据处理与服务中心已经成为国内规模最大的卫星遥感数据中心。

为提高卫星资料共享程度,充分发挥气象卫星的应用效益,中国气象局在气象卫星地面应用系统工程建设中,专门设计了气象卫星数据存档和服务系统,向用户提供数据共享服务。同时,对长时间序列气象卫星历史资料进行恢复、转储和整理,为数据共享服务提供了坚实的支撑。采用卫星数字视频广播(DVB-S)技术建成的风云气象卫星数据广播分发系统 FENGYUNCast,是全球地球观测组织(GEO)的全球卫星数据广播分发体系的三个核心成员之一。目前,FENGYUNCast 用户接收站已超过 220 套,极大提升了中国风云气象卫星的国际影响力。

2. 卫星资料应用

目前,气象卫星已成为天气预报预警、重大自然灾害监测、农业、生态及环境监测、气候和气候变化监测、对地综合观测、数值预报、气象及环境科学研究等不可或缺的重要基础空间信息源,在气象防灾减灾、气候变化监测等工作中发挥着重要的支撑作用。风云系列气象卫星在台风、洪涝、森林火灾、干旱、雨雪冰冻、沙尘暴等气象灾害的监测中表现尤为出色。

我国气象卫星数据采用公开共享的策略,有力地促进了气象卫星综合效益的发挥。据不完全统计,国内接收与利用风云卫星资料的用户超过 2500 家,卫星观测资料在气象、军队、水文、海洋、农业、林业、民航、交通、电力等部门均得到了广泛应用;风云气象卫星作为世界气象组织的业务卫星系统,在全球以及周边国家和地区产生了巨大的影响力,美国、欧洲、日本、澳大利亚及我国香港和澳门地区等,都把我国气象卫星资料作为重要的观测数据源。2005 年 1 月 6

日，温家宝总理在出席印度洋海啸高峰领导人会议时，特别提到中国愿意与受灾国家分享中国风云卫星的有关资料和产品，为区域各国气候预测、环境监测、灾害评估提供信息和技术支持。

气象卫星资料和产品在多国家、多部门和多行业的综合应用，最大限度地发挥了气象卫星的应用效益，气象卫星的投入产出比达 1 ： 40 以上，堪称民用航天的典范。据不完全统计，自 2000 年 1 月 1 日到 2009 年 6 月 30 日，中国气象局利用卫星资料对各类气象灾害进行有效监测，向党中央、国务院和中央相关政府部门提供重大气象灾害决策服务材料超过 100 次，各类监测服务报告千余次。具体统计如表 4.9 所示。

表 4.9 重大气象灾害决策服务材料统计表

年份	2000	2001	2002	2003	2004	2005	2006	2007	2008	2009	合计
暴雨					22	37	29	30	20	7	145
沙尘	23	37	43	48	45	65	64	48	29	21	423
热带气旋					11	16	11	11	28	5	82
大雾					76	99	161	90	41	27	494
火灾		12	42	33	32	47	64	84	45	63	422
水情	66	87	50	32	12	44	10	51	128	35	515
积雪覆盖			10	12	20	16	14	19	28	29	148
海冰					3	3	3	3	5	3	20
城市热岛							14	2	6	1	23
地表温度							32	32	32	19	115
干旱							36	36	36	19	127
植被							36	36	36	19	127
高温								63	12	30	105
综合分析						5	3	6	8	4	25

五、气象卫星业务展望

要确保风云二号静止气象卫星“双星观测、互为备份”的业务格局。发射风云四号静止气象试验卫星，发展大气温湿廓线垂直探测能力，增强区域观测能力，区域观测能力提高至 5 分钟。发射风云三号极轨业务卫星，建立上午星、下午星组网观测业务模式，发展 GPS 掩星探测仪和红外高光谱大气探测仪，提高大气垂直探测能力与温室气体探测能力。发射风云三号降水测量雷达试验卫星，实现降水测量雷达主动探测。极轨卫星定量探测精度接近同期国际先进水平。

加强地面应用系统能力建设，完善由国内接收站和极地接收站组成的地面接收站网，全球观测资料获取时效提高到 2 小时以内。卫星资料应用实现从定性应用向定量应用的转变，在数值预报模式中实现业务化应用，同化资料中卫星资料占有比例明显提高。

第五节　地基遥感遥测

地基遥感遥测气象观测包括天气雷达、风（温、湿）廓线雷达、GPS/MET、雷电观测、激光雷达、地面微波辐射计等的观测。天气雷达按其发展阶段又可分为模拟天气雷达、数字化天气雷达、多普勒天气雷达。

一、模拟天气雷达

1. 模拟天气雷达的研制

我国的模拟天气雷达是指 20 世纪 60 年代后期到 80 年代初生产的，显示回波强度模拟信号的天气雷达，包括由 843 军用雷达等改型的天气雷达和 711、713、714 等显示模拟信号的天气雷达。

20 世纪 50 年末，我国着手筹划模拟天气雷达的研制。由于当时国家工业生产水平有限，未能在短期内生产出雷达样机。1960 年前后，气象部门从英国引进了马可尼-51 型、坦卡-41 型等三厘米波长的模拟天气雷达，分别安装在上海、北京、广州和福州等地进行测雨观测。1964 年，成都 784 厂对两部 10 厘米的军用 843 型雷达进行改装，1965 年初成功改装后的两部 843 雷达架设在广州白云山和福州进行试用观测，这标志着我国模拟天气雷达的问世。为填补我国 5 厘米波段雷达的空白，我国在 1967 年引进了日本的 JMA-109D 型 5 厘米天气雷达，同时还进口了日本的 JMA-133D 型 3 厘米天气雷达和英国的坦卡-43 型 3 厘米天气雷达。在引进的基础上，1968 年原第四机械工业部着手组织国产天气雷达生产，1969 年无锡无线电二厂生产的第一部国产 3 厘米气象专用天气雷达（711 型天气雷达）出厂。

2. 模拟天气雷达的建设

1970 年 711 型天气雷达开始大批量生产，到 1975 年气象部门购置 711 天气雷达 30 部，各省自筹资金购置用于人工影响天气作业指挥的 711 雷达近百部。由于 711 型天气雷达测强雨存在较明显的衰减，而 10 厘米波长的天气雷达在抗衰减方面优势明显，但要做到窄波束设备成本高。因此，兼顾到衰减影响和生产成本两方面问题，1973 年提出我国以 5 厘米雷达为主，在沿海地带和多暴雨地区布设10厘米雷达，组成全国基本天气雷达网，部分3厘米雷达站作为站网补充的发展设想。1973年初，原第四机械工业部722厂开始研制生产专用的5厘米天气雷达。1976年9月，性能指标略优于日本JMA-109D的713型雷达进行设计定型，1977年，713天气雷达批量生产并投入业务使用。到1980年，形成了由26部713天气雷达站，8部843改装型天气雷达，3部进口天气雷达，14部711天气雷达组成的我国模拟天气雷达观测网。

20世纪60年代到80年代初，我国模拟天气雷达的建设在为国民经济建设和国防建设的服务中发挥了重要作用。除了运用雷达进行局地警戒、指挥人工影响天气作业外，雷达网的联防产生了显著的效益。1969年，我国东南沿海的8部天气雷达在多台风地带形成了台风警戒线，在当时没有开展飞机探测，也无气象卫星探测资料，缺乏海上气象情报的情况下，对台风的监测取得了明显效果，改变了过去对海上台风活动情况不明的被动局面，为各级政府领导组织抗台风防灾害作出了重要贡献。1969年03号台风在广东惠东和汕头地带登陆，汕头雷达站冒着观测室屋顶倒塌的危险，及时跟踪观测、准确发出警报，为防台抗台提供了可靠的气象服务。

由于模拟天气雷达主要采用的是20世纪60年代和70年代的技术，尤其是雷达存在只能提供模拟的回波信号，探测资料主要是拍照保存，不能进行数字处理等问题。随着电子计算机的发展，80年代中期后，模拟天气雷达升级改造后，进入了数字化天气雷达时代。

二、数字化天气雷达

数字化天气雷达是指能提供回波强度数字信息的天气雷达系统。与模拟天气雷达相比，其最大的特点是雷达上增加了信息的计算机处理。

随着计算机的普遍应用，20世纪80年代后期，我国气象部门开始对模拟天气雷达进行数字化改造，并配备了计算机处理终端。计算机对雷达探测的回波信息进行数字化处理，生成各种定量的监测、分析、预警产品，大大提高了信息的处理速度和雷达的加工、分析、预警能力。与此同时，80年代后期到90年代初，我国生产的天气雷达都配备了计算机处理终端，成为一套相对完整的天气雷达监测预警系统。随着模拟天气雷达数字化改造的完成和按计划布设的数字化天气雷达站的建成，到90年代初，由40部5厘米和15部10厘米数字化天气雷达组成的国家天气雷达基本站网形成，并开展了区域的联防和数字拼图。

除此之外，约160部711型天气雷达作为基本站网的补充也进行了数字化改造，重点进行局地天气监测、警戒和为指挥人工影响天气作业提供监测信息。国家天气雷达基本站网和局地警戒天气雷达，在临近天气预报、短时天气预报、灾害性天气警报中发挥着越来越重要的作用。

数字化天气雷达虽然可提供定量的探测信息，但毕竟还只是提供单一的云和降水回波强度信息，及早发现天气系统，特别是中小尺度灾害性天气系统的能力有限，与国民经济建设提出的越来越高的监测预警服务要求尚有较大的差距。

三、新一代天气雷达

多普勒天气雷达是采用脉冲多普勒技术对发生在大气层中的云、降水等天气现象进行探测的天气雷达。多普勒天气雷达在测定云和降水回波强度的同时，还可以获取大气风场和湍流信息，是研究云和降水物理学、云动力学，分析和预警中尺度灾害性天气最有效的工具之一。多普勒天气雷达主要有脉间相干和全相干两种技术体制。

1. 多普勒天气雷达的研制

我国从 20 世纪 80 年代就开始研制多普勒天气雷达，1990 年研制成功 714-CD 型 C 波段脉间相干多普勒天气雷达，1991 年在河北省固城安装架设，同年通过测试验收；随后又生产出的两台 714-CD 型多普勒天气雷达分别架设在河南省郑州和辽宁省朝阳，并投入业务运行。1994 年生产出 714-SD 型 S 波段脉间相干多普勒天气雷达，架设在福建省厦门，此后生产了 4 台 714 型多普勒天气雷达分别安装在广东汕头、湛江，福建省长乐，广西南宁。1995 年我国第一台 C 波段全相干多普勒天气雷达问世，安装架设在北京市气象局，命名为 3824 雷达。

2. 新一代天气雷达的决策

为了适应现代气象的发展需要，1994 年中国气象局制定了《我国新一代天气雷达发展规划(1994—2010)》，决定采用全相干的技术体制以提高天气雷达的探测能力，在我国多暴雨洪涝地区布设 S 波段新一代天气雷达，在其他地区布设 C 波段天气雷达，于 2010 年建成我国新一代天气雷达网。

为了降低新一代天气雷达建设的投资，1996 年中国气象局决定与美国 UNYSIS 公司合资成立北京华云罗奥公司(后改名为北京敏视达雷达有限公司)，按美国业务布网的多普勒天气雷达(WSR-88D)的图纸生产 S 波段全相干的多普勒天气雷达，命名为 CINRAD(中国新一代天气雷达)，1997 年中国气象局提出《我国新一代天气雷达监测网站点布局方案》。

1998 年中国气象局提出了《关于加强防汛抗洪支持新一代天气雷达网立项建议》，得到了党中央国务院的高度重视。在国家计委的大力支持下，中国气象局利用国债资金，联合各地政府启动了全国新一代天气雷达监测网的建设项目。1997 年，中国气象局根据国内外多普勒天气雷达的技术和信息共享、联网拼图的需求，为使我国多普勒天气雷达在规范化、标准化的前提下加快发展，制定了我国多普勒天气雷达的功能规格需求书。1998 年根据功能规格需求书对国内优秀的雷达生产厂家进行了多普勒天气雷达研制和生产招标，敏视达、38 所、784 厂中标。

3. 新一代天气雷达的建设

1999 年，我国第一部合资生产的新一代天气雷达（CINRAD/SA）在安徽合肥架设成功，2000 年正式启动我国新一代天气雷达布网建设。2000 年 12 月，我国自行生产的第一部 CINRAD-CC（3830）多普勒天气雷达通过验收并正式交付使用。2001 年我国新一代天气雷达第一次探测到台风“飞燕”。2002 年新一代天气雷达监测网工程建设被国家发改委评为国债建设成果优秀项目。2004 年 6 月 1 日晚 7 时 35 分，全国新一代天气雷达拼图产品与全国电视观众见面。经过十年的努力，截至 2008 年底，全国已完成 146 部新一代天气雷达的建设任务，根据我国天气雷达的特点，在沿海省份及主要降雨流域布设 S 波段雷达，内陆地区布设 C 波段雷达，形成了基本覆盖全国的天气雷达监测网，实现了雷达监测布网的科学性和合理性，以及信息与资源的共享。

10 年间，新一代天气雷达网在定量估测降水、临近预报、灾害性天气监测和预警等方面发挥了重要作用，显著地提高了我国天气预报的准确率，增强了服务能力，逐步实现了精细化的定点、定时、定量预报目标，取得了明显的社会、经济和生态效益。

在统筹考虑各方面雷达建设需求的基础上，针对现有站点布局不足，中国气象局从 2007 年开始了雷达布点增补的准备工作。中国气象局组织有关业务部门在雷达探测范围技术分析的基础上，结合雷达建设进展与业务运行情况，以及近年来的极端天气气候事件发生的新趋势，并考虑多普勒天气雷达未来升级换代的需要，编写了《新一代天气雷达建设增补站点方案》，计划在已规划建设的 158 部新一代天气雷达的基础上，再增补建设 58 部新一代天气雷达。2009 年 8 月，国家发改委批复同意了该方案，并于 2009 年启动了雷达布点增补建设。

四、风廓线雷达

风廓线雷达能够实时提供大气的三维风场信息，增加无线电声学探测系统(RASS)，与微波辐射仪或 GPS/MET 水汽监测系统配合，可实现对大气风、温、湿等要素的连续遥感探测，是一种新的高空大气探测系统。与常规大气探测设备相比，风廓线雷达在探测精度、垂直分辨率和探测时间间隔等方面是其他观测系统所无法比拟的。间距适中、布局合理的风廓线雷达监测网在气象业务、气象研究、航天航空气象、环境监测、军事气象保障以及紧急突发事件保障、防灾减灾等方面都可以发挥重要作用。

1. 风廓线雷达的研制

我国的风廓线雷达发展有三十多年的历史。早在 1964 年，风廓线雷达建设就被列入了国家科委计划，但是由于受“文化大革命”影响，这个计划没有实行。20 世纪 80 年代末，我国风廓线雷达的研制和开发得到迅速发展，水平不断提高。1989 年，中国气象科学研究院和航天部 23 所研制成功首台 365MHz 的对流层风廓线雷达，在京津冀中小尺度基地实验和亚运会气象保障中发挥了作用。1995 年，北京市气象局与航天科工集团二院 23 所合作研制完成了一部边界层测风测温雷达试验机，在国内首次进行了应用电声探测系统(RASS)测量边界层温度的试验。同时，中国科学院大气物理所开发了一部 49 兆赫(MHz)的 VHF 风廓线雷达，用于高层大气物理研究。在“八五”攻关课题中，中国气象科学研究院与中电集团第 14 研究所研制的新型对流层风廓线雷达，在技术上实现了新的突破。1998 年北京爱尔达公司为中国科学院安徽光学精密机械研究所的国家 863 大气光学重点实验室开发了一部 915MHz 含 RASS 的边界层风廓线雷达。随后一些研究单位和企业又相继研制成功了低平流层风廓线雷达、边界层风廓线仪雷达，并投入科学试验和业务试用。

2001 年，中国气象局制定下发了《风廓线仪功能规格需求书(试行)》，明确规定我国业务中使用的风廓线雷达的类型有对流层 I 型风廓线雷达、对流层 II 型风廓线雷达和边界层风廓线雷达，并提出了各类风廓线雷达总体技术指标。近年来，中电集团第 14 研究所、安徽四创电子股份有限公司、北京敏视达雷达有限公司、航天科工集团二院 23 所、北京爱尔达公司相继研制出各类风廓线雷达，并部分投入业务试验和使用。2004—2008 年，中国气象局进行了风廓线雷达摸底试验考核，上述几个厂家生产的风廓线雷达通过试验考核，基本满足《风廓线仪功能规格需求书(试行)》的要求。

2007年,中国气象局制定了《风廓线雷达建站指南》和《风廓线雷达通用数据格式(V1.2)》。2008年,由中国气象局牵头,联合风廓线雷达生产厂家及相关科研单位,制定下发了《边界层风廓线雷达设计规范》和《对流层风廓线雷达设计规范》。

目前,我国国产风廓线雷达均采用全固态发射机和数字中频接收机,天线主要有源相控阵天线、CO-CO天线、抛物面天线等,边界层风廓线雷达大多采用集中式发射,对流层风廓线雷达采用分布式发射。信号处理均采用单PCI插卡、可编程大规模信号处理器,通过对散射信号的A/D变换、相干积累、FFT变换以及静杂波抑制、二进制检验、谱对称性判断、飞点谱线剔除等数据处理算法,检测出大气返回的信号谱。我国风廓线雷达技术趋于成熟,已具备风廓线雷达业务组网建设能力。

2. 风廓线雷达建设

2008年,中国气象局编制了《风廓线雷达发展规划(2009—2015年)》,规划紧密结合各行业对风廓线雷达网建设的迫切需求,面向风廓线雷达技术发展前沿,对风廓线雷达网的建设具有非常重要的指导作用。该规划对我国风廓线雷达的技术政策、布局组网、技术保障等重点问题进行了规划设计。

目前,气象部门陆续在北京、上海、唐山、张北、青岛、深圳、大理、电白等地布设了数十部风廓线雷达。由北京、河北的风廓线雷达组成的示范网已基本形成。上海和广东为迎接2010年上海世博会和2010年广州亚运会都在积极布设风廓线雷达网,国内其他省市气象局也纷纷开始布设风廓线雷达。

五、地基全球定位系统气象观测

利用导航卫星进行地基大气探测(简称GPS/MET)是上个世纪90年代发展起来的利用导航卫星信号进行大气参数主动遥感的一种新型探测手段,目前在发达国家,如美国、德国、瑞典、日本等,进行准业务化运行。它探测的大气水汽含量(又称大气可降水量),水汽廓线以及电子浓度总量对于天气预报、气候研究和空间天气的监测具有重要的应用价值。因此,它是中国气象局下一代气象探测业务现代化的重要组成部分,也是中国气象局战略发展研究中现代气象业务的重要内容。

1. 地基GPS/MET的发展历程

1999—2000年,中国气象科学研究院在海峡两岸暴雨观测试验研究计划中,进行了阳江GPS对水汽观测。

2000年6—8月，国家卫星气象中心和北京大学联合北京市气象局进行了我国第一次北京地区地基GPS/VAPOR试验。

2001年和2002年，国家卫星气象中心和北京大学在安徽进行了两次地基GPS小网观测试验，进一步完善了地基GPS观测和反演技术，得到精度为2毫米左右的GPS大气可降水量，监测了长江流域入梅时期的水汽变化，该特征也可作为梅雨预报的指标之一。

通过这三次试验，验证了地基GPS水汽的精度，研究了GPS探测在中尺度暴雨分析中的应用，以及GPS遥感资料的四维变分同化等科学问题，为地基GPS水汽探测的业务化奠定了科学基础。

2003年，中国气象局在河北省的石家庄、张家口、秦皇岛和北京市的大气探测试验基地建立了GPS探测水汽的业务试验网。在此基础上，于气候观象台试点站的建设中，又建设张掖、电白和锡林浩特三个GPS/MET台站。

2004年11月—2005年12月，国家卫星气象中心与香港理工大学和香港天文台在利用GPS测量大气水汽廓线方面进行了合作，开发了GPS测量三维水汽分布的软件，促进了GPS在气象领域的深层次应用。

2006年，中日合作的JICA项目，在青藏高原东侧建设了25个GPS/MET站，用于对高原水汽的监测和研究。

2007年，由中国地震局、总参测绘局、国家测绘局、中国科学院、中国气象局和中国教育部六部委合作的“中国大陆构造环境监测网络”项目，在全国范围建设260个基准站(包括一期工程已建的27个基准站)，其中，中国气象局建设45个GPS基准站。

2009年，气象灾害监测预警与应急工程项目启动，在影响我国灾害性天气的重点区域布设38个GPS/MET站。

2. 地基GPS/MET的建设和应用

截至2008年底，全国气象部门和其他部门合作的GPS/MET站达228个。2008年起，156个GPS/MET站纳入气象信息网络业务考核。到2009年9月，纳入气象信息网络业务考核的站点将超过300个。

在GPS/MET从科研向业务转化的过程中，中国气象局的各单位都进行了业务化应用的研究：2006年，国家卫星气象中心通过京津冀业务化试验，向中央气象台提供京津冀地区的水汽分布图；北京市气象局进行了将资料应用到数值预报模式中的试验，评价了资料对中尺度区域模式的影响；上海市气象局则通过2000年以来的资料，较全面地研究了区域水汽资料在长江流域的天气变化特点；河北省气象局利用了试验站点资料，对华北和河北省的一些天气类型的 GPS 水汽应用进行了详细的研究。

目前,气象部门测站将 GPS 原始数据通过专线或其他方式传至省级中心,省级中心将收集到的资料进行文件名转换,对不自带气象要素观测的国家气象台站的 GPS 文件进行气象数据匹配工作,并按规定的格式和文件名要求打包后向国家气象信息中心传输。各省级中心的 GPS 数据通过气象信息网络系统正点传输,每小时上传一次。国家气象信息中心将收到的数据实时传至气象探测中心的 GPS 数据处理中心,气象探测中心每小时生成一幅覆盖全国的 GPS 水汽图,并提供给国家气象中心、公共气象服务中心使用。

六、雷电自动观测网

雷电是积雨云云中、云间或云地之间产生的放电,是发生于大气中的一种瞬时高电压、大电流、强电磁辐射灾害性天气现象。

在相当长的时间里,对雷电的观测都是以人工目测实现的。新中国成立以来,制定了统一的气象观测规范,通常是将雷电归类到天气现象观测项目中。

从 20 世纪 50 年代初,我国的气象台站就开始了对雷电现象的观测项目,主要按雷暴、闪电两类进行记录,除了原有的观测项目,增加了雷暴、闪电发生方向的观测内容。目前《地面气象观测规范》还要求记录初始能目击到雷电的方向和时间、经过天顶的时间,以及闪电和雷声之间的时间差,最终记录雷电离去的方向和时间等。由于是人工目测定性记录,所能观测的区域范围较小,更无法实现准确、定位、定量化。

20 世纪 80 年代末,中国科学院空间科学与应用研究中心在充分调研国外雷电探测设备的前提下,努力攻关,克服困难,研发出了我国第一代甚低频云地闪雷电测向探测仪。导航星测时与测距全球定位系统(简称 GPS 系统)出现后,精确同步各个雷电探测仪时间成为可能。空间中心于 1992 年开始时差探测仪的研究,1997 年成功研发出时差测向混合雷电云地闪定位系统(简称 ADTD 定位系统)。其探测设备为 ADTD 型雷电探测仪,探测范围 300 千米。1998 年国内第一个省级雷电观测网(山东电力雷电观测网)建立。2001 年第一个气象系统的区域雷电观测网(深圳气象雷电观测网)建立。其后气象系统在多个省份和地区建立了区域雷电观测网。

2007 年,中国气象局建了立国家雷电观测数据处理中心,充分利用当时气象、电力等部门已建的 ADTD 雷电探测仪,整合和优化后,初步形成国家雷电观测系统。

我国在 2007 年初步形成国家雷电观测系统,其中利用了大量非气象系统建设和管理的雷电观测站。2008 年中国气象局明确了国家雷电观测网建设方案，由中国气象局统一规划布局，在全国范围内布设雷电观测站，经济发达地区基线距离约为 150 千米，探测精度优于 500 米，探测效率优于 80%；在西部及人烟稀少地区基线距离约为 300 千米，探测精度优于 2 千米，探测效率优于 60%。

截至 2008 年底，国家雷电观测网雷电观测站总数为 325 个，实现了对我国大部分领土的观测覆盖。雷电观测站原始数据实时传输至国家雷电观测数据处理中心的时间延迟小于 3 秒。处理后生成的定位数据实时下发给各数据用户单位，同时存入国家雷电观测数据库，供公共服务系统调用发布。

七、地基遥感遥测展望

完成天气雷达网建设。在组网探测盲区、气象服务重点地区和突发性天气灾害频发地区，增加布设新一代天气雷达，完成 58 部增补雷达建设。完善处理算法、质量控制，建设适应应用需求的天气雷达综合业务应用系统，整体提升雷达网探测能力。统一相同型号雷达技术状态。调整原有数字化天气雷达布局，加强局地监测预警能力。

推进风廓线雷达建设。完成风廓线雷达网规划设计，建立观测规范、业务流程，开展边界层、对流层风廓线观测。

增强地基 GPS/MET 观测能力。加强天气关键区域 GPS/MET 站建设，通过合作共建，形成覆盖全国的 GPS/MET 观测网。统一数据收集、交换格式。完成水汽、电离层处理和产品分发应用业务系统建设。

完善闪电观测网建设，加强闪电观测资料的质量控制，提高部门内外闪电观测资料的共享能力。

第六节　大气本底和大气成分观测

20 世纪 70 年代，在原中央气象局气象科学研究院天气气候所成立了大气污染组，当时的主要研究工作是有关工厂的大气污染评估，也承担了一些大气环境的研究工作，如本底站的选址和论证、珠峰环境科学考察等。中国气象科学研究院大气化学的观测和研究工作始于 1985 年，从正式建立大气化学研究室开始，多年来完成了中国气象局大量大气成分观测任务，以及国家科技部、国家自然科学基金委员会和国家有关部委的大量研究课题。分别完成了大气本底监测建设，包括温室气体、气溶胶、反应性气体，以及酸雨、沙尘暴和臭氧站网的建设，并开展观测。研究的内容几乎涵盖当前大气化学所有重要领域，以及重要的前沿学科，取得了许多具有开创性的学术成果，逐渐建立起一支在国内外享有盛誉的业务和研究队伍。气科院大气化学研究工作是和中国气象局大气成分监测站网建设密不可分的，广大科研人员参加了诸如大气本底站网、大气成分站、酸雨站网、沙尘暴站网等的建设，同时也构建了大气化学科研平台，为科学研究提供了大量的科学数据。中国气象局大气成分监测站网，特别是其中的大气本底监测站网的建设，得到了大气化学科研的有力支撑。20 多年来，中国气象局大气成分监测站网的建设不仅包含了无数从事大气化学科研人员大量的科研积累，同时也为大气化学研究及其他大气科学的研究提供了更广阔的科研平台。

一、大气本底观测

近百年来，人类活动排放温室气体形成的温室效应已引起全世界的极大关注，从而成为当代大气科学与环境科学的重大前沿科学问题。

1. 我国大气本底站网规划

1979 年第一次世界气候大会以后，作为 WMO 成员国之一，我国政府多次表明高度重视气候与气候变化问题，并采取切实措施加强气候变化的研究与监测，以减轻气候变化所产生的不利影响。同时，紧密结合我国气象科技的发展和社会环保的需要，积极支持并参加 WMO-GAW 的建设。自 20 世纪 80 年代初，我国在 WMO 支持下，气科院受国家气象局的委托，按气候带和本底站网覆盖范围要求，先后对广东、浙江、云南、黑龙江、四川、青海、新疆、北京等地做了考察、调研。对我国大气本底站网分批发展做了初步规划，并进行了具体的筹建工作。1981 年、1983 年和 1991 年，先后在北京上甸子、浙江临安和黑龙江龙凤山建成了 3 个大气区域本底污染观测站，开展了降水化学、混浊度、飘尘监测项目，并投入了业务运行。

2. 瓦里关山大气本底基准观测台建设

为了更好地掌握欧亚大陆代表全球尺度的大气本底变化情况，1988 年根据中国—美国—WMO 在我国西部地区建立大气本底污染基准监测站合作计划的建议，国家气象局着手站址考察及前期的技术准备工作。1989 年春，有关专家对青藏高原及其周边等地做了多次考察与调研。1990 年 6 月，气科院会同国家气象局气候司、青海省气象局和青海海南藏族自治州气象局再次对上述地区的部分拟选站址做了考察，对地形、环境代表性、工作及后勤保证条件、当地发展规划、投资费用等做了综合分析、比较后，认为位于青海省海南藏族自治州境内的瓦里关山地势孤立、开阔，有较好的空间及环境代表性，具备工作、生活、交通等初步基础条件，初步满足全球大气观测和日常管理及后勤保障等多方面需求，可以作为我国未来大气本底基准观测站的预选站址。

1990 年 8 月，中方邀请美国国家海洋大气局(NOAA)气候监测与诊断实验室专家访问我国，对瓦里关山进行了考察并采集了空气样品。他们表示满意与肯定，并建议在当地进行为期一年的站址可行性观测研究。1991 年 9 月，气科院的专家又对站址进行了考察，了解了站址的论证工作情况，并与青海省及海南藏族自治州政府领导对中国大气本底基准观象台的建设计划进行了讨论。通过前期考察、现场实测及美国国家海洋大气局气候监测与诊断实验室空气样品，分析资料均表明瓦里关与全球大气观测系统的全球资料具有很好的可比性，瓦里关作为全球大陆基准观测站的代表性得到了 WMO 及美国、加拿大、澳大利亚等国有关专家的认可。

根据世界气象组织(WMO)全球大气观测系统的选址及观测指南的要求，经过多批次人员对站点的调研，以及在野外观测和系统论证的基础上，在 GEF 项目的支持下，1994 年 9 月 17 日，中国大气本底基准观象台(简称瓦里关本底台)宣告成立，揭开了我国全球大气本底观测业务的序幕。瓦里关本底台的选址及建设是国际合作的范例，得到了 WMO、GEF 等国际组织以及加拿大、美国、澳大利亚等国对口合作伙伴在资金、人员和技术方面的援助。过去 10 年的运行中，除了中国气象局稳定的业务经费投入外，瓦里关本底台还得到其他有关国际组织、国内外相关机构和部门的各种支持，并和加拿大、美国、澳大利亚、瑞士、芬兰、德国、日本、韩国等建立了长期双边关系，还与国内、外科研机构和院校开展了多项合作。瓦里关本底台是 WMO/GAW 的 24 个全球基准站之一，也是目前欧亚大陆腹地唯一的大陆型全球基准站。遵循 WMO/GAW 技术规范体系，陆续开展了包括温室气体及相关微量成分、降水化学、气溶胶化学及光学特性、反应性气体、臭氧总量、太阳辐射、气象等多种类型要素的长期观测，为研究气候、环境变迁提供了可靠的基础资料和基准参照值，也为我国的可持续发展和环境外交提供了宝贵的科学依据。瓦里关本底台同时也是中国气象局大气本底观测网的核心台站，2001 年入选为中华人民共和国科学技术部的“国家重点野外科学观测试验站(试点站)”。过去 10 年中，还协助完成了包括国家自然科学基金重大项目及面上项目、国家科委攻关项目、科技部基础性工作和公益性研究项目等在内的一大批科研任务，充分发挥了作为特殊野外观测研究台站的科学价值和应用价值。

3. 大气本底站的发展

在中国气象局大气监测自动化系统工程一期项目的支持下，2003 年，完成了上甸子区域本底站建设方案报批、系统设计、设备选型、技术谈判、仪器订购、现场安装调试、人员培训等工作。2004—2005 年完成了临安和龙凤山 2 个区域本底站的建设方案报批、系统设计、设备选型、技术谈判、仪器订购、现场安装调试、人员培训等工作，以及数据采集—传输软件测试；2005 年，完成了世界气象组织资助的瓦里关本底台气溶胶观测系统升级改造和功能扩充，完成了其他观测项目升级建设实施方案；2 个拟新建本底站（云南香格里拉、新疆阿克达拉）完成了选址和论证试验，提交的科学论证报告通过了中国气象局组织的评审，还完成了 2 个本底站建设可行性研究报告的专家评审和修改；湖北金沙拟新建本底站完成了预选站址的现场考察，初步确定了前期科学论证。

2004 年 9 月 25 日，中国气象局下发了《关于国际大气本底变化野外科学观测研究站有关工作的批复》，同意由气科院具体负责科技部“国家大气成分本底变化观测研究台站网络综合中心”组建工作。10 月，“国家大气成分本底变化观测研究台站网络综合中心建设”项目通过了科技部组织的专家评审。2005 年 7 月，按照国家科技基础条件平台发展规划的要求，中国气象局推选的 9 个野外站有 6 个通过了科技部专家组初评，3 个（北京上甸子、浙江临安、黑龙江龙凤山）通过了终评。2006 年 8 月，配合科技部评估专家组，完成了瓦里关试点站的现场评估认证和平台项目自查报告。同年 10 月，顺利通过平台项目综合咨询会答辩。同年 11 月，科技部发布试点站评估认证结果的通知，公布了 2006 年批准建设的国家野外站名，瓦里关、上甸子、临安和龙凤山等 4 个本底站通过科技部组织的“国家大气成分本底观测研究站”评估，正式进入了国家级野外站系列。

2007 年，中国气象局组织对已建 1 个全球和 3 个区域本底站的运行进行评估。2007 年 8 月，完成了对金沙区域本底站候选站址科学论证的现场观测实验工作。金沙站的监测实验项目包括气溶胶质量浓度，气溶胶散射特性、吸收特性，温室气体瓶采样，如反应性气体 SO_2、NO_x、O_3、CO 等。通过对观测数据的收集和相关的资料分析，完成了金沙大气本底站候选站址科学报告，并于 11 月通过了专家论证。对云南香格里拉本底站进行了一期观测仪器设备的安装，还进行了瓦里关本底台站温室气体及相关微量成分在线观测系统的日常技术指导、支持和升级增容建设。2007 年研发并初步完善了“温室气体瓶采样数据库管理系统”、“瓦里关气相色谱法 CO_2 和 CH_4 在线数据处理及质量控制软件”等 6 个业务软件的编制。提交了瓦里关全球本底站大气 CO_2、CH_4 和 CO 观测数据集，编写了数据文档、元数据和数据说明文件等，上报至国家气象信息中心归档。提交自观测以来我国 5 个本底站瓶采样分析结果和评估报告，分发至各台站。

中国政府高度重视温室气体的监测工作。2007 年 4 月，中国气象局上报《温室气体决策服务专报》，得到国务院总理温家宝、副总理曾培炎和回良玉等国家领导人的重要批示。2007 年 5 月，中国气象局开始组织编写《我国温室气体监测分析系统建设方案》。2008 年 4 月 2 日，国家发改委气候办召开了温室气体监测分析系统建设第二次协调会，落实国务院领导关于温室气体监测系统建设批示精神，由发改委牵头，中国气象局与环保部分工协作，完成建立我国温室气体监测分析系统工作。经多方努力，2008 年 11 月，国家发改委正式同意我国温室气体监测分析系统建设实施方案（一期）项目立项，列入 2009 年投资计划。

二、大气成分观测

我国大气成分观测起步较晚，2005 年，中国气象局编制了《全国大气成分观测站遴选指南和建设要求》，提出了站网布局、观测要素和仪器配置；完成了《全国大气成分观测站网项目一期工程》建设方案的上报与审批，首批落实资金 1450 万元；按照科学规划、择优遴选的基本原则，主要在基础条件较好的基准、基本、雷达、探空等站点升级和增容，推进包括 7 个大气本底站在内的 30 个全国大气成分观测站能力建设，逐项开展大气成分的全国联网观测。经过分期建设，逐步构建地理覆盖面相对完整、区域代表性较为典型、观测及质量保证体系标准化和规范化的全国站网布局。完成了 23 个站点勘察、仪器对比实验、设备选型、技术谈判，所有设备在 8 月份到货；9 月份完成了有关省气象局（台站）人员培训和系统前期集成，11 月陆续完成了 23 个站点观测仪器的现场安装调试。

2006 年，完成了大气成分观测网数据传输软件开发任务并投入试运行，为大气成分观测网数据的准确及时传输提供了保障。建立了大气成分站网技术支撑体系，完成了备件备品建档。在硬件操作、维护、故障排除及软件开发、调试等方面，为部分大气成分观测站及沙尘暴观测站提供了技术支撑，派员多次到台站标定、巡检、实施现场培训。实现了新建大气成分观测网数据实时上传，并在大气成分中心实现了大气成分和沙尘暴观测数据实时监视、显示、存储与备份。

2007 年，开发了大气成分数据信息系统，可以实现对数据的自动下载、数据累计、数据到报情况、数据格式检查、数据质控、数据统计分析等功能。承担了气溶胶质量浓度监测仪、能见度仪、浊度仪、太阳光度计等的标校系统建设任务。初步形成了质量浓度监测仪、能见度仪的标校手册。2007 年 3 月，在北京对太阳光度计进行了维护和标校，并对太阳光度计站点进行了调整，重新安装调试。

2008 年，完成了大气成分站网评估和运行保障工作。开展了大气成分站网布局评估，大气成分站后向轨迹分析和区域代表性评估，大气成分站基础设施条件情况评估，业务观测设备运行、维护维修及标校情况、大气成分业务软件运行情况评估，数据质控情况评估，业务观测技术规范及技术规章制度、技术支持与技术保障情况、大气成分站业务管理情况、大气成分站观测数据分析，进行了大气成分站开展的气溶胶质量浓度、黑碳、气溶胶滤膜采样等业务项目评估报告的撰写。

三、酸雨观测

随着工业的飞速发展，大量污染物排入大气，给人类的生活环境带来日益严重的污染与破坏，使人们的健康受到严重威胁，气候环境变化问题日益重要，我国自 1981 年开始先后在全国建立了 86 个酸雨观测站和 3 个臭氧观测站。通过多年的观测研究，初步了解到我国酸雨的分布概况以及发展趋势。首次开展了我国酸雨的普查，得出长江以南是我国主要酸雨区的初步结论。自此之后有关酸雨的调查和研究在全国普遍开展起来。

在"八五"酸雨攻关项目中，对我国湿沉降时空分布特点进行了系统的、全面的观测研究。发现从 1986 年到 1995 年 10 年间我国酸雨发展日趋严重，酸雨面积逐渐扩大，部分南方省市出现年平均 pH 值小于 4.0 的地区，酸雨出现频率也逐年上升。从 2005 年起中国气象科学研究院承担了科技部 973 酸雨项目第一课题"我国酸沉降相关物质的排放特征及强度研究"，开展了我国酸雨污染现状及酸雨化学成分时空分布的调查和全面分析。同时结合卫星遥感技术对大气颗粒物与气态污染物的时空分布反演，建立了酸沉降时空演变数字化显示系统和酸沉降污染信息数据库。

2006 年，在现有酸雨站网基础上，按照《大气监测自动化系统酸雨观测子系统建设》要求新建了 69 个酸雨监测站，于 7 月 1 日投入业务运行。目前，国家级酸雨监测站共计 157 个，已经实现了监测数据的上传和备份，进一步提高了我国酸雨站网分布密度，使其空间布局更加合理。中国气象局所属的酸雨站主要承担我国大气湿沉降 pH 值和电导率的测定任务。

2007 年，收集整理了全国酸雨数据，并通过大量的协调工作，确保了数据的完整性，召开了由 12 省参加的酸雨监测评估业务软件推广培训会议。

2008 年，按照中国气象局的安排，中国气象科学研究院大气成分中心具体组织实施了全国酸雨观测质量样品考核工作，收集整理了 2008 年的全国酸雨数据，确保了数据的完整性。

四、大气本底和大气成分观测业务展望

大气成分观测的发展方向是：①大气成分的观测内容不断增加，特别是对天气、气候和人体健康有重要影响的大气成分的观测；②大气成分的观测从单点观测到综合网络观测，从地面观测到地—空—天基联网观测。

未来五年，参照 WMO 全球大气监测计划(GAW)的技术要求，以建立温室气体、气溶胶在线监测为重点，完成 1 个全球大气本底站(瓦里关)和 3 个区域大气本底站(龙凤山、上甸子和临安)的升级改造，完成 3 个新建区域大气本底站(香格里拉、阿克达拉和金沙)建设。完善现有大气成分观测站，稳定现有观测业务，开展反应性气体、臭氧总量观测。建立和完善大气本底和大气成分观测业务流程，规范业务管理。

第七节　专业气象观测

一、农业气象观测

气象部门的农业气象观测工作始于 1954 年，“文化大革命”期间一度停止，1979 年重新组建农业气象基本观测网，修改和颁布了农业气象观测方法。1986 年，为适应气象服务领域拓宽的需要，在农业气象业务试验的基础上，着手进行农业气象观测方法的修改，于 1994 年完成了《农业气象观测规范》的制定。为增强农业气象观测站网功能，实现一网多用，1989 年通过国家级农业气象观测站网调整，基本实现了农业气象观测网、情报网、预报网的三网合一，此次国家级站网调整后运行至今。现有国家级观测站点 398 个，省级站点 233 个。为适应现代农业气象业务发展的需要和当地农业结构的调整，自 2008 年开始，中国气象局已着手对现行农业气象观测站网进行调整。

20 世纪 50 年代到 60 年代，初期常规的农业气象观测以目测和手工操作为主，设备比较简陋，如土壤湿度测定，仅有取土钻、粗天平等设备，土壤蒸发观测

曾引进前苏联的波波夫土壤蒸发器，由于仪器本身存在一些缺陷，很快就停止使用。农田小气候观测主要采用常规的气象仪器，也曾引进少量国外较精密的仪器，如热线微风仪等，但未能普遍采用。20 世纪 70 年代，为改变农业气象仪器落后的状况，中央气象局、中国科学院地理科学与资源研究所、中国农业科学院、北京农业大学组成了农业气象仪器试制协作组，对我国农业气象仪器的需求、研制、生产等情况进行了比较详细的调查，提出了亟需研制的项目，组成了土壤湿度仪、农田温度仪、风速仪等试制组，由中央气象局下达科研任务，经过几年的努力取得了一些成果。但由于农业气象仪器使用环境差、精度要求高、用量有限等原因，不少仪器虽已试验、定型，但真正批量生产和投入业务使用的并不多。进入 20 世纪 80 年代随着我国科学技术和电子工业的发展，农业气象仪器的研制和更新得到明显促进，也先后引进了一些观测设备，如农田小气候综合遥测仪、测定土壤湿度的中子仪、光合有效辐射仪、叶面积仪等。但由于仪器设备本身质量问题，投入业务运行的先进农业气象仪器也不多。近年来，中国气象局加快了农业气象仪器的研发，并已取得一些初步成果，如有 2 个厂家生产的自动土壤水分观测仪已通过了设计定型。

1. 起步发展

1954 年 6 月，全国气象工作会议确定了气象工作既要为国防建设服务，也要为国民经济服务的方针，气象工作开始为农业生产服务。同年 7 月，中央气象局编发了《物候观测简要(草案)》，并在全国 12 个站点进行试点，这是我国第一本农作物物候观测方法，有组织的农业气象观测工作也自此开始。1955 年 4 月，中央气象局下发了《关于进行土壤湿度测定的通知》，并下发了《土壤湿度测定方法暂行规定》，5 月下发《进行测定土壤蒸发试验工作的通知》，在 9 个气象站用波波夫蒸发器测定土壤蒸发，由于仪器存在问题，1959 年停止。1957 年 1 月，中央气象局下发了《农业气象观测方法》，将以前下发的物候、土壤湿度、土壤蒸发等观测方法汇总；5 月，中央气象局下发了《关于审核农业气象观测记录的意见》，农业气象观测资料的审核制度自此建立；同时中央气象局也批转江西省气象局农业气象观测评分办法和工作制度，要求各省(区、市)气象局制定本地的评分办法和工作制度并进行试点。同年，中央气象局还转发了上海试点编制的旬(月)报电码，供各地参考，农业气象观测数据传输方式初步确定。1958 年 1 月，中央气象局邀请国务院有关部门，如农业、水利等部门，讨论统一的农业气象旬(月)报电码的内容、格式；5 月 31 日中央气象局制定了全国统一的农业气象旬(月)报电码(农气-01)；6 月，全国农业气象旬(月)报电码开始执行，当时发报站 550 个，年底达到 1096 个；8 月 15 日，中央气象局为加强对灾害天气的服务，编发了《农业气象特殊天气报告电码（农气-02）》，要求对农业有重大影响的特殊天气灾害发生后且作物受害面积达10%以上时，36小时内必须编报。1959年1月26日，中央气象局下发了《关于制定农业气象观测方法的通知》，对观测方法的制定采取"由上而下，由下而上，逐步统一，逐步完善"的方针，带有全国普遍性的观测方法由中央气象局制定，地区性的由省（区、市）气象局制定，属局部性或特殊性的由专区或县气象部门制定，气象哨也可根据需要编写观测方法，同时下发了《农业气象观测技术规定》。到1960年，中央气象局新制定了《热带作物农业气象观测方法》、《畜牧气象观测方法》、《林木物候观测方法》、《果树物候观测方法》；3月，中央气象局对农业气象旬（月）报电码进行修改，下发了（农气-03），充实了病虫害的编报电码内容。

至此，农业气象观测工作日渐完善，制定了全国统一的观测方法和农业气象旬（月）报电码（农气-03）、农业气象特殊天气报告电码（农气-02），建立了农业气象观测资料审核制度以及农业气象观测员考评办法。

2. 调整与低谷

1960年春，中央气象局下发《关于农业气象观测报表自审自用的通知》后，出现了部分省（区、市）气象局农业气象观测站站点减少的情况。10月6日，根据技术革新的精神下发了《试行农业气象观测方法初步意见》，规定部分农业气象观测项目可按各省（区、市）自行编制的农业气象观测方法开展观测。

1961年，根据调整、巩固、充实、提高的方针，集中兵力、缩短战线，9月18日，中央气象局下发了《关于改进农业气象旬（月）报，使用新编电码（农气-04）和调整发报台站的通知》，简化了部分内容，调整后发报站仅为153个。

1962年9月，中央气象局下发了《关于自然物候观测试点的通知》，转发了中国科学院地理科学与资源研究所编印的《中国物候观测方法》，在气象部门组织自然物候观测试点。12月7日中央气象局重新修改、印发了《农业气象观测暂行规范》，统一了18种作物和土壤湿度测定方法。对观测网也进行了调整，确定了全国农业气象基本观测站594个。

1965年10月，根据1965年全国气象局长会议关于观测改革的精神，对农业气象观测工作进行改革，即农业气象基本观测点的增减由各省（区、市）气象局自行调整；农气观测与大面积样板田结合，《农业气象观测暂行规范》供各地参考使用，各省（区、市）可自行补充和修改。

1966年2月5日，中央气象局下发了《关于启用新编气象旬（月）报暂行电码（HD-01）和调整部分发报台站的通知》，将全国农业气象旬（月）报改为气象旬（月）报。发报站调整为358个。6月11日正式执行新电码。

“文化大革命”期间，农业气象观测工作受到了较大影响，基本处于停顿状态。

1973 年 5 月，中央气象局将《答复甘肃省气象局有关农业气象工作如何开展》的函，抄送其他省（区、市）气象局，明确表示：今后要加强这方面工作的管理，积极开展农业气象工作，具体做法希望在实践中总结经验。这也是“文化大革命”以来，恢复农业气象工作的第一个文件。

三年困难时期以及随后几年，对当时我国社会经济发展造成了一定影响，这种影响也同样反映到农业气象观测工作中。这一时期最显著的特点是农业气象观测工作的管理权下放，观测站网的调整、观测方法的制定由各地自行组织，表现在站点减少，质量下降，农业气象观测工作徘徊不前。“文化大革命”期间，农业气象观测工作基本处于停顿状态。

3. 恢复发展

“文化大革命”结束后，经过了几年的恢复整顿，1979 年 12 月，中央气象局下发了《关于组织全国农业气象基本观测站网和执行农业气象观测方法的通知》。颁布了《农业气象观测方法》，并组织绘制了《物候图谱》，该观测方法将自然物候观测和畜牧气象观测列为正式项目。在全国重新组织了农业气象观测工作，确定全国农业气象基本观测站 338 个，1980 年开始试行。1980 年 10 月 6 日，中央气象局在济南召开农业气象工作座谈会，主要讨论完善农业气象观测站网和改进观测工作的意见以及农业气象规章制度。1981 年 3 月，中央气象局颁发了《农业气象工作规章制度》，其中包括农业气象工作岗位责任制、农业气象观测质量考核办法、农业气象观测记录报表审核办法、农业气象业务建设要求。全国农业气象基本观测站用了 2～3 年时间基本完成了制度建设。同年 5 月 6 日转发河北省编发的《农业气象观测记录预审记录办法》，农业气象基本观测站开展了报表预审。在随后的一年多时间里，开展了全国农业气象的普查工作，该项工作于 1982 年结束，对了解农业气象观测存在的问题、明确解决措施、、提高农业气象测报质量起到了促进作用。1982 年 5 月 14 日，国家气象局编发了气象旬（月）报电码（HD-02），电码按内容分段，增加了农业气象段、地方补充段。1982 年，为改革农业气象观测，针对观测方法中的问题，组织 9 个省 20 个单位，安排了 36 次观测业务试验，为期两年，对修改观测方法增加了依据。1985 年 7 月，国家气象局组织召开了全国农业气象工作会议，针对农业气象观测工作，提出了调整农业气象站网和观测业务，减少重复劳动，增加服务亟需的观测内容。

这一时期农业气象观测工作恢复较快，管理工作更为规范有力，工作成效比较显著。主要体现在颁布了《农业气象观测方法》,颁发了《农业气象工作规章制度》,制定了新气象旬(月)报电码(HD-02),特别是1985年全国农业气象工作会议的召开,明确了今后一段时期农业气象工作的发展方向、任务和思路,为农业气象观测工作的快速发展奠定了基础。

4. 快速发展

自1985年全国农业气象工作会议以来,尤其是新世纪以来,农业气象观测工作得到了持续快速发展。1986年3月,为了适应农业气象面向"大农业"发展的需要,开始组织修改编写现行的农业气象观测方法,采取系列版本,共九个分册:作物、土壤水分、畜牧、自然物候、果树、林木、蔬菜、养殖渔业、农业小气候,原基础较好的作物气象、土壤水分、畜牧气象部分,当年完成了初稿的编写。1987年,一方面继续组织编写农业气象观测规范有关分册,同时组织试点和业务试验,安排113个站承担了158项试点任务,并安排南京气象学院在徐州、柳州、咸阳、锦州农业气象试验站和嘉兴气象站进行小麦、玉米、棉花观测业务试验,为观测规范修改提供科学依据。1989年完成了农业气象观测规范全部初稿的编写工作。随后几年,根据业务试验的结果,对农业气象观测规范进行了多次修改完善,于1993年7月正式出版,1994年正式颁布执行。《农业气象观测暂行规范》的出版发行对于拓宽农业气象观测服务的领域,改善观测的技术手段,提高农业气象观测的能力和水平具有重要意义。1989年5月,国家气象局提出了农业气象站网调整的原则,根据任务分工,农业气象基本观测站分为两级,即国家级和省级。站网密度既要考虑空间分布又要突出各地农业生产特点、作物布局、种植制度等。结合站网调整对观测项目也进行了调整,农业气象基本观测站实现观测、情报、预报三网合一。调整后的国家级基本观测站402个,省级观测站317个。为适时取得高质量的农业气象观测资料,1991年国家气象局制定并下发了《气象旬(月)报电码(HD-03),从1991年7月11日起正式执行。1996年,针对当时农业气象观测工作中存在的问题,中国气象局提出了"农业气象观测改革试点设计方案",主要内容包括对观测任务实行分级管理,改单点观测为多点观测,调整观测项目和时次,进一步提高资料的科学性、实用性、有效性。1997年3月下发了《关于组织开展农业气象观测改革试点的通知》,组织河北、湖北、宁夏、广东等省(区)气象局开展农业气象观测改革试点工作。为加强农业气象观测质量的管理,稳步提高农业气象观测质量,1997年3月中国气象局下发了《关于颁发执行〈农业气象观测质量考核办法(试行)〉等三个农业气象质量考核办法的通知》,三个考核办法一直运行至今,对稳定农业气象观测质量发挥了重要作用。

1988 年 2 月,国家气象局下发了《农业气象仪器配备参考标准》,对统筹的常规仪器采取“下划指标,计划供应”,纳入正常供应渠道。对非常规仪器和专项仪器也作出了配备安排。为加强农业气象观测能力建设,1991 年制定了“八五”期间农业气象监测系统建设方案,确定“八五”期间在部分农业气象试验站和农业气象基本观测站配备土壤水分中子仪、农田小气候综合观测仪、光合有效辐射仪以及农田蒸散装置,并组织了咸阳、郑州、固城三个农业气象试验站对国产土壤水分中子仪进行性能对比观测和业务化试验。试验表明,两种国产中子仪可以替代进口产品,1992 年安排了 28 套土壤水分中子仪建设任务。1995 年完成了全国农业气象监测系统的建设任务,在我国干旱、半干旱地区的部分农业气象基本观测站配备了 87 台中子仪,为 52 个农业气象试验站配备了农田小气候综合观测仪,在咸阳、泰安、榆树、锡盟、乌兰乌苏等 5 个农业气象试验站安装了大型土壤蒸渗装置,部分改善了农业气象观测条件,提高了观测的遥测化、自动化水平。1998 年正式启动了“九五”农业气象监测系统建设基建项目,从配备用于农业气象观测的简易交通工具,更新常规农业气象仪器等方面加强农业气象监测系统建设。

自进入新世纪以来,农业气象观测工作处于持续稳定发展阶段,农业气象观测站网、农业气象观测规范、农业气象旬(月)报电码、农业气象观测规章制度等在原来基础上,提高质量,改革创新。在农业气象观测能力方面,2002 年完成了人工测定土壤湿度仪器的更新,从 2004 年开始进行了自动土壤水分观测仪的考核,2005 年进行了扩大业务试验,但尚未考核出满足农业气象业务服务的自动土壤水分观测仪。2008 年再次对自动土壤水分观测仪进行补充考核,目前有两种型号的仪器通过了考核,并通过了中国气象局组织设计定型。自 2008 年开始,为适应现代农业气象业务发展的需要和当地农业结构的调整,已着手对现行农业气象观测站网进行调整。

二、农业气象试验站

我国农业气象试验站始建于 20 世纪 50 年代中后期,是在我国农业快速发展和农业生产对气象服务需求日益增强的形势下产生的,是我国农业气象观测站网和农业气象试验研究的骨干,是农业气象试验、示范、推广、服务一体化的试验研究基地,是一支气象为农业服务的重要队伍。

农业气象试验站面向所代表农业区域的农业生产实际,通过取得和推广农业气象试验研究成果,直接为农业服务和为本区域气象台站提供服务技术方法。主要任务是:进行农业气象试验研究,并在所在地区进行科研成果的推广应用，起到示范、指导作用；为提高台站农业气象业务服务水平而进行试验研究，包括观测方法的试验研究，新仪器的使用考核等；进行系统的较全面的农业气象观测，积累长序列的农业气象资料；做好当地的农业气象服务，为国家、省级农业气象情报和预报提供信息。

长期以来，农业气象试验站坚持气象以农业服务为重点的方针，大力推广农业气象适用技术和开发服务于农业生产各个环节的农业气象指标，特别是在设备条件现代化程度逐步提高的情况下，积极参加多种科学试验活动。在作物、蔬菜、牧草、瓜果、渔业、林业等气象条件的鉴定，全国农业气候区划，全国农业气象产量预报业务试验，《农业气象观测规范》业务试验，东、西部丘陵山区农业气候资源开发利用，农作物节水灌溉，小麦干热风、杂交水稻生态适应性、作物低温冷害等全国性的大范围的联合试验中，农业气象试验站发挥了重要作用，取得了突出成绩。

1957 年 5 月 23 日，农业部、农垦部、气象局联合下发《关于建立农业气象试验站的通知》，首先在华东主要粮棉区和华南水稻及亚热带作物地区原有农业试验部门气候站的基础上，将 9 个站扩建为农业气象试验站，通知对试验站的建制、领导关系、编制、任务等都做了规定。后在"专有台，县有站"口号的影响下，有的省(区)也按地区建立农业气象试验站，到 1960 年增加到 211 个。

1961 年，根据调整、巩固、充实、提高的方针，集中兵力、缩短战线，中央气象局提出专业气象台站分别交有关生产部门管理，中央气象局派出以副局长为组长的调查组，5 月和 11 月分别到陕西、湖南等地调研农业气象试验站移交问题。当时有移交意向但未下发正式文件，此时有部分农试站已移交当地农业部门，不久被撤销。到 1964 年，全国农业气象试验站为 77 个，"文化大革命"期间绝大多数农业气象试验站基本停止了工作。1978 年开始恢复、整顿，至 1985 年有 68 个。

1986 年 5 月 5—8 日，国家气象局在北京召开农业气象试验站布局、建设方案讨论会，参加会议的有各省、市、自治区气象局农业气象管理人员及国家气象局职能司代表共 40 人。8 月 6 日下发了《农业气象试验站布局、建设规划方案》。提出了农业气象试验站布局调整和建设原则，即实行分级规划，按农业气候和农业生产结构类型分区设置。分国家级和省级两类，并提出农业气象试验站的任务，当时规划国家级农试站 29 个，省级农试站 30 个。结合"七五"计划的实施，对规划建设的国家级农业气象试验站进行了建设，主要包括农试站的基础设施、试验条件等内容。

1987 年 10 月 12—16 日，国家气象局在江西省南昌市召开了农业气象试验站工作研讨会，会议围绕农业气象试验站建设和试验研究、成果示范、推广、技术开发和服务工作交流了经验。会后下发了《深入改革，为建设新型农业气象试验站而努力——关于我国农业气象试验站工作和改进意见》。这次会议在总结基层经验的基础上第一次提出了农业气象试验站"开发农业气象适用技术"的任务。到1990年底，汇集印发了三册《农业气象适用技术选编》，对气象科技扶贫和农业气象技术开发的广泛深入发展起到了促进作用。

1990年1月25日，国家气象局下发了《农业气象试验站工作管理办法》，明确规定农业气象试验站实行国家气象局、省级气象局两级规划，国家、省、地三级管理。对农业气象试验站的性质、任务、组织管理、条件保证、建设和发展等作了规定，农业气象试验站走上了规范化发展的道路。

从1991年开始，结合"八五"计划的实施，国家气象局加强了农业气象试验站能力建设，为农业气象试验站配备了农田小气候综合观测仪、土壤水分中子仪、大型土壤蒸渗装置等，同时对农试站的试验条件，如温室等基础试验条件也进行了建设。

为推进农业气象试验站的发展，1993年3月在武汉召开了全国农业气象试验站现场经验交流会，会议围绕着如何为高产优质高效农业服务，使气象为农业服务上一个新的台阶进行了讨论；还围绕气象部门事业结构调整，完善相应的运行机制，深化农试站改革，加速发展，增强实力与活力进行了讨论。这次会议对今后一段时期农业气象试验站工作的深化改革和加速发展起到了很好的效果。

在农业气象试验站迫切需要改革、发展、创新的形势下，结合气象部门开展生态监测和信息服务的需要，2003年出台了《国家级农业气象试验站改革暨生态环境与农业气象试验站建设方案》，制定了"农业气象试验站改革暨生态环境与农业气象试验站建设方案"、"农业气象试验站改革暨生态环境与农业气象试验站建设试点方案"，提出了在国家级农业气象试验站的基础上，依据我国的主要生态系统类型，分别建立代表农田生态系统、森林生态系统、草地生态系统、湿地生态系统、湖泊生态系统、荒漠生态系统等类型的生态与农业气象试验站。同年10月，组织召开了生态环境与农业气象试验站建设试点研讨会，正式启动了该项工作。2004年，组织气科院、固城、辽宁锦州、黑龙江五营、江西南昌、湖北武汉、甘肃武威、青海海北农业气象试验站，编制可行性研究报告和制定具体实施方案，并开始投资建设以及编写《生态气象观测规范（试行）》。2005年3月，组织召开了生态与农业气象试验站建设试点暨生态气象业务服务工作座谈会，明确各试点站的业务任务，并从7月1日开始正式开展业务运行。

在全面总结七个试点站经验的基础上，2007年中国气象局对生态与农业气象试验站的建设工作进行了推广，分别对湖北荆州、新疆乌兰乌苏等五个农业气象试验站进行了改革，强化了生态与农业气象试验站的能力建设，使农业气象试验站的服务能力和水平有了较大提升。

从2008年开始，中国气象局已根据现代农业发展的需要对农业气象试验站的布局、任务、基础设施等进行调整和建设。

三、交通气象观测

交通运输的质量和安全与气象密切相关，许多灾害性天气，如降水、大雾、积雪、结冰、大风，甚至高温、低温等都对道路交通安全产生重大影响，做好交通气象监测是交通气象服务的前提，也是保障交通运输安全、畅通和高效的基础。

近十多年来，伴随着综合国力的全面提升，我国交通建设实现了历史性跨越，特别是高速公路建设成就尤其令世人瞩目。发达的交通网络系统，已经成为我国经济持续、高速发展的命脉。面对我国交通气象服务的需求，实施交通气象观测站网建设，对建立各省、市以及全国交通气象观测网具有重要作用，进而对减少交通事故和突发灾害影响、保障人民生命财产安全、降低交通维护费用、合理布局交通干线、提高交通质量和效益都有十分重要的意义。

从1996年开始，江苏省气象局与交通部门合作，开展交通气象监测和预警服务。2005年，经中国气象局同意，在江苏设立了南京交通气象研究所。2006年在南京设立"上海区域交通气象业务中心"，这是全国气象部门第一个在非区域中心所在地设立的业务分中心。之后，江苏省气象局还跟海事局合作，在长江沿线建成了由36套自动气象监测站组成的内河水上交通气象监测网络系统，对长江航道的水上交通气象开展预警服务。

2005年7月，中国气象局和交通部签署《交通部、中国气象局共同开展公路交通气象监测预报预警工作备忘录》，双方以雨、雪、雾等影响公路交通畅通的主要气象灾害为重点，逐步开展全国高速公路和国道气象灾害监测预报预警工作。之后，全国各省区市掀起了建设交通气象观测站的高潮。

2007年，由中国气象局正式发布了第一个交通气象行业标准《高速公路低能见度的监测及浓雾的预警标准》，该标准规范了高速公路能见度监测站的设置、设备检定、技术指标、数据采集处理，又严格界定了高速公路能见度等级的划分，还规定了浓雾的预警预报服务流程。

2008年，中国气象局启动了青藏铁路沿线气象监测项目，在青海、西藏建设16个冻土监测站，13个无人自动站。

2008 年 10 月，交通运输部和中国气象局签署《交通运输部与中国气象局关于深化交通气象合作会谈纪要》，就加快推进全国交通气象监测网络系统建设、交通与气象信息共享平台建设，建立交通气象部门应急联动常态化机制等提出合作意见。2009 年，中国气象局启动了由国家气象中心与辽宁省气象局合作建设的高速公路(京沈线) 监测系统项目，在京沈高速公路(沈山段)沿线建设具有气温、降水、相对湿度、能见度、风向风速、道面观测等监测内容的 10 个自动气象站。

据统计，截至 2009 年 8 月，全国交通气象观测站已达 700 多个。

四、空间天气观测

20 世纪 90 年代后期，中国气象局根据国际气象探测和天气预报业务向高层空间发展的趋势，结合自身业务发展的需求，从风云系列卫星在轨安全运行的实践(1990 年 FY-1B 姿控系统受到空间环境影响，致使卫星姿态失控)考虑，增加了对中高层大气和空间环境进行地基和天基探测的手段，并提出了开展空间天气监测预警的业务计划。

2000 年 8 月，卫星气象中心按中国气象局要求，组织开展了空间天气监测预警的调研和筹备工作。

2002 年，局长会又指出：发展中国的空间天气监测预警系统，拓展业务服务领域。在局领导的直接指导和大力支持下，逐步开展了空间天气监测预警调研和研究工作。

2002 年初，中国气象局通过了国家卫星气象中心开展“空间天气监测预警示范系统”建设的可行性报告，特增设专项小型基建项目，支持空间天气业务开展；同时，中国气象局向国家有关部门申请成立国家空间天气监测预警中心，并向国家计委提交进行“空间天气灾害预警系统工程”专项建设的建议书。

2002 年 6 月 1 日，国务院中央机构编制委员会办公室正式批复，同意成立国家空间天气监测预警中心(与国家卫星气象中心一个机构两块牌子)，将中国空间天气日常业务服务使命交给了中国气象局。

2003 年，中国气象局在气象中长期发展规划中将空间天气观测列为中国气象事业的一个重要组成部分。2003 年 7 月 1 日起，随着空间天气监测预警示范系统的建设进展，国家卫星气象中心开始了空间天气监测预警业务和服务。

2004 年 7 月 1 日，中国气象局在北京召开了国家空间天气监测预警中心业务运行正式启动新闻发布会，标志着我国空间天气业务从科学研究前沿走向日常社会公益服务的前台。

2007 年 11 月，成立了中国气象学会空间天气专业委员会。2008 年 8 月，成立了全国卫星气象与空间天气标准化技术委员会和空间天气监测预警分技术委员会，目前分技术委员会研究了空间天气监测预警标准化体系，已经制定了三个行业标准，正在编写的行业标准和国家目标都为 3 个，标准化工作正在稳步推进。

在天基方面，风云一号系列卫星具备高能粒子探测能力，可获得辐射带监测结果。风云三号卫星安装空间环境监测器，空间环境监测器产品处理业务系统开始运行，及时提供空间环境监测产品，满足业务需求。风云二号系列卫星安装太阳 X 射线探测器、空间粒子探测器。在地基方面，建成了 1 个电离层垂直探测站、3 个闪烁观测站，基本完成山东石岛太阳光球色球望远镜建设。

五、专业气象观测展望

农业气象观测站网与试验站布局更加科学合理，观测、试验对象具有针对性和多样性，观测项目与内容符合现代农业气象业务服务需求，显著改进观测手段与方法，初步形成现代农业气象立体化观测体系；充分发挥农业气象试验站的观测与试验、示范、推广功能；观测自动化、资料信息化、管理规范化水平显著提高，质量控制、装备保障体系更加完善。

建立与交通部门设施共建、数据共享机制，推进交通气象观测系统逐步纳入交通设施建设总体规划和工程项目的工作，推动全国公路、铁路、水路和海洋航运等交通气象观测示范网建设，有针对性地加强路面温度、道路结冰、冻土和道路实景等观测。

建立具有国际先进水平的空间天气业务技术体系，基本形成天地一体化的空间天气监测系统，开始构建“九章”空间天气虚拟星座。

第八节　移动气象观测

气象应急移动（车载）系统建设是综合气象观测业务建设的组成部分，是应急气象服务的基础工作平台，是固定气象服务系统的延伸，是气象观测的有效补充。移动气象观测是气象应急（车载）系统的重要组成部分，气象应急（车载）系统能在发生局地突发事件和气象灾害时，及时到达现场进行地面气象要素以及风、温、湿廓线的观测、实时收集传输气象资料、现场制作气象预报，为重大活动、地方政府应急抢险现场指挥科学决策提供客观、及时的气象服务技术支持。

气象应急（车载）系统集应急气象探测系统、应急移动服务信息处理与通信系统、应急移动决策支持系统和指挥调度系统为一体，具有强大的探测能力、信息处理能力和通信能力。

一、移动气象观测系统的发展

移动气象观测的雏形可见于手持风速计的应用，以及手持式通风温度计等的应用，其应用的场所常见于田间地头。随着科学的发展，科研人员很早就开始了对移动气象观测车载系统的研究，并在相关领域加以应用。在早期的大气边界层野外实验中，科研人员就开始把各种尺寸庞大的遥感探测仪器放在大型车辆上进行观测，在之后的各种气象科学野外实验中出现了各种车载探测设备和专门设计的移动观测平台，进入 20 世纪 90 年代后，世界许多国家相继建立了大气移动监测系统和平台，以弥补定点观测的不足和实现对特定目标的追踪探测。如美国 NCAR（国家大气研究中心）利用车载多普勒雷达和高分辨率多普勒激光雷达等追踪龙卷风；德国气象环境综合移动监测车监测城市特定交通路线及城市生活气象环境要素变化。车载遥感设备和车载直接观测设备在城市气象观测中得到广泛的应用，如城市热岛研究人员用微型小拖车对城市楼群进行流动监测；车载激光雷达对大气气溶胶、二氧化硫、能见度、臭氧含量的监测。此外，气象移动应急（车载）系统在重大活动和重大地质灾害中也有广泛的应用。

随着技术的进步，我国移动式气象观测业务经历了由手持观测设备现场应用到车载式大型探测装备集成应用的发展历程。从车载式 711 雷达人影指挥作业的业务应用，到现在各类型气象移动应急（车载）系统的出现，如中国华云技术开发公司、中国电子科技集团 28 所、安徽四创电子股份有限公司、南京中网卫星通信股份有限公司等生产的各类型气象移动应急（车载）系统，为各省气象部门应对突发公共安全事件、重大社会活动气象服务保障，提供了先进的技术支撑和业务服务平台。

随着我国新一代天气雷达发展计划的实施，技术体制更为先进的车载移动式气象雷达也相继问世。2001 年安徽四创电子股份有限公司按照中国气象局的要求开发了基于新一代天气雷达（CINRAD/CC）技术体制的车载式移动多普勒天气雷达 CINRAD/CCJ，分别部署在湖北荆江防洪前沿，并应用于中国气象科学研究院的人工影响天气的外场科学研究项目。该型号雷达辗转青海、河南及北京等地获取了大量的试验数据。中国船舶重工 724 所利用军品特色技术转化生产了具有特色的 724XD 型 X 波段型中频相参多普勒气象雷达，2002

年始先后在江苏省气象局、山东省气象局、广东省气象局、深圳市气象局、内蒙古气象局、四川省绵竹市气象局、中国气象局大气探测中心、江西省气象局、湖南省气象局、武汉暴雨研究所、新疆自治区气象局(3 套)推广应用,并出口到蒙古国气象局 9 套(已交付 5 套),共推广了 20 多套车载移动多普勒天气雷达系统。交付的产品在北京奥运会、大兴安岭森林火灾、5.12 四川汶川特大地震灾害抢险、台风及工农业生产等重大活动及自然灾害的应急气象保障发挥了积极作用。安徽四创电子股份有限公司、中国电子科技集团第十四所、锦江电子股份有限公司(784 厂)等单位都研制了具有双偏振探测能力的 X 波段多普勒天气雷达,分别交付中国气象局、武汉暴雨研究所、北京市气象局和中国人民解放军等相关单位,在科学试验、气象服务和军事行动保障中发挥了应有的作用。

本世纪初,中国电子科技集团第 14 所、安徽四创电子股份有限公司、航天科工集团二院 23 所、北京爱尔达公司先后研制和生产了车载风廓线雷达,2008 年中国气象局制订颁布的《边界层风廓线雷达设计规范》,规范了包括车载式风廓线雷达在气象业务中的应用。

进入 21 世纪后,南京大桥机器有限公司生产了可移式 L 波段探空系统,以适应日益发展了气象业务需求。中国海洋大学与中国电子科技集团第 14 所合作生产了移动激光气象雷达系统,为气象探测领域引入了新的技术体制,以适应气象探测业务向多体制、全谱段发展的趋势。

新世纪随着社会经济的快速发展,人民生活水平极大地提高,人们日益关注人类的生存环境与生活质量。中国气象局及时部署并开展了大气成分的监测与研究,北京市气象局于 2006 年完成了环境气象应急监测系统工程建设,2007 年 5 月 14 日,北京市气象局的环境气象监测应急系统通过专家验收。

中国气象局高度重视气象移动应急(车载)系统的建设工作,2008 年,中国气象局制定了《气象应急移动(车载)系统技术规范》,规定了气象应急移动系统的功能类型、技术要求、系统构成、性能指标、接口标准、集成装配和运行维护等内容。在编制的《气象灾害监测与预警工程》中,已规划在中国气象局气象探测中心和华北(北京)、东北(沈阳)、华东(上海)、华中(武汉)、华南(广州)、西南(成都)、西北(兰州)、乌鲁木齐等 8 个区域气象中心配备 9 套车载移动气象观测系统。

自 2003 年起,各省(区、市)气象局为适应社会日益增长的气象服务需求,纷纷通过各种渠道筹集资金,开始建设移动气象应急(车载)系统。到目前为止已有北京、上海、重庆、安徽、广东、广西、河北、河南、湖北、吉林、江苏、江西、辽宁、内蒙古、青岛、青海、陕西、山西、四川、新疆、云南等各省(市、区)气象局,陆续建设了包括:移动自动站、移动气象台、移动雷达、移动风廓线、移动大气成分、应急指挥车、移动雷电传感器、无人驾驶小飞机在内的多型(种)移动式气象探测设备及作业指挥平台。

目前,我国所生产的气象应急移动(车载)系统可以承载便携式自动气象站、车载新一代雷达系统、车载风廓线雷达、移动 GPS 探空仪、能见度探测仪、车载便携式气象激光雷达和多要素大气成分观测仪等设备。不但可实现对温、压、湿、风等常规气象要素的观测,还实现了对降水云体的强度、分布范围、云顶高度等多种要素的探测;可接收车载现场采集的天气要素数据和视频信息,经应急移动服务信息处理系统对其进行加工处理,提供暴雨、洪水、台风、冰雹等预测预报产品;实时接收固定服务中心的各类气象产品数据,如全国实时卫星资料、区域雷达资料,指导现场作业;通过车载系统的决策支持系统和指挥调度系统还能对突发公共安全事件以及气象灾害紧急事件做出快速反应、快速应答,以实现快速保障;对各种资源(大型探测设备、关键通信资源、气象业务专家等)的统一管理、统一服务、统一调度,使得离散的气象探测和服务资源得以统筹使用,实现了跨地区、跨部门快速高效的联合行动,实现对突发事件的统一服务、统一调度,从而提供高效、准确的气象保障服务。

二、移动气象观测系统的应用

由于气象移动应急(车载)系统具有良好的机动性,并且集应急移动观测系统、应急移动通信系统、应急移动指挥和调度系统、应急移动决策支持系统为一体,它可以实现对重大气象灾害事件进行移动观测,包括暴雨洪涝、台风、沙尘暴、龙卷大风、干旱;针对重大安全事件,能提供气象保障服务,如突发环境污染事件、山洪灾害、地质灾害和森林草原火灾、风暴潮灾害、凌汛和春汛;对重大公共活动,如为重大科学实验、重大赛事、重大工程的关键作业、重大庆典等提供定点、定时和定量的温度、雨量、风速、风向、相对湿度等预报,实时跟踪区域天气状况变化,提供区域天气预报服务;对突发性事件的监测响应,如实现对森林火灾区域的抵近监测,以便实施人工增雨作业、替代发生重大故障而短时间内又无法修复的同定布网观测系统,实现完整的监测业务工作进程等等。

2007 年,“圣帕”台风登陆前,中国气象局气象探测中心紧急派出 C 波段多普勒天气雷达赴江西广昌县进行观测。广东省近年来在各次登陆的台风天气过程中,统筹安排各单位的移动气象观测设备,开赴台风登陆点附近,对登录台风进行了全方位立体观测,为气象服务提供了大量现场观测数据。2008 年广西多次派出应急移动气象台对“北冕”、“黑格比”台风进行监测,为各级党委、政府防汛抗台风工作提供了及时的滚动监测预警服务。2009 年"莫拉克"台风登陆期间，上海移动雷达车赴太湖流域、福建、浙江一线对"莫拉克"台风进行现场观测，有效获取了"莫拉克"强台风的水汽场和台风雨滴谱结构数据，为进一步分析类似"莫拉克"这类复杂台风的内部结构积累了宝贵的资料。

2008 年四川"5·12"地震中，来自中国气象局气象探测中心、四川省气象局的应急移动车载系统和移动探测设备奔赴灾区进行应急保障工作，在抗震救灾工作中，两辆气象应急车一直驻守前线指挥部，与总参气象局、成都军区气象中心、民航、水文等气象工作组等共同组成气象水文保障组，形成了气象通信、预报会商、气象服务等全面的合作，军地气象部门联合开展气象服务，实现了军方、地方气象部门在通信、技术、装备上的优势互补，为应急状态下多部门联合开展气象保障提供了重要经验。同时，还及时协调两部 C 波段移动多普勒天气雷达布设到雷达观测业务暂时中断而保障任务又异常繁重的广元、绵阳开展应急观测，使各项探测业务在最短的时间得以恢复。此外，还分别在绵阳机场和雅安布设了两部移动风廓线雷达，进一步增强了对中小尺度灾害性天气的监测能力。

2007 年汛期，安徽淮河流域发生严重洪涝灾害。安徽省气象局移动应急指挥车驻守在淮河王家坝坝顶，通过卫星视频传输系统，实现了现场与中国局信息中心、中央气象台、中国局应急办、国务院应急办、安徽省气象台等单位的视频会商。利用应急指挥车通信系统，第一时间将华风影视集团摄制组采集的资料传至北京，实现了气象频道对淮河汛情及气象服务情况的现场直播。7 月 5 日，回良玉副总理到安徽王家坝视察汛情，对于气象部门提供了现场应急气象服务给予了表扬。2008 年初，南方各省出现历史罕见的低温雨雪冰冻天气，安徽、江苏、广东等省的移动观测应急系统纷纷开赴受灾严重的地区开展监测服务，并及时将受灾现场监测数据和情况发送到有关部门，为及时掌握受灾一线的情况和指挥救灾工作发挥了积极的作用。云南和重庆应急观测系统分别在 2008 年 11 月楚雄州暴雨引发特大泥石流灾害急气象服务和 2009 年"6·5"武隆山体垮塌应急气象服务中发挥了重要作用。

2008 年北京奥运火炬传递期间，全国各省（区、市）气象局充分发挥移动观测系统的作用，圆满完成了奥运火炬传递的气象服务保障工作任务，获得了地方政府的一致好评。奥运会期间，中国气象局气象探测中心组织移动 C 波段多普勒天气雷达、移动 X 波段天气雷达、移动 L 波段探空雷达和 2 部移动应急观测指挥系统等移动应急系统参与气象应急工作。

北京市气象局环境气象应急车自 2006 年开始，多次参加了中国气象局、北京市气象局以及北京市组织的突发环境事件应急演练和奥运反恐应急和交通事件应急演练、北京市扑救森林火灾应急预案演习、房山区危险化学品事故应急演练气象保障等多项任务。在北京市气象局的突发公共事件气象应急和反恐处置工作中承担了不可替代的作用，也在北京奥运会的应急反恐气象保障中发挥了重要作用。在奥运开幕式前期，圆满完成了国家“长城 5 号”大规模反恐演习以及“奥运期间城市道路交通事件模拟处置综合演练”，积累了丰富的应急现场气象保障组织和工作服务经验。另外还在 2007 年在奥运测试赛和好运北京 2007 国际公路自行车邀请赛”中，为组委会提供了现场气象保障和服务。

目前，各省(区、市)气象局已运用移动观测系统及业务服务平台，在应对诸如矿难、化学品泄漏、冰冻灾害、分洪抢险、地质灾害、特大地震灾害救险、沿海台风等灾害应急保障气象服务，奥运圣火珠峰登顶、亚冬会、长春大学生冬季运动会、北京奥运会保障、十运会等重大社会活动的专项气象服务保障工作，神七回收、南方暴雨野外试验等大型科学试验和军事行动保障服务中都取得了让党和人民满意的气象服务保障的业绩与经验。

三、移动气象观测系统展望

在所有的省(区、市)和急需的地市建立移动气象观测系统，同时完善移动气象观测系统的功能，除了具有灾害性天气移动监测功能之外，发展其他环境要素监测功能，逐步实现我国气象灾害监测的“更多”、预报预测的“更准”、信息发布的“更快”和气象服务的“更广”的建设目标。

建国 60 年来，在党和政府的正确领导下，经过几代气象工作者的共同奋斗，综合气象观测系统已经取得举世瞩目的成就，在许多方面已经达到和接近国际先进水平。展望未来，我们豪情满怀，我国的综合气象观测系统必将获得更大的发展，必将为各项气象业务和服务工作的发展奠定更加牢固的基础，同时对国际气象界作出更大的贡献。

本章编写组成员： 章国材 王晓云 陈绍有 李昌兴 陈永清 熊 毅
佘万明 宏 观 吕 波 赵志强 赵均壮 张沪生
焦智新 庞 晶 高玉春 樊振德 冯冬霞 张 宇
孙俊英 戴金浩 梁奇先 邢 毅 马舒庆 丁国安

第五章　气象信息网络

气象信息网络系统是气象事业公共技术基础设施，是国家信息基础设施的重要平台和组成部分，也是世界气象组织基础设施的重要节点，同时还是气象业务技术体系能否高效能运转的基础保障。

气象信息网络系统的主要作用是面向国家社会经济需求和世界气象领域科技与业务发展，提供基础气象信息资源服务。经过近 60 年的建设和发展，气象信息网络系统已经取得长足的进步，有较大的飞跃和发展。

本章主要内容包括如下四个部分：气象通信系统、气象网络系统、计算机系统以及气象资料业务。

第一节　气象通信系统

气象业务对气象通信网络的要求具有高度分散、高度集中、迅速及时的显著特点。所谓高度分散，就是为了客观而全面地获取各种气象资料而设置的气象台站分布在城市、农村、平原、高山、海岛、沙漠、边疆等全国各地。所谓高度集中，就是高度分散的气象台站统一按照国际时进行正点气象观测，随后把观测到的气象资料在同一时段内上行传输，统一集中到国家级中心。此外，为了保证天气预报的时效，要求各类观测资料和预报产品在有限的时间内做到快速及时的传输。气象通信网络便是承担这一任务的主要技术手段。

新中国的气象通信工作一直受到党和政府的高度重视，得到邮电、电子工业等部门的大力支持和帮助。气象通信不断采用新的技术装备，从建国初期简陋的设备、手工操作发展成为今天拥有先进装备、实现通信自动化的亚洲区域气象通信枢纽，现代化建设成绩显著。

回顾 60 年来走过的历程，气象通信发生了深刻的变化，气象通信体制也随着中国现代化的进程而不断调整变化。20 世纪 50 年代至 70 年代，根据我国当时的实际情况，气象通信采用以利用国家电信网为主、自设电台为辅的方式；20 世纪 80 年代，随着通信网络技术的发展，气象通信开始步入自动化，计算机通信逐步取代传统的人工通信，采取以计算机自动化通信为主，以无线等其他通信手段为辅的方式；20 世纪 90 年代开始，随着 9210 工程的实施，我国气象通信采用以气象专用网为主、国家公用网为辅，以卫星通信为主、地面通信为辅的方式。

气象通信主要经历了莫尔斯通信、电传通信、传真通信、自动化气象通信和现代化的全国气象通信骨干网络等阶段。

一、莫尔斯气象通信

从建国初期到 20 世纪 60 年代中期，我国气象通信采用的主要方式是无线电莫尔斯通信。它也是当时国际上最普遍采用的通信方式。莫尔斯通信是利用无线电短波传输信息的一种通信方式，其信号的编码又因不同的领域而有所不同。莫尔斯由于采用的是无线电信号，因此，只要发方有一部发信机将信号发射出去，收方有一部收信机接收并将信号译成电码数据，就完成了通信传输过程。

1. 新中国气象通信的组建

新中国成立之前，观测站网和预报业务分属不同部门，无法组成全国统一的气象通信网。新中国成立后，中央军委气象局第一任局长涂长望充分认识到通信的重要性，他在 1949 年 11 月 23 日给周恩来总理的关于组建新中国气象业务的报告中，首先提出“灵活通信网的配合是气象建设不可缺少的一个方面，否则，不论气象台设置如何多，天气情报也不能迅速集中发布，特别影响天气预报的准确度，而无法完成气象业务所应负的任务。”11 月 25 日中央批准了这个报告，使气象通信的建设提到了重要议事日程。

在中央气象台成立之前，通信始终属于军事范畴，随着气象事业的发展，气象通信——一个新兴的事业诞生了，它成为气象资料传输和气象预报服务的重要环节，为气象事业的发展奠定了坚实的基础。中央气象台 1950 年 3 月 1 日成立时，主要业务为预报、通信、观测。通信部门以从中央军委三局通信总台调来的 8 人为主体进行组建，开始了新中国气象通信的发展历程。

最初的通信设备主要是从华北观象台接收下来的，有美国、英国、日本制造的收信机，型号有 BC779、AR88 以及从吉普车上拆下来的机器。发报机是美国制造的 400W 发信机。有一部 2.5 千瓦汽油发电机，以备停电时使用。这些机器和设备都已经相当陈旧。当时有一副比较完好的发射天线，却没有收信天线，为了保证收信工作的顺利进行，只好在发射天线杆上用拉线的方式做替代。

为了确保气象测报资料的收集，尤其是遇雷雨天气干扰时，工作人员都要及时赶到报房帮助抄报，防止和减少报文的丢失。

1950 年 10 月，面对抗美援朝战争的严峻军事形势，要求气象为军事服务，气象通信也要求军事化，全部气象资料、情报、预报都实行加密传输。由于气象情报的传输主要是靠无线电广播，因此，在发报、广播前各种观测电报需经机要单位加密后才能播发，抄收的国内观测报告也必须经译码解密后才能供填图、分析和预报使用。

1953 年，经过三年的经济恢复和抗美援朝的伟大胜利，我国开始了大规模有计划的国民经济建设，为了使气象工作更好地为国家建设服务，全国各级气象组织从军队建制转入政府建制，中央军委气象局改名为中央气象局。建制改变初期，国内气象情报的保密仍然持续了一段时间，直到 1956 年 6 月 1 日气象情报才取消了加密传输，使用国际通用的明码进行广播。从此，中国的气象通信事业进入了一个新的发展时期。

2. 观测资料的传输与收集

天气预报使用资料的收集，最初主要靠人工手抄各地气象广播来完成。当时，莫尔斯广播使用无线电短波传输信号，受天气、环境、距离等因素的限制和影响很大，抄报质量无法保证。

新中国成立初期，全国的气象台站总共不过 100 多个，而且只有地面观测，没有探空观测，能够发报的台站就更少。当时每天定时抄收 00 时、12 时、18 时(世界时)三个时次，但能抄收到的国内天气观测情报十分有限。1951 年在全国只有北京和南京两个探空站的观测资料，地面图上观测资料也是寥寥无几。当时，气象通信只能收集到国内观测报告，抄收的电报是不固定的，呼号、波长、具体工作时间都不清楚，每次上班都是由领班临时找好广播台的信号，再让报务员抄收。一个台抄收完了再找另一个台抄收，工作十分被动。当时由于没有国际气象广播的资料，天气图上有不少空白地区，有些地区站点十分稀少。为了多收集一些资料，有些报务员主动利用上班的空余时间侦听国际气象广播。通过这种方法，逐步增加了国际观测报告的抄收，特别是解决了我国西北地区和前苏联亚洲地区气象情报的密度、时效问题，较好地满足了对冷空气活动的预报。

由于气象情报的收集是被动地抄收广播且只能一次完成，无法重复，因此，要求报务员不仅要有高度的责任心，而且要有较强的抄报技术、灵活的反应能力和果断的判断力。工作期间，报务员个个全神贯注。其他专业通信速度一般是每分钟 100 码(长码)，而气象通信由于信息量大，要求速度快，气象广播一般都保持在每分钟 120～130 码(长码)的速度上。因而,每个报务人员都有“分秒必争”、“组码必争”的工作作风。

3. 利用电信网络传输气象电报

1950 年,为了解决将全国当时仅有的 100 多个台站的气象电报尽快收集到北京的通信传输问题,根据我国的实际情况,确定了以利用国家电信网为主、自设电台为辅的原则。1950 年 4 月 12 日,经与邮电部协商,签订了“优先传递气象电报”的文件,规定:“凡有电信局的地方,其气象情报由邮电局传递”,并为气象报告指定了专用报类代号“OBS”。要求各级电信局对气象电报要随收、随发、随转,每次中转不得超过 8 分钟,全程最大时效不得超过 25 分钟。在电信部门的大力支持下,使全国各地的观测台站,尤其是那些没有传输设备的观测台站的观测报告及时传送到北京,供全国预报业务使用。

在利用国家电信网传输气象情报的同时,为了解决部分位于高山、海岛、沙漠等偏远地区台站的气象通信问题,我们采用了自设小型无线电台的方式,进行无线通信传输。

实践证明,根据我国国情,气象通信采用以国家电信网为主、自设电台为辅的原则是正确的,也是我国气象通信建设的一条基本经验。

4. 接收国外气象广播

1950 年 11 月,中央军委气象局与中国科学院地球物理研究所在中央气象台正式建立“联合天气分析预报中心”。由于天气预报需要全球的气象资料情报,首先是周边国家的气象情报,所以在没有建立国际气象电路之前,抄收国外气象广播是唯一的途径。“联合天气分析预报中心”成立后,对通信提出扩大欧亚天气图范围的要求,同时要求设法抄收北半球的高空观测资料。1950 年,中央气象台设有抄收国外气象广播的报房,主要抄收莫斯科、新西伯利亚、伯力、塔什干等苏联地区以及蒙古、日本、印度、泰国、菲律宾等国家的莫尔斯广播。1951 年,曾在现中国气象局所在地及其周边 13.3 公顷土地上,架起 20 多付菱形和笼形天线,用来抄收欧洲、北美洲的气象广播。

为了给预报提供更多的天气实况观测报告,通信人员竭尽全力。北美洲处于西半球,根据无线电波传播的规律和原理,再好的天线也很难接收到西半球的信号,更何况当时的通信设备中根本没有收信天线,只能利用发射天线,采取拉线的办法,进行侦听。经过多次试听,侦听到了可以抄收的德意志联邦共和国法兰克福气象广播,从中得到北美洲和大西洋地区的天气观测报告。西太平洋地区的观测报告主要靠抄收檀香山气象广播来解决。另外,还增收了埃及开罗、肯尼亚内罗毕的气象广播，获得了北非的天气实况报告。从此，基本上满足了北半球 12 时（世界时）高空天气图对高空资料的需求。

随着全国建立观测台站工作的迅速进展，国内气象广播相继开播，国内气象观测报告不断增多，抄报业务不断扩展，通信人员也得到相应的补充。1953 年从军队转制到地方后，成立了电信（报务）科，并根据业务的发展分设国内和国外两个报房。国内报房收集国内各大区的气象广播，主要有沈阳、南京、武汉、成都、兰州和台北等地；还负责收集一些我国周边国家和地区的气象广播，有蒙古乌兰巴托、朝鲜平壤和香港地区。国外报房负责收集国外气象观测情报，亚欧范围的主要有前苏联伯力、伊尔库茨克、新西伯利亚、塔什干、莫斯科气象广播。东南亚及太平洋地区的有日本东京、菲律宾的马尼拉、印度的新德里、巴基斯坦卡拉奇、印度尼西亚雅加达和美国关岛等的气象广播。

到了 20 世纪 70 年代，我国加入世界气象组织全球气象电信系统后，才逐步终止了抄收国外气象广播的历史。

5. 气象数据广播

中央气象台收集到的各类观测资料除供内部预报业务使用外，还负有向全国 各级气象台站提供资料的任务，这项工作主要是通过气象广播来完成。气象广播也是 20 世纪 50 年代初期我国把集中的大量国内外气象情报，直接、迅速地分发给全国各地气象台使用的唯一途径。1950 年 3 月 1 日，中央气象台通信组成立之后，利用原华北观象台的陈旧设备，采用莫尔斯电码方式，组建了新中国的气象数据广播，呼号为 ACP。1951 年 4 月 15 日，又另组建了一组广播，专门播发国外气象情报，呼号为 AMP。北京气象广播初期，报量很少，只有三个时次的地面报告，每次广播时间为 10 分钟左右。发报时讲究时效，全部手工操作，一般是选出发报手法好的报务人员用发报键发报。随着我国气象台站的迅速发展，气象测报的传输量有了明显增加，到 1951 年参加拍发基本气象情报观测的台站已经达到 170 个。因此，原来完全依靠手键播发的操作方式已无法适应工作的需要，于是北京气象广播首先改用莫尔斯快机播发气象情报。

随着业务量的不断增加，原有 400 瓦的发报机已无法满足向全国的广播发射任务，因此，中央气象局决定租用电信局的千瓦发射机进行广播，由报务员将广播信号传送到电信局，电信局负责将信号发射出去。为此中央气象台与电信局间开辟了电传电路，传输广播内容。

1952 年前后，陆续在华北、华东、中南、西南、西北 5 个大区的沈阳、南京、武汉、成都、兰州建立了 5 组区域性气象广播。1955 年 4 月 15 日，正式将气象广播分为国家和区域两级气象广播。1956 年，先后撤销了南京和沈阳两组广播。1965 年，根据当时战备需要，把北京的地面和高空两组广播分散到陕西和山西。1970 年后，对气象广播的布局进行了较大调整，分别在湖北、山西、辽宁、甘肃、四川、湖南、安徽、新疆的山区，建设了战备气象中心，承担气象广播任务。

由于国防和军事的需要，国内全部观测报告均使用密码进行广播。随着抄收国内外观测报告的增多，气象广播分为两组进行，一组广播播发国内加密报告，一组广播播发国外非加密报告。通过这两组广播就可以接收到绘制亚欧范围天气图的观测情报。这样，不仅使国内各级气象台站不再动用很多人力去收集分散的国外气象广播，而且节省了不少物力。

二、电传气象通信

电传通信是 20 世纪 30 年代在少数发达国家开始使用的一种机械式通信工具，是莫尔斯通信速率的 3 倍，电传通信以有线电路为主，进行点对点通信传输，不仅速度快，而且误码率低，通信质量更有保障，还可以使报务员从繁重的手工抄报劳动中解放出来，大大提高了传输速率和时效。

1. 国内电传电路与干线网的建设

1956 年 10 月在北京与沈阳间开通了我国第一条气象专用有线长途电传电路，它标志着我国气象通信从纯手工操作向机械化转变的开始。1957—1958 年，在各地气象局的积极努力和配合下，北京与武汉、上海、兰州、太原等省气象台先后开通了有线电传电路，使全国常规观测资料的收集状况大为改观。以后又陆续开通了北京到成都、西安、长沙、石家庄、济南、天津、呼和浩特、郑州、广州、乌鲁木齐以及拉萨的电传电路。短短几年的时间，在中国大陆便初步建成了气象通信干线网和有线电传网，使我国的气象通信事业有了一个飞跃的发展。

在国家经济困难时期，为尽快发展气象通信事业，中央气象局以邮电部门的设备为依托，开展通信网建设。此后，气象通信与电信部门一直保持着良好的合作关系，电传电路全部以租用电信电路的方式完成。

国内气象通信干线网的建立，为预报提供了及时、广泛的气象情报。从地面观测的三个时次到地面观测报告八个时次（四次正点观测和四次辅助观测）的收集，从两个站的探空报告到两个时次的国内、国外探空、测风资料的收集，还陆续增加了各类国外飞机探测、台风、雷达（测雨、测台风）报告、船舶报告（海面、高空）、旬月报等常规观测资料和预报资料。同时，将国内外的各类实况资料和预报产品迅速向各级气象台站传送，为各级气象台站的预报业务提供丰富的资料。

在组建气象通信干线网的同时，有些区域根据各自的条件，开始建立区域中心到相关省之间的省际电传通信网。

2. 电传业务与移频广播

电传通信在气象通信上的广泛应用，不仅使气象资料的传输在方式上发生了很大的变化，而且在资料收集处理和转发方面都出现了一个新局面，新的处理流程使各部分的操作分工更细致、更严格。

对国内、国外常规观测报告开始分为A、B、C、D四个等级进行处理，主要是对不同的用户限制了分发范围。工作报房仍然延续原有的国内、国际报房分开处理的原则，业务工种主要有业务员、收报（国内分干线、省级）、发报（国内分干线、同城）、凿孔、广播。电路传输速度初期为50波特（约每分钟380字符），70年代初提高到75波特（约每分钟780字符）和100波特（每分钟1000字符）。报房中使用的电传机类型比较复杂，初期有东德产品51型，西德产品T37型电传机，1973年后增加了上海产品55型和武汉产品28型电传机，80年代初又进口了一些西德产西门子1000型电传机。发报机大多使用机械式纸带发报机，还配备有机械式凿孔机。在接收电报数据时，可以同时凿出纸条，用于电报的转发。凿孔操作仍需报务人员的手工键入，由于凿孔的资料量十分大，凿孔速度要求比较高，一般数码打报速度在平均每分钟300码左右，英文字母每分钟100字符以上。

为了满足国内外用户的资料需求，北京气象移频广播于1970年1月1日正式开播，呼号为BAA，主要播发国内外基本的地面、探空观测报告和部分分析、预报资料。广播开始时为6个频率进行播发，1978年8月1日起增加到12个频率昼夜进行广播。为了保证质量，分别在北京和天津各设一个接收点，将广播信号反馈回报房，由值班员负责监视广播情况。1985年，各区域气象广播全部改为移频广播，从此，结束了我国莫尔斯气象广播和手抄广播的历史。

三、传真气象通信

1. 无线传真气象通信

随着气象事业的不断发展，用电报传递信息已不能满足预报业务的需要，而传真技术的应用，可将绘制好的天气图通过信号传送，使各地气象台能收到预报员使用的天气图，不仅节省了大量的人力、时间，而且减少了重复性劳动。

我国最早的气象传真广播　我国气象通信自20世纪50年代后期开始引进传真技术。在苏联的传真收、发片机的基础上，由有关部门进行技术和国产化生产的研究，到60年代才进入业务应用阶段，北京等几个大区域通信台首先使用传真接收机接收国外传真广播。为了普及这项先进的通信技术，1972年底，由通信队承担筹建我国气象传真广播台。在缺乏技术资料、国内没有先例的情况下，克服重重困难，边学边建。初期试验时采用独立单边带方式进行，用下边带播发传真图，上边带播发移频广播。试播期间，广播效果不太好，而且对接收机的要求也比较严格。于是，调整了广播方案，将传真广播和移频广播分开进行，广播效果得到明显改善。经过一年多的试验、改进，在北京电信局的大力协助下，1974年10月我国第一组气象传真广播开播了，台名为北京气象传真广播，播台呼号为BAF。每天共8个频率昼夜进行天气图广播。1990年，全国共有23个气象传真广播台，仅气象系统接收传真广播的台站就有1842个。

气象传真业务的发展　气象传真广播初期每天播发六七张传真图，内容为亚欧地面和高空实况图、预报和分析图。由气象台提供广播图源。随着业务的不断扩展，到20世纪70年代末，传真广播每天播发的传真图已增加到近30张，并增加了高空实况图的层次，台风警报以及雨量、风、温度等要素预报内容。在广播设备、传输方式、发射流程、频率、天线布局等技术上不断改进，使广播达到了世界气象组织的技术标准。1977年，北京气象传真广播正式成为世界天气监测网中一个无线传真广播台，负责向国内和亚洲区域提供各类实况分析、天气形势及有关要素预报图。

传真广播的主要设备是传真发片机，通过对放在滚筒上的天气图进行扫描将信号发送出去。使用的设备主要有美国的ALDEN发片机，收片机主要接收莫斯科、奥芬巴赫、东京、关岛等传真广播，同时监收北京气象传真广播的播发情况。传真广播主要是面向基层台站，为基层服务。为了做好传真广播，定期向接收台站进行接收情况的调查，包括传真广播质量、使用频率等内容，以便及时进行调整和提高工作质量。

北京气象传真广播的播发，为中国、亚洲区域及东太平洋、中国近海各行各业的气象服务起到了良好的作用。途经中国海的外国船只都可以收到北京传真广播播发的传真图，得到中央气象台提供的气象预报服务。

传真业务的建立与日常维护均由通信队技术人员进行。传真技术从无到有，从初级到具有相当的技术水平，培养和锻炼了一批骨干技术力量，形成了一个专业维护队伍。

2. 有线传真气象通信

由于传真广播系统已运行了十多年，设备老化，无法满足各级接收台站预报服务的需求，1988年12月全国气象通信台台长会议上提出了改造我国气象传真的任务。1989年8月国家气象中心召开会议，讨论建立数字传真自动化系统方案，确定利用华北计算所生产的太极TJ-2220小型计算机作为主机，由通信台负责传真自动化系统的开发、建设和应用工作。

传真自动化系统 传真自动化系统采用太极(TJ-2220)双机热备份系统，进行国内外传真图的自动接收、转发、广播和制作。在图形的制作上，采用计算机程序控制直接绘图，各种数值预报产品、实况分析、物理量分析等气象传真图都在计算机内自动形成传真文件。由VAX6320计算机制作的国家气象中心数值预报产品图直接从网上传送到太极计算机系统。广播图由系统根据节目表自动定时将传真文件经计算机接口电路输出后直接变为传真信号，送往无线发射台播发。自动化传真系统实现了无纸化运行，告别了传统的人工发图方式。1991年7月15日，北京气象传真广播开始启用计算机自动播发传真图业务。每天播发的传真图比原有内容增加了一倍。北京气象传真除了用短波播发传真图外，还与德国、俄罗斯、日本、韩国建立了气象传真业务，每日定时交换传真资料。

传真图的网络传输 为解决无线传真广播速度慢、广播容量有限、易受干扰等不足，在国内建立了以计算机广域网为基础的压缩编码有线数字传真系统。为了实现传真图的国际化传输，“八五”期间开发、研制了传真图形的压缩编码技术，严格按照世界气象组织推荐的CCITT.T6建议的传真压缩编解码技术方案进行编程。传真压缩编解码使传真图的传输达到了无损伤信息压缩，压缩能力是原码信息的1/8～1/10，编解码程序运行速度快，计算机系统开销小，各级气象台站在计算机终端上可以直接看到国家气象中心收集到的国外传真图和国家气象中心制作的要素、分析、预报等传真图形产品。传真压缩编码在气象通信领域的广泛应用，不仅提高了我国气象传真图的传输时效，而且保证了传真图的传输质量。

随着我国中期数值天气预报业务系统的建立和产品的发布，每天有近300张国内外预报产品传真图由数字传真系统向全国进行传送，对各级气象台站做好预报服务工作起到了很好的指导作用。

1994年，根据计算机和通信网络技术的发展以及业务的需求，数字传真系统配置了DEC公司的VAX4200小型计算机，取代了太极计算机，使传真系统的功能有了明显提高，同时对系统的业务流程进行了优化、完善。此后，国内大部分气象台站都陆续取消了无线接收气象传真图的方式，采用专线或电话拨号联网方式调取T6编码数字传真文件，这标志着我国气象传真通信技术水平已跨入了世界先进行列。

四、自动化气象通信

1. 我国第一代自动化气象通信系统

北京气象通信枢纽系统(BQS)的建设　1973年7月，周恩来总理亲自批准建设现代化的北京气象通信枢纽系统工程(BQS)，国家计划委员会1974年将此项工程正式列入国家重点建设项目。BQS系统是我国气象部门发展史上第一个大型现代化建设项目，它开创了气象通信现代化建设的新局面。

BQS系统工程引进了日本日立公司2台M-160II和1台M-170计算机，两套通信控制处理机，大容量磁盘存储器，6台大型平面绘图机等设备共计108项、591台(件)。2台M-160II构成了双机热备用计算机通信系统。经过近6年的艰苦努力，BQS系统于1980年1月正式投入业务运行。

BQS系统的建成，使我国气象通信在20世纪80年代初从国家级开始告别了手工作业和半自动化的通信方式，在全国通信行业中率先实现了计算机自动化通信，是我国第一代自动化气象通信系统。BQS系统功能完善，自动化程度高，能对气象电报自动识别、自动编辑发送、自动检测系统故障、自动进行系统切换。

BQS系统的建成与投入运行，不仅提高了我国气象现代化的水平，而且也使北京成为名副其实的世界气象组织亚洲区域气象通信枢纽，从而充分发挥了我国在世界气象组织的作用，提高了我国在国际气象领域中的地位。

BQS系统的建设经验更是一笔宝贵的财富。BQS系统既是一个引进项目，同时又是一个合作项目。我们不仅仅是引进了日本的先进技术装备，而且也首次引进了国外先进的计算机技术、标准化的系统设计技术和软件设计技术、规范化的工程与系统管理技术。中日双方合作，共同进行系统总体功能规格设计、通信应用软件设计和工程管理。正是由于这种合作方式，使我们不但成功地完成了系统建设，更重要的是培养了一大批有经验的系统设计、软件设计和系统管理人才，学到了一整套进行自动化系统建设的经验和方法，这在以后的气象现代化建设中均发挥了重要作用。

通信传输能力与效益的提高　BQS系统将计算机用于气象情报的接收、处理、中转、发送，不仅迅速准确，而且节省了大量的人力、物力。系统投入业务运行后，通信传输和处理能力大幅度提高。系统连接的各类电路由原来的 42 条增加到 128 条，同时，为新技术在通信系统中的迅速应用奠定了坚实的物质基础。在短短的几年内，经过我国和德意志联邦共和国双方的共同努力，1982 年 12 月，北京—奥芬巴赫气象电路正式开通，这是全球气象电信传输的第一条 X.25/LAPB 规程中、高速同步通信电路，代表当时最为先进的水平，数据和传真图传输速率达到 9600bps。在此基础上，1984 年 9 月又开通了北京—东京 X.25/LAPB 规程中、高速同步气象电路。

1986 年以后，随着国内各区域气象中心的建立，陆续开通了北京到上海、广州、武汉、沈阳、兰州等地的 X.25/LAPB 规程中、高速同步气象电路。1991 年 12 月和 1994 年 7 月分别开通了北京—莫斯科、北京—汉城的中、高速同步气象电路。1999 年 11 月又开通了北京—曼谷气象电路。国际、国内主干电路的升速和开通，不断增强了北京区域气象中心的信息处理能力，极大地提高了北京区域气象中心在全球电信网上的地位，也为我国气象预报业务的发展提供了重要的通信保障。实况观测数据可通过电路直接传送到北京国家气象中心；由中央气象台编发、制作的各类预报和分析产品也都通过气象电路迅速传送到全国各级气象台站，并与国际区域中心及周边国家进行交换。通信系统每天传输和处理的信息量由 3 MB 节增加到 15 MB，传输能力大大提高。

计算机在通信中的应用使气象资料的传输时效不断提高。由于报类、等级的不同，所提高的时效也不同，大多数电报的时效提高了 1～3 小时。由于通信能力的提高，许多人工无法处理的气象资料，如国外格点数据资料等均由计算机进行快速处理和分发。在资料传输内容方面亦更加全面，从基本的地面、探空、测风等常规观测资料到各类、各层的分析预报产品，从海上船舶探测报告到飞机、卫星探测报告，以及各类台风、雷达及图形资料都能迅速准确地提供给预报业务和研究人员使用。

通信速率和时效的提高，使系统收集到的气象资料范围也得到进一步的扩展，除北半球的资料更加丰富、多样外，南半球资料也日益增多。同时，非常规资料和世界各国气象预报产品、资料也都通过各条电路及时获得，为提高我国的预报水平提供了可靠的依据和有价值的参考资料。

报话复用技术的应用 为使国家气象中心收集到的大量气象资料及时传送到全国各级气象台站，技术人员在广泛调研、严格论证的基础上，于 1985 年开始采用报话复用技术进行通信传输。此项技术是将一条 300～3400 Hz 带宽的标准话路，分割成一条窄带话路和四条报路，分别连接在通信计算机系统上传输各类气象电报，窄带话路可连接到程控交换机上，用于拨号调取传真图资料或进行业务通话联系。这种传输方式十分适合我国各级气象台站在进入计算机通信前使用，投资少，效益明显。1985 年国家气象中心承担北京（华北）区域气象中心的任务以后，改善省级气象电路传输能力已是迫在眉睫。报话复用技术首先在华北各省投入使用，收到了明显的效果，资料传输量有了较大的增加。同时，将这一技术推广到国内部分区域气象中心。为了进一步发挥其效益，1986 年底，国家气象中心配备了日本的 UEX-200 程控交换机，将报话复用电路中的窄带话路和北京、东京、莫斯科的传真信号全部接入程控网，各省（市、自治区）台都可以通过拨号方式接收质量稳定的北京、东京、莫斯科制作的传真图，改变了以前通过一条窄带话路只能固定接收一台传真图的状态。在业务空闲时间，可进行通话联系，进一步发挥了租用一条电路的使用效益。1988 年，随着业务的发展，国家气象中心实时气象资料库也接入该网，所有用户通过网络都能够方便地检索数据库中的各类资料，使气象通信网向综合应用方向迈进了一大步。

2. 气象通信系统的更新换代

随着我国气象事业的快速发展，原有计算机通信系统已无法满足日益发展的天气预报业务，尤其是中期数值预报业务系统对气象通信提出更新、更高的要求。因此，气象通信系统的更新被列入国家“七五”重点工程建设内容。

第二代气象通信系统　我国气象部门计算机通信系统的更新换代，是通过国家“七五”重点工程——北京气象中心扩建工程（873 工程）的建设和推动而逐步实现的。873 工程从 1987 年 3 月立项，到 1991 年正式建成投入运行，分别引进了美国 DEC 公司、CDC 公司和国产的计算机系统，以及 DECnet、CDCnet、LCN 等网络设备。采用 1 台 VAX6320 计算机、3 台国产的 NCI2780 和 4 台 MIRA 通信前置机构成 VAX 群机系统，以替代原 BQS 系统的 M-160II 通信系统。新通信系统最大的特点是：处理能力强，可适应多种通信规程的传输；运行速度快；存储容量大，磁盘容量增加了十几倍；扩充灵活；操作方便，尤其是通信控制数据文件的修改，不再使用烦琐的卡片修改，直接在备份文件中进行修改即可完成。

873 工程的建成，使我国气象通信系统实现了更新换代，形成了我国第二代气象通信系统。该系统进一步提高了气象通信的水平，使传输能力、处理能力和存储能力都有了较大提高，系统每日发送的信息量也从 15 兆字节增加到 30 兆字节。873 工程的建成也使我国气象部门步入从计算机通信向计算机网络的过渡，使我国的气象通信系统在技术上逐步与国际接轨。

气象通信系统的完善与运行管理　根据业务发展的需要，1997 年 11 月气象通信系统完成了第二次系统设备和业务改造。由 DEC 的 ALPHA1000 型小型计算机替代了 NCI-2780 计算机，对业务流程进行了相应的调整。改造后的系统，业务处理能力和速度均有明显提高。同时解决了原始资料的存档问题，将原有的记带方式(LIST 资料带)改为记盘方式，不仅安全可靠，而且建立了专用磁带库，保存和使用各种气象资料更加方便。为加强对通信各子系统的集约化管理，1995 年完成了通信业务及机房搬迁，将分散在国家气象中心大楼二、三、四层中的计算机终端、传真、填图、机线机房全部迁入二楼新通信机房中。新通信机房按各系统功能设计了不同的机房，加强了各科室相互之间的联系和了解。

3. 区域气象中心和省级气象通信的自动化

继国家级的计算机通信自动化建设之后，中国气象局从 1983 年开始着手进行 7 个区域气象中心的现代化建设。武汉区域中心利用联合国开发计划署的援助以及中央、地方的投资，在 1986 年 11 月 10 日率先建成了以 PDP11/44 系列小型机为主机，采用双机热备用方式的自动转报系统，并作为 BQS 系统故障时的应急备用系统。同时，北京—武汉之间的干线电路升速为 9600 bps。

借鉴武汉区域气象通信枢纽的建设经验，上海于 1987 年 3 月建成以 2 台 PDP11/44 为主机、VAX-11/780 为网络服务器的区域气象通信枢纽；广州于 1991 年 7 月建成以 2 台 PDP11/44 为主机、VAX6220 为网络服务器的区域气象通信枢纽；兰州于 1993 年 3 月建成以 2 台 PDP11/44 为主机、VAX4400 为网络服务器的区域气象通信枢纽；沈阳于 1993 年 8 月建成以 2 台 PDP11/44 为主机、VAX4400 为网络服务器的区域气象通信枢纽；成都于 1994 年 12 月建成以 2 台 VAX11/750 为主机、VAX4400 为网络服务器的区域气象通信枢纽；各区域气象通信枢纽均采用世界气象组织推荐的 MSS 自动气象转报软件和 DECnet 网络系统。1987 年，北京—广州，北京—上海之间的干线电路升速为 9600 bps；北京—成都之间的干线电路于 1990 年升速为 2400 bps。它们上连国家级中心，下连区域内各省，形成了区域级通信网络枢纽。

在建设区域通信枢纽的同时，也积极探索省际电路的现代化建设。兼负华北区域通信枢纽的国家气象中心，与其他区域通信枢纽一起，经过试验，先后将连接相关省级气象台的 75 波特电路变更为“报话复用”电路。国家气象中心和有关省局。主要依靠自己的技术力量，通过消化吸收国外气象通信计算机软件技术，结合我国气象通信的特点，开发研制了 IBM 或苹果机为主机的，主要用于省一级的气象自动转报系统和自动填图系统，取代了人工电传通信和人工填图。到 1991 年，除个别省外，省以上气象通信网已实现了计算机通信，建成了上下连通的气象通信网络系统，它们在气象业务中均发挥了较好的效益和作用。

进入20世纪80年代，随着天气雷达监视网的建设，局地强对流天气的短时预报服务的开展，气象信息的内容、数量和流向也发生了重大变化。自上而下，以及各省横向之间的信息交流越来越多。原有的通信方式、通信时效远远不能满足这一变化需要。因此，建设省内通信已迫在眉睫。

20世纪80年代初，先后在东南沿海地区部分台站配备了小功率短波单边带电台，进行雷达联防组网试验，又在长江中下游沪、苏、浙、皖，以及京津地区组建甚高频通信网。各省在以上试验的基础上，从本省实际出发，因地制宜，采用无线甚高频、短波通信，或者租用邮电电路等不同方式，自行建立起省内通信网。根据防汛和海洋服务的需要，相继建立起长江中上游、黄河中游、淮河、辽河和沿海跨省无线通信网。至1991年底，全国各省的省内通信网已初具规模，其中，湖北、广东、内蒙古、江西、安徽、福建等省的部分地市实现了与省气象台的远程联网，在当地气象业务和服务中，发挥了显著效益。

20世纪80年代建立起来的省以下无线通信网，具有投资少、见效快的特点，改变了长期以来省—地—县不能直接对话的落后局面。它不仅在天气会商、联防、信息传输以及行政通信等方面发挥了很好作用，而且为地方党政领导利用该网组织指挥防汛防台、抗灾抢险提供了条件。

1991年，我国西部地区采用短波单边带数据通信技术进行通信，改变了长期以来一致依靠自设人工莫尔斯通信的落后局面。

五、全国气象通信骨干网络

1.9210工程搭建了现代化的全国气象通信骨干网络

20世纪90年代，随着现代科学技术的发展，尤其是数值天气预报、天气雷达、卫星遥感等技术的广泛应用，需要经由网络传送的信息量急剧增加，原有的通信网络已不能满足要求，尤其是省级以下的通信手段更加落后，已成为气象事业发展瓶颈，建设新一代气象通信网络已经迫在眉睫。为此，经过反复论证，国家计划委员会于1992年10月正式批准建设“气象卫星综合应用业务系统”(9210工程)。该工程是“八五”国家重点建设项目，总投资4.8亿元人民币。该工程也是我国气象现代化建设中规模最大的、覆盖全国的大型气象通信网络工程。

9210工程从1993年开始建设，1999年全部建成正式投入业务运行。9210

工程的地理覆盖范围为1个国家级、6个区域级、25个省级、300个地市级、2000多个地县级(单收)VSAT站。9210工程在系统结构上包括卫星广域网、卫星话音网、数据广播网、计算机局域网、地面迂回网络(CHINAPAC)等。9210工程在应用功能上包括数据收集与分发、数据库、网络管理与业务监控、人机交互等应用子系统;主要设备有美国休斯公司的卫星通信设备,IBM公司的小型计算机、网络设备和各种配套软件,以及工作站、微型计算机和工程需要开发的应用软件。

9210工程立项后,完成了可行性报告、初步设计、扩充设计、设备选型、应用软件开发等一系列工作。1994年初,正式与美国休斯网络公司、亚洲卫星公司、IBM计算机公司、DEC计算机公司、SGI等公司完成了试验系统的签约工作。1995年初在国家气象中心七楼建立了卫星主站。主站天线选用4.6米的卡塞格伦天线,有主、备两套高功率放大器。使用亚洲卫星2号Ku波段资源。1995年6—7月份在山西、湖北两省完成了试验系统的安装调试和试验任务,试验系统达到了设计的各项目标。在试验系统的基础上,设计组最后确定了全国省、地各系统的设备清单。1996年初与休斯、IBM、DEC等公司签订了全国大规模布点设备的订货合同。5—6月设备陆续到达北京,经过严格验收的设备陆续向全国发运;下半年对全国省级站的安装工作正式开始,6个安装组分赴全国各地;1996年底,省级站的VSAT地球站和计算机网络系统安装结束。1997年初,地市级的VSAT地球站和计算机网络系统也开始了硬件设备安装工作,年底,除少数台站因自身的环境条件未达到要求外,全国VSAT地球站和计算机网络的硬件建设任务基本完成。经过一年多的共同努力和反复调试,1998年秋,应用软件通过了9210工程办公室的测试验收。1998年11月开始了应用软件的省级和地(市)级示范站的安装工作,经过两个月的努力完成了应用软件系统安装。

卫星数据广播系统(又称中速广播或单向广播系统)的系统设计和设备选型工作于1996年6月正式开始。当时,系统功能规格书中对卫星数据广播系统的描述比较简单,仅使用两条9600 bps的线路传输气象广播信息,以满足县站接收气象信息的需要。由于技术的发展,单向广播技术和设备都发生了很大的变化,广播速率在上升,软、硬件设备价格在不断下调,体积从机箱式向卡式过渡。选型组的人员经过反复对比测试、试验,最后排除了国外的几家大公司的产品,大胆选用了国内一家名不见经传的小公司产品,该产品速率达2 Mbps,价格较低,卡式结构,有很强的软件支持能力,可以满足气象数据广播的需要。这个系统的接收天线也选用了国产天线。经过半年多的试验运行,运行情况良好。由主站技术人员组成的单向广播应用软件设计组，经过六个月的努力，完成了软件编制工作，在试验期间不断改进和完善系统功能。卫星数据广播系统 1998 年 9 月通过了 9210 工程办公室的测试验收。

经过 9210 工程的建设，全国气象部门形成了一个空中和地面相结合，专网和公网相结合；以卫星通信为主，地面通信为辅；以专网为主，公网为辅的集中控制、分级管理的全国气象信息骨干网络。9210 工程的建成，形成了我国第三代气象通信系统。

9210 工程的建成，统一了全国气象通信网络的拓扑结构、网络平台和网络协议，统一了全国的数据库系统和主要业务应用软件，统一了各级数据处理平台。9210 工程建成的人机交互系统（气象信息综合分析处理系统），统一了天气预报平台，改变了气象预报业务流程，是气象预报业务领域的一场革命，是气象预报业务现代化的重要标志之一。

9210 工程的建成，使气象通信能力大大提高，初步解决了长期以来困扰气象现代化建设的通信瓶颈问题。通信速率由 2400～9600 bps 提高到卫星单向广播的 2 Mbps，卫星双向传输 512 Kbps；省、地两级台站每天能从主站接收的信息量比过去提高了 20～30 倍、县级站提高了几百倍；提高了通信传输时效：日本和欧洲中心产品提前约 2～3 小时、地面图提前约 1 小时、高空图提前约 3 小时。

9210 工程的建成，使全国气象通信网络的整体水平和能力均有较大的飞跃，使得气象现代化的总体水平上了一个大台阶，为 21 世纪我国气象事业的大发展奠定了良好的基础。9210 工程建设成果，荣获国家科技进步二等奖。

2. 气象数据卫星广播系统

系统概况　气象数据卫星广播（DVB-S）系统是中国气象局 1998 年建设的 PCVSAT 业务系统的升级换代试验系统。该系统采用数字视频广播（DVB-S）技术，采用 DVB 与 IP 技术结合的方式，在卫星信道传输高速的 IP 数据和视频/音频信息。目前广播带宽 8.5 Mbps，具有 255 个数据广播通道和 2 个视频广播通道，使用的卫星资源为原 9210 工程买断的亚洲 2 号 Ku 波段转发器资源中的一部分。该系统具有比较完善的用户及身份管理、主站管理、小站管理等系统管理功能；灵活、动态、直观的业务监控功能；高效、可靠、方便的文件播发功能（支持 2 GB 的大文件广播）；多通道实时多媒体播发功能；以及卫星带宽的统计复用等功能。小站与主站系统有机配合，实现综合信息高效与灵活的接收。该系统主要承担中国气象局面向全国气象系统、行业部门实时气象观测资料（包括气象卫星资料）与预报服务产品等的广播分发，气象频道、电视会商和会议、技术培训的实时广播以及世界气象组织 RTH 北京的数据分发职能，是世界气象组织信息系统(WIS)的重要组成部分之一,也是全国各级气象部门获得实时气象信息最主要的渠道。通过该系统实现了多普勒雷达 6 分钟一次的 14 种产品、各省自动气象站和自动雨量站观测资料的省间共享。2007 年 6 月 1 日起,又实现了 FY-2C 和 FY-2D(风云系列)气象卫星实时圆盘图和其他卫星资料实时广播分发。系统 24 小时运行,每日播发资料的数据信息量达 40 GB。到 2008 年 7 月建有小站 374 个,覆盖地市级以上气象部门。

系统建设 鉴于 9210 工程 PCVSAT 广播系统已运行了 10 年,主要部件即将达到使用寿命,根据卫星通信技术的发展趋势,经过调研分析,在 2005 年初提出要进行气象数据卫星广播(DVB-S)试验系统的开发(以下简称"DVB-S 试验系统"),以便为 9210 工程 PCVSAT 广播系统的更新换代做好技术准备。2005 年 4 月成立了 DVB-S 项目组,正式启动 DVB-S 试验系统的建设工作;在 5 月完成了可行性研究和项目初步设计的编写,并先后对中国教育电视台 DVB 卫星数据广播系统、国家卫星气象中心 DVB-S 系统、深圳经天公司、新华社 DVB-S 卫星数据广播系统、西安通视 DVB 方案、休斯公司卫星广播方案、百年树人 DVB 方案、世纪卫星 DVB 方案、网通/中星互联 DVB 卫星数据广播系统进行了调研和参观,通过前期的调研、多个公司技术交流和公司技术方案的初评,项目组选定三家(深圳经天、百年树人、中星互联)作为备选公司详细考察分析,通过测试和招标最终在 2006 年 4 月 7 日与深圳市经天通信股份有限公司签署《卫星通信气象数据广播(DVB-S)试验系统软件系统合同》。

2006 年 4 月 30 日,开始进行 DVB-S 试验系统的试验运行工作;

2006 年 5 月 29 日,在山西省气象局安装了第一个省级 DVB-S 试验示范站并投入试运行;

2006 年 6 月 7 日,第二个省级 DVB-S 试验示范站在广东省气象局安装并投入试运行;

2006 年 6 月 21 日,通过电视会商系统和单收站,进行 DVB-S 试验系统省级小站的安装培训,并进行了其他省的省级小站安装工作;

2006 年 6 月 29 日,所有省级小站的安装工作全部完成;

2006 年 9 月 20 日,在北京完成了项目的测试验收;

2007 年 5 月,完成了全国地市级小站的安装工作。

在系统运行初期,传输速率为 4.096 Mbps,经过一段时间的运行,在 2007 年将系统符号速率调整为 6.144 Mbps,一直运行至今。

新一代风云卫星数据广播系统的建设 气象数据卫星广播系统是中国气象局分发国内和国际气象资料的重要组成部分,是各类气象数据资料的分发平台。随着气象事业的发展，现有卫星数据广播网（PCVSAT，FENGYUNCast，DVB-S）不同程度存在着覆盖范围小、系统容量不足、设备老化、性能落后、业务拓展能力受限等问题。为了满足气象事业发展带来的大量气象数据的分发需求，中国气象局在“十一五”大中型工程项目《气象监测与灾害预警工程》中，计划进行《新一代风云卫星数据广播系统》的建设。该系统采用 DVB-S2 卫星数据广播标准和 1 个完整的标准 C 波段通信卫星转发器，建设新一代风云卫星数据广播系统，替代中国气象局现有 PCVSAT、FENGYUNCast、DVB-S 三套广播系统，增加气象资料广播的种类、数量，提高时效性和可靠性，并与美国的 GEONETCast、欧洲中心的 EUMETCast 一起，共同组成全球对地观测信息传播系统，对亚太地区进行 WMO 全球交换资料的分发和风云系列卫星云图产品的广播。新一代风云卫星数据广播系统的主要建设内容包括：空间卫星转发器、主站建设、小站建设和系统软件开发四大部分：

空间卫星转发器建设：采用租用的方式，解决系统建设对 C 波段卫星转发器资源的需求。

主站建设：主要包括主站天线及射频系统、主站播发平台和主站机房、场地环境的建设。

小站建设：主要包括小站卫星接收系统、接收服务器和场地环境的建设。

系统软件开发：主要包括数据文件、多媒体信息播发、网络管理、网络监控和小站接收软件的开发。

新一代风云卫星数据广播系统的建设规模包括 1 套主站系统、31 个省级接收小站、353 个地市级和 2012 个县级接收小站建设以及 206 个原 FENGYUNCast 所在地接收小站的建设。卫星转发器资源采用一个完整的 36 MHz C 波段转发器，卫星传输的速率可达 64 Mbps。

主站建设 1 套 7.3 米的 C 波段天线，带一套 1∶1 热备份的 400 瓦功放单元。小站配备 1 套 1.8 米以上 C 波段单收天线和 1 个 DVB-S2 接收机，根据接收数据种类和数量的不同，数据省级小站配 3 台数据接收服务器，地（市）级小站配 2 台服务器，县级小站配 1 台微机。国外接收小站的建设规模同县级站，原 FENGYUNCast 的接收小站建设规模与地级站相同。

3. 全国天气预报电视会商与电话会议系统

全国天气预报电视会商及电视会议系统是中国气象局的一项重点现代化建设项目，建设该系统的主要目的是利用先进的现代化通信技术，尽可能为气象预报人员和气象专家营造一种图文并茂、身临其境的会商环境；同时，也为中国气象局提供一个现场应急指挥、召开全国性视频会议的技术条件。

该系统支持H.320和H.323双协议，采用卫星和地面双线路备份的设计思路，利用卫星通信、地面通信、计算机网络、多媒体视音频处理等先进技术，实现了视音频信号和计算机信号的高清晰传输。该系统提供多点间的话音、图像、图形、文字和视频并存的多媒体实时天气预报会商系统，能方便、快捷地实现跨省、跨地区的天气会商，为预报员提供身临其境的会商环境。该系统包括12个主会场和35个分会场，并且能够以北京或任意省级站为主会场，灵活地组织全国性的电视会议，是可为指挥决策部门提供服务的电视会议系统。它不仅满足电视会商和电视会议的要求，还能做到卫星传输网络和地面宽带网络的有机结合。

2000年9月，由中国气象局批复全国天气预报电视会商及电视会议系统可行性研究报告并正式立项，项目执行组开始对该项目进行调研，其间共有15个公司提出了方案，项目执行组对各家公司的产品进行了仔细研究和认真测试，并对原可行性报告的技术方案进行了修改，形成了新的技术方案。2001年6月项目技术方案论证报告完成，同年8月通过专家论证，随即进入项目建设阶段。

该系统于2002年4月开始建设，8月完成国家气象中心七楼VSAT卫星通信机房主控中心、八楼学术厅、二楼会商室等会场音视频系统的建设。省级分会场工程分为三个阶段建设：试验系统、一期工程、二期工程。

试验系统自2002年4月开始在北京市、湖北省、重庆市进行试验，2002年7月基本安装完毕。接着开始了湖南、江西、安徽、四川、河北省的工程建设任务，至2002年9月，一期工程基本完成。

2003年10月，经中国气象局批准，该项目二期工程的广东、上海、辽宁、甘肃、浙江、江苏、贵州等省(市)和湖北省宜昌地区的建设任务提前实施，2004年3月建设任务完成。2005年，中国气象局决定开始天津、山西、内蒙古、吉林、黑龙江、山东、福建、河南、海南、广西、云南、西藏、陕西、青海、宁夏、新疆等16个省(市、区)的建设任务。至此，二期工程结束，省级分会场工程已全部建设完成。具体建设进度见表5.1。

表5.1　全国天气预报电视会商及电视会议工程建设情况表

阶段		时间	内容
试验系统		2002年4至2002年6月	北京、湖北、重庆
一期系统		2002年9月完成	湖南、江西、安徽、四川、河北
二期系统	提前执行	2004年3月建设完成	广东、上海、辽宁、甘肃、浙江、江苏、贵州
	正式执行	2005年8月完成	天津、山西、内蒙古、吉林、黑龙江、山东、福建、河南、海南、广西、云南、西藏、陕西、青海、宁夏、新疆

按照中国气象局对本系统提出的“边建设，边投入业务使用”的要求，各站点从建设完成即投入业务使用，系统从2003年7月1日开始承担每天早上08时的早间天气预报会商、每旬的中期会商和每月的农气会商等定期业务会商，同时承担各类突发天气事件的紧急会商和各类全国性视频会议的转播任务，取得较好的使用效果，为提高天气预报准确率，减少灾害损失等做出了一定贡献。

该系统在网络结构上采用卫星信道与地面线路相互备份的方式。2005年以前系统采用ITU-T H.320标准，以卫星广播为主（对省以上的旁听站），配合四条双向返回信道进行北京与省级站的视音频交互，而且通过单向广播系统(PCVSAT)向地市及县站广播。2005年以后，随着气象部门地面宽带网的建设完成，该系统采用ITU-T H.323标准，以地面线路为主，卫星信道为辅的方式。

该系统卫星传输信道占用的星上带宽不大于5 MHz，其中，384 Kbps业务信道9个，（4个发言小站视音频信号收发信道各一个，主站视音频信号广播信道一个），32 Kbps控制信道2个；系统卫星设备使用NSI（polarsat）公司的产品，视频终端设备采用TANDBERG终端；地面连接方式是每个会场使用1.5 Mbps带宽连接，采用H.264视频编码，H.239双流标准协议实现；省级站点卫星天线使用华达（2.4米，3.7米）玻璃钢天线和Tandberg视频终端，配合投影机、调音台、视音频矩阵等附属设备组合而成。

2007年5月17日电视会商系统接入国务院应急办，为气象部门向国务院汇报工作提供方便，同时可将气象部门任意会场信号和应急车信号直接传送给国务院。

2007年8月2日，由中国气象局预测减灾司在北京组织专家对《全国天气预报电视会商及电视会议系统（一期工程）》进行验收。

截至2009年，已建成12个中国气象局大院用户单位和全国31个省（市、区）及4个单列市气象局分会场的系统，同时与民航空管局气象中心等行业外用户和南京信息工程大学等局校合作高校会商系统连接。

中国气象局全国天气预报电视会商系统承担着国家气象中心、国家气候中心等大院用户单位和全国各省（市、区）及计划单列市气象局的各类全国或区域性日常会商、会议、培训、应急指挥等业务。

自2003年7月1日系统正式投入业务运行的6年多时间里，从最初仅为少量远程会商、会议和培训服务，到现在已成为气象行业预报会商、行政会议、应急指挥和培训交流等业务必不可少的支撑手段。

六、世界气象组织亚洲区域通信枢纽

1. 国际气象电路的开通

新中国成立后，采用抄收国外无线广播获取外国气象情报的方式已无法满足业务需要，苏联水文气象总局于1955年8月，通过外交途径，提出在北京召开中国、朝鲜、越南、蒙古和苏联5国气象局长和邮电部代表会议，讨论5国间建立直达气象电路和交换气象水文情报的问题。经周恩来总理批准，会议于1956年10月23—31日召开。这是新中国成立后，在我国召开的第一次国际气象会议。会议主要议题是建立以北京为中心的国际气象通信网，交换国际气象情报。经过会议协商决定：建立北京—平壤，北京—河内，北京—莫斯科，北京—乌兰巴托—伯力国际电路。同时，拟定了相互交换气象情报的具体内容和时间表。为确保电路传输，还制定了每天定时交换电路工作情况的“电路公电”制度，通报前一天电路运行情况，加强了相互的了解与交流。1957年4—6月，先后开通了上述各条电路，成为新中国成立后建立的第一批国际气象电路。因北京—乌兰巴托电路状况不好，经与苏联商定，开通了北京到伯力的直通电路。在北京到河内电路上，考虑到越方所要华南资料的数量较大，为保证时效，将北京到河内电路改为北京到武汉再到河内的方式传输。

国际电路的开通，对收集我国周边国家的气象情报，尤其是“上游天气”的实况观测报告起到了很好的保障作用。之后的年代，由于受国家关系的影响，某些电路运行很不正常，而仍以抄收对方的气象广播为主。这种状况，直至国际环境改善后，才得以改变。在国际间气象通信采用电传通信后，作为备份手段，仍保留了抄收无线广播的设备，对国外的无线抄报工作进行了调整，将全国各区域中心抄收国外天气情报的工作做了分工，主要是为充分发挥各中心台的地理优势，保证国外天气情报的完整收集。

2. 北京成为亚洲区域气象通信枢纽

1972年在世界气象组织（WMO）恢复我国合法席位后，我国积极参加了WMO“基本系统委员会”和“世界天气监测网”以及各项合作活动。WMO秘书处对我国参加国际间气象情报工作十分关心，1973年5月派主管官员来我国进行考察，就中国和其他国家间建立气象电路、把北京列为世界天气监测网全球电信系统主干电路的区域通信枢纽问题交换了意见。1973年WMO第25届执委会上通过了将北京列为“全球电信系统”、“主干网及其支线”上的“区域通信枢纽”。

中国气象事业在世界同行中的地位和应起的作用，促使我国气象通信加快了引进先进技术、摆脱落后局面的速度。1973 年 7 月，国务院批准了中国气象局《关于中国参加世界天气监测网全球电信系统的报告》。之后，一方面着手筹建北京气象枢纽系统建设；另一方面与日本就开通气象电路问题进行谈判。

经过与日本气象厅的谈判，1977 年 9 月与日本正式签订协议，12 月 1 日开通了北京—东京的 5 条 75 波特卫星气象电路。从此，我国进入全球电信系统主干电路网，并于 1984 年 9 月 5 日升速为 9600 bps。

1980 年 8 月 1 日开通了连接亚、欧两大洲的北京—奥芬巴赫“三报一话”卫星气象电路，并于 1982 年 12 月 21 日将通信速率提高到 9600 bps，成为当时世界上高速气象通信电路之一。至此，北京东连东京，西连奥芬巴赫，成为名副其实的全球气象电信系统主干电路上的重要节点，北京气象中心已成为 WMO 亚洲区域气象通信枢纽，并日益发挥着重要的作用。

在亚洲区域气象通信枢纽的发展中，电路速率不断提升。1994 年 4 月，北京—汉城间提升为 9600 bps。1998 年，北京—莫斯科、北京—伯力相继改为数字电路。1997 年、1998 年和 2000 年，北京—东京、北京—奥芬巴赫、北京—汉城相继升速位 64 Kbps. 截至 2000 年，我国有国际及港澳电路 11 条，其中数字电路 8 条，75 波特电路 3 条，每天与国际交换气象信息约 38 MB。

亚洲区域气象通信枢纽经历了三代系统升级建设和发展。第一代为 1980 年建成的由 2 台 M-160II 构成的双机热备用系统；第二代为 1991 年建成的由 1 台 VAX6320、3 台 NCI2780 和 4 台 MIRA 通信前置机构成 VAX 群机系统；第三代为 2005 年建成的由 IBM p650 和 IBM p630 等设备构成的通信系统。

3. 下一代全球气象电信系统——WMO 信息系统

(1)未来 WMO 信息系统(WIS)的提出背景

20 世纪 90 年代末，WMO 各项计划已经拥有或正在开发各自独立的信息系统。系统的多样性不仅使系统之间缺乏兼容和效率，而且存在重复建设和高成本等弊端。如果继续毫无协调地进行信息系统的开发，不仅会导致问题的加剧，而且会限制 WMO 各项计划间的信息交换，也会阻碍信息为更多的用户所使用和共享。为此，WMO 基本系统委员会(CBS)提出了未来 WMO 信息系统(WIS)的概念，即建立一个通用、综合的信息服务平台，支撑 WMO 各项计划以及相关国际组织和计划的数据交换和共享，并为各国的非 NMHS 用户(如：防灾减灾部门和研究机构)提供服务。

WIS 的功能包括：例行收集和自动分发观测资料和产品(push，推送)；及时发送数据和产品；提供对数据和产品请求的响应服务(pull，拉取)；提供与数据存储位置无关的数据搜寻、访问和检索服务。

2003年，FWIS概念获得第14届世界气象大会批准，随后更名为WMO信息系统。2007年，第15次世界气象大会将“开发和实施WMO新信息系统”写入WMO战略规划（ER 5），并强调WIS实施计划应同时推进两方面的工作，即继续加强和改进全球通信系统（GTS），满足实时和关键业务数据（不仅是WWW的数据）收集和分发的需求；开发灵活的数据发现、访问功能，为授权用户提供检索和数据发送服务。

（2）未来WMO信息系统（WIS）的概念

WIS由国家中心（NC）、数据收集和加工中心（DCPC）、全球信息系统中心（GISC）以及一个连接各中心的数据通信网络构成。WIS中NC，DCPC和GISC等词语仅用于描述WIS的相应功能，并非实际的机构实体。某一个组织，如NMHS，可以同时承担多项WIS功能，建立和运行NC、DCPC、GISC等多个功能中心。

WIS将为NMHS和NMHS以外的NC（如其他政府部门、研究机构、国际计划中心等）提供资料交换解决方案，包括提供自动的资料收集和分发服务（“推送”和“拉取”），以满足高时效资料（如气象、气候、环境和水文等观测资料以及预报和警报）的交换需求；及时分发大数据量的资料和产品，以满足特定资料的服务需求；并且提供资料的搜寻、访问和检索服务。

国家中心（NC）：与GTS相同，WIS也包括众多国家级的功能中心。NC负责其国内资料的收集和分发、并协调或授权其国内用户对WIS服务的使用。如果成员国政策允许，一个国家可以建立多个NC。通常，由各成员国的PR负责制定本国的WIS开发和服务政策，并协调用户对WIS的使用。在全球范围内，最终将建立约287个NC，包括187个建立在成员国或地区NMHS的NC以及约100个附加的带国家职能的NC。

数据收集或加工中心（DCPC）：在WMO各项计划中，承担资料和产品生成、加工、处理功能的中心，以及承担资料存档服务的中心将成为WIS中的DCPC。除资料收集、加工及存档功能外，DCPC还将提供WIS所支持的其他基本功能，例如：元数据目录、互联网门户和数据的访问管理等。现有的区域专业气象中心（RSMC）以及区域气候中心将成为WIS中的DCPC，例如：英国哈德雷研究中心（Hadley Center），非洲气象应用发展中心（ACMAD），世界数据中心（美国Asheville，俄罗斯Obninsk），欧洲气象卫星组织（EUMETSAT）和美国国家环境卫星资料信息局（NESDIS）等。在全球范围内，最终将建立约150个DCPC。

全球信息系统中心(GISC):GISC是WIS中承担区域间及全球资料交换的主干通信中心,其总数不会超过10个,而GISC的总责任区将覆盖全球。除收集和分发全球交换资料外,GISC也承担责任区内的资料收集和分发,并提供对WIS全部数据的请求接入。另外,GISC还维护WIS全部数据的元数据目录,并通过其数据门户为用户提供数据发现等服务。这些服务将为研究人员的数据发现及访问提供很大方便。

网络:连接WIS各组成部分的数据通信网络将采用各参与中心共同认可、并为各参与中心所具备的技术构建,其传输能力应能够满足可预见的数据交换需求。在WIS的通信网络中,通信线路可以是卫星线路、地面线路或有管理的数据网;传输协议推荐采用TCP/IP,但是也可采用WIS所支持的其他协议,而且WIS对协议的支持应能适应技术的发展;就资料格式而言,WMO的资料编码格式将主要用于关键业务数据的实时交换;而向用户提供服务的数据,应有多种表示格式,并支持用户根据需要对数据格式进行选择;元数据信息也应采用标准格式,如XML;现有多种数据访问平台和访问方式将被一个通用平台所取代;而且,WIS的门户结构还将能够支持各项计划按照其特定的查询格式向用户提供数据。

与GTS相比,基于通用技术和统一标准构建的WIS不仅能够更好地支持关键业务数据的实时收集和分发,而且还能提供数据"推送—拉取"服务以及数据发现、访问和检索等服务,从而满足WMO各项计划以及相关国际计划和国家级的非NMHS用户的数据交换和访问需求。通过技术改进和能力升级,GTS将成为WIS的核心通信网络。通过承担WIS国家中心的功能,各国NMHS的NMC的知名度和重要性也将随WIS的实施和运行而得到提高。而且,由于能够及时且低成本地访问各种资料,特别是新的资料和产品,NHMS的业务能力也将得到提高。在国家政策容许的范围内,NMC还将能够为其他政府部门和相关用户(如:研究、减灾、农业、能源、水资源管理等部门和机构)提供WIS服务,使这些部门和用户能够访问到他们目前尚无法获得的资料和产品,而根据WIS的运行管理规则,NMC将为它们"推送"例行资料,如警报、咨询建议以及选定的观测资料等,并通过"拉取"或对非实时资料的请求/响应等方式,为这些用户提供数据发现、检索和导航服务。

(3)未来WMO信息系统(WIS)实施计划

WIS的实施原则是,以现有WMO信息系统中最成功的部分为基础进行开发和过渡,并且,要保证现有业务系统能够平稳、协调地完成向WIS的过渡。WIS概念提出后,采用统一标准、具备数据交换及数据发现、访问和检索

(DAR)等综合服务能力成为数据交换和服务平台的发展方向,WMO 各成员国和相关国际组织也先后组织和实施了多项试验计划和项目(如欧洲区域 VGISC 项目、亚太区域 WIS 试验项目等),对 WIS 的实现技术进行研究和开发,对 WMO 目前基于 GTS 的数据交换系统向 WIS 的过渡进行探索,试验项目涉及 WWW,WMO 空间计划,气候、农气、海啸等灾害预警、WMO-IOC JCOMM 等计划的资料传输和共享服务。

根据 WIS 实施计划,各试验项目成果将逐步开始试验运行,具备能力的中心将在通过认证评估后,正式成为 GISC 或 DCPC 中心。目前,WMO 已开始接收 WIS 功能中心提名申请,并已收到 35 个国家提交的约 100 份申请,其中包括 13 份 GISC 提名申请。根据 WIS 功能中心认证计划,各申请中心需要向 WMO 提交系统能力自测结果及评估材料,并通过 WMO 组织的现场测试后,才能获得 GISC 或 DCPC 提名。之后,通过认证的 GISC 和 DCPC 将逐步开始业务运行,支持 WIS 所要求的全球资料交换,并提供资料访问服务,以满足 WMO 及相关国际组织的各项计划在数据发现、检索和访问服务方面的需求。

(4)中国气象局(CMA)WIS 开发计划

作为 GTS 主干网上的通信枢纽(RTH),CMA 的目标是成为 GISC。为了取得 WIS/GISC 开发经验,国家气象信息在 2007 年启动了 WIS 试验系统开发,对部分 WIS 功能进行了实现技术调研和试验开发,并与日本气象厅开展了元数据同步、远程数据请求等互操作功能开发和试验,与德国气象局开展了数据同步、元数据同步以及服务备份等 WIS 功能的开发合作。2008 年 11 月,中国气象局向 WMO 提交了 GISC 提名申请,目前正在着手 WIS/GISC 业务系统的建设。

第二节　气象网络系统

网络技术的飞速发展,使其在气象业务系统中得以广泛应用。中国气象局的计算机网络系统经历了从无到有、从小到大、从专用到通用、从低速到高速、从窄带到宽带、从局域到广域、从简单应用到综合应用的发展演变过程。

一、专用局域网络

1. 点对点专用通信网络

1992 年国家气象中心与国家卫星气象中心联网,实现了气象卫星的云分析传真图及其产品的直接上网传输。1994 年开始,网络传输技术在同城通信传输中得到认可和应用。中国气象局先后为国家民航总局、国家计委、国家防汛抗旱指挥部、国家海洋局、民政部、空军司令部、总参谋部、北京大学和中国科学院等国家职能、军事、科研教育等单位提供网络通信服务。

1995 年 7 月,国家气象中心与农业部信息中心实现了电话拨号联网。后又改为无线微波联网,网络采用数字微波扩频技术,以点对点的方式实现网络传输,传输速率达 1.6 Mbps,为农业建设的决策提供了重要依据。

为配合高等院校的教育,1994 年为北京大学地球物理系开发建立了天气实习台教学网络系统。这套系统通过一个 NOVELL 网与中心相连,利用市话拨号方式,实时调用国家气象中心有关资料和图形产品进行教学或供学生实习、研究使用。

2. 专用光纤传输网络

1980 年电视天气预报节目开播以来,是中央电视台收视率最高的节目之一。根据李鹏副总理在 1984 年全国气象局长会议上的指示精神,经国家气象中心与中央电视台双方领导的协商确定,着手建设国家气象中心到中央电视台的公众电视气象服务传输系统。经调研后决定采用光缆传输方案。当时,光缆技术在我国尚处于起步阶段,但以其高速、优质的性能和可观的性能价格比更适于长距离传输,因此得到了双方领导的认可。

国家气象中心至中央电视台的光缆是中央电视台第一条对外用户光缆,要求传输性能必须符合广播电影电视部颁发的广播甲级标准。工程引进美国 GVG 公司的 X 型光端机,采用自建方式完成。光缆铺设工作于 1988 年 10 月全部完工,1990 年 9 月开始进行测试,1991 年 1 月正式投入业务使用,从而结束了自 1986 年以来一直使用汽车送录像带的历史。每天定时向中央电视台传送 13 套电视天气预报节目,内容包括全国 24 和 48 小时天气形势预报、海洋天气预报、英语天气预报、重大灾害性天气预报警报以及台风、特大暴雨、强寒潮、森林火灾等重大灾害性天气紧急警报。实现了气象部门与电视部门之间公众气象信息的现代化传输。

根据空军司令部气象中心的需求,开通了光缆通信传输,为其提供及时、大量的气象资料和预报产品。

同年,与北京市气象局开通了光缆通信传输。实现了实时气象数据资料、雷达资料、传真图、数值预报产品的图形、图像、数据的综合传输,为计算机联网和资源共享奠定了基础。

1992 年 8 月国家气象中心至中南海的光缆传输系统建成。系统采用模拟传输技术,进行实时天气实况图表的传输。光纤采用一主三备,光端机采用一主两备(冷备份、热备份各一套)方式进行。在国务院闭路电视系统中开辟了气象专用频道,传输图像、图形、数据、话音等形式的气象信息。国家领导可通过光缆传输系统调阅有关的天气信息,及时了解全国的天气形势和发展趋势。1996 年又对光缆系统进行了改造,采用国际上先进的第三代通信技术,在原有只能进行模拟图像传输的基础上增加了传输数据资料的功能,使图像传输质量大大提高。同时进一步发挥了光缆电路的使用效率,为国务院领导提供更多、更好的气象决策服务信息。

1995 年,国家气象中心到局办公室的传输电路改为光缆传输,增加了实时气象图表的传输信息量,使局领导能够及时了解全国的天气形势和预报情况。

3. 专用计算机局域网络系统

20 世纪 80 年代,国家气象中心有 M-160Ⅱ,M-170 和 M-360 等计算机系统,计算机之间信息传送和交换比较简单,通信用机 M-160Ⅱ与数值预报业务用机(M-170)计算机之间采用通道互连方式获取资料,而 M-160Ⅱ与 M-360 计算机之间采用的是 X.25 LAPB 专线互连方式。

当时,在微机上建立的图形图像业务系统一般采用 3Com 网。农气中心、中尺度所、局机关等单位使用 Novell 网。20 世纪 90 年代初,随着高性能计算机的引进和建立中期数值预报业务系统的要求,逐步采用局域网技术。1990 年初,随着 Cyber 计算机系统一起引进了 CDCnet 网和 LCN 网,以及随 VAX 系统一起引进了 DECnet 网,其中 CDCnet 网和 DECnet 网的链路级都是以太网。CDCnet 网还支持 TCP/IP 协议和 CDC 的终端服务器协议。DECnet 网运行其专有的协议栈,功能比较丰富,亦支持 LAT 终端服务器协议。

LCN(松散耦合网)是 CDC 公司开发的异种机互联高速局域网络。国家气象中心的 LCN 网通过网络访问设备(NAD)和特制的同轴电缆将两台 Cyber 大型机、M-360 机、VAX6320 机及国家卫星气象中心的 IBM4381 大型机互连起来。这些计算机之间可通过 LCN 软件进行文件传输、作业互启动等工作。LCN 的峰值传输速率是 50 Mbps,当时在国内属于高速局域网。

上述三种网络的安装,大大地改进了国家气象中心的计算机互联环境,是“八五”期间数值预报业务系统的主要支持网络,用户在终端机房和办公室就能直接访问 VAX 和 Cyber 计算机,同时 VAX6320 机和 Cyber 机之间信息交换的速率有了明显提高。

1992 年在 VAX6320 上增加了 TCP/IP 网络软件,并将 VAX 系统的以太网与 Cyber 系统的以太网用网桥互联起来,使得承担气象资料收集与产品分发的 VAX Cluster 系统到数值预报主机(Cyber)又增加了一条以太网通路。这条通路虽然传输速度不及LCN快，但由于其上运行的TCP/IP软件稳定可靠，又是开放的协议，所以在业务和科研中发挥了越来越重要的作用。特别是在CRAY巨型机投入使用后，VAX6320与CRAY EL98之间可以用FTP协议直接交换文件，而不需要Cyber机的介入，从而简化了业务系统的数据流程。

1995年CRAY巨型机引进以后，依托国家气象中心业务网络环境，在CRAY C92、EL98、VAX群机系统上形成中期数值预报业务流程。“八五”期间台风、暴雨数值预报模式的准业务试验，也是依托DECnet网和CDCnet网采集基本气象数据和对外分发产品。

二、园区网络

1. FDDI光纤网络

随着T106L19、台风、暴雨、MM5等数值预报业务的发展，以太网传输的效率在业务高峰时变得很低，连接VAX群机系统与CRAY EL98的以太网成了实时业务系统的瓶颈。改造局域网络，建立一套与高性能计算机相适应的中国气象局园区高速网络系统被提到议事日程。

在对高速局域网升级改造方案充分调研论证的基础上，1996年3月，国家气象中心对局域网系统进行了大规模的升级改造。这次升级改造的主要内容是：

①东、西两楼机房内各设一个高性能的网络交换机，两个交换机之间用FDDI光纤技术互联，构成网络主干。东楼的CRAY C92和EL98、IBM SP2直接以FDDI方式接入网络，西楼的ALPHA和VAX机分别以独立的以太网段方式接入网络。

②对东、西两楼进行结构化网络布线，每层楼设一台智能化(可以接受集中式网络控制)的以太网集线器，为每个办公室提供一个非屏蔽双绞线(5类线)端口，目前仅仅可接入以太网，以后可以接入更高速的网；

③建立先进的网络管理系统，对网中的设备状态、信息流量直至集线器上每一个端口实施监控。

高速局域网改造工程完工后，国家气象中心的局域网形成三个层次：一是CRAY巨型机之间的高速通道HiPPI，数据传输速率800 Mbps；二是主要业务用计算机之间的光纤网(FDDI)，数据传输速率100 Mbps；三是经交换式网络枢纽互联的多个独立的以太网段。1996年10月，新的FDDI网络建成以后，原先以太网上的拥挤状况得到一定缓解。

1996 年 5 月，中国气象局园区 FDDI 光纤主干网络系统建成投入使用。它不仅为原国家气象中心的计算机系统提供了高速稳定的网络连接，而且实现了中国气象局园区各单位计算机系统的网络互联互通。从此结束了用户通过仿真终端联网上机的时代，步入了计算机资源从主机集中式管理应用到异地分布式资源共享的新时期。与此同时，还完成了原国家气象中心业务和办公大楼的网络综合布线工程，在各办公室内安装了 2～3 个网络接口。用户可以通过这些接口直接上网访问公共计算资源，彻底抛弃了以往只能在公用终端室上机的历史。同时也为后来的计算资源日常运行、维护、管理、应用和办公自动化，提供了便利条件，收到了良好效果。

2. 中国气象局园区高速骨干网络

园区骨干网络系统建设　中国气象局园区骨干网络系统连接中国气象局大院内的各业务单位，是连通国家级各单位业务及科研工作的通信枢纽。骨干网络的建设和运行对资源共享、业务系统建设及高性能计算机群的有效利用等起到关键性的作用。该系统从 1996 年开始启动，经过 5 年的需求调研、总体方案设计、设备技术方案调研、设备选型及引进、骨干网光缆的铺设与测试等准备工作，于 2001 年底正式建成并投入业务运行，该网络主要承担中国气象局大院各大单位之间和公用计算机与信息资源之间的资源共享任务。采用千兆位快速以太网技术，由骨干核心网络和分层接入网络两部分构成。根据业务实际需求，在国家气象信息中心、国家卫星气象中心和气象科技大楼分别设立了 4 个核心网络节点，每个核心网络节点均配置了千兆位高性能网络交换机。核心节点之间用 3 条 1Gbps 链路进行全连接，既提高了节点之间的带宽，又面实现了线路的冗余。各单位的局域网通过分层交换机同时上联到两个核心交换机，保证了上连链路的冗余和网络设备的全备份。核心交换机的电源模块、管理模块、控制模块、端口模块和交换机之间的连接模块等，均按全冗余要求设计，且所有模块都采用热插拔技术，确保了系统不会发生任何单点故障。该系统的建成与运行，使中国气象局园区骨干网络的传输速率、稳定性、安全性和可操作性等方面发生了质的飞跃。

园区骨干网络系统的未来发展　从 2001 年中国气象局园区骨干网络系统建设以来，随着全国气象业务系统逐步建设与发展，各类资料种类与数量都大大增加，气象资料共享和服务的需求也不断增长。目前骨干网络的千兆核心及分布层网络日渐饱和。从网络使用现状来看，主要是大量气象模式的计算与传输、相关业务资料的处理与传输、多媒体远程教学以及一些涉及语音、视频的应用等占用了较大的网络带宽，现有的 1 Gbps 网络带宽已经逐渐成为新的瓶颈。

为解决带宽需求与应用之间的矛盾，满足上述各种数据传输和用户访问量日趋增大的要求，为气象局大院内各单位的业务和科研工作提供高速度、高质量、安全稳定的网络保证，有必要对骨干网络系统进行带宽升级，以保障各项气象业务传输的及时性与有效性。为此，骨干网络系统的带宽升级，被列入国家“十一五”重点工程项目——气象监测预警工程项目。

中国气象局骨干网络系统升级目标是：采用先进、成熟、标准化的网络技术，在充分利用原有骨干网络设备的基础上，通过适当补充网络设备板卡和相关网络安全设施，将骨干网络系统的核心网络连接、公共服务区网络连接以及关键性网络连接从现有的 1 Gbps 带宽升级到 10 Gbps 带宽。为气象业务各系统之间提供高速可靠的网络连接及快速稳定的信息交换和处理能力。

三、全国气象宽带网络

1. 宽带网络建设

2004 年，全国气象宽带网络项目前期工作基本完成。2005 年 5 月，全国气象宽带主干网络 SDH 系统开始建设，国家级到各省级线路带宽为 2 Mbps，国家级采用的是华为 NE40 路由器，省级采用华为 NE08 路由器，经过三期工程建设，完成了包括国家级和 30 个省级广域网络的建设。宽带网建成后，主要承载 9210 通信、雷达数据、华风影视、NOTES 业务以及电视会商等业务，NOTES 业务全部切换到宽带网上运行。与原来的 9210 卫星通信相比，宽带网的数据传输速率和可靠性都得到了很大提高，有效减轻了卫星网的压力；同时，通过合理的 QoS 控制，可以对不同业务分别进行带宽保证，有效地保证了关键业务的时效性要求。

为更好地满足新增资料传输的要求，2006 年 5 月进行了第一次电路带宽升速，国家级到区域中心 6 Mbps，到其余各省 4 Mbps；2007 年 4 月又进行了第二次带宽升速，除北京市气象局外的七个区域中心至国家级线路带宽提升到 8 Mbps，至此，全国气象宽带主干网络 SDH 系统的线路带宽得到了全面提升，实现了国家级到 7 个区域中心 8 Mbps、到 23 个省（市、区）全部为 6 Mbps 的线路速率，为电视会商、数据传输和资料共享等气象业务应用的开展提供了较为充分的通信基础保障。2006 年，完成了全国气象宽带通信网络业务透明切换，建立了全国宽带网业务监视平台。

随着区域、流域内直接数据通信的需求日益增加，原有的宽带网络系统已不能满足这部分新增的网络传输需求，需要建设新的网络系统以解决省际直接资料传输问题。为更好地提供北京奥运会气象保障服务,2006年底首先建设完成了与奥运相关的9个省(市、区)的奥运省际MPLS(多协议标记交换)VPN数据传输通道。2008年5月,覆盖全国所有省级节点的MPLS VPN系统建设完成,国家级网络接入速率为10 Mbps,接入路由器Cisco6509,各省接入带宽均为2 Mbps,接入路由器为Cisco2821。2009年4月进行了全面的带宽升速,目前国家级的接入带宽为100 Mbps,区域中心为8 Mbps,其余各省为6 Mbps。该系统的成功建设为利用MPLS VPN技术组建全国的省际网络系统提供了很好的基础,在满足气象资料传输时效性要求的同时,方便地实现区域、流域内直接的气象数据交换。2009年配合新一代国内气象通信系统的部署,还将对各省的接入路由器进行更新,更好地满足数据业务传输的需要。

目前,全国气象宽带主干网络由SDH和MPLS VPN两套系统组成。国家级系统与省级系统间的业务数据主要依托新建的MPLS VPN网络,国家与省级系统任意两点间都可以相互通信;多媒体应用传输主要依托现有的全国气象宽带SDH主干网络,二者相互补充。

2. 全国气象宽带网络的未来发展

正在建设的国家"十一五"重点工程项目——气象监测预警工程项目,还将进一步升级全国气象宽带主干网络,提高国家级和各省级MPLS VPN的传输能力,增强系统的可靠性和安全性,为各类气象应用提供一个稳定、高速和可靠的基础网络传输平台。

全国气象宽带网络系统升级目标是:在现有中国气象局全国宽带通信网络系统的基础上,采用先进、成熟、可靠的网络技术,对网络系统进行升级扩充,建设一个覆盖全国31个省(市、区),具有数据传输优先级控制能力和任意点到点直接通信能力,稳定、可靠及带宽充足的专用网络传输系统。该网络系统需要使用成熟的数据传输技术和具有一定性能的网络设备构建。基于电信运营商的地面专用网络系统构建,国家级接入带宽达到155 Mbps,省级接入带宽达到34 Mbps。

统一建设197个地(市)到省级中心8 Mbps宽带网络,并升级已建的127个雷达所在地(市)至省级中心宽带网络的带宽(由2 Mbps升级到8 Mbps),将宽带网延伸到324个地(市),提升国家级、省级数据处理系统的资料处理和分发能力,并补充建设地(市)级数据处理系统,提供从地市—省级—国家的完整和高效的资料传输路径。

完善现有系统在网络安全、网络管理及QoS方面的功能,建设全网的综合信息监控系统,实现对资料收发情况、设备运行状况和线路状态等信息的实时监视及故障报警和分析功能；在满足各类监测数据的可靠高效传输的同时，也承担音频、视频信息及远程天气会商等综合传输任务。

四、区域、省级及省级以下网络

1. 区域级、省级局域网系统

在9210工程之前，区域中心及省级局域网络系统采用DECnet、Novell及其他以太网产品，构建本地功能较为简单的局域网络系统。之后，在9210工程的基础上得到统一建设和进一步发展。9210工程为区域中心和省级局域网络系统配置了IBM和DEC网络设备，1999年又进行了相应升级和设备更新(DEC系统网络设备更新为3COM CoreBuilder 3500网络交换机，IBM系统网络设备更新为IBM 8277网络交换机)。这些网络设备成为区域中心和省级局域网络系统的核心设备，依托这些网络设备，通过设备和网络系统互联，区域中心和省级系统实现业务数据传输、资源共享及办公系统等业务应用。

随着业务应用快速增长，原有的网络设备以及以9210通信计算机为核心的网络体系结构已无法满足应用的需求，对网络系统的调整及改造势在必行。目前，条件较好的区域中心和省级系统基本建成了以高性能网络交换设备、千兆位网络为特征的局域网络系统，个别区域中心和省级系统还实现了双核心网络设备的高可靠性网络结构；也有一些区域中心和省级系统通过对原有9210系统设备的简单升级提升局域网络整体能力，改善网络环境以满足应用系统的需求。

2. 地(市)级、县级局域网系统

在9210工程之前，我国中东部的少数地(市)级、县级气象部门建有Novell等网络，其他大部地区基本上没有网络。9210工程建成之后，地(市)级、县级局域网络系统基本以交换式网络系统为主，通过较为简单的网络交换机连接本级各业务系统及办公自动化系统，实现业务数据传输和资源共享，并为气象部门内、外用户提供服务。

3. 区域、省、地、县级Internet系统

区域、省、地、县级Internet接入网络的发展水平相差较大，这与当地的经济发展水平密切相关。各地根据自己的具体情况，采用不同的方式接入了当地的Internet网，用于网上交流、收集和传输气象信息，在为社会提供日益增长的气象服务需求中，发挥着越来越亘要的作用。区域中心和省级系统基本具备了

10～100 Mbps 的 Internet 接入能力。地(市)级系统和县级系统的接入情况较为复杂,使用专线和各种 DSL 技术实现 Internet 接入。

五、中国气象局 Internet 网络

1. 中国气象局 Internet 网

1996—1997 年,中国气象局 Internet 网络系统一期和二期工程先后竣工,1997 年 1 月正式开通运行,为用户提供拨号上网的服务功能。中国气象局 Internet网在国内率先建成了接入原电子部金桥网(CHINAGBN)、出口速率 128 Kbps、作为我国 Internet 网络首批二级节点、功能比较齐全的部门级 Internet 网络系统,从此打开了中国气象局通过 Internet 与外界沟通交流的重要窗口。

1997 年 6 月,中国气象局发布了自己的主页。1998 年 5 月,中国气象局机关、国家卫星气象中心、国家气候中心、中国气象科学研究院的局域网通过 IP 地址转换直接上 Internet 网。

1999 年 10 月,作为"政府上网工程"的发起单位之一,中国气象局完成了本部门 Internet 网络"政府上网工程"系统切换工作,通过光缆先后接入到中国电信网、北京电信网和中国科技网,经过多次设备更新和线路升速,目前出口速率分别是:到中国电信网为 150 Mbps,到北京电信网为 300 Mbps,到中国科技网为 200 Mbps。从中国气象局 Internet 网络系统开通至今,上网人数与日俱增,应用范围迅速扩展,综合效益日益显著,已经渗透到气象部门各个领域,方方面面,成为每个职工工作和生活离不开的必备工具。

正在建设的国家"十一五"重点工程项目——气象监测预警工程项目,还将进一步升级中国气象局 Internet 网络系统,增强国家级和省级 Internet 系统的接入设备能力,建设基于 Internet 的 IPSec VPN 网络,将其作为宽带网的备份系统。为了增强各级气象系统 Internet 网络的安全性,需要在国家级中心增加 2 台防火墙和 2 台入侵检测设备,在 31 个省级中心分别增加 1 台防火墙和 1 台入侵检测设备。

2. 中国气象局各部门 Internet 网

20 世纪 90 年代初,中国气象局各部门就注意到国际上兴起的 Internet 网。1994 年 3 月,国家气象中心为建立 Internet 网立项调研。1995 年 10 月 1 日,NMC Internet 网建成并投入运行。国家气象中心的 Internet 网络系统,采用了当时国际上通用的 TCP/IP 网络协议。特别是扩频微波技术在 Internet 上的

应用，是国内最早实施使用的单位之一。扩频微波外部连接采用直序扩频技术的微波设备，构成 2 Mbps 的高速微波通路接入中国国家计算机网络设备(National Computing and Networking Facility of China，NCFC)。该微波设备采用了传输频带宽、速度快、抗干扰能力强的扩频微波技术。国家气象中心内部 Internet 局域网网络采用集线器与五类双绕线组成 10 BASE-T 以太网，使用 4 个集线器(HUB)结连，用户用五类双绕线连接到最近的集线器上。域名(DNS)、文件传输(FTP)、远程登录(TELNET)和电子邮件(E-MAIL)共用一台 INDY 服务器，WWW 用一台 INDY 服务器，服务器放置在最后一个 HUB 上。局域网具有 64 个 C 类 IP 地址，它是国内气象部门最早建成的 Internet 网络节点。国家气象中心的三级域名在 GOV(政府)二级域名下注册，主服务器域名为：SKY. NMC. GOV. CN，IP 地址是：159. 226. 237. 65。

国家气象中心 Internet 网络具有 E-MAIL、TELNET、FTP、WWW 等各种功能。1996 年 11 月，NMC 发布了自己的主页，1998 年 7 月，对 NMC 主页进行了更新。1999 年 1 月 25 日，对国家气象中心的扩频微波设备进行改造，采用了跳频方式的 BreezeNET 扩频微波网桥。

继国家气象中心建成 Internet 网之后，中国气象局各直属部门先后都建成了各自的 Internet 网。

第三节　计算机系统

随着计算机技术的飞速发展，它在气象领域的应用也越来越广泛。计算机从早期的单纯数值计算，发展到目前的数据采集、通信处理、资料处理、数据分析、模式运算、图形图像处理及动画制作、产品分发等业务应用。现代气象业务发展的历史，在某种程度上体现了计算机在气象领域中应用的历史。20 世纪 50 年代—70 年代中后期，基于国产计算机的早期气象应用，为气象业务和科研积累了经验。20 世纪 70 年代后期以来，以计算机应用为主要特征的气象现代化建设，使我国气象事业的发展实现了飞跃。

一、早期的国产计算机系统

1967 年夏，中央气象局批准气象科学研究院购买国产 DJS-6 计算机(即 108 计算机)，1969 年初，计算机安装、调试完毕。从此，我国气象部门有了第一台每秒运算 5 万到 7 万次的电子计算机。科技人员以此为基础，开展数值预报的研究工作，先后完成了正压全球模式，三层、五层半球原始方程模式，预报台风等工作，在该机上输出了第一张曲线天气图，被作为一个示例送往法国参加展览。DJS-6 计算机在我国数值预报研究中，发挥了重要作用。

1970 年 10 月，国家气象中心气候资料室安装了 2 台 DJS-C2 晶体管计算机（即 111 计算机），111 计算机运算速度 2 万次/秒。1973 年 9 月，又安装了 DJS-8 计算机（即 320 计算机），320 计算机由晶体管分立元件组成，采用磁芯存储器，内存 384KB，运算速度提高到 30 万次/秒。主机有 6 个机柜，外设由 6 台磁带机柜、3 台磁鼓、2 台打印机组成。1979 年对 320 内存进行了扩充，其容量增加了一倍，达到 768 KB。这三台计算机担负高空气象资料处理，中国地面气象年鉴、月报资料出版，全球实时气象资料、国内地面信息化处理等任务。改变了原来气候资料整编中采用电磁式卡片分析计算机仅能进行简单加、减、乘、除的机械加工处理方法，使气候资料信息化处理能力大大提高。为了充分发挥计算机的利用效率，还经常安排各省（市）气象台人员用机。320 计算机服役期长达 14 年，于 1987 年 1 月退役。

1978 年上半年，北京大学电子仪器厂生产的 DJS-11 计算机（即 150-3 计算机）在国家气象中心安装，1979 年 7 月正式提供使用。150 计算机的主机采用 TTL 小规模集成电路元件，速度为 100 万次/秒，包括内存为 768 KB 的磁芯存储器，8 台带速 2 米/秒的磁带机，4 台打印机，2 台 XY 绘图仪。150 机主要用于计算台风路径客观预报，中、长期天气预报业务和科研服务。同时还向国家第二机械工业部九所、空军十所、水利电力部研究所、四川绵阳 029 基地、北京阜外医院和总参谋部气象局等单位提供服务。1987 年 1 月 150 机退役。

二、微型计算机应用

1. 微机转报系统

20 世纪 80 年代，为了解决省级气象通信自动化问题，国家气象局依靠自己的技术力量，通过对国外气象通信软件技术的消化吸收，针对中国气象通信的特点和业务需要，在国内微型计算机的应用尚不普及的情况下，开发研制成功以 IBM 或 APPLE 微机为主机的、主要用于省一级的自动气象转报系统和自动填图系统，取代了省级人工通信和手工填图。这种投资少、功能齐全、先进实用的微机系统在省级气象业务自动化方面发挥了较大作用，而且，还作为技术输出，出口到不少发展中国家。

2. 气候资料加工

长期以来，由于技术装备落后，气候资料的统计整编都是采用人工抄录、校对，用算盘进行初算、复算，工作效率低下，资料质量也差。1957 年，中央气象局开始采用人工打键方式，建立了 80 行卡片信息和电磁式卡片分析计算机，进行一般的加减运算和分级统计。1970 年和 1973 年又先后配备了国产计算机，用于地面、高空资料的加工统计和整编出版。1983 年以来后，各省气象局又先后配置了 CCS、APPLE、IBM-PC/XT 及其兼容机 120 多台。1985 年，开始研制使用微机编制地面、高空、日射灯观测记录月报表程序，1987 年 1 月推广使用，三年内，全国有 29 个省(市、区)，近 1000 个台站投入使用。由于采用微机编制气象报表，代替了人工抄录、校对等大量手工劳动，提高了气候资料处理工作的整体效益。

自从引入计算机设备之后，气候资料处理不仅改变了"一把算盘一支笔"的落后面貌，而且大大提高了气候资料的处理质量和出版时效。

3. 气象预报智能化：气象信息综合分析处理系统(MICAPS)

传统的天气预报作业是以纸质天气图为主要工具、以预报员手工作业为主要制作方式。但是，随着计算机在天气预报业务系统中的应用，这种情况发生了巨大变化。1995 年开始，在吸收国外先进技术的基础上，结合我国的实际情况，中国气象局组织开发了微机和工作站两个版本的气象信息综合分析处理系统(MICAPS)，为预报人员提供了一个统一的人机交互工作平台。MICAPS 具有较强的交互功能，提供了全面的分析工具，可以显示各种气象数据和各种气象图形，并具有叠加、动画、放大、漫游等功能。同时，预报员还可以在计算机上修改和绘制天气图，非常容易地完成天气预报图的生成和修改。MICAPS 系统至今已经过多次版本升级，它作为主要的天气预报工作平台，已经在日常气象预报和服务中起到了关键作用。

4. 气象探测系统的微机应用

随着探测系统的发展，微机开始在气象探测系统的研制、生产、运行中得到应用。天气雷达数字传输和彩色显示系统，采用了 Z-80 微机技术，用于对雷达视频信号的数字积分处理、天线角度数字变换、回波图坐标转换和分层层显示、数字信号远程传输等工作。天气雷达接收机/DVIP 自动标校系统，采用夏普 MZ-3541 微机技术，实现了对雷达接收参数的测量、对 DVIP 处理器进行校准及强度分层等工作。

59—701 探空数据自动处理系统，由 701—B 测风雷达、单板机、苹果Ⅱ微机等部件组成，整个系统仅需 2 人就可完成全部操作过程，既提高了探空精度，有大大减轻了劳动强度。

采用 BCM-Ⅱ微机的电传自动处理系统，实现了农业气象旬月报的自动接收和处理，该系统能自动生成、打印出旬报、土壤湿度、灾情等资料，方便业务应用。

20 世纪 80 年代初，一种可编程的微型袖珍计算机 PC-1500 进入中国，国家气象局及时组成开发小组，利用 PC-1500 的功能开发出能代替人工计算和编报的软件。1984 年，在全国推广了这一成果。在地面观测业务中采用 PC-1500 进行编报处理，明显提高了业务质量。截至 1991 年底，全国气象台站的地面观测业务都已使用这一成果。与此同时，全部探空站也都配备了 PC-1500 计算机，实现了探空数据计算机处理、编报和制表统计的半自动化，使人工处理的差错明显减少，提高了探测质量和时效，培养了计算机使用人才，为以后的计算机推广应用奠定了基础。PC-1500 计算机在我国气象测报业务处理的现代化发展中发挥了重要作用。

5. 办公自动化

1994 年 10 月，在中国气象局大院最早建成了办公自动化系统，提高了办公效率。第一代办公自动化系统是以一台节点名为 VAX236 计算机作为电子邮件主机，利用 VMS 操作系统的 MAIL 实用程序，在汉字终端或微机仿真终端上进行中文电子邮件的操作。随着现代化建设的发展，第一代办公自动化系统已不能满足业务的需要，1997 年调研建立第二代办公自动化系统。1997 年 11 月利用建成的网络，在第一代办公自动化系统的基础上，采用 IBM/Lotus 公司的 Notes 软件建立了第二代办公自动化系统。该系统于 1998 年 1 月投入使用。Notes 实现了信息管理、会议管理、业务信息、公文处理等部分功能。

随着气象现代化建设的发展和计算机的广泛应用，微机被广泛用于日常办公事务。每人一机，已成为现代个人办公的基本配备。微机已成为每个人处理公文、收发邮件、游览网络、生活娱乐、社会交际等必不可少的基本工具。

6. 全国微机应用成果

20 世纪 80 年代，气象部门是全国微机应用较早、使用效益较好的部门。为了总结微机应用成果，进一步推广微机应用，1985 年 12 月 20 日至 1986 年 1 月 23 日，国家气象局在北京举行“全国气象系统微机开发应用展览会”。全国各省（区、市）气象局、各直属单位、大专院校、军队系统以及有关企业共计 54 个单位参加，展出 300 多个项目，参展内容涉及气象业务的各个领域，包括：办公自动化、计财管理、人事管理、装备管理、远程通信传输、台站甚高频通信网等。参观此展览的国内外人员有 1 万多人。特别值得一提的是，由于李鹏副总理和国务院电子振兴办公室的推荐，中央国家机关几十个部、委、办的领导同志参观了展览。

在这次展览会后，国务院电子振兴办公室把全国气象部门列为全国 11 大计算机应用部门之一。在 1986 年召开的“全国计算机开发应用工作会议”上，国家气象局应邀作大会典型发言，介绍经验。

展览会后的几年中，全国气象部门掀起了一个微机普及、应用、开发的高潮。许多由手工操作的业务项目，如地面观测的编报和发报、通信选报和转报、填图、气候月报表制作及卫星云图拼图等先后由微机代替，质量和效率大大提高，使气象现代化建设，特别是省级以下的现代化建设上了一个大台阶。

三、先进通用计算机系统

1. 通信和填图自动化

BQS 系统建成以后，我国的气象通信和填图实现了自动化。1980 年，M-160Ⅱ计算机正式承担国家级的国内、国际气象通信业务，使以前由人工接收、人工识别处理、人工发送的气象通信工作由计算机自动完成，在我国通信行业中率先实现了通信的自动化。

1980 年 5 月，由计算机控制的 6 台大幅面 X-Y 平面绘图机投入业务运行后，国家气象中心实现了填图业务的自动化。绘图机不仅可绘制单一的气象要素图，而且可自动绘制各种数值预报图、客观分析图、传真图和雷达拼图。所绘天气图字迹工整，图面清晰，填图速度和时效比手工填图提高了 5 倍。填图业务的自动化，不仅解除了填图员繁重的手工劳动，而且，使填图业务能力不断提高，填图量达到年 15639 张次。填制天气图的范围从亚欧扩大到小东亚、东半球以及历史图。填图内容从地面、探空扩大到雨量、地表温度、大风等要素图，以及旬、月气候图，台风加密小天气图等，基本上满足了预报业务和传真广播等用图需要。

2. 资料处理自动化

1985 年，国家气象局引进了富士通公司的 M-360 单 CPU 计算机，专门用于气候资料自动化加工处理。1988 年，又进行了系统升级，扩充为双 CPU 系统。升级后的 M-360 计算机，运算速度 7 MIPS、内存 16MB、磁盘 10 GB，配有磁带机、纸带机、数字化仪、视频终端、宽行激光打印机等多种外设。它是当时多用户多任务分时系统的典型代表，系统功能完善，操作系统先进，用户界面友好，上机作业简捷。先进计算机的应用，使气候资料的处理、分析、整编逐步进入自动化处理，气候资料的处理能力和服务方式也发生了根本变化，一个以计算机为核心的气候资料的预处理、统计分析、产品加工、存档管理和检索服务的自动化业务系统已基本建成。

3. 气象卫星资料处理自动化

随着社会经济和科学技术的发展，气象卫星已成为最重要的气象探测手段之一。1987年，以IBM4381计算机为核心的气象卫星资料接收处理系统的建成，推动了气象卫星产品的广泛应用，并产生了巨大的社会和经济效益。该系统利用通信线路把3个气象卫星地面站和资料处理中心连为一个整体，自动实现气象卫星资料的接收和传输、资料处理和存档、时间统一、指挥调度等任务。没有计算机的控制，就难以实现气象卫星的自动运转与控制；没有计算机的加工处理，就无法接收大量的气象卫星资料，也无法生成真正有用的气象卫星产品。随着我国气象卫星事业的发展和建设，IBM4381计算机已不能满足资料处理要求，先后又引进了M-770计算机和HP K-570、K-370等计算机系统承担气象卫星资料的自动化处理。目前，以计算机为核心的气象卫星云图资料接收处理系统已经在各级气象业务中得到广泛应用。

4. 气象科研的平台

根据开展气象科研的需要，通过招标，1985年中国气象科学研究院从法国布尔公司引进了1套DPS7/717计算机系统，1986年完成安装、调试，同年底，投入运行。该机具有分时、多任务、动态虚存管理等功能，配有通信前置机，可连接数十台终端。该机的应用，推动了气象科研工作的开展，中尺度数值模拟、云物理分析、中美气候考察资料分析等科研课题都通过该机得以完成。

1991年，中国气象科学研究院通过招标又引进了CONVEX-120计算机系统。该机配有128MB内存，4台半英寸1600/6250密度磁带机，6台945MB硬盘，主机分别具有11.5 MIPS标量运算和20 MFLOPS向量运算能力，具有10 Mbps以太网联网能力。该机为气象科研计算服务运行8年，于1998年底正式退役。在该机上，科研人员完成了大量的科研任务，取得了丰硕成果。

四、高性能计算机系统

20世纪70年代后期，由于高性能巨型计算机的问世，使得气象科学在某些领域（如数值天气预报领域）获得了突破性的进展。鉴于计算机在气象中如此重要的地位和作用，世界各国总是把气象部门作为巨型计算机最新成就的优先用户之一。高性能计算机在气象领域的应用十分广泛，主要有数值天气预报、气候预测与模拟、人工智能、计算机视觉化等方面。本文仅以我国数值预报业务系统的发展为例，来说明高性能计算机在气象应用中的重要性。数值预报业务的发展离不开高性能计算机。数值预报水平的不断提高，对计算能力的要求也将成倍增长。根据试验，数值预报模式的分辨率提高一倍，计算量将增加16倍。此外，数值预报的业务运行对计算机也有较高的时效要求，不同的预报模式要求在各自限定的墙钟时间内完成全部计算任务，否则将直接影响到预报的时效和可用性。

1. 国家级高性能计算机系统建设

20世纪90年代中期以来高性能计算机能力明显增强。国家级业务中心先后建成了银河Ⅱ、CRAY J90、CRAY EL98、CRAY C92、IBM SP2、IBM SP、曙光1000A、银河Ⅲ、神威Ⅰ、神威新世纪-32I、神威新世纪-32P及IBM Cluster 1600等高性能计算机系统，在开展数值预报业务和研究等方面发挥了重大作用。同时，建立了国家级北京高性能计算机应用中心，并向全社会开放。到2004年底国家气象信息中心在运行的高性能计算机的聚合能力达到23万亿次/秒浮点运算。

从20世纪90年代初到2005年，国家级计算能力基本每5年增长1个数量级，2005年底，21.59万亿次的高性能计算机系统投入业务应用后，气象用于业务和科研的计算能力比1978年提高了近2300万倍，比“九五”期间提高了近200倍，使气象信息综合应用能力显著提升。

改革开放30年来，中国气象局曾有过6次较大的计算机系统建设，带来了气象数值预报业务发展的6次飞跃：

1978年11月，中央气象局引进了1台每秒百万次运算能力、内存4 MB、磁盘2.1 GB的M-170计算机，这在当时属于国内综合性能最强的计算机系统，主要用于气象数据处理和运行MOS数值预报模式，从此结束了我国没有数值预报业务的历史。1980年7月，A模式(欧亚区域模式)开始投入业务运行；1983年8月，B模式(亚洲区域模式)开始投入业务运行。以上标志着我国的数值天气预报全面进入实用化阶段。

1989和1991年，作为中期数值天气预报系统工程建设中最重要的技术装备(美国 CDC 公司的 Cyber 962 和 Cyber 992 计算机①)先后到货安装,为 T42L9 中期数值天气预报业务提供了良好的计算机运行环境。从此,正式建成了我国第一代中期数值天气预报业务系统。1991 年,T42L9 中期数值预报业务系统终于研制成功,正式制作 5 天的全球预报,使我国成为当时世界上仅有的 9 个能制作中期数值天气预报的国家之一。自 1991 年 6 月 15 日开始,T42L9 模式和有限区 LAFS 降水模式的数值预报产品发向省、地气象局,对天气形势预报起到了指导作用。

1988 年 3 月 12 日,国家气象中心与国防科技大学签订购买 1 个 CPU 的银河-Ⅱ计算机系统合同。1992 年 4 月补签合同,使 1 个 CPU 升级为 2 个 CPU;1993 年 7 月又补签合同,由 2 个 CPU 升级为 4 个 CPU。1993 年 8 月,国产银河巨型计算机 YH-2(4 个 CPU,每秒 4 亿次浮点运算)在中国气象局安装成功。同年 9 月 14 日,T63L16 中期数值预报业务系统在 YH-2 上建成。10 月 14 日,第二代中期数值天气预报模式 T63L16 在 VAX-Cyber-YH2 构成的计算机系统上运行。银河-Ⅱ在国家气象中心的安装和使用,结束了我国气象部门没有巨型计算机的历史,为后来打破西方国家对我国在计算机技术上的封锁创造了有利条件,标志着我国气象现代化迈上了一个新的台阶。

1994 年 10 月,中国气象局首次引进了美国 CRAY 公司的 CRAYC92 巨型计算机,该机峰值性能 2000 MFLOPS,内存 1GB,磁盘 127GB。CRAYC92 巨型计算机为新一代中期数值天气预报业务系统的建立和可靠运行奠定了基础。1997 年 6 月,更高分辨率的 T106L19 中期数值预报业务系统建成,并投入业务运行,预报时效延长到 10 天。为了充分发挥 CRAYC92 的效益,在 CRAYC92 上还建立了:全球中期数值天气预报模式 T63L16 延伸预报、台风模式、暴雨模式、中尺度数值天气预报模式及部分科研任务。CRAYC92 的 CPU 利用率长期保持在 90%以上。

中国气象局在充分应用传统向量巨型计算机的同时,一直密切关注着未来高性能计算机的发展方向,为此,成立了专门领导小组负责此事。经过对国内外计算机技术发展趋势的广泛调研和深入分析,中国气象局决定把逐步装备和应用大规模并行计算机(MPP)作为气象部门高性能计算机应用的主要发展方

① Cyber 962 和 Cyber 992 是经美国总统特批后出口到中国的最高性能的大型计算机,Cyber 962 计算机的运算速度为 1480 万次每秒,Cyber 992 计算机的字长 64 位,内存 64 MB,磁盘 36GB,峰值性能 34MIPS,并带有向量处理部件,峰值向量运算性能达 57MFLOPS(每秒百万次浮点运算),采用的操作系统是 NOS/VE。

向。为了打好 MPP 在气象领域应用的基础，本着科研开发先行的原则，在气象事业发展规划(1996—2010 年)中超前把“加强在并行计算机系统环境下的并行计算方法、数据管理和系统管理等技术的开发研究”，“以大规模并行计算机为基础的下一代数值预报预测、资料同化分析及产品应用业务系统的开发研究”等研究项目作为中国气象局 20 世纪 90 年代中后期科研开发的重点领域。中国气象局组织开展了数值预报并行计算技术的开发和业务应用。经过工程建设和科研开发，构成了由国产曙光 1000A 并行计算机(每秒 32 亿次浮点运算)、YH-3 并行计算机(每秒 180 亿次浮点运算)和引进的 IBM SP 并行计算机(总体能力：每秒 720 亿次浮点运算)等所组成的国内最大的多机型异构并行计算环境。在此环境下开发了为建立并行数值预报业务系统必需的一整套并行计算技术，包括并行同化分析系统、并行全球动力模式、并行有限区预报模式和中尺度预报模式。自主开发了采用奇异向量法的集合预报并行计算系统，并在国产高性能计算机上实现了准业务运行，其集合度水平与国际先进气象中心相当。上述成果的应用，大大提高了预报水平，为 21 世纪赶超国际水平奠定了良好基础。

2004 年 9 月，作为国家“九五”大中型建设项目(短期气候预测业务系统建设)的重点建设内容之一，中国气象局从 IBM 公司引进了 IBM Cluster 1600 高性能计算机系统。它共有 3152 个 CPU，整体计算能力高达近 21.59 TFLOPS，内存总容量 8224 GB，磁盘总容量 30 TB，居当时全球高性能计算机排名第六位。系统具有高效的数据存储管理能力、强大的信息与作业吞吐能力和先进的并行作业管理能力，性能优良，稳定可靠，特点突出。是目前国家级各类天气、环境数值预报和气候预测业务的首要运行载体，同时也是气候变化研究、各种数值模式研发与改进等多项科研任务的主要计算平台。多尺度、时空分辨率更高的 T639L31 新一代数值预报系统在 IBM Cluster 1600 上运行以来，先后为汶川大地震抗震救灾和北京奥运会提供了全程、连续、滚动、精细化的特殊天气预报服务，作出了特殊贡献。该系统作为中国气象局的重大基础设施，对于大幅提升我国的气象信息系统、天气预报系统和气候预测系统现代化水平，全面推进我国气象事业现代化持续、稳定、又好又快、健康协调发展，作用巨大，举足轻重。

除了上述用于国家级主要业务系统运行的高性能计算机系统外，国家卫星气象中心也于 2007 年安装了含有 1280 个 CPU，峰值性能为 8.1 TFLOPS 的 SGI ALTIX 4700 高性能计算机系统，该系统主要用于气象卫星资料的处理和应用。

中国气象科学研究院于 2008 年安装了含有 288 个 CPU，峰值性能为 2.1 TFLOPS 的 IBM Cluster 1600 高性能计算机系统，该系统主要用于气象科学研究。

巨型计算机一直是西方国家禁止向我国出口的战略高新技术，就是现在也要受到严格限制。为了打破西方国家的高技术封锁，为我国气象部门引进更高性能的 CRAY 巨型机，中国气象局作了大量的工作。通过汇报和请示，取得当时的国务院李鹏总理、国家计委副主任刘江、国务院外办主任齐怀远、外交部副部长刘华秋等领导的大力支持。经过与美方的多次交涉和谈判，1993 年 11 月 15 日，美国驻华大使芮效俭告知外交部副部长刘华秋，美国总统（政府）同意向中国出口 CRAY 巨型机。之后，经过谈判，于 1994 年 3 月 28 日正式签订了 CRAY 巨型机购机合同，同年 8 月 22 日到货。CRAY 巨型机的引进和应用，既打破了国外的封锁，也为我国数值预报业务的发展提供了良好的技术条件。

2. 区域和省级高性能计算机系统建设

根据全国气象事业发展设想，区域和省级气象部门也根据各自的发展需要和实际情况，自 2000 年以来，先后进行了高性能计算机系统建设。到目前为止，全国共有 29 个省（市、区）计划单列市气象部门装备有 32 套高性能计算机系统。全国 7 个区域气象中心全部配有高性能计算机系统。区域气象中心和省级气象部门分别装备有银河Ⅲ、曙光 3000、IBM SP、曙光 TC1700、华云神箭、SGI Origin2000、SGI Origin 300、SGI Altix 3000、探索 108、YH-CS16、IBM P690、神威新世纪-32P、曙光 4000A 、IBM cluster1600 等系统，系统峰值性能从 10 亿次/秒到 9.8 万亿次浮点运算/秒不等。在现有装备的高性能计算机系统中，性能在 10 GFLOPS（每秒 100 亿次浮点运算）以下的有 2 套，10～100 GFLOPS（每秒 100～1000 亿次浮点运算）的 10 套，100 GFLOPS～1 TFLOPS（每秒 1000～10000 亿次浮点运算）的 14 套，1 TFLOPS（每秒 1 万亿次浮点运算）以上的 6 套。

目前区域气象中心和各省级高性能计算机业务系统中，除了少数区域气象中心开发运行了特色数值模式，如台风和暴雨外，其他大部分运行的都是 MM5 和 GRAPES 准业务模式。其业务流程与国家级基本相同，按时间先后顺序，也是由观测数据获取、数据同化、模式运算和产品生成及产品分发存档四部分组成，只是区域模式所需的边界场要通过气象通信系统从国家气象信息中心获得。这些系统在省级气象业务的发展和人才培养中已经发挥了较好的技术支撑作用。

3. 高性能计算机系统建设的未来发展

高性能计算机系统能力的扩充 为了解决目前存在的高性能计算机系统能力不能满足部分业务需求的矛盾，经中国气象局批准，对现有的计算机系统进行扩充。该项目计划投资1000多万元，建设内容包括：建设一套神威4000A高性能计算机系统及其机房配套设施建设。该项目建设将于2009年8月完成。神威4000A的主要技术指标：系统峰值运算速度（计算结点）为15.75 TFLOPS；共有42个计算节点和16个存储节点；CPU采用Intel最新的Quad-Core Intel Xeon Processor E5472；计算结点内存总量5 TB；集中存储系统总容量128 TB；操作系统为Linux；全系统通过40 Gbps的Infiniband网络互联；机柜数量为13个。

新一代高性能计算机系统建设 即将建设的国家"十一五"重点工程项目（气候变化应对工程项目），将建设规模更大、能力更强的新一代高性能计算机系统，为气象事业的新发展提供强有力的技术支撑。为了提高我国对气候变化的预测能力，建设我国的气候系统模式，使我国模式的预测水平达到发达国家模式的平均水平，将我国未来50年气候变化预测时效提高一倍，将气候变化预测集合能力提高一倍。有必要在我国建立一套能够支撑模式系统和气候变化应对系统的、安全稳定运行的高性能计算机系统、与之配套的应用软件开发系统及配套基础设施。新一代高性能计算机系统规模庞大，还涉及对部门内、外共享，同时还要兼顾我们目前正在使用的业务平台的连续性（目前是IBM高性能计算机），另外还要顺应国家提出的尽可能采用国产化设备等要求。因此，计划在未来的气候变化工程项目中，构建一个包括面向业务和科研应用的、由多台计算机组成的混合系统。

该混合系统的构成方案初步设想为：计算能力在100～200 TFLOPS左右的高可靠、高稳定、高成熟度的商用化高端UNIX计算机系统，作为生产计算机系统；计算能力在800～900 TFLOPS左右的LINUX集群计算机，作为研发计算机系统；以满足大容量、高性能数据交换要求的磁盘共享系统作为核心，构成中国气象局新一代高性能计算环境。

新一代高性能计算机系统，将在国家级建设，主要包括计算机系统建设和配套基础设施建设。计算机系统建设包括：主机部分、存储部分、监控部分和基础软件等。配套基础设施建设包括：计算机业务楼建设、高性能计算机房建设和计算机房配套设施（配电和空调等）建设等。通过该工程的建设，基本形成具备世界领先水平的高性能计算机系统和应用软件支持平台。

第四节 气象资料业务

气象信息是气象实况的历史记载，通过对它的处理、分析、整编，可以直接为经济建设、国防建设和科学研究提供重要的气象数据。同时，气象资料是国家重要的信息资源，是提供气象服务的依据。新中国成立以来，气象资料工作者艰苦创业，努力奋斗，为气象资料业务发展和服务做出了积极的贡献，经过 60 年的建设，我国的气象资料工作走上了稳定、持续、健康快速发展的道路，逐步实现了气象资料收集、处理、存储和服务的全面现代化。

一、气象资料工作变迁

新中国成立初期，国防建设和恢复国民经济迫切需要气象资料。同时，为了加强对全国气象资料工作的指导及集中使用技术力量和资料，军委气象局和中国科学院地球物理研究所决定合作成立“联合资料室”，并于 1950 年 4 月 1 日获军委批准，于 1952 年 1 月 5 日正式成立，是军委气象局内部机构之一。联合资料室就是后来的气候资料研究室、气候资料室、气候应用室和现在的气候资料中心的前身。联合资料室的主要任务是将新中国成立前散落在全国各地的历史气象资料进行收集、整编并提供服务。由于连年的战乱，这些历史气象资料年代中断、格式五花八门。联合资料室的工作人员对资料进行了细致地勘误、统计、审校，先后出版了《中国气温资料》、《中国降水资料》和《中国气候图集》等。随着国民经济建设的恢复和发展，1955 年 2 月，联合资料室因完成了特定的历史时期的任务而撤销。

1956 年建立了中央气象局气候资料研究室，承担全国性的气象资料加工、技术指导、业务管理和有关科研任务。与此同时，全国各级气象部门也先后成立了相应的机构，广泛开展气象资料整编和分析服务工作。1959 年 9 月，全国第一次气候资料工作会议在贵阳召开，总结了新中国成立十年来资料工作的经验，制定了各级气象资料机构的职责，确定了资料整编应从气象服务的需要出发，以通用资料为主兼顾专业资料，整编以上下相结合、阶段性与当前需要相结合的原则，进一步推动了气象资料业务的发展。这一时期气象资料工作逐步走向健全并有了长足的发展，为我国积累和整理了大量宝贵的气象资料和档案，成为国家科技档案和资料的重要组成部分。

1960 年机构调整时，由于当时对气象资料工作的特点和规律认识不足，气候资料研究室被撤销，气象资料工作被压缩，人员大量裁减，正常的基础业务工作处于停顿状态。1964 年，出席第三届全国人民代表大会的气象科学界代表联名提案，要求加强气象资料工作，不久即恢复气候资料室建制，气象资料工作受到一定的重视和加强，标准较高的资料楼就是在这段时间竣工的。

1964 年，毛泽东主席根据国内外形势，提出了“平战结合、两手准备、三线安排”的战略部署。为做好气象战备保障工作，中央气象局对气象工作也作出三线安排，以充分做好准备，应对突然事变。其中保证气象档案资料的安全是气象战备工作的重点，按局领导要求，重要的气象档案资料应采取复制和“两库”存放的措施。据此，在北京市房山县山区建立了第一个临时战备后库，以备突发事件时使用。该库由一个天然山洞改造而成，面积约 80～90 平方米。1969 年，由于当时战备形势很紧张，曾准备把部分重要档案资料存放到那里，后经过多次考察，认为该洞库条件不适合作为战备后库，只好放弃并移交地方。

1965 年，中央气象局根据中央战备工作的要求和指示，经国务院主管部门批准，决定在宁夏银川新市区建设气象资料工作战备基地。工程于 1965 年开始施工，1969 年 9 月竣工。总建筑面积 4000 平方米，包括档案库、办公室、宿舍、食堂等建筑。银川后库竣工时，正是“文革”开始不久，原准备把大部分重要气象档案资料迁移到那里的计划，没能付诸实施。后来中苏边境紧张，银川成为战备前线地区，银川后库失去了作为气象战备基地的作用，最终被移交给兰州军区使用。

1969 年 11 月，中苏边境发生武装冲突，形势很紧张。为执行中央的战备疏散指示精神，中央气象局气候资料室内迁至四川省江油县二郎庙镇的一个小山沟里，在京的大部分气象档案资料、设备和人员一同撤离。内迁的气象档案资料、设备、人员安置在原西南气象学校校址，对外称“315 筹备处”，按部队编制管理。当时，在业务上强调为国防、战备服务，重点是进行一些资料整编。由于二郎庙地处山区，气候温暖、潮湿，工厂又多，整天烟雾笼罩，空气污染严重，对档案资料管理十分不利，档案资料受潮发霉时有发生。1975 年，中央气象局专门研究气象资料工作，鉴于气候资料室临时内迁所在地的气候和管理条件不适合资料的保存和资料工作的开展，经报告国务院并获批准，气候资料室大部分人员和资料于 1976 年 1 月迁回北京，一部分气象档案资料和人员于 1974 年转迁湖北“642”基地。

1979 年 12 月，在全国气象局长会议上通过了《关于加强气候资料工作的意见》，气象资料工作得到应有的重视，逐步走上健康发展的道路。此后，气象资料工作机构进行了调整，充实了人员，增添了设备，大力推动了气象资料业务现代化建设。

1986年下半年，由于国际形势发生很大变化，为减少国家经费开支，便于对“642”的领导和管理，经国家气象局党组研究决定，将“642”进行缩编并移交给湖北省。因“642”基地气候潮湿，库房条件差，不具备永久存放档案资料的条件，加上人员缩编后，对档案资料的安全管理是一大问题，于是经过调研，国家气象局党组决定将山西省昔阳县原华北区域战备气象中心作为气象档案资料的后库，对外仍称“山西省昔阳710管理处”。1987年秋，湖北“642”基地的气象档案资料撤迁至昔阳710管理处，由原有的金工车间和办公室改造成库房存放。昔阳710管理处直属山西省气象局领导，其业务受国家气象档案馆指导。由于“710”的地理位置偏僻，管理不便，维持经费不足，使这里的人员、资金管理等方面存在不少问题和困难，山西省气象局在管理上也鞭长莫及。鉴于“710”的实际情况和困难，中国气象局研究决定将“710”建制移交给昔阳县政府，并在北京延庆县建立新的气象档案资料后库。1997年9月，山西昔阳“710”管理处的档案资料全部撤迁到北京市延庆县。

1996年9月，延庆后库工程开始破土动工，其总建筑面积为2000平方米，于1997年8月竣工。延庆后库建设按国家标准《档案馆建筑设计规范(试行)》设计施工。总体布局以档案库为主，约占总建筑面积的三分之二。档案库采取围廊形式，具有较好的六防能力。1997年9月，山西“710”存放的全部气象档案资料运达这里，延庆后库开始启用。1997年12月，中国气象局正式批复建立国家气象档案馆延庆分馆。1998年2月，延庆后库正式挂牌，定名为“国家气象档案馆延庆分馆”。延庆分馆现存有各种气象档案资料24000余册，主要有原始天气图8000册，气象观测记录报表，以及国内、外气象资料15000余册。

二、气象资料业务

1. 气象资料业务现代化建设

1957年，气候资料研究室引进苏联的电磁式卡片分析计算机，开始了机械化快速处理气象资料的工作。该机由人工配电盘控制，只能进行简单的加减法运算。1959年配置了数字选择器，增加了分级统计和频率统计。

1970年，气候资料室配置了两台南京有线电厂的DJS-C2(111)机，该机速度为5000次/秒，外部设备有读/穿卡片机、纸带机和磁鼓，用机器语言编程，主要任务是进行1979年以前全国高空卡片资料的加工统计。1973年配置了北京有线电厂的DJS-8(320)机，该机速度为30万次/秒，外部设备有纸带机、磁带机、磁鼓和磁盘，可用汇编或FORTRAN语言编程。主要承担20世纪70年代全球地面、高空、船舶天气报告的穿孔纸带资料的处理，进行全国地面基本站信息化资料的处理和整编工作。

改革开放以来，气象资料业务现代化建设迅速发展。1985年，气候资料室利用世界银行贷款引进日本富士通的M-360计算机，该机速度为300万次/秒，外部设备有纸带机、磁带机、数字化仪、8寸软盘输入机、大容量磁盘组等，配备有多种高级程序语言。利用该机主要完成的业务项目有：全国地面、高空、太阳辐射等气候资料预处理业务流程的建立；各时期国内地面、高空不同载体信息化资料的统一转换；全国部分台站降水自记纸的图—数转换及统计分析；1961—1990年全国地面、高空、太阳辐射资料的整编；全球实时气象资料规格化、月分类、数据集加工处理和存档；建立包括全球实时气象资料和国内非实时气象资料的磁带库管理和检索系统。

1989年8月国家气象局召开会议，专题研究全国气候资料工作“八五”建设计划。1991年3月，印发了《全国气候资料处理系统建设方案》，并落实了建设投资。1994年底，全国29个省、市、自治区和计划单列市气象局全部完成建设任务，1995年底，通过中国气象局组织的检查验收。到1993年，多数省级气象局的地面、高空、太阳辐射观测记录月报表基本实现微机审核、编制。1994年，华北6省(市)和4个区域中心所在省都与国家气象中心实现了地面气象信息化资料(数据文件)的计算机广域网传输。到1995年底，全国30个省级气象局全部实现了地面气象信息化资料的计算机广域网传输。从此，我国结束了建国以来一直采用的邮寄数据纸带、软盘和磁带的历史。

“八五”期间，气候资料室完成“国家级气象资料处理及应用服务系统”项目的建设。该系统以SUN670服务器为主体，与多台微机、工作站互联组成开放型网络体系。SUN670服务器运算速度达1500万次/秒，配以SYBASE大型数据库管理系统。1995年，“中国气候资料应用数据库”建成并投入使用，用户可快速地检索到全国地面、高空、太阳辐射台站1949年以来各时段各要素的统计值，对于高空、太阳辐射资料，还可检索到各站各时次的原始记录值。系统的建成为业务建设、科研和应用服务提供了良好的环境。现在，一个以高性能计算机为主体的实时气象资料加工处理，非实时气象资料远程传输，气候资料的预处理、统计分析、产品加工、存档管理和检索服务的“气候资料业务系统”已经建成，气候资料的处理和服务方式发生了根本变化。

2. 气象资料的信息化和图形资料数字化

气象资料信息化是气象资料工作现代化的基础，气象资料信息化工程也是我国气象部门高瞻远瞩、科学决策、取得巨大效益的现代化基础工程。1978 年 12 月,《全国地面气象资料信息化基本模式暂行规定》颁布实施,从 1979 年 1 月起,新中国成立以来最大规模的地面气象资料信息化工程在全国迅速展开,从此进入了全面开展气象资料信息化和图形资料数字化工作的新阶段。

1980 年 10 月,中央气象局首次派出气候资料考察团赴美国气候资料中心(NCDC)进行全面考察,确立了资料信息化、载体转换、分类编辑、质量检验、审核校正的技术路线和国家级与省级气象部门分工协作、各负其责的实施规划。经过 30 年的不懈努力,高质量、高效率、先后完成了全国 122 个台站的气象辐射历史资料信息化,725 个台站解放前的温度、降水月/年统计值历史资料信息化,部分历史天气图的图形数字化,绝大部分国内高空气象观测历史资料信息化和中国气象局气象档案馆馆藏的解放前我国地面气象观测温度和降水历史资料信息化以及降水自记纸的信息化等工作。任务非常艰巨,奉献十分巨大,成果极其丰硕。气象资料信息化和图形资料数字化工程,为气象资料自动化处理、气候变化研究和气象基础数据共享服务奠定了坚实的物质基础,拉开了我国气象资料工作全面现代化的序幕。

作为“短期气候预测业务系统工程”子项目的“历史气象资料信息化”,于 2006 年 1 月正式启动,2009 年 8 月 20 日通过中国气象局组织的项目业务验收。通过该项目的建设,国家气象信息中心搭建了历史气象资料信息化业务基本平台,购置并安装了科技大楼库房档案装具,完成了 158.8 万页的解放前历史气象资料的扫描信息化,提高了历史气象资料的应用水平,并为省级历史气象资料的拯救和数字化工作提供了有关技术标准。

3. 30 年气候资料整编

30 年气候资料阶段性整编是气候资料工作的基本任务,也是国家加强应对气候变化能力建设对基本气象观测数据提出的迫切需求。

1980 年 3 月中央气象局印发了《关于组织开展第 3 个 10 年和 30 年地面气候资料阶段整编的通知》,要求全国各省气象局按照统一的技术方法负责所属台站的统计整编。1983 年完成了 1951—1980 年的 30 年气候资料整编任务。

根据 WMO 关于各国气象部门每隔 10 年进行一次 30 年资料阶段整编的要求,为做好 1961—1990 年 30 年标准气候值资料的阶段整编工作,国家气象局于 1988 年 6 月印发了《全国 30 年气候总结方案》,开展了我国第 2 个 30 年资料整编,首次标准气候值统计,这也是我国第一次完全用计算机自动完成的具有划时代特殊意义的我国 1961—1990 年 30 年的气候资料阶段性整编任务。

这次整编是在深入分析各领域需求，充分考虑计算机统计特点，认真借鉴以往成功经验，着力拓展服务方式的基础上展开的，大大扩展、细化了整编统计项目，把整编统计项目分为基本项目、选择项目和出版项目 3 种，并对各项目的统计方法，尤其是对异常情况的特殊处理，进行了系统的审查和研究。研制完成了《全国地面气候资料(1961—1990)统计方法》，精心设计了整编统计软件，使用 1961 年 1 月至 1991 年 6 月的地面气象信息化资料，于 1992 年完成了全国基本站 1961—1990 年 30 年的气候资料阶段性整编工作，并按出版要求的版面和格式用激光打印机输出了整编结果。

21 世纪初，又完成了我国 1971—2000 年第 3 个 30 年的气候资料阶段性整编任务。目前，我国已经具有中国地面、高空、太阳辐射，全球地面、高空、海洋等各种气象资料数据集产品和由此整编、处理、加工成的数据集产品，共计 14 大类数百种，数据集产品的制作能力、时效性和质量迅速大幅度提升，为广大用户及时提供了优质、高效、便捷的服务。

三、气象档案业务

为适应气象现代化建设的需要，不断提高气象档案管理业务技术水平和服务能力，气象档案馆根据气象档案工作特点及本部门的实际情况，积极进行气象档案资料业务现代化建设。

1. 气象档案缩微系统建设

气象档案馆的缩微业务始于 20 世纪 50 年代，当时设备非常简易，只有一台东德产的 135 照相机和自制的翻拍支架。1966 年配备了缩微照相机及辅助设备，但由于十年动乱，气象档案缩微工作没能真正搞起来。20 世纪 80 年代初，针对气象档案工作中的问题，经过多方面的调研，气象档案馆重新制定了气象档案的缩微计划。分别于 1981 年和 1984 年配置了 16 毫米、35 毫米、105 毫米×148 毫米系列的缩微设备系统，并制定了有关卷片、平片缩微规则和技术标准，从而使气象档案缩微业务逐步走上正轨，其缩微加工处理能力也达到国内先进水平。目前该系统已完成全部馆藏原始天气图及部分气象观测记录报表的缩微，解放前部分珍贵历史气象档案的缩微工作也正在进行之中，为气象档案的存储、保护、管理和服务起到积极的作用。

2. 气象档案管理规范化和计算机系统建设

气象档案馆在围绕着气象资料加工处理和应用服务系统建设的同时，也加强了气象档案管理规范化和计算机系统建设。“八五”以来，先后配合中国气象局职能管理部门制定了《气象档案分类表》、《气象科技档案目录款目著录规则》、《气象档案的鉴定标准》以及各类气象档案归档管理规定，健全了气象档案工作法规，使气象档案管理进一步科学化、规范化。

为改变传统的手工编目、检索方式，1984 年气象档案馆开始进行缩微编目、检索实验。1985 年建立了《气象观测记录报表管理和检索服务系统》。“八五”期间，先后建立和完善了《气象报表管理》、《气候资料数据集编目检索系统》、《气象缩微胶片管理》、《磁带库检索系统》、《气象台站历史沿革微机检索系统》等气象档案计算机辅助管理系统，使气象档案馆的档案自动化管理水平有明显的提高。“九五”期间，在原有技术成果基础上，根据中国气象局信息网络系统建设总体规划和气象部门办公自动化建设基本目标，利用新一代数据库技术和计算机结构体系，建立了包括我国气象台站基本信息在内的全部气象档案情报、目录检索服务系统，并通过网络通信和多媒体技术开展更广泛、更高效的应用服务，使气象档案馆的档案管理现代化水平迈上新的台阶。

3. 气象档案管理升级和库房改造工程建设

为进一步加强气象部门档案管理工作整体建设，全面提高档案管理水平，促进气象档案信息资源的开发利用，中国气象局根据国家档案局《科学技术事业单位档案管理升级办法》，于 1993 年印发了《气象部门档案管理升级办法》，要求各级气象档案管理部门按规定进行考核定级。气象档案管理达标升级，涉及档案的管理体制、档案基础业务工作、档案库房建设、档案管理基本设施和现代化建设等多方面。国家气象档案馆馆藏档案种类多、数量大，其档案管理升级工作涉及的工作量很大，所需经费也相当多。根据气象档案馆的实际情况和经费支持能力，提出了气象档案馆升级工作分两步走的计划部署，即第一步先在“八五”期间实现晋升国家二级，第二步在“九五”气象档案业务系统建设和档案库改造工程建设基础上实现晋升国家一级的目标。在各级领导的支持和同志们的努力下，气象档案馆于 1995 年底顺利通过了国家二级档案管理单位的考核指标。为满足气象业务发展的需要和实现气象档案馆晋升国家一级的目标，中国气象局和国家气象中心于 1998 年底分别调拨经费，支持气象档案馆部分档案库和服务大厅改造。到 1999 年底，磁带库、科技档案库、报表库三个库房共 900 平方米分别配置了新的档案装具、照明设备和烟雾报警装置，使气象档案馆档案保管环境和服务条件大大改善，配合档案馆管理的软件也在加紧研制。

四、气象数据共享

1. 气象资料服务方式的变化

气象资料服务是气象服务的内容之一。长期以来,气象资料服务一直没有停止过,但在较长一段时间内,服务方式落后,基本停留在提供整编出版物和为用户函抄或用户自己抄录原始报表的状态。这种情况一直延续到 20 世纪 80 年代的中期。由于计算机技术、缩微技术、静电复印技术的应用和气象资料信息化业务的开展,气象资料服务在方式上发生了重大变化,按照手工抄录—计算机检索—数据共享的方向不断发展。

2. 气象数据共享

(1)气象数据共享的历史回顾

中国气象局气象资料共享工作可以追溯到 20 世纪 80 年代初,中国气象局先后通过同城用户终端给总参、空司、民航、水利、海洋、中国科学院大气物理所、北京大学等有关部门和单位实时传输气象资料及网络发布实时资料。之后,气象卫星资料面向所有用户公开广播,向水利、林业等部门提供极轨和静止气象卫星实时气象资料和产品,全部卫星资料通过光缆与总参气象局实现共享。

早在 1988 年,我国就加入了世界数据中心(WDC),成为世界数据中心的 5 个(美国、俄罗斯、欧洲、日本、中国)地区中心之一。世界数据中心中国中心(WDC-D)有 9 个学科中心,他们分别是:海洋、气象、地震、地质、地球物理、空间科学、天文、冰川冻土、可再生资源与环境等。WDC-D 气象学科中心挂靠在中国气象局,其职责为实时接收和处理全球气象电信网传输的气象电报、和数值产品,收集、加工、存储和分发各类气象数据,为用户提供数据服务。WDC-D 建成以来,运行良好,受到了国家主管部门的肯定和表扬,他们认为,在中国 9 个学科中心中,气象学科中心是发挥作用最好的一个中心。

我国于 1999 年 10 月 31 日颁布的《中华人民共和国气象法》,第十五条明确规定"国务院气象主管机构及有关地方气象主管机构应当按照国家规定适时发布基本气象探测资料",第十六条又规定"各级气象主管机构应当按照气象资料共享、共用的原则,根据国家有关规定,与其他从事气象工作的机构交换有关气象信息资料",这就为气象数据共建共享提供了法律依据。

2001 年 12 月,中国气象局以第 4 号局长令形式颁布了《气象资料共享管理办法》,该办法的颁布实施,标志着气象数据的对外共享进入了一个新的时期。

在《管理办法》中详细规定了气象资料分级提供和使用的具体实施细则，如第五条规定“各级气象主管机构指定负责气象资料提供工作的单位，应当通过网络适时、滚动向社会发布下列基本气象资料，供公众下载”（如国际交换站的定时观测资料和月、年统计资料等）。第六条又规定“各级气象主管机构指定负责气象资料提供工作的单位，应当‘免费’向从事气象二作的机构、国内非营利性科研和教育机构从事的非商业性活动提供所需的气象资料。”《管理办法》的颁布实施，为气象数据共享提供了在政策法规层面上的保障。

2001 年 12 月以来，中国气象局各级资料管理机构依据《气象资料共享管理办法》的规定，不断解放思想、提高认识、整合资源，不断提高气象资料服务能力，无偿为公益性单位，重点为承担国家重点科技项目和国家重大工程的单位，提供尽可能多的气象资料服务，使得气象资料的服务效益与此前相比获得了质的提高。

(2)气象科学数据共享系统建设

气象科学数据作为国家基础信息资源的重要组成部分，既是相关领域科技创新不可或缺的数据支撑，也在国家宏观决策、经济发展和社会进步中发挥着极其重要的作用。实施气象科学数据共享，切实提高气象科学数据社会共享服务能力，不仅将为我国跨世纪的各项事业发展提供强有力的支持，而且将为科学数据整体共享工作顺利开展提供有益的经验和示范。从 2001 年开始，中国气象局作为科技部科学数据共享试点单位，在科技部科技基础性工作专项资金重点项目的支持下，大力开展“气象数据共享系统建设”。经过几年的拼搏进取，建成了国家气象科学数据共享中心，形成了立足部门、网通行业、覆盖全国、联结世界的共享网络体系。全面提升了气象科学数据管理水平，极大地增强了气象科学数据共享服务能力。为科技创新、政府决策、经济建设、国防安全和社会公众提供了全面的多层次的气象科学数据共享服务，取得了可喜成果和显著效益：

①从 2002 年起，经过 3 年广泛深入细致的系统研究，建立了完整的气象科学数据发布策略体系；奠定了数据发布策略的理论和实践基础；确定了数据共享发布的主要思路；制定了数据共享发布的实施细则及数据共享分级分类部门标准；规范了国家级气象数据共享工作和各省级气象数据共享网站的数据发布。其成果已经用于国家级及各省级的气象数据共享服务。

②制作出一系列支持数据共享标准，具有统一元数据标准、分类编码和命名规则的规范化数据集产品；整合部门内外 13 类气象资料，形成了 136 个长序列数据集产品，数据总量超过 10000 GB，丰富了数据集产品的种类和数量。

③初步建成了由国家级和省级共享系统组成、覆盖全国的分布式气象科学数据共享服务网络系统；实现了气象元数据和数据内容的统一发布，提供了Internet 的数据导航和访问服务，注册用户达 10160 个，截止到 2008 年 3 月提供数据服务总量已达 11298 GB。访问人次和信息下载量逐年递增，增幅高达30％以上。

④中国气象局在全国相关行业中率先实现了面向用户的气象资料共享，共享能力和水平处于国家科学数据共享领域的前列。中国气象局作为科技部科学数据共享试点单位，真正起到了示范引领作用。我国其他部门借鉴气象部门的气象资料共享分级思路，制定了本部门的共享数据分级规范。

气象科学数据共享以“力争成为国内权威、国际有相当影响力的国家气象科学数据中心”为目标，按照服务引领、效益优先的原则，规划未来几年气象科学数据共享发展规划，认真做好数据平台建设与共享服务工作，推进气象科学数据共享工作健康、持续、深入开展。

五、气象数据库系统

气象数据库系统是实现气象信息统一管理的重要技术手段，通过它，可以科学有效地管理各种气象信息，为各类用户提供方便快捷的信息共享服务，充分发挥气象信息的潜在效益。气象数据库系统是在改革开放以后逐步发展起来的，它的发展经历了如下几个阶段。

1. 第一代气象数据库系统

1980 年，BQS 系统建成以后，M-160Ⅱ计算机系统正式承担我国自动化的气象通信业务，对于 BQS 系统收集和分发的大量国际、国内气象电报的管理，当时采用的是商用操作系统中数据管理系统的文件管理技术。BQS 系统通过专门设计的 32 个数据文件系统，实施对全部气象数据和管理信息的管理和使用。

1984 年，根据开展数值预报和实时预报业务工作的需要，在 M-170 计算机系统上开始了实时气象资料库的研发工作，采用文件管理技术，用汇编语言编制程序。文件系统由索引和数据两部分组成。索引部分采用三级索引的层次结构，由日期、报类、时次组成索引关键字，通过索引指针对数据进行定位、存取。1987 年，该资料库投入使用。资料库主要包括公报库、要素库和国外格点场库。用户主要是数值预报和实时预报业务。用户调用方式有 2 种：程序调用和终端检索。

随着计算机系统的更新换代和应用需求的不断提出，从 1990 年开始，国家气象中心在 DEC 公司的 VAX-6320 上建立了专用的实时气象资料库系统。该资料库系统也是属于自行设计的文件管理系统，运行环境是 VMS 操作系统。

M-170 计算机上的资料库系统还移植到国家卫星气象中心的 IBM 计算机上，于 2000 年停止使用。VAX 计算机上的资料库系统移植到 AXP 计算机上，于 2005 年 9 月 1 日停止运行，上述系统可称为第一代气象数据库系统。

2. 第二代气象数据库系统

20 世纪 90 年代中期起，依托 9210 工程建设项目，在全国范围内建成了覆盖国家、区域、省、地(市)级，上下配套的四级分布式数据库系统，并采用了统一的 SYBASE 数据库、客户机/服务器的体系结构、数据格式和应用界面，实现气象信息的高效应用、交换和统一管理。9210 工程气象数据库系统可称为第二代气象数据库系统。9210 气象数据库系统由如下子库构成：公报库、报告库、要素库、格点场库、图形图像库、产品库、业务管理信息库、台风库、雨量库、情报信息库等。但是，由于 MICAPS 系统未使用数据库访问接口，加上 9210 数据库系统自身的一些原因(如系统运行的稳定性和性能，以及业务运行所需要的技术和人力资源等)，造成了数据库系统的边缘化，始终未形成核心业务系统的运行规模。绝大多数省份的 9210 数据库系统并未投入业务运行，也没有充分发挥其效益。

2003 年，作为国家“九五”大中型建设项目(短期气候预测业务系统建设)的重点建设内容之一——国家级气象资料存储检索系统(MDSS)开始建设，至今已初具规模。该系统依托三级存储系统，建立了基于 RDBMS(ORACLE)的气象数据库系统，该系统由实时数据库(MDSS-RDB)、综合数据库(MDSS-IDB)、对外共享数据库(MDSS-SDB)三个逻辑数据库构成。MDSS 是国家级气象信息系统建设的重要组成部分，是国家级气象数据中心的核心支撑平台，其建设标志着国家级气象数据中心的建设拉开序幕。

3. 省级及省以下气象部门气象数据库系统的建设

省级及省以下气象部门气象数据库系统的建设也经历了从文件系统管理到数据库系统的发展过程。在 20 世纪 80 年代中后期，省一级基于 DBASE 的微机数据库系统相继在一些省气象局开发和推广，后来随着 9210 工程的建设和 9210 数据库系统的部署安装，全国地(市)以上气象部门统一建成了气象数据库系统。

此外，由于数据库技术的不断发展，特别是对前端应用的良好支持，促成了各种中小规模的气象数据库系统的蓬勃发展，最具有代表意义的是各种气象网站系统和气象数据 WEB 服务系统。这些系统的建立通常基于 WINDOWS、LIUNX 平台及 SQL SERVER、MySQL 等中小型 RDBMS，系统易于实现和维护。

4. 新一代气象数据库系统建设

“新一代天气雷达信息共享平台”建设项目是中国气象局“十一五”重点建设项目，也是气象信息基础建设的重要工程。该项目是继 9210 工程以来，全国气象信息系统建设的最大工程项目，项目建设采取“统一设计、统一采购、全国布设”的方式，由中国气象局组织，国家气象信息中心牵头，各省共同参与建设。本项目建设的应用软件系统和平台系统将在全国布设，共构建 1 个国家中心和 31 个省级中心，所有的中心以全国气象宽带网络连成一个物理分布、逻辑统一的信息共享平台，为部门内外用户提供以雷达信息为主，涵盖各类气象观、探测数据和业务服务信息产品的共享服务，并对上述信息进行快速收集、标准化处理和规范化存储。

新一代天气雷达信息共享平台建设项目主要建设内容分为 9 个部分，包括 7 个系统的建设，以及计算机场地环境改造和标准规范基础性工作。其中要建设的 7 个系统为：数据收集与分发系统、数据加工处理系统、数据存储管理系统、数据共享服务系统、业务监控系统、计算机存储系统和网络及安全系统。

按照气象数据管理与共享体系发展设想，基于集约化原则，遵循气象数据库的有关技术标准与规范，该项目的建设任务为：采用先进的商用数据库技术，在国家级、省级分别建立一个基础数据库、一个专题数据库和一个专用数据库。

基础数据库　为建立全国气象基础数据库系统，即运行于气象广域网上的、分布式、标准规范的国家、省二级基础数据库。基础数据库存储气象信息的全集，由 16 个子库组成，按照气象资料分类方法，14 类气象资料划分为 14 个子库分别存储，此外还包括存储元数据和数据管理应用信息的子库。

专题数据库　为建立行业共享库。行业共享库存储面向同城部门外行业用户共享服务需求的气象数据，由 3 个子库组成：存储天气雷达数据的雷达数据子库、存储元数据和数据管理信息的子库和存储其他气象数据的其他数据子库。

专用数据库　为建立支撑实时气象业务系统迫切共性数据共享服务需求的实时业务专用库。实时业务专用库存储以满足 MICAPS 为代表的实时气象业务系统数据服务需求所需的气象数据，由 7 个子库组成，此外还包括存储元数据和数据管理应用信息的子库。

为了满足新一代天气雷达信息共享平台建立以上三类数据库，实现对各类气象信息的存储和管理要求，本项目从技术层面将采用在线高性能存储、在线大容量存储、近线/离线磁带存储、虚拟磁带库等四层分级存储结构，并确定相应的资料存储策略。为此，新一代天气雷达信息共享平台项目将配置满足不同应用要求的各级存储设备，包括高性能磁盘阵列、大容量磁盘阵列、自动磁带库、虚拟磁带库等。存储系统包括硬件和软件两部分，其中硬件包括：存储管理服务器、存储区域网交换机、高性能磁盘阵列、大容量磁盘阵列、虚拟磁带库、自动磁带库和脱机磁带等各种存储硬件设备；软件包括：共享文件系统、备份软件、分级存储和数据迁移软件、归档软件等。新一代天气雷达信息共享平台建设项目预定于2011年建成投入运行。该系统建成后，将为气象业务、科研、行业用户提供一个功能较强的气象信息管理平台和共享平台。

21世纪是我国社会经济发展的重要变革时期，也是我国气象事业大发展的良好时机。气象信息网络作为气象事业的信息基础设施，已经发挥了重要的技术支撑作用。21世纪的气象信息网络将会得到进一步的巩固和发展：气象通信网络将继续采用国家信息基础设施与气象专用信息基础设施相结合、空中与地面相结合、卫星通信网与地面宽带通信网相结合的方式发展，全国主干网络将向更高的带宽发展，通信网络将不断向我国基层延伸；计算机应用的水平将不断提高，高性能计算机的应用将继续向大规模并行计算机及并行计算发展，国家级的计算机能力将向PFLOPS量级发展；气象信息的加工、应用深度将不断加深，信息共享的范围将更加广泛；一个可靠、高速、综合的气象信息网络系统必将在21世纪的气象事业发展中发挥重大作用。

本章编写组成员：王春虎　邓　鑫　李　湘　郭　利　孙　婧　王国复

第六章　气象科学研究与技术开发

气象科技是气象现代化建设的重要支撑，不断满足气象现代化发展的需求是气象科技工作的使命和目标。60 年来，气象现代化建设前进的每一步，都包含着科技发展的贡献。同时，随着气象现代化建设取得令人瞩目的成就，气象科技也取得了长足的进步。本章从气象科技体系的建设与发展、气象科技研发与应用、应对气候变化、国际与地区科技合作和科学普及等方面回顾了气象科技的发展历程与主要成就，并提出气象科技未来发展展望。

第一节　气象科技体系的建设与发展历程

气象科技体系建设是气象现代化体系建设的组成部分，是气象科技工作发展的基础。气象科技体系建设包括组织机构建设、人才队伍建设、体制机制改革、战略规划部署、基础条件平台、开放合作共享等诸多方面内容。气象科技体系建设经历了新中国成立后的艰苦创业，“文化大革命”期间受到干扰的曲折发展，改革开放以后的快速发展，以及本世纪以来参与国家深化科技体制改革、提出并推进国家气象科技创新体系建设、努力实现科学发展等几个重要阶段。

一、艰苦奋斗　创业发展

新中国成立后，我国气象科学研究和技术开发工作在百废待兴、科研力量极其薄弱的基础上，迎来了蓬勃发展的新局面。建国初期，气象部门在积极组建全国气象站网、开展气象观测实验和天气预报业务的同时，也非常重视充实气象科技人员、整理历史文献资料、筹建气象科研机构。在此期间，中国科学院等有关气象研究机构也有了进一步发展。许多老一代气象科技人员，包括从国外回来的留学生和科学家，献身于新中国气象事业，在极其困难的条件下开展气象科学研究工作。这些都为气象科学技术研究发展奠定了良好的基础。

1950 年 3 月 1 日，军委气象局成立了中央气象台，其后又在气象台内建立了联合天气分析预报中心，与中国科学院地球物理研究所（1949年11月成立）、清华大学气象系（1952年高等院校调整后，转为北京大学物理系气象专业）联合开展天气预报业务和气象分析预报研究。不仅在我国天气预报业务建设中做出显著的成绩，而且在开展天气分析研究工作中也取得了很大进展。1953年8月气象部门由军队建制转为政府建制，此时，技术室是中央气象局的10个处室之一。随着气象系统建制的改变，气象科学技术研究工作也逐步转向面向国家经济建设方面来。

中国气象学会是我国气象科学技术工作者的学术性群众团体。新中国成立后，中国气象学会积极筹备重建工作。1951年4月，中国气象学会召开代表大会，主席团由竺可桢、涂长望、李宪之、赵九章、张乃召等五人组成。选举产生了由18人组成的新一届理事会。竺可桢任理事长，涂长望任副理事长。同年，中央人民政府批准了中国气象学会社团登记申请。

早在1953年秋，中央气象局就在天气处、台站处和通信处分别成立了技术指导组，之后在1954年，中央气象局成立了“气象技术革新及研究科学委员会”，推动并指导气象技术革新和研究工作，并在相关部门成立了业务研究科组，推动气象技术革新和研究，如在天气处设立了民航科，开始了民航气象业务和研究工作。同年，中央气象台开始了数值天气预报的研究。1955年，在台站管理处下设农业气象科，开始了农业气象业务和研究工作。为进一步提高气象业务技术水平，逐步开展我国天气、气候及中长期天气预报研究工作，于1955年2月21日撤销了联合分析预报中心和联合资料室，成立了中期预报组。1955年3月7日，为加强对全国气象系统的技术指导，中央气象局将上述三个技术指导组改组后，在中央气象台成立了天气、观测、资料3个技术组，分别由该台的预报科、观测科、资料室领导。另外，还在该台成立了仪器技术科，为以后的气象科学研究工作奠定了基础。

1956年，随着国民经济建设高潮的到来，国家发布了第一个12年科学技术发展规划——《1956年至1967年全国科学技术发展远景规划》。此后，中央气象局制定了《气象科学研究十二年远景规划》，提出12年的发展目标，并对气象科学的重点学科建设、研究机构布局、研究干部培养等做了部署。当年，经国务院批准，在原中央气象台的基础上，成立了中央气象科学研究所，兼有业务、科研双重任务，并增设了天气预报研究室，主要承担天气、气候、观测、仪器、通信、资料等项业务工作，并负责对全国气象台站的技术指导和开展试验研究工作。

1958年，中央气象科学研究所与中央气象局的业务管理部门合并，成立了气象科学研究所、观象台、通信总台、气候资料研究室4个业务、科研机构。此时的气象科研工作主要由气象科学研究所、观象台、气候资料研究室承担。同时，为加强对农业的服务，将农业气象处扩充为农业气象研究室，开展农业气象业务及农业气象研究工作。为加强海上气象服务和保障工作，成立了海洋水文气象处，开展海洋水文气象业务和研究工作。至此，全国气象科研体系已初具规模，从事气象科研的单位包括中国科学院地球物理研究所、兰州地球物理研究所、中国科学院地理研究所，中央气象局气象科学研究所、观象台，空军司令部气象科学研究所，部分省（区、市）气象局气象科学研究所以及北京大学地球物理学系，南京大学气象系等。全国气象科研专业队伍已发展到 800 人，其中副研究员以上近 40 人。

1960 年 9 月中央气象局进行机构精简和调整，恢复中央气象台独立建制。中央气象局气象科学研究所的天气预报业务部分并入中央气象台，海洋气象处、农业气象研究室、气候资料研究室等单位的研究工作部分与气象科学研究所合并。气象科学研究所负责天气预报、民航气象预报、农业气象预报、海洋水文气象预报及气候等方面的研究工作，并负责技术指导。观象台自 1959 年起，增设了无线电气象研究室、人工控制天气研究室、仪器研究室和考察队等单位。在 1961 年的机构改革中，又将原有办公室负责的气象科学技术管理以及气象科学情报工作并入气象科学研究所。1965 年 10 月，中央气象局观象台云雾物理研究室与原江西省庐山人工控制天气研究所合并成立中央气象局庐山云雾物理研究所。

这一时期的研究课题，主要集中在对东亚大气环流和我国天气气候特征的认识与了解上，如旱涝、寒潮、台风、梅雨、青藏高原的动力和热力作用及其对东亚和我国天气的影响等。研究的重点是西风带的天气气候现象及其演变规律。在地面、高空探测仪器和气象雷达的研制等方面，也取得明显的进展，许多国产气象仪器设备开始投入业务使用，并建立了自己的高空探测体系。科研领域除了已有的气象专业和气候专业以外，还发展了大气物理、大气探测、高层大气物理、农业气象、民航气象、海洋水文气象、森林气象等新的学科，此外，还开展了人工影响局部天气的试验研究工作并取得了显著的成绩。这一时期，我国气象国际科技合作绝大多数是在当时的社会主义国家阵营之间进行，以学习和借鉴前苏联的气象科学技术和工作经验为主。

新中国成立到“文化大革命”前这一时期，气象事业发展迅速，为以后的气象科技发展奠定了坚实的基础。然而，在 50 年代后期，由于在指导思想上受“左”的错误和形而上学的影响，也有过比较严重的失误。在科技领域，曾错误地提出“以土为主”的技术原则，以后又把它上升为“指导思想”，贬低知识分子和现代气象科学技术的作用，一定程度上挫伤了气象科技人员的积极性，给气象科技发展带来了一定的负面影响。

二、受到干扰　曲折发展

1966—1976 年，持续 10 年之久的“文化大革命”使气象科研工作遭到严重破坏。在气象部门以及有关高校和研究单位，大量专家和科技骨干被扣上“反动学术权威”、“牛鬼蛇神”的帽子，受到打击和迫害，气象科学技术研究工作基本上处于停顿状态。但在国民经济建设的迫切需要和广大气象科技工作者的顽强努力下，这个时期（主要是后期）的气象科研工作在天气、气候、应用气象、雷达气象、卫星气象、自动气象站等领域仍取得了一定进展。

1969 年 12 月，中央气象局与总参谋部军事气象局合并，仍称中央气象局，归属总参谋部领导。观象台被撤销，对观测业务的指导和仪器研发、检定等工作转入气象科学研究所。1972 年 12 月，中央气象局成立了气象科学技术情报研究所。在 1973 年 5 月中央气象局与总参气象局分开、复归国务院建制时，气象科学研究所实有人数为 304 人。

“文化大革命”中，大批科研人员长期下放到“五七”干校接受“改造”和“锻炼”，大批业务技术干部也被迫离开工作岗位。绝大部分省（区、市）的气象科研机构被撤销，中央气象局直属气象科研机构被严重削弱。但不少科研人员在极其艰难的环境下，仍坚持科研工作岗位，气象科研工作（主要是在后期）仍取得了一些进展。在继续研究中高纬度天气过程及其演变规律的同时，研究领域向热带天气方向扩展，加强了对热带天气现象和规律的研究，如对台风路径，特别是异常路径的活动规律及其所引起的天气现象的研究。应用气候研究也扩展到风能、太阳能、大气污染等领域。在高空气候、气候变化、山区气候等方面的研究也陆续开展并取得了不少有实用价值的成果。与此同时，还开辟了雷达气象、卫星气象、自动气象站等新的科研领域，促进了强对流天气的研究。在业务、科研和技术装备上也有一定的发展，逐步采用电子计算机、卫星云图接收等新技术。1967 年，气象科学研究院装备了气象部门第一台每秒运算 5～7 万次的电子计算机，对此后数值预报的研究发挥了重要作用。20 世纪 60 年代末，我国开始了自己的气象卫星研制工作。

1971 年 10 月 25 日，第 26 届联合国大会通过了恢复中华人民共和国在联合国合法席位的决议。世界气象组织也于 1972 年 2 月 24 日表决承认中华人民共和国的代表为中国唯一合法代表。此后，中国有组织、有计划、有选择地逐步参加了世界气象组织的有关活动，国际气象科技合作与交流开辟了新局面。

“文化大革命”期间，虽然经过各级领导和科技人员的努力，在气象科研方面做了一些工作，也取得一些成果，但“文化大革命”对气象科学技术工作造成的后果是严重的。十年漫长的岁月，严重冲击了气象科技队伍的科学作风和奉献精神，也使气象科技人员大量流散，人才结构出现严重断层，拉大了我国气象科学技术与国外先进水平的差距。

三、改革开放　快速发展

1978 年随着全国科学大会和党的十一届三中全会的召开，我国迎来了科技发展的春天，气象科技也进入一个崭新的历史发展阶段。气象部门积极推进气象科学技术现代化建设，组织编制了《1978—1985 年气象科技发展规划》。这一阶段，气象科研和教育得到快速恢复和发展。1978 年 5 月，在原中央气象局气象科学研究所和气象科学技术情报研究所的基础上，中央气象局成立了气象科学研究院(1991 年更名为中国气象科学研究院)，下设 5 个研究所；一批省级气象科研所也相继成立。1979 年，国家气象局气象科学研究院在原 5 个研究所的基础上，调整为 9 所 3 室，开始了广泛系统的多学科研究。此后，气象科学研究院成为国务院学位委员会首批批准的含有 3 个专业硕士学位的授予单位。1984 年，制定了《气象现代化建设发展纲要》，明确提出到 2000 年要建成适合我国特点、布局合理、协调发展、比较现代化的业务技术体系。同年，国家气象局进一步明确了各省(区、市)所属气象科学研究所的隶属关系，正式改为气象部门与省(区、市)双重领导、以气象部门为主的领导体制。这一阶段，在国家科技三项费的支持下，气象科技工作开始有序进行，组织了由气象科研人员、业务人员及基层台站的骨干力量参加的全国范围内的科研协作，结合我国天气气候特点组织开展了灾害性天气预报、青藏高原气象科学试验、气候和应用气候，以及农业气象、云雾物理和人工影响局部天气、大气污染等方面的研究工作，并参加了全球大气试验、台风、季风业务试验。同时还根据业务发展的需要开展了大气探测设备和探测技术方法的研究。许多成果在业务中得到应用，有的成果还形成了新业务，极大地推进了气象业务建设水平和服务效益。

1985 年 7 月，为贯彻落实中央《关于科学技术体制改革的决定》，气象部门召开全国气象科教工作会议。此后至 1988 年，国家气象局先后制定下发了《气象科学技术研究体制改革方案》、《“七五”期间气象科学技术计划》、《关于深化气象科学技术研究体制改革的意见》等重要文件，对气象科技体系发展起到了重要的指导作用。国家气象局在省(区、市)气象科研所的基础上，扩建了区域性的专业气象研究所，先后建立了上海台风研究所、广州热带海洋气象研究所、武汉暴雨研究所、成都高原气象研究所，兰州干旱气象研究所和沈阳区域气象中心研究所。各省(市、区)气象局科研所也得到进一步发展，除西藏自治区外，各省(区、市)气象局都成立了气象科学研究所，少数技术力量较强、条件具备的地区气象部门也设立了科研单位，初步形成了气象部门颇具特色的三级气象科研体系，即国家级气象科研机构、区域气象中心研究所和省级气象科学研究所。气象科研机构加上气象院校的科研人员，形成了一支达两千余人的专职气象科研力量。

1986 年气象部门进行了科研机构拨款制度的改革，进一步加强宏观调控，引入竞争机制，不同程度地扩大了科研单位的自主权。同年，国家气象局成立科学技术委员会。1989 年，气象科学研究院强风暴实验室、大气化学实验室和云雾环境实验室成为气象部门重点开放实验室。随着科研机构的进一步健全，科研队伍的不断壮大，科研能力得到显著提高，科研成果成批涌现，许多项科技成果在业务和服务中推广应用，取得了较好的效益。

这个时期，气象部门以外的气象科研机构也得到迅速发展，主要分布在中国科学院系统、高等院校系统和军队系统。中国科学院系统有北京的大气物理研究所、兰州高原大气物理研究所，北京、南京、广州、成都地理研究所中的气候或气象研究单位。高等院校系统有北京大学地球物理学系、南京大学气象系、南京气象学院、成都气象学院、北京气象学院、中山大学气象系、杭州大学地理系、兰州大学地质地理系、中国科技大学地球和空间科学系、北京师范大学地理系、上海师范大学地理系、北京农业大学农业物理系、沈阳农学院农学系、广西农学院农业气象系、华东水利学院水利系、山东海洋学院海洋气象专业等。军队系统有空军第七研究所、空军气象学院、总参气象科学研究所、总参气象局气象室。另外，产业部门内，如长春气象仪器研究所，也开展相应的气象科研工作。

1991 年 10 月，国家气象局召开全国气象科技工作会议，研讨制定了《关于进一步依靠科技进步发展气象事业的原则意见》。1993 年 4 月，国家气象局颁发《气象事业发展纲要(1991—2020 年)》和《气象事业发展十年规划(1991—2000 年)》，明确了气象科技工作的指导原则、目标任务和具体措施。这期间，按照“稳住一头，放开一片”的科技体制改革方针，气象科研工作积极探索与经济有机结合的途径，在做好行业重点科研工作的同时，调整结构，分流人才，开展科技服务，发展科技产业。气象科研机构的科技实力、运行效率同步提高。1996 年 1 月，中国气象局召开全国气象科学技术大会，首次明确提出实施“科教兴气象”发展战略，此次大会审议通过并下发了《关于贯彻落实〈中共中央、国务院关于加速科学技术进步的决定〉的意见》。1997 年，制定了《关于进一步深化气象科技体制改革的方案》。1998 年开始进行气象科技体制改革试点工作，制定了《气象科研院(所)改革试点方案》，并确定辽宁、湖北、北京、湖南、宁夏气象科学研究所和气象科学研究院大气探测所为第一批改革试点单位。

2000 年 1 月，中国气象局召开全国气象科学技术创新大会，研究加强气象科技创新，深化气象科技体制改革，加快实施"科教兴气象"战略的具体措施。2 月，中国气象局印发了《加强气象科学技术创新大力推进气象事业发展——中国气象局贯彻落实中共中央、国务院〈关于加强技术创新，发展高科技，实现产业化的决定〉的实施意见》，首次提出气象科技创新体系。年内，中国气象科学研究院和甘肃省气象干旱研究所成为科技部全国科技体制改革试点院所。中国气象局制定印发《气象科研机构体制改革总体方案》、《中国气象科学研究院科技体制改革试点实施方案》和《国家气象数值预报创新基地(气象数值预报创新研究中心)组建方案》。

四、完善体系　科学发展

2001 年，中国气象局成为国家首批启动公益类科研院所改革的四个部门之一。按照国家公益类科研院所"结构调整、机制转变、制度创新、人员分流"的改革方针，制定下发了《中国气象局科研机构改革实施方案》，全面实施科技体制改革。改革的主要目标是实现气象部门科技资源的优化配置，形成与气象事业发展相适应的气象科技创新体系。2002 年，下发了《关于省级气象科学研究所改革的若干意见》。通过改革，确定了中国气象科学研究院和中国气象局北京城市气象研究所等八个专业气象研究所(简称"一院八所")为国家公益类研究机构，成立了中国气象局专业气象研究所综合理事会；20 个省级气象科研所转为气象事业单位，划归所在省(区、市)气象局管理；7 个气象研究所转入气象业务单位。除了结构调整外，此次改革还在凝练学科目标、制度创新、机制转变、人员调整与分流等方面取得重大进展，特别是在人事管理制度上进行了积极探索。在全国率先面向海内外公开招聘院所长，形成了以优秀中青年学术骨干为主体的研究队伍，实现了资源的优化配置，建立了"开放、流动、竞争、协作"的管理和运行机制，科研水平和为气象业务现代化发展提供科技支撑的能力得到明显提升。2004 年 10 月，气象部门成为全国第一个通过由科技部、财政部、中编办联合组织的国家公益性科研机构改革总体验收的部门。

2005 年，中国气象局制定印发了《中国气象局实施科技兴气象战略的指导意见》，从进一步深化改革，健全气象科技创新体系；加强科技创新工作，实现重点领域的技术突破；加强科研与业务结合；营造良好的科技创新环境；加强气象科技评价和知识产权保护等方面提出了要求和措施。2006 年 4 月，为落实国务院《关于加快气象事业发展的若干意见》这一新时期指导中国气象事业发展的纲领性文件，作为中国气象局《业务技术体制改革总体方案》的配套方案，制定印发了《气象科技创新体系建设分方案》。

2006 年 5 月，为贯彻落实党的十六大和全国科技大会精神，中国气象局与科技部、国防科工委、中国科学院、国家自然科学基金委共同召开全国气象科学技术大会，回良玉副总理在讲话中明确要求加快建设国家气象科技创新体系，力争在农业气象、灾害性天气监测预报、气候预测和气候变化影响评估、气候资源利用和气象服务五方面实现科技新突破。2006 年 12 月，中国气象局、科技部、国防科工委、中国科学院、国家自然科学基金委联合颁布《气象科学和技术发展规划（2006—2020）》，这是首部面向全国气象行业的科技发展规划。规划提出了未来 15 年我国气象科学和技术发展的指导思想、发展目标，确定了气象事业发展亟需科技支撑的重点领域、优先主题、重大气象科技研发任务、"十一五"期间的重大科学技术专项；提出了国家气象科技创新体系建设、人才队伍建设的主要任务以及配套政策与保障措施。

2007 年 11 月，由中国气象局、科技部、教育部、国防科工委、中国科学院、自然科学基金委等部委联合发布《国家气象科技创新体系建设意见》，提出了国家气象科技创新体系建设的指导思想、原则和目标；确定了国家气象科技创新体系各创新主体的组成、结构功能和重点建设任务；提出了创新机制和保障措施。2008 年 3 月，中国气象局下发了《中国气象局关于"一院八所"深化改革的指导意见》。2009 年 1 月 4 日，为加快推进气象部门科技创新体系建设，进一步明确气象部门各单位在气象科技创新体系中的职责、定位、任务，中国气象局制定下发了《气象科技创新体系建设实施方案（2009—2012）》，对各单位提出了明确具体的任务和要求以及经过四年左右的努力所要达到的目标。方案包括指导思想、基本原则和总体目标；气象科技创新体系的构成、定位及主要任务；气象科技创新能力建设；科技研发与成果转化和保障措施等五个部分。

科研基础条件建设和资源共享是科技创新体系建设的重要内容。气象部门多年来非常重视和支持科研院所在基础条件建设，积极推进资源共享，并努力争取国家支持。2001 年，"气象科学数据共享系统"列入科技部支持的国家科学数据共享试点，于 2006 年转入国家气象科学数据中心建设阶段，并始终得到科技部稳定专项资金支持，为国家推进科技数据资源共享起到了示范引领作用。2004 年，中国气象局为开拓和推进大气成分和大气化学领域的科研与业务、服务工作，在中国气象科学研究院组建了中国气象局大气成分观测与服务中心。2005年，中国气象科学研究院"灾害天气国家重点实验室"获科技部批准建设，并于两年后通过建设验收，成为气象部门的第一个国家重点实验室。同年，中国气象局成立了干旱气候变化与减灾重点开放实验室、热带季风重点开放实验室、中国遥感卫星辐射测量和定标重点开放实验室、台风预报技术重点开放实验室、树木年轮理化研究重点开放实验室、大气探测重点开放实验室（依托成都信息工程学院）等六个部门重点开放实验室。2006年，瓦里关山、龙凤山、上甸子、临安等大气本底站通过科技部组织的评审，进入国家野外科学观测台站系列并获得相应经费支持。从2006年起，中央财政设立"中央级科学事业单位修缮和购置专项资金"，气象部门积极争取和参与。通过每年该专项经费的支持，"一院八所"科研基础条件得到较大改善，对提高科技创新能力发挥了积极作用，同时，在气象业务、服务中的应用效益也逐步显现。2007年开始，财政部设立公益性行业专项，气象部门成为试点部门，得到国家财政重点支持。

在气象科技创新体系建设过程中，中国气象局非常重视与教育、科研、产业系统以及行业相关单位建立紧密合作。2002年7月，中国气象局印发了《气象部门开展与高等院校合作工作的指导意见》，随后，中国气象局先后与北京大学、北京师范大学、中国科技大学、中山大学、成都信息工程学院、兰州大学、南京大学、浙江大学、中国海洋大学、云南大学、香港城市大学、南京信息工程大学、国防科技大学、中国科学院研究生院、南开大学等高校签订了局校合作协议，与江苏省人民政府签订了局省共建南京信息工程大学的协议，并与四川省人民政府协商共建成都信息工程学院。局校合作工作得到了国家领导和有关部门的大力支持。2004年4月，中国气象局和教育部在人民大会堂联合召开局校合作工作座谈会，陈至立国务委员出席会议并发表重要讲话，对局校合作工作给予了高度评价。中国气象局对局校合作高度重视并给予实质性支持。从2004年开始，每年专项支持局校合作平台建设，2008年，首批联合建设基地通过竣工验收并投入使用。合作各方共同努力，积极探索有效合作机制与模式，在共建平台、联合攻关、成果转化、人才培养、学科建设、资源共享、教学改革等方面取得了显著成绩。局校双方通过设立"气象奖学金"、采取"3＋1模式"培养本科生、联合共建硕士、博士点、博士后工作站、互聘兼职研究员、教授、研究生导师，联合办各种类型的培训班等形式，在气象高层次人才培养和提高教学水平方面取得了很好的效果。双方共同推动资源共享机制，2005年中国气象局与合作高校共同签署了气象科学数据共享倡议书，并向合作高校赠送了数字视频卫星资料广播接收系统设备，当年全部投入正常工作。

中国气象局与中国科学院长期保持着良好的合作关系。从2004年到2008

年，中国科学院路甬祥院长、白春礼、李家洋、丁仲礼副院长先后到访中国气象局，双方就加强合作进行了深入会谈并签署了合作备忘录。

中国气象局积极与教育、科研、产业单位共同组织、实施科技项目，支持和鼓励部门外单位参与气象部门牵头的各类国家重大科技项目。由中国气象局牵头组织的气象行业科研专项，已立项实施的项目中约一半为气象部门以外单位主持，对促进业务、科研、教学、产业相结合，加强气象部门与各部门合作发挥了重要作用。

目前，由分布于气象部门和科研、教育、军队系统以及产业部门五个主要系统的气象科技研发队伍和一批具有国际影响的研发机构组成的国家气象科技创新体系格局已基本形成。特别是近些年来，随着中国特色气象现代化体系建设的积极推进，气象科技创新体系建设取得明显进展，结构更加合理，布局更加完善，气象科技队伍的素质不断提高，科技创新主体的定位和任务更加明确，“产学研用”相结合的气象科技创新体系建设步入科学发展、全面发展的新阶段。

第二节　气象科技研发与应用

新中国成立 60 年尤其是改革开放 30 年来，气象科学研究与技术开发工作成绩显著、成果丰硕，有力地支持了气象业务的科学发展。气象科学技术的进步，为气象现代化的发展提供了有力的科技支撑，很多气象科技成果已经有效地转化为业务服务能力。

一、气象学科主要进展

新中国成立初期，气象部门的科学研究和技术开发工作几乎是空白，当时的科技工作着重于预报服务技术的总结和提高。随着新中国第一个十二年科技规划的实施和对气象服务要求的提高，我国的气象学科研究不断深入。20 世纪 50 年代在天气、气候、大气探测、大气物理与云雾降水物理、农业气象、东亚大气环流（东亚季风）、青藏高原天气学、数值天气预报、人工影响天气、航空气象等领域取得可喜成绩，这些都为我国后来的气象学科发展奠定了良好的基础。60 年代和 70 年代，出现了一些新的气象分支学科。大批气象学家开创了中国的气候动力学、积云动力学、数值天气预报广义初值和边值问题、大气非线性动力学与适应理论、台风动力学、气象卫星与卫星气象，以及行星波传播等新理论与学科前沿；老一辈气象科技工作者积极推动了现代科学基础理论和先进技术在气象科学中的应用，自主研制了测雨雷达、卫星云图接收设备等并投入业务应用。20 世纪 80 年代以来，我国气象学科领域的发展跨入了一个新的历史时期。在极地气象、大气化学、大气边界层地转适应与锋生理论、动力气候、全球变化、气候变化、气候资源开发与利用、长期数值天气预报、热带气象、大气低频振荡等研究领域开展了大量研究并取得许多重要成果，特别是我国气象学家开创的全球变化研究在国际科学界产生了重大影响。与此同时，还进一步发展了数值天气预报平台、气候系统模式技术，建立了我国中短期数值预报系统、夏季旱涝短期预测系统，为国家防灾减灾和各项气象服务作出了重大贡献。20 世纪 90 年代，我国气象科技工作者开始系统地开展短期气候预测系统的研究，并在青藏高原臭氧低值中心及其成因、能量频散及其波导效应、ENSO 循环动力学、环境动力学等领域取得重要成果。

21 世纪以来，气象科学基础研究与应用研究日趋融合，高新技术与理论成果的应用相辅相成，学科交叉与领域优势互补已成了新时代气象科技发展的主旋律。当前，气候与气候变化以及环境恶化、气象灾害频发趋势使经济社会面临着严峻的考验，气象科学也面临新的挑战与机遇，环境与生态水资源变化等的预测与评估，航空、航海与空间天气等领域越来越多地吸纳气象科学的理论与技术，同时由于经济社会的重大需求，水文气象学、大气环境、大气化学、大气探测、中高层大气物理等领域有了突破性的进展。

60 年的气象事业现代化建设进程，不仅见证了中国气象事业的发展历史，同时也见证了气象学科领域从单一到多元化的发展轨迹，从仅有少数几个学科演化到目前近 40 个学科领域，充分展现出当今的气象事业学科齐全、布局合理、科研成果不断涌现的兴旺局面。

1. 天气与大气动力

20 世纪 50 年代起，我国陆续建立和扩展了中国近代天气分析和预报学科研究领域。此后在锋面和气旋、寒潮和降水、中小尺度天气预报等方面，在学习引进国外先进理论方法的基础上，针对我国的具体天气过程进行了大量的研究和实践。在前人研究的基础上，系统研究了季风等东亚大气环流并取得重要进展。20 世纪 60 年代初，中小尺度天气分析开始受到重视，在中尺度强对流天气方面开展了外场试验和相关研究。同时，还在积云动力学、大气非线性动力学与适应理论等方面取得重要进展。20 世纪 80 年代起，在短期天气预报方面，主要是针对突发性、转折性、持续性灾害天气的成因、发展演变过程特征和规律等开展研究，以作为开发天气预报方法的基础。同时除采用天气分析、物理量诊断分析和动力学理论分析以外，开始建立客观定量的短期数值天气预报业务系统，开展了数值天气预报产品统计应用的模式输出统计法(MOS)和完全预报法(PPM)试验研究。在中小尺度方面开展了更大规模的中尺度强对流天气研究和超短期预报研究。在全国建立了珠江三角洲、长江三角洲、京津冀、长江中游 4 个外场试验基地。此外，还在大气边界层地转适应与锋生理论、大气低频振荡等方面开展了大量研究并取得重要成果。20 世纪 80—90 年代，能量天气学和湿有效能量的研究在短期灾害性天气预报中发挥了重要作用。在中期天气方面，环流分型和历史相似，环流型的持续、转换、调整及其与天气型的关系，寒潮、台风、强降水、连阴雨、汛末暴雨等中期天气过程演变规律的应用有了新的进展。

在暴雨研究中，对中国历史上发生的历次重大暴雨个例进行了详细分析，尤其是对东北、华北、江淮、西北暴雨以及华南前汛期暴雨进行了定量研究；提出和发展了湿斜压大气、饱和湿空气动力学、高中低纬度天气系统相互作用、暴雨形成机制等理论以及中国暴雨的成因和物理图像及诊断分析技术和预报方法，研究成果推动了暴雨落区、落时和定量预报技术的发展。“南海季风试验”的实施将东亚季风研究推进到一个新阶段。大气动力学方面，开展了旋转大气运动适应过程和演变过程、不稳定理论、大气阻塞动力学、大气运动谱结构、能量频散及其波导效应、湿斜压大气动力学、非线性波动力学等研究，得到大量有重要意义的结果，并在业务应用方面取得成效。

20 世纪中叶，台风研究以大尺度环流影响为主，着重资料分析和统计研究，有少量动力学研究。最早是把台风涡旋当做一个质点(或称点涡)，随大尺度引导气流飘移。20 世纪 70 年代把台风当做一个轴对称的涡旋系统，在数值模式中一定程度上能反映出台风与大尺度基本气流的相互作用。80 年代以来，随着遥感技术的发展，台风研究以中尺度分析为主，着重数值模拟和动力研究，并以登陆和突变等为目标。利用同化技术发展高分辨率的新一代预报模式，台风强度和台风暴雨的预报技术有了新的发展，对突变台风的机理有了新认识。20 世纪 90 年代以后，有关热带气旋的突变及可预报性、结构和强度变化、热带气旋异常运动动力学、非对称结构对运动的影响、等值线动力学、能量频散及其波导效应、地形强迫下台风的异常运动、热带气旋与中纬度环流系统的相互作用研究等方面均获得具较高学术价值的成果，并推进了台风预报业务发展。

在高原气象研究与应用方面，20 世纪 50 年代就开展了青藏高原对我国大气环流和天气系统影响的研究。随着 50 年代中后期高原测站网的建立，70 年代以后卫星资料的应用，1972—1978 年间青藏高原气象科研协作研究以及 1979 和 1998 年先后两次开展的大规模的青藏高原气象科学试验，在包括青藏高原气象观测及环境监测、青藏高原热力和动力作用及其对大气环流的影响、青藏高原地面辐射和热平衡特征，高原天气气候系统南亚高压、高原低涡、高原季风等方面以及在高原边界层结构及其各类动力学特征、高原边界层地气相互作用过程及其对全球、东亚天气气候的影响，高原与南海、印度洋季风相互作用影响区域的水汽输送特征对东亚夏季降水及中国区域洪涝的作用等方面有了很多新的发现，取得了大量成果。

2. 气候与气候变化

60 年来，气候与气候变化研究逐步深入，我国除在气候与气候变化的前沿领域已取得重大进展之外，在物理气候与气候成因方面对青藏高原的影响和东亚季风的研究，在区域气候方面对中国气候特征及主要气候要素时空变化规律的研究，在类型气候方面对城市气候、山区地形气候、沙漠气候、小气候等的研究，在资源气候和气候区划方面的研究，历史气候与气候变迁的研究，以及应用气候中对能源气候、建筑气候等的研究，都取得了十分重要的成果。

20 世纪五六十年代，气候研究依托长期天气预报业务共同发展，同时还以气候分析的形式独立发展。20 世纪 70 年代，我国开始系统组织开展气候和气候变化的科学研究。1972 年，竺可桢发表《中国近五千年气候变迁的初步研究》一文。此后中央气象局系统开展“中国 500 年旱涝研究”，后来出版的《中国近五百年旱涝分布图集》为世界第一本长序列历史气候图集，在国内外得到广泛应用，后又相继整编出《中国千年气候编年史》、《中国三千年气象记录总集》等，在此基础上研制出“中国三千年历史气候基础资料系统”。建立和恢复了一定历史时期的历史气候序列，重建了近 1.8 万年中国古环境变迁序列；利用黄土、冰芯、树木年轮、沉积、历史文献记录等，建立了一批具有国际水平的高分辨率气候变化序列，阐述了我国过去 2000 年气候变化的主要特征。

20 世纪 80 年代，我国气象学科领域的发展跨入了一个新的历史时期。中国气象学家开创了以气候变化为主要内容的全球变化研究，在国际科学界产生了重大影响。同时，在动力气候、气候变化、气候资源开发与利用等领域开展了大量研究并取得许多重要成果。“七五”期间，由长期预报课题组负责厄尔尼诺事件的监测和发布。1989 年，国家气象中心为实施“国家减灾十年”和“国家气候计划”，启动研制和开创气候监测诊断分析业务系统的工作。1990 年发布《中国科学技术蓝皮书第 5 号气候》。20 世纪 90 年代以后在气候变化物理成因诊断、人类活动对气候的影响等方面开展了一系列重要研究。在青藏高原、海岸带等重点研究区域取得了许多具有重要国际影响的成果；主持、主导了“季风亚洲区域集成研究（MAIRS）”等国际科学研究计划和大型国际科学试验；对中国区域陆地生态系统碳源和汇的空间分布格局、生态系统碳氮相互作用及其对气候变化响应形成了初步认识；编制完成了《中国气候变化国别研究》、《气候变化对生态环境和人类健康的影响以及适应对策》、《中国西部环境演变评估》和《气候变化国家评估报告》。

20 世纪 80 年代中期，我国开始在引进改造国外模式的基础上，研发具有自己特色的大气环流模式。中国科学院大气物理研究所（IAP）将 20 世纪 80 年代初以来研制的大气、大洋环流等模式发展为气候模式（9 层），并从一开始就参与了 IPCC 的科学评估。中国气象局通过“九五”国家科技攻关重中之重项目“我国短期气候预测系统的研究”的实施，概括出了影响我国汛期气候异常的主要因子，初步建立了厄尔尼诺监测与预测、重大旱涝灾害预测和年际气候预测分系统，研制了 7 个区域级短期气候预测系统，建立了我国第一代短期气候预测动力气候模式业务系统（该模式在 IPCC 第四次评估报告中参与 IPCC 的科学评估）和超级集合预测应用系统，提供了我国、亚洲乃至世界的气候系统监测、预测、影响评估以及预估产品。

20 世纪 90 年代以来，气候与气候变化研究逐渐发展成为对气候系统进行全面而综合的研究。随着一系列气候领域科学研究计划项目的实施，中国气候与气候研究取得了大量成就，主要概括为：

①气候系统（包括大气、海洋、陆地和冰冻圈）的观测得到明显改进，中国气候观测系统初步建成；

②亚洲夏季风环流的暴发、中断以及平均环流结构等方面的研究取得重大成果，如提出了亚洲季风分为印度季风和东亚季风（包括中国和日本）两个不同的子系统，但二者又相互联系的学术观点；

③热带太平洋、印度洋的海—陆—气相互作用，青藏高原、南/北半球中高纬地区冰雪—海洋—大气相互作用，亚洲季风系统的季节和年际变化的物理机制及其对东亚气候的影响等研究取得新的进展；

④建立了新一代海—陆—气—海冰耦合的气候系统模式，提高了同化技术和预报技术，建立了模式集合预测系统，改进和提高了模式预测能力，并参加了国际模式比较研究计划；

⑤ENSO 强信号事件及其对我国气候影响的机理以及厄尔尼诺预报等取得重要进展；

⑥东亚季风以及我国气候演变趋势的季节、年际预测水平显著提高，开展

了我国沙尘暴季节数值预报研究、大气环流异常的动力数值预测研究以及对古气候的观测和模拟研究；

⑦副热带季风系统及与其密切联系的气候、气候变化等方面的研究取得重要进展，其中包括副热带季风的定义及特征、副热带季风指数、夏季风的进退及其北边缘、副热带季风与雨季、副热带季风的多时间尺度变率、青藏高原对夏季风的影响等；

⑧气候异常除了受自然变化影响外，人类活动也引起全球气候和生态环境的变化，开展了大气中温室气体含量、水分环境以及气溶胶粒子的浓度等对气候变化影响的研究；

⑨对我国重大旱、涝发生机理有了新认识。

此外，在季风气候、农业气候、干旱气候、风能和太阳能等气候资源普查、气候风险评估等诸多气候研究领域也都开展了大量研究，并取得重要成果。

3. 大气探测

我国在高空、地面气象观测仪器、天气雷达、气象卫星等技术研制和装备的国产化方面均取得显著进展和大量成果。

20 世纪 50 年代，我国在引进苏联、芬兰探空仪器的同时，着手研制自己的探空仪器，1960 年研制成功 59 型探空仪，并生产定型(1963 年)，逐步投入使用。到 1969 年，全国建成的 122 个探空站全部使用国产 59 型探空仪。1986 年立项研制 P 波段电子探空仪和 C 波段一次雷达测风系统，1993 年通过设计定型并逐渐转入业务使用。20 纪 90 年代研制成功电解水制氢、自动填图机、探空仪自动接收设备。为了做好新一代 L 波段测风雷达—电子探空仪系统的研制工作，1996 年 12 月中国气象局组织拟订《L 波段测风雷达—电子探空仪系统功能规格需求书》并通过专家论证和审定，1998 年冬季对南京大桥机器厂、成都 784 厂和南京 14 所三厂家探测系统样机进行严格的静态和动态性能考核和对比试验，2001 年 10 月南京大桥机器厂 L 波段高空探测系统通过设计定型，2001 年 12 月通过业务验收，2002 年 1 月 1 日，我国第一部 L 波段高空气象探测系统在北京观象台正式投入业务使用，从此使我国高空气象探测体制跨越了一个新的里程碑，高空探测的精度和自动化程度明显提高。新一代 GPS 探空系统也开始进行研制。

我国地面自动气象站的研制始于 1957 年，1959 年中央气象局观象台与上海气象仪器厂合作研制第一台样机，1969 年后，使用半导体分立元件及新研制的部分传感器。1996 年开始研制地面“有线综合遥测气象仪”，1998 年通过设计定型并投入使用；有线遥测气象站和长期自记气候站经过现场考核后也投入使用。

20 纪 60 年代，我国开始自行研制天气雷达。1968 年组织了 3 厘米小型天气雷达(711 型)的研制生产，1969 年定型。这是我国自行生产的第一种专用天气雷达。从 1970 年到 1975 年，130 部 711 型天气雷达陆续在气象部门配置，用于人工影响天气作业指挥，兼顾局地灾害性天气监测。1976 年 9 月，713 雷达设计定型。1995 年通过外引内联，引进美国 NEXRADWSR-88D 先进技术，中美合资组建了北京敏视达雷达有限公司，同时鼓励国内雷达厂家自主研制新型号雷达，从而形成 S 波段和 C 波段两个系列的新一代天气雷达系列产品，并实现了年产 40～50 部新雷达的生产能力。

在开展天气雷达研制的同时，我国的激光气象雷达和微波辐射计大气探测技术也得到快速发展。1966 年，中国科学院大气物理研究所研制出我国第一台 100 兆瓦级红宝石激光气象雷达，并开展了激光探测大气的原理和方法研究，该雷达的研制成功使我国成为国际上拥有大功率激光气象雷达的少数几个国家之一。1969—1986 年，北京大学与军队气象系统等单位合作，研制成功了 5～30 毫米波段 5 个频率的微波辐射计系列，组织开展了无球探空观测试验，即遥感测量大气温、湿、压廓线和云水含量，取得了良好效果，微波辐射计的研制成功使我国在这一研究领域跨入世界先进行列。

4. 数值预报

我国 1954 年开始进行数值天气预报研究，是国际上较早开展数值预报的国家之一。20 世纪 50 年代末、60 年代初中央气象局、中国科学院大气物理研究所、北京大学许多研究人员都做出了很有水平的研究成果，在国际上有一定影响。如 1961 年首次在世界上提出了直到今天仍为世界广泛采用的“半隐式差分方案”。

我国从 70 年代初就开始了谱模式的研制，从正压无辐散涡度方程逐步发展到斜压原始方程模式。从 70 年代末开始，上海、广州、兰州等地都独立研制了各自的模式，如上海的台风模式、广州的热带模式(TL)、兰州的复杂地形模式(YH)等，并且大多数应用于预报业务。

中央气象局和中国科学院大气物理研究所合作，于 1980 年 7 月建立了最早的面向业务的第一代数值天气预报模式(A 模式)，开创了我国数值天气预报业务的历史。该模式为 3 层原始方程绝热模式，预报时效 48 小时。随后国家气象局、中国科学院大气物理研究所和北京大学合作建立了北半球 5 层原始方程模式和有限区 5 层原始方程模式(B 模式)，含较为简单的物理过程，并配有资料处理和客观分析，1993 年国家气象中心数值预报业务已变成了谱模式并发布系列预报产品，但由于个别省还用B模式产品做MOS预报，所以直到20世纪90年代中期才停止运行。

我国全球中期数值预报系统的研发始于20世纪80年代中期。1985年“七五”国家重点科技攻关项目(75—906)启动，引进欧洲中期天气预报中心的预报模式T42，T63等，我国科学家不仅在系统移植、本地化过程中付出了艰辛的劳动，还针对系统运行中遇到的问题进行了多方面的研究，解决了全球卫星资料同化的技术难题，建立了全球资料同化和分辨率为T639L60的中期数值天气预报系统，新世纪以来，在全国的气象业务与服务中发挥了重要作用。此外，中国科学家还自主发展了与之嵌套的有限区细网格资料同化与预报系统(LAFS)，后来又升级为高分辨率的区域同化预报系统(HLAFS)，并在较长的时间内一直是国家气象中心的主要业务系统。在全球与区域模式基础上还发展了热带气旋数值预报模式，为热带气旋业务预报提供指导产品。

我国气候模式的发展始于20世纪80年代。20多年来，大气环流模式、海洋模式、陆面过程模式、耦合系统等迅速发展，气候模拟与短期气候预测也从最初的以大气模式为主向海—陆—气—冰(甚至更多分量)耦合的气候系统模式方向发展。20世纪80年代，中国科学院大气物理研究所设计完成我国第一个大气环流模式——IAPAGCM-I，其水平分辨率为5°×4°，垂直方向为2层。从90年代中期开始，中国气象局国家气候中心承担的“九五”国家科技攻关重中之重项目“我国短期气候预测系统的研究”的实施更使我国的动力气候模式研发和应用取得突破性进展。项目历经10年，发展了一套由月动力延伸预报模式、海气耦合的全球气候模式、高分辨区域气候模式和ENSO预报模式所组成的动力气候模式系统。2003—2004年，进一步对该模式系统进行了业务化发展，建立起了我国第一代短期气候预测动力气候模式业务系统，并于2005年正式投入短期气候预测业务服务。在研制和开发短期气候预测模式的同时，还利用该模式开展了IPCC第四次科学评估等相关的气候变化研究工作，成为我国进入IPCC第四次评估报告的仅有的两个模式之一；2004年起，为了进一步促进气候模拟、气候预测和气候变化预估工作，深入探讨其中的科学问题，国家气候中心开始着手建立一个适合于我国气候特点并具备可持续发展能力，具有较高模块化、标准化和并行化程度的海—陆—气—冰耦合的气候系统模式，将通过耦合器平台实现多个大气环流模式、多个陆面过程模式、多个海洋模式、多个海冰模式等的耦合，将考虑气溶胶、动态植被、碳循环、海洋生物化学等对气候和气候变化的影响。

21世纪初，中国气象局做出重大决策，未来数值预报业务系统要由从国外引进逐步转为自主开发，2000 年组建了气象数值预报创新基地，动员全国力量开展协作研发。在科技部的大力支持下，经过近十年努力，我国新一代全球/区域多尺度通用同化与数值预报系统(GRAPES)自主研发取得有效进展，被列为科技部“十五”重大科技成果之一。GRAPES 是我国变分类同化方法研究的代表性成果之一，以 GRAPES 为基础构建的中尺度同化预报系统(GRAPES-MESO)推广到全国 40 余家科研业务单位，从 2006 年起成为国家气象中心的业务区域模式，并在一部分区域气象中心作为区域业务预报系统；全球同化预报系统(GRAPES-GFS)于 2009 年 3 月 31 日通过专家评审开始准业务运行。

5. 大气物理与人工影响天气

大气物理学与人工影响天气是我国发展最早的气象学科领域，从 20 世纪 50 年代开展云雾物理特征与人工影响天气研究以来，逐步创建了大气辐射、大气遥感、大气电学、大气边界层、中高层大气物理学等分支学科，并取得了丰硕的成果。我国先后开展了极具中国特色的青藏高原大气辐射、雷电观测研究，提出了青藏高原大气辐射和雷电物理特征，成功进行了人工引雷试验。开展了利用微波、激光等探测大气物理特征的研究，研制出多种大气物理探测仪器。在 20 世纪 90 年代开始，在我国西北干旱、半干旱地区系统开展了复杂下垫面陆气相互作用过程研究，揭示了沙漠、绿洲、戈壁、草原等下垫面状况下大气边界层结构特征。随着我国城市化的发展，系统地开展了城市边界层物理特征的研究，揭示了我国城市热岛效应及污染扩散特征等。针对我国空间探测与气候变化研究的需求，创建了我国中高层大气物理学，揭示了我国高原地区平流层臭氧分布与变化等中高层大气物理的特征。针对我国干旱、冰雹灾害的需求，创建了我国现代人工增雨与防雹技术。

20 世纪末期到 21 世纪以来，随着我国综合国力的显著提高，大气物理学有了质的飞跃和发展，先进大气物理探测技术、数值模式的应用与经济社会发展面临的新需求，使大气物理学的发展呈现出多学科交叉与结合发展的特点。我国在云降水物理、云和辐射的相互作用、气溶胶的光学特性、气溶胶的辐射强迫、大气辐射传输及其计算新方法、大气成分探测等结合的研究方面取得了重要的进展，揭示了其变化对我国气候、环境变化的影响特征。结合冰雹、雷电、大风与强降水特征，揭示了强灾害性雷暴物理特征。

人工影响天气是以大气物理学为基础建立和发展起来的。从 20 世纪 50 年代以来，我国的云物理学在云的宏观、微观特征的研究以及暖云降水等理论方面发展和应用有了新的突破，一些新的技术手段对云的基本特性进行空基和地基的直接和间接观测等方面取得了显著进展。1958 年，我国大陆在吉林省首次使用飞机进行人工增雨试验，此后人工影响天气技术得到快速发展。我国人影科技人员发展了国际先进的人影数值模式，已开始应用于云物理形成过程和人工影响机理的研究。中尺度人工影响天气数值模式也得到快速发展，云模式在冰雹形成机理研究方面得到广泛应用并取得重要进展。

6. 大气化学与城市环境

中国是较早开展大气本底观测的国家之一。早在1981年，中国气象局就在北京密云上甸子建立了我国第一个区域大气本底污染监测站，并于1983年和1991年分别在浙江临安和黑龙江龙凤山建成了另外两个区域大气本底污染监测站。1990年以来，在中国气象局与WMO、美国、加拿大等合作下，青海瓦里关山全球第一个大陆本底站于1994年9月7日正式挂牌，迄今为止观测项目包括了当前所有的主要大气成分，对全球大气成分大陆本底的观测和研究作出了杰出贡献。20世纪80年代开始，我国陆续建立了臭氧总量、酸雨和沙尘暴观测站，初步形成规模。90年代中期在青藏高原发现了“臭氧低谷”。目前正在推进国家野外台站体系大气成分观测站网建设。

有关大气成分及其相关领域的大规模研究始于20世纪80年代初。进展主要反映在大气气溶胶、温室气体及相关微量成分、反应性气体与大气光化学过程、大气臭氧（地面、总量）、酸雨、大气成分的数值模拟及预报预估、空气质量和气溶胶（包括沙尘暴）数值模拟与预报等大气化学各主要领域。中国气象科学研究院先后开发建立了城市大气污染数值预报系统（CAPPS），改进美国新一代空气质量模式CMAQ，明显提高了其预报水平。开发了化学天气预报平台（CUACE），在线耦合了60余种气体成分和6类7种气溶胶组分，形成了对PM，O_3和能见度的数值预报系统。2005年以来，为了对北京绿色奥运提供科技支撑，以改善北京空气质量为目标的CAREBeijing项目也开展了许多有关反应性气体的观测与模拟研究工作。

7. 农业气象

20世纪50年代中国学者对作物霜冻害、干旱、低温冷害、橡胶寒冻害等开展试验研究；并分别从作物生理和气候角度率先提出了光能潜力理论，后来发展为作物气候生产潜力理论，进行了农业气候生产潜力区划。70年代中后期对东北地区作物冷害、华北及西北冬小麦干热风，以及南方杂交水稻的气候适应性开展协作研究，推进了我国农业气象试验研究的发展。20世纪80年代中后期，完成了《中国农业气候资源图集》《中国农业气候区划》等。20世纪90年代，提出了山区农业气候资源的立体层次性概念以及立体农业气候条件和资源开发策略，在此基础上，应用地理信息系统，卫星遥感等新技术，建立了山区农业气候资源信息系统和优质高产气候生产评估模式，进行了精细区划。我国还做出《世界农业气候图集》和《世界作物适宜性区划》。

在现代农业气象预报机理和技术上，发展了农业气象产量预报的基本原理，包括环境气象条件对作物生长发育过程作用的持续滞后效应等；提出了趋势产量、气象产量和随机（噪声）误差产量的数理解析概念及其具体模拟计算方法；构建了模拟作物生长发育过程的生长动态模型；创新研制了各种气象一产量预测的理论概念模型以及适用于不同作物和各种时空尺度的业务运行模式；还以卫星遥感绿度值与作物长势相关为基础，建立了简单的遥感估产回归统计模型。这些成果被广泛应用，在气象部门逐步建立起农业气象产量预报业务。20 世纪 80 年代中后期，在利用气象卫星遥感信息进行冬小麦的长势动态监测、种植面积测算和综合估产上的技术进步，推动了卫星遥感在农业领域的应用。逐步建立了由监测系统、传输系统、接受处理系统、作物与农业气象灾害分析评价系统和服务系统等组成的国家级农业气象情报服务系统，促进了农业气象情报业务的发展。

通过多年系统深入的研究，在农业气象灾害的发生机理、时空分布、气象指标、诊断预测技术和防御措施等方面取得了显著进展。“九五”期间研制了华北农业干旱综合应变防御技术、西北抑蒸集水防旱抗旱集成技术、农业渍涝灾害防御技术、森林火灾防御和扑救技术、人工增雨农业减灾技术、农作物低温冷害综合防御技术、人工防雹减灾技术和霜冻灾害综合防御实用技术等。“十五”期间，在农业气象灾害预警技术、控制技术、影响评估技术和并发性农业气象灾害影响评估及防御技术等方面取得了较大进展，研制了新一代农业气象灾害动态监测预警技术；研制了主要农业气象灾害的风险评估和防御技术体系，进行了风险区划。

气候变化对农业及生态的影响一直是农业气象关注的领域，在理论和技术上取得了一定的进展。在 20 世纪 90 年代前后评价了二氧化碳倍增对我国作物生长、种植制度、农业生产及区域性病虫害发生和流行等方面的影响。建立了全国或大区农业、森林、水资源和沿海地区受气候变化及海平面升高影响的评价模型，提出了适应对策。实现了区域气候模式（RCM）气候情景输出与影响评估模型的嵌套，应用于气候变化对农业、水资源、林业、自然生态系统、沿海地区社会经济影响的评估。在 CO_2 和 O_3 浓度增加对冬小麦等作物生长发育、产量和品质的影响，高 CO_2 浓度、高温和水分胁迫对农作物的复合影响，紫外-B（UV-B）辐射增加对作物以及农田生态系统的影响等方面取得了较大进展。

8. 气象卫星及其应用与空间天气

1969 年中国科学院大气物理研究所自主研制设备接收美国极轨气象卫星资料，并根据我国天气分析和预报的需求进行了卫星资料的分析研究工作。1970 年中央气象台和大气物理研究所合作在业务中开始使用接收到的卫星图像用于台风辨识定位、定强和气旋、锋面云系的移动状况，解决了因缺乏海洋资料而一直困扰预报员的台风定位问题，并能辨别我国海岸雷达探测不到的热带气旋，从此我们再也没有漏编过一个台风(热带气旋)。

从 1969 年周恩来总理提出“应该搞我们自己的气象卫星”开始，科技工作者经过多年艰苦攻关，陆续于 1988 和 1990 年研制和发射成功极轨气象试验卫星 FY-1A 星和 B 星，于 1999 年研制和发射成功业务星 FY-1C；静止气象试验卫星 FY-2 星和 B 星也分别于 1997 年和 2000 年研制和发射成功，这标志着我国气象卫星已从试用、试验阶段进入业务运行阶段。我国第一颗业务静止气象卫星 FY-2C 于 2004 年 10 月 19 日研制和发射成功。经过几十年的努力，迄今我国气象卫星已实现了系列化、业务化。第二代极轨卫星 FY-3 在大气垂直探测、微波成像遥感、光学成像遥感(千米级到百米级)、臭氧等大气成分观测、地球系统能量平衡观测和全球资料获取方面都有了重大改进，它的研制和 2008 年 5 月 27 日成功发射标志着我国极轨气象卫星已进入国际先进行列。我国风云气象卫星成功运行，被世界气象组织列入全球对地综合观测卫星业务序列，使我国成为世界上少数几个同时具有研制、发射、管理极轨和静止气象卫星的国家之一。

20 世纪 70 年代和 80 年代，中国卫星气象工作者利用卫星云图，从天气学的角度，对影响中国区域的天气系统进行了全面的分析研究，大大深化了对天气系统机理的认识。1985 年以来，随着气象卫星定量遥感探测能力的增强，卫星探测资料在暴雨、中尺度对流云团等的识别与分析方面有了新的进展。在梅雨锋上中尺度云团的动力学和热力学结构及其形成机制、青藏高原及其周边地区对流云和中尺度对流系统的活动等方面都取得了新的突破。同时应用卫星资料对 1987 年大兴安岭森林火灾的服务、农作物估产等非气象服务大大拓宽了气象卫星的应用领域。我国的卫星气象工作者还在云迹风算法、云检测、分类、云光学厚度、含水量、云滴有效半径等云特性参数方面开展了广泛研究。迄今，卫星遥感已从定性应用发展到定量应用，并广泛应用于天气预报、各种自然和人为灾害、气候和气候变化、农业和荒漠化、能源、水资源、海岸带和海洋生态系统、生物多样性、公共卫生等国民经济的各个领域。

我国于 20 世纪 90 年代中后期开始进行大规模的空间天气研究。1999 年国家科技部等十部委提出"国家空间天气战略规划建议"，形成空间天气连锁过程的系统性理论框架，建立了空间灾害性天气事件的因果链模式及综合预报方法。在空间天气探测领域，从 20 世纪 70 年代开始，我国相继在返回式卫星、地球同步通讯卫星、风云系列卫星以及资源卫星上进行空间探测仪器的搭载探测，对太阳事件、高能粒子、地球辐射带以及近地空间环境进行了较为系统的观测。与此同时，陆续发射了"实践"系列、"大气一号"空间探测卫星，首次开展空间科学探测并取得丰硕成果。国内一些部门也建立了一批地磁、电离层、宇宙线等专门的探测台站。

9. 航空与军事气象

民用航空气象　经过 60 年的发展，尤其是改革开放以来，民用航空气象在探测能力、信息处理能力、预报水平和服务能力等各方面都取得了巨大进步。

探测和资料收集能力显著提高。自 1983 年开始引进的自动气象观测系统，目前已覆盖各主要机场，该系统的应用降低了飞行起降标准，显著提高了机场运行能力。1993 年广州白云机场引进了我国第一部多普勒天气雷达。1996 年 12 月至 1998 年，又分别在北京、广州、上海安装了世界区域预报系统接收设备。2003 年通过地空数据链系统，实现了航空器气象资料下传(AMDAR)，资料通过 GTS 参加全球交换，填补了中国航空器探测的空白。2005 年 10 月民航第一部风廓线雷达在上海浦东机场安装完毕投入使用。

民航气象系统的信息传递和运行方式也发生了根本性的变化。1984 年 7 月正式加入亚太地区通信/气象规划组，成为亚太地区飞行气象情报交换中心之一。1998 年，覆盖全系统的民用航空气象数据库及传真广播系统投入使用，彻底改变了民航气象系统的信息传递和运行方式。该系统是以华北地区气象中心(代行部分民航气象中心的职责)为枢纽的气象信息广域网，同 60 个机场直接相连，实现了情报交换和信息传递自动化，产品制作的半自动化和服务的网络化，也同步促成了 7 个地区气象中心的成立，从而结束了机场气象台独立运作的局面，形成了分级运行、分工合作、减少重复的工作格局。2008 年，民航气象中心成立，真正实现了分工明确、逐级支持、协调有序的三级运行的民航气象服务体系。

航空天气预报水平和服务能力逐步提高。研发了颠簸、积冰、雷暴等危及飞行安全的重要天气的预报系统。近几年，临近预报技术的开发和应用，满足了航空气象预报及时性和精细化的要求。根据不同时期用户需求的变化，积极改变气象服务方式。2005 年国家民用航空局与国家气象中心合作建立了面向亚洲地区的航空气象服务英文网站，为欠发达国家提供航空预报指导产品。目前，除提供传统的基本服务之外，还提供民航系统的流量管理、运行协调决策机制和区域管制中心的气象咨询服务以及航空公司运控部门的现场咨询服务等。服务方式也从面对面的提供飞行气象文件与天气讲解，到信息网络服务、再到对飞行中航空器的对空广播服务和地空数据链服务。

军事气象　新中国成立初期，航空气象观测探测技术比较落后，缺乏危险天气监测预警的有效手段，直接影响到航空气象保障任务的完成。20 世纪 50 年代起，军事气象进入快速发展时期，综合保障能力稳步提高，军地协同保障机制逐渐成熟。随着探测技术、计算机应用技术等的飞速发展，面向军事活动的气象观测、气象通信、数值天气预报、大气环境技术、军事气候、人工影响局部天气等方面均取得较快发展，在军事活动保障中发挥着越来越重要的作用。改革开放以来，航空气象部门大力研制和引进满足各种特殊需求的气象观探测装备，特别是危及航空活动安全的危险天气监测预警装备和技术，着力推进业务信息自动化处理水平，探索数值预报技术在航空气象要素预报中的应用研究，先后建立了“航空中期数值天气预报系统”、“大气边界层数值天气预报系统”等，初步实现了航空数值天气预报业务从无到有的历史性突破，提高了 5～7 天航空天气预报能力，在重大军事演习和特殊任务气象保障中发挥了重要作用。为防范危险天气、在探讨强对流天气活动规律等方面做了大量工作，取得重要进展，重点开展了飞机积冰预报、低碎云分析预报、闪电监测等方法的研究，从理论和实践的结合上对飞机积冰的物理机制进行了较细致的分析，研制了云参数的自动诊断模式，研究了从大气电场信息中识别和提取闪电信息的方法，对保障航空活动安全发挥了重要作用。

10. 冰冻圈与极地

冰冻圈是气候变化的主要指示因子，冰冻圈与极地气象的研究是世界气候研究计划（WCRP）、国际地圈—生物圈计划（IGBP）等多个国际计划的重要内容。20 世纪 50 年代以来，我国冰冻圈和极地研究在极地天气气候特征及气候变化时空多样性、极地海冰和海冰波动以及边界层物理和海—冰—气相互作用、极地大气环境对东亚环流和中国天气气候的影响、极地大气化学和环境地球化学、气候代用资料的获取和古气候环境研究、极地高层大气物理研究、南极冰川学研究、中国冰冻圈演变及综合评估、青藏高原冰冻圈和气象研究（包括青藏高原高分辨率冰芯记录研究、中国积雪分布及性质研究、欧亚大陆包括青藏高原积雪与我国天气气候的相互关系研究、未来积雪预估研究、中国积雪数据资料的开发）等方面均取得了显著成果。

改革开放以来，我国组织了 25 次国家南极考察、3 次北冰洋考察和 5 次北极陆地考察，建设了 3 个有人极地考察站，设置了 5 个南极冰盖自动气象站；组织了 2 次大规模的青藏高原大气科学试验，在珠穆朗玛峰等地区进行了多次科学考察，建设了一大批气象和冰冻圈观测站。在“2007—2008 国际极地年”，我国紧紧围绕中山站—南极冰盖冰穹 A 断面的综合考察研究和赴南、北极考察途中的海上综合考察研究，开展南极地区全球变化研究，并带动相关技术进步。

11. 应用气象

应用气象学是大气科学应用和服务于社会与经济发展的大气科学重要分支学科。

海洋气象从 20 世纪 60 年代以来，其探测技术进步很大，开展了大规模海洋气象现场实验，特别是 80 年代以来气象系列卫星和海洋卫星的相继发射，更使我们获得了大范围的气象和海洋信息，对海上大风、大雾等灾害性天气进行了系统研究。在海气相互作用研究方面揭示了海洋和大气某些现象的联系，对长期天气预报和气候预测有重要价值。

林业气象在森林边界层及其水热交换、碳通量、遥感技术与碳通量及其尺度转换、林业气象灾害及防灾减灾技术等方面的研究均取得重要进展，提高了气象为林业服务的水平。

水文气象在水文循环和水分平衡中的降水、蒸发等方面的研究取得重要进展。气象雷达、气象卫星的应用，为降水短时预报和洪水预报相结合创造了条件。完成了流域最大降水量和大水体水面蒸发量的估算。建立了防汛抗旱水文气象综合业务系统，在 26 个省（区、市）推广应月。

交通气象在交通气象灾害发生规律及其对公路、铁路、航空、航运的影响和监测、预警、评估技术等方面的研究取得较大进展。建立了全国公路交通气象预报系统，并发布全面主要公路气象预报。

盐业气象在纳潮、积卤和盐田蒸发等方面研究有一定进展，盐业气象监测、预报服务技术不断提高，在指挥盐业生产上发挥了重要作用。

水产气象在渔业生物行动、资源数量、养殖、捕捞与气象条件的关系、有利和不利气象条件变化规律及观测、预报、预防渔业气象灾害等方面有重要进展，促进了水产气象业务的发展。

二、重大科学试验

自 20 世纪 60 年代中期以来，我国曾组织过多次全国性暴雨科学试验，并取得不少具有科学意义与业务应用价值的成果。20 世纪 80 年代以来，我国前沿科学应用理论与新技术的发展，推动了我国各类大气科学试验的成功实施，并在理论与应用研究方面取得了丰硕的成果，确定了我国大气科学试验的七大重点目标，即青藏高原影响、季风、暴雨、台风、大气化学、人工影响天气和农业气象。我国大气科学试验从试验规模、实施的范围到探测技术手段与装备均有了长足的发展，受到国际科学界广泛关注，并取得许多重要成果。1998 年中国同时实施四项气象科学试验，即“青藏高原地气系统物理过程及其对全球气候和中国灾害性天气影响的观测和理论研究”（第二次青藏高原大气科学试验）（TIPEX）、“淮河流域能量和水分循环试验”（HUBEX）、“南海季风试验”（SCS-MEX）和“华南中尺度暴雨试验”（HUAMEX），得到更大范围的地一气一海加密观测资料。

1. 青藏高原大气科学试验研究

第一次青藏高原大气科学试验　在国家科委、计委的支持下，中国科学院与中央气象局组织的青藏高原气象科学协作领导小组于 1978 年 8 月制订了《1979 年 5—8 月青藏高原气象科学实验计划》（QXPMEX—1979）。试验揭示了夏季青藏高原的地面辐射特征、热平衡特征；深化了青藏高原对大气环流季节性变化和季风、天气气候的重要作用；揭示了青藏高原的热源结构特征，夏季青藏高原的动力学和热力学影响进行了系统地数值试验和转盘模拟试验；揭示了地形热力性高压与环境场的相互作用。

第二次青藏高原大气科学试验　1998 年，中国气象局、中国科学院主持实施了“青藏高原地气系统物理过程及其对全球气候和中国灾害性天气影响的观测和理论研究”（TIPEX），即第二次青藏高原大气科学试验，揭示了高原地气相互作用的物理过程及其对全球、东亚天气气候的影响；揭示了高原大气边界层和对流层结构、云一辐射过程，填补了国际上青藏高原边界层物理特性观测及其综合分析资料的空白；发现了高原边界层动力学及其高原湍流运动规律；提出高原及低纬海洋季风过程水分循环关键区，高原水汽输送转运效应及其对长江流域暴雨形成的影响机理，高原云团东移发展机理及其对梅雨带暴雨的加强作用，青藏高原加热作用的感热气泵概念模型，青藏高原动力、热力作用对季风暴发时段的影响特征等创新性观点，发展了一个全球海一陆一气耦合的气候模式以及简化的积雪—大气—土壤输送模式（SAST）。

中日合作 JICA 计划青藏高原及周边区域新一代气象综合观测试验　在科学技术部的支持下，2004 年由中国气象科学研究院发起中日合作高原观测系统项目（JICA 计划项目），以高原及周边区域业务观测网为基础，实施了高原东—西向、南—北向剖面及其高原东缘周边地区（中国西南地区）全球定位系统

(GPS)水汽观测布点、近地层通量铁塔等综合观测系统与无人值守自动气象站(AWS)为主体的观测网工程。这项试验提高了对长江流域天气系统上游高原关键区水汽输送特征、东亚季风水循环结构及其天气气候“强信号”特征综合监测的能力;建立了新一代高原及周边区域综合气象观测系统的监测—传输—综合处理分析平台;发展了高原及东部长江流域区域新一代灾害性天气气候预警系统及其应用技术,包括高原及东缘观测资料用于数值预报模式的同化技术。

2. 季风科学试验研究

南海季风试验 由中国气象局、中国科学院联合主持的南海季风试验(SCSMEX)是大气与海洋的联合试验,旨在更好地了解南海夏季风的暴发、维持与变化。试验有许多国家和地区参与,外场观测期为1998年5月1日至8月31日,获得了南海季风暴发前后及东亚季风北推时期的大量信息与资料,为研究南海季风与东亚季风的活动及其与海洋的相互作用提供了宝贵的资料。该资料集被日本、美国、澳大利亚等国用于四维资料同化,产生了专门的资料集;被中国内地和香港地区等用于初值同化,改进了不同时间尺度的季风与降水预报;并被广泛用于东亚季风研究。

淮河流域能量和水分循环试验(HUBEX) 是全球能量与水分循环试验计划(GEWEX)的组成部分,由中国气象局与北京大学联合主持落实。1998,1999年成功地在以淮河流域为中心的我国东部地区开展了大型的气象一水文外场观测试验,观测了梅雨锋系统中的?中尺度和?中尺度的云和降水四维结构;研制了区域资料同化系统及四维同化资料数据集;研究了淮河流域水热循环中不同物理过程的作用及其对区域气候的影响,获得了淮河流域能量和水循环的综合物理图像以及陆面过程中的定量参数和地气交换特征;利用热带测雨任务(TRMM)等卫星、多普勒雷达和数字化雷达探测资料,反演和提出了淮河流域梅雨锋系统中的中尺度云雨结构特征;利用获取的试验数据改进了区域气候模式,研制出新的陆面过程模式和水文模型,并进行了区域气候模式与水文模型的耦合研究。

亚洲季风年科学试验 2007年4月,成立“2008亚洲季风年(AMY)”国际计划科学指导委员会和各工作组,作为国际季风研究的重要组成部分,得到世界气象组织世界气候研究计划(WCRP)的认可,主要目的是依托和集成中国、日本、印度等国家正在或将要进行的相关研究计划,在2008—2009年开展对亚洲季风海一陆一气相互作用的综合观测,并在此基础上于未来五年开展数值模式参数化改进、亚洲季风区海洋和大气资料同化分析及季节—年际尺度气候异常的可预报性研究,为提高对季风的认识及预测水平及防灾减灾服务。

3. 暴雨科学试验研究

台风、暴雨灾害性天气监测、预报技术研究　1991 年 10 月，国家科委正式批准台风、暴雨灾害性天气监测、预报技术研究项目列入"八五"国家科技攻关计划。通过 5 年的攻关，该研究形成了较为现代化的探测与通信传输能力，并在 1995 年汛期进行业务性试验；形成了不同层次、可以业务运行的台风、暴雨数值天气预报业务方案。该方案具有较高水平的预报能力；在现场试验、计算机模拟和分析归纳上取得了新的认识和进展；建立了台风、暴雨灾害评价系统和资料库、对策方案及快速便捷的现代化预警、预报服务手段。

海峡两岸及邻近地区暴雨科学试验　1998 年 5—6 月，中国气象局主持实施了海峡两岸及邻近地区暴雨科学试验，在粤、港、澳及闽南地区进行了 2 个月的暴雨综合观测试验，采用多种先进观测手段，开展了实时同步综合观测，共获得了 7 次暴雨过程的加密观测资料，完成了华南 β 中尺度暴雨系统的天气动力分析，并建立了相应的暴雨模型；分析了华南暴雨 β 中尺度热力和动力结构，建立了华南暴雨物理模型；发展了在中尺度模式中自适应网格、三维变分同化技术的应用研究；建立了高分辨率的华南区域中尺度暴雨数值预报模式，利用 1961—1997 年福建地区有关台风和降水资料，分析研究了福建省台风系统中尺度暴雨发生发展规律，建立了福建地区新的台风暴雨预报系统，并进行了业务试用。

长江中下游梅雨锋暴雨科学试验研究　该试验在 2001—2002 年由中国气象局主持，多部门参加，运用气象卫星、多普勒雷达、GPS 等多种探测手段和常规加密观测，获取了长江中下游梅雨锋暴雨的三维空间结构资料，对其形成机理与监测、预测理论进行了全面研究，提出了基于多种实时观测资料的梅雨锋暴雨多尺度物理模型，在梅雨锋暴雨的天气学模型、梅雨锋维持与发展机制方面有了进一步的认识；建立了中尺度暴雨的卫星遥感集、多普勒雷达反演以及三维变分同化的中尺度暴雨数值预报模式应用系统；中尺度暴雨的定量卫星遥感反演的理论和方法研究也取得较大进展。

南方致洪暴雨中尺度系统科学试验研究　由中国气象局主持、多部门参加的国家 973 项目"我国南方致洪暴雨监测与预测的理论和方法研究"(2004—2009)，揭示了引发我国南方致洪暴雨的 β 中尺度强对流系统的三维结构与形成机理以及不同时间尺度大气动力过程与异常气候背景对暴雨过程、持续性暴雨的形成的影响与机理，在此基础上提出了我国南方致洪暴雨的多时空尺度物理模型；进一步发展了定量遥感探测中尺度暴雨的理论与方法，初步完成多种观测资料融合、高时空分辨率的中尺度气象再分析场的理论和方法研究；建立了能有效提高我国南方暴雨预报能力的非静力、高分辨率中尺度暴雨数值预报模式系统和中尺度暴雨的临近预报系统。

4. 台风科学试验

自20世纪80年代以来,针对台风业务和研究进行了一系列的国际合作行动。第一个行动是开展了台风业务试验计划(TOPEX)。试验时间为1981年进行预试验,1982—1983年进行正式试验。1981年的预试验选了三个目标台风,正式试验的1982和1983年,每年选取4个目标台风。亚太经社理事会(ESCAP)/WMO台风委员会决定与美苏在西北太平洋地区进行台风外场试验合作,发起一场继台风业务试验之后新的台风试验。1990年组织了一次代号为“SPECTRUM—90”的台风特别试验计划,对台风打转、摆动、双台风作用、非对称结构对运动的影响等都做了深入研究,取得丰硕成果并进行了业务应用推广。1993—1994年我国组织开展代号为“CATEX”的近海台风外场科学试验,对台风三维结构、中小尺度系统和地形对台风结构的影响等方面进行了广泛而细致的研究。

中国登陆台风科学试验(CLATEX) 该项目属科技部社会公益研究专项“中国登陆台风边界层观测试验”。2002年7—8月,对3个强热带风暴进行了外场观测试验,首次获取了登陆台风边界层综合观测资料及雷达、地面综合分析数据,填补了登陆台风边界层数据库的空白;首次采用现场观测试验对登陆台风成灾过程的边界层动力学进行了初步探讨;首次采用TRMM卫星、TBB等高分辨率资料以及试验区多普勒雷达、风廓线仪、常规探测资料综合分析登陆台风的结构,并在预报模式同化技术、诊断分析及其预报业务系统技术等方面取得进展;提供了目标台风同化格点产品;开展了热带气旋登陆路径集合预报试验,为登陆台风预报业务系统的发展提供了新的综合技术方法。

台风登陆过程外场科学试验 由中国气象局、中国科学院和高等院校于2008年启动实施的国家重点基础研究发展计划(973计划)“台风登陆前后异常变化及机理研究”项目,在华南和华东试验区先后对2009年3个登陆台风实施了固定和移动探测,开展了登陆台风的云系立体探测和大气边界层结构特种探测,获得大量珍贵的实测资料。

5. 大气化学科学试验

西太平洋臭氧及其前体物考察科学试验(PEM-WEST) 20世纪90年代初,中国气象科学研究院和美国NOAA空气实验室以及NASA合作开展“西太平洋O_3及其前体物考察”项目,分别在1991年8月22日至11月7日和

1994年2—3月执行。此项目的开展使我们对我国临安区域本底站近地面大气痕量成分的基本情况，包括大气成分时空分析特征、源、输送、转化、汇以及东亚大陆向西太平洋的长距离输送有了一定的了解。

“中国地区大气臭氧变化及其对气候环境的影响”科学试验　1994—1997年国家自然基金重大项目“中国地区大气臭氧变化及其对气候环境的影响”是我国第一次对大气臭氧进行的长期、全面和系统的研究。该项研究最重要的成果是发现了青藏高原上空夏季(6—9月)存在大气臭氧低值中心。继而通过数值模拟试验揭露了青藏高原夏季大气臭氧低值中心的形成机制以及地面臭氧变化机理，证实了东部地区地面臭氧变化主要取决于太阳辐射与有关前体物的光化学反应过程。观测结果表明，我国人类活动对局地地面大气臭氧及其有关前体物变化的影响是显著的。

“长江三角洲低层大气物理化学过程及其与生态系统的相互作用”科学试验“九五”国家自然基金重大项目“长江三角洲低层大气物理化学过程及其与生态系统的相互作用”(1998年4月—2004年7月)和中美合作研究项目“长江三角洲地区的中国城乡复合体研究计划”，都是以长江三角洲地区低层大气物理化学过程与生态系统相互作用为核心科学问题，研究揭示地表结构变化与区域气候和环境变化的相互影响，探索区域社会、经济建设与生态环境协调发展的对策。首次把环境、生态、气候几个重要领域进行综合研究，发现人类活动对环境造成的变化改变了生态环境状态，最终对区域气候造成影响。

“中国大气气溶胶及其气候效应的研究”科学试验　2004年，在973项目“中国大气气溶胶及其气候效应研究”的支持下，中国气象局大气成分观测与服务中心在我国14个关键和典型区域开展了大气气溶胶理化特性时空分布与中长期变化特征的野外网络化观测和实验室实验研究，分析了不同区域、不同类型气溶胶的微观结构、化学成分、谱分布状况、辐射特性等，并将网络化地基探测和卫星遥感的中国不同区域大气气溶胶关键光学特性参数相结合，将大规模和详细过程研究的实验分析与研发气溶胶—气体在线耦合的数值模式系统(CUACE/Aero)相结合，将数值模式系统转化为区域性霾天气的数值预报系统(CUACE/Haze)，并实现了CUACE/Aero与中国气象局参与IPCC第五次评估报告的全球气候模式BCC_AGCM2.0.1的嵌套，获得了对中国大气气溶胶特性、分布和变化及其气候效应的新认识。

“奥运空气质量保证”科学试验　2008年6—9月中国气象科学研究院联合北京市气象局对北京市及其周边地区的大气气溶胶粒子、地面臭氧、反应性气体和气溶胶光学厚度进行了地基监测和遥感观测反演，结合在2006,2007年同期进行的相同内容的观测，向北京市政府几次提供重要的污染控制措施实施后各种大气成分的综合监测及变化原因分析报告和政策建议，获“奥运空气质量保障特别贡献奖”。

大气环境现场科学试验 973项目“首都北京及周边地区大气、水、土环境污染机理及调控原理”中的“北京空气污染观测试验”，揭示了北京城区和城近郊区城市边界层结构与湍流特征，城市大气污染垂直结构特征；发展了城市气象模式系统；揭示了城市重污染过程空气穹窿三维结构、城市冠层空气污染场“同相位”变化特征、城市交通污染源影响特征、周边污染源跨省（市）区域多尺度“影响域”及其气溶胶影响的气候效应；研发了大气污染卫星遥感一地面观测综合变分分析、统计一动力模型等源追踪新技术；空气质量“源同化”模式预报与调控技术有新突破，显著提高了调控与预报能力；提出了有关城市气、水、土环境相互影响模型与水库综合调控新途径。

6. 人工影响天气科学试验

北方层状云人工降水试验 中国气象科学研究院在“八五”国家科技攻关项目“北方层状云人工降水试验研究”(1981—1992)支持下，引进国外云粒子测量系统(PMS)，改装了伊尔—14型飞机一架，在陕西、宁夏、内蒙古、新疆和吉林进行人工降水资源考察和人工降水科学试验。到1985年，飞行观测区域跨19个省(区、市)，获取了大量的云微物理结构资料；建立了云系的多尺度概念模型；分析了不同尺度间的相互作用特点，包括不同云体的水平和垂直配置在降水过程上的作用特点、云中不同粒子模态的尺度谱拟合改进、降水云系中冷云对暖云的作用、不同降水粒子谱在降水转化作用上的差异、云中液态水含量的分布特征和人工降水潜力区；提出了多项人工降水作业的物理判据；建立了层状云数值模式；提出了移动目标区的效果检验方案和多区历史回归检验方案等。

人工增雨技术研究与示范外场科学试验 在科技部“十五”科技攻关项目“人工增雨技术研究与示范”(2001—2006)的支持下，中国气象科学研究院和有关单位合作，采用国际先进的机载综合探测和作业系统、无人驾驶小飞机探测与作业系统，结合多普勒雷达探测系统，在北京、河南、青海、甘肃等地组织了多年大型外场观测科学试验，形成了我国人工增雨集成技术；研制了高效实用的人工增雨催化剂、机载碘化银末端燃烧器；建立了可业务化的数值模式系统及空中水资源评估与效果检验系统；并通过集成建立了功能先进、操作简便、科技含量高的集综合探测、预测识别、播撒与评估为一体的人工增雨综合技术系统。

人工增雨关键技术与装备研发外场科学试验 “十一五”国家科技支撑计

划重点项目“人工增雨关键技术与装备研发”(2006—2011)，在2009年4—5月期间，3架装备国际先进云物理探测载荷的飞机，在地面多普勒雷达网观测、偏振雷达、毫米波雷达及地面雨滴谱网观测配合下，实施了3次大规模云系探测科学试验。这是国内首次组织3架具有先进探测装备的飞机在同一区域进行飞机联合探测，获取了非常有价值的科学探测数据。

7. 农业气象科学试验

作物水分胁迫和干旱试验研究　“华北平原作物水分胁迫与干旱研究”是中国气象局重点科研项目，是中美大气科技合作项目“中国华北平原与北美大平原气候和农业比较”的一个子课题，由中国气象科学研究院、河南省气象局和山东省气象局等单位共同承担。建立了较现代化的人工控制农田水分试验场，针对华北农业干旱缺水重大问题，于1983—1988年对冬小麦、夏玉米进行了不同土壤水分处理的试验研究，在作物耗水量与产量关系、最佳耗水量确定、作物干旱指标、麦田土壤水分动态模拟和小麦干旱预报、小麦优化灌溉方案制定等方面取得许多新成果。

我国亚热带东西部丘陵山区农业气候资源及其合理利用试验研究　1981和1987年，中国气象局分别将“我国亚热带东部丘陵山区农业气候资源及其合理利用”和“我国热带、亚热带西部山区农业气候资源及其合理利用”列为重点课题，进行了山区野外考察，完成了武夷山区气候资源及其合理利用的研究，分析了天目山区、秦巴山区及甘泉山区农业气候资源特征及亚热带东部10大山系不同坡向、坡度和地形类型的农业气候资源的多样性。在西部山区7大山系、14个剖面开展了山区气候观测和多种农林物候、生物量、品质等平行观测，得出西部山区比东部农业气候资源更多样、多夜雨、多暖层、暖区多散射光等特征。

温室气体对作物影响试验研究　从1992年起，中国气象科学研究院在固城试验站利用自行研制的OTC-1型开顶气室进行了CO_2浓度增加对大豆、小麦、棉花、玉米、谷子生长发育、产量和品质影响的试验研究。从1999年起又进行了O_3浓度对水稻、小麦、蔬菜生长影响及O_3与CO_2交互作用对大豆等作物影响的试验研究；还进行了高CO_2浓度、高温和水分胁迫对农作物复合影响的试验研究。通过这些试验研究获得了宝贵的资料，所得结果对预测未来农业发展趋势、制定和调整相应的农业政策有重要作用。

农业气象防灾减灾试验研究　国家科技部在“九五”和“十五”期间分别将“农业气象灾害防御技术研究”和“农业气象灾害预警、评估、防御技术研究”列为科技攻关项目。在“十一五”期间，农业气象研究列为国家重大科技支撑项目。由中国气象局、农业部、林业部、水利部和中国科学院合作攻关，对各种农业气象灾害防御技术进行了大量试验研究工作。如地膜覆盖，防旱、防霜、防低温冷害的化学制剂以及涝渍兼治—排水组合，生物防火林带阻隔工程等的野外试验，为每种灾害的综合防御措施的制定提供了重要的理论基础和技术方法，大大提高了多种农业气象灾害的防御能力。

三、重大项目与科研成果

新中国成立以来，一批有针对性的重大项目，特别是在国家科技部、财政部、国家基金委等部委的支持下，国家科技攻关项目、科技支撑计划、“973”计划、“863”计划、公益性行业专项、重大自然基金项目等的实施对大气科学的发展起到基础支撑和推动作用。在这 60 年里，全国气象科技工作者在基础研究、应用基础研究、应用研究、重大技术开发等方面取得了丰硕的成果，获得众多奖励。科技成果在综合气象观测、气象预报预测、公共气象服务、科技服务、应用气象等业务领域方面得到了广泛的应用并取得了显著效果。

1. 重大项目

新中国成立初期，我国气象科学技术研发主要是围绕气象台站网的建设，重点开展了气象观测实验和仪器研制，并开展了我国天气演变规律的研究，主要包括西北槽、江淮切变线、西南低涡、西南倒槽、东北低压等天气系统及其演变规律研究，提高了我国天气分析预报的水平。此后逐渐开拓了农业气象、气候、气象仪器、海洋水文气象、青藏高原天气学、东亚大气环流、民航气象、大气物理、人工影响天气、中小尺度天气学等学科的研究工作。1966 年“文化大革命”开始，气象科学技术研究工作基本上处于停顿状态，但也开展和加强了热带天气现象和规律、台风异常路径的活动规律及其所引起的天气现象，对“75・8”暴雨开展了全国大会战，对风能、太阳能、大气污染等方面的研究也取得了有价值的成果。在高空气候、气候变化、山区气候等方面的研究也陆续开展。与此同时，还开辟了雷达气象、卫星气象、自动气象站等新的科研领域，促进了强对流天气的研究。1976 年 10 月，“文化大革命”结束，气象科研工作进入整顿、恢复和全面发展阶段，随着我国国民经济的发展、科技水平的提高，大气科学领域实施了一大批重大科研项目并取得了丰硕的成果。

“五五”后期到“六五”期间，对气象探测仪器、主要灾害性天气规律、气候与气候变化、大气污染、天气预报方法、青藏高原的环境影响、应用气象等方面的问题进行了有组织、有计划的科学研究。先后组织了台风、寒潮、大风、暴雨、冰雹等近20个项目的科研协作组，开展了层状云、积状云和人工防雹的试验研究，研制出了电解水制氢、自动填图机等近20种气象仪器设备。这些科研成果已在气象业务中得到普遍应用，大大地提高了气象探测水平和天气预报和服务能力。

“七五”和“八五”期间，在数值天气预报，台风、暴雨等灾害性天气，地气相互作用，气候变化及其影响，大气成分，中尺度系统，农业气象等方面实施了一批重大项目。国家重大科技攻关项目“中期数值天气预报及灾害性天气预报研究”初步建成了中期数值天气业务预报系统。“灾害性天气预报研究”项目在灾害性天气监测、数据采集、处理和显示等技术方面取得了重大突破，有力地提高了对灾害性天气的监测和预报能力。“中期数值天气预报及灾害性天气预报研究”项目建成了稳定运行的中期数值天气预报业务系统，可用预报时效达到5天；同时初步建立了珠江三角洲、长江三角洲、京津冀、长江中上游四个区域性0～12小时短时灾害性天气监测、预报业务系统，使我国的中期天气预报业务从主要以统计为主进入了数值预报时代。“台风暴雨监测、预报技术研究”项目研制了S波段多普勒雷达并投入业务试运行，完成了714天气雷达多普勒化；针对台风、暴雨的业务试验获得了比较全面的资料；研究了台风、暴雨灾害性天气的各种预报方法和数值预报模式，建立并完善了台风、暴雨预报警报服务系统。

国家自然科学基金重大项目“我国长江、黄河两流域旱涝规律成因与预测研究”深入研究了我国旱涝灾害的发生规律及其经济影响、发生的大气物理过程、发生前期大气下垫面热力状况的异常，以及我国旱涝与全球环流异常的关系，发展了我国长江流域夏季风降水的数值模拟以及我国灾害性气候的预测方法。“黑河地区地气相互作用观测实验研究(HEIFE)”是国际上首次在干旱地区进行的大型陆面过程实验研究。其成果获得1995年度中国科学院自然科学奖一等奖。“中国气候与海面变化及其趋势和影响的初步研究”项目通过收集、分析大量资料和野外调查，不仅对我国历史上不同时期的气候变化作了分析，还研究了CO_2等温室气体增加对环境的影响问题。此外，还对西北、华北地区未来30年的气候与水资源变化提出了预测性的建议。“中国地区大气臭氧变化及其对环境的影响”项目在国际上首次发现青藏高原上空有一个大气臭氧异常低值中心。

另外，从1986年开始，科技部建立了直接面向气象业务现代化和国民经济建设(在贫困地区结合科技扶贫)的气象科技“短平快”和“星火”开发研究项目。1986年组织实施“短平快”项目计划课题125个。气象科技“短平快”项目及其应用开发、成果推广计划的实施，促进了基层台站的科技进步、业务现代化建设和科技成果向业务的转化及推广，取得了良好的效果。

“九五”和“十五”期间，科技进步对气象业务的推动作用越来越显著，气候和气候变化越来越受到重视，对暴雨等灾害性天气的观测技术和预报理论、技术研究进一步开展，大气成分与大气污染、数值模式、农业气象等多方面研究取得长足进步。国家科技攻关重中之重项目“我国短期气候预测系统的研究”概括出了影响我国汛期气候异常的主要因子，初步建立了厄尔尼诺监测与预测、重大旱涝灾害预测和年际气候预测分系统，研制了针对我国不同气候和灾害特征的 7 个区域级短期气候预测系统，建立了我国短期气候预测业务系统和超级集合预测应用系统，使我国成为少数几个利用气候预测模式发布预测产品的国家之一。项目成果获 2003 年度国家科技进步奖一等奖。

国家重点基础研究发展计划(973 计划)项目“我国重大天气灾害形成机理和预测理论研究”提出了基于多种实时观测资料的梅雨锋中尺度暴雨多尺度物理模型，在中尺度暴雨系统的定量卫星遥感反演、多普勒雷达探测和反演理论和方法取得重大进展，研制了新一代非静力中尺度数值预报模式，并发展研制了云模式、边界层模式以及三维变分同化系统。该项目获 2006 年度国家科技进步奖二等奖。“首都北京及周边地区大气、水、土污染机理及调控原理”项目建立了北京城市边界层大气污染三维立体综合模型及其数据库，发现了城市不同区域、不同污染物“空气穹隆”三维结构的相关性及其时空变化同相位、多尺度特征，揭示了周边跨省(市)城市群落大气污染源对北京城市大气环境的重要影响及其大气污染物远距离输送效应。

国家科技攻关重点项目“中国气象数值预报技术创新研究”研发了具有自主知识产权的我国新一代气象业务数值预报系统，建立了具有同化气象卫星资料能力的全球资料同化系统和具有同化天气雷达资料能力的区域中尺度资料同化系统。该项目的成功实施标志着我国数值天气预报由以引进为主向以自主创新为主的转变。

国家科技攻关项目“农业气象灾害防御技术研究”分别开展了秸秆覆盖麦田保墒增效技术，冬小麦有限水分胁迫增产技术，底墒利用技术，华北农业干旱识别技术，低温冷害主动与被动防御技术，以及层状云识别和对流云人工增雨技术的研究，为指导农业气象灾害防御提供科学依据，并在农业生产和业务实践中推广应用。“全球环境变化对策与支撑技术研究”项目系统评估和认识了全球环境变化的历史、事实和机制，预测和评估了全球环境变化的影响，以及评估了全球环境国际条约和履约活动对我国经济和社会发展的影响。“农林重大病虫害和农业气象灾害的预警及控制技术研究”项目从农林业持续稳定发展的重大需求出发，针对我国农作物、林木重大病虫害和农业气象灾害频繁发生的现状，将遥感技术、地理信息系统、全球定位系统等高新技术用于重大农业气象灾害和病虫害监测预警，在不同的农业生态区初步组建农作物重大农业气象灾害和病虫害可持续控制技术。

国家科技基础条件平台项目“气象科学数据共享建设”是中国气象局作为第一个科学数据共享的试点部门而启动的科技基础性工作专项，项目建立了“气象科学数据共享中心”，建立了覆盖全国、连通世界的分布式共享数据库和共享服务网络体系，基本形成了气象科学数据共享服务的标准规范体系和工作秩序。

国家自然基金重大项目“内蒙古半干旱草原土壤—植被—大气相互作用(IMGRASS)”通过综合外场实验、过程分析和数值模式深入研究了中纬度半干旱草原气候—生态相互作用中的多种时空尺度和多种物理—化学—生物学过程的作用，以及人类活动的影响，为人类活动对草原生态系统的影响和资源的可持续利用提出了科学指导性意见。“20 世纪中国与全球气候变率研究”项目紧密结合中国的气候预测与研究实际，对南方涛动、中国全新世气温变化、西太平洋副热带高压等的研究成果均具一定的创新性，并在世界范围内首次重建了 1880—1950 年北半球 500 百帕月平均高度场，在中国首次建立了 1880—1950 年我国东部四季气温降水量图。“淮河流域能量与水分循环试验和研究(HUBEX)”项目选择全球独具特色的典型东亚季风区域——淮河流域，通过气象、水文等多学科综合观测试验，研究了淮河流域能量和水分循环规律，揭示了这一地区旱涝形成的机制，提高了后来的降水预测水平。此试验与南海季风试验、第二次青藏高原试验、华南暴雨试验一起被科技部评为 1998 年基础研究十大新闻之一。“长江三角洲地区低层大气物理化学过程及其与生态系统的相互作用”项目选择了在发展中城市化、工业化和农业增长较快的城乡复合体——我国长江三角洲地区这一全球具有代表性的区域开展试验研究，为人类活动对农作物生态影响和我国经济可持续发展提供科学的指导性意见。“中国大气气溶胶辐射特性的研究”项目则是首次在全国组织 5 个点对大气气溶胶光学特性进行连续观测，得到了大量宝贵的气溶胶光学厚度的数据，并用激光雷达探测了对流层大气气溶胶消光系数的垂直分布，取得了多年的连续观测资料，以此建立了我国大气气溶胶辐射特性的气候模型。

“十一五”以来，一批重点项目的实施深入推进了气象科技发展，在台风、暴雨等监测与预测理论，短时临近预报技术，大气成分及其气候效应，人工影响天气，新型雷达探测技术，数值预报，农业气象等方面取得了显著进展。

973 计划项目“我国南方致洪暴雨监测与预测的理论和方法研究”提出了引发我国南方暴雨的天气学模型，以及持续性暴雨形成的异常气候背景和物理模型，提出了反演三维温、湿廓线的理论和方法，利用双雷达资料反演出我国华南飑线的三维结构和登陆台风内部的中尺度结构，发展了双偏振雷达与毫米波云雾雷达的反演理论和方法，改进和完善了中尺度暴雨数值预报模式系统(GRAPES-Meso)，自主发展了一种新的四维变分同化系统(HFP-4DVar)，形成了华南、华中、江淮和长三角观测区的 5 千米(3 千米)和 3 小时(1 小时)中尺度再分析场。“中国大气气溶胶及其气候效应的研究”项目已经在认识不同区域能见度—关键气溶胶组分的关系方面取得明显进展，初步建立了我国区域性霾天气的数值预报系统(CUACE/Haze)，研究了我国气溶胶光学特性及其垂直分布的中长期变化特征，初步实现了研发的气溶胶数值模式系统(CUACE/Aero 1.0)与国家气候中心气候系统模式(BCC-AGCM 1.0)的双向耦合，在获得合理表达我国气溶胶—云相互关系的参数化方案方面积累了大量的分析资料。正在实施的“台风登陆前后异常变化及机理研究”项目紧紧围绕台风登陆前后异常变化及成灾机理这一核心主题开展研究，将通过台风登陆过程的外场科学试验研究、台风登陆前后精细结构综合分析理论和方法、登陆台风海—陆—气边界层结构及其演变特征、海—陆—气相互作用对台风登陆前后异常变化的影响机理、台风环流内中尺度系统的活动及其对台风登陆前后异常变化的影响机理、台风登陆过程数值预报方法等的研究提高我国对登陆台风的认识和预报能力。

实施中的国家高技术研究发展计划(863)重点项目“机载气象雷达云雨探测系统”在我国首次开展机载气象雷达云雨探测系统的研制工作，主要包括机载 X 波段相控阵多普勒雷达系统的研制、机载 W 波段雷达系统的研制、机载雷达的数据处理系统和地面应用系统研制。目前项目已取得阶段性进展。

正在开展的国家自然科学基金重大项目“中国地区树轮及千年气候变化研究”将在我国典型气候区采集树轮样本，研制采样点树轮年表，确定树轮指标的气候意义，重建中国东部季风区、北方干旱与半干旱区以及青藏高原地区气候时空变化序列；对树轮代用资料和现代气候观测资料进行综合统计与诊断分析，研究中国典型气候区域年际、年代际及百年尺度气候变化特征、规律、机理及其与全球变化的联系，同时发展年代际气候变化预测理论与方法，对中国地区未来气候年代际变化趋势进行预估。

国家科技支撑项目“精细数值预报系统及短期气候集合预测研究”在我国

自主研发的新一代气象业务数值预报系统的基础上，自主研发并建立了区域中尺度数值预报系统(GRAPES-Meso)(15 千米)、精细尺度数值预报模式系统(3～5 千米)、交互式观测—预报系统和月季尺度短期气候集合预测系统。“人工影响天气关键技术与装备研发”项目研制了混合云和暖云增雨催化作业技术，建成了混合云催化焰剂成核率检测装备，研发出一种暖云人工增雨焰剂催化剂，研制出一套无人驾驶飞机人工增雨催化作业技术。项目成果在奥运会及残奥会开闭幕式的人工消减雨工作中得到成功运用。“农业重大气象灾害监测预警与调控技术研究”项目研制了基于天基(250 千米分辨率卫星资料)、空基、地基和下垫面多元信息的灾害立体监测技术方法，研制了基于植物机理模型、区域气候模式、“3S”等高新技术与常规技术相结合的灾害预警技术，建立了长、中、短期相链接的农业重大气象灾害预警技术体系，提出了农业灾害区划和农作物宏观布局方案，以及农作物种植结构优化模型，建立了重大农业气象灾害对农业的影响评估模型，并提出了森林可燃物综合管理与生态调控方案。

值得一提的是，2001 年北京奥运会申办成功后，中国气象局根据北京地区夏季天气气候状况、气象业务与国际奥委会对气象服务的需求、差距、预报难点等，提出了需要在探测、城市气象精细预报、灾害性天气短时临近预报、人工影响天气等方面开展一系列的科学研究的计划。在“十五”到“十一五”期间科技奥运专项的实施为 2008 年奥运会的气象保障工作打下了坚实的基础，在 2008 年奥运实战服务中发挥了关键性作用。

此外，为贯彻落实《国家中长期科学和技术发展规划纲要(2006—2020)》，中央财政自 2006 年起专门设立了公益性行业科研专项经费，用于支持开展公益性行业科研工作。作为首批公益性行业科研专项试点部门，中国气象局自 2007 年起，已连续两年组织实施了公益性行业(气象)行业科研专项，支持项目共计 81 项。立项项目涵盖了气象业务服务的各个领域，并且充分吸纳了部门内外的优势科研力量，充分体现了开放合作，为提高预报预测准确率、增强气象业务服务能力提供了有力的科技支撑。

2. 重大技术研发

天气图预报方法　我国 20 世纪五六十年代在引入当时国外先进的天气学理论与方法的同时，在我国所处特殊地理环境的天气系统、高原天气图分析和高原天气预报方法、副热带高压活动对我国降水的影响等方面开展了许多研究，通过重要天气过程总结、灾害性天气预报经验的收集和交流等各种形式的实践，逐渐形成了天气图预报方法，至 1962 年底，全国除个别边远省(区)外，所有省(区、市)级、地区级气象台都采用天气图预报方法开展了短期天气预报业务和服务工作。该预报方法以天气图与预报经验相结合，对较有规律的大范围天气过程及其演变，以及区域性的大风、降水、温度等要素具有较好的预报能力。

短临预报技术 北京市气象局紧密结合 2008 年北京奥运气象保障的实战需要，研发了服务于大城市强天气预警业务的自动临近预报系统(BJ-ANC)和服务于大城市局地高影响天气短时预报业务的快速更新循环预报系统(BJ-RUC)。该系统全面实现了北京奥运天气保障和预报预警业务的客观化、自动化和定量化，成为北京地区天气预报和预警业务的重要工具，使北京地区的天气预报服务流程实现了 0～2 小时临近预报、2～6 小时短时预报、6～72 小时短期预报以及 3 天以上各类业务气象预报产品与奥运气象信息分发服务的“精细化”与“无缝隙化”。

人工增雨技术 中国气象科学研究院和中科院大气物理研究所多年来组织开展了一系列外场观测试验和科技攻关，形成了我国人工增雨集成技术。研发了高效实用的人工增雨催化剂、机载碘化银末端燃烧器、人工增雨机载综合探测和作业系统、无人驾驶小飞机探测与作业系统、人影数值模式系统及空中水资源评估与效果检验系统，建立了集综合探测、预测识别、播撒与评估为一体的人工增雨综合技术系统。

多尺度气象数值预报技术 实现了大量遥感资料在数值预报中的应用，改进了数值预报的初值；解决了数值模式向高分辨率发展的问题；优化并建立起模式的物理过程方案，提高了预报性能；自主发展了基于非静力模式的三维与四维变分同化系统，实现了卫星辐射率资料等遥感资料的直接同化；发展了多尺度通用的非静力大气数值模式动力框架和我国首个具有复杂物理过程、可在高至 1 千米左右分辨率条件下运行的非静力中尺度预报模式；发展了我国首个全球中期预报模式。

短期气候预测技术 研制出了一套由月动力延伸预报模式、海气耦合的全球气候模式、高分辨率区域气候模式和 ENSO 预测模式组成的月、季、年际尺度的动力模式系统；研究确立了影响中国夏季降水的关键因子和 5 个预测信号，并建立了旱涝预测模型；研制了一套适合我国国情的气候异常对国民经济影响的综合评价预测模型，建立了与短期气候预测业务系统相配套的综合评估对策系统；建立了内容丰富、数据量大、功能齐全的气候资料库；建立了由国家级和区域级(全国 7 大区域)配套的短期气候预测系统，定期发布定量化的季和年际业务预测产品。

风云二号 C 业务静止气象卫星地面应用技术 风云二号 02 批静止气象卫

星地面应用系统是风云二号工程(卫星、运载、发射、测控、地面应用)五大系统之一,负责卫星入轨后有效荷载的管理和业务运行。该项技术包括自主开发了运行控制和数据定量处理的全套软件,生成图像和20多种定量产品,总体上达到当前同类系统的国际先进水平。其中图像定位被第八届国际卫星风会议评价为国际领先水平;卫星风产品的一种算法被第四届国际卫星风会议评价为重要进展。

数值预报的并行计算技术　在数值预报应用于分布式内存并行机方面解决了一系列关键技术,建成了在多种异型并行计算机平台上(神威、银河、曙光及引进的SP机)运行的新型业务系统,由此分辨率大幅度提高,物理过程更复杂、更真实的模式才有可能实现业务应用,并可进行集合预报。

暴雨系统的卫星遥感反演技术　开发了相应的产品反演和信息处理技术,生成了揭示中尺度暴雨天气系统物理场特征的系列产品;反演分析了中尺度暴雨系统环境风场、热力场的基本特征;定量反演了中尺度暴雨系统云雨特性、降水场特征和地表洪涝信息;探索了将气象卫星遥感信息用于数值天气预报模式的同化分析技术,为我国利用卫星遥感数据开展中尺度暴雨的监测、预警和预报提供了新的观测产品信息和科技手段。

气象信息综合分析预报系统(MICAPS)　1994年组织对气象信息综合分析预报系统(MICAPS)进行开发,1996年发布1.0版本,在全国推广应用,是第一个在全国气象部门业务化运行的自主开发的天气业务预报系统,成为天气业务的主要工作平台;2007年改进为3.0版本,采用开放式软件框架,增强了资料显示和预报交互制作功能,开发了临近预报和台风预报组件,进一步简化二次开发,提供了更多的本地化选项,使其成为其他气象业务系统开发的基础。

3. 获奖科技成果

新中国成立60年来,全国气象科技工作者在气象科学研究和技术开发方面取得了丰硕的成果,获得了众多奖励。1956年,中科院地球物理研究所主持完成的"西藏高原对东亚大气环流及中国天气的影响"获首届国家自然科学奖三等奖;1978年全国科学大会,全国气象行业有100多项科研成果获得奖励,其中仅气象部门的获奖成果就达74项。改革开放以来,气象科技蓬勃发展,众多科研项目获得国家级奖励。这些科研成果对提高气象业务和服务能力发挥了重要作用。表6.1列出全国气象行业主持的部分国家级一等奖和二等奖相关内容。

表 6.1　气象科技成果一等奖和二等奖一览表

年份	项目名称	奖励名称和等级	主持单位
1985	短期数值天气预报业务系统(B)的建立与推广应用	国家科技进步奖一等奖	国家气象局北京气象中心
	计算机自动化系统在气象通讯中的应用	国家科技进步奖一等奖	国家气象局北京气象中心电信台
	1981—1984 年间四次大暴雨短期预报的成功和优质服务	国家科技进步奖一等奖	国家气象局北京气象中心气象台
	北方暴雨预报方法及理论研究的推广应用	国家科技进步奖二等奖	吉林省气象局气象科研所
	中国科学院万立方米高空科学气球技术系统	国家科技进步奖二等奖	中国科学院大气物理研究所
1987	东亚大气环流	国家自然科学奖一等奖	中国科学院大气物理研究所
	微波辐射计及其环境遥感应用	国家科技进步奖一等奖	北京大学
	旋转大气中运动的适应过程问题研究	国家自然科学奖二等奖	中国科学院大气物理研究所
	中国降水过程与湿斜压天气动力学	国家自然科学奖二等奖	北京大学
1988	全国农业气候资源和农业气候区划研究	国家科技进步奖一等奖	国家气象局
	714 型台风警戒雷达系统	国家科技进步奖二等奖	国家气象局气象科学院
1989	NOAA 系列气象卫星资料接收处理系统和开发应用服务	国家科技进步奖一等奖	国家气象局卫星气象中心
	暴雨数值天气预报及其业务应用	国家自然科学奖二等奖	中国科学院大气物理研究所
	全国十九省(市、自治区)风能资源详查研究	国家科技进步奖二等奖	国家气象局气象科学研究院
1990	华北平原作物水分胁迫和干旱	国家科技进步奖二等奖	国家气象局气象科学研究院
	我国酸雨的来源影响及其控制对策的研究	国家科技进步奖二等奖	北京大学
1991	UHF 多普勒测风雷达系统	国家科技进步奖一等奖	国家气象局气象科学研究院大气探测研究所
	中国亚热带东部丘陵山区农业气候资源及其合理利用研究	国家科技进步奖二等奖	国家气象局
	北方冬小麦卫星遥感动态监测及估产系统	国家科技进步奖二等奖	国家气象局气象科学研究院
1992	灾害性天气监测和短时预报系统	国家科技进步奖一等奖	中国气象局中国气象科学研究院
1993	北方层状云人工降水试验研究	国家科技进步奖二等奖	中国气象局中国气象科学研究院

续表

年份	项目名称	奖励名称和等级	主持单位
1995	东亚季风研究	国家自然科学奖二等奖	中国气象局中国气象科学研究院
	中国中期数值天气预报业务系统	国家科技进步奖二等奖	中国气象局国家气象中心
	风云一号气象卫星资料接收处理应用系统	国家科技进步奖二等奖	中国气象局国家卫星气象中心
	长期天气预报理论、方法和资料库建立	国家科技进步奖二等奖	中国气象局国家气象中心
	人工影响天气多尺度技术系统及催化系统的研究与应用	国家科技进步奖二等奖	黑龙江省人工影响天气研究中心
1997	我国台风、暴雨灾害性天气监测预报业务系统	国家科技进步奖二等奖	中国气象局国家气象中心
2000	数值气象预报的并行计算技术	国家科技进步奖二等奖	中国气象局国家气象中心
2001	卫星通信气象综合应用业务系统(9210 工程)	国家科技进步奖二等奖	中国气象局信息网络部(华信公司)
	农田温室气体排放过程和观测技术研究	国家科技进步奖二等奖	中国科学院大气物理研究所
2003	我国短期气候预测系统的研究	国家科技进步奖一等奖	中国气象局国家气候中心
2004	东亚季风气候—生态系统对全球变化的响应	国家自然科学奖二等奖	中国科学院大气物理研究所
2005	气候数值模式、模拟及气候可预报性研究	国家自然科学奖二等奖	中国科学院大气物理研究所
	全球变化热门话题丛书	国家科技进步奖二等奖	气象出版社
2006	我国梅雨锋暴雨遥感监测技术与数值预报模式系统	国家科技进步奖二等奖	中国气象局中国气象科学研究院
2007	海陆气相互作用及其对副热带高压和我国气候的影响	国家自然科学奖二等奖	中国科学院大气物理研究所
	风云二号C业务静止气象卫星及地面应用系统	国家科技进步奖一等奖	中国航天科技集团公司第八研究院
	我国新一代多尺度气象数值预报系统	国家科技进步奖二等奖	中国气象局中国气象科学研究院
2008	人工增雨技术研发及集成应用	国家科技进步奖二等奖	中国气象局中国气象科学研究院
	气象防灾减灾电视系列片:远离灾害	国家科技进步奖二等奖	北京华风气象影视集团

四、科技对业务发展的贡献

1. 科技对综合气象观测业务发展的贡献

经过 60 年的发展，我国的气象观测已发展成为地基、空基、天基一体化的综合气象观测系统，其间布设了一大批我国自主研制的气象仪器装备，这些观测仪器装备目前已成为支持我国气象业务的重要组成部分，观测仪器设备以及观测方法、技术和手段等方面的巨大成就从一个重要方面反映了我国气象现代化的发展历程。

地面气象观测 从“五五”期间开始，中央气象局组织有关部门的科技人员对气象观测仪器及其观测方法等进行了有组织、有计划的科学研究，并取得了明显进展。研制出了遥测温湿仪、遥测地温仪、翻斗式雨量计、水导式遥测雨量计、百叶箱通风干湿表、县站传真机、气象仪器检查设备、含水量仪、大小云滴谱仪、热线含水量仪等观测设备，这些国产气象仪器设备在气象业务中得到普遍应用，大大提高了地面气象观测水平，为我国提高天气预报和气象服务能力奠定了基础。从“六五”至“十一五”期间，中尺度自动气象站、有线综合遥测仪、风廓线雷达、闪电定位仪、大气电场仪、8 毫米云雷达等地面气象观测设备也相继研制成功。1996 年开始研制地面“有线综合遥测气象仪”，1998 年通过设计定型并投入业务使用，标志着我国地面气象观测从人工观测为主进入到以自动化器测为主的新阶段。此后，有线遥测气象站和长期自记气候站经过现场考核后也逐步投入业务使用。

高空气象探测 20 世纪 70 年代初研制成功的 701 二次测风雷达——59 型机械式探空仪系统成为我国常规高空探测的主力，以此建立的探空体制一直延续到 20 世纪 90 年代末期。1986 年立项研制 P 波段电子探空仪和 C 波段一次雷达测风系统，1993 年通过设计定型，并逐渐转入业务使用。1996 年，中国气象局开始组织 L 波段高空气象探测系统的研制，其在 2002 年成为我国高空气象探测体制，不仅能够满足 WMO 观测要求、业务运行可靠，而且性价比和自动化程度较高，大大提高了高空气象要素的探测精度和观测密度。它的业务应用使我国探测数据的获取能力比之前的机械探空仪提高了 8 倍左右，全面实现了高空探测的自动化，缩小了我国高空探测技术与国际先进水平的差距。

天气雷达 天气雷达的研发经历了从 20 世纪 60 年代 711 型(3 厘米)、843 型电子管体制的天气雷达，70 年代 C 波段 713 型(5 厘米)、80 年代 S 波段 714 型(10 厘米)数字化天气雷达，到 90 年代形成我国自主研发的第一代中频相参多普勒天气雷达，以及现在大量使用集成电路、固态电路、可编程信号处理的具有全相参多普勒功能的新一代天气雷达的发展过程，天气雷达的功能不断增加、探测能力不断提高，已在全国范围投入业务运行，成为我国气象业务不可或缺的遥感设备。多参数雷达、多基天气雷达、相控阵多普勒天气雷达、双极化多普勒天气雷达等新型天气雷达开始进入科学实验阶段，机载和星载天气雷达已开始进入预研，同时多波束快速扫描第四代天气雷达技术（相控阵）已进入技术可行性研究，我国天气雷达技术研究和应用领域进入一个崭新的快速发展时期。

随着新一代天气雷达投入业务运行，我国雷达资料应用开始向广度和深度发展，为精细化天气预报（准确、及时、定量、定点）提供了有力的支撑，使我国短时临近天气预报水平上了一个新台阶，标志着我国天气雷达资料应用开始步入发达国家先进水平行列。

气象卫星　我国从 1969 年开始自主研发设备接收和利用国外的气象卫星资料；70 年代和 80 年代，利用卫星云图，从天气学角度，对影响中国区域的天气系统进行了全面的分析研究，大大深化了对天气系统机理的认识。在“六五”期间，成功研制极轨同步气象卫星云图高、低分辨率接收设备，可以接收美国 NOAA 系列气象卫星的资料，促进了天气预报、灾情监测、环境监测、农作物估产等气象业务的发展。

“十五”期间，我国先后成功研制和发射 1 颗极轨气象卫星（FY-1D）和 2 颗静止气象卫星（FY-2B，FY-2C）。同时，对气象卫星地面应用系统进行了大规模改造，利用国内外卫星资料，开展卫星应用研究，气象卫星产品应用从定性走向定量，应用领域扩展到海洋、水利、航空、农林牧渔、工程建设、环保、旅游、科学研究、军事保障等众多领域，气象卫星遥感资料在天气预报、气候预测、生态环境和自然灾害监测以及国防建设中发挥了重要作用。

为了实现对地球环境的全球、三维、全天候、多谱段综合探测，新一代极轨气象卫星（FY-3A）在研发时增加了紫外和微波遥感仪器，可进行紫外、可见光、红外和微波的全波谱探测，仪器的分辨率提高到了百米量级，它于 2008 年 5 月 27 日成功发射运行，标志着我国极轨气象卫星成功实现了更新换代。2008 年 11 月 FY-3 地面应用系统研制成功并投入业务试运行。迄今 FY-3A 已在蓝藻监测、北极冰雪监测、南极臭氧监测等方面初步显示出良好的全球综合观测能力，在天气、气候、大气化学模式中的同化应用研究取得一定效果；为四川汶川特大地震气象保障服务提供了关键的决策依据；对北京地区大气气溶胶进行监测与分析，增加了精细到场馆的热环境监测，有力地保障了北京奥运会和残奥会的气象服务;对北极冰雪圈进行了连续监测,初步证实北极冰雪圈对气候变化的响应;在南极地区的臭氧分布监测上第一次获得了自主数据,成为继美国之后第二个掌握相关技术的国家。

大气成分观测仪器 近年来,我国有关科研、业务、生产单位共同努力,在大气成分观测仪器研制方面取得了一定进展,改变了我国大气成分观测仪器设备长期以来主要依赖进口的局面。例如,研制成功差分光谱探测仪器并用于污染气体的探测;研制出气溶胶激光雷达用于气溶胶消光特性以及边界层、沙尘暴等探测;黑碳气溶胶浓度观测仪器经过测试与比对,性能指标与国外同类产品相近;臭氧、二氧化硫、一氧化碳、氮氧化物等反应性气体观测仪器已开始在国内组装;风云卫星探测资料已用于气溶胶光学厚度、臭氧、氮氧化物、温室气体等大气成分的反演。这些国产化大气成分观测仪器不仅在价格和售后技术支持上占绝对优势,而且也进一步推动了其他大气成分观测仪器的国产化进程,为促进我国大气成分观测业务的开展提供了仪器和技术保障。

2. 科技对气象预报预测业务发展的贡献

数值天气预报(NWP) 从 1954 年开始,中国气象局、中国科学院大气物理研究所、北京大学许多研究人员先后开展数值预报理论和业务试验研究,但由于计算环境等条件的限制,未能正式形成日常业务能力。1980 年 7 月,“联合数值预报中心”研发的第一代数值天气预报模式 A 模式在国家气象中心正式投入业务运行,向全国发布亚欧 48 小时 500 百帕位势高度场形势预报,以及高空形势场预报,为我国数值预报业务的发展奠定了基础。与此同时,我国以中国科学院大气物理研究所研制的北半球 3 层原始方程模式和北京大学地球物理系的有限区域原始方程模式为基础,发展了 B 模式,并在日本气象厅资料处理、客观分析方案的基础上加以改造,建立了自动化数值预报业务系统。与 A 模式相比,B 模式在改善模式预报水平、资料处理技术、客观分析技术、产品服务技术及预报流程的自动化方面有了明显改善,在分析预报系统的流程、预报效果检验(包括形势场检验和降水量预报检验)、图形输出及传真等一系列工作上基本实现了自动化。

目前我国已建立了比较全面的数值天气预报业务体系,包括:全球三维变分资料同化和全球数值天气预报系统(T213L31/T639L60),区域数值天气预报系统(MM5,GRAPES15),15 个样本的 T213L31 全球集合预报系统,T213L31 台风数值预报系统;初步建立了东亚区域沙尘暴预报、全球海浪预报、紫外线指数预报、污染物扩散传输等专业数值预报模式系统。全球三维变分资料同化系统中卫星资料的使用量占到卫星资料总量的 20% 以上;在 T213L31

系统基础上，升级发展了 Tl639L60（简称 T639），使全球中期可用预报时效达 6.5 天，并已正式业务运行，于 2008 年 6 月起向全国发布产品；发展了台风涡旋初始化技术，全球台风路径 24 小时预报距离误差逐年缩小，2005 年为 142 千米，2006 年为 128 千米，2007 年为 118 千米。

经过“十五”和“十一五”国家科技项目的支持和连续攻关，我国自主研发了新一代全球与区域同化、预报系统（GRAPES）。“十五”后期新的区域中尺度预报系统进入业务运行。继而研发 GRAPES 全球预报系统 1.0 版本，北半球可用时效达 6 天，于 2009 年 3 月底开始业务试运行。这是我国完全自主发展的全球预报系统，标志着我国全球数值预报迈向了自主创新、可持续发展的道路。

短时临近预报　利用观测资料和历史资料，对登陆台风的风雨中尺度分布、暴雨中尺度分布，以及飑线、冰雹、龙卷、雷雨大风等开展了分析研究，发现了一些新的特征和变化规律，总结了一些天气概念模式。“奥运气象保障技术研究”研发了客观的强对流天气预报系统，在奥运气象服务中发挥了重要作用；在全国临近预报优秀成果的基础上研发的灾害性天气临近预报系统已在全国推广使用。

“十五”“十一五”期间，奥运场馆精细化气象要素预报、城市气象灾害短时临近预报预警、气象灾害风险评估、大气环境监测预报、城市应急反恐气象服务保障、气象信息处理与分发等领域的成果相继转化为业务服务能力，为奥运气象保障提供了坚实的科技支撑。

中短期天气预报　20 世纪 50 年代起，我国在锋面和气旋、寒潮和降水、中小尺度天气预报等方面，针对我国的具体天气过程进行了大量研究和实践。60 年代开始在中尺度强对流天气方面开展了外场试验和相关研究。同时，还在积云动力学、大气非线性动力学与适应理论，能量天气学，湿有效位能等方面的研究，在寒潮、台风、暴雨等天气过程演变规律的研究都取得重要进展。这些研究成果为中短期天气预报业务提供了理论基础。从 50 年代开始，我国即开始进行数值天气预报技术研究并逐步投入业务使用，基于数值天气预报产品的模式输出统计法（MOS）和完全预报法（PPM）等也逐步建立起来。90 年代新一代天气预报人机交互处理系统（MICAPS）的研制并投入使用，为天气预报提供了统一平台。同时随着卫星气象、雷达气象等相关研究的不断开展并投入业务使用，中短期天气预报无论从理论、方法、技术到平台建设方面都取得了长足的进步，业务能力显著提高。

在中期天气预报方面，环流分型和历史相似的客观方法，环流型的持续、转换、调整及其与天气型的关系，以及寒潮、台风、强降水、连阴雨、汛末暴雨等中期天气过程的演变规律的研究，取得了一些有意义的结果，并应用于预报业务。改进后的国家级中期天气预报业务应用系统为成功地进行北京奥运气象服务发挥了重要作用。

在暴雨预报方面，重点研究了暴雨的形成机制，以及暴雨的落区、落时和定量预报方法，初步提出了中国暴雨的成因和物理图像，形成了暴雨诊断分析技术、预报流程和预报方法；推进能量天气学和湿有效位能在暴雨预报中的应用，提高了暴雨预报的准确率。

台风预报　台风定位和定强技术的研究大大提高了台风定位定强的水平，台风路径数值预报模式的研发有效提高了台风预报水平；对近海台风的发生发展，以及台风路径、台风暴雨的预报方法等开展了研究，着重分析了台风与环境流场的关系，概括出一套预报模式图来判断台风发生发展，初步改变了过去南海台风一发现就已登陆的被动局面；对已确定的9种台风路径业务预报方法进行改进，优化了统计预报因子，改进了相似预报方法和引导气流预报方法；分析了发生台风暴雨区的形势场特征，以此作为预报指标；除传统的天气图方法外，还发展了利用卫星云图和天气雷达监测分析预报技术以及数值预报技术。

短期气候预测　通过研究影响我国汛期气候异常的主要因子，初步建立了我国短期气候预测模式系统，包括厄尔尼诺监测与预测、重大旱涝灾害预测和年际气候预测分系统；针对我国不同气候和灾害特征的7个区域级短期气候预测系统开展研究，完成了各区域短期气候业务系统的结构设计；建立了我国超级集合预测应用系统，使我国成为少数几个利用气候预测模式发布预测产品的国家之一；提供了我国、亚洲乃至世界的气候系统监测、预测、影响评估以及预估产品，实现了国家级气候业务、科研及教育培训资源的最优化使用和共享。

3. 科技对公共气象服务业务发展的贡献

农业气象服务　经过研究，研发了农业气象情报接收处理自动化系统并投入业务应用。“八五”期间，研发了省级农业气象情报预报业务系统，并推广使用。“九五”到“十一五”期间，组织开展了省级新一代农业气象系统的研发，先后建立了农业气象评价、灾害监测预警、农业病虫害发生发展气象等级预报等业务系统。与此同时，各省陆续开展了卫星遥感土壤水分、干旱、火灾、作物秸秆焚烧、洪涝、水域、大雾、城市热岛、蓝藻、地热、生态环境等研究，并在局地性气象灾害的防治和救援决策中发挥了重要作用。部分省级单位引入作物模拟技术，使农业气象业务技术由单一的指标分析，发展到模型与指标相结合，提高了农业气象业务技术的定量化水平。

海洋气象服务　从20世纪50年代开始，各级气象部门不断加强海气相互作用、台风预报警报的研究和服务工作。经过多年研究，在对 ENSO 事件、中小尺度海气相互作用、台风、风暴潮、风浪、温带气旋入海、海雾等的认识和预报技术研发方面取得了长足进步。改革开放以来，面对日益增大的海洋经济需求，气象部门加强了海洋气象专业服务研究，在 80 年代组织研制了海洋气象导航技术方法，组织了东海海陆大风对比试验，并总结出东海各海域海陆间风的相互关系计算模式，“八五”期间完成了“台风、暴雨灾害性天气监测、预报技术研究”攻关课题研究并投入业务应用。此外，气象部门还逐步开展了盐业气象条件、海产养殖生态气象环境、养殖现场水文气象条件的观测和试验研究，基于卫星遥感、数值预报模式的海雾、海面风监测预报技术研究，基于数值模式的风浪、风暴潮预报技术研究，提高了海洋气象灾害监测预警水平。在不断完善的海洋气象监测预报技术的支撑下，海洋气象服务从最初单一为渔业捕捞作业提供海上大风、台风预报预警服务，逐步发展到海上航运气象服务、海洋石油气象服务、海洋渔业捕捞服务、滩涂养殖气象服务和海洋气象导航服务，取得了显著的社会效益和经济效益。

大气成分服务 从 20 世纪 80 年代起，根据对气溶胶化学性质、粒子分布、化学成分及其粒子尺度分布的观测研究及资料分析结果，采用化学元素质量平衡法和因子分析法判断、分析城市气溶胶的来源，为环境保护提供了定量资料；1990 年，瓦里关全球本底站开始开展温室气体采样分析，1994 年开始在线观测，大气 CO_2，CH_4 观测资料进入全球同化数据库，代表了我国大陆大气本底状况；2006 年以来，在北京上甸子、浙江临安、黑龙江龙凤山和湖北金沙区域本底站开始网络化采样分析，初步获得我国典型区域温室气体本底浓度变化状况；在北京上甸子区域大气本底站开始卤代温室气体在线观测和分析研究，首次获得我国华北地区卤代温室气体本底浓度状况；研发建立了城市大气污染数值预报系统(CAPPS)，该系统在监测浓度反算出排放源强的基础上，根据气象背景预报，获得下一时刻的污染物浓度分布，解决了当前我国在缺乏详细源清单情况下开展城市空气污染预报服务的一个关键技术难题，并在多个省(区、市)推广使用；探索采用 CMAQ-MOS 模式统计—动力相结合的空气质量预报新途径，发展了 CMAQ-ASM 源同化预报技术系统，明显提高了 CMAQ 模式空气质量业务预报水平。研发的化学天气预报平台(CUACE)在线耦合了 60 余种气体成分和 6 类 7 种气溶胶组分，建立了对 PM，O_3 和能见度的数值预报系统，并应用到奥运气象服务中；CUACE 对亚洲沙尘气溶胶的数值模拟和形成的业务运行的数值预报系统(CUACE/Dust)已从 2005 年开始应用于我国的沙尘暴数值预报。

人工影响天气服务 1958年，我国科学家在吉林市和丰满水电站上空首次使用飞机进行人工增雨试验，取得较好效果，此后，全国各省（区、市）陆续开展人工增雨试验，中国成为目前世界上人影业务最活跃的国家之一。改革开放以来，特别是“九五”以来，在科技部、国家自然科学基金委员会和地方科技部门的大力支持下，气象部门在综合监测和作业条件识别、云水资源评估、催化作业、数值模拟和效果检验等人工影响天气关键技术的科研攻关方面取得了明显的突破，研发了新型人工增雨综合飞机探测和作业系统，该技术系统与新一代多普勒天气雷达、卫星遥感及地面综合配套观测技术有效结合在一起，在我国云结构探测、人工增雨作业条件识别、作业指挥和效果检验等方面具有重大作用；自主研制的人工增雨数值模式和新型催化剂配方，在我国人工影响天气业务中得到广泛应用，在潜力评估、作业条件识别、作业指挥、效果评估等业务方面发挥了重要作用，有效降低了作业成本，显著提高了人工增雨作业的经济效益；将统计检验、物理检验和数值模式结合在一起，建立了人工增雨作业效果的综合检验方法，采用了聚类分析、引进关键物理量技术，解决了移动作业的效果检验问题，研制的无人驾驶小飞机云物理探测和人工增雨作业技术填补了国内空白。我国人影的科研成果不但在日常业务中得到广泛应用，而且在2008年北京奥运会，2009年六十周年国庆等重大活动的人工影响天气保障中发挥了重要作用。

风能资源服务 从20世纪80年代起，以中国气象科学研究院为主，先后承担完成了“七五”国家科技攻关项目“农村可再生能源技术开发—风能开发利用”、“八五”国家科技攻关项目“风力发电场技术研究”、“九五”国家科技攻关项目“风电场风资源卫星遥感地理信息综合评估和选址研究”及“十五”国家“863”项目“基于气象站网观测资料的中国海上风能调查研究”等重要科学研究工作。在这些研究工作的基础上，得出了我国在离地10米高度层的风能资源储量和可开发量，为国家长远风能资源开发规划决策提供了重要依据，大大促进了我国的风能开发利用。近年来，中国气象局风能太阳能资源评估中心还与中加拿大、丹麦、欧盟等开展了多方面的国际合作，在风能资源数值模拟技术方面取得重要进展，对引进的加拿大风能资源评估模式系统WEST进行了本地化改进和完善，承担了国家“863”课题“风能资源评估基础软件开发”，基本建立了自己的风能资源评估数值模式系统。目前，这套模式系统正应用于全国风能资源详查和评价工作。

中国气象局风能太阳能资源评估中心目前还承担着国家“863”课题“风电场发电量短期预报技术研究”的研究工作，基本建立了风电场发电量短期预报系统，并进行了预报试验，不久将联合全国气象部门开展风电功率预报服务，为我国大规模并网风电的健康发展提供保障。

太阳能资源服务　早在20世纪80年代初，中央气象局就研究利用气候学方法对我国太阳能资源进行评估，给出了我国太阳能资源的时空分布和区划标准。近年来，随着太阳能资源开发利用日益受到重视，中国气象局风能太阳能资源评估中心开展了包括气候学分析计算、辐射传输模式计算、卫星遥感资料反演等太阳能资源评估方法的研究，并着手我国太阳能资源精细化评估工作，为在不久的将来我国大规模太阳能资源开发利用提供可靠的资源信息。

交通气象服务　建国之初，我国气象部门就十分重视为交通运输提供气象服务。改革开放以来，中国气象局面向交通气象需求，加强科学研究与技术开发，通过大量的对比试验，成功开发了具有自主知识产权的能见度观测仪、交通气象监测站，实现了交通气象的实时自动监测；通过高密度的观测资料，结合其他现代化气象观测信息，在低能见度浓雾、强降水、大风、高低温、积雪、结冰等交通运输高影响天气的形成机制、特征和天气背景等方面，取得创新性的科研成果，研究并总结了交通气象预报和预警技术方法；通过与交通、公安等部门的合作，研制开发了多种交通气象服务手段。通过成果的应用，实现了交通高影响天气的定时、定点、定量预报预警业务，大大增强了交通气象的预报和服务能力，提高了交通安全系数。

空间天气服务　2002年，中国气象局成立“国家空间天气监测预警中心”以后，正式开始进行空间天气的科学研究，初步形成了空间天气日常预报、周报、月报和年报等系列的常规产品，并形成了比较完善的业务流程规范和预报技术规范，能够提供系列的空间天气服务产品，多次成功地为航天任务提供空间天气保障服务。

北京奥运气象服务　奥运气象科技研发成果的业务应用不仅成功保障了2008年北京奥运气象服务，也显著提升了公共气象服务能力：气象卫星城市热环境监测与评估应用系统利用大城市热环境监测指标和FY-3卫星250米分辨率的MERSI数据制作了4期《北京主要奥运场馆周边地表热环境卫星监测报告》；通过对珠峰气象保障预报技术的研究，建立了珠峰地区登山保障天气预报技术方法和流程，成功为2008年奥运火炬接力珠峰传递活动提供气象保障；在奥运期间，集中了各种先进的仪器设备，开展了包括气溶胶质谱、质量浓度、吸收特性、散射特性、光学厚度、能见度，以及二氧化硫、氮氧化物、臭氧、一氧化碳、降水化学等综合观测项目，对北京、青岛等奥运举（协）办城市的历史酸雨情况进行分析，开发了酸雨评估业务服务软件和产品，制作了多项专题分析报告，翔实的数据为奥组委形成最终的评估报告提供了重要依据；通过科学研究开发了奥运气象业务服务系统，增加了奥运场馆、观赛交通、旅游、协办城市、观赛生活等五大类气象预报服务内容，提供奥运场馆逐 3 小时预报和逐 3 小时天气实况，各环线、高速公路、国道未来 24 小时交通气象预报和逐 3 小时观赛交通天气实况服务，其中包括能见度、路面温度、路面状况、摩擦系数，遇有降雨增加降雨量、路面状况、积水深度等，并进行紫外线、中暑、舒适度、空气质量等观赛生活提示以及协办城市天气、赛事气象条件评估等。公众满意率达 93.1%。

雷电气象服务 新中国成立以来，通过研究雷电分布及发生发展规律，我国统一规划了全国雷电监测布局，建立了全国雷电监测网和雷电探测数据共享平台，实现了雷电监测信息资源共享；通过对雷电物理过程、雷电防护工程理论等学科的综合研究，我国已建立了针对国家公共安全、不同地区不同行业的雷电灾害预警体系；改革开放以来，随着雷电监测技术、手段和网络不断发展和完善，我国在雷电发生发展机理研究、雷电特征观测、雷电监测技术的开发和雷电防护等方面取得了一系列应用研究成果，相继成立“雷电物理与防护工程实验室”“北京雷电防护装置测试中心”“上海防雷产品测试中心”等雷电科研、业务机构，同时加紧建设“雷电野外试验基地”，加大对雷电应用技术的开发力度，提高了我国雷电业务和技术服务的整体能力。

气象科技服务 改革开放以来，为满足国家各行各业到各地的企业、实体以及个人对气象服务信息日益增长的需求，气象部门加大了气象科技服务的技术开发力度，有组织、有计划地对关系全局性、关键性的气象科技服务技术以及具有重大应用前景的技术和产品组织了研发，逐步建成涉及多学科、服务多行业的气象科技服务产品体系，开发出一系列规模化、精细化、专业化、前景好、科技含量高的气象科技服务产品。如将研发的能见度卫星监测技术应用于城市交通气象服务，解决了观测点不足和观测及预报时次少的问题；与电力部门密切合作研究气象条件对电力输送以及用电负荷量影响的规律以及风电调度系统研究等，用于电力气象服务；环境影响评价技术成果用于重大工程建设服务；开展雷电灾害调查和雷电风险区划研究，成果用于防雷工程气象服务等。目前气象科技服务项目已包括电视、电话、手机短信等天气预报增值服务和针对重要敏感行业的专业化服务以及气象网络（兴农网等）、防雷检测、防雷工程图纸审核、防雷工程等科技服务，成为气象事业的重要组成部分。

各省（区、市）气象局对当地社会经济发展的气象服务 除了国家级气象部门开展的各类气象服务外，我国各省（区、市）气象局也积极围绕当地社会经济发展需求开展科研工作，为所在地的经济社会发展作出了重要贡献。许多省（区、市）气象局开展了城市暴雨内涝和农田渍害的数学模型研发，并投入业务应用，延长了渍涝预报的预见期，为城市防洪排涝提供预报服务。北京、沈阳、兰州、太原、长沙等城市自1973年起先后开展了以二氧化硫为主的城市空气污染预测和预报试验研究工作，2001年6月，全国47个重点城市正式向社会公众发布空气质量预报；1998年，上海、北京等地在对紫外线指数预报关键技术开展研究后在国内率先开展预报业务，之后其他省（区、市）气象局也陆续开展了紫外线指数预报业务；目前全国各地气象部门还利用"高温中暑气象等级预报技术方法"项目的研究成果，开展高温中暑气象预报，有效地预防了极端高温对人类健康的不利影响。

第三节　气候变化科学研究

气候变化是当今国际社会的热点问题，以变暖为主要特征的全球气候变化对自然生态系统和社会经济系统产生了重大影响，对人类生存、国家安全和社会经济可持续发展构成了严重威胁。采取积极有效措施应对气候变化，已经成为当今世界最具重要性、紧迫性和现实意义的问题之一。

我国党和政府高度重视气候变化问题，按照科学发展观的要求，采取了一系列政策和措施，提高减缓与适应气候变化的能力。在2008年中共中央政治局第六次集体学习会上，胡锦涛总书记指出，必须以对中华民族和全人类长远发展高度负责的精神，充分认识应对气候变化的重要性和紧迫性，坚定不移地走可持续发展道路，采取更加有力的政策措施，全面加强应对气候变化能力建设，为我国和全球可持续发展事业进行不懈努力。

中国气象局是国家应对气候变化的基础性科技部门，在为国家气候变化内政外交提供科技支撑方面担负着重要责任。中国气象局一贯高度重视气候变化工作，在应对气候变化体制机制建设、气候系统观测、气候变化监测分析和预测、气候变化科学研究、清洁能源开发评估、气候变化决策服务以及公众宣传等方面开展了大量工作，取得了一定成绩。随着应对气候变化工作国际国内形势的变化，中国气象局充分发挥气候变化业务和科技优势，为服务国家经济社会可持续发展、参与气候变化外交谈判发挥了重要作用。

一、中国气象局应对气候变化概况

1. 率先开展应对气候变化工作

中国气象局原局长邹竞蒙于1987年担任世界气象组织（WMO）主席后，致力于推动各国重视气候变化的不利影响，采取国际共同行动来应对气候变化，特别是推动世界气象组织与联合国环境署于1988年成立了政府间气候变化专门委员会(IPCC)。1995年国家气候中心成立，这使我国成为WMO成员中建立国家级气候中心最早的国家之一，气候业务和研究工作得到加强，水平明显提高。

在国家气象局的积极推动下，1990年“国家气候变化协调小组”经国务院批准成立，时任国务委员宋健任第一届协调小组组长，办公室挂靠中国气象局。国家气候变化协调小组为协调国内工作、参加第二次世界气候大会(1990)，以及为《联合国气候变化框架公约》(UNFCCC)、《京都议定书》谈判及其他国际活动做出了重要贡献。1998年，在中央国家机关机构改革过程中，“国家气候变化协调小组”更名为“国家气候变化对策协调小组”，办公室由中国气象局调整到国家发展计划委员会，当时的国家计委主任曾培炎同志任组长。在对策协调小组工作期间，中国气象局牵头国内相关部门和单位参与了IPCC评估报告的编写工作和其他气候变化对内对外有关工作。2007年6月，国务院成立国家应对气候变化工作领导小组，国务院总理温家宝任组长。中国气象局是领导小组的核心部门之一，为《中国应对气候变化国家方案》、《中国应对气候变化的政策与行动》等政策措施的出台发挥了积极作用。

2. 应对气候变化组织机构

2007年8月，中国气象局应对气候变化工作领导小组成立，统一领导、协调全国气象部门的气候变化工作。《中国应对气候变化国家方案》出台后，中国气象局迅速制定了部门贯彻落实《中国应对气候变化国家方案》的行动计划，指导各级气象部门开展应对气候变化工作。2008年5月，中国气象局整合局内各主要业务科研单位的优势资源，成立中国气象局气候变化中心，极大地提升了中国气象局应对气候变化的科技、业务、服务水平。为加强省级气象部门应对气候变化能力建设，中国气象局制定印发了《加强省级气象部门应对气候变化工作指导意见》，下发了《区域和省级气象部门应对气候变化工作技术手册(1.0版)》。全国各省级气象部门也都成立了气候变化工作领导小组，指导本地区气象部门开展气候变化工作，为地方经济社会可持续发展服务。

3. 气候变化科研与业务布局

中国气象局气候变化业务体系主要包括国家级、区域级和省级三个层次。国家级气候变化业务由中国气象局气候变化中心牵头，在气候变化事实、特征、规律、检测、预估、影响、对策等方面全面开展工作，并提供相应的业务产品和服务。国家气候中心进行气候系统模式研发，实现气象灾害风险评估和预评估业务化，建立气候变化综合影响评估业务，开展气候资源评估。中国气象局气象探测中心负责建设和完善中国气候观测系统。国家气象信息中心提供气候变化及相关资料数据产品，负责监测信息的分发、存储和归档，提供计算资源。国家卫星气象中心负责提供覆盖全国的定量化标准数据集及其所必需的卫星遥感资料。中国气象科学研究院开展气候变化检测新方法的研究，研发气候系统模式中的物理、化学过程模块及其评估方法；其下属的大气成分观测与服务中心提供有关温室气体和气溶胶的监测和分析研究成果。国家气象中心提供农业与生态方面的气候变化监测信息。中国气象局培训中心承担气候变化研究和业务人员的专业培训。中国气象局公共服务中心承担气候变化信息广播电视公众服务、决策服务视频产品的制作，开展气候变化影视科普宣传工作等。中国气象报社、气象出版社、中国气象学会秘书处、华风影视集团等单位开展有关气候变化知识的平面、网络媒体和出版物、展览等科普宣传工作。

中国气象局八个专业气象研究所分别在干旱、沙漠、生态环境、城市环境、极端气候事件等方面开展了各具特色的气候变化研究和业务服务工作。八个区域气象中心和相关机构联合开展区域级的气候变化研究和业务，分析中国区域的气候变化规律，开展气候变化的影响评估和适应措施研究工作。省内相关业务机构和省气象科学研究所联合开展省级气候变化业务，为地方经济社会提供服务。

4. 国内 IPCC 工作

IPCC 旨在以科学问题为切入点，对全球范围内气候变化相关领域公开发表的成果进行科学评估，为国际社会采取共同应对气候变化的行动提供科技咨询。IPCC 评估报告汇集了全球最新的气候变化科学研究成果。迄今发布的四次评估报告，无一例外都受到了国际社会的广泛关注，直接推动了气候变化问题的迅速升温，成为各国政府和国际科学界在气候变化科学认识方面最权威的共识性文件，成为制定应对气候变化政策并采取具体措施的首要科学依据，在气候变化外交谈判和国际行动中具有举足轻重的地位。2007 年 IPCC 第四次评估报告（AR4）发布，报告的主要结论将国际社会对气候变化问题的关注提升到了前所未有的程度，促成了 2007 年底联合国召开了迄今规模最大的气候变化大会，为“巴厘路线图”的形成提供了科学依据，为《京都议定书》第一承诺期 2012 年结束后有关减排温室气体的国际谈判奠定了基础，推动气候变化国际谈判进程进入一个新的阶段。

中国政府从 IPCC 成立以来就积极参与有关工作。国家气候中心丁一汇院士在1996—2001年期间担任IPCC第一工作组联合主席，中国气象局原局长秦大河院士从2002年起担任IPCC第一工作组联合主席，并在2008年获得连任。

中国气象局在各部门的支持下，积极组织中国科学家参加IPCC评估报告的编写，努力扩大中国科学家的参与力度，认真组织IPCC评估报告的政府和专家评审，组织参加IPCC全会，在从科学角度维护发展中国家权益方面开展了大量工作。参与IPCC历次评估报告编写和评审的中国专家达近百人，其中31名中国专家参与了第四次评估报告的编写，而且参与的专家人数和被引用成果数量不断增加，这些工作在体现中国科学界对气候变化问题的关注、展示我国气候变化领域科研能力、提升我国在国际气候变化科学界的影响力等方面发挥了积极的作用。IPCC第四次评估报告发布后，国务院新闻办和中国气象局分别召开三次新闻发布会，向社会通报IPCC最新进展及我国参会情况，使决策者和公众更好地了解气候变化相关知识，增强应对气候变化和节能减排意识。

2008年，IPCC第五次评估报告的工作正式启动。为加强国内工作，中国气象局与国家发改委、外交部联合印发了《关于进一步推进政府间气候变化专门委员会工作的通知》，成立了IPCC部门工作联络组。中国气象局正积极开展工作，争取有更多的成果被吸纳到第五次评估报告中。

5. 气候变化跨部门委员会的工作

国家气候委员会　国家气候委员会是组织和协调我国气候工作的议事协调机构，1987年由原国家科委批准成立。委员会由国家气象局牵头，由国家科委、国家计委、国家经委、国家气象局、中国科学院、国家教委、国家海洋局、水电部、国家环保局、农牧渔业部、林业部、地质矿产部、总参气象局等单位组成。主要职责是根据国家经济社会需求，组织编制国家气候计划，指导拟订实施方案；组织开展气候资料与监测、气候预测、气候影响评价与对策、气候研究、气候应用与服务等工作，组织气候学术交流活动及对外科技合作与交流。委员会下设气候资料与监测、气候应用与服务、气候影响评价与对策、气候研究四个分委员会。1990年国家气候委员会发布《气候》蓝皮书，2002年，组织编制完成《中国国家气候计划纲要(2001—2010年)》，在防灾减灾、经济建设、社会发展和国防建设中发挥重要作用。国家气候委员会于2003年11月和全国政协人口资源环境委员会共同组织了气候变化与生态环境，于2006年11月承办了地球系统科学联盟(ESSP)大会，于2009年9月和全国政协人资环委、国家发展和改革委员会、中国气象局等共同组织了关注气候变化论坛，这些活动有力地推动了气候变化和全球环境变化科学研究的交流与合作。

GCOS 中国委员会　1992 年，世界气象组织、联合国教科文组织政府间海洋委员会、联合国环境署、国际科学联盟理事会共同发起建立了“全球气候观测系统”(GCOS)。GCOS 旨在为气候变化相关科学研究提供所需的综合观测资料。1997 年 7 月，经国务院批准，正式成立了由中国气象局牵头，国家计委、科技部、外交部、教育部、财政部、农业部、水利部、中国民航总局、国家环保总局、国家林业局、国家海洋局、中国科学院等 13 个部门组成的 GCOS 中国委员会。委员会办公室挂靠在中国气象局。2002 年中国气候大会审议通过了 GCOS 中国委员会提交的《中国气候观测系统计划》。之后，在 GCOS 中国委员会的领导下，在来自中国气象局、水利部、农业部、国家环保总局、国家林业局、国家海洋局和中国科学院等 7 个部门近百名专家的共同努力下，历时四年，《中国气候观测系统实施方案》于 2007 年 9 月正式以七部委名义联合印发。实施方案体现了集约化和开放式的设计思路，提出了统一的气候系统观测规划，有利于发挥原有各部门观测资源的优势，增强我国对气候变化以及极端天气气候事件的监测能力，为我国气候观测系统建设提供了支撑。

国家气候变化专家委员会　2005 年 6 月，孙鸿烈等 8 位中国科学院院士联名向胡锦涛总书记提出了设立国家气候变化科学特别顾问组的建议。胡锦涛总书记和温家宝总理作出重要批示，成立国家气候变化专家委员会。2006 年 8 月，国家气候变化专家委员会正式成立，它是一个由气候变化领域资深专家组成的、跨部门、多学科的高级咨询机构，主要职责是为我国政府制定应对气候变化相关战略方针、政策法规和措施提供科学咨询建议，并作为政府外交工作的补充，从专家层面向国际社会传达我国关于应对气候变化的基本立场和观点，缓和矛盾，维护团结。专家委员会现有 12 位委员，包括 5 位两院院士。专家委员会办公室设在中国气象局。2008 年 6 月，在温家宝总理主持召开的第二次国家应对气候变化领导小组会议上，专家委员会被确定为国家的应对气候变化专家咨询机构。

专家委员会自成立以来，针对气候变化热点问题，就 IPCC 第四次评估报告主要结论对我国的影响及对策、人均历史累积排放贡献率、我国 2012 年后减排目标和承诺方式、公约气候变化适应谈判动向及影响等热点问题进行了专题研究，撰写咨询报告并上报党和国家领导人，得到了重要批示。2009 年围绕国际气候变化谈判，中国气象局组织国家气候变化专家委员会先后完成了《高度重视“全球温室气体减半的长期目标”问题，推进应对气候变化内政外交的战略部署》、《关于我国应对气候变化战略和当前国际谈判若干重要问题的咨询报告》等重要报告，温总理特别批示，要求专家委员会要继续对应对气候变化国家战略的重大问题，进行充分的科学论证，并从我国整体和长远利益出发，研究我在国际谈判的方针、原则、策略和具体方案。

2007 年以来，专家委员会本着开放合作、了解情况、加强宣传、增信释疑的目的，与主要发达国家和发展中国家的智库机构进行了多次交流，就共同关注的气候变化科学、影响、适应与减缓相关问题进行了研讨，宣传了我国应对气候变化的诸多努力与成效，使外方专家更全面和深刻地了解了中国积极应对气候变化的具体举措及取得的重要进展。

二、气候变化科学研究

中国气象局是国家应对气候变化基础性科技部门。

早在 20 世纪 70 年代，我国开始系统组织和实施了气候变化的科学研究，例如“中国 500 年旱涝研究”等。80 年代至 90 年代，研究项目涉及气候变化科学的诸多方面，包括“全球气候变化预测、影响和对策研究”、“我国未来 20～50 年生存环境变化趋势的预测研究”、“中国气候与海平面变化及其趋势和影响的研究”、“全球气候变化与环境政策研究”、“我国陆地生态系统碳循环研究”、“我国冰冻圈动态过程及其对气候、水文和生态的影响机理与适应对策”等重大科技项目和研究计划，研究了中国国家尺度的陆地生态系统碳循环的主要过程、碳储量、净吸收和净排放变化及其发生机理等。

20 世纪 80 年代以来相继开展的气候影响评价和气候监测诊断业务，使气候业务从单纯的气候资料加工处理，转变为气候资料与气候分析相结合。90 年代中期，全国 30 个省(区、市)气象局陆续建立了“气象资料处理和气候分析服务系统”。1996—2000 年在国家重点攻关项目的支持下，国家气候中心建立了我国动力气候模式预测业务系统，这套系统 1998 年以来在国家气候中心进行月、季、年际时间尺度的气候预测业务试报中表现出一定的预报能力。

近十年来，在“全球与中国气候变化的检测和预测”“我国生存环境演变和北方干旱化趋势的预测研究”等一批重大国家科技项目的支持下，我国气候变化基础科学和适应领域研究取得了重要进展。其中国家“十一五”支持的气候变化和节能减排有关研究计划的开展和完成，有力地推动了我国气候变化科学的发展，也培养了一批高水平的科技人才，提高了中国在国际气候变化领域的研究水平。

2009 年，气候变化应对决策支撑系统工程项目由国家发改委正式批复立项。工程包括气候模式系统构建和计算能力建设、气候变化影响评估与预测业务服务体系建设，以及亚洲气候变化监测和预测中心建设等三部分。该系统工程的建设，将提高我国在国民经济布局、区域开发、大型工程建设等方面适应气候变化的服务能力，增强气象对国家可持续发展及国家安全的保障能力，强化我国在国际气候变化环境外交中的支持能力。

随着一系列科研计划的实施，我国在气候变化领域的研究水平得到显著提高，气候观测系统（包括大气、海洋、陆地和冰冻圈）逐步完善，气候变化和极端气候事件的检测归因能力显著提高，气候变化预估不确定性有所降低，气候变化影响与评估更加紧扣国家需求，加快了气候系统模式研发进程，进一步提高短期气候预测能力，更好满足了气候变化业务需求。另外通过科研攻关，培养了一大批在气候变化研究方面有作为的中青年人才，为我国气候变化科研向更高层次发展打下了良好基础。

1．气候观测系统

气候观测系统是气候与气候变化业务的基础。目前气象部门已初步形成天基、空基和地基相结合、门类比较齐全、布局基本合理的现代化大气综合观测系统，为我国提供并积累了几十年甚至上百年的地面及高空温、湿、压、风观测数据，为气候变化的评估和预估提供了长期、稳定、连续的基础数据。我国已成功发射 5 颗静止气象卫星和 5 颗极轨气象卫星，目前仍有 5 颗在轨稳定运行，成为全球对地观测系统的重要成员。

大气成分的变化是造成气候变化的主要原因之一。中国气象局已建成由大气本底站、大气成分站、沙尘暴站和酸雨观测站等组成的大气成分观测网，具备网络化大气成分观测能力。在气候研究的基础上，建立和完善了大气温室气体浓度和排放的监测系统和分析手段，提出了减排温室气体技术评价方法、评价指标体系以及减排的相对附加成本计算方法，提出了我国减缓主要温室气体的对策和建议。

2．极端气候事件的检测与归因

中国气象局建立了近 500 年我国东部历史气候旱涝等级变化数据集，由此具备了对强降水和特大干旱等极端天气气候事件发生等级（几十到几百年一遇）的监测能力；建立了权威的近 50 年中国区域月平均气温和月降水量格点数据集，给出了我国近 50 年平均气温以 0.022℃/年的速率上升的趋势，并且初步认可这种变暖的趋势主要是由于人类活动排放过量温室气体引起的。

3．气候变化预估

中国气象局综合国内外气候模式的结果，分析了全球和中国未来 30 年气候要素的变化趋势和变率，初步生成了未来气候变化趋势数据集；根据区域气候模式的高分辨率中国区域模拟结果，分析了中国区域气候变化，模拟结果的不确定性降低。中国气象局对西部地区及全国的气候与环境演变开展了科学评估，完成了《中国气候与环境演变》和《中国西部环境演变评估》。

研究发现，未来中国的气候变暖趋势将进一步加剧，降水量也呈增加趋势，水资源危机、生态危机愈加严重，农业生产不稳定性增加，沿海经济发达地区受海平面上升威胁加大，人类健康也将受到更多的威胁。未来 100 年中国区域的极端天气气候事件的发生频率可能增大，将对经济社会发展和人民生活产生很大影响。这些研究成果已纳入《气候变化国家评估报告》、《中国应对气候变化国家方案》以及《中国应对气候变化的政策与行动》。

4. 气候变化影响与评估

中国气象局非常重视气候变化对国家重大工程项目的影响评价工作。开展了气候变化对三峡水库等大中型水库水资源的影响和水库对局地气候的反馈评价工作；评估了气候变暖背景下青藏铁路建设工程铁路沿线冻土带的变化趋势；完成了气候变化影响下我国南水北调工程建设的可行性影响评价报告；进行了气候变化对我国粮食安全及水资源的影响评估研究，对于保障我国气候变化情景下的粮食安全，对水资源的科学管理和可持续利用具有重要的现实意义。

为落实国家节能减排政策，中国气象局建立了我国风能、太阳能资源专业观测网，开展了我国风能、太阳能资源的详查和精细化评估工作。从 2004 年开始，用两年半的时间，完成了全国和省（区、市）两个层面的风能资源普查工作。初步计算分析了全国太阳总辐射分布，并改进了我国太阳能资源区划。

此外，中国气象局还加强了全球变暖背景下的农业和生态气候区划工作，研究适应气候变化的农业气候资源利用途径及农业生产力布局，为充分利用好风、光、热、水等气候资源提供气象服务。开展了气候变化（如高温等）对能源需求影响的研究，为电力部门及时调度电力供应提供有力支撑。

2006 年，科技部、中科院、中国气象局联合发布《气候变化国家评估报告》，2008 年底，又联合启动了第二次气候变化国家评估报告的编写工作，报告将于 2010 年完成。中国气象局还组织开展了全国八个区域的气候变化影响评估工作，为地方经济社会可持续发展提供决策咨询和科技支撑。

5. 气候系统模式研发

中国气象局自 1995 年起开始进行全球海气耦合模式和区域气候模式的研

发。经过十多年的努力，已经建立起我国第一代短期气候预测动力气候模式业务系统，并于2005年正式投入业务使用。该系统可以提供从全球范围到东亚区域范围逐候滚动的旬—月尺度预测和逐月滚动的未来1～3个季节尺度的预测，作为目前国内先进的动力气候模式预测系统，有力地支持了全国的月、季预测业务和服务。该模式对过去百年尺度全球地表温度的模拟结果也为IPCC AR4所引用，是IPCC AR4引用的两个中国气候模式之一。

为进一步提高短期气候预测能力，更好地满足气候变化业务的需求，从2004年起，中国气象局开始着手建立新一代海—陆—气—冰—生多圈层耦合的气候系统模式，与此同时，到2008年底，还建立了一个可用于开展IPCC第五次评估报告数值模拟与预估试验的气候系统模式1.1版本(BCC-CSM 1.1)，该模式实现了全球大气环流模式通过耦合器与陆面过程模式、全球海洋环流模式、全球海冰动力热力学模式的动态耦合，能够基本满足IPCC第五次评估报告气候变化预估对气候系统模式的要求。

第四节　国际与地区的气象科技合作

从20世纪50年代初期到60年代，中华人民共和国在世界气象组织(WMO)的合法席位被中国台湾占据，我国气象国际科技合作只能在当时的社会主义阵营国家之间进行，以学习和借鉴苏联的气象科学技术和工作经验为主。进入70年代，中国外交取得了突破性进展。1971年10月25日，第26届联合国大会通过了恢复中华人民共和国在联合国合法席位的决议。WMO也于1972年2月24日通过表决，承认中华人民共和国的代表为中国唯一合法代表。此后，中国有组织、有计划、有选择地逐步参加了WMO和相关国际机构的有关活动和计划。60年来，国际气象科技合作与交流逐步全面展开。至今中国全面参与了WMO、IPCC、地球观测组织(GEO)、台风委员会及其他相关组织的各项活动，积极参加WMO自愿合作计划(VCP)和双边气象援助活动；积极开展与各国的气象科技合作，先后与美国等22个国家签署了双边气象科技合作协议；引进国外先进技术和优秀人才，选派专业技术和管理人员出国(境)交流、考察和培训；与港澳台地区开展务实的交流合作。随着中国气象事业的不断发展和壮大，我国在国际气象合作事务中的话语权不断扩大，参与气象国际合作事务的深度和广度不断增加，国际影响力不断增强。国际气象科技合作努力服务于气象事业发展，为促进我国气象事业的快速发展和人才培养作出了重要贡献。国际气象科技合作已成为我国气象事业发展中不可或缺的重要组成部分。

一、多边气象合作

20世纪50年代初期到60年代，为了解气象领域的国际水平和发展方向，进行气象科技交流，中国参加了1954年在匈牙利举行的布达佩斯国际气象学术会议，以观察员身份出席了1955年在莫斯科举行的苏欧九国气象会议，并于1956年10月在中国召开了越南、朝鲜、蒙古、苏联和中国等5国气象会议。会议讨论建立气象电路、资料交换、高空站网发展、统一观测方法和仪器标准等气象合作问题。这是我国参加国际气象科技合作进程中的重大事件，对我国气象事业发展起了重要作用。

1. 参与WMO活动

自1972年2月24日WMO恢复中华人民共和国在该组织合法地位以来，中国参与WMO的活动由浅入深，由点到面，逐步扩大。目前，中国参与WMO活动已经涉及各项计划和各个领域。历届WMO中国常任代表均担任执行理事会成员。邹竞蒙局长在1983年召开的第九次世界气象大会上当选WMO第二副主席，在1987年第十次世界气象大会上，当选WMO主席，成为中国在联合国专门机构中第一个担任这一高级职务的中国人。之后又在1991年召开的第十一次世界气象大会上连任WMO主席。在这期间，为缩小发达和发展中国家差距做出了不懈努力，中国首先在WMO提出并促成了IPCC的建立，推动了第二次世界气候大会的召开和全球气候观测系统(GCOS)的建立。2001和2004年，中国气象局原副局长颜宏担任WMO助理秘书长、副秘书长。这是迄今为止中国人在WMO秘书处担任的最高职务。中国气象局先后有多人在WMO秘书处任职，对深入了解和参与WMO的计划和活动，发挥了积极作用。中国气象局众多专家分别在WMO仪器与观测方法委员会(CIMO)、气候学委员会(CCl)、大气科学委员会(CAS)、基本系统委员会(CBS)等技术委员会担任重要职务，中国共有130多位专家参加WMO各专业委员会的活动，多次在华举办WMO区域协会、技术委员会届会、工作组会议、培训班等，在国际气象合作中发挥了重要作用，促进了中国气象事业的快速发展。中国积极参与WMO各项计划和活动，不但扩大了中国在WMO的影响，而且促进和加速了国内气象事业的发展和气象业务现代化建设。1975年国家气象中心成为全球通信系统(GTS)上具有接受和分发能力的通讯枢纽。1978年参加了第一次全球大气试验；联合国开发计划署(UNDP)和世界气象组织援助的泰勒斯—N卫星接收设备，加快了卫星气象技术的应用；瓦里关全球大气本底监测站的建立，填补了我国大气成分监测的空白。国家气象中心、国家卫星气象中心、中国气象科学研究院、国家气候中心、国家气象信息中心相继建立并投入业务，为中国的社会经济建设和国防建设，为国际气象合作事业做出了重要贡献。国家气象中心现已成为WMO区域专业气象中心（RSMC）、环境紧急响应中心（EERC），承担全球观测系统研究和可预报性试验（THORPEX）交互式全球总集合（TIGGE）亚洲存档中心的任务，是世界上能发布中期数值天气预报的十多个国家之一；国家卫星气象中心成为世界上为数不多的具有较先进水平的气象卫星资料收集、处理、分发和应用的中心之一；国家气候中心成立十多年来，已成为世界气象组织东亚季风活动中心、全球长期预报产品中心、WMO亚洲区域气候中心；国家气象信息中心作为WMO区域电信枢纽（RTH），承担WMO区域气象信息中心的任务，以及世界数据中心气象学科中国中心［WDC-D(M)］的任务。中国承担的北京2008年奥运会天气预报示范和研究开发计划以及上海世博会的多灾种早期预警系统示范项目，在提升我国气象业务能力的同时，也为国际气象事业发展提供了中国宝贵的经验、做出了重要贡献。

自愿合作计划（VCP）是WMO的重要技术合作计划之一，目的是通过提供奖学金、仪器装备、专家服务等帮助和支持发展中国家发展气象水文事业。中国开展了形式多样的VCP活动，包括多国别考察、仪器设备援助、教育和培训、向VCP基金捐款等。至今已举办了37期多国别考察，接待了来自120多个国家、350多位气象局长和高级官员来中国参观考察。向70多个国家提供了地面观测、高空探测、卫星接收、天气预报、信息网络等仪器设备援助。1994和2003年，WMO南京培训中心和北京分部建立，至今已有超过100个国家1300多位气象人员在中国接受了培训，相当数量的培训人员已成为他们国家的骨干或领导。此外，中国还向VCP基金、IPCC基金、GEO基金及其他WMO计划和紧急援助活动捐款。通过参与VCP计划，加强了受援国的能力建设，为受援国培养了一批专业技术人才，提高了受援国提供气象服务的能力，增进了我国与受援国的友谊和联系，并在很多方面得到了他们的支持，对外援助工作取得的重要成果。

2. 参与其他重要国际组织活动

IPCC活动　20世纪80年代以来，全球气候变化引起世界各国和联合国及国际机构的严重关注。WMO和联合国环境署于1988年联合成立了政府间气候变化专门委员会（IPCC），旨在获取气候变化及其影响以及减缓和适应气候变化措施方面的科学和社会经济信息，以综合、客观、开放和透明的方式进行科学评估，并根据需求为《联合国气候变化框架公约》（UNFCCC）缔约方会议

(COP)提供科学、技术、社会和经济方面的咨询建议。中国积极参与 IPCC 活动，丁一汇院士于 1996 年担任 IPCC 第一工作组联合主席，秦大河院士自 2001 年起一直担任 IPCC 第一工作组联合主席。IPCC 在 2007 年获诺贝尔和平奖，其中包括中国专家所做出的贡献。

IPCC 至今已进行了四次综合评估和 20 余次专题评估，并陆续发布了一系列科学评估报告，这些报告代表着当今国际气候变化科学领域的主流观点，是各国政府和国际科学界在气候变化科学认识方面的最具权威的共识性文件，也是各国政府制定应对气候变化政策并采取具体措施的重要参考依据之一。中国积极参与 IPCC 活动，多次在华举办 IPCC 第一、第三工作组会议及相关研讨会。我国政府积极推荐国内著名学者作为主要作者和撰稿人参加 IPCC 评估报告的编写和专家及政府评审。迄今我国共有 120 多位科学家参加了 IPCC 三次评估报告的编写和评审，为推动我国的气候变化研究、为在环境外交中争取主动和可持续发展发挥了积极作用。

GEO 活动　作为 GEO 创始国之一，中国自 2003 年参加第一次地球观测峰会起，积极参加了全球综合地球观测系统(GEOSS)的计划和活动。中国气象局局长郑国光在 2005 年 5 月(时任副局长)在瑞士召开的第一次全会上当选为 GEO 联合主席，在 2007 年 11 月 GEO 第四次全会上连任 GEO 联合主席。

中国气象局利用自身业务系统的优势，推动风云卫星数据广播系统成为全球地球观测数据分发系统的一个重要组成部分。2006 和 2007 年，分别向孟加拉、印度尼西亚、伊朗、蒙古、巴基斯坦、泰国、朝鲜、吉尔吉斯斯坦、老挝、马来西亚、缅甸、尼泊尔、菲律宾、斯里兰卡、塔吉克斯坦、乌兹别克斯坦和越南等亚太 17 个发展中国家捐赠了风云卫星数据广播系统用户接收站，并于 2009 年正式向亚太地区提供地球观测数据共享和分发服务。同时，推动数据共享取得的成果加入地球观测数据共享网，在数据互操作和元数据交换方面学习到国际先进经验。

2007 年，在科技部和中国气象局的推动下，经多部委合作，科技部部长万钢在南非地球观测部长级峰会上正式对外发布《中国综合地球观测系统十年规划》，这是中国对《GEOSS 十年执行计划》的有力响应，促进了国际 GEO 工作。

中国目前已成功发射了 3 颗由中国和巴西联合研制的资源卫星(CBERS)。国家航天局在 2007 年 9 月 17 日就 CBERS-02B 卫星数据共享问题与巴方达成相关协议。南非会议期间，中国、巴西、南非、意大利、西班牙、GEO 秘书处共同举办了 CBERS 新闻发布会，中国 GEO 首席代表郑国光代表中国政府正式宣布 CBERS 数据向非洲共享，产生良好的国际影响。

台风委员会活动　中国是受台风影响较大的国家之一。中国对台风委员会的工作极为重视，历次均派副局长率团出席台风委员会的届会和重要会议，多次参加台风委员会开展的科学试验活动，并多次在国内举办台风委员会届会、技术会议和巡回讲习班。原中国气象局副局长骆继宾、颜宏和现任副局长许小峰均担任过台风委员会主席。

中国在积极参与台风委员会的业务和科研活动的同时，还积极参与其技术合作活动。中国派出多人参加台风委员会研究奖学金计划。接待朝鲜、泰国、马来西亚等国的专家来华参加台风合作研究和培训。

2006 年 12 月在菲律宾马尼拉召开的台风委员会第 39 次届会上，中国澳门承办台风委员会秘书处东道国协议正式签署。2007 年 2 月 13 日至 14 日在澳门举行了新秘书处揭幕仪式暨台风委员会战略计划实施高层研讨会。

ITU 活动：中国气象局自 1997 年派员出席世界无线电通信大会以来，一直积极参加国际电信联盟无线电通信局（ITU-R）组织的与气象业务相关的活动。多次派员出席世界无线电通信大会及大会准备会议、ITU-R/SG7 研究组及工作组会议、研讨会、亚洲太平洋地区电信组织（APT）组织的 APG 会议等。自 2000 年以来，一直承担 ITU-R/SG7 国内对口组组长单位职责。

二、双边气象科技交流与合作

1. 与发达国家及周边和发展中国家签署双边合作协议

新中国成立初期，我国的双边气象科技合作主要是在当时的社会主义国家之间进行的。主要以学习借鉴前苏联的气象科学技术和工作经验为主。中苏两国建交后，随着中苏科技合作协定等协议的签订，中苏气象科技合作日益频繁。我国先后聘请了十多位苏联气象专家来华帮助和指导工作，派遣多名留学生和实习生赴苏联学习先进的科学技术和工作经验。中苏两国气象科技代表团进行了多次互访，促进了我国气象业务管理、天气预报、大气综合探测、海洋气象、农业气象等气象业务发展。此外，中国与朝鲜、越南开展了双边气象科技合作，支援朝鲜进行气象业务建设、帮助越南恢复和发展气象工作、在华培训气象业务人员及开展互访和交流活动。

1954 年，日本学术文化访华团应邀访问中央气象台，促成了新中国成立的后首次对外公开广播资料。中日邦交正常化以后，特别是改革开放以来，中日气象科技合作的领域和范围不断扩大。中国气象局多次派出代表团赴日本考察，学习日本在气象通信枢纽建设、气象卫星地面系统建设和数值预报业务等方面的经验和做法，了解日本气象工作的组织管理情况，考察日本天气预报业务化和现代化的情况，并派技术人员到日本进修数值预报业务。1985 年 6 月，中日两国在日本东京签署了《中日关于开展提高天气预报准确率合作研究项目的实施协议》，双方合作的领域涵盖气象卫星和卫星气象、数值天气预报、气象通信、中尺度气象、大气化学、气候和气候变化及气象部门的管理技术等，极大地促进了我国气象事业的发展和气象现代化建设。

改革开放后，根据中美科技合作协定，为发展中美两国气象部门的科技合作，中美双方于 1979 年 4 月在北京就大气科技合作问题举行会谈。1979 年 5 月，在美国商务部部长率代表团访问中国期间，两国签署了《中美大气科学技术合作议定书》。在《中美大气科技合作议定书》框架下，中美两国气象部门建立了双边气象科技合作与交流机制，每两年双方轮流主持召开一次联合工作组会议，讨论未来两年具体合作项目。30 年来，双方共举行了 16 次联合工作组会议。双方在季风研究、热带气旋、中尺度气象、资料交换、青藏高原和山地气象、长江暴雨、热带海洋与全球大气、大气化学等方面进行合作。随着合作的不断深入发展，双方对合作项目进行了筛选。目前合作主要集中在季风科学试验和研究、气候研究、中尺度气象学、卫星气象、大气化学、培训及现代化管理等方面。同时，中美两国气象等相关部门还在气候观测、碳收集论坛、地球观测峰会、区域气候变化研究、清洁能源等方面开展了卓有成效的合作与交流。中美大气科技合作得到了两国高层领导的关注，是中美科技合作议定书框架下各专业科技合作协议中执行最好、最有成果的合作协议。

中国气象局与欧洲气象卫星开发组织（EUMETSAT）自 1998 年到 2008 年共举行过 5 次双边会议，签署了 4 个关于气象卫星和卫星气象领域的合作协议，在卫星资料接收、实时数据产品交换和再分发等方面开展交流合作。

中国气象局欧洲中期预报中心（ECMWF）签署了合作会谈纪要，在卫星资料的使用、预报模式中物理过程参数化、集合预报方面开展交流合作。

随着我国恢复在联合国的合法席位，特别是改革开放以后，我国气象部门分别于 1979 年同美国、1985 年同澳大利亚、1986 年同加拿大、1986 年同朝鲜、1988 年同芬兰、俄罗斯、蒙古、1991 年同英国、1993 年同德国和越南、1994 年同韩国、1995 年同哈萨克斯坦和马来西亚、1996 年同吉尔吉斯斯坦、丹麦和瑞典、1997 年同印度、1998 年同法国、1998 年同以色列、1999 年同伊朗、2005 年同古巴、2006 年同巴基斯坦等 22 个国家签订了气象科技合作协议或探讨合作意向。双边合作为增进我国与其他各国气象工作者之间的业务科技交流和友好往来，了解和学习国外先进气象科学技术，扩大我国的国际影响，促进中国的气象事业发展和气象业务现代化建设，发挥了积极作用。

2. 广泛的合作领域

中国与有关国家在广泛领域开展了双边气象科技合作。在数值预报方面，中国先后与ECMWF、澳大利亚、加拿大、芬兰、英国、德国等签订合作协议，引进技术和人才，极大地促进了中国数值天气预报业务的发展。在卫星气象方面，中国与美国、加拿大、俄罗斯等国合作，推进了我国气象卫星和卫星气象事业的发展。在资料交换方面，中国与德国、日本、英国、哈萨克斯坦等国开展合作，加快了我国国际气象电路的建立，促成我国及时获取丰富的气象资料。在气候预测、气候变化方面，与美国、澳大利亚等国家合作；在热带气象方面，与俄罗斯、澳大利亚合作；在农业气象、应用气象、人工影响天气、气象情报交换、自动气象站、教育培训等方面，中国与俄罗斯、芬兰、加拿大、英国、韩国、法国等开展了卓有成效的合作，推动了中国气象事业的快速发展。

此外，中国与朝鲜、蒙古、越南、巴基斯坦、古巴等国家开展气象科技合作，从人员、技术、设备等多方面提供支持，促进了这些国家气象业务的发展，提高了我国的影响力。

3. 多样的合作形式

中国气象局先后从美国引进气象卫星用电子芯片、高性能计算机系统、新一代天气雷达等，得到了美国政府高层的支持，成为两国在高科技领域技术合作的成功范例。中国气象部门送往美国进行培训的业务和管理骨干达200余人次，其中在美国培训1年以上的业务骨干达100余人次，这批人回国后都已成为气象事业现代化建设的中坚力量。开展中美大气科技合作，加快了我国气象业务现代化建设步伐，缩短了我国与世界先进水平的距离。在中加双边合作协议框架下，双方互派专家和管理人员访问、考察和学术交流，其中2000年以来中方赴加拿大进行为期半年以上进修、培训的业务和管理骨干共有28人。21世纪以来，中国气象局与韩国气象厅已合作在我国建立了10个沙尘暴联合监测站；中国气象局派出8名气象预报业务人员赴澳大利亚就奥运会气象服务工作进行为期6个月的培训，为我国2008年奥运会积累工作经验；派出气象科技管理骨干一行10人赴英国参加了为期5个多月的综合培训，系统学习了英国气象业务服务、科技开发、现代化建设、国际合作、发展规划和科学管理以及英国有关社会、政治、环境政策、传媒、公共服务等方面的内容；派出15名业务人员赴法国进行了大型体育活动气象保障人员培训。中方专家于2005年和2006年两次赴古巴，与古巴专家共同在古巴奥尔金(Holguin)省进行人工增雨试验和作业，取得良好效果。多年来，中方通过自愿合作计划多次向朝方提供气象探测设备援助，在气象仪器检定、数值预报、天气预报专家系统、卫星资料应用技术等领域进行广泛的交流。

三、智力引进

引进国外智力是气象对外开放的重要组成部分，是气象现代化建设的重要内容。改革开放以来，中国气象局紧紧抓住机遇，通过智力引进，加速事业发展和人才培养。目前，中国气象局已有 2000 多名气象科技人员出国进行技术交流和合作研究，近千名人员出国学习和培训，邀请 1500 多名外籍专家来华学术交流和讲学。组织省（区、市）气象局和局直属业务、科研以及内设机构的技术和管理人员出国培训，邀请国际著名气象专家来华讲学，发挥培训作用，提高气象服务效益，有效地促进了我国气象事业的发展，加速人才队伍培养。

四、与港澳台的交流

1. 与香港天文台的交流

1975 年 10 月中央气象台和香港天文台在北京签署《关于建立北京—香港气象电路会谈纪要》。双方同意建立一条北京—香港气象电路，该电路作为 WMO 与世界天气监测网全球电信系统（WWW GTS）二区协的一条区域电路。北京—香港气象电路于 1975 年 12 月 20 日起正式交换气象资料。1990 年 2 月 6 日，北京气象中心和香港天文台在香港签署了《关于北京—香港气象电路升速的谅解备忘录》。双方同意自 1990 年 2 月 15 日起将北京—香港的气象电路升速，该电路升速后继续成为 WMO WWW GTS 二区协的一条区域电路。1996 年 12 月 18 日，中国气象局和香港天文台在香港签署了《中国气象局和香港天文台气象科技长期合作谅解备忘录》。双方同意在气象通信、天气预报业务、人员互访及技术合作、科学研究和试验、教育和培训等方面开展合作。此后在 2001 年 2 月 19 日，中国气象局与香港天文台签署《中国气象局与香港天文台气象科技长期合作安排》，进一步明确双方将加强在气象探测、气象通信、天气预报警报技术、气象服务、气候变化、人员互访及技术合作、科学研究和科学试验、教育与培训等方面合作的广度和深度。

近年来，双方的合作在气象科技长期合作安排的框架下顺利进行。香港天文台对 2008 年北京奥运示范项目（B08FDP）给予了大力支持，并与北京市气象局签署了《B08FDP 数据使用守则》。

2. 与澳门地球物理暨气象局的交流

中国气象局、澳门地球物理暨气象局、葡萄牙气象局三方于2000年3月29日在澳门特别行政区举行会议，开展气象科技交流并就三方气象科技合作问题进行讨论，形成会议纪要。合作内容包括数值天气与气候预报、遥感探测、热带气象、人工影响天气、资料交换等方面。至今三方已经举办了5次气象技术会议。

3. 粤港澳合作

粤港澳三方的气象科技交流与合作已走过20多个年头。早在1984年，广东省气象局和香港天文台就开始合作建立了黄茅洲自动气象站，拉开了粤港澳三方共同开展气象探测业务的序幕。此后三方在自动气象站探测网、资料交换、科技人员交流等方面进行了诸多合作。目前，粤港澳三方已建起高速气象通信网，方便了三方资料的交换。

4. 与台湾地区的气象交流

20世纪80年代，两岸气象同仁开始接触，寻求开展两岸气象科技交流。1982年11月，国家气象局局长邹竞蒙以专家身份率中国气象代表团赴马尼拉参加“南海和西太平洋热带气旋学术讨论会”，主动与当时的台湾“气象局局长”吴宗尧先生接触，商谈进行气象科技交流等有关问题。这是两岸气象界的首次接触。在以后的第二、第三次会议上，海峡两岸均派人出席会议，为之后两岸气象界的科技交流和合作奠定了基础。

1993年，台湾地区的气象学会理事长首次来大陆参观访问。1994年，中国气象学会代表团一行13人首次赴台参加海峡两岸天气气候学术研讨会。此后，两岸气象界的交流逐步展开。每年大陆气象学会组团赴台湾参加研讨会，就两岸气象界共同面临和关心的台风、梅雨、中小尺度天气、气候变化与防灾减灾、预报技术及教育推广等议题进行研讨与交流。大陆方面也利用各种机会邀请台湾地区的气象同仁来大陆参加研讨会，到各省（区、市）气象业务单位参访交流，参加中国气象学会成立70周年和80周年的纪念活动等。自2006年，每年在大陆举办海峡两岸气象科学技术研讨会，都会邀请台湾地区气象学会团组参加。开展的两岸气象界的交流活动，增加了对彼此气象业务的了解，增进了两岸气象工作者的友谊，促进了两岸气象业务的沟通、交流和发展。

第五节　气象科学技术普及

科学研究技术开发与科学技术普及是科技腾飞的双翼。在中国气象事业现代化 60 年的进程中，我国广大气象科技工作者面向社会大众积极开展气象科学技术普及，在增强全民气象科学意识方面做了大量卓有成效的工作。《中华人民共和国科学技术普及法》的颁布和实施，更使我国的气象科普工作空前繁荣，并发生了深刻而重大的变化，实现了由传统科普向现代科普、由狭义科普向广义科普、由民间行为向政府职能、由部门科普向社会化科普的转化。气象科普工作已成为贯彻落实科学发展观、提高全民防灾减灾和应对气候变化意识与能力的重要手段；成为气象联系经济社会发展与人民群众生产生活的重要纽带；成为提高公共气象服务能力的重要力量；成为气象事业现代化不可或缺的组成部分。

一、改革开放前的气象科普工作

新中国成立后，在党和政府的领导下，气象科普工作以各级气象学会为主导，开始有序开展。从新中国成立到改革开放前，我国的气象科普工作主要围绕以下五个方面开展。

编辑出版气象科普书籍　20 世纪 50 年代初，中国气象学会在《大众科学》杂志上开辟“气象知识”专栏，组织会员撰写气象科普文章。50 年代中期到 60 年代，气象科技人员先后撰写了《风》、《雨》、《雷》、《气象漫谈》、《灾害性天气》和《十万个为什么 · 气象分册》等，得到国内外广大读者的赞誉。尤其是 1963 年竺可桢和宛敏渭合著的《物候学》正式出版，成为颇受欢迎的优秀气象科普读物。各地还创办《大众气象》等气象科普刊物，同时通过广播电台、报刊、科普讲座等方式，开展面向社会的气象科普工作。

合作拍摄气象电影　自 20 世纪 50 年代起，气象部门就开始与有关电影制片厂合作拍摄了《风》、《雨》、《气象侦察员》、《台风》等科普影片。特别是拍摄的第一部全面反映我国气象事业发展风貌的影片《天有可测风云》(1959)和第一部以气象工作为题材的故事片《耕云播雨》(1960)，既有丰富的气象史料，又是很好的气象科普宣传片，广泛宣传了气象工作。即使在”文化大革命”时期，科技工作处于那么艰难困苦的环境下，气象科普工作也没有完全中断。1974 年，气象部门成立了第一个气象科教电影小组，于当年底拍摄完成我国第一部彩色气象科教片《观云测天》。

开展农业气象科普宣传　为加强对农业的服务，1958 年起，全国建立了 3 万余个人民公社气象哨，中央气象局还创办了面向气象哨的通俗读物《农业气象》半月刊，介绍和交流气象哨的经验。1960 年，中国气象学会编写了《人民公社气象服务哨小丛书——怎样找农业气象指标》，指导农民利用气象哨为农业生产服务。20 世纪 60—70 年代，气象部门结合农业生产实际，编写《渔业与气象》等科普宣传册和科普图书，并开展“气象科技赶集”活动，组织气象专家深入农村讲授农业气象知识，对农民进行培训和咨询服务，提出趋利避害、增产增收的建议，成为科学种田的先行官，为促进粮食增产保驾护航。

协助学校建立红领巾气象站　20 世纪 50 年代初开始，全国各地的中小学校陆续建立起了数量众多的“红领巾气象站”，气象部门积极协助红领巾气象站协助购买仪器、安排指导教师、组织开展科普报告会和气象知识竞赛等活动，对于青少年增强气象意识、提高科学素质起到了很好的作用。建于 1964 年 10 月的湖南省洪江市幸福路小学红领巾气象站坚持至今从未间断。

举办气象科技展览　1956 年 4 月，国务院农口各单位共同创办全国农业展览会，其中气象馆于 1957 年 2—7 月正式展出。此后气象部门又参加了 1958 年第二届和 1959 年第三届全国农业展览会。党和国家领导人朱德、刘少奇、宋庆龄等参观了展览。展出期间数百万人次参观了气象馆的展览，从中了解到有关气象方面的知识。

二、改革开放后的气象科普工作

改革开放以来，随着气象事业现代化的发展进程，广大气象工作者紧紧围绕公共气象服务，以气象防灾减灾、应对气候变化为重点，以加强气象科普能力建设为核心，不断创新气象科普的内容与形式，逐步形成一系列各具特色的气象科普品牌活动，气象科普工作呈现出全面发展的良好态势，全民气象防灾减灾和应对气候变化意识也不断提高，气象科普组织机构逐步建立健全。这一时期气象科普工作的主要特点如下：

1. 健全气象科普组织机构

为加强对气象科普工作的组织与引导，1980 年 1 月，中国气象学会第 19 届理事会正式成立科普工作委员会，其后召开了 6 次扩大会议和 2 次全国气象科普工作会议。各地气象学会分会相应建立了科普工作机构，并组织起一支专兼职相结合的气象科普队伍，为深入开展气象科普工作奠定了组织基础。1994

年 12 月，《中共中央国务院关于加强科学技术普及工作的若干意见》颁布，气象科普工作得到全社会的广泛关注，中国气象局于 1996 年专门成立了“科普工作协调小组”并下设科普工作办公室。2002 年 6 月 29 日，《中华人民共和国科学技术普及法》颁布，第十七条特别提到气象等单位“应当结合各自的工作开展科普活动”。2008 年，中国气象局成立公共气象服务中心，进一步强化科普工作的公共服务职能，明确了学会和业务单位的科普工作职责，初步形成行业、部门和学会共同推进气象科普工作的统一协调机制。

为指导气象科普工作的有序开展，气象科普规划体系不断完善，中国气象学会科普工作委员会分别于 1985 年 9 月和 12 月印发了《中国气象学会 1986—1990 年科普工作规划》和《1986—1990 年青少年气象科技活动规划》。中国气象局、中国气象学会先后于 1997 年、2003 年和 2008 年先后三次在北京联合召开全国气象科普工作会议，联合印发了《关于加强气象科学技术普及工作的意见》、《关于贯彻〈科普法〉的意见》等重要指导性文件。2007 年 7 月，中国气象学会印发《关于进一步做好气象防灾减灾、应对气候变化科普宣传工作的通知》。2009 年，由中国气象局牵头，组织有关直属单位和中国气象学会共同起草编制了《气象科普发展规划(2009—2012)》。

中国气象局还积极推动气象科普工作以部门科普为主转向动员全社会的力量共同开展，部门合作机制不断完善。2007 年 9 月和 2008 年 1 月，中国气象局先后和中国科协、科技部联合印发《关于进一步加强气象防灾减灾和气候变化科普宣传工作的通知》和《关于加强气候变化和气象防灾减灾科学普及工作的通知》，要求各级科协和各级气象学会进一步加大气象防灾减灾和应对气候变化科普宣传的力度，多渠道增加投入，创造条件，推动社会各界关注和支持气象防灾减灾和气候变化科普工作。2008 年起，中国气象局成为国务院《全民科学素质行动计划纲要》实施工作小组成员单位，积极加强与农业部、教育部、科技部、中组部、中国科协等部门的合作，对提高全民科学素质发挥了气象部门应有的作用。目前全国气象部门和气象学会已经联合各级政府以及民航、铁路、教育、电信、农业等部门开展多种形式的科普活动，将气象科普知识送进公交车、列车、航班、学校、社区、灾区和社会各行各业，极大地增强了公众防御气象灾害、应对气候变化的意识和能力。

2. 突出气象防灾减灾和应对气候变化主题

气象科普工作是公共气象服务的重要组成部分，只有将气象防灾减灾和应对气候变化科普知识普及到各类重点人群，普及到广大社会公众才能发挥更大的作用。

面向农村、农民开展科普活动始终是气象科普工作的重点之一。20世纪80年代以来，气象科普工作面向农村普及气象知识和气象适用技术，围绕合理利用气候资源、趋利避害、科学种田开展气象科普活动，举办了全国农业资源区划展气候资源展区，编写出版了《气象知识丛书》、《应用气象丛书》、《各行各业用气象》等科普书籍，取得显著的社会效益和经济效益。各地还针对农村气象服务需求，组织开展了大量的科普活动，通过各类气象科技下乡活动、赠书活动、科普大篷车下乡等宣传气象防灾减灾知识，为农民趋利避害、增产增收发挥了重要作用。2008年第三次全国气象科普大会上气象部门向全国5000家农家书屋赠送农村减灾防灾科普系列丛书，并与农业部合作积极推进农民科学素质试点村和气象科普试点村建设。针对近年来发生的雷电、暴雨灾害和2008年低温雨雪冰冻灾害、"5·12"汶川大地震等突发事件，全国气象部门及时开展应急科普工作。中国气象局向地震灾区、农家书屋和农民发送《抗震救灾减灾气象实用手册》、《如何应对气象灾害》等科普图书。各地气象部门还主动向群众释疑解惑、及时辟谣，为维护社会稳定作出了贡献。

未成年人是气象科普工作的重要对象，对其做好气象防灾减灾工作意义深远。全国各地气象部门每年面向中小学生，利用报告会、参观、校园气象站、专门材料编写等方式开展了大量富有成效的气象科普宣传活动，受到各地教育部门的欢迎。从1982年起中国气象局、中国气象学会已连续举办28届全国气象夏令营，已吸纳6万余名青少年参加。积极参与全国中小学安全教育日活动，向全国42万余所中小学赠送了数百万份防雷科普知识光盘、挂图及气象灾害防御知识光盘等。

20世纪90年代以来，面对气象防灾减灾和应对气候变化的严峻形势，中国气象局、中国气象学会认真贯彻党中央和国务院精神，将防御气象灾害和应对气候变化作为科普工作的重中之重，通过各种途径加强气候变化科普宣传工作，提高公众的意识。组织编写了一系列气候变化及气象灾害防御的科普宣传画册，如《气候变化——人类面临的挑战》、《应对气候变化——中国在行动》(中、英、法三种语言版本)、《气候变化40问》、《气候变化高端访谈》、《灾害性天气气候图集》等；制作了影视系列片，如《气候变化释疑》、《气候变化——中国在行动》(中、英、法、西四种语言版本)等。积极利用影视媒体，组织播放气候变化专题科普片；在中央级平面和网络媒体上开设气候变化科普专栏，发表系列科普文章。努力在教育、培训工作中纳入气候变化科普教育内容，连续几年举办气候变化专题国际、国内培训班或报告会，提高决策者和公众的认识水平。气象部门的领导和专家多次走进电视、网站、党政机关、社区和学校等宣讲防灾减灾、气候变化科普知识，有关专家还应邀走进中南海为中央领导同志讲解气候变化及其应对措施，并提出决策建议。此外，还组织了气候变化进社区、进公交、进学校、进农村等宣传活动，为提高公众科学认知气候变化科学基本知识、自觉参与节能减排发挥了积极作用。

3. 创新气象科普形式

随着经济社会的发展和人民物质文化生活水平的提高，气象科普工作不断创新形式，丰富内容，面向国家经济社会可持续发展和人民生活的各个领域、各个方面全方位地开展。结合世界气象日、全国科技活动周、全国科普日、全国减灾日等主题，形成一系列气象科普品牌。影响较大的气象科普活动有世界气象日纪念活动、气象台站开放、气象科普教育基地建设、气象夏令营、气候系统与气候变化国际讲习班、“气象科技下乡”、“气象科技兴农”、“我为台风起名字”、气象防灾减灾宣传志愿者中国行、“气象科普伴你行”、“气象科普一日游”、“邀请市民参加天气会商”、“气象科普社区学校”、“社区气象站”，以及各类科普报告会、科普沙龙、科普展览、科普论坛、气象知识竞赛、青少年绘画竞赛、送书下乡等等。

在继续做好传统气象科普工作的同时，又发展了报纸、期刊、电视、网站等多种新的气象科普平台。气象科普节目在中央电视台、旅游卫视、中国教育频道、凤凰卫视等电视频道以及广播媒体播出。改革开放以来，全国气象部门共制作播出动画片、纪录片、专题片等不同风格的气象科普片 5000 多部，出版发行各类气象科普图书近 500 种，内容涵盖气候变化、防灾减灾、人文地理、地球科学等领域。《安徽省小学生气象灾害防御教育读本》成为我国第一本小学气象防灾减灾教材。

加强与报纸等媒体的合作，在《科技日报》、《全国政协报》等报刊上创办科普专栏。据不完全统计，改革开放以来气象工作者在各级报刊上发表气象科普文章达十万余篇。《中国气象报》更是推出“应对气候变化”“名士观点”“气象科普每期一读”等一批有影响的气象科普栏目，其中《拯救地球之肾》等多篇作品获国家级奖励。1981 年创刊的《气象知识》是目前国内唯一国内外公开发行的全国性气象科普期刊，其科学性、知识性和趣味性受到社会各界的关心和好评。2001 年首批入选“中国期刊方阵”。进入新世纪以来，中国气象局、中国气象学会与人民网、新华网、搜狐网、中国公众科技网等知名网站联手开展在线访谈、热线直播等气象科普专题节目。目前中国气象局网、中国天气网、兴农网和各省（区、市）气象网站等均设有气象科普网页或专栏，以其内容丰富、信息量大而受到广泛欢迎。中国气象科普网在 2008 年推出，当年即在由中国电子商务协会、中国互联网协会、农业部信息中心主办的全国农业网站百强网评选中被网民投票为科教文化类网站第 4 名。

各种不同形式的科普媒介和不同主题的科普活动形成了一个立体的、常态化的气象科普格局，气象科普进入空前繁荣发展的新时期，不仅扩大了气象工作的社会影响，而且极大地提高了公众的气象防灾减灾和应对气候变化意识，提高了气象公共服务的效能。

4. 加强气象科普能力建设

为了鼓励各单位和气象科技工作者从事气象科普工作，自 1980 年起，中国气象学会开始设立全国气象科普奖，对于气象行业的科普先进集体、先进个人和优秀作品给予奖励，每四年评选一次，推动了气象科普工作的持续发展。1987 年，中国气象局、中国气象学会共同设立了气象科技扶贫工作奖。2005 年，国家科学技术进步奖增设科普类项目，《全球变化热门话题丛书》(18 本/套)和《院士丛书：需要精心呵护的气候》、《中国天鹅》、《气象防灾减灾电视系列片：远离灾害》获国家科学技术进步奖二等奖。科普奖项的设立，有力地促进了气象科普队伍的发展和科普作品水平的提高。

自 20 世纪 80 年代至今，中国气象学会还多次举办气象科普创作培训、气象科普工作培训等，不断提高科普人员的素质和能力。2001 年起，部分省(区、市)气象局开始面向社会招募气象科普志愿者。2007 年以来，为进一步加强气象灾害防御能力，各省(区、市)气象部门开始建立乡镇气象协理员、村屯信息员队伍，全国气象信息员队伍总数已达 36.6 万名，对于协助当地政府做好防灾减灾工作、宣传普及气象知识发挥了重要作用。目前已形成了一支包括两院院士、专家在内的气象科普工作者队伍和由大学生、城镇居民和农村信息员、协理员组成的气象志愿者队伍。随着气象科普队伍的发展壮大，气象科普能力建设不断加强，气象科普服务能力不断提高。

全国各地气象部门积极争取部门和社会资源，利用气象台站、雷达站等场地，建设各类气象科普馆、科普宣传教育基地。有不少单位积极参与地方各类综合科技(科普)馆的建设，将气象科普内容纳入其中，取得了较好的成效。据不完全统计，全国各地气象部门有近 1500 个气象台站实现对外开放，有 33 个单位入选全国青少年科技教育基地和全国科普教育基地，已建有上百家气象科普(技)展馆。气象行业有 82 个单位被中国气象局和中国气象学会命名为“全国气象科普教育基地”。近十年来，各级气象科普基地和科技展馆累计接待参观者约 930 万人次。

当前，气象现代化建设遇到了前所未有的发展机遇，党和政府以及社会、公众对气象服务的精细化服务需求也日益增长。气象现代化的不断发展为做好气象服务提供了动力和源泉，气象服务质量的不断提高也给气象科普工作快速发展带来了良好机遇，也给气象科普工作的发展带来了巨大挑战。今后，气象科普工作仍需进一步创新理念、创新形式，加强各类科普资源整合，不断壮大专业志愿者队伍和研发队伍，逐步完善有力支持气象服务和全民科学素质提高的合作机制、激励机制，更好地支持气象现代化建设，为气象事业发展发挥更大作用。

60 年来，气象科技始终坚持面向国家需求和国际前沿，制定实施不同阶段科技发展战略和规划，不断深化改革，推进气象科技创新体系建设，目前已经形成了一批具有一定国际影响的气象科技研发机构和结构比较合理、总量占优的科技研发队伍；建立了针对大气、海洋、水文、冰雪、陆地、生态等多方面的立体观测系统和各种先进的科研仪器装备；具备了组织和实施具有国际水平的大型科技项目和野外科学试验的能力；气象科技领域不断拓宽，已发展成集数学、物理、化学、生物、地理、卫星、遥感、信息等众多门类的综合性学科，天气、气候和气候变化的理论体系不断完善；大气科学及相关学科的发展极大地促进了气象业务技术水平的提高；气象科技合作的深度和广度不断增加；科研与技术开发成果不断涌现。特别是近年来，随着中国特色气象现代化体系建设的积极推进，气象科技创新体系建设取得显著进展，创新主体的定位更加明确，科技人才队伍稳步壮大，科技基础条件明显改善，科技经费投入持续加大，科技成果产出明显增加，为提高气象业务、服务的现代化水平发挥了重要作用。

同时，我们也清醒地认识到，在气象科技发展的战略规划、任务导向、体制机制等方面，还存在深层次问题需要解决；科技成果的转化应用水平不高，有利于科技创新和科研与业务有机结合的机制环境和评价体系有待健全；高水平科技创新团队和高层次领军人才仍旧缺乏；科研基础条件建设的统筹协调和高效管理需要进一步加强；气象科技创新能力不够，科技管理体系和管理水平有待提高；部门间、国内外实质性的开放、联合、协作仍需进一步加强。

在未来的气象科技工作中，需要更加重视战略规划和顶层设计，与时俱进地调研、分析影响和制约气象事业发展的科学技术难题和体制机制问题，切实以科学决策推动科学发展；更加重视体制机制改革和统筹兼顾，不断完善科研院所运行机制，不断深化气象科技体制改革，积极推进科技创新体系建设，以科学计划、科研项目为纽带，科学统筹各类气象科技资源，规划科技发展任务，加强基础研究、应用研究和高新技术应用开发；更加重视科技对业务发展的支撑和引领作用，紧紧围绕业务服务需求，围绕防灾减灾和应对气候变化两个主题，以提高预报预测准确率和气象服务水平为核心，大力提升自主创新能力，不断实现气象科技新突破。建立健全有利于科技创新和科研与业务结合的政策环境和有效机制，既要抓紧凝练气象业务服务发展中重大关键科技问题，也要瞄准国际前沿开展科学技术研究，引领未来业务的发展；更加重视科技管理效率和开放合作。

加强科研和业务机构的基础条件和能力建设，完善国家和部门重点实验室布局，推进野外科学试验基地、科学仪器设备和信息资源平台建设和共享。完善与相关部门、科研教育机构的合作机制，加强与国际组织和机构的科技交流与合作，不断提高科技管理水平，提高开放合作的深度与广度；更加重视科技人才队伍建设，努力调动本部门、全行业、海内外的所有智力和人才资源，不拘一格，不求所有，但求所用，逐步建立相关专业领域的优势创新团队；更加重视气象科技文化建设，通过科技政策、评价体系的引导，大力弘扬气象科技文化，提升气象科技人员的科学精神和人文素质，不断增强气象科技"软实力"，为推进国家气象科技创新体系建设营造更好的文化氛围和人文基础。

经过10年左右的努力，到2020年前后，初步建成符合创新型国家要求，布局合理、任务明确、开放合作、支撑有力的国家气象科技创新体系。建立比较完备的科技创新评价体系；建设比较完善的科技条件支撑体系；集聚一批站在气象科技前沿的战略科学家、学术领军人物，形成一批结构合理、精干高效的创新团队，培养一支相对稳定、高素质的气象科普队伍；形成比较完备的战略发展、科技计划体系和成果转化机制，满足现代气象业务发展和我国经济社会发展对气象科技创新工作的需求。展望未来，我们相信，经过全体气象人的不懈努力，定会在不远的将来实现几代气象人的气象强国梦想。

本章编写组成员：郭亚曦　张世英　罗云峰　喻纪新　王春乙　马丽娟
马清云　文洪涛　王　伟　王才芳　邓茂芝　刘文泉
安顺清　庄肃明　纪乃晋　严明良　应　宁　张小曳
张跃堂　李　慧　李冬燕　李祎君　肖子牛　周　恒
林方曜　罗　勇　赵　瑞　倪允琪　徐小敏　徐相华
徐祥德　殷文义　袁佳双　郭亚田　郭学良　郭彩丽
陶树旺　高　云　巢清尘　梁旭东　董　敏　端义宏

第七章　人才和教育培训

气象现代化，人才是根本。60 年来，特别是改革开放 30 年来，气象部门不断深化干部人事制度改革，大力推进各级领导班子和干部队伍“四化”建设，着力建设高素质气象人才队伍，促进了气象事业又好又快发展。“成天下之才者，在教育”。教育培训作为人才队伍建设的有力支撑，是促进气象事业快速发展的基础。本章主要回顾自新中国成立以来气象人才队伍建设和教育培训工作的发展进程及其成就，总结改革开放以来干部人事制度改革的主要内容和所取得的显著成效。

第一节　概　述

60 年来，随着气象事业的发展，气象人才队伍建设和教育培训工作取得了重大进展。特别是改革开放以来，各级领导班子和人事部门，解放思想，破除论资排辈的传统陋习，树立不拘一格选人、用人的理念，逐步由传统的人事管理向人力资源开发利用转变，大力实施人才战略，不断完善人才和教育培训体系，为气象现代化提供了有力的智力支持和人才保障。同时，在不断推进气象现代化的过程中，锻炼、培养了一支思想政治素质高、业务科研能力强、适应气象事业发展的人才队伍。在国家改革开放方针政策的指导下，气象部门优秀人才成长的良好环境基本形成。

一、气象人才队伍建设历程

新中国成立以来，气象人才队伍发展历程大体经历了三个阶段。

1. 初建阶段

1949 年至 1956 年为初建阶段。1949 年中央军委气象局组建之时，其工作重点是台站网建设和为军事服务。干部的极端缺乏问题成为开展气象事业的主要困难。中央军委气象局通过提请中央调配干部、起用刚接手过来的气象台站技术人员、号召国外留学人员回国参加工作等途径和方式解决人才不足这一突出问题。特别是采取举办短期培训班的形式，培养了大量的气象人员，适应了当时台站网建设的需要。在不到5年的时间里，中央军委气象局人员就发展到700人左右。

为迅速开展气象工作，中央气象局在第一个五年计划（1953—1957年）期间，继续采取了短期培训气象专业人员的办法，培养训练了大量各类初、中级气象技术人员，使大部分担任气象台站领导工作的干部初步掌握了一定的气象业务知识。到1956年初，全国气象队伍已扩大到8263人，基本解决了台站建设和国防部门对气象管理及专业人员的迫切需要。

2. 曲折发展阶段

1957年至1977年为曲折发展阶段。1957年到1961年上半年，随着气象业务的发展，气象队伍也随之扩大。1958年底，全国气象干部队伍达18000多人。随着省（区、市）气象部门的机构设置逐步规范，领导干部的配置步入正轨。1958年全国气象部门有正副局长53人，正副处、科长及主任、台长343人。1963年底，全国气象干部队伍达2万多人，其中大专和中专文化程度的人员占队伍总量的35%，业务技术水平也有了较大的提高。

1964年之后，特别是“文化大革命”时期，气象部门管理体制变化、干部下放、清退等原因，造成专业技术人才大量流失，后又通过大量招工补充人员，造成气象队伍业务素质降低、规模过快增长的问题。根据1979年底的统计，全国气象职工队伍增至53000多人，其中，大专文化程度以上的只有7000多人，仅占总人数的13.2%，中专或高中文化程度的有17000多人，占总人数的32%，有54.5%的人员是初中及以下文化程度。由于当时的历史条件所致，行政人员比例过大，新成员大量增加，气象队伍的业务能力降低，使得人才队伍的结构和素质极不适应气象事业发展的要求。

3. 全面发展提高阶段

1978年至今为全面发展提高阶段。十一届三中全会后，国家进入一个新的发展时期，气象现代化也步入了快速发展的历史阶段。面对“文化大革命”时期气象人才队伍存在的结构不合理、素质偏低、与快速发展的气象事业不相适应等问题，气象部门根据中央政策，积极落实知识分子政策，一大批优秀专业技术人才回到气象部门工作。30多年来，坚持深化改革、扩大对外开放与合作，采取了一系列行之有效的措施狠抓人才队伍建设工作，严格控制队伍总量，实施人才战略，不断优化队伍结构，加强教育培训，提高队伍素质，促进了气象现代化发展。

1982 年前后，气象部门一批 1949 年 10 月前参加革命工作的老干部高风亮节，愉快地从领导岗位退出，顺利实现新老干部交替。同时，按照干部“四化”方针，提拔了一大批气象业务技术骨干担任各级领导职务，使气象部门各级领导班子的结构发生了很大变化。截至 1983 年底，国家气象局完成 29 个省（区、市）气象局和 3 所直属院校的领导班子的重大调整。新组建的领导班子的“四化”程度有了显著的提高和改善。领导班子平均人数由 5.9 人减少到 3.6 人，平均年龄由 58.5 岁下降到 49.5 岁，大专以上文化程度由 13.6％上升到 54.7％。领导班子的这一跨越式变化，为此后全面推进气象部门的改革和发展奠定了良好的组织基础。

1983 年开始，以气象部门领导管理体制第二步调整改革为契机，重点加强气象人才队伍的总量控制和结构调整。截至 1985 年底，全国气象部门的职工（包括固定职工、合同制职工、临时工、计划外用工）总数为 68658 人。1999 年首次将固定职工的总量控制在 6 万人以下（58353 人）。在气象人才队伍总量得到有效控制的同时，队伍素质有了明显的提高，截至到 1999 年 12 月，气象部门具有本科以上学历人数比例达 19.2％，比改革开放初期的 1983 年高 10.1 个百分点。

进入 21 世纪，气象现代化进入了快速发展时期，也给气象人才队伍建设提出了更高的要求。为给快速发展的气象现代化提供强有力的人才保障，中国气象局先后召开了 3 次会议，专门研究气象人才队伍建设问题。根据不同时期气象现代化发展对人才队伍的要求，制定了加快选拔、培养、引进优秀人才的一系列政策措施，提出了提高气象人才队伍整体素质和加快建立人才体系的意见，全面实施人才强局战略。经过近 10 年的努力，人才工作取得了比较显著的成效，气象职工队伍总量得到有效控制；知识层次进一步提升；队伍专业结构进一步改善，事业发展所急需的相关学科人才明显增加；西部地区和基层台站人才队伍建设步伐加快，人才区域分布不平衡问题得到一定程度缓解；各级领导班子建设取得了显著成绩；气象人事制度改革稳步推进，气象事业单位实行了定编、定岗管理，使队伍规模的控制步入了规范化管理的轨道，有利于人才成长的环境基本形成。

二、气象教育培训发展历程

伴随着气象人才队伍的发展，气象教育培训大体上经历了四个发展阶段。

短期培训阶段　1949 年至 1954 年为短期培训阶段。新中国成立之初，为满足气象台站网建设和气象服务工作对气象人才的急需，军委气象局确定了“短期的、操练式的、与实际密切结合的大量培养训练干部的原则”。按照上述原则，气象部门采取了举办短期培训班的方式，培养了大量的气象人员，以适应新中国气象事业的发展。

逐步正规化阶段 1954年至1966年为逐步正规化阶段，气象部门的教育工作由短期培训逐步转向正规的中、高等气象院校教育。到“文化大革命”前期，气象部门已有2所高等气象院校、3所中等气象学校和10多所省属气象中专学校，并面向全国招生。与此同时，气象在职教育也得到了发展，1956年中央气象局在北京成立了干部轮训班，各高、中等气象学校也开设了相关轮训。至此，气象教育培训体系基本形成，基本满足了气象事业发展、人才队伍建设对教育培训的需求。

遭受严重破坏阶段 1966—1976年为遭受严重破坏阶段。这一时期高、中等气象教育中断4至6年，多数气象院校被撤销，新中国成立以来初步形成的气象教育体系遭到摧毁。1972年，南京气象学院和成都气象学校虽然恢复招生，但由于“文化大革命”的极大破坏，始终未能建立起正常的教学秩序，教学质量也未能得到保障。由于气象教育遭受破坏，约有60%的人员未经过正规的业务培训，气象科技队伍业务素质明显下降。

全面恢复和发展阶段 “文化大革命”结束以后，教育工作重新得到重视，各级气象部门所属气象院校和其他部委所属院校的气象类专业，经过拨乱反正，围绕国家现代化建设和气象科学的发展，得到迅速恢复和前所未有的发展。2000年2月，根据国务院《关于进一步调整国务院部门（单位）所属学校管理体制和布局结构的决定》，南京气象学院和成都气象学院实行“中央与地方共建，以地方管理为主”；南昌、湛江和兰州的三所气象学校划转地方管理。

1999年1月20日，中国气象局党组做出决定，撤销北京气象学院，转建为中国气象局培训中心，确立了“国际先进、国内一流，办学条件优越，师资队伍精良，运行机制完善，能承担气象继续教育和较高层次岗位培训的国家级培训基地”的建设目标，大力开展了气象系统的继续教育和岗位培训，适应了气象现代化快速推进过程中对职工全员培训提高的需要，成为气象基本业务系统的重要组成部分。随后，省级培训中心相继转建或设立，河北等13省单独设立省级培训中心，吉林等11省加挂省级培训中心牌子，中国的气象教育培训体系逐步建立。

三、主要成绩

新中国成立 60 年来，气象部门为适应气象事业的发展，培养、造就了一支具有较好政治素质和技术素质的专业技术队伍。在改革开放前，这支队伍中有艰苦创业、献身气象事业的老一辈气象专家；有大批兢兢业业、埋头苦干的中年业务骨干；有广大朝气蓬勃、好学上进的青年专业人员。他们不畏艰难，勤勤恳恳，努力工作。特别是在 20 世纪 50 年代，一大批奔赴边疆的老同志，继承党和军队的优良传统，在艰苦地区工作数十年，为我国气象事业的创立和发展贡献了力量。改革开放后，为了适应气象现代化和气象事业的快速发展，气象部门采取了一系列重要举措，使人才队伍建设取得了显著成就。广大气象人员也继承和发扬了老一代气象人的优良传统，解放思想、奋发进取、开拓创新，成绩斐然，为赶超世界先进水平、加速气象现代化作出了突出贡献。

1. 人才队伍知识层次明显提高

60 年来，特别是党的十一届三中全会后，坚持尊重知识、尊重人才，狠抓人才的培养、引进和使用三个环节，积极落实知识分子政策和干部政策，坚定推进干部"四化"，逐步建立起科学合理的符合气象现代化发展的人才体系，基本形成了优秀人才脱颖而出的环境。通过实施"323"人才工程，突出高层次人才的培养、选拔，积极开展大规模培训，气象人才队伍的知识结构明显改善，高层次人才数量显著增加。近年来，博士、硕士毕业人数呈明显上升趋势，截至 2008 年底，气象部门固定职工由 1982 年的 60212 人减少到 2008 年的 53265 人，大学专科以上人员比例由 17.5％上升到 73.9％。气象人才队伍的专业结构逐步优化，培养、引进了一批复合型人才，初步改变了以往专业过于单一的局面，形成了一支以大气科学、信息技术为主体，遥感、农林、环境生态、管理、经营等多种专业有机融合的气象人才队伍。高素质的气象人才队伍为气象现代化提供了强有力的智力支持和人才保证。

2. 领导班子的"四化"水平和干部综合素质得到提高

中国气象局党组历来高度重视领导班子和领导干部队伍建设，认真贯彻德才兼备和"四化"方针，着力加强各级领导班子和干部队伍建设，提高领导班子统领气象现代化建设的能力和领导干部政治思想素质及科学领导能力。改革开放后，按照"四化"的要求，大力选拔优秀年轻干部，一大批德才兼备的优秀年轻干部脱颖而出，走上各级领导岗位，使各级领导班子结构特别是年龄结构、知识结构、专业结构更加优化。2008 年与 1982 年相比，司局级领导班子平均年龄由57.5岁下降到48.9岁，大学本科以上学历人品由19.9%提高到79.4%；处级领导班子平均年龄由51.1岁下降到44.9岁，大学本科以上学历人员由15.9%提高到71.6%。近些年来，中国气象局党组高度重视司局级领导班子，特别是一把手的培养、选拔和使用，有计划、有针对性地对后备干部进行培养锻炼，提高领导干部应对复杂局面的能力和驾驭工作全局的能力，大大提高领导班子的整体水平。一支政治素质好、懂业务、能统领气象现代化发展的领导干部队伍已初步形成。

3. 西部地区和基层台站人才状况有所改善

长期以来，气象部门高度重视西部地区和基层台站气象队伍建设。特别是改革开放以来，通过专业院校“委培”、“代培”、东部支援等措施，为西部输送了大量气象专业人员和业务骨干，稳定了队伍，提高了素质。目前，西部地区气象部门的博士、硕士、本科、大专毕业生分别达职工总数的0.2%、3.0%、35.7%、33.7%，高级、中级、初级职称占8.6%、43.0%、36.9%，均与中部水平相当，东部与西部之间的差距已大大缩小。通过加强继续教育和岗位培训，开展岗位练兵和技术竞赛，推行干部人事制度改革和激励机制，调动了基层台站人员学习知识、掌握技能的积极性，使基层台站人才队伍的知识层次、专业结构和整体素质得到了提高。2008年底，基层台站大专及以上学历人员比例达63.74%，大气科学类比例和专业技术岗位比例在各层级中最高，分别为42.85%和79.97%。尤其是西部基层台站人才知识层次偏低、难以适应新开展业务的状况开始趋于好转，为气象现代化的快速发展奠定了坚实基础。

4. 教育培训工作取得显著成绩

解放初期，从事气象工作的人员严重匮乏。从中央军委气象局在各大军区建立了气象训练队开始，到建立南京气象学院、北京气象学院、成都气象学院三所高等院校，三所重点中等专科学校以及一批省属中等专科学校、培训中心，加上其他院校设立的气象专业，构成了多层次、开放式气象人才培养体系，为气象人才队伍建设提供了支持和保障。改革开放以后，气象人才教育培训受到高度重视，现代化教育基础设施、师资力量和各类培训教材建设得到加强，特别是建立了全国气象远程网络培训系统，使之成为基层台站人员提高业务能力的重要途径。特别是10年来，一批气象业务服务、气象管理精品培训班型逐步形成，培训规模不断扩大，基本实现了每5年轮训一次全国业务技术和业务管理人员的目标。此外，还建立了科研、业务和企业专业技术人员共同参加重大科研、开发及业务项目的联合攻关制度，形成了以重大项目带动人才培养的机制；进一步完善了访问进修和学术技术交流制度，推进了科研、开发和业务人才之间的合理流动，促进了气象队伍整体素质和创新能力的提高，推动了气象现代化的快速发展。

第二节　气象专业技术队伍建设

气象专业技术人才队伍是气象人才队伍的主体。60年来，专业技术人才队伍经历了规模由小到大、质量由低至高的过程，为气象现代化奠定了坚实基础。

一、人才队伍规模的发展和控制

中央军委气象局组建之初，围绕当时台站网建设和为军事服务的主要任务，主要采用三种方式组建气象人才队伍：一是接收接管台站的技术人员，二是动员在国外留学的人员回国效力，三是通过短期培训为台站建设培养急需的观测员、预报员和其他人员。1952年，军委气象局发展壮大到700多人。1953—1957年，中央气象局采取了短期培训气象专业人员的办法。5年间，中央和地方气象部门共培养训练了1万余名各类初、中级气象技术人员。到1956年初，全国气象部门的专业技术人员达6321人，专业分布主要为观测、预报及通信，基本解决了当时台站建设和国防部门对气象专业人员的迫切需要。

1958年底，全国气象技术人员有11000多人。1958年到1961年上半年，在体制下放期间，部分地区在条件不具备的情况下建立了气象台站，从而出现了气象台站过多、过密的情况，气象专业人员也大幅度增加。1961年起，国家对各项政策进行了较大的调整。1962年5月，国务院农林办公室批准了中央气象局《关于气象台站精简工作的意见》，在全国范围实施精简气象台站工作。全国气象台站数量从1960年的3240个减少为2843个，精简12.3%，人员也相应精简。1963年底，全国气象干部队伍达2万多人。

自1964年之后，特别是“文化大革命”时期，由于用人制度的不规范，如招工和子女顶替等，出现了人员队伍过快增长问题。1979年底，全国气象队伍规模达53000多人。据1982年对省(区、市)气象部门的统计，“文化大革命”期间气象台站人员增长1倍多，其中一些基层气象台站由原来的7～8人增至20余人，甚至多达30余人。

1983年，气象部门管理体制完成了第二步调整改革，气象人才队伍的总量得到了一定控制，人才队伍的结构得到了一定改善，逐步趋向合理。人员平均增长速度从1981年的4.4%下降到1985年的2.3%。1985年底，全国气象部门的职工（包括固定职工、合同制职工、临时工、计划外用工）总数控制在68658人。

1986到1995年的10年间，全国气象部门职工队伍的规模得到进一步控制，人员总量呈下降趋势。其中，有7年出现了人员总数的负增长，固定职工实现了连续10年的负增长，职工总数由69804人下降到66990人，固定职工由64063人下降到63491人。1999年首次将固定职工的总量控制在6万人以下（58853人），提前1年实现了人员总量的控制目标。

进入21世纪，根据气象事业发展的需要和国家改革的要求，气象事业单位实行了定编、定岗管理，使队伍规模的控制步入了规范化管理的轨道，气象系统国家编制人员稳定在5.3万人左右。图7.1给出了气象人才队伍规模变化情况。

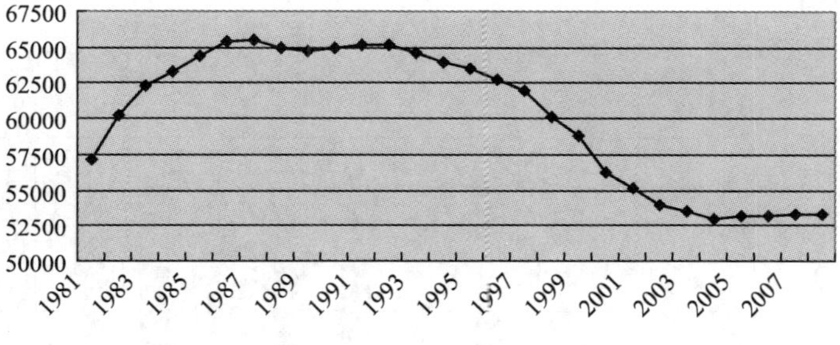

图7.1　1981—2008年全国气象部门人才队伍规模变化情况

二、人才队伍整体素质不断提高

新中国成立初期的专业技术队伍中，大多是经过短期培训的人员，队伍整体素质相对较低。随着气象中、高等正规化教育的发展，人才队伍的学历和素质有所提高。“文化大革命”期间，受“左”的思想影响，大批专业技术人员遭到打击和排挤，被下放到“五七”干校、工厂、农村接受改造和再教育，广大科技人员学习的积极性受挫，业务素质降低，业务技能下降。改革开放后，特别是领导管理体制改革后，中央气象局通过大规模培训、学历教育（包括在职学历教育）、恢复和改革职称制度等，有力地促进了人才队伍整体素质的提高。

1. 学历层次明显提升

1961年底，大学本科及以上人员占队伍总量的8.0%。1963年底，大专和中专文化程度的人员占队伍总量的 35%。1979 年底，全国 53000 多人的气象职工队伍中，大专文化程度的只有 7000 多人，占总人数的 13.2%；有 54.5%的人员是初中及以下文化程度。1981 年底，本科及以上学历人数 4555 人，占队伍总量的 8.3%；大专文化程度人员 4733 人，占 8.3%。1999 年，本科及以上学历人数 10986 人，占队伍总量的 18.7%；大专文化程度人员 12359 人，占 21.0%。2008 年底，具有研究生学历的人员有 2834 人，占 5.19%；大学本科学历的人员有 20309 人，占 37.20%，本科及以上学历人员所占比例为 42.40%；大学专科学历的人员有 17153 人，占 31.42%；中专生 8644 人，占 15.84%；其他的 5647 人，占 10.34%。提前两年实现了“十一五”制定的人才队伍在学历提升方面的建设目标。

2000—2008 年，大专以上人员比例由 40.3%增加到 73.9%，增加了 33.6 个百分点；本科以上学历的比例由 18.1%增加到 42.6%，增加了 24.5 个百分点；研究生由 1.2%增加到 6.0%，增加了 3 倍多。图 7.2 给出了 1982 年以来本科及以上学历的人数变化情况。

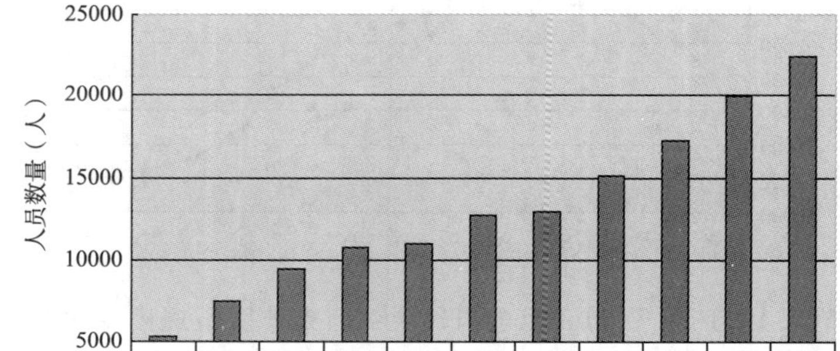

	1982	1987	1992	1997	2002	2003	2004	2005	2006	2007	2008
本科及以上	5329	7472	9446	10750	10953	12672	12913	15141	17192	19962	22446

图 7.2　1981—2008 年气象部门本科及以上学历人员数量变化

2. 职称结构趋向合理

1958 年，在 11000 多人的气象技术人员中，具有工程师职称的只有 23 人；1985 年底，高级职称专业技术人员只有 144 人，占队伍总量的 0.2%。随着职称评审工作的不断规范和人才激励政策的不断落实，高级职称人数稳定增加。1999 年底，全国气象部门共有专业技术人员 53453 人，其中高级职称 3531 人，占专业技术人员总量的 6.6%；中级职称 19604 人，占 36.7%。2008 年底，全国气象部门共有专业技术人员 36581 人，其中高级职称 4233 人，占专业技术人员总数的 11.6%；中级职称 15390 人，占 42.1%。

2000—2008 年，全国气象人才队伍的高级职称人员比例由 5.4%增加到

11.1%，增加了5.7个百分点；中级职称人员比例由34.1%增加到40.7%，增加了6.6个百分点。图7.3给出了全国气象部门人才队伍高级职称人员数量变化情况。

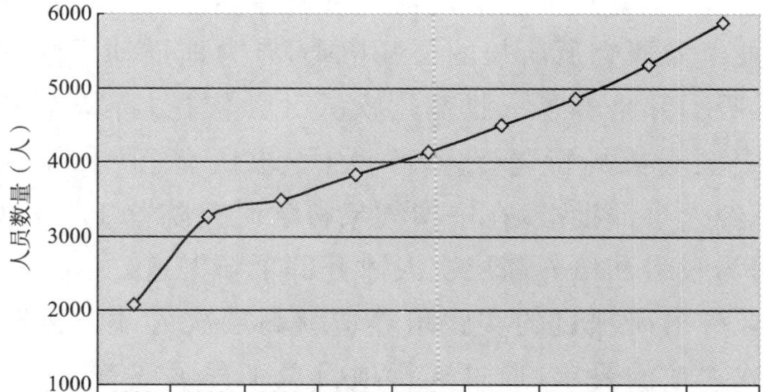

	1993	1998	2002	2003	2004	2005	2006	2007	2008
高级职称	2079	3259	3481	3838	4139	4504	4852	5314	5895

图7.3　1993—2008年气象部门高级职称人员数量变化

三、高层次人才队伍建设

60年来，特别是改革开放以来，中国气象局重视高层次人才队伍的建设。2000年，为加强气象部门高层次科技人才的选拔、培养及引进工作，进一步改善气象部门科技人才队伍的结构，印发了《关于加快气象部门高层次科技人才队伍建设的意见》的通知。2002年，根据《气象事业发展规划(2001—2015年)》和《全国气象事业发展第十个五年计划》，制定了《中国气象局实施人才战略的意见》。2004年，召开了全国气象部门人才工作会议，制定印发了《中共中国气象局党组关于进一步加强人才工作的意见》和《中国气象局"323"人才工程实施意见》和一系列配套实施办法，提出了"特聘专家计划"、"科技业务骨干计划"和"青年新秀计划"。通过上述有力措施，高层次人才队伍建设初见成效，高层次人才的数量明显增加。截至2008年底，全国气象部门共有两院院士7人，正研级专家393人，10人入选"百千万人才工程"和"新世纪百千人才工程"国家级人选，28人被确认为中央直接联系专家，515人次享受国务院政府特殊津贴，4人获得中国青年科技奖，4人获得杰出青年基金资助，17位海内外专家当选为中国气象局特聘专家，38人当选为中国气象局首席预报员，博士生、硕士生分别为560人和2614人。2009年，又有76人获得正研级专业技术职务资格，9人当选为中国气象局首席预报员。此外，围绕气象现代化重点科研业务项目，通过出国访问交流和培训、实行首席专家、总工程师等措施，以项目建设和开放合作为平台，在实践中培养锻炼了一批高层次的专业化人才。

不拘一格吸引高层次人才。面向海内外公开招聘中国气象科学研究院院长、气候中心科学主任及其他一些重要、关键业务岗位高层次人才的做法，在国内外产生了强烈反响，得到中组部乃至中央领导同志的高度重视与支持。中国气象局八个专业气象研究所所长的公开招聘，有力地推动了国家级气象科技创新体制的改革，吸引和培养了一批高层次人才。依托“特聘专家计划”，在海内外吸引并聘用中国气象局特聘专家 17 人，不求所有，但求所用，通过引进“智力”为我所用。经人事部批准，在中国气象科学研究院等 11 个单位设立了博士后科研工作站，为吸引和培养高层次人才开辟了新渠道。

通过重大业务科研项目的实践培养造就高层次人才。按照一个重大项目培养一批高层次人才的要求，通过实行项目总工程师或首席专家制度，注重在实践中培养造就领军人才和高层次人才。比如：依托卫星气象工程，建立了卫星气象项目总师制度和相应的攻关团队，培养了 1 名中国工程院院士、一批正研级专家和结构较为合理的中青年骨干团队。依托“9210”工程建立了一支具有气象特色的信息技术队伍，其中正研级专家 21 人、副研级专家 844 人，还有多人当选世界气象组织相关领域的专家组成员。此外，依托新一代天气雷达建设项目、数值预报创新基地建设、短期气候预测系统攻关项目、奥运气象服务保障等重大科研业务项目，培养了一大批相关领域的高层次人才。基本上实现了完成一个项目，培养一批人才的目标。

通过中外国际双边合作渠道大力培养高层次人才。充分利用海外资源，采用“请进来，走出去”的方式，大力培养高层次人才。在改革开放初期，中国气象局党组就高瞻远瞩，选送业务科研骨干到发达国家访问进修和培训，学习发达国家先进技术，加速高层次人才的培养。1979 年，中美签订了大气科学合作议定书，中国气象局利用中美大气科学合作平台，连续 10 年每年选送 10 名左右业务管理骨干到美国进行为期 1 年的访问进修，培养了一批紧缺的人才，这批人员回国后都成为气象事业现代化建设的骨干力量，有相当一部分赴美深造回国人员已经成为气象部门各级机构及业务单位的主要领导和骨干。与此同时，中国气象局积极引进海外智力，吸引海外专家指导中国气象局业务科研工作和人才培养。进入新世纪，中国气象局进一步加大了高层次人才国际化培养的力度，在美国、加拿大、澳大利亚、荷兰等地建立了相对稳定的海外人才培养基地，每年选送 30 名左右骨干出国培训，学习借鉴发达国家的先进技术和经验，回国在实践中创新应用，取得了很好的成效。

四、人才队伍结构调整情况

围绕气象事业和气象现代化发展需要，通过业务技术体制调整，使人才队伍的专业结构、学历结构、职称结构、年龄结构等不断优化，并趋于合理。

1. 气象预报和服务队伍的结构调整和优化

1950 年 3 月，中央军委气象局中央气象台成立时，全台只有 40 多人，承担全国天气预报和指导全国天气分析和预报的任务。随着天气预报技术的不断发展和预报业务的不断扩展，预报员队伍和服务队伍的规模和结构发生了巨大的变化。在以天气图为主要工具来分析研究天气发生发展规律制作短期天气预报阶段，大量时间和精力放在天气分析业务上，通过填图员的辛勤劳动，预报员绘制分析天气形势和天气系统，制作天气预报。随着新技术、新方法的应用，特别是雷达资料、卫星资料在天气预报中的应用以及数值天气预报的发展，预报和服务人员的数量、学历结构、专业结构和知识结构都发生了较大的变化。早期的预报和服务人员主要是天气预报员和农业气象服务人员，预报业务人员兼做一些气象服务工作。以 1981 年为例，预报业务人员有 8785 人，农业气象服务人员有 2466 人。随着气象事业的不断发展，气象为国民经济和社会发展提供的服务不断增加，气象服务队伍不断壮大，预报和服务队伍逐步分离，专业气象服务队伍逐步建立。到 2001 年，专业化的气象服务队伍达 9700 多人，预报业务人员减少到 5200 多人，农业气象服务人员也减少到 1300 多人。截至 2008 年底，全国气象部门共有预报员 4810 人，其中，本科及以上学历人员占 68.6％，高级职称占 25.7％；公共气象服务人员 8296 人，其中，本科及以上学历人员占 32.8％，高级职称占 5.9％。

2. 科研人员的结构调整和优化

在气象科研工作创立和兴起阶段(1949—1965 年)，气象科技人才寥寥无几，科研人员的研究领域很窄，成果很少。“文化大革命”时期，科研工作基本处于停滞状态，科技人员大多下放劳动改造，但有不少科研人员在极其困难的条件下，仍坚持科研工作。十年动乱结束后，气象科研工作逐步走上正确的道路。随着 1978 年气象科学研究院成立以及某些省研究所的建立，气象科研队伍建设逐步走上正规化发展道路，1980 年，科研队伍约 2000 人，其中高级职称人员 60 人。随着气象科学研究工作的全面发展，各省(区、市)气象局都相继成立气象科学研究所，气象科研队伍的规模有所增加，科研队伍的学历、职称明显提高。2001 年，随着国家科技体制改革的全面实施，气象科研体制发生了较大的变化，中国气象科学研究院和中国气象局八个专业研究所（一院八所）成为首批公益类科研院所，科研队伍也随之发生了较大的变化。截至 2008 年底，气象科研机构共有 1150 人，其中“一院八所”总人数为 594 人，其他省研究所共 556 人，高级职称比例高达 48.3%。“一院八所”平均硕博比例 64%，八个专业所平均硕博比例高达 71%，其他省所中硕士和博士占总人数平均比例为 37%。由此可见，气象科研队伍是气象队伍中学历、职称比例最高的队伍。

3. 观测人员的结构调整和优化

1987 年，国家气象局印发了《国家气象局关于实施〈气象台站人员编制标准（试行）〉的暂行办法》（国气人发〔1987〕1 号）。1989 年，调整了地面观测站的任务，按照不同任务配备工作人员。另外，根据该台站是否承担探空业务、辐射业务等特种观测任务增加相应的编制。上述措施对台站人员的结构调整和优化起到了重要的作用。图 7.4 给出了 1987—2001 年全国气象部门综合观测队伍人员的变化情况。通过规范化管理，综合观测队伍规模由 17000 多人调整到 14000 人左右。

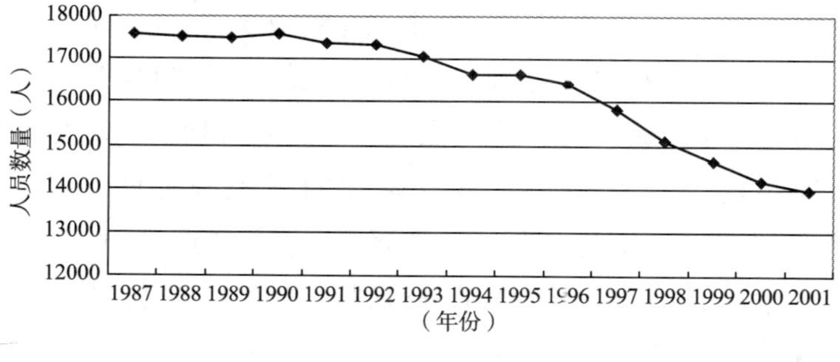

图 7.4　1987—2001 年全国气象部门综合观测队伍变化情况

4. 气象通信和填图员队伍的调整

在新中国气象事业创建之初，通信队伍只由从军委三局通信总台调来的 8 人组成；截至目前，信息技术队伍已发展到 9936 人，占队伍总量的 18.7%。气象通信从莫尔斯气象通信、电传气象通信、传真气象通信、自动化气象通信发展到现代化的全国气象通信骨干网络的过程中，通信队伍的数量和结构都发生了巨大的变化。与之相适应，通信队伍的知识结构、能力要求都发生了巨大的变化。图 7.5 给出了 1987—2001 年全国气象部门填图员和通信机务员队伍的变化情况。随着通信技术的不断发展，填图员和通信机务员逐渐退出了历史舞台，通过新业务新知识等培训，这批人员逐步调整到其他岗位。

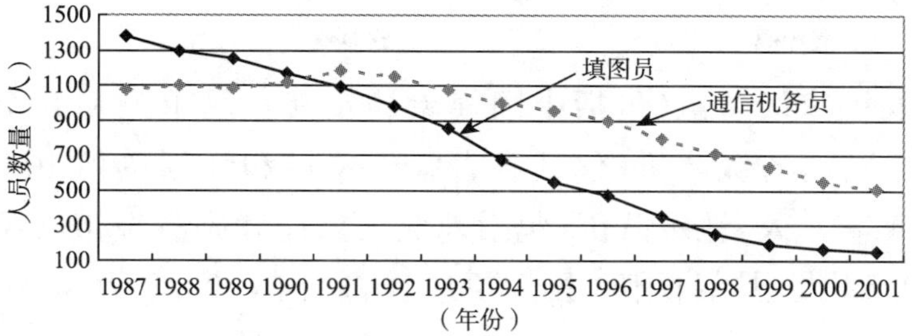

图 7.5　1987—2001 年全国气象部门填图员和通信机务员队伍变化情况

5. 卫星气象人才队伍发展

卫星气象从 20 世纪 60 年代开始发展。中国气象局对卫星气象事业发展给予了高度的支持和重视。卫星气象人才队伍从无到有，逐步发展壮大。1971 年 7 月，中央军委批准组建卫星气象中心站，代号中央气象局 701 办公室，编制为 108 人。1977 年，通过吸引大学毕业生和军队转业干部，在短时间内增加了一批技术骨干，总人数达到 200 多人。1978 年，卫星气象中心批准成立，编制为 380 人，另设北京、广州、乌鲁木齐 3 个卫星地面接收站，每站 78 个编制。从此，卫星气象专业队伍不断稳步发展，队伍数量相对稳定，素质不断提高。目前，仅国家卫星气象中心就有中国工程院院士 1 名，享受国务院政府特殊津贴的专家 30 名。除国家卫星气象中心外，各省均还有相当数量的科技人员从事卫星云图分析、火情监测、水情监测、农业灾害监测等相关领域的研究和业务开发工作。

6. 人才队伍整体结构调整和优化

进入新世纪，中国气象局更加注重人才队伍的协调发展，包括高层次人才和基层一线人才队伍的协调发展，东、中、西部人才的协调发展，以及国家、省、地、县人才队伍的协调发展。经过多年努力，人才队伍的专业结构、岗位结构、区域结构、层次结构和年龄结构等不断优化。截至 2008 年底，全国气象部门人才队伍的基本结构如下。

专业结构：所学专业为大气科学类的有 21547 人，占 39.47％；地球科学类的有 2315 人，占 4.24％；信息技术类的有 10109 人，占 18.52％；其他类的有 20616 人，占 37.77％。

岗位结构：事业单位工作人员 47353 人（不含参照公务员法管理的人员），占 86.75％；专业技术人员 37165 人，占 68.08％。

区域结构：东、中、西部地区气象部门人数分别为 14949、14760、22495 人。

西部地区人数最多，占队伍总数的 43.09%，东、中部分别占 28.64% 和 28.27%。

层次结构：国家级队伍（包括中国气象局及其直属单位和 8 个专业研究所人员）共有 2676 人，省级队伍（包括各省级气象局和计划单列市气象局及其直属单位）共有 12534 人，地级队伍（包括地级气象局和副省级市气象局及其直属单位）共有 19062 人，县级队伍（县气象局、站）共有 20315 人，各级队伍人数分别占队伍总量的 4.90%、22.96%、34.92%和 37.22%。

年龄结构：职工平均年龄为 40.6 岁，35 岁以下职工占 32.27%；36～45 岁职工占 33.98%；46～55 岁职工占 28.87%；56 岁以上职工占 4.88%。45 岁左右是人员的年龄高峰，队伍人员主要集中在 45 岁以下，占队伍总量的 66.25%。

第三节　管理人才队伍建设

管理人才队伍建设是气象人才队伍建设的重要组成部分，是推动气象现代化的关键。杰出的管理不仅见效率，而且出效益。在气象事业发展和实施气象现代化的征程中，气象管理人才发挥了重要的统领或参谋、组织协调作用。

一、领导干部队伍建设

领导干部是气象现代化的领导者和组织者，在气象事业的初创时期，各级领导班子发挥了不可磨灭的历史作用。改革开放后，为了适应气象现代化的要求，改革了传统的干部任命制度，按照干部的“四化”方针和德才兼备的原则选配领导干部，领导班子建设取得了显著成绩。

1. 改革开放前

从军委气象局成立到 20 世纪 70 年代，尽管气象部门领导管理体制经历过几次改变，领导干部的任命权限也随着变更，但各级领导干部均实行由上级组织直接任命的制度。

1949 年 12 月中央军委气象局成立后，按照中央“分区建设，集中领导”的原则，陆续在各大军区成立了气象处，在各省军区成立了气象科。由于专业技术人员严重缺乏，各级气象机构领导人员主要由工农干部组成。这批干部虽然不熟悉气象业务，但大多数有强烈的事业心和责任感，在各自岗位上尽职尽责，努力为新中国的军事、国防建设以及气象事业贡献力量。为解决这些干部不熟悉气象业务的问题，时任军委气象局局长的涂长望先生采取一系列措施，聘请名师，并亲自任教，提高这些干部的业务知识，努力使他们由外行变成内行，乃至后来发展造就为一批领导骨干。

1953 年 8 月，气象建制由军队转移到地方。同年 12 月，经政务院经济委员会批准，转移建制后的中央气象局进行了内设机构的调整。从这一时期一直到“文化大革命”，中央气象局各级机构领导干部的配置逐渐步入规范化轨道。各省（区、市）气象局和气象台领导干部队伍在当地政府的关心支持下，也取得了一定进展。这一时期各级领导干部依然以工农干部为主体。

“文化大革命”时期，领导干部队伍建设基本处于停滞状态。气象部门大部分领导干部被揪斗、批判，1969 年先后大批下放到“五七”干校。1969 年 12 月中央气象局与总参气象局合并，1970 年 1 月召开了全局大会，宣布了各级领导干部的任命，科级以上干部绝大多数由军队干部担任。省（区、市）气象部门的各级领导干部，则由各地各级革命委员会管理。直到 1973 年总参气象局与中央气象局分开后，大批老干部才逐步归队，重新返回领导岗位。

由于历史原因和“文化大革命”的干扰，20 世纪 70 年代，气象部门领导班子普遍缺乏专业知识，年龄也偏大，与气象现代化建设的需要很不适应。根据 28 个省（区、市）的材料统计（缺西藏的统计资料），1980 年底省局局级干部共 141 人，平均年龄为 58.5 岁，其中 11 个省的局级干部年龄 60 岁以上，但熟悉业务、具有中专以上文化程度的仅有 13 人，仅占 9%。省局正处级和地区局正局级干部共 351 人，平均年龄为 53 岁，其中熟悉业务、具有中专以上文化程度的仅 46 人，占 13%。

2. 改革开放至今

20 世纪 80 年代初期，在气象部门领导管理体制改革期间，为适应气象现代化的快速推进，鉴于领导干部队伍年龄偏高、文化偏低的状况，国家气象局根据中央《关于抓紧做好选拔优秀中青年干部工作的意见》要求，按照党的干部“四化”方针和德才兼备的原则，紧密联系气象部门改革和发展的实际，解放思想，采取有力措施改善领导干部专业知识结构，大胆起用专业技术人才，一大批政治素质好、文化程度高、具备专业知识的业务技术骨干进入各级领导班子，为干部队伍增添了活力，为气象现代化建设提供了组织保证。

1983 年，各地气象部门按照《国务院办公厅转发国家气象局关于全国气象部门机构改革方案的报告的通知》（国办发〔1983〕22 号）提出的“机构改革的重点是调整配备好领导班子”的精神，重点开展省（区、市）、地区（处）级气象局领导班子的选配工作。国家气象局和绝大多数省（区、市）气象局先后派出了工作组协同当地党委做好领导班子的选配。全国 29 个省（区、市）气象局和 3 所直属院校新组建的领导班子，其领导干部队伍“四化”程度有了明显的提高和改善。20 世纪 80 年代后期，中国气象局党组认真贯彻中央要求，注重加强干部选拔任用工作制度建设，做好后备干部考核、调整、补充工作，领导干部队伍素质不断提高。截至 1990 年底，全国气象部门在职的司局级领导干部平均年龄由改革前的 58.5 岁下降到 52.8 岁，大专以上文化程度的比例由 8.5%上升到 78.0%。领导干部队伍年龄、专业知识结构这一时期的跨越式变化，为以后全面推进气象现代化和气象事业的发展打下了基础。

20 世纪 90 年代，中国气象局党组继续按照中央要求深化干部制度改革，大力推进领导干部队伍“四化”建设，重视领导班子梯次配备和优秀年轻干部培养选拔，为优秀人才脱颖而出创造了环境和条件。

1990 年 12 月，国家气象局党组就领导班子建设问题专门召开全国气象部门人事处长工作会议。1991 年 2 月，国家气象局又在北京召开了全国局长座谈会，专门研究领导班子的建设问题。这两次重要会议的召开，对推动气象部门各级领导班子建设起到很好的指导和促进作用。为贯彻中央培养选拔优秀年轻干部精神，中国气象局党组于 1995 年 4 月下旬在武汉召开了全国气象部门培养选拔优秀年轻干部工作座谈会，会后印发了《中国气象局党组关于贯彻落实〈中共中央关于抓紧培养选拔优秀年轻干部的通知〉的意见》，提出了领导班子建设目标：从 1995 年起，力争用 3 年左右的时间，实现气象部门司、处两级领导班子年龄结构的梯次配备，年轻干部所占比例要有较大的提高，要培养选拔一批 40 多岁、30 多岁的优秀年轻干部进入司、处级领导班子。这之后，气象部门培养选拔优秀年轻干部工作进入了一个新阶段。到 2000 年 3 月，全国气象部门 51 个司局级领导班子中，有 42 个配备了 45 岁以下的年轻干部；199 名现职司局级领导干部中，45 岁以下的年轻干部有 62 人，占 31.2%，比 1990 年提高了 25.8 个百分点；司局级领导干部的平均年龄为 49.8 岁，比 1990 年下降 3 岁；司局级领导干部中大学以上学历的占 68.8%，比 1990 年提高 11.1 个百分点；具有高级专业技术职称的 143 人，占 71.9%，比 1990 年提高 17.1 个百分点。

进入 21 世纪，面对新世纪气象现代化建设的新要求，中国气象局党组从气象事业发展的战略高度，继续加强领导干部队伍建设，着力改善领导班子的年龄、专业知识结构，重视培养选拔“双肩挑”干部。经过调整，气象部门的各级领导干部基本上完成了新老交替，知识结构、专业结构和年龄结构都有了明显改善，整体素质有了显著提高，特别是高知识层次、“双肩挑”干部明显增加，领导干部队伍建设工作取得新的成绩。

2000年5月,中国气象局在上海召开了全国气象部门人事工作会议,传达了全国组织部长会议和全国培养选拔年轻干部工作座谈会的精神,提出了深化气象部门干部人事制度改革、抓紧做好培养选拔优秀年轻干部等一系列重大战略任务。2001年在北京召开了培养选拔年轻干部工作会,会后印发了《中国气象局党组关于进一步做好全国气象部门培养选拔优秀年轻干部工作的实施意见》,进一步明确了选拔年轻干部工作的目标要求、选拔标准、培养措施等,对推进全国气象部门干部队伍年轻化起到了积极的促进作用。在2004年召开的全国气象部门人才工作会以及2009年召开的中国气象局人才工作座谈会上,都专门部署了培养选拔优秀年轻干部的工作,要求各级领导班子和领导干部进一步增强责任感和紧迫感,把培养选拔优秀年轻干部摆到重要议事日程,加大工作力度,以改革创新精神推进培养选拔优秀年轻干部工作。通过这些年的努力,气象部门的各级领导干部基本上完成了新老交替,年轻干部的数量有较大的增长,领导班子的知识结构、专业结构和年龄结构都有了明显改善,整体素质有了较明显的提高,特别是高知识层次、双肩挑干部明显增加,领导班子领导气象事业科学发展的能力不断提升。截至2008年底,全国气象部门司(局)级干部284人,年龄在45岁以下的71人,占总数的25%;大学本科以上文化程度已达228人,占80.3%;具有高级专业技术职务任职资格的218人,占76.8%,其中,具有正高级专业技术职务任职资格的82人,占28.9%。表7.1为1982年与2008年领导班子的结果对比情况。

表7.1 1982年与2008年领导班子结构对比情况

对比项目	总人数		平均年龄		学历结构					
级别	司局级	处级	司局级	处级	司局级			处级		
					研究生	本科	大专以下	研究生	本科	大专以下
1982年	196	1554	57.5	51.1	2	37	157	2	245	1307
2008年	284	4265	50.3	46.9	100	128	56	444	2533	1288

在加强领导干部队伍整体结构改善的同时,中国气象局党组以领导干部思想政治建设和能力建设为抓手,以领导班子战斗力、凝聚力建设为重点,积极探讨在新时期抓好领导干部队伍建设的新方法、新途径,促进领导干部队伍管理能力和领导科学发展能力的提高。一是坚持与时俱进,积极推进领导班子思想建设。始终坚持把思想政治建设放在首位,坚持用马列主义、毛泽东思想、邓小平理论、"三个代表"重要思想及科学发展观理论武装领导干部,提高领导干部的理论水平和战略思维以及政治意识、责任意识、大局意识。通过"讲学习、讲

政治、讲正气”为主要内容的党性党风学习教育活动、以实践“三个代表”重要思想为主要内容的保持共产党员先进性教育活动以及深入学习实践科学发展观活动，各级领导班子思想政治建设不断得到加强。二是加强领导干部轮训，提高领导干部对气象现代化和中国特色气象事业的认识。始终把干部培训作为一项事关全局的战略任务来抓，坚持举办各类培训研讨班。截至 2008 年上半年，仅中国气象局培训中心就举办各类司局级领导干部专题研讨班 34 期，完成了对气象部门司局级领导干部有关“事业发展战略”和“气象业务技术体制改革”为主题的全员培训，连续举办研讨班达 12 期，共培训司局级干部 227 人。举办各类处级干部管理培训班近 50 期，培训处级干部近 2000 人次。中国气象局党校班作为新时期人才强局战略的重要组成部分，也办班 50 余期，对全国部门的处级干部进行轮训。此外，中国气象局还派了多批处以上领导干部出国考察和学习，树立领导干部的世界眼光，提升其科学决策、处理复杂问题等方面的能力。三是加强领导干部作风建设，提高领导干部宗旨意识和群众观念。根据中央关于加强新形势下领导干部作风建设的要求，大力弘扬求真务实精神，真抓实干，把工作的着重点真正放到研究和解决气象事业改革发展稳定中的重大问题上。四是加强学习型领导班子建设，增强创新能力，提高班子的管理水平。始终重视领导干部的学习，通过举办讲座，指定学习书目、实地参观考察、开展领导班子中心组学习等方式，拓宽视野，开阔思维，形成氛围，提高领导干部的素质和水平，增强领导班子的合力，以学习推动创新和发展。

加强后备干部队伍建设。20 世纪 80 年代，按照中央要求，加强气象部门“第三梯队”建设，为年轻干部的培养选拔奠定了基础。2003 年，中国气象局印发了《气象部门领导班子后备干部工作办法》，2C09 年印发了《气象部门领导班子后备干部工作规定》，提出了不同时期后备干部队伍建设的原则以及后备干部资格条件、选拔程序、培养使用及管理要求，促进后备干部工作的规范化开展。为认真贯彻党中央关于加强后备干部工作的精神，进一步做好气象部门后备干部工作，经中国气象局党组研究，2009 年人事司组织了气象部门司局级领导班子后备干部集中调整考察工作，重视把政治素质好、业务科技能力强、群众较为公认的优秀年轻干部选拔到后备干部队伍中，保证建设一支素质优良、数量充足、专业配套、结构合理的后备干部队伍。

加强领导干部的管理与监督。一是加强选拔任用干部工作的监督，防止和纠正用人上的不正之风。中国气象局党组坚持贯彻执行《党政领导干部选拔任用工作条例》，按照公开、公平、竞争、择优原则，拓宽识人、选人、用人渠道，为优秀人才脱颖而出创造良好环境。坚持对领导班子贯彻执行《党政领导干部选拔任用工作条例》情况进行检查，特别是对领导班子坚持选人用人原则、执行干部考核程序、遵守干部工作纪律等情况以及落实干部回避、交流等制度情况作为检查的重点，落实好群众对干部选拔任用的知情权、参与权、选拔权和监督权，提高选人用人的公信度。二是加强领导班子民主集中制建设，实现决策的民主化、科学化。各级领导班子认真遵守“集体领导、民主集中、个别酝酿、会议决定”的原则，坚持集体领导和个人分工负责相结合，保证民主集中制有效落实。三是加强领导干部的廉政建设，保证领导干部廉洁从政。坚持领导干部经常性谈心谈话制度，认真执行党员领导干部诫勉谈话和函询制度，一旦发现问题苗头，及时提醒告诫，督促纠正；不断加大干部调整、交流、轮岗、回避的力度，尤其是加强关键岗位干部的调整、交流；充分发挥纪检、监察、审计部门在干部监督工作中的作用，积极推进干部经济责任审计工作和个人有关事项报告。

中国气象局党组历来重视领导班子工作的制度建设，改革开放以来，中国气象局党组先后下发了《关于局机关、直属单位干部管理办法》、《关于气象部门司、处级班子调整原则的通知》、《关于贯彻〈中共中央关于严格按照党的原则选拔任用干部的通知〉的几点意见》、《关于印发〈中国气象局党组关于进一步做好培养选拔优秀年轻干部工作的实施意见〉的通知》、《关于印发〈中国气象局党组关于贯彻落实党政领导干部选拔任用工作条例〉的实施意见〉的通知》、《关于印发〈气象部门干部任前公示办法〉的通知》、《关于印发〈中国气象局巡视工作暂行办法〉的通知》等一系列文件，促进了工作的规范化开展，对领导班子建设起到关键作用。

改革开放 30 年来，气象部门的领导班子建设取得了显著成绩。在干部工作中大胆破除论资排辈的传统观念，按照德才兼备、以德为先的原则选人用人，适时选拔了懂业务、善管理的优秀年轻干部充实到各级领导岗位。领导班子和领导干部队伍政治坚定，坚决贯彻落实党的路线、方针、政策，结合气象部门实际，创造性地开展工作；领导干部队伍专业知识结构进一步改善，专业化水平明显提高；既懂管理又熟悉气象业务的“双肩挑”干部数量明显增加，坚持面向民生、面向生产、面向决策，为经济社会发展做好气象服务的意识明显增强；领导班子和领导干部推动气象事业科学发展的能力不断提升，为气象现代化建设和气象事业又好又快发展提供了坚强的组织保障。

二、气象行政管理队伍建设

气象行政管理人才队伍建设与气象管理体制改革、调整密不可分。伴随着气象管理体制的改革、调整，气象行政管理人才队伍也随之发生变化。

1. 实施国家公务员制度前

新中国成立初期至 1980 年代初，国家机关进行了多次以精简为主要内容的改革。在此期间，气象部门先后经历了 1953 年从军队建制转为政府建制；1954—1955 年因国家行政区制度和行政区划调整而进行的与之相适应的机构调整；1956—1960 年间的以精简内设机构、压缩人员编制和下放权力、下放干部为主要任务的改革；1970 年与军队气象系统合并，由军队系统管理以及 1973 年后又回归政府系列的调整；1982 年省以下气象机构从以当地政府领导为主改为以省（区、市）气象局领导为主的改革和 1983 年省（区、市）气象局由省（区、市）政府领导为主改为以国家气象局领导为主的管理体制调整改革。据统计，截至 1958 年，全国气象部门机关行政干部达 1048 人，其中中央直属单位 192 人。到 1962 年 10 月，全国气象台站的精简工作完成后，中央气象局机关的行政编制也由 105 人精简为 86 人。“文化大革命”时期，出现了机关行政管理人员过快增长的问题，截至 1983 年底，即完成第二步管理体制改革时，国家气象局机关已达 297 人。

2. 依照国家公务员制度管理

1993 年 8 月，国务院颁布《国家公务员暂行条例》。根据《国家公务员暂行条例》，经人事部批准，1994 年 8 月，中国气象局机关依照国家公务员制度管理；1996 年 11 月，省（区、市）气象局机关依照国家公务员制度管理；2001 年 11 月，副省级市及地（市）级气象局机关依照国家公务员制度管理。

1994 年 8 月，在人事部批准中国气象局机关依照国家公务员制度管理之后，为确保推行国家公务员制度管理工作的顺利开展和人员的平稳过渡，中国气象局人事劳动司印发了《中国气象局推行国家公务员制度的实施意见》和《中国气象局机关实施国家公务员制度人员过渡办法》，这标志着中国气象局行政管理人才队伍开始进入依照国家公务员制度管理阶段。

为进一步加强和理顺省级气象局机关的社会管理和公共服务职能，按照气象部门垂直管理的格局，1996 年 11 月，人事部印发《关于同意各省（区、市）气象局依照国家公务员制度管理的批复》，同意各省（区、市）气象局（不包括海南省气象局）及大连、青岛、宁波、重庆、厦门五个计划单列市气象局依照国家公务员制度管理。1997 年 2 月，中国气象局印发《各省（区、市）气象局依照国家公务员制度管理实施方案》，进一步明确了各省（区、市）气象局及计划单列市气象局机关编制限额内的工作人员（不含机关工勤人员）依照国家公务员制度进行管理，各省（区、市）气象局及计划单列市气象局直属事业单位工作人员，不列入依照国家公务员制度管理的范围。

根据 2001 年 7 月中央编委批准的《地方国家气象系统机构改革方案》和《中华人民共和国气象法》赋予各级气象管理机构的行政管理和行政执法职能，为进一步依法加强副省级市及地(市)级气象管理机构对气象工作的管理，中国气象局及时向人事部申请将副省级市及地(市)级气象管理机构纳入依照国家公务员制度管理的范围，2001 年 11 月，人事部印发《关于同意地方国家气象系统副省级市及地(市)级气象管理机构依照国家公务员制度管理的复函》，同意地方国家气象系统副省级市(其中大连、青岛、宁波、厦门已另批复)及地(市)级气象管理机构列入依照国家公务员制度管理范围。

至 2002 年底，气象部门的 4 级管理机构即中国气象局、省(区、市)气象局、副省级市(含计划单列市)气象局和地(市、州、盟)气象局机关均依照国家公务员制度管理。以推行国家公务员制度为抓手，气象部门各级管理机构科学合理地进行职位设置，按照规定设置和任命非领导职务，进一步优化了队伍结构；各项管理制度逐步建立，科学规范的管理体系日趋形成，建立一支精干、高效和高素质专业化的气象行政管理队伍的目标初步实现。

3. 参照公务员法管理

2006 年 1 月，《中华人民共和国公务员法》施行。同年 8 月，人事部批准中国气象局及其市(地)级以上垂直管理机构参照公务员法管理(《关于批准中国地震局等 11 家事业单位参照公务员法管理的通知》〔国人部发〔2006〕85 号〕)。2006 年 11 月，人事部批准了中国气象局参照公务员法管理实施方案，同意将中国气象局机关、30 个省级气象局、14 个副省级市气象局、323 个地级气象局机关中除工勤人员以外的工作人员纳入参照公务员法管理范围，共涉及编制 8219 名。

《中华人民共和国公务员法》颁布之后，《公务员考核规定(试行)》、《行政机关公务员处分条例》、《公务员录用规定(试行)》、《公务员奖励规定(试行)》、《公务员调任规定(试行)》、《公务员职务任免与职务升降规定(试行)》、《公务员申诉规定(试行)》、《行政机关公务员处分条例》、《新录用公务员任职定级规定》等配套政策、法规相继出台，中国气象局结合气象部门干部队伍实际，认真贯彻落实公务员管理的规定要求，气象部门参照公务员法管理工作规范化程度进一步提升，行政管理人员年龄、专业、知识结构进一步优化，管理人员的整体素质和能力明显提升。在新时期新阶段气象事业改革发展的进程中，气象部门各级行政管理人员较好地发挥了气象事业发展的参谋计划和推动落实作用，为推动气象事业又好又快发展作出了重要贡献。

4. 行政管理人才队伍建设取得明显成绩

实行国家公务员制度，有利于提高行政管理水平，有利于提高行政管理工作效率，有利于稳定行政管理队伍。从中国气象局机关、省（区、市）气象局机关、地（市）气象局机关被批准公务员管理以来，除了处级以上干部和科级领导干部可以直接进机关工作外，其他岗位所需人员必须按公布的招收岗位、条件报名，并参加国家人事部（人力资源和社会保障部）统一组织的笔试。笔试合格后，由用人单位进行面试，然后择优录取。对新录用的国家公务员，在正式上岗以前，均需要参加国家人事部或地方组织的初任培训。新公务员上岗后，用人机关还要有计划地安排他们到基层进行 1 年左右的锻炼，使他们既了解基层情况，又取得一定的工作经验。自 1994 年以来，全国气象部门共招收 974 名公务员，占行政管理人员的 13.4%，其中研究生 145 名，占 14.9%。参照公务员管理，严格控制了机关进人的门槛，大大提高了行政管理队伍的学历层次和现代知识水平。根据国家公务员法规所规定的考核内容、标准、程序和方法对机关工作人员进行考核，对发现、选拔优秀人才和合理地使用人才，激励他们奋发进取、开拓创新、忠于职守、做好管理工作，起到了很好的作用，为公务员的奖惩、职务升降、培训、工资报酬等项管理工作提供了可靠的依据。全国气象部门机关参照公务员管理后，新增人员除了进行初任培训和非气象专业参加气象知识培训外，与机关原有人员一样还必须参加定期或不定期的不同类型的培训，不断提高政治思想水平、专业知识水平和管理水平，使之具备与气象事业发展同步的知识和技能，适应行政管理科学化、高效化的要求。第一，处级干部要参加中国气象局党校班（或地方党校）的轮训；司局级干部除了参加中国气象局培训中心举办的高级研讨班外，还要安排到中央党校或国家行政学院培训学习。第二，实行干部交流制度。司局级干部在部门内外、机关内部及与直属单位进行岗位交流；处级干部在机关内部及与直属单位之间交流。第三，参加国内外举办的管理业务和新知识培训班。第四，下基层挂职锻炼，包括参加干部援藏工作。第五，选派干部出国参观、考察及学习，开阔视野。

经过几十年的建设，气象部门行政管理人才队伍的管理体系已初步形成，录用、考核、职务任免、职务升降、调任、奖励、辞职辞退、申诉控告等都有了相应的管理办法，凡进必考的机制基本建立。自 1994 年以来，坚持面向社会公开招考主任科员以下人员，选拔了一大批素质好、年纪轻、学历高的优秀人才；考核机制运行良好，保证了对行政管理人员评价的客观公正；竞争上岗制度逐步推开，为优秀人才的脱颖而出创造了条件；干部轮岗、回避、辞职、辞退等工作的开展初见成效，增强了队伍的活力，促进了队伍的廉政勤政建设；培训工作经常化、制度化，进一步促进了行政管理人员知识结构的优化和工作能力的提升；奖惩制度发挥有效作用，为保证队伍的勤政廉政和提高为人民服务的自觉性起到了重要作用；队伍的综合素质显著提高，全国气象部门已初步建设成为一支结构合理、运转高效、勤政廉政的行政管理队伍。据统计，截至2008年底，全国气象部门的机关行政管理队伍达7149人，年龄在45岁以下的2777人，占总人数的55%；其中中国气象局机关行政人员220人，45岁以下的114人，占局机关人员总数的51%。气象部门的这支行政管理队伍，在领导气象事业发展，提高科学管理、依法管理气象工作水平，以及开展政府间国际气象科技合作与交流方面发挥了重要作用。

第四节　教育培训

新中国成立以来，伴随着气象事业的迅速发展和国家教育体制改革的不断深入，气象教育培训经历了从无到有、从小到大、从以中等教育为主到以高等教育为主的过程，气象部门教育培训的工作重心也经历了以学历教育为主体到以培训为主体的发展历程。经过60年的艰辛探索，教育培训的能力不断增长，规模不断扩大，为气象事业发展和人才队伍建设提供了有力的支撑，也成为气象现代化体系建设的重要内容。

一、建局初期的短期培训

新中国的气象教育培训，是从举办短期培训开始的。新中国成立之初，旧中国留下来的气象专业人员寥寥无几，但气象站网的建立和气象服务工作的开展，急需大量的气象专业人员。为此，气象部门决定采取举办短期培训班的方式，集中力量培养大量的气象人员，以适应新中国气象事业的发展。军委气象局根据当时的实际情况，确定了“短期的、操练式的、与实际需要密切结合的大量培训”的原则，在北京组建了1所直属干部学校，在各大区气象处成立了5个干部训练队，分别培养助理预报员、观测员等技术干部。

1950年，军委气象局与清华大学联合举办了第一个训练班，主要培养航空气象及一般气象观测人员。1950年12月至1951年6月，军委气象局又设立了北京气象干部训练班。为培养助理预报人员，军委气象局从北京气象干部训练班结业的258名学员中留下100人参加了学习期限为6个月的第一期预报班。1952年6月，军委总参谋部将北京气象干部训练班改为军委气象干部学校。

1949—1951 年期间，军委气象局先后在南京、成都、长春、兰州、汉口成立了华北、西南、东北、西北和中南 5 个干部训练队。在此基础上，先后成立了中央气象局成都气象干部学校、中央气象局长春气象学校（后改名为长春气象通信干部学校）、甘肃省气象干部学校等。1950—1956 年全国气象部门通过短期训练，共培养初级气象技术人员 1 万多名。同时，与教育部协商，采用了扩大气象专业本科招生名额和举办两年制专修科的办法，培训了大量气象人员，并一度将专科生提前一年毕业，基本满足了当时的急需。

此后，气象部门吸取短期培训的经验，开始着手建立和发展中等气象教育。气象教育工作也由短期培训开始走向正规培训，并逐步建立正规的气象学校，为气象事业的发展源源不断地输送人才。

二、中、高等气象教育

1. 气象中专教育

为进一步适应气象站网建设和气象业务发展的需要，一大批气象中等专业学校相继建立，专业设置不断增加，培养规模不断扩大，教育质量不断提高，专业人才不断增多。

三所直属气象中等专业学校的创办，拉开了气象中专教育的发展序幕。1955 年 1 月，经国务院批准，中央气象局将 1 年制的北京气象学校改为 3 年制的正规中等专业学校，校名定为中央气象局北京气象学校，设气象、农业气象、高空气象 3 个专业。1956 年 5 月 31 日，经高教部批准，中央气象局将成都气象学校改为中等专业学校，设气象、农业气象、气象通信 3 个专业。1958 年 4 月 15 日，经高教部批准，中央气象局成立了湛江气象学校，设立气象、农业气象、海洋水文气象专业。据统计，仅在 1955—1965 年 10 年期间，中央气象局所属的这三所中等专业学校共招收培养中专生 6655 人。这三所学校的毕业生分配到全国气象台站后，大多成为台站的业务骨干，在业务技术和思想表现上都获得好评，深受用人单位欢迎。

为满足国家第一个五年计划期间气象站网建设需要，特别是在 1958 年大跃进的形势下，多数省（区、市）气象局也纷纷创办气象中等专业学校。1959 年 8 月，中央气象局在河北保定召开了第一次全国气象教育工作会议，总结交流了大跃进以来干部培训的经验。会上提出：今后中央办校，无论高校或中专，均是少数重点学校，属于提高性质，在数量上并不能满足各自治区的需要，所以地方也必须培养高等和中等技术人员。培养中等技术人员有三种形式：第一是自办独立的中技校；第二是本省（区、市）中等农林水利等学校开设气象或农业气象专业；第三是几个省（区、市）协作合办中等技术学校。这次会议后，省属气象中等专业学校得到迅速发展。到 1961 年止，共有 22 个省（区）先后成立了气象学校（或设立气象班），培养中专生 3800 多人。

由于缺乏工作经验，加上 1958 年大跃进的影响，我国气象中等专业学校发展太多太快，教学质量的提高颇受影响。1962 年，按照教育部关于中央各部委所属中等专业学校调整的要求，中央气象局仅保留了 3 所直属中等专业学校：北京气象专科学校中专部、湛江气象学校、成都气象学校。1963 年，根据教育部《关于核对保留中等专业学校名单的通知》，除上述三所中专学校外，另列上了四川省气象学校。后经有关省（区）批准，1965 年湖北省气象学校恢复招生，新疆维吾尔自治区也成立了伊犁气象学校。

1966 年"文化大革命"开始，气象中等教育中断。中央气象局直属的北京气象专科学校和湛江气象学校于 1969 年 12 月 4 日被撤销。保留下来的成都气象学校，1973 年 9 月至 1977 年 1 月共招收、培养气象观测、通信、雷达、高空专业中专毕业生 493 人，其中，1973 年招收两个西藏民族班学习气象通信，1976 年 7 月毕业，81 人回西藏参加工作。省属气象学校"文化大革命"一开始就停课闹革命，接着就停办、撤销，1973 年以后逐步恢复了少数学校。1973 年至 1977 年，共培养中专生 1402 人。

"文化大革命"后，特别是党的十一届三中全会后，各省、自治区、直辖市气象部门为解决气象人才不足的燃眉之急，纷纷恢复、新建气象中等专业学校，到 1984 年全国已达 21 所。

1979 年，湛江气象学校开始恢复，并于当年开始招生。1980 年 4 月，江西南昌气象学校和甘肃兰州气象学校划归国家气象局与地方双重领导，以中央气象局领导为主。1980 年 11 月，经教育部批准，湛江气象学校和兰州气象学校列为重点中专学校，南昌气象学校列为中央气象局重点中专学校。三所中等专业学校按重点中专学校的要求，进行了全面建设。1977 年至 2000 年，三所学校共毕业普通中专生 15107 人，其中为本部门培养的学生 8442 人，这些毕业生成为当时基层台站的一支重要力量。

2000 年，根据国家教育体制改革的总体要求，中国气象局所属兰州、南昌、湛江三所中专学校移交地方政府管理。各省、区气象局所属中专学校（除河北、安徽、湖北、四川、新疆等以外），相继撤销或改建为气象培训中心。

2. 气象高等教育

为适应气象事业和气象科学发展对高层次人才的需要，从 20 世纪 50 年代初期开始，气象高等教育得到发展，并先后创办了三所气象高等院校。

1953 年 12 月 29 日，经政务院批准，在原军委气象局气象干部学校的基础上，成立了北京气象专科学校，转归中央高等教育部领导，著名科学家、原军委气象局局长涂长望兼任校长，从此，我国有了第一所专门培养气象人才的高等院校。1955 年 8 月 27 日，国务院、国防部批示："为适应军队建设需要，现决定将北京气象专科学校拨归军队建制，更名为'中国人民解放军气象专科学校'。"

鉴于北京气象专科学校已转归军队建制，1956 年中央气象局向高教部提出在北京气象学校招收 200 名高中毕业生，开办气象预报特别班，按专科生待遇。当年招生 101 名，学习天气预报，学制二年。这是以后改为北京气象专科学校的基础。1960 年 4 月，经国务院批准，北京气象学校扩建为北京气象专科学校，设天气预报专业，学制两年(以后改为三年)。

1959 年 10 月，中央气象局决定建立南京气象学院并报国务院审批，1960 年 1 月 12 日教育部正式批复：同意以南京大学气象系为基础，成立南京大学气象学院，将来学院独立后南京大学仍保留一个气象系，设天气与动力气象学系、气候学系、大气物理学系、农业气象学系，各设 1 个专业，学制五年，规模 2000 人。该学院作为中央气象局直属单位，委托江苏省代管，并于 1960 年秋季招生 168 人，与南京大学气象系合并上课。1963 年南京气象学院建设已初具规模，60 级至 63 级 4 届学生总数已达 591 人。1965 年 7 月，首届学生 136 人毕业。"文化大革命"中，南京气象学院中断了招生。1972 年 5 月至 1977 年 2 月，共培养了 5 届三年制大学普通班学员共 924 人。

"文化大革命"后，气象院校得到了迅速恢复与发展，特别是在 1978 年，三所中央气象局直属高等院校获得国家的大力支持。2 月南京气象学院经批准被列入全国重点高校之一；4 月批准成都气象学校扩建为成都气象学院；12 月教育部同意恢复北京气象专科学校(该校于 1984 年 2 月被批准扩建为北京气象学院)。

经过若干年的努力和发展，南京气象学院已成为气象类学科专业齐全的全国重点高等院校。成都气象学院已办成了"理工结合，以工为主；气电结合，以电为主"的院校。北京气象学院 1984 年开始招生本科生，1990 年被国家气象局调整为以高层次的继续教育为重点的高等院校。据统计，南京气象学院 1981 年至 2000 年，共毕业本科生 5820 人，普通专科生 4214 人；成都气象学院自建院至 2000 年，共毕业本科生 3665 人，专科生 2869 人；北京气象学院 1978 年复校后至 1998 年共毕业本科生 631 人，普通专科生 817 人。至 2000 年底，南京气象学院已建 7 个系，17 个本科专业；该院还设有研究生部和气象科学研究所，并且是世界气象组织区域气象培训中心。成都气象学院已建 9 个系，13 个本科专业，并设有成人专科、函大和夜大。

2000 年，国务院进行了部属院校管理体制改革，南京气象学院和成都气象学院实行了中央和地方共建、地方管理为主的管理体制。隶属关系改制后的南京气象学院和成都气象学院分别改建为南京信息工程大学和成都信息工程学院，并继续以局校合作的形式，为气象部门承担气象学历教育工作。北京气象学院于 1999 年经中央编制办公室批准转建为中国气象局培训中心。

三、研究生教育

20 世纪 50 年代，中央气象局没有直属高等本科院校，而当时的科研单位也不具备培养研究生的条件。1955 年，为适应气象事业发展需要，国家首次选派章基嘉、张家诚、杜行远、黎光清同志到原列宁格勒水文气象学院攻读研究生，这几位同志后来均取得了原苏联副博士学位。到 20 世纪 60 年代，我国气象部门才开始摸索，并逐步建立研究生培养体系。

1. 硕士研究生培养

1964 年，中央气象局气象科学研究所首次在气候学专业招收研究生，学制为 3 年。1965 年又分别在天气动力学专业和气候学专业招收硕士研究生。两届共招生 5 人，后因“文化大革命”而中断招生。

1978 年，我国恢复研究生招生制度后，中国气象科学研究院成为国务院学位委员会首批批准的硕士学位授予单位之一，也是大气科学学科专业最齐全的招生单位。招生专业包括天气动力学、气候学、大气物理、大气探测和大气遥感、大气环境、农业气象等。同年，中国气象科学研究院首先恢复了天气动力学专业和气候学专业硕士研究生招生工作。1981 年 11 月，国务院学位委员会批准中国气象科学研究院为硕士学位授予单位。1998 年，国家对学科专业进行了调整，将大气科学学科的 6 个专业调整为 2 个专业，即气象学专业和大气物理学与大气环境专业。2006 年 1 月，国务院学位评定委员会正式批准中国气象科学研究院为大气科学一级学科硕士学位授予点。

南京气象学院 1978 年开始招收硕士研究生，其研究生教育大致经历了三个时期：1978 年至 1985 年为独立招生阶段；1986 年至 1997 年为与中国气象科学研究院联合招生阶段；1998—2000 年（管理体制改革时）又恢复独立招生。自 1981 年国家开始实行学位制度后，经国务院批准，该校在天气动力学、气候学、农业气象学、大气物理学、大气探测学 5 个专业有硕士学位授予权。

据统计，自 1964 年至 2008 年，中国气象科学研究院与气象学院共培养了硕士研究生毕业生 576 名(含联合培养人数)，其中有 80%以上的硕士研究生被分配到气象部门工作，现已成为气象科研、业务和教学工作的骨干力量，在气象现代化建设中发挥了重要作用。图 7.6 为 1964—2008 年硕士招生和毕业人数情况。

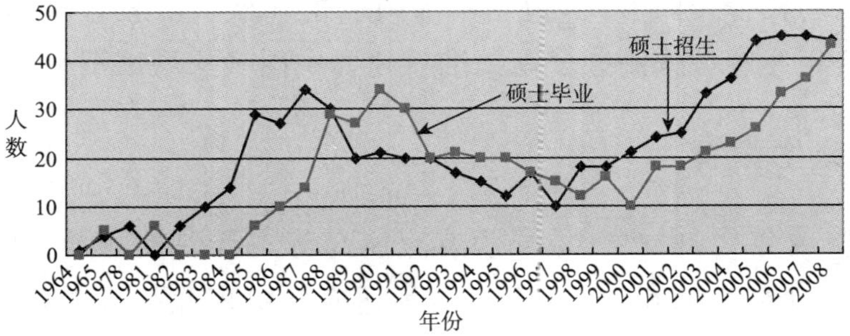

图 7.6　1964—2008 年硕士招生和毕业人数情况

2. 博士研究生培养

我国的博士研究生招生可以追溯到 1987 年。当年 7 月，国务院学位委员会批准了周秀骥(原中国科学院大气物理研究所博士生导师)、秦曾灏(原山东海洋学院博士生导师)、廖洞贤分别为中国气象科学研究院大气物理和天气动力专业的博士生导师，并在当年招收了 3 名博士生。

1993 年，国务院学位委员会批准了中国气象科学研究院与南京气象学院(以下简称“两院”)联合申报博士学位授权单位和天气动力学专业博士学位授权点；1994 年 9 月首次招收 2 名博士研究生入学，从而使“两院”完善了两个层次的研究生学位教育；1998 年又批准了“两院”联合申报的大气物理学与大气环境专业博士学位授予点，培养方式为独立招生和独立培养；2003 年 10 月，国务院学位委员会正式批准中国气象科学研究院可单列博士生招生计划，与有学位授予权的单位开展联合培养博士生工作。2003 年 11 月，中国气象科学研究院与中国科学院研究生院签订了联合培养博士生的合作协议，并从 2004 年开始单列博士研究生招生计划。此外，2003 年，中国气象科学研究院根据中国气象局与美国大学大气研究联合会的协议，开展联合培养博士研究生的工作。1990—2009 年，中国气象科学研究院共培养博士研究生生(毕业生)96 名。图 7.7 为 1985—2008 年博士招生和毕业人数情况。

目前，中国气象科学研究院已拥有一支年龄结构合理、专业水平高、综合素质好的指导教师队伍，其中有博士生导师 34 名，硕士生导师 83 名。他们都是我国大气科学各个领域的知名专家、学者和学科带头人，积累了丰富而宝贵的研究生培养经验。

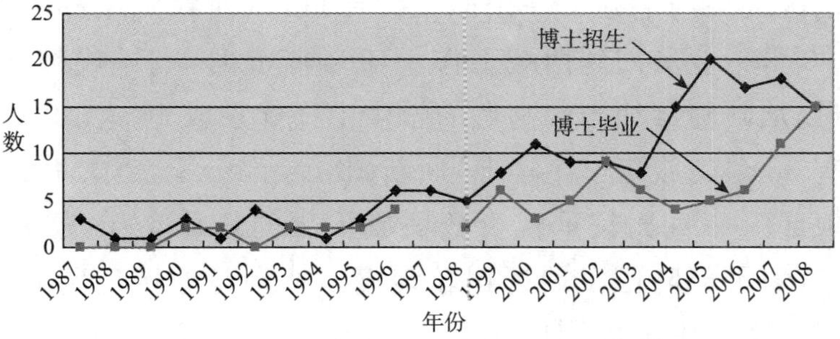

图 7.7　1985—2008 年博士研究生招生和毕业人数情况

四、民族地区气象人才培养

促进民族发展、支援地区建设一直是新中国发展的显著特征。建国不久，中央就开始关注民族地区气象人才的培养。从举办短期的培训班到专门设立民族班，从学校培养民族地区气象人才到通过重点投资局校合作大力开展定向培养，充分显示了国家对民族地区气象工作的亲切关怀和高度重视。

20 世纪 50 年代初期，中央气象局提出：开展少数民族气象技术干部的培养，是开展少数民族地区气象工作的关键。要求气象教育工作把对少数民族气象技术干部的培养作为重要任务，由此开始推动民族地区专业人才的培养。

1952 年，西南军区气象处首先在西南气象干部训练班招收培养了一批少数民族气象人员。这 10 位学员是从西南民族学院挑选的，大部分是藏族和彝族，在毕业后都回到本民族地区基层气象台站工作，为新中国气象事业的创建作出了贡献。1955 年，招收民族学生的气象班开始出现。新疆气象局当年就在自治区农业学校成立了气象班，招收维吾尔等民族学生，经过 1 年的汉语学习后，再学习气象，总共培养中专生 114 名。北京气象学校改为中专学校后，1955 年暑假气象专业招收 500 名学生，其中就特设一个少数民族班。到 1956 年共有 12 个少数民族（含蒙古、藏、维、苗、彝、回、羌等民族）、100 多人参加了民族班的培训。1959 年 7 月，新疆维吾尔自治区气象局从自治区农校气象班中选拔 32 名优秀结业生，先到中央民族学院学习汉语，1961 年 9 月到北京气象学校再学习气象专业，1963 年毕业。1961 年，新疆伊犁气象学校成立，新疆气象局把培养新疆少数民族气象专业人才作为学校的一项主要任务，至 1962 年，毕业民族学生 68 人。

此外，这个时期，云南、内蒙古等省(区)也通过委托院校培养等方式培养了一些少数民族气象人员，担负当地民族地区的气象工作。1975 年，南京气象学院为西藏自治区气象局举办了一个职工大专班，从西藏气象部门抽调 13 名藏族干部入校学习，毕业后回到西藏工作。1984 年 6 月 8 日，成都气象学院为新疆举办民族班，从新疆参加当年高考的学生中择优录取 40 人。1990 年 7 月，成都气象学院有 38 名民族班学生毕业，回新疆气象局分配工作。

虽然气象部门一直比较重视少数民族干部的培养工作，但是由于历史原因，少数民族气象干部队伍发展还比较缓慢。特别是地域辽阔的西藏自治区，至 1979 年，气象队伍中藏族同胞仍只占 20%。1980 年，中央气象局给国务院写了《关于巩固西藏气象工作的请示》，提出用 10 年时间，建成一支以藏族为主体的气象队伍。为落实这个目标，决定由南京气象学院承担西藏高级气象人才的培养任务，兰州气象学校承担西藏中级气象人才的培养任务。1981 年，招生工作掀开序幕。南京气象学院在高考时招收藏族高中毕业生 20 名。1982 年，委托中央民族学院从 1982 年起至 1986 年，每年在西藏高考生中招收 25 名藏族高中毕业生，补习 1 年高中文化后，合格者转入南京气象学院学习。1981 年起，每年都从西藏招收 40 名藏族初中毕业生到兰州气象学校学习。

1984 年，开始因地制宜地思考民族地区气象人才培养的新格局，不同院校的定位与发展方向逐渐发生变化，民族地区的气象院校也将其重心回在本地区的人才培养上。尤其是当年 10 月在南京召开的气象教育工作会议上，正式颁发了《关于加强和改革高中等气象教育的意见》，明确提出：三所直属中专学校面向全国招生，内蒙古、新疆、青海民族地区的气象学校主要是办好民族班，承担本地区民族干部的培养。此后，多数省属气象学校转向本民族地区的在职培训。

1989 年，国家气象局在西藏召开西藏气象教育工作会议，根据西藏气象干部队伍的发展情况和西藏普通教育的发展情况，决定不再在南京气象学院和兰州气象学校专设西藏民族班，每年招收学生直接进入气象院校的普通班学习。兰州气象学校除继续招收少量的探空专业藏族学生外，气象专业改由南昌气象学校招收藏族学生，气象通信专业由湛江气象学校招收藏族学生。从此，西藏气象干部的教育工作走向了正常化、正规化。

据统计，南京气象学院在 1980—2000 年共举办 9 个民族班，毕业 145 人，1 个职工民族班，毕业 13 人。兰州气象学校在 1980—2000 年共举办 8 个民族班和 2 个职工民族班，毕业 372 人。青海省气象学校共培养少数民族中专生 202 人。南昌气象学校培养民族学员 51 人。湛江气象学校培养民族学员 27 人。

1977—2000 年，新疆气象学校共毕业学生 942 人，为民族地区气象事业的发展提供了坚实的人才保证。

进入新世纪以来，中国气象局积极支持民族地区气象部门与相关高校合作，采取多种方式联合培养大气科学类专业本科学生，充实到基层台站。特别是 2009 年，中国气象局分别与南京信息工程大学、成都信息工程学院签订协议，委托这两所高校为西部少数民族地区气象部门定向招生培养专业人才，并在经费上给予大力支持。局校合作的全面启动，推进了民族地区与中央、地方院校的多边合作积极互动，开启了民族地区气象人才培养的新征程。

经过近 60 年的努力，全国气象部门民族专业人才的教育得到了全面发展，各民族地区的气象专业队伍中少数民族干部的比例都得到显著增长。截至 2008 年底，西藏、新疆、内蒙古、青海和宁夏气象系统少数民族干部分别达到 70.5％、23.1％、22.7％、21.1％和 14.3％。

五、在职学历教育

60 年来，气象职工在职教育工作坚持以全面提升气象人才队伍的文化知识和专业水平为重点，在不同的历史阶段，通过开展文化技术补课、大中专函授及在职研究生培养等多种形式，大幅提升了气象人才队伍的科技文化素质，适应了气象事业发展需要。

选派在职干部参加培训是早期的主要途径。1955 年开始，中央气象局就选送短训班毕业的气象技术人员到空军 2549 部队学习两年半，达到相当大专程度。1957 年，中央气象局决定在当前气象中专学校招生时从气象台站招收 200 名干部进行培养，各省气象学校在此后的中专招生时都注意招收了一些在职干部进行系统提高。

函授班成为 20 世纪 50 年代末期到 60 年代中后期提升气象台站业务人员素质的重要形式。1958 年，中央气象局与北京大学地球物理系联合开办了气象大专函授班，8 年共连续招收大专生 800 多人；同年在北京气象学校开办了中专函授，连续 8 年招生 500 多人。1959 年起，连续 7 年在成都气象学校开办气象函授班，共招生约 600 人。从 1958 年起开办的气象函授班，尤其是与北京大学合办的气象大专函授，教学质量较高，毕业的学员工作水平显著提高，深受气象台站的欢迎。可惜的是中专函授坚持率不大。此后，由于“文化大革命”，气象函授学员未能完成学习任务。

“文化大革命”时期，南京气象学院在校内教学任务不多时，组织教师到各地开展短期训练试点，为气象台站业务人员补课。1971 年开始，在校内先后举办天气预报班 2 期，培训 533 人；1973 年与南京大学气象系、北京大学地球物理系、中国科学院大气物理研究所联合举办了统计预报进修班，共培训 212 人。

"文化大革命"的 10 年，造成了气象专业队伍"三低一少"（业务水平低、文化水平低、管理水平低、业务骨干少）的状况。据统计，1976 年，具有中专文化业务程度的人员仅占全国基层台站人数的四分之一；气象观测人员中只有少数是"文化大革命"中毕业的中专生，大部分是未经培训便参加了工作。

针对"三低一少"的状况，1981 年，中央气象局在武汉召开全国气象教育会议，明确提出：不到中专水平的职工，要有相当一部分达到中专水平。从此，中央气象局三所直属中专学校和各省直属中专学校先后举办职工中专班。到 1983 年底，举办职工中专班的气象学校达 28 所，在校生达 2500 人。1988—1993 年，先后有 16 所气象学校开办中专专业证书班。1981—1997 年，气象中专学校共毕业职工中专生约 9500 人，中专专业证书班 1229 人。

20 世纪 80 年代，职工教育的经常化、制度化、正规化成为这一时期教育培训工作的主要原则，干部专修科和干部培训班因此成为大力支持、影响深远的教育培训形式。特别是 1982 年教育部、国家计委、财政部联合发布《关于高等学校、中等专业学校举办干部专修科和干部培训班暂行办法的通知》后，国家气象局立即在成都气象学校试办了 50 位学员参加的干部专修科。1983 年，南京气象学院和北京气象学院也相继举办干部专修科。1984 年，国家教委还批准北京气象学院成立气象高等函授中心，当年在北京、黑龙江、安徽、四川、广东、江苏等省及国家气象局大院内各单位开始招生 100 人，1985 年以后招生范围逐步扩大到全国各省（区、市）气象部门。1988 年，成都气象学院经国家教委同意增设了电子技术及应用专业大专函授。80 年代，部分省（区、市）气象局因地制宜地举办了气象大专班，如辽宁省气象局经省高教局批准，分别于 1980 年和 1982 年举办了气象职工大学，分别招生 47 人和 35 人；1982 年，内蒙古、贵州气象局也分别与当地电视大学合办电大气象班，共录取在职气象人员 51 名；云南省气象局则在 1984 年举办了气象局大专班。

1984 年是中国气象教育工作值得纪念的一年。这一年，在南京，国家气象局召开了全国气象教育工作会议，对教育工作的目标、内容、发展方向等进行了明确：要"进一步加强气象职工教育，努力提高气象队伍素质"，要求初中文化补课未完成的，最迟在 1985 年底完成；已具备初中文化的，力争 1990 年前有 60% 左右达到中专或高中毕业；已具备高中和中专毕业的，选择有培养前途的，通过干部专修科、大专函授、电大、职大以及自学考试等，至 1990 年争取有 25% 约 5000 人达到大专毕业水平；已具备大专水平的要积极参加继续教育。科研、业务、教学、管理工作人员，要在3年左右普及电子计算机应用技术。中高级业务、科研人员要加强外语培训。非气象类专业大专毕业生分配到气象部门工作之初要进行3～6个月的气象知识培训。气象教育要实行一套网络，完成普通教育与职工教育两项并行的教育任务。直属院校必须承担普教与职教双重任务，缺一不可。省属气象中专学校，除少数民族地区和人才奇缺的个别省（区、市）外，其他省属气象中专学校都停止对外招生，转为在职培训。

1984年之后的气象教育，焕发了蓬勃的生机。气象成人教育的形式逐步多样，层次也进一步提升，如1985年，国家气象局经国家教委同意，请北京市高等教育自学考试办公室牵头，开办自学考试气象专业，并通知北京气象学院成立气象高等教育自学考试办公室，两年之后在北京、陕西、河北、内蒙古等地开考；1987年2月，经国家教委批复，南京气象学院作为单独考试试点单位开始招收在职人员攻读硕士研究生。从此，气象成人教育紧紧围绕气象事业现代化建设和气象专业队伍的建设，经历恢复发展、调整提高，由单纯的文化、技术补课发展到较高层次的继续教育，由中专、大专发展为培养硕士、博士研究生的教育，由单一的院校教育发展为电大、函授、自学考试多种形式相结合的教育。

据统计，截至1985年全国气象部门共有1.8万多人参加了文化补课并达到初中毕业水平；有1.7万多人参加了技术补课，达到工作岗位应知应会的要求。1980—1996年通过高中等气象院校及其他渠道共培养职工中专生9000多人，专科生5800人，本科生680人，硕士生171人，博士生9人。截至1997年，三所气象学院干部成人脱产班毕业3938人，大专函授毕业2045人。2003年以后气象部门通过在职学历教育培养的本科学历人员3840人，硕士732人，博士92人。

六、在职培训

1954年，气象部门由军队建制转为地方建制后，中央气象局十分重视职工培训。在《一九五四年全国气象工作的指示》中便强调：在职干部的业务学习，必须予以重视。从此，全国气象部门从上到下，广泛开展在职培训。

1954—1955年，根据当时台站建设和业务工作需要，举办了2期气象站主任和在职观测员轮训班，轮训干部186人。

1955年，中央气象局在北京筹建了干部轮训班，1956年2月，第一个轮训班开学；截至1957年，北京气象干部轮训班共举办10多期，轮训干部500多人。这些轮训班主要是中央气象局各有关业务管理部门根据业务工作开展需要而举办的，学习内容紧密结合业务工作实际，时间一般3～4个月，旨在经过轮训以开展新的业务技术工作或提高业务服务质量。

之后，由于北京气象学校已建立起来，1957 年，中央气象局决定北京气象干部轮训班与北京气象学校合办一个科以上干部训练班，干部轮训任务以后逐步转移到北京气象学校，至 1957 年底北京气象干部轮训班正式撤销。在同一时期，省以下气象部门也举办了各种轮训班，有计划地培训了初级技术人员和台站领导干部。截至 1958 年，中央气象局直属气象学校共轮训 1200 人，各省气象学校共轮训 2600 多人。

1990 年，气象院校布局和任务的调整，是在职教育发展史上的一个里程碑。该年，中国气象局在成都召开全国教育会议，进一步调整了省属气象学校的布局和任务；并决定将北京气象学院的任务调整为以成人教育，特别是较高层次继续教育为重点的高等学校，充分发挥北京地区人才和装备优势，努力把其办成较高层次继续教育的基地。会议还明确了北京气象学院今后承担的主要工作，包括气象部门天气动力学专业的成人大专学历教育（含干部专修科和大专函授）、工程师以上人员的继续教育、处以上气象管理干部培训、国家公务员培训、国家气象局机关党员干部培训、大专以上学历转岗培训、非气象专业人员上岗培训以及其他培训任务。

为实现干部队伍革命化、年轻化、知识化、专业化，各级气象院校纷纷举办领导干部轮训班，提高了领导干部的综合素质和管理水平。1981—1991 年，南京气象学院和北京气象学院共培训处级和司局级领导干部 400 多人次；与此同时，各省（区、市）气象部门也依托省气象学校举办了处科级领导干部和气象台站长培训班，广泛地轮训了气象台站长和处科级领导干部。

在开展干部轮训的同时，还紧密结合气象事业现代化进程，围绕气象学科的发展，依托气象学院或气象学会举办了新知识、新理论、新技术的培训，如动力气候、高等天气学、近代气候学、非线性大气动力学、中尺度对流系统的诊断和预报等。1979—1997 年，参加培训的人数达 15 万人次以上。

为适应国际学术交流、交往的需要，开展了外语强化培训。除中国气象局 3 所学院举办了英语、俄语等班外，还委托北京外语学院举办了 12 期英语班，培训全国气象部门学科带头人和业务骨干计 150 人。各省（区、市）气象部门也举办了一些外语培训班，1978—1991 年共培训 1.6 万人次。

请进来，走出去。改革开放以来，在开展外语强化培训的同时，气象部门还大力选派外语能力强、专业基础好的人员赴国外参加培训。充分开发部门内外、海内外各种教育培训资源，通过与国内外教育、科研机构和相关国际组织的广泛合作，建立双边或多边科技协作关系，通过申请世界银行贷款、互派专家学者等方式，选派了近2000人次出国工作、学习深造、参加学术会议以及进行学术考察和访问，大力培养了具备国际视野的气象专业人才。

1999年，北京气象学院转建为中国气象局培训中心。之后，许多省级气象局也相继撤销了一批省属中专学校，将其转建为省级培训中心。截至目前，全国31个省级气象部门中，独立设立培训机构的省份共有13个，与其他单位联合的有11个省份。10年来，各级培训中心紧紧围绕气象事业发展需求，不断加强培训能力建设，积极创新培训内容，不断改进培训方式，努力提高培训质量，已初步建立了以国家级、省级培训中心为主体的气象培训体系。

而今的中国气象局培训中心，经过10年的努力，已逐步建成国际先进、国内一流、办学条件优越、师资队伍精良、运行机制完善、能高质量完成多种重要培训任务的气象继续教育和高层次岗位培训的国家级基地，实现了从学历教育向气象继续教育和岗位培训的平稳转型。目前，已初步建立以“两个基地（领导干部培训基地、预报预测人员培训基地）、三个平台（气候系统监测和气象预报预测培训共享平台、气象远程教育培训与资源共享平台、气象科技信息与情报共享平台）”为核心的教育培训业务体系；形成了以图书情报与信息服务为支撑，以现代气象业务培训、领导干部培训、气象远程培训以及国际培训为重点的事业发展新格局。

气象业务技术培训显著加强。探索开发了一系列以提高预测准确率、气象防灾减灾、应对气候变化以及气象重大工程建设为重点的培训班，配合9210工程、自动气象站、新一代天气雷达系统等重大气象现代化工程建设，开展了大规模技术培训，有效保障了新业务的开展和现代化建设效益的发挥。组织开展了大规模的预报员、人工影响天气等岗位培训及一系列新技术、新方法的推广应用培训。10年来，共培训各类气象业务骨干22095人次，在预报员队伍建设、新业务及新技术推广应用等方面发挥了重要作用。

干部教育培训深入开展。已形成司局级领导干部的专题研讨班、处级领导干部培训和地县局长示范班等系列培训班型。截至2008年，培训中心共举办19期司局级领导干部培训、99期各类处级领导干部培训、9期县局领导干部培训（示范班），共培训司局级领导干部600余人次，处级领导干部3000余人次。

国际培训领域积极拓展。2003年世界气象组织南京区域气象培训中心北京分部正式挂牌以来，加强了与国家商务部、科技部、世界粮农组织等部门的合作，积极开展有关干旱和水资源、防灾减灾、气候变化、气象卫星应用、临近预报等各类国际培训并形成一些骨干班型，截至2008年7月，已培训外籍学员352人（含双边培训）。此外，培训教师还走出国门开展国际培训，如赴越南开展国际培训3期，已经为越南培训学员近150名。

据统计，中国气象局培训中心从1999年起，累计举办各类在校培训班686期，在校培训学员24725人次，培训量达到463180人天数。

此外，中国气象局培训中心还初步建立了具有中国特色的以其为主站、以省级气象局培训中心为二级站，以地、县级气象局为学习点的三级远程培训体系。远程教育培训的开播，标志着气象远程培训迈上了新的台阶。截至2008年底，举办各类远程培训达45期，开设各类课程近60门、400余学时，参加培训的人员已超过18万人次。由于远程培训的灵活性、经济性和便利性，在今后气象教育培训中还具有很大的发展空间。

第五节 干部人事制度改革与创新

改革开放30年来，气象部门为适应气象现代化建设和气象事业发展，在干部制度、人事管理等方面进行了大胆改革，采取了一系列重大举措，有效地推进了人才队伍建设。

一、干部选拔任用和管理制度改革

党的十一届三中全会后，中国气象局历届党组认真贯彻党的一系列干部人事制度改革政策，按照党的干部"四化"方针和德才兼备的原则，坚持不懈地推进干部选拔任用工作改革。经过几十年的探索和实践，现已形成了在考察内容、考察范围、考察方法和选拔任用方式上比较完善的程序和规定。

1. 干部选拔任用工作改革

20世纪80年代，为了保证干部考察的准确性，逐步完善了领导干部考察选拔办法，在干部考察工作中增加了书面民主推荐程序，改变了以往干部考察只进行个别谈话的做法，从而更加准确地了解民意。1991年底，国家气象局党组在调整局机关司局级领导班子时，探索了笔试、面试和常规干部考察相结合的方法，取得了良好效果。1995年，为了提高拟任领导干部的现代化水平，根据拟任干部实际情况，中国气象局安排部分干部在提任前进行一段时间的参观学习活动，以开阔其眼界，提高对气象现代化的认识，也在此过程中进一步考察了解干部，最终确定干部是否任用。2001年，经中国气象局党组研究，首次面向海内外公开招聘中国气象科学研究院院长，在选人用人上进行了新的探索，取得了很好的效果。

20世纪90年代开始，较早地探索和贯彻干部工作中的公开、民主原则，试行发布干部考察预告，提前把考核工作的安排和要求，如补充调整人选的岗位、拟补充人选应具备的资格条件、考核的方式与考核的时间、考核组的组成人员与联系方式及监督电话等以公告的形式予以公布，尊重群众的知情权、参与权、选择权及监督权。从2000年开始，在进一步改进并全面实行干部考察预告制的同时，又逐步试行差额考察和考察对象述职制度，在民主推荐的基础上，研究确定差额考察对象，将差额考察对象的基本情况进行公告。在民主测评前，由考察对象进行述职，使群众能够了解考察对象的整体情况，以利于全面评价干部。

为了提高干部选拔任用工作的质量，严把选拔任用干部入口关，2000年起，气象部门对新提任的处以上领导干部实行任前公示制。2002年又推行干部任职试用期制，制定下发了《气象部门领导干部任前公示试行办法》，转发了中央组织部关于《党政领导干部任职试用期暂行规定》，并结合部门干部工作实际，拟定下发了《进一步完善领导干部任职试用期满考核及管理工作的意见》等。根据这些办法和规定，对新提任的处以上领导干部进行了任前公示，并明确了试用期。实践证明，这些做法对扩大群众监督、严把干部入口、选准选好干部产生了积极作用。

2002年，《党政领导干部选拔任用工作条例》颁布以后，中国气象局党组结合部门实际，制定了《关于贯彻落实〈党政领导干部选拔任用工作条例〉的实施意见》，进一步强调了选人用人的原则、标准、程序和纪律，细化了选人用人的条件、资格，特别是针对《条例》中规定比较原则但具体操作中又亟须规范的一些问题，比如破格提拔的条件、最高任职年限、干部交流等，在总结经验、集思广益的基础上进行了大胆探索，尽可能作出明确规定，有效地指导了气象部门干部工作。

随着考察任用干部改革的不断深入，近年来，中国气象局机关和省（区、市）气象局曾多次采取公开选拔、竞争上岗方式选拔干部。2001年以来，先后4次面向海内外、面向全系统和社会相关单位公开选拔近20名司局级领导干部。与此同时，多次采取竞争上岗的方式调整补充机关司处级干部。2004年上半年，面向机关和直属单位，以竞争上岗的方式，选拔任用了50多名司处级领导干部。2005年10月，面向全国气象系统采取竞争上岗的方式选拔11个省（区、市）气象局副局级领导干部，这些做法在全系统内产生了比较积极的影响。

2. 干部管理、监督工作改革

在干部管理工作中，不断探索领导班子和领导干部考核评价方法，加强领导干部的管理与监督。

1995 年 12 月，人事部发布《事业单位工作人员考核暂行规定》，要求对事业单位工作人员实行年度考核，并规定年度考核的基本程序是首先由被考核人总结、述职。按此要求，中国气象局于 1995 年底开始实行领导干部年度述职制度，并在全国气象部门逐步建立并实行了领导干部述职、群众评议测评、群众意见反馈、整改措施制定等一整套关于领导干部的评议考核制度。自 2001 年以来，逐步建立起中国气象局内设机构，直属单位和省(区、市)气象局主要负责人进京集中述职述廉述学制度，大大增进了对领导干部的全面了解，提高了干部的考核质量，成为发扬干部工作民主，增进群众的参与意识、监督意识及领导干部的公仆意识的有力措施。

气象部门自 20 世纪 80 年代初期逐步实行垂直管理体制以来，为振奋各级领导干部的改革精神，转变工作作风，结合领导班子的结构调整，不断加大干部交流制度，对部分领导干部进行了跨部门、跨地区、跨单位等多种形式的交流，收到了较好效果，不仅改善了领导班子的结构，提高了领导干部的自身素质，也提高了各地区、各单位的整体管理水平，激发了领导干部队伍的生机和活力。

1995 年 10 月，中国气象局党组从局机关选派了 9 名新提拔的副司局级领导干部到省级气象局挂职锻炼。自此，中国气象局每年均选派一定数量的优秀年轻干部上挂或下派。在选派上挂下派干部时，充分考虑挂职干部的特点和挂职单位的实际需要，按照既有利于挂职干部的全面锻炼，也有利于促进挂职单位工作的目的，进行合理安排，收到了较好的成效，达到了“锻炼干部”和“促进工作”的双重目的。

逐步完善了干部监督机制。2000 年开始建立人事纪检联席会议制度，定期交流干部情况，促进和加强了对干部的监督管理。2009 年建立了巡视制度，制定并印发了《中国气象局巡视工作暂行办法》，进一步加强了对领导班子和领导干部的监督。实施了干部任职前公示制度，提高了选人用人的透明度。实行了干部任职试用期制度，进一步保证了组织上选准用好干部。

不断完善后备干部管理制度，使后备干部在改革中经受锻炼。2003 年 6 月，中国气象局党组制定了《气象部门领导班子后备干部工作办法》，规范了气象部门领导班子后备干部的选拔、培养、管理和使用。2009 年 4 月，根据气象事业发展的新形势和气象部门干部队伍实际，中国气象局党组制定了《气象部门领导班子后备干部工作规定》，对加强新时期气象部门后备干部工作提出了具体要求。气象部门在健全包括后备干部数量、条件、选拔、培养、考核和管理等一整套办法的同时，重点改变了只注重选人，忽视培养，坐等“自然成长”的做法。一方面加强对后备干部的政治思想教育,提高他们的政治素质;另一方面加强他们多方位专业知识的培训和管理能力的培养。通过送后备干部进党校和各类培训班学习,采取到基层单位挂职锻炼和岗位轮换等多种培养方式,使后备干部提高了素质,受到了锻炼。后备干部逐步进入各级领导班子,改变了改革初期干部青黄不接的状况,保证了干部新老交替的顺利进行,也基本适应了气象现代化对领导干部的要求。

二、职称评审制度改革

1. 恢复职称评审制度

1949 年 12 月,中央军委气象局组建时,在旧中国留下的专业人员中,只有工程师 23 人。直到“文化大革命”结束,气象部门一直没有建立技术职称评定制度。

1978 年,全国科学技术大会后,中央气象局成立了专门工作班子,开展调查研究,起草职称评审制度和办法,着手恢复职称评定制度工作。1980 年 3 月,国务院科技干部局和中央气象局联合颁发了《关于气象科技干部技术职称评审实施办法》和《气象科学研究人员技术职称评定实施办法》,确定了天气预报分析、气象观测、农业气象、气候资料、气象雷达、气象通信工程、气象计量、气象科技管理 8 类技术干部基础职称的考评标准,标志着中央气象局正式恢复职称评定制度。为了做好气象部门的职称评定工作,制定了具体的评审实施办法,由中央气象局统管技术职称的评定工作,高级职称由气象部门统一组织,包括统一外语考试、统一答辩、统一评审,中级以下职称由各司局级单位组成评委会评定。在刚刚恢复职称评定的 1980 年,在中国气象科学研究院进行了先行试点,在此基础上逐步在全国展开。

从恢复职称评定到 1983 年底,气象部门共评定高级职称 144 人,中级职称 7000 余人,初级职称 22000 多人。高、中、初级职称比例为 1∶49∶153。当时全国气象部门共 4.2 万多专业技术人员,约 70%以上的人员取得了相应的技术职称。但是,由于职称制度本身的缺陷以及经验不足和历史遗留问题过于复杂等原因,全国的职称评定工作中出现了一些问题。国务院决定从 1983 年 9 月开始,暂停职称评定工作,并进行整顿,对已评上职称人员进行复查和验收。

2. 实行专业技术职务聘任制

1986 年 1 月,经中央、国务院批准,改革职称评定工作,实行专业技术职务聘任制度。1986 年 2 月,国务院下发了《关于实行专业技术职务聘任制度的规定》。按照这一要求，气象部门在试点的基础上稳妥地展开了专业技术职务的评聘工作。

1986 年，在全国气象部门选择了不同层次、不同业务性质的若干单位进行试点，如：在京单位选择了中国气象科学研究院，京外单位选择了四川省气象台、内蒙古自治区气象局资料室和广东省气象局江门资料室等。试点单位按照改革要求，在定编、定岗的基础上进行专业技术职务的评聘。通过试点工作，一方面为全国气象部门全面开展专业技术职务评聘工作取得改革经验；另一方面在试点过程中加强宣传和解释工作，使广大专业人员能够支持和参与改革。

根据当时气象部门的实际情况，为了做好职称评聘工作，正研级专业技术职务任职资格由气象部门统一组织评审，副研级专业技术职务任职资格由各大行政区气象部门联合组成评委会评审。随着担任高级专业技术职务人员的增多，中国气象局决定将副研级专业技术职务的评审权下放到各省(区、市)气象局和直属司局级单位。个别高级人才缺乏的单位，允许聘请外省气象专家组成本省的高级评委会，或本单位不组成高级评委会，高级专业技术职务的任职资格委托其他单位的高级评委会评审。副研级高级评委会的组成由中国气象局统一审定。

针对各专业的评审标准存在着过于笼统和难以掌握的问题，中国气象局经过多年的评聘实践，通过大量的调研工作，聘请各专业的专家、学者进行研讨，对评审标准进行修订。1996 年，与原人事部联合印发了《气象工程中、高级技术资格评审条件(试行)》，将气象工程分为天气气候、大气探测、大气物理化学、应用气象等 4 个专业，对评审条件进行了量化。2001 年，制定印发了《气象电子专业中、高级技术资格评审条件(试行)》。2008 年初，制定了《享受教授、研究员同等有关待遇的气象高级工程师任职资格评审条件(试行)》和《气象研究员任职资格评审条件(试行)》，使专业技术职称的评审工作更加规范，评审条件更加符合工作实际，并注重业绩和贡献。以上文件，在不同时期对提高评审的客观性、公正性，保证评审质量起到了很好的作用。

3. 促进人才成长，优秀人才脱颖而出

不拘一格，大力选拔优秀年轻人才。自 20 世纪 80 年代始，中国气象局根据气象现代化的需要，强调要破除论资排辈的思想，大胆选拔优秀年轻干部，并为其脱颖而出创造条件，要求各级专业技术职务评审委员会要解放思想，不拘一格选拔年轻人才。中国气象局还专门下发文件，对选拔 45 岁以下人员担任正研级专业技术职务的推荐办法、评审条件等作了明确的规定，并多次召开正研级高级专业技术职务评审委员会，专场评审 45 岁以下申报人员的正研级专业技术职务任职资格。对首批评审通过的 9 名年轻人员，《中国气象报》还专版进行了特别报道，对激发年轻科技人员的进取精神，为气象现代化多作贡献，起到了极大促进作用。截至2008年底，气象部门45岁以下担任正研级高级专业技术职务的达233人，占正研级人才队伍的49.7%，40岁以下担任副研级高级专业技术职务的达1888人。

三、事业单位用人制度改革

改革开放以来，气象部门采取积极措施，千方百计挖掘人力资源，采取各种形式，通过多种渠道为气象事业现代化建设的发展输送各类急需人才。

1. 毕业生分配制度改革

1985年，伴随国家教育体制改革，大学毕业生分配制度经历了从“统包统分”到“供需见面”、“双向选择”、“自主择业”的改革。改革给予了用人单位挑选毕业生的自主权，为气象部门面向社会公开招聘气象专业优秀人才疏通了供需渠道。通过供需见面，双向选择，避免了统一分配工作的盲目性。气象部门统一组织到高校的人才招聘会，为学校、学生和用人单位牵线搭桥、交流信息，为吸引人才搭建了平台。

2. 劳动用工制度改革

按照国家劳动制度改革的总体思路，结合气象部门的自身特点，气象部门的劳动用工制度改革在吸取和借鉴了企业劳动用工制度改革经验的基础上，从1986年起对新招人员全面实行了合同制。在废除“子女顶替”和“内部招工”制度的同时，对新招人员一律实行面向社会公开，经过全面考核，择优录用为合同制职工。截至2002年底，合同制职工已达3035人。劳动制度的改革初步改变了以往在用工形式上统得过死、包得过多以及单位没有自主权的状况，保证了进人的质量，为气象事业的发展提供了实用的初级辅助性人员。

3. 西部地区用人制度改革

改革开放促进了各地区经济的蓬勃发展，地方气象事业也得到了长足的发展，人才需求矛盾突出。由于地区经济发展和自然环境、人文环境的差异，边远、少数民族地区以及艰苦气象台站对人才的需求尤为迫切。气象部门坚持统筹兼顾、合理安排、合理使用、保证重点、兼顾一般的做法积极开展了人力资源调配的有益探索。通过组织对口支援，派遣内地干部到西沙、西藏、青海等边远、少数民族地区的气象台站轮换工作；通过局校合作，结合高等院校的招生工作，以定向招生、定向分配的方式为边远地区和少数民族地区培养气象人才；通过探索艰苦台站运行机制的改革，开展艰苦台站人员的派遣制和轮换制的试点工作，有效缓解了这些地区人才短缺的状况，为边远艰苦地区和少数民族地区气象事业的发展提供了有力的保障。

4. 实行全员聘用合同制度

2000 年，经过政策调研，并在《深化干部人事制度改革纲要》（中办发〔2000〕15 号）和《关于加快推进事业单位人事制度改革的意见》（人发〔2000〕78 号）文件的指导下，制定下发了《气象部门事业单位聘用合同制暂行办法（试行）》、《气象部门待岗人员管理暂行办法（试行）》和《气象部门分流人员安置暂行办法（试行）》等 3 个文件，在全国气象部门部署了以实行全员聘用合同制度为主要内容的事业单位人事制度改革工作。截至目前，全国各省（区、市）气象部门绝大多数已实行了全员聘用合同制，其中，实行聘用制单位的比例为 95.5%，签订聘用合同人员比例为 95.8%。同时，有的地区还对新进入气象部门的人员实行了人事代理，取得了良好的效果。

自 2006 年实施《事业单位公开招聘人员暂行规定》以来，气象部门新进人员除政策性安置人员外，都面向社会公开招聘，公开招聘进人比例达 96.7%。

改革开放以来，一批国家级气象业务机构相继建立，一大批重点建设项目陆续实施，从改革初期国家气象中心的北京气象通信枢纽工程、国家卫星气象中心的气象卫星资料接收系统工程，到 2008 年北京奥运会气象服务保障工程以及公共气象服务中心建设，为气象部门的人力资源开发和利用创造了契机。一方面通过接收应届毕业生解决人力人才资源的需求；另一方面运用改革带来的人力资源开发与管理的新思路、新政策，以多种渠道、多种方式引进、选调了大批专门人才和技术干部，保证了重点建设单位和重点建设项目的人才供给。与此同时，还为各区域气象中心的建设，气象科研、教育等部门以及国家重点筹建的特种气象观测台站调配了大批专业技术干部。近些年来，为适应气象科技领域的不断创新和气象业务服务领域的不断拓展，气象部门进一步打破部门界限，面向海内外公开招聘事业发展急需的各类高端人才，引进了一批相关专业的科技领军人才，为气象事业的进一步腾飞积蓄了有生力量。

四、事业单位岗位设置管理改革

1987 年，为适应人事制度改革的需要，制定了《国家气象局关于〈气象台站人员编制标准（试行）〉的暂行办法》，规范了省（区、市）各级气象台站以及局机关和直属单位的定编工作；同年，制定了《气象台站及科研机构部分专业技术人员岗位职责(试行)》;1998 年,编制了《省和省以下气象部门基本气象系统岗位设置意见(试行)》,明确了省和省以下气象部门基本气象系统中各类岗位的设置,包括岗位类别、岗位数量、岗位学历要求和职称要求等,为岗位设置管理改革打下了良好的基础。2006 年,原人事部印发了事业单位岗位设置管理试行办法和实施意见,事业单位岗位设置管理工作全面启动。中国气象局作为第一批试点单位于 2006 年启动岗位设置管理工作,全面展开从身份管理向岗位管理的改革工作。2006 年 8 月开始调查摸底,2007 年 2 月完成方案制订,并向原人事部报送实施意见。2007 年 6 月,原人事部批复了中国气象局上报的实施意见,并原则同意该实施意见。根据原人事部的批复,中国气象局在 2007 年 6 月底就及时印发了《气象部门事业单位岗位设置管理实施意见(试行)》,召开了启动大会,正式在全国气象部门部署开展事业单位岗位设置管理工作。

气象事业单位岗位分为管理岗位、专业技术岗位和工勤技能岗位三种类别。气象事业单位岗位总量不超过事业编制总数,其中,管理岗位不超过岗位总量的 14%,专业技术岗位不低于岗位总量的 83%,工勤技能岗位不超过岗位总量的 3%。管理岗位的最高等级根据事业单位的规格、规模、隶属关系,按照干部人事管理有关规定和权限确定,事业单位现行的厅级正职、厅级副职、处级正职、处级副职、科级正职、科级副职、科员、办事员依次分别对应管理岗位三到十级职员。专业技术岗位分为 13 个等级,包括高级岗位、中级岗位和初级岗位。高级岗位分 7 个等级,即由高到低设置为一至七级,其中正高级岗位包括一至四级,副高级岗位包括五至七级;中级岗位分 3 个等级,即由高到低设置为八至十级;初级岗位分 3 个等级,即由高到低设置为十一至十三级,其中十三级是员级岗位。工勤技能岗位包括技术工岗位和普通工岗位,其中技术工岗位分为 5 个等级,即一至五级,普通工岗位不分等级。

2007 年 11 月和 2008 年 7 月,分别批复了各省(区、市)气象局和局直属事业单位岗位设置管理实施细则。截至 2008 年底,中国气象局应纳入岗位设置管理的管理岗位数为 6549 人,已经完成设置的岗位数为 6433 人,完成率为 98.22%;应纳入岗位设置管理的专业技术人员数为 38145 人,已经完成设置的岗位数为 36355 人,完成率为 95.30%;应纳入岗位设置管理的工勤技能人员数为 1678 人,已经完成设置的岗位数为 1662 人,完成率为 99.04%。

五、工资和奖励制度改革

1. 工资制度改革

工资制度在气象干部人事工作中具有重要的地位和作用,特别是在气象人才配置方面，工资起着导向、激励和保障作用。新中国成立以来，按照国家统一部署，气象部门先后进行了 1956 年、1985 年、1993 年和 2006 年的工资制度改革。

1956 年，根据国家有关规定，中央气象局制定了《关于 1956 年全国气象事业单位工资改革方案》，完成了气象部门第一次工资改革，实行了职务等级工资制度。

1985 年，根据国务院颁发的《中共中央、国务院关于国家机关和事业单位工作人员工资制度改革问题的通知》和《国务院工资制度改革小组、劳动人事部印发〈关于实施国家机关和事业单位工作人员工资制度改革方案若干问题的规定〉的通知》，将机关行政人员的工资从以职务工资为主要内容的结构工资制，调整为基础工资、职务工资、工龄津贴、奖励工资四个组成部分。事业单位行政和专业技术人员允许根据各自行业特点执行，既可以职务工资为主，也可以职务工资为主要内容的其他工资制度。气象部门纳入工资制度改革范围，包括中国气象局机关、直属单位，各省（区、市）及计划单列市气象局直属事业单位，地（市）气象局（台）、县气象局（站）的正式工作人员。从 1985 年 7 月 1 日起执行。

1993 年，根据国务院颁发的《国务院关于机关和事业单位工作人员工资制度改革问题的通知》和《国务院办公厅关于印发机关、事业单位工资制度改革三个实施办法的通知》，结合气象部门的实际情况，中国气象局制定了实施意见，进行了工资制度改革。根据实施意见，各省（区、市）气象局机关，根据其职能，由于实行机关职级工资制，不再列入事业单位工资制度改革范围。中国气象局各直属事业单位，各省（区、市）及计划单列市气象局直属事业单位，地（市）气象局（台）、县气象局（站），1993 年 9 月 30 日在册的正式职工，均列入气象事业单位工资制度改革的实施范围，基本完成了机关与事业单位分离的工资制度。

2006 年，根据《国务院关于改革工资制度的通知》、《关于印发〈公务员工资制度改革实施办法〉的通知》、《关于印发〈事业单位工作人员收入分配制度改革实施办法〉的通知》精神，中国气象局下发了《关于印发中国气象局机关公务员工资制度改革等三个实施意见的通知》，在京单位根据实施意见进行了工资改革。各省（区、市）气象局在所在地人民政府统一领导下，执行地方有关工资改革政策文件进行了工资改革。

通过历次的工资制度改革，基本理顺了气象部门收入分配关系，规范了收入分配秩序，基本克服了以往工资制度中职级不符、劳酬脱节以及工资标准过多过繁等问题，使工资同本人担负的职务、职责和业绩结合起来，进一步调动了气象部门广大干部职工的积极性、主动性及创造性。

2. 艰苦台站津贴改革

艰苦气象台站是我国气象观测系统的重要组成部分，是气象事业的重要基础，对于服务国家经济社会发展、人民群众安全福祉以及国防建设具有重要意义。艰苦气象台站业务任务繁重，人员缺编严重，这些台站大多分布在高原、高山、荒漠等地理气候环境恶劣的边远地区，条件艰苦、工作辛苦、生活清苦。许多同志多年在那里坚守岗位，克服重重困难，努力完成任务，为气象事业的发展做出了卓越的贡献。中国气象局领导一贯重视艰苦台站职工生活待遇问题，为了鼓励艰苦气象台站的职工积极工作，适当照顾职工生活上的特殊困难，在1963年建立了艰苦气象台站津贴，之后根据我国经济社会发展和中国气象局基层台站建设实际情况，先后在1983年、1996年对艰苦台站津贴标准进行了适当调整。

1963年，中央气象局与劳动部联合下发了《艰苦气象台站津贴暂行规定》，建立起艰苦气象台站津贴。文件中第一次明确规定了艰苦气象台站划分的条件以及不同类别艰苦台站享受的津贴标准，艰苦气象台站共分为一到六类艰苦台站：一类艰苦台站为最艰苦，享受第一种津贴标准，每人每月30元；二类艰苦台站享受第二种津贴标准，每人每月24元；三类艰苦台站享受第三种津贴标准，每人每月18元；四类艰苦台站享受第四种津贴标准，每人每月12元；五类艰苦台站享受第五种津贴标准，每人每月9元；六类艰苦台站享受第六种津贴标准，每人每月6元。

1983年，经国务院同意，国家气象局下发了《关于调整艰苦气象台站津贴标准的办法》，调整后的津贴标准是：第一种津贴标准每人每天1.7元；第二种津贴标准每人每天1.3元；第三种津贴标准每人每天0.9元；第四种津贴标准每人每天0.6元；第五种津贴标准每人每天0.45元；第六种津贴标准每人每天0.3元。1996年，经国务院批准，一至六类艰苦气象台站津贴标准分别调整为每人每天5元、4元、3元、3元、1.5元、1元。调整艰苦气象台站津贴，对改善艰苦气象台站职工的工作和生活条件、提高工作积极性、稳定基层干部队伍、吸引人才安心扎根艰苦台站发挥了积极作用。

3. 奖励制度改革

运用行政奖励手段，焕发广大职工的工作热情。改革开放以来，气象部门在加强职工队伍的思想政治工作和精神文明建设的同时，在人事行政管理中十分重视运用行政奖励这一重要的激励手段。在严格掌握奖励标准和奖励权限的前提下，重点奖励那些在防灾、减灾、抗灾以及在气象业务、科研、教育和服务工作中有突出贡献和成绩优异的人员。截至 2008 年底，全国气象部门共有 515 人享受国务院政府特殊津贴，一批批气象职工被授予不同级别的奖励，包括记功奖励、升职奖励以及国务院和有关部委、各省（区、市）人民政府的通令嘉奖或劳动模范、先进工作者等光荣称号，一大批先进集体纷纷涌现。

新中国成立 60 年来，特别是改革开放 30 年以来，中国气象现代化取得了举世瞩目的成就，气象人才队伍建设和教育培训工作也得到了长足的发展。气象现代化离不开高素质的人才，高素质的人才又源自科学完备的教育培训，这已被中国气象现代化 60 年的发展所证明。总结过去，气象事业的快速、持续发展，最基本的经验是紧紧抓住人才队伍建设不放松。坚持把人才培养放在突出位置，使人才结构发生了显著变化，一批批优秀人才脱颖而出；领导班子的综合素质明显提高，年龄结构和知识结构不断优化。展望未来，要牢固树立人力资源是第一资源的发展理念，紧紧围绕公共气象服务、气象预报预测和综合气象观测业务发展需要，深入分析和解决气象人才队伍建设中所存在的突出问题。通过强化气象人才队伍建设政策措施，营造良好和谐的环境，为加快推进气象现代化建设和大力提升公共气象服务能力提供充分的智力支持和人才保证。着力提高领导干部队伍的综合素质，重点是加强党性修养，树立和弘扬优良作风。坚持人人都能成才的观念，讲学历又不唯学历，真正做到尊重知识、尊重人才、尊重劳动、尊重创造。通过开展大规模干部轮训，强化专业技术人员继续教育，着力提高气象人才队伍的学习能力、实践能力及创新能力；特别要加快高层次人才的选拔培养，提升气象人才队伍整体素质。要继续推进干部人事制度改革，结合气象部门实际，采取切实有效的措施，进一步促进人才队伍建设，为快速推进气象现代化作出新贡献。

本章编写组成员：王祖亭　胡　鹏　邓　强　彭　军　王梅华　张连强　马　明　卢　松

第八章　管理与保障

气象现代化建设离不开现代化的管理和保障。管理水平的高低，保障能力的强弱，直接影响着气象现代化建设持续、快速、健康发展，影响着气象现代化建设的整体效益的充分发挥，关系到气象事业发展的大局。60 年来，随着中国气象事业的发展壮大，气象科学管理和保障的理念、内涵和方式、方法，也在不断的改革、发展和完善，在推进中国特色气象现代化的持续、健康、快速发展中发挥了重要作用。

在气象现代化进程中，气象部门不断探索、改革，建立、完善和发展了中国特色气象事业和现代化建设相适应的气象现代化管理系统：优化管理体制和机构，逐步建立和完善了“部门与地方双重领导，以部门为主”领导管理体制和相应的计划财务渠道。实践证明，这种具有中国特色的管理体制是适应气象事业发展的正确选择，对气象现代化建设起到了极为重要的促进和保障作用；通过不断完善科学决策和民主决策机制，初步建立了重大事项诊断、对策调研、方案制定、咨询论证、落实检查的科学与民主决策程序；通过转变机关职能，强化宏观管理，在推行计划管理、标准化管理、目标管理等各种形式的责任制的同时，根据气象事业的结构调整和发展，逐步建立了综合考评、督查督办、效益评估等一系列规章制度，促进了现代化建设效率和效益提高；坚持依法发展气象事业，气象法规、标准体系不断完善，促进了依法行政全面推进，行业管理与改革稳步开展，为气象现代化建设营造了良好的政策法制环境，提供了有力的支撑与保障；在建立和健全双重计划财务体制的基础上，多方拓展投资渠道，建立起中央和地方预算内投入为主，以多渠道、多形式资金为补充的投资保障体制和气象技术装备保障体制，保障了气象事业持续、快速、健康发展；坚持“两手抓”、“两手硬”的方针，加强精神文明、职业道德和气象文化建设，有力保障和促进了气象现代化建设的顺利进行。通过几十年的努力探索和不断改革，我们实现了管理思想、管理方式、管理方法和手段的巨大转变：从封闭走向开放、从传统走向现代、从部门走向社会、从单纯依靠行政命令走向依法行政。若没有这些转变，中国气象事业和现代化取得今天这样举世瞩目的成就是不可想象的！

本章重点介绍了 60 年来气象领导管理体制改革、法制建设与社会管理、战略规划与经费保障、基础设施与基层台站、决策科学化与民主化以及党的建设与文化建设的发展历程、发生的重大变化和取得的重要成果。

第一节　领导管理体制与业务技术体制

新中国成立以来，国务院多次进行大规模的机构改革。根据气象工作的特点和经济社会发展的需求，中国气象主管机构在国务院机构改革过程中曾三次更名、多次改变建制。这些管理体制改革、职能调整，对于推进气象事业的持续、快速、健康发展提供了重要的组织保证。

一、领导管理体制变更

气象部门领导管理体制的调整是气象部门的重大改革，对事业发展和现代化建设影响甚大。采取什么样的管理体制，终究要与事业发展本身相适应，与外部环境变化、国家发展战略重点的转移相适应。新中国气象事业创建 60 年来，管理体制从创建于军事建制，转变为政府建制，到与军事气象部门的合并和再次分离；经历了国家与地方气象部门分别隶属于中央政府和地方各级政府，省和省以下各级气象部门受上级气象部门与地方各级人民政府双重领导，以其中一方领导为主的领导管理体制的变化。从 1983 年开始，全国气象部门实行了“部门与地方双重领导，以部门为主”的现行领导管理体制。

1. 领导管理建制的调整

军事系统建制(1949 年 12 月至 1953 年 8 月)　新中国的气象机构是新中国政权的一部分。1949 年 11 月 20 日，周恩来总理委托涂长望同志筹建新中国的气象管理机构。11 月 23 日，涂长望向周总理报告了发展新中国气象事业的建议。鉴于在全国范围内人民解放战争尚未结束，当时气象工作的主要任务是，配合人民解放军作战需要，特别是为空军服务。1949 年 12 月 8 日，中央人民政府人民革命军事委员会批准成立了中央人民政府人民革命军事委员会气象局(简称军委气象局)，直属中央人民政府人民军事委员会办公厅，业务上受中国人民解放军空军司令部领导。

1950 年 1 月，军委空军司令员刘亚楼指示：在各大军区司令部设置气象管理处，领导各军区内气象行政工作，并确定气象管理处所属气象台站的经费、业务、器材与技术人员由军委气象局统筹安排。同时，还确定了各大军区气象管理处，受各大军区司令部和军委气象局双重领导，行政方面由军区司令部领导，技术方面由军委气象局统筹安排，各大军区气象管理处负责管理军区内气象台站的行政和业务技术工作。

政务院（国务院）政府系统建制（1953 年 8 月至 1967 年 11 月）　朝鲜战争的结束和我国开始执行的发展国民经济第一个五年计划以及军队系统的精简整编，标志着国家大规模有计划地社会主义建设的开始。为适应国家战略重心的转移，1953 年 8 月 1 日，中央人民政府人民革命军事委员会主席毛泽东和中央人民政府政务院总理周恩来联合发布转建命令，决定各级气象机构从军事系统转入政府系统的建制。据此，原分别隶属于中央军委、各大军区、各省军区的气象局、各大军区气象处、各省军区气象科的建制分别改为隶属于政务院、各大区行政委员会和省人民政府建制。与此同时，原属各级气象部门气象组织建制的气象台站（包括中央气象台、各区台、海洋台及各省境内的基层台站）和气象学校及训练机构等，亦随之改归各级人民政府气象局、处、科的建制。全国气象机构仍保持了上下级之间的业务指导关系，在行政方面全国气象工作由政务院委托中央财政经济委员会第四办公厅直接领导，各大区行政委员会气象处及省气象科归各级财委领导。基层气象台站其建制直属各级人民政府气象科，业务上由较大的台站管理若干较小的台站，日常工作由当地人民政府代管。

1954 年 7 月 24 日中央气象局通知，决定调整各省（区、市）气象局属人民政府建制，称××省（区、市）人民委员会气象局，自 1955 年起列入由中央拨给的行政编制，归各省（区、市）人民政府管理，气象业务受中央气象局领导。各中心气象台建制属中央气象局，具体行政工作由所在省（区、市）人民政府负责，党政工作由所在省（区、市）党委领导。

1954 年 11 月 10 日，国务院通知，中央气象局的工作由国务院七办负责掌管。中央气象局在国务院的领导下负责制定全国的气象工作方针、任务、长远规划和年度计划平衡以及各项统一的技术规范、重大业务措施，指导、帮助协作区交流经验和检查督促各省（区、市）的气象工作。

1955 年 9 月 21 日，经国务院六办、七办批准，自 1956 年 1 月起，民航气象台（站、组）由民航系统建制改为气象系统建制，实行双重领导：气象局负责全部业务领导，民航局负责行政、政治领导。

1955 年 11 月 19 日，中央气象局上报国务院七办，提出参照原大区行政区域划分气象工作的管理区域，合并各省气象局为若干地方气象局，直属中央气象局领导；将原由中央气象局直接管理的各中心气象台移交各地方气象局领导。根据中共中央、国务院《关于改进国家行政体制的决定》（草案），精简国务院工作部门，下放权利，扩大地方自主权的行政体制改革精神，经国务院批准，中央气象局于 12 月 13 日下达通知，决定将沈阳、兰州、成都、汉口等中心气象台分别转为所在省（区）气象局建制。

1957 年 1 月，中央气象局呈报国务院三办、七办批准，决定将中央气象局长春气象仪器工厂移交第一机械工业部仪表工业管理局，并确定今后全国气象仪器制造由一机部统一规划。

1958 年 8 月 7 日，中央气象局党组在给中央的报告中提出：今后气象事业的领导权，不但要下放到省（区、市）人民政府，气象台和气象站还应下放到专区、市、县，气象哨则按自愿的原则，由乡自行建立、管理和使用。体制调整后，中央气象局、各省（区、市）气象局与气象台、站、哨之间只是业务指导关系。

1959 年 2 月 5 日，经国务院七办批准，中央气象局下发了《中央与地方关于气象工作的体制分工的通知》。中央和地方气象管理体制确定为：中央气象局和各省（区、市）气象局是业务技术指导关系，中央气象局在国务院的领导下负责制定全国的气象方针、任务、长远规划和年度计划平衡以及各项统一的技术规范、重大业务措施，指导、帮助协作区交流经验和检查督促各省（区、市）的气象工作。各省（市、区）气象局在各省（区、市）党委和人民政府的领导下，对本省气象工作做出安排。各省（区、市）气象局的行政编制及各种气象台、站等事业单位的编制均由各省（区、市）人民委员会确定，中央气象局仅负责提供开展有关新业务所需平均人员定额参考。全国气象管理体制逐步下放后，省（区、市）及以下气象机构由气象部门与地方政府双重领导，以气象部门为主改为以地方政府领导为主。中央气象局除对领导管理体制下放外，还逐步下放了部分行政、业务管理权限。1958 年 4 月后，中央气象局陆续将观测工作评比、气象记录审核、台站的编制定员、农业气象业务工作制度与评分办法、日射观测业务管理与指导、气象物资的采购管理和供应等下放各省（区、市）气象局或（区、市）人民委员会。8 月，经国务院同意，中央气象局决定将北京、成都、湛江 3 所中专气象学校下放到所在省（市）人民委员会领导。1959 年 6 月，经国务院批准，又将 3 所学校改为气象部门与当地政府双重领导，以气象部门为主的管理体制。

1960 年 11 月 18 日，根据国务院习仲勋副总理指示，决定民航系统的气象台、组自 1961 年 2 月 1 日起，由气象系统建制全部改归民航建制，实行以民航为主的双重领导。

1962 年 10 月 15 日，按照“集中领导，分级管理”的原则，中央气象局调整气象工作管理体制，决定各气象台站均改归各省（区、市）气象局建制，人权、财权、器材供应、业务管理由省气象局负责。行政、政治工作由地方负责。全国气象业务管理工作分中央气象局和省气象局两级。

1965 年 5 月 27 日，根据中央和国务院关于成立国家海洋局的指示，气象部门的海洋水文工作和任务，一并移交国家海洋局。

“文化大革命”期间的 1967 年 11 月至 1969 年 12 月，根据 1967 年 3 月 19 日《中央军委关于集中力量执行支左、支农、支工、军管、军训任务的决定》(时称“三支两军”)，中国人民解放军驻中央气象局代表(代表沈敏、副代表任陶)率近 20 名部队干部奉命于 1967 年 11 月 27 日进驻中央气象局，负责管理中央气象局的一切事务，直至 1970 年 3 月 25 日撤出中央气象局。这期间，中央气象局直属国务院业务组领导。

军队(总参谋部)建制(1969 年 12 月至 1973 年 5 月)　1969 年 6 月 11 日，军代表向中央气象局联合领导小组传达了周恩来总理 6 月 10 日所作的关于中央气象局与总参谋部气象局合并的指示。18 日总参谋部彭绍辉副总参谋长召集中央气象局军代表和总参气象局领导研究两局合并事宜。1969 年 12 月 4 日，国务院、中央军委发出了《关于总参气象局与中央气象局合并问题的通知》，决定两局于 1970 年正式合并，同时保留中央气象局和总参气象局名称，属总参谋部建制。各省、市、自治区气象部门仍属当地各级革命委员会建制。中央气象局(总参气象局)对各省、市、自治区，各军种、各兵种、各基地的气象业务部门实施业务指导。

国务院建制(1973 年 5 月—)　1972 年 10 月 28 日，叶剑英副主席在对中央气象局 10 月 23 日就关于召开人工降水、防雹科研座谈会有关问题给总参谋部的报告的批示中提出：“中央气象局应考虑归还国务院，此次会议应请国务院来抓。”此后，中央气象局在 1973 年气象业务要点中提出了气象部门的体制调整方案，这一方案经叶剑英副主席、李先念副总理批示同意。1973 年 3 月 6 日，中共中央批准了国务院、中央军委《关于调整测绘、气象、邮电部门体制问题的请示》，决定中央气象局与总参气象局分开，分别划归国务院和中央军委建制。为此，国务院、中央军委于 5 月 23 日发出了《关于调整气象部门体制的通知》。从 6 月起中央气象局的工作开始由农林部代管，两局分开的工作全部完成。根据国务院、中央军委的决定，两局分开后省、市、自治区和地、县各级气象部门仍归同级革命委员会建制，实行“条块结合、以块为主”的管理体制。这一管理体制延续到 1980 年。

实行“双重领导，以部门为主”的领导管理体制。1980 年 3 月 20 日，中央气象局向国务院报送了《关于改革气象部门管理体制的报告》。报告提出，拟在全国气象部门分两步实施管理体制的改革。第一步，在 1981 年前，经省、市、自治区人民政府批准，省以下气象部门改为以省、市、自治区气象部门和当地政府双重领导，以省、市、自治区气象局领导为主的管理体制；第二步，全国气象部门自上而下改为以气象部门领导为主的管理体制。5 月 17 日国务院向各省、市、自治区人民政府(革命委员会)批转了这一报告，指出气象工作实行统一领导，分级管理，由地方领导为主改为以气象部门领导为主是必要的。按照国务院的文件精神，中央气象局认真组织实施，至 1983 年底以前，在全国范围内全部完成了领导管理体制的调整改革。至此，"双重领导，以部门领导为主"的管理体制形成。

地方政府管理为主的气象管理体制　鉴于中央批准经济特区的建设可采取与内地不同的体制，并给予较宽松的政策和较大的自主权，广东省气象局在与深圳、珠海两市人民政府协商后，于 1982 年 7 月 16 日发文至广东省人民政府，提出拟将深圳、珠海两市气象台从以广东省气象局与两市人民政府双重领导，以省气象局领导为主改为以两市人民政府领导为主，并将两市气象台的机构、编制、人员、设备移交两市人民政府。10 月 30 日，广东省人民政府批准，确定深圳、珠海气象台分别为两市建制的事业单位编制和经费由省编委和财政厅相应转给两市。1983 年 1 月 20 日，国家气象局复函广东省气象局，同意在全国气象部门第二步体制调整改革后，深圳、珠海两市气象台仍维持当地政府与省气象局双重领导，以当地人民政府领导为主的管理体制。

1983 年 4 月，国务院正式将广东省海南岛划为经济开发区。根据国务院的有关精神，1988 年 1 月 7 日，国家气象局与海南建省筹备组签署了关于海南省气象部门领导体制重调的协议书，确定海南省气象局成立后，实行海南省政府与国家气象局双重领导，以海南省政府为主的领导体制，气象业务、科研、教育、技术指导等以国家气象局管理为主。海南省所辖市、县气象台(局)仍实行省气象局和当地市、县政府双重领导，以省气象局领导为主的管理体制。

2. 管理机构改革

新中国成立以来，国务院进行了多次大规模的机构改革。中国气象局在国务院机构改革中曾几经调整更名。回顾国务院气象局的几次机构改革，可以清楚地看到中国气象事业现代化建设的发展轨迹。

中央军委气象局　1949 年 11 月 20 日，周恩来总理委托涂长望到北京筹建新中国气象工作。12 月 8 日，中央人民政府人民革命军事委员会气象局(简称军委气象局)在北京市南河沿 25 号"欧美同学会"院内成立。当时，内设机构尚未建立，只有 3 位局领导和少量工作人员。军委气象局成立后，加快了内设机构设置，但筹建军委气象局初期，其内设机构根据需要和条件逐步设立，变动比较频繁，直到50年代后期才比较稳定。初期的内设机构设置为：1950年1月内设局办公厅（1952年5月改为办公室。原局办公厅内设财经科，1953年12月，撤销财经科，成立财务处），1950年3月成立测政处（1953改为台站管理处）、训练科（1954年9月，撤销训练科，在人事处内设立教育科）、人事处（1952年9月撤销人事处，成立干部处、1953年8月撤销干部处，成立人事处）、组织科（1953年8月改为组教科），1950年4月成立天气处，1951年10月成立政治处（于1953年8月转建后将其撤销）。

中央气象局　1953年9月8日，中财委第四办公厅通知：经周恩来总理核定，原中央军委气象局改称“中央气象局”。其内设机构基本延续了军委气象局的机构设置，只作了适当调整。1954年9月，中央气象局的内设机构为：办公室、机要处、计划财务处、器材处、人事处、台站管理处、天气处、通信处、编译室（直属科技单位）。此后直至20世纪80年代初，国家机关进行了多次以精简为主要内容的机构改革。在此期间，气象部门先后经历了1953年从军队建制转为政府的建制；1954—1955年因国家行政区制度和行政区划调整而进行的与之相适应的机构调整；1956—1960年间的精简内设机构、压缩人员编制和下放权利，下放干部为主要内容的改革；1970年与军队气象系统合并，由军队系统管理以及1973年后又回归政府系列的调整；1982年省以下气象机构从以当地政府领导为主改为以省、市、自治区气象局领导为主的改革和1983年起省、市、自治区气象局由省、市、自治区政府领导为以国家气象局领导为主的管理体制调整改革。

1980年以前，原中央气象局的内设机构除办公室和政治部外，均称处。1980年经国家农委同意，将内设机构撤处建部，当时中央气象局的内设机构有：局办公室、业务部、科教部、计财部、干部部、器材部、外事办公室。1982年机构改革前，中国气象局一直称“中央气象局”，先后隶属于中央军委或国务院，为国务院直属机构。

国家气象局　1982年，为适应改革开放的新形势，国务院进行大规模的机构改革。原中央气象局的领导审时度势，对中央气象局的机构进行了卓有成效的改革，为全面推进气象现代化建设提供了坚强的组织保障。

这次改革的内容丰富，成效显著。以这次全国机构改革为契机，全国气象部门实现了“双重领导，以部门为主”的领导管理体制。中央气象局更名为国家气象局，规范统一了机关职能机构的名称，由原来的“部”改为“司”，下设8个职能司（室）：办公室、计划财务司、仪器设备司、科技教育司、人事司、外事司、技术发展司、业务管理司。机关行政编制从310人减为266人。另设行政管理局，列为事业单位，统管机关和在京直属单位的后勤行政工作。这样的机构编制设置，有利于国家气象局履行全国的气象行政管理职能，有利于气象现代化建设的统一布局、统一规划、统一建设和统一管理。

1988 年，为了适应国家经济体制改革的需要，国务院进行了以转变职能为主的机构改革。国家气象局党组正确把握了这次机构改革的方向和气象科技发展大势，研究提出了富有远见的“三定”方案。1988 年 9 月 10 日，国家机构编制委员会审议批准了《国家气象局“三定”方案》。这一方案明确提出了“三个强化”、“三个转变”，即：强化行业管理，实现从内部管理向行业管理转变；强化气候资源意识，实现从防灾减灾向趋利避害转变；强化法制观念，实现从单纯依靠行政命令向依法行政的转变。正是由于这“三个强化”、“三个转变”，我局不但没有精简机构，反而增加了气候司和法规司，只撤销技术发展司，实际增加了 1 个职能管理机构，即下设办公室、天气预报警报管理司、气候监测应用管理司、技术装备司、科技教育司、人事劳动司、计划财务司、政策法规司、外事司等 9 个职能司（室）。局机关行政编制由原有的 266 名减为 260 名。这次机构改革，加强了依法行政和社会管理职能，拓展了气象服务领域，提高了管理和保障能力。

中国气象局　在 1993 年的国务院机构改革中，国家气象局更名为“中国气象局”，直属机构改为国务院直属事业单位，局机关列事业编制 252 名。下设职能机构为：办公室、业务发展与天气司、气象服务与气候司、科技教育司、计划财务司、人事劳动司、政策法规司、产业发展与装备部、国际合作部 9 个职能司（室、部）和机关党委。另设置了离退休干部办公室（编制 15 名），审计署驻中国气象局审计局（编制 7 名），中纪委驻中国气象局纪检组（编制 4 名）。之后，中央机构编制委员会办公室于 1993 年 6 月 14 日向各省、市、自治区人民政府和国务院各部委、各直属机构下发了《关于国家气象局更名为中国气象局有关问题的通知》，明确中国气象局继续履行原国家气象局的职能，全国气象部门仍实行气象部门与地方政府双重领导，以气象部门领导为主的管理体制，原承担的工作任务不变，原财务供给渠道不变，从而最大限度地减少这次机构改革带来的不利影响。

中国气象局的机构改革工作完成后，中央机构编制委员会于 1995 年 11 月印发了《全国各地气象部门机构编制方案》，批准各地气象部门人员编制总数为 61132 人（不含海南省气象部门）。其中省、市、自治区气象局机关 2664 人，省级气象局直属单位 12570 人，地（州、市）气象局 20098 人，县（市）气象局 25800 人。同时比照中国气象局的主要职能，确定了各省、市、自治区气象局的相应职能。至 1997 年 4 月，全国各级气象部门已按新的机构编制方案运行。经国家人事部审批，这次机构改革中，在中国气象局和全国各省、市、自治区气象局机关推行了国家公务员制度。

1998 年 3 月，全国人大九届一次会议审议批准了国务院组成部门设置方案。国务院按照“精简、统一、效能”的原则，大刀阔斧地撤并机构和削减人员编制，要求机构减一半、人员减一半。经中国气象局认真研讨，充分说明情况，这次改革基本保持了机构和编制的稳定，达到了预期的目标。中国气象局机关编制由 252 人减为 200 人。改革后的中国气象局机关共设有 8 个职能司室：办公室、监测网络司、预测减灾司、科技教育司、计划财务司、人事劳动司、政策法规司、外事司、机关党委以及监察审计等机构，职能机构比改革前减少 1 个。中国气象局这次机构调整的重点是气象业务管理职能司室。按照一项任务由一个单位承担的原则，将原由天气司、气候司和产业发展与装备部承担的职能进行了重组、优化。撤销天气司、气候司和产业发展与装备部，重新组建监测网络司和预测减灾司。将国际合作部又改回外事司的名称。这次机构改革的成功之处在于争取到保留中国气象局为国务院直属事业单位，机构也只减少一个，编制减少 21%。在当时的情况，实属不易，保障了气象事业和气象现代化建设的稳定、持续发展。这充分反映了中国政府对气象工作的关心和重视。

2003 年 3 月，全国人大十届一次会议第四次全体会议通过了关于国务院机构改革方案的决定。3 月 21 日，国务院以国发(2003)8 号通知，根据第十届全国人民代表大会第一次会议审议批准的《国务院机构改革方案》，中国气象局为国务院直属事业单位。局内设机构未作调整，人员编制未作变动。

2009 年，根据气象事业和气象现代化发展以及气象为经济社会发展服务的实际需要，经中央编办批准，中国气象局对内设机构及职能进行调整：成立应急减灾与公共服务司。将由办公室承担的气象灾害防御、应急管理等职责调整到应急减灾与公共服务司，办公室保留“组织协调应急管理工作和应急值守”职责；将由原预测减灾司减灾服务处、人工影响天气处和农业气象处承担的职责以及专业气象业务服务的管理职责划入应急减灾与公共服务司；增加“组织实施为党中央、国务院及有关部门的重大气象服务，为国家重大社会活动提供气象保障服务”和“组织服务效益和满意度评估”职责。预测减灾司更名为预报与网络司，将由原监测网络司承担的管理空间天气监测预警职责调整到预报与网络司；将原监测网络司信息网络处承担的职责(除无线电频率管理任务外)划到预报与网络司；增加“规划、管理数值预报业务”和“负责入网后的气象资料管理及开发应用工作”职责。监测网络司更名为综合观测司，保留无线电频率管理任务，增加“负责气象仪器装备研究开发的管理工作”职责。科技发展司更名为科技与气候变化司，增加科研院所管理职责，加强气候变化工作职责。人事教育司更名为人事司，不再承担“指导直属院校毕业生分配工作”职责。政策法规司增加气象社会管理工作职责；加强气象行业标准化工作；保留气象科技服务政策的研究、指导、咨询职责。调整后的内设机构为：办公室、应急减灾与公共服务司、预报与网络司、综合观测司、科技与气候变化司、计划财务司、人事司、政策法规司、国际合作司、机关党委、监察审计室、离退休办公室。这次机构改革机关人员编制为 243 人，赋予了气象部门更大的公共服务职能和社会管理职能，为进一步提升气象防灾减灾和应对气候变化能力提供了组织保障。

二、事业结构调整

气象事业结构是指气象专业、队伍、人才、投资 4 个方面的结构。气象专业结构是指包括气象业务、服务、科研、教育、管理、党政、后勤等部分和它们之间的横向、纵向的配置关系；队伍结构是指系统各专业队伍的组成和它们之间的比例关系；人才队伍是指系统内各种类型的人才专业结构的分布和高、中、初级人才档次的比例；投资结构是指气象事业费和固定资产投资之间的配置以及两项经费内各种开支的比例关系。随着气象事业的不断发展，中国气象事业结构也在不断的调整，不断完善。

1985 年以后，以《国务院办公厅转发国家气象局关于气象部门开展有偿服务和综合经营的报告的通知》(国办发〔1985〕25 号)文件为标志，气象事业结构开始了深刻的调整，从适应计划经济体制向适应社会主义市场经济调整，有力地推动了气象事业持续、健康、快速发展。

在国家改革开放和建立社会主义市场经济的大形势背景下，为适应经济社会发展的需要，部分气象台站早在 1980 年前后就开始探索进行气象专业有偿服务，以签订合同的方式为用户提供更及时、更有针对性的专业气象服务，并在全国气象部门迅速推广，发展很快。一些台站还利用现有资源，因地制宜开展了一些以养殖、种植业为主的综合经营。为适应这一新形势，国家气象局及时向国务院提出了关于气象部门开展有偿服务和综合经营的报告。1985 年 3 月，国务院正式批准，同意气象部门开展有偿服务和综合经营，要求气象部门在继续做好无偿的公益服务的同时，要逐步推行专业有偿服务和综合经营。这是气象事业发展的一项重大改革，从此开启了“一业为主，多业兼营，互相促进，共同发展”的气象事业新格局和相应的运行机制，拓展了气象服务领域，促进了气象科技与国民经济和社会发展的紧密结合。

优化气象事业内部结构　为适应气象事业快速发展，1990 年气象部门开始进行了专业、人才、队伍和投资等四方面的结构调整，使部门内部结构不合理的状况有了明显改善。1992 年气象部门全面实施了气象事业结构调整，逐步建立了由基本气象系统、气象科技服务和以高新技术产业为重点的综合经营组成的“三大块”新型气象事业结构及相应的运行机制。各地积极开拓创新，打破小单位的界限进行重组，采取合并相关单位的基本业务部分，将分散于各个单位的科技服务与产业实体进行集中统一管理，推动集约化发展，形成基本气象系统、科技服务与产业相对联合，即部门“三大块”。1998 年全国气象局长会议做出事业结构战略性调整部署，要求从发展战略的高度对事业结构进行全局性、升级性和效益性调整，即事业结构战略性调整。合理配置人、财、物各种资源，进一步优化事业结构，使基本气象系统进一步精干高效，科技服务与产业由“小、低、散”的粗放型向集约型转变。

新型气象事业结构的形成　1999 年山东青岛全国气象局长工作研讨会，根据国家对事业单位改革的总体要求，结合部门的实际，提出了建立由气象行政管理、基本气象系统、气象科技服务与产业，即“三部分”组成的新思路。第一部分气象行政管理按照《气象法》的规定履行政府行政管理职能，依法行政；第二部分基本气象系统是气象部门的主业，经费由国家全额支持；第三部分科技服务与产业向企业转制，走向市场。“三部分”战略性调整的目的是全面拓展业务服务领域，提升气象科技含量，推动气象事业跨越式发展。

进入新世纪以来，气象事业发展的形势和环境发生了很大的变化，中国气象事业发展战略研究确立的“公共气象、资源气象、安全气象”的发展理念，充分体现了科学发展观和以人为本的思想，到了部门内外的普遍认同。2007 年，中国气象局下发了《关于发展现代气象业务的意见》，提出建设公共气象服务系统、预报预测系统、综合观测系统组成的现代气象业务体系，明确了公共气象服务是根本，预报预测是核心，综合观测是基础，信息与技术是保障的定位，强调公共气象服务对基本业务的引领作用。

2008 年中国气象局党组按照中央的统一部署，结合气象事业发展对管理体制机制的要求，提出了进一步深化气象行政管理职能调整改革，着力转变职能、理顺关系、优化结构、提高效能，形成权责一致、分工合理、决策科学、执行顺畅、监督有力的气象行政管理体制；进一步推进事业单位分类改革，按照政事公开、企事分开、管办分离的原则，强化内设机构的社会管理与公共服务职能，加强依法行政制度和法规标准建设，健全协调机制，优化职能配置，完善运行机制；进一步强化气象现代化体系建设，完善公共气象服务体系，重点加强防灾减灾、应急管理和应对气候变化工作，为经济社会发展和人民群众安全福祉提供保障。这是气象部门深入贯彻落实科学发展观，推动新时期中国特色气象事业又好又快发展的又一重大举措，也将推动气象事业结构进一步调整与完善。

三、业务技术体制

气象业务技术体制的范畴包括：探测、通信、气候资料、天气预报等各项基本业务和专业气象、气象服务的业务体制和技术体制。其中，业务体制指各级业务机构的设置、布局、各机构的任务、分工，业务管理、技术管理和技术指导的层次结构各种网络的组织结构和管理方法；技术本制指在一定时期的技术政策指导下，各种业务技术的发展方向、技术路线、技术标准和技术装备政策。

新中国成立后，气象事业面临的首要任务，就是迅速进行恢复和建设。1949 年 12 月 8 日，中央军委气象局宣告成立，标志着新中国气象事业的诞生。1951 年 4 月在北京召开了第一次全国气象工作会议，明确了各级气象台站的领导体制、职责范围。随后各级气象管理机构成立后，立即着手按照“建设、统一、服务”的方针，培训技术人员，建立仪器制造工厂，积极进行气象台站网的建设，统一业务规章制度、技术规范、仪器装备，建立起了正常的工作秩序，从而形成了最初的气象业务技术体制框架。

这个时期业务技术体制调整主要是由气象旧业务技术体制向新气象业务技术体制转变，由军事气象业务技术体制向军事和民用气象业务技术服务体制转变。1953 年 8 月 1 日，为配合国家的大规模经济建设，使气象工作更好地为国民经济建设服务，人民革命军事委员会主席毛泽东和政务院总理周恩来联合发布命令，决定气象部门从军队建制转为政府建制。1954 年 6 月，中央气象局在北京召开全国气象工作会议，确定了气象工作的方针：气象工作必须为国防现代化、国家工业化、交通运输业及农业生产、渔业生产等服务，有计划有步骤地满足各方面对气象工作日益增长的要求，以防止或减轻人民生命财产和国家资财的损失。1954 年 3 月政务院发布了《关于加强灾害性天气预报、警报和预防工作的指示》，促进了气象服务，特别是灾害性天气预报服务。为了进一步扩大气象服务范围，1956 年 6 月 1 日起，在报纸、电台上公开向人民群众发布天气预报。

气象事业发展要求站网进行结构调整，20 世纪 50 年代后期，兴起了站网建设的高潮，目标是省和地区(市)有台、县有站、乡有哨、村有组，同时建立高山站、海岛站等。到 1956 年全国就建有气象台 99 个，气象(气候)站 1278 个。同时，为适应农业、渔业、盐业、牧业生产等气象服务的需要，建立了一批专业气象台和气候站，到 1958 年为农业气象观测的站数达到 1380 个，不少气象观测哨也开展了农业气象观测。随后，组织了全国范围内危险天气通报网和广播航空天气电报建设，开展了长江、黄河、淮河、海河、松花江、新安江等主要江河流域的气象资料整编和气候资料分析，进行县站补充预报建设，开展了人工影响局部天气研究和作业。

现行的业务技术体制，是在五十年代初建立的业务技术体制基础上逐步改革、完善、发展起来的。为了适应国民经济和社会发展对气象服务日益增长的需求，建立合理的、协调的、比较现代化的气象业务技术体制，增强各级气象部门的气象业务服务能力和自我发展能力，从20世纪80年代中后期开始，气象部门进一步深化了气象业务技术体制改革。

1. 积极推进业务技术体制改革

改革的重点是优化气象业务体系的整体功能，提升气象业务的服务功能。

1984年12月，国家气象局提出了《关于气象部门改革的原则意见》，对业务技术体制、科技服务体制、计划财务体制、科研教育体制、人事制度等10个方面的改革进行了部署，要求在三五年内，全面铺开气象部门的改革，并取得显著成效。

这一阶段，对气象业务技术体制改革进行了一系列有益的探索，也取得了一定进展。1987年1月召开的全国气象局长会议审议通过了《业务技术体制改革方案》。方案明确提出，业务技术体制改革是气象部门各项改革的中心，它包括探测、通信、气候资料、天气预报、气象服务的业务体制和技术体制，通过改革达到优化气象业务体系整体功能的目的。

1988年4月，全国气象局长会议审议通过了《气象部门加快和深化改革的总体设想》(以下称《总体设想》)及8个分方案:《关于加快和深化业务技术体制改革的意见》、《关于加强气象服务改革的意见》、《关于深化气象科学技术研究体制改革的意见》、《关于深化气象教育体制改革的意见》、《关于深化气象部门人事制度改革的意见》、《关于深化气象计划财务改革的意见》、《关于气象部门进一步开展综合经营的意见》、《关于深化气象仪器设备管理工作改革的意见》。《总体设想》提出了全国气象部门加快和深化改革的总目标:通过改革和建设，逐步建立结构比较合理、上下信息比较通畅、指导层次比较分明的现代化的业务技术体系。

改革大气探测业务技术系统，进行气象站网的分类布局和任务调整;更新、改进技术装备，初步建成我国的卫星探测系统;修订完善各种业务技术规范，强化业务管理。

改革气象通信业务技术系统，调整气象通信网络的布局;加强通信网建设;

采用新技术、新设备改进通信手段；改善管理系统。

改革气候资料处理业务技术系统，充分利用微机技术和微缩技术，改革资料处理的手工作业方式，完善业务流程；建立以计算机为主要手段的资料处理系统和资料库，形成比较完善的业务服务能力；建立相应的业务管理、技术指导体系。

改革天气预报业务技术系统，减少预报业务上不必要的重复劳动；建立国家气象中心、区域气象中心、省(区、市)气象台的天气预报现代化业务系统；提高上级台对下级台(站)的天气预报业务技术指导能力；调整气象站的预报任务。

改革专业气象业务技术系统，积极发展农业气象信息产品和实用技术，加强应用和开发研究，建立农业气象业务服务体系；调整海洋气象业务布局，明确分工，加强指导，建立海洋气象业务体系。

改革气象服务系统，以基本气象业务系统为依托，建立法规完善、机构健全、有专业服务产品加工能力和现代化传递手段，能适应社会各方面需要的、开放型的气象服务系统；提高公益服务质量，建立健全专业气象业务，深入开展专业有偿服务，加强气象服务管理。

改革业务管理工作，转变管理思想，在重视日常业务运行和质量管理的同时，加强宏观管理；调整各级业务管理机构的职责、任务；在协调管理的基础上做好专业管理；建立业务管理综合指标体系。

同时要求各省(区、市)气象局按照国家气象局制定的改革方案，结合本省(区、市)的具体实际组织实施，有计划、分步骤地推进业务技术体制改革。在制定具体实施方案时，各省(区、市)气象部门运用系统工程方法进行规划和设计，注意了解气象业务技术体制改革与其他改革的相互配合，注意了解与业务管理工作的相互适应和相互协调。

1989 年，国家气象局面对国民经济和城镇建设迅速发展的新情况，提出结构调整任务后，进行业务技术体制改革，调整了地面气象观测站的任务，再按不同任务将气象站分为气候基准站、国家基本站、一般气象站和辅助气象站 4 类。根据不同任务配备人力和设备等资源，解决了气象站“一般齐”的问题。与此同时对中央气象台、省(区、市)气象台、地(市)气象台、县(市)气象站的任务也进行了调整，初步解决了上下“一般粗”的问题。特别是在天气预报业务技术体制改革取得了明显进展，业务现代化建设迅速发展，上级台对下级台的天气预报指导能力明显增强，提高了天气预报的准确率和服务效益，同时减少了重复劳动，为拓宽服务领域和深化服务改革创造了条件。

2. 优化业务技术体制功能

20 世纪 90 年代初，气象部门为了适应国民经济建设和社会发展的需要，提出进一步依靠科技进步，提高广大气象工作者的素质，把气象工作提高到一个新水平。为了实现这一目标，必须从完善和优化气象业务技术体制入手，采用先进技术和系统工程方法，把气象业务系统建设成为一个适应我国国民经济发展特点、布局合理、有机联系、信息通畅、协调发展、比较现代化的整体。通过气象业务技术体制的建设，充分发挥系统的整体效益，增强各级气象部门的业务能力、服务能力和自我发展活力，适应社会主义市场经济的发展。

基于 80 年代气象业务技术体制建设已经取得的成果，对气象业务技术体制进行了进一步完善。根据气象业务系统的构成特点，提出了将基本气象业务服务系统划分为综合气象探测系统、气象信息网络系统、基本气象信息加工分析预测系统和综合气象服务系统 4 个功能块，使气象业务技术体制进一步清晰。由气象综合观测、信息网络、基本信息加工分析预测、信息技术服务四大功能和国家、区域、省、地、县五级构成的业务技术体制，对推动我国气象现代化的快速发展起到了重要的作用。

3. 探索新型业务技术体制

进入新世纪，中国气象局开始谋划气象事业改革发展新思路。2004 年在国务院领导下，中国气象局组织了中国气象事业发展战略研究，并取得了十分重要的成果。2006 年 1 月，国务院下发了《国务院关于加快气象事业发展的若干意见》(国发[2006]3 号)。这是我国气象事业发展史上里程碑的事件。国务院 3 号文件是指导今后一段时期中国气象事业发展的纲领性文件，进一步明确了到 2020 年我国气象事业发展的指导思想、奋斗目标、主要任务和政策措施，要求加快建立和完善基本满足国家需求的结构合理、布局适当、功能齐备综合气象观测系统、气象预报预测系统、公共气象服务系统和科技支撑保障系统，建成结构完善、功能先进的气象现代化体系。

为了全面贯彻落实国务院 3 号文件精神，2007 年 9 月和 12 月，中国气象局先后印发了《进一步推进气象业务技术体制改革的意见》和《关于发展现代气象业务的意见》，进一步明确了业务技术体制改革的目标和重点任务，提出以满足气象灾害防御、应对气候变化和气候资源开发利用的新需求为目的，立足我国基本国情，坚持效益性、效率性、优势性和协调性原则，加快建立结构合理、布局适当、功能齐备的现代气象业务体系；提出了进一步完善顶层设计，明确分工，着力推进以提高气象服务覆盖面和满意率为主要内容的公共气象服务系统，以提高预报预测准确率和精细化程度为核心的气象预报预测系统，以连续、稳定、可靠运行和资料质量控制为重点的综合气象观测系统的建设。这次业务技术体制改革的重点是坚持公共气象服务系统是根本，气象预测预报系统是核心，综合观测系统是基础，信息和科技系统是保障，进一步提高业务服务的整体水平。随着业务技术体制改革的不断推进，全国气象部门的业务分工按照统一布局、分级设置和最佳的原则进一步明确；各级业务流程、组织机构和业务管理制度逐步建立和完善；气象基本业务标准化、规范化和制度化建设取得较大进展。目前，一个布局合理、协调发展、逐级指导的现代气象业务技术体系正在形成。

第二节　法制建设与社会管理

依法行政和依法发展气象事业，是气象现代化进程中的宝贵经验之一。60年来，我国的气象法规、标准体系不断完善，气象依法行政全面推进，气象社会管理稳步开展，为气象现代化建设营造了良好的政策法制环境，提供了有力的支撑与保障。

一、气象法制建设

新中国成立之初，直到“文化大革命”结束，我国的气象法制建设偏重于气象部门内部运行管理，规范、管理社会行业方面的法规建设相对薄弱。

为迅速恢复和建设气象台站网，建立起正常的业务工作秩序，1950年9月，军委气象局发出《关于加强气象工作的通知》，提出观测工作应力求省时、正确；预报工作应提高其可靠性，推广天气预报的使用；通信工作应做到迅速正确；加强检查制度，提高业务质量。同年12月，人民革命军事委员会和政务院发出《关于全国气象台站的建制、管理、经费和技术问题的联合决定》，明确了气象工作实行“分区建设、统一领导”的原则。军委总参谋部、中央军委气象局（中央气象局）先后制定实施了《全国气象工作领导系统暂行规定》、《全国气象器材供应管理暂行办法》、《灾害性天气警报发布暂行办法》、《航空天气报网组织办法》等管理制度，以此逐步建立起部门内管理制度。

1959年7月国务院发出《关于加强气象工作的通知》，要求各级人民委员会应当加强对气象工作的领导；气象部门应当不断地改进气象预报方法和提高气象预报质量，并且应当与生产建设部门密切联系，加强协作。在其后的一个时期，以国务院、中央军委名义或经国务院、中央军委批准，中央气象局与有关部门联合或者自行发布了《关于交接民航气象工作的联合通知》、《关于交接盐业气象台站的通知》、《关于移交海洋水文工作的通知》、《批转中央气象局关于边远、高山等地气象台站几个问题的报告的通知》、《关于对航空工厂（所）气象台站建立业务指导、仪器给予等关系的联合通知》、《关于进一步加强船舶水文气象辅助测报工作的联合通知》以及《中央与地方关于气象工作的体制分工的通知》、《航空天气报和航空危险天气通报组织办法》、《台风气象服务和联防协作办法》等气象法规性文件。上述规范性文件的实施，对于促进新中国气象台站网的形成、巩固和推动气象业务工作逐步走上正轨，起到了积极的作用。党的十一届三中全会以来，气象法规建设才步入了稳步发展时期，气象法规体系初步建立。

1977—1993 年，国务院或经国务院批准以国家气象局名义发出了《国务院批准中央气象局关于保护气象台站观测环境的通知》、《国务院批准中央气象局关于改革气象部门管理体制的请示报告的通知》、《关于进一步加强气象工作的通知》、《国务院办公厅转发国家气象局关于气象部门开展有偿服务和综合经营的报告的通知》、《人工影响天气工作管理试行办法》、《气象技术装备使用许可证管理暂行办法》等法规性文件。1990 年制定了《国家气象局法规工作管理暂行规定》，从法规名称、立法原则、立法计划到法规起草、审议、实施、监督检查等都作了具体规定，使气象立法工作逐步程序化、规范化。1992 年 7 月，原国家气象局局长邹竞蒙签署了国家气象局第一号令，发布、实施了《发布天气预报管理暂行办法》，这也是气象主管机构发布的第一个部门规章。

在这一时期，国家气象局积极争取气象立法工作。经过大量前期准备工作，1986 年 11 月，国务院法制局将《中华人民共和国气象法》（以下简称《气象法》）列入国务院 1987 年立法计划。1987 年 4 月，国家气象局正式成立了由局领导任组长的《气象法》起草小组。1988 年 9 月，《气象法（修改稿）》经全国气象局长工作研讨会修改后，送国务院法制局研究听取意见。国务院法制局建议气象立法分两步走，先制定《中华人民共和国气象条例》（以下简称《气象条例》），以后再上升为《中华人民共和国气象法》。1992 年，《气象条例（送审稿）》经国家气象局党组研究同意，于 2 月上报国务院审议。

1994 年 7 月 4 日，国务院第 22 次常务会议审议并原则通过《气象条例（草案）》；8 月 18 日，国务院总理李鹏签署第 164 号国务院令，《气象条例》发布实施。《气象条例》是我国第一部综合性气象行政法规。它涵盖气象业务、服务、技术装备、科学研究等方面，还涉及防灾减灾、气候资源的开发利用和保护等领域，特别对天气预报的统一发布和气象观测环境保护作了明确规定。以《气象条例》出台为标志，我国气象法制建设进入了快速发展时期。气象法规体系逐步完善，气象执法工作初步开展，气象部门从比较单一的内部事务管理职能逐步向履行政府社会管理职能转变，从依靠内部规章制度管理逐步向依法管理转变。

为了保证气象事业第九个五年计划确定的战略目标的实现，1996 年中国气象局制定了《气象部门九五立法规划》，提出拟制定和修订的气象法规和技术规范共 93 件。1997 年 9 月，国务院办公厅转发了中国气象局《关于加快发展地方气象事业的意见》，1998 年中国气象局与国家技术监督局联合下发了《关于对各级防雷检测机构开展计量认证工作的通知》。1994—1999 年，中国气象局发布了《气象部门特殊津贴试行办法》《防雷专业设计资质管理办法》(试行)、《防雷专业施工资质管理办法》(试行)、《气象部门产业管理办法(试用)》等多部规范性文件；各地出台地方性气象法规、地方政府规章 26 部。

《中华人民共和国气象法》的起草工作从 1996 年开始全面推进。年初，成立了由局领导任组长起草小组，开始前期的调研准备工作。1997 年开始草拟《气象法》，同年国务院将《气象法》列入立法规划；全国人大环资委建议将制定《气象法》列入九届人大常委会立法规划。1998 年 11 月《气象法(送审稿)》及其起草说明正式上报国务院审议。1999 年 5 月国务院总理朱镕基主持召开第十七次国务院常务会议，讨论并原则通过了《气象法(草案)》。10 月《气象法》经九届全国人大常委会第十二次会议审议通过，由国家主席江泽民签署第 23 号主席令予以发布，12 月中国气象局与全国人大法律委、环资委、农委和全国人大常委会法工委、国务院法制办在北京人民大会堂联合召开“学习、宣传和贯彻实施《气象法》新闻发布会”，姜春云副委员长出席新闻发布会并发表重要讲话。2000 年 1 月 1 日起《气象法》正实施行。《气象法》是我国第一部气象方面的法律，是全社会、全行业依法从事气象活动的行为准则。认真学习宣传和贯彻落实《气象法》，已逐步成为各级气象主管机构贯彻落实依法治国基本方略和全面推进依法行政，依法规范气象活动，依法管理气象工作，依法促进气象事业发展的自觉行动。

此后国务院先后制定出台了《人工影响天气管理条例》、《通用航空飞行管制条例》；《农业法(修订)》、《防沙治沙法》等法律中赋予各级气象主管机构相应的责任和义务。截至 2008 年 12 月，国务院、国务院办公厅先后下发了《国务院关于加快气象事业发展的若干意见》、《关于进一步加强气象灾害防御工作的意见》等 27 部(件)气象法规性文件；中国气象局与公安部、国土资源部等部门联合发布 43 部规范性文件；中国气象局先后制定、修订了《气象预报发布与刊播管理办法》、《气象探测环境和设施保护办法》、《防雷减灾管理办法》等19部部门规章，发布了近459部规范性文件；各省(区、市)及计划单列市先后制定了96部与气象工作有关的地方性法规和地方政府规章。《气象灾害防御条例》、《气象探测环境与设施保护条例》分别列入国务院立法计划。2000年，中国气象局对1999年12月31日前制定的部门规章和规范性文件进行了全面清理，公布了予以废止的78件规范性文件的目录和继续有效的189件气象部门规章和规范性文件的目录。

在气象法规体系逐步完善的同时，气象部门积极探索开展气象行政执法工作。目前，全国已建立了一支11000余人的专兼职结合的气象行政执法队伍；完善了气象行政执法制度和程序；中国气象局组织制定气象行政执法责任制工作实施方案；完成了107项气象行政执法职权梳理和分解，并上网公示，接受社会监督。建立健全了以评议考核制和过错责任追究制为核心的7项行政执法责任制制度，规范化、规模化的气象行政执法体系初见雏形。加强执法监督检查，中国气象局连续10年会同全国人大农业与农村委员会，对《气象法》贯彻落实情况进行执法检查和调研；各地气象部门均与当地人大或政府法制部门多次开展联合执法监督检查，取得明显实效。据不完全统计，2002—2008年间，全国各地立案查处各类气象行政违法案件19000余件，维护了气象法律法规的尊严，维护了气象工作的正常秩序。

中国气象局于2001年、2004年两次召开依法行政工作会议，对新时期依法行政工作提出了具体要求，出台了《中国气象局全面推进依法行政工作的实施意见》(2001年)、《中国气象局实施〈全面推进依法行政实施纲要〉细则》(2004年)。气象部门同时还开展了广泛的气象普法宣传活动，从"一五"普法开始，各级气象主管机构全面开展了多种形式的气象法制宣传教育工作，通过举办各种形式的纪念活动，利用信息网络等，把气象法律法规和气象标准宣传的触角伸向社区、农村、学校。

气象法规体系和行政执法体系的不断完善，气象普法宣传力度不断加大，促进了气象执法能力和水平明显提高，进一步增强了全社会气象法律意识，扩大和提高了气象的社会影响力和社会地位。特别是以2000年1月《中华人民共和国气象法》颁布实施为标志，我国气象法制建设进入了一个新的、全面依法行政的历史阶段；2006年1月，国务院印发《国务院关于加快气象事业发展的若干意见》(国发〔2006〕3号)，确定了气象事业发展的指导思想，明确坚持公共气象的发展方向，按照一流装备、一流技术、一流人才、一流台站的要求，进一步强化观测基础，提高预报预测水平，加快科技创新，建设具有世界先进水平的气象现代化体系，提升气象事业对经济社会发展、国家安全和可持续发展的保障与支撑能力，为构建社会主义和谐社会，全面建设小康社会提供一流的气象服务；2007 年 7 月，国务院办公厅印发《国务院办公厅关于进一步加强气象灾害防御工作的意见》(国办发〔2007〕49 号)，明确了加强气象灾害防御工作的总体要求，即坚持以人为本、预防为主、防治结合的方针，依靠科技、依靠法制、依靠群众，统筹规划、分类指导，制订和实施气象灾害防御规划，加快国家与地方各级防灾减灾体系建设，强化防灾减灾基础，切实增强对各类气象灾害监测预警、综合防御、应急处置和救助能力，提高全社会防灾减灾水平，促进经济社会健康协调可持续发展。

今后，气象法制建设将继续坚持依法行政、依法发展气象事业的理念，紧紧围绕气象事业发展的大局，加强气象立法，强化行政执法，全面推进气象依法行政，切实履行政府行政管理职能，促进部门行政向公共行政、社会管理的转变，为气象事业又好又快地发展营造了更加良好的政策法制环境和氛围。

二、气象技术标准

气象标准化工作是国家标准化战略的组成部分，是提高气象防灾减灾和应对气候变化能力的重要基础，是气象科技成果转化为业务服务能力的重要途径，也是气象部门履行社会管理和公共服务职能、引领气象事业科学发展的重要支撑和保障。

我国的气象标准化工作，随着新中国气象事业的诞生而诞生。早在 1949 年 12 月我国第一任气象局局长涂长望先生就任后的第三天，在给周恩来总理呈报的关于发展我们气象事业的四条建议中，就明确“气象事业必须是技术标准的划一”，将气象标准问题提到了气象事业发展的重要议事日程。60 年来，我国的气象标准化工作经历一个从无到有、不断发展的历程。

1954 年 2 月，中央气象局颁布了我国第一部气象业务技术规范，即《气象观测暂行规范》(地面部分)。随后制订下发了《气象观测暂行规范》(高空部分)、《天气预报分析方法》等一系列的技术规范和技术方法等。在此期间，组织制定的标准大都是仅限于本部门使用的业务技术规范和技术方法，还尚未上升为行业标准和国家标准，标准的内容也局限于气象仪器与技术装备、通讯、填图和天气预报分析方法等基础性业务方面。

直到 1992，我国气象标准才正式起步，平稳发展。1992 年 12 月原国家质量技术监督局发给原国家气象局的《关于批复气象行业标准归口管理范围的复函》，进一步明确了气象行业标准归口管理的范围，明确了气象行业标准代号为

QX，基本理顺和确定了气象标准的地位和性质，加快了气象标准的制修订步伐。截至 2003 年，共有 14 项气象标准列入国家标准，40 余列入气象标准列为行业标准。其中，制定出台气象行业标准 20 项，气象国家标准 4 项（不含外部门组织制定的气象标准）。根据国家标准化管理委员会的统一部署，2003 年对气象方面的标准进行全面的清理。通过清理，3 项气象行业标准列入上升为国家标准计划，另外 8 项标准作为农业标准化发展规划项目列为国家标准规划。

为了适应新时期气象事业发展的需要，2004 年中国气象局下发了《关于进一步加强气象标准化工作的意见》，明确了加强和推进气象标准化工作的指导思想和工作目标，提出气象标准化工作重点任务和措施，气象标准化工作明显加快。中国气象局先后建立了气象标准化管理机构和标准化技术机构，以及标准化研究机构，制定了《全国气象标准体系构建与‘2009—2011 年’发展规划》和《气象标准化管理办法》，以及《气象标准化工作流程》等，加大了气象标准化培训力度，强化了气象标准化意识，先后制定出台一系列气象国家标准、行业标准和地方标准。这一切都为全面启动标准化工作奠定了坚实的基础。

2006 年 1 月下发的国务院关于加快气象事业发展的若干意见，明确提出要建立以气象仪器与观测方法、气象防灾减灾为主的气象标准体系，对气象标准化工作的发展提出了具体要求。2008 年 4 月，国家标准化管理委员会批准成立了“全国气象防灾减灾标准化技术委员会”、“全国基本信息标准化技术委员会”和“全国卫星气象与空间天气标准化技术委员会”等 3 个国家标准化机构，加强了对标准化工作的人力、物力和财力的支持。2009 年 4 月，中国气象局正式下发了《全国气象标准体系构建与‘2009—2011 年’发展规划》。2009 年 5 月，中国气象局召开了全国气象标准化工作会议，这也是新中国成立以来，气象部门召开的第一次全国气象标准化工作会议。会后下发了《中国气象局关于加强气象标准化工作的意见》，有力地规范和推进了气象现代业务的标准化建设，标志我国气象标准化工作步入一个新的快速发展阶段。

以国家标准和行业标准为主体、地方标准、企业标准为补充的气象标准体系框架的初步形成，为现代气象业务发展提供了重要保障基础，提升了现代化业务的技术含量，促进了科研与业务的结合。其中，《热带气旋等级》、《气象干旱等级》、《沙尘暴天气监测规范》等重要国家标准和《地面气象观测规范》等重要气象行业标准，在热带气旋监测预警和服务、地面气象观测、大气成分观测、风电场观测及其风测量仪器检测、高速公路能见度观测与预警、森林火险气象等级规范、农作物气象灾害等级规范、移动气象台建设规范、雷电监测预警和防护等业务服务中推广应用，对规范全行业气象业务服务起到了重要的技术支撑作用。《气象干旱等级》国家标准在全国干旱监测、评价业务中广泛应用，在世界气象组织（WMO）的相关业务中得到广泛认可，荣获 2008 年全国标准技术创新二等奖。各级气象部门采取多种形式和途径，加大气象标准学习宣传和贯彻实施的工作力度，有效地推进了标准的实施，同时，也提高了有关领导和广大业务技术人员制定标准、采用标准的意识和积极性。

今后一个时期，我国气象标准化工作将以科学发展观为指导，紧紧围绕现代气象业务，以提升公共气象服务能力，提高气象预报预测水平，强化气象综合观测基础，加快气象科技创新，建设具有世界先进水平的气象现代化体系为目标，不断强化气象标准化工作顶层设计，完善气象标准体系，提升气象标准化速度，保证气象标准质量，增强气象标准化工作效益，保障和促进气象事业科学发展。

三、社会管理

社会管理包括气象主管机构对气象行业的管理和依法履行对社会的管理职能。实施社会管理是统一规划气象事业发展，统一设计业务布局，统一制定和执行气象标准，统一协调现代化建设所采取的一项重要措施，是实行科学管理、提高管理效能和规范气象社会活动的重要途径，也是优化资源配置，促进信息共享，推动技术进步，提高整体效益的迫切需要。

我国现有各类气象台站 4000 多个，分布在气象、民航、农业、林业、盐业、水利、海洋、电力、司法、科研、院校等部门、单位和军队，其中气象部门的台站 2600 多个，约占全国气象台站总数的 65%。在气象现代化建设的进程中，气象部门根据国民经济建设和社会发展的需求，立足于部门实际，以提高依法行政能力为切入点，不断强化社会管理和气象公共服务职能，加大了雷电灾害防御、人工影响天气、气象探测环境保护和施放气球管理，以及气象灾害应急管理等气象社会管理力度，促进了气象行业管理和社会管理职能不断增强。

履行社会管理职能经历了一个不断探索的发展历程。1949 年 12 月，中央军委气象局负责全国气象工作的管理，承担的气象业务包括军事气象、水文气象、航海气象、航空气象、农业气象、盐业气象等。依靠军队坚强的领导和优良的作风，很快实现了气象工作前所未有的高度统一，为气象事业的迅速发展奠定了坚实的基础。

1961 年，因体制变动先后将民航、海洋、水文、盐业等专业气象工作分别交给了民航局、海洋局和盐业部门，随后将黑龙江农垦和新疆兵团气象工作也分别交给了农垦和兵团。这些气象台站与由于体制变化从气象部门划到民航、海洋、盐业等部门的气象台站构成了行业气象台站，形成了中国特色的行业气象。

行业气象台站在为本部门提供气象服务工作中发挥了重要作用，但是也带来自成体系，不利于资源的优化配置和气象信息共享，导致重复建设、总体效益不高等问题。特别是改革开放以后开展的防雷减灾、施放气球和人工影响天气等社会管理工作也急需要规范和加强监管。因此，加强全社会气象工作的统筹规划，统一技术政策、技术规范和法规，加强部门间的协调和服务，减少重复建设和重复劳动，充分发挥气象信息在国家经济建设和社会发展中的作用，就显得越发必要。

为了避免气象工作分散在各部门带来的弊端，最大限度地发挥国家对气象事业投入的总体效益，1988 年 9 月国家编委批准国家气象局的“三定”方案中确定，“国家气象局是国务院主管全国气象行业的职能部门，由现在的部门管理转向全行业管理”，从此气象行业管理摆上了各级气象主管机构的重要议事日程。

20 世纪 90 年代后期，新疆生产建设兵团和黑龙江省农垦总局(以下简称兵团和农垦)先后提出将垦区气象事业发展计划纳入国家气象事业发展总体规划的设想。此项工作得到了原国家计委的理解和支持，国家计委先后下发了《国家计委办公厅关于对新疆生产建设兵团气象工作管理问题的意见的复函》、《国家计委办公厅关于黑龙江垦区农业现代化建设规划等有关问题的复函》，中国气象局根据国家计委的文件精神，结合我国气象工作实际，通过调研建议将兵团和农垦的气象探测自动化纳入气象事业发展规划，将气象建设项目投资纳入国家气象投资渠道，统筹安排，以适应兵团和农垦农业现代化建设发展的需要。由此，国家于 1998 年和 2002 年分别将兵团和农垦的气象事业发展计划纳入国家气象事业发展规划，并通过中国气象局给兵团和农垦分别下达气象基本建设计划和项目经费。目前，国家发展和改革委员会对黑龙江农垦气象现代化建设累计投资达 5025 万元，对新疆兵团气象现代化建设累计投资超亿元，有效地推进了新疆兵团和黑龙江农垦的气象现代化建设。

2000 年《气象法》的颁布实施，使气象主管机构履行社会管理职能有法可依，标志着气象社会管理开始步入依法行政的轨道。此后国务院先后制定出台了《人工影响天气管理条例》、《通用航空飞行管制条例》；中国气象局先后制定、修订了《气象探测环境和设施保护办法》、《防雷减灾管理办法》、《施放气球管理办法》、《防雷工程专业资质管理办法》、《防雷装置设计审核和竣工验收管理办法》和《气象行业管理若干规定》等一系列与《气象法》配套的行政法规和部门规章，为气象部门履行社会管理职能营造了良好的法律环境。各级气象主管机构在履行气象行业管理职能，特别是在从部门气象向行业气象、社会气象转变的过程中，气象社会管理意识不断增强。尤其是进入新世纪，中国气象局和省级气象主管机构均设置了气象行业管理和社会管理的综合协调部门，依法履行气象行业管理和社会管理职能。目前，凡是涉及气象事业发展重要问题的研究和策划均征求其他部门的意见，凡是气象部门内部的重要会议、活动均请其他部门有关人员参加，凡是重要气象规划、政策、法规和标准均面向全社会征求意见。

从 2001 年开始，按照国务院的统一部署，气象部门认真推进气象行政审批制度改革，防雷、施放气球等 3 项气象行政许可列入《国务院对确需保留的行政审批项目设定行政许可的决定》(国务院第 412 号令)；共清理行政审批事项 17 项，其中取消 1 项，改变管理方式 2 项，保留 14 项；制定、修订行政许可配套法规和制度，转变和创新行政许可管理方式，积极推广气象行政审批“一站式”服务，探索网上审批。截至 2008 底年，各地按照法律、行政法规、地方性法规履行的行政许可项目已达 25 项。(法律、行政法规 16 项，地方性法规 9 项)，8 个省(区、市)气象局、300 个地(市)气象局、934 个县气象局进入当地政府行政审批大厅，12 个省(区、市)气象局、55 个地(市)气象局、387 个县气象局自建了行政许可中心；29 个省(区、市)气象局、266 个地(市)气象局、565 个县气象局实施了行政许可网上公示。从 2006 年开始，每年各地办理的行政许可均在 20 万件以上。

社会管理取得显著成效。通过实施气象行业管理和社会管理，促进了全社会气象工作的交流与合作，促进了资源和信息共享，为提高天气预报的准确率和气象服务的水平发挥重要作用；推进了气象事业发展和气象现代化水平及服务能力的提高，各级气象部门切实履行气象行业管理、人工影响天气管理、气象预报发布与传播管理、气候可行性论证、防雷等气象灾害防御管理、施放气球管理等各项社会管理职能，带来了比较明显的社会效益和经济效益。通过转变和创新行政许可管理方式，提高气象行政审批事项的办事效率，扩大了气象部门的社会影响。

展望气象社会管理的未来，要坚持面向国家需求、社会需求和世界科技发展前沿，借鉴发达国家气象社会管理的经验，结合中国国情和气象事业发展实际，坚持统一规划气象事业发展，协调重要气象设施的建设和业务布局，加强重大气象基础设施建设和布局的专项规划编制工作。通过建立有效的协调机制，将水利、农业、林业、航空、海洋、环境监测、科研、军事等部门的气象监测网络和业务纳入总体布局。推进全社会规范化的岗位培训，实行气象业务人员统一资格考核，加强全社会气象业务的规范化管理。

第三节 战略规划与经费保障

60年来，特别是改革开放30年来，中国气象局始终高度重视事业发展的战略规划和顶层设计，从20世纪80年代的气象现代化发展纲要、90年代的气象事业30年发展纲要和10年规划，到新世纪以来的中国气象事业发展战略研究、气象业务技术体制改革、现代气象业务体系建设，以及一系列的五年计划、规划和各个时期的气象业务发展专项规划，都以其特殊的历史背景和发展视角，描绘了气象事业发展的蓝图，指引着气象事业不断发展进步。科学完善的财务管理体制机制和持续增长的经费投入，也成为气象现代化建设的有力保障。

一、气象事业发展纲要

气象事业发展纲要既是各级气象部门制定长远规划、五年计划、规划和年度计划的指导性文件和基本依据，又是气象工作者向气象现代化进军的动员令和号召书。发展纲要勾画了一个时期气象现代化建设的蓝图。

1. 气象事业发展计划

1956年1月，中央气象局向国务院七办、国家计委报送气象事业15年发展远景规划建议。同年3月，全国气象工作会议讨论和研究了气象事业1956—1967年发展计划，又简称为“12年发展远景规划”。这是新中国制订的第一部气象事业发展的长远规划，面向国家经济建设和科技进步需求描绘了新中国气象事业发展的蓝图。

2. 气象现代化建设发展纲要

1980年7月，国家气象局局长办公会议决定成立长期规划领导小组，邀请行业专家、学者参加开始编写《气象现代化建设发展纲要》。经过近三年半的时间，1984年国家气象局下发了《气象现代化建设发展纲要》。纲要规定了新的历史时期气象工作的任务，明确了到二十世纪末我国气象事业现代化建设的奋斗目标，提出了气象现代化建设的四个战略重点。纲要为20世纪80年代中期至20世纪末我国气象事业的发展描绘出宏伟的蓝图，为气象事业发展第八个五年计划的制订和实施提供了指导性的科学依据。

3. 气象事业发展纲要

随着我国经济和社会的快速发展，国家气象局党组审时度势，于 1989 年提出了对制订刚五年的《气象现代化建设发展纲要》进行修订的决定。1989 年 5 月，提出《关于修订〈纲要〉的初步意见》。10 月，成立了中国气象局规划领导小组，负责并具体指导《气象事业发展纲要》的修订和中长期规划的编制。1991 年 10 月，总体规划研究设计室承担了修订《气象事业发展纲要》和编制中长期规划的任务。经过一年半的努力，形成了《气象事业发展纲要》和《气象事业发展十年规划》的送审稿。1993 年 4 月，全国气象工作会议审议并原则通过了《气象事业发展纲要(1991—2020 年)》及与其配套的专业规划和《气象事业发展十年规划(1991—2000 年)》，为跨世纪气象事业发展描绘了更加宏伟的蓝图，是制订"八五"、"九五"计划乃至 21 世纪初气象事业发展计划的纲领性、指导性文件。

4. 气象事业发展战略研究。

2003 年 4 月，中国气象局党组认真分析国家对气象工作的需求，气象科技进步的发展基础，深刻认识到科学规划本世纪头二十年我国气象事业发展的战略意义，决定开展中国气象事业发展战略研究。在国务院的直接关怀领导下，由中国气象局牵头，汇集从事自然科学和从事经济、社会、资源、国情、国防、军事、航天等方面多个学科的众多院士和资深专家及 300 多名研究人员，先后召开了上百次座谈会和研讨会，组织了十多次国内外调研，举办战略研究论坛和专题科学报告会，就经济社会发展、环境外交、世界科技前沿、气候变化等问题，反复研究修改，顺利完成这一战略研究。

中国气象事业发展战略研究与以往气象部门中长期发展规划不同的是：突破了部门、行业的界限，其研究范围涉及到天气、气候系统、气候变化以及经济建设、社会进步、国家顺利安全、环境外交、可持续发展等众多领域，以及海洋、国土资源、农业、林业、气象、水文、地震等多个部门和行业，确定了 21 世纪头 20 年中国气象事业发展的总体思路，明确了战略目标和战略任务，凝练了加强能力建设的重大工程，提出了由气象大国向气象强国跨越的主要战略措施，成为了新世纪中国气象事业发展的重要依据。

二、气象事业发展计(规)划

从 20 世纪 50 年代开始，气象事业发展计划随着国家的五年计划体制的变化，也经历了从计划经济体制到社会主义市场经济体制的转变，成为气象事业发展不可缺少的部分。

1. 气象事业发展第一个五年计划

1952 年是建国后 3 年恢复时期的最后一年。军委气象局召集各军区气象处负责同志商谈拟定气象工作五年计划，提出对五年计划的意见。1952 年 12 月，军委气象局召开会议，对气象工作五年计划初稿进行讨论。1953 年 1 月军委气象局召开扩大局务会议，研究制定了五年计划内台站建设、预报业务建设等 11 个专业方案。这是我国气象事业发展五年计划的雏形，为建国初期的气象工作指明了建设发展方向，确定了为国家经济建设服务的工作方针。

2. 气象事业发展第二个五年计划

1958 年新年伊始，中央气象局党组着手讨论第二个五年计划问题，随后确定了农业气象和海洋水文气象工作第二个五年计划的方针和任务。3 月，中央气象局党组向中央政治局呈报《关于目前我国气象工作的基本情况及第二个五年计划主要任务的报告》，提出第二个五年计划加强气象服务工作专业化、大力开展以提高天气预报的准确率为中心的科学研究、努力实现高空观测工作现代化，力争 5 年内达到英美水平、积极开展海洋水文气象工作、争取 5 年内提前实现农业发展纲要修正草案中气象(候)站和高空站建设计划的主要任务，6 月中央农村工作部批转了上述报告。

另外，1959 年底，制定了《气象事业建设规划初步设想(1960—1967 年)》，提出了总任务、总方针、具体任务和要求等，为编制气象事业发展第三个五年计划打下了基础。

3. 气象事业发展第三个五年计划

1960 年至 1962 年期间拟定了《1962—1969 年气象事业规划(草案)》。1965 年开始研究第三个五年计划的问题，8 月下发了《关于气象工作第三个五年计划和 1966 年工作的意见》。总的要求是通过第三个五年计划的建设，使气象工作走出一条中国式的路子来，各项业务、技术工作的发展要与方针政策相一致，使气象科学技术和装备向现代化大大跨进一步，使气象业务质量得到提高，同时作好各项气象服务。

4. 气象事业发展第四至第六个五年计划

从 1966 年“文化大革命”开始，气象工作与全国其他领域的工作一样，受到严重的干扰和破坏。这一期间，虽然制订了“四五”和“五五”计划，但经历长时间磨难和管理体制上反复变化，这些计划没有条件得到认真贯彻执行和切实实施，严重地影响了新中国气象事业的发展，使得我国气象科技发展水平与世界气象科技发展水平拉开了距离。直到“五五”后期到“六五”期间，才逐渐步入正轨，开启了气象现代化的发展步伐。

1974 年，中央气象局成立了十年规划领导小组，多次召开会议研究 1976—1985 年气象事业发展规划。1977 年中央气象局向国家计委报送了《关于“六五”基本建设计划（草案）的报告》和《修订“五五”基本建设规划（草案）有关问题的报告》。同年 11 月，全国气象局长会议讨论了《1978—1985 年全国气象事业发展规划》，并要求采取有力措施，挽回十年动乱造成的损失，加强气象工作的秩序和业务工作的规范化，加速实现气象现代化。

5. 气象事业发展第七个五年计划

1983 年 7 月，国家气象局开始编制“七五”计划，之后向国家计委报送了《“七五”气象事业建设规划（草稿）》。1984 年 3 月，向国家计委报送《气象事业发展“七五”计划主要建议》。1985 年 10 月，国家气象局起草了《关于制定第七个五年气象事业发展计划的建议》，经 1986 年全国气象局长会议审定后下发，作为气象部门编制“七五”计划的指导文件。1987 年 4 月，国家气象局正式下发了《全国气象事业发展第七个五年计划》。

“七五”期间，完成了国家重点建设项目“风云一号卫星应用系统工程（711-5 工程）”建设；1988 年，风云一号气象卫星成功发射，开启了我国自行研制、发展气象卫星的历史新篇章；国家批准了“中期数值预报系统工程”，并在 1990 年进入土建施工阶段；风云二号气象卫星地面接收处理系统工程也获国家批准。

6. 气象事业发展第八个五年计划

1990 年 5 月，国家气象局向国家计委报送了《气象事业发展“八五“计划和十年规划的基本思路》。其中，“气象卫星综合应用业务系统”和“大气监测自动化系统”两个大中型工程项目正式列入国家“国民经济和社会发展第八个五年计划”。1991 年初，国家气象局党组召开扩大会议，讨论修改“八五”气象事业发展计划和十年规划的建议。1992 年初，全国气象局长会议审议通过并下发了《“八五”气象事业发展计划》。同年 5 月，下发了《全国气象事业发展第八个五年计划投资安排的通知》，批复了省级《“八五”气象事业发展计划》。

7. 气象事业发展第九个五年计划

1994 年，中国气象局向国家计委报送《气象事业发展第九个五年计划建议草案》和《气象事业发展长期规划（1996—2010 年）的纲要草案》。1995 年初，全国气象局长会议部署了“九五”计划的编制工作，在征求了全国气象部门意见后进行了修改，提交 1996 年全国气象局长会议审议。1996 年，根据全国气象局长会议审议的意见再次修改后，4 月正式下发《气象事业发展第九个五年计划》和《气象事业发展长期规划(1996—2010 年)》。同年，还向国家计委报送了“短期气候预测业务系统”和“大气监测自动化系统”项目建议书，为推进新的大中型项目建设作了积极的准备工作。

“九五”期间，气象现代化建设取得了很大的进展，极大地加快了气象装备现代化的步伐。1997 年“风云二号”气象卫星应用系统工程(552-5 工程)正式验收交付使用，气象卫星综合应用业务系统(9210 工程)于 1998 年基本建成，并投入业务试运行。2000 年 9210 工程完成系统验收，正式投入业务运行。

8. 气象事业发展第十个五年计划

1999 年，中国气象局提出了《气象事业发展“十五”计划和 15 年规划思路》，经局长办公会审定后报送国家计委。2000 年 3 月，《全国气象事业发展“十五”计划基本思路》提交全国气象局长会议审议。5 月，完成报送国家计委的《全国气象事业发展“十五”计划草案和到 2015 年展望》。9 月，完成《气象事业发展“十五”计划草案》提交全国气象局长研讨会审议。2001 年，完成《气象事业发展“十五”计划》和《气象事业发展 15 年规划》的编写，组织开展“15 年规划”和“十五”专项计划的编制、修改和审定，报中国气象局批准后下发实施。“十五”期间，新疆建设兵团和黑龙江农垦部门的气象事业纳入气象计划管理和行业指导，总体建设布局得到加强。实施了新一代数值天气预报业务系统、新一代天气雷达、短期气候预测一期、大气探测自动化一期等重点工程项目，促进了我国气象事业的快速发展和现代化建设的突飞猛进。

9. 气象事业发展“十一五”规划

气象事业发展“十一五”规划的编制工作于 2003 年启动。2006 年，“气象事业发展‘十一五’规划”经专家委员会论证，形成初稿印发全国气象部门和各有关部委征求意见后定稿，2007 年由国家发改委与我局联合印发。“十一五”规划紧密结合国家需求和世界科技发展，立足部门，面向全行业，提出了今后五年气象事业的发展思路、发展目标、重点任务和政策措施，是国家专项规划中重要的公共事业和公共服务规划，是为进一步加快气象事业发展，更好地为国民经济和社会发展服务而确定的“十一五”时期气象事业发展、改革与创新工作的指导性文件。

2006 年 3 月，《中华人民共和国国民经济和社会发展第十一个五年规划纲要》中第一次成章成节对气象工作提出了要求，充分体现了党和国家对气象事业发展的重视，显示了气象事业在国民经济和社会发展中的地位日益提高。

三、气象事业专项规划

在气象事业发展的进程中，气象事业专项规划的提出、制定和实施是长远发展规划、五年计划的重要补充，对气象事业各方面现代化建设具有重要的指导意义。在 1953 年制定的《气象事业发展第一个五年计划》中，就明确提出了业务建设计划、基本建设计划、劳动工资计划、干部训练计划、仪器计划、物资平衡计划、财务计划等专项计划的内容。在此之后的历次五年计划基本都包含有各方面或各种类型的专项计划。

1. 气象卫星发展规划

气象卫星是我国应用卫星系列中发展最早、应用范围最广、社会和经济效益最为显著的卫星系列之一，对国家的社会发展和经济建设服务效益最为显著。1988 年，我国第一颗自行研制的气象卫星成功发射，标志着我国气象卫星事业走上科学发展的轨道。1998 年，财政部向国务院上报了《关于建立气象卫星专项资金的报告》，并得到国务院领导的批示。1999 年 10 月，根据国务院领导批示精神，中国气象局与国防科工委联合向国务院报送了《关于"九五"后两年至 2010 年我国气象卫星及其应用发展计划的请示》，按照我国发展极轨和静止两种气象卫星及其应用系统并实现业务化、系列化的指导思想，结合我国航天技术的发展水平，提出了 1999—2010 年间气象卫星发射的数量及结构。同年 11 月底，获得国务院的批准。该《规划》为确保我国气象卫星事业从 20 世纪末到 21 世纪初的加速发展提供了国家保障和资金保障，并为后续的持续发展和战略化目标的实现奠定了坚实的基础。

2. 天气雷达发展规划

随着国家统筹集约安排重大工程项目，从国家的高度统筹规划全国新一代天气雷达建设，充分发挥国家、地方和部门投资的总体效益，实现全行业雷达信息资源共享，促进各部门协调发展，增强国家防灾减灾总体能力，成为了雷达发展建设中日益凸显的紧迫问题。

2004 年 4 月，中国气象局会同行业相关部门在原有的基础上，联合编制了《天气雷达近期发展规划(2005—2010 年)》。规划紧密结合国家经济建设和人民生活对气象服务的需求，面向世界天气雷达技术发展的前沿，对 21 世纪前十年我国天气雷达的技术政策、组网布局、资源共享以及合作共建等重大问题进行了规划设计。2004 年 10 月，国家发展改革委批准了《天气雷达近期发展规划(2005—2010 年)》。该规划成为近十年我国天气雷达发展的指导文件和安排建设的依据,促进我国天气雷达探测技术和组网能力达到世界先进水平,为我国高速度的社会发展和经济建设提供有效的气象防灾减灾服务作出积极的贡献。

3. 人工影响天气发展规划

为防灾减灾、抗旱防雹、保障国家粮食安全、缓解水资源短缺、促进生态建设与保护等关系国计民生工作的有效开展,2007 年,中国气象局和国家发改委联合印发了《人工影响天气发展规划(2008—2012 年)》。《规划》确定了到 2012 年的发展目标:将人工增雨作业覆盖面增加 40 万平方千米;年增雨量提高 50 亿吨;防雹保护面积增长 3 万平方千米。建立国家、省、地、县四级协同的指挥和作业体系。《规划》还提出了到 2012 年以显著提高人工影响天气的科技水平,在探测、催化、数值模拟、效果检验等方面的科技创新取得明显成效为主要建设任务;以人工增雨(雪)开发空中云水资源,增加水资源为农民生活用水、农业生产抗旱及改善生态环境为目的;在做好传统农业防雹减灾服务的同时,围绕农村产业结构调整,加大对优质、高产、高效、生态、安全以及特色农业的防护力度,保护农业生产、农民增收、保障城乡人民生命财产安全,合理调整防雹作业布局,开展防雹作业;为消除大雾天气,保障交通安全,重点开展机场和高速公路的消雾试验和服务的人工消雾工作;为解决应急及重大活动保障,及时开展森林草原火灾、危险化学品泄漏污染等突发公共事件的人工影响天气应急保障服务;开展重大社会活动、国家安全和国防建设等的人工影响天气精细化试验服务。

4. 气象灾害防御规划

根据《国家发展改革委关于印发国务院 2008 年专项规划审批计划的通知》(发改规划〔2008〕369 号)的要求,《国家气象灾害防御规划(2009—2020 年)》列入了国务院 2008 年专项规划审批计划。中国气象局在于 2008 年 2 月启动了该《规划》的编制工作。后根据有关部门和专家意见,对拟稿进行了反复修改,12 月形成了上报稿。2009 年 1 月中国气象局将该《规划》(送审稿)送国家发展改革委、农业部、水利部、民政部、国土资源部、环境保护部、住房和城乡建设部、交通运输部、国家林业局等部委会签。2009 年 7 月,9 部委全部会签同意,该《规划》已上报国务院。

四、气象经费投入保障

切实发挥对气象现代化建设的基础保障作用，历来是气象部门计划财务工作的重点。随着国家经济形势的变化和气象事业的不断发展，气象部门经费状况发生了很大的变化，计财工作也经历了一系列重大发展和变革。

1. 多渠道经费投入机制的建立

气象事业发展的经费渠道随建制、体制变化而变化。1949 年 12 月，中央军委气象局成立不到 1 个月的时间里，就成立了局办公厅财经科，负责各项财务和经费管理工作，当时气象工作人员实行供给制。1950 年 12 月，中央军委和政务院联合发布了《关于全国气象台站的建制、管理、经费和技术问题的联合决定》，其中对气象业务经常费、事业费和器材、图表等的供应做了规定，明确了经费供给渠道，基本解决了当时全国气象台站存在的供应困难问题。1953 年 8 月，军委气象局转移建制，自 1954 年 1 月 1 日起气象经费改为向政府申报。1954 年 10 月，经中央组织部批准，中央气象局成立计划财务处，下设计划、调查统计、会计三个科和基本建设组。1968 年，中央气象局进行了机构改革，组成政工、办事、业务三个组，计划财务工作在办事组，主要是维持必要的财务运行。1970 年，中央气象局与中国人民解放军总参谋部气象局合并，局机关有四个处（不含行政处），计划财务工作由四处负责。1971 年 2 月，国家计委、总后勤部、财政部下发《关于民航总局等部门基建计划、事业经费划归军队管理的通知》，明确中央气象局的基建计划由总后下达，行政事业费由总后代领代发。1973 年 3 月，中央气象局和总参气象局分别划归国务院和中央军委建制，中央气象局经费渠道回归政府，中央气象局计划财务工作由计划财务处负责。

双重计划体制和相应财务渠道的建立 自 1983 年实行“双重领导，以气象部门为主”的领导管理体制以后，气象部门所有支出主要由中央财政承担。1988 年 8 月，国家计委、财政部、国家气象局向国务院联合报送了《关于请地方财政合理分担部分气象经费的请示》（国气发字〔1988〕第 024 号），要求“把为当地服务的气象事业发展建设列入本地社会经济发展规划和计划”，“地方计划部门解决主要为地方城乡经济建设服务需要而新增项目的基建投资，地方财政尽量酌情解决主要为地方城乡经济建设需要而新增项目的事业经费和其他开支”。

1990 年 8 月，全国气象局长工作研讨会提出，气象事业要由国家和地方共同来办：根据财权和事权相一致的原则，国家气象事业由国家财政支持，纳入国家计划;地方气象事业就应由地方财政支持,纳入地方计划,并提出了"建立双重计划财务体制"这个概念。会后将有关意见专门向国务院做了请示汇报。经过一年多的努力,1992 年 5 月,国务院印发《国务院关于进一步加强气象工作的通知》(国发〔1992〕25 号),明确提出要"建立健全与气象部门现行领导管理体制相适应的双重气象计划体制和相应的财务渠道,合理划定中央和地方财力分别承担基建投资和事业经费的气象事业项目"。在文件下发后一年内,全国 30 个省(区、市)和 4 个计划单列市人民政府就全部下发了贯彻 25 号文件的"通知",绝大部分在"通知"中明确提出了建立双重计划财务体制的意见,2/3 的省(区、市)和计划单列市气象局在当地财政部门建立了计划、财务户头,双重计划财务体制得到具体落实。这有力促进了地方气象事业的发展,初步形成中央与地方对气象事业多元投入、国家气象事业与地方气象事业协调发展的局面。

多渠道经费机制的形成　1994 年,"分税制"改革的推行进一步明确了中央和地方的事权和财权,气象部门"双重计划体制和相应的财务渠道"受到冲击,经费矛盾激化的趋势重新抬头,气象事业发展受到严重挑战。1997 年,国务院办公厅转发了中国气象局《关于加快发展地方气象事业的意见》(国办发〔1997〕43 号),提出要建立与国家财政体制相适应的地方气象事业投入机制,努力改善气象职工的工作生活条件,要求"气象职工的有关补贴等福利待遇问题,在国家尚未做出统一规定之前,有条件的地方可比照本地标准先行解决,所需经费由当地政府安排",缓解了经费矛盾。此后,随着经济发展和"分税制"改革效果不断显现,中央财力日趋增强,对气象部门的投入有了显著增长,历经波折的"双重计划体制和相应的财务渠道"基本得到全面落实,气象部门"中央为主,地方为辅,创收为补充"的多渠道经费机制开始形成。

1996 年,国务院发布了《关于加强预算外资金管理的决定》,明确预算外资金是国家财政性资金,要上缴财政专户,实行"收支两条线"管理。中国气象局审时度势,经与财政部磋商,2001 年气象有偿服务费由行政事业性收费转为经营服务性收费管理,作为气象部门自有资金,为解决气象部门经费不足和"民生"问题起到了重要作用。

2. 计划财务管理体系的建立和完善

建立规章制度,财务管理工作逐步规范。从建国初期到改革开放之初的计划经济阶段,气象部门经费较少,财务工作主要是按照国家有关要求制定一系列管理规定和标准。在 1950 年中央军委和政务院联合发布的《关于全国气象台站的建制、管理、经费和技术问题的联合决定》指导下,经 1951 年全国气象工作会议讨论,器材供应及经费划分等问题得到了解决,气象部门《气象业务杂支费供给办法》、《气象台站一般建设费供给暂行办法》、《军事系统有关气象技术工作人员夜餐费规定》等首批财务管理规定相继出台。1953 年，军委气象局转移建制后，中央气象局财务处负责全局财务和修建工作，并就预算编制、开支标准等做出了一系列具体规定。1964 年 6 月，财政部和中央气象局联合颁发《关于气象事业费使用管理的暂行规定》，要求各级气象部门做好定任务、定员、定额、定设备的工作。随着各项规定的颁布实施，气象部门财务管理工作得到初步规范。

进入 20 世纪 80 年代，在全国改革的大形势下，气象部门计划财务工作与本部门其他各项改革配套进行。1980 年，中央气象局下发《关于财务管理的几项暂行规定》，对财务工作的任务、审批权限划分、领导及财政监察工作等做了规定。在领导管理体制一系列重大改革中，根据 1982 年年底国家计委、财政部、中国人民建设银行、国家气象局联合发出的《关于气象部门管理体制调整改革有关财务、基建交接中几个具体问题的通知》，顺利完成了全国气象计划、基建、财务交接工作。1983 年，国家气象局下发了《关于各省、市、自治区气象部门财务管理暂行办法的通知》，规定气象部门财务工作实行统一计划、分级管理。随后，为了配合气象部门进一步治理整顿和深化改革的进程，完善和加强计财管理，各项管理规定陆续出台，规章制度日趋完善。

随着国家经济政策和公共财政改革的不断深入，气象部门也不断从计划投资、预算管理、财务管理、基建管理、国有资产管理、政府采购、国库集中支付和统计管理等方面，制订、修订了各类规章制度。随着管理工作的进一步细化，各类规章制度也随之精细化，如《部门预算管理实施办法》、《节余资金管理规定》、《部门基本建设财务管理规定》、《气象部门项目库管理办法》、《气象部门政府采购管理办法》等。这些规章制度的出台、执行及督促检查，极大地促进了气象计划财务管理工作的规范性，实现了在中国气象事业发展规划的统一指导下，不断提高投资与建设、投资与发展、现代化建设与基础保障的相互协调。通过投资引导和监督管理，规范气象投资渠道，不断提高气象投资效率，充分发挥了计划财务工作为气象现代化建设的综合保障作用。

完善财务机构，财务管理方式不断创新。从 2003 年开始，部分省级气象局成立了财务核算中心。2007 年，中国气象局要求各省、地市级气象部门成立财务核算中心，实行“县账市管”。迄今为止，中国气象局和各省、自治区、直辖市气象局以及计划单列市气象局全部成立了财务核算中心，负责单位本级及直属单位的财务核算和监督；绝大部分地市气象局也成立了财务核算中心，负责单位本级及所属县级气象局的财务核算和监督。财务核算中心发挥“规范核算、财务监督、综合分析”三个作用，确保财务核算工作能够按照国家的有关法律法规有序开展，为领导和管理部门决策提供详实、科学的依据。

1998 年，随着计算机应用技术的发展，气象部门开始试点和推广计算机记账。至 2004 年，从二级单位开始，到省级直属单位、地区级气象局，最后到县气象局，2700 多个预算单位中，三级以上单位全部甩掉了手工账，85%的四级单位甩掉了手工账。在基本实现会计电算化的基础上，依托和发挥气象部门计算机网络资源优势，从 2005 年开始，气象部门开始应用 C/S 结构的财务核算系统试行集中财务核算。中国气象局在京直属单位开始试点，以专网为依托实现大院各单位在财务平台上记账、审核，计划财务管理和审计等部门通过设置查询权限能够实时查询所需账务数据。2007 年开始，一些省（区、市）气象局开始试点，利用全国气象部门现有业务网络资源建设财务网络，至 2009 年 6 月，有 20 个省（区、市）先后实现本省所属单位包括地、县气象局的财务联网；中国气象局也利用 VPN 方式同这些省、区、市气象局及计划单列市气象局进行财务联网，实现中国气象局以及各省气象局对所属单位实时的财务监督。通过这种方式，不仅可以使上级部门及时发现下级单位财务管理中的问题，加强财务监督和管理，而且可以及时掌握下级单位的财务运行和资金状况，为编制预算提供了第一手准确的基础数据和信息，为细化部门预算奠定了基础。

计划财务工作机构日益完善，先进的财务管理手段逐步推行，强化了财务管理和监督，保证了气象事业的健康发展。通过加强财务管理和监督，不仅会计核算要严格按规定执行，支出也要严格管理，变预算额度控制为预算支出内容控制，实现支出与预算统一，确保预算统筹集约作用的充分发挥，最终实现各项资源的统筹集约。

深化体制改革，计财管理体系基本建成。与事业结构调整和业务技术体制改革相适应，气象部门不断改革计划财务的管理体制和管理方式，成功实施了部门预算、政府采购、国库集中支付等国家财务制度重大改革，基本建成了一套符合财政改革总体要求和气象事业发展实际的计财管理体系。

随着改革的深入，计财工作的思路和理念也在不断创新。过去更多的考虑维持，现在更多的考虑发展。围绕中国气象局党组提出的建设气象现代化体系这一中心工作，充分发挥计财工作的基础保障、综合协调和决策参谋作用，通过外抓发展环境，内抓资源配置，力促投资效益发挥，力促项目科学管理，为气象事业科学发展提供了有力保障。

3. 中央和地方各级政府对气象事业的支持和投入

改革开放以来，国家对气象事业发展的投入从“六五”期间的 14 亿多到“十五”期间的 166 亿多，呈逐年上升趋势。1981 年国家总投入为 2.29 亿元，到 2008 年增长到 67.36 亿元，是 1981 年的 29 倍。尤其是进入 21 世纪以来，随着公共财政体制改革的不断推进，财政支出结构不断调整，对气象事业的投入不断加大。从 1981 年至 1999 年，国家投入年均增长率为 11%。2000 年的国家投入是 1981 年投入额的近 7 倍，在此基础上，2000 年至 2008 年年均增长率大幅提升到 18%，高于同期国民生产总值的增长率。

多渠道经费机制的形成，使得气象部门的资金来源构成也发生了变化。“六五”期间，中央投入占气象部门资金总额的 94%，到了 2008 年，中央投入所占比例下降至 57%，地方投入和部门创收所占比例分别为 20%和 23%。经费渠道的拓展为气象事业快速发展提供了更多的资金保障，同时促进了中央和地方气象事业协调发展。

不断增长的投资规模，有力地推进了气象现代化建设快速发展。气象卫星、天气雷达、地面自动化监测系统、信息网络系统、高性能计算机和短、中期数值天气预报系统相继建立，气候业务和气候变化研究工作得以加强，气象服务为国家社会和经济发展作出了巨大贡献，同时在世界上得到了举世瞩目的关注。

第四节　基础设施与基层台站

基础设施和基层气象台站既是气象服务、综合气象观测和气象灾害预警的重要载体，又是气象现代化建设的重要组成部分，是保障气象事业科学发展的坚实基础。

一、基础设施建设

1. 基本建设投资

基本建设工作的开展离不开投资。国家历来重视气象现代化建设，并不断加大对气象现代化建设的投资力度。1955 年，中央气象局经费为 0.2 亿元，其中基建投资 0.06 亿元。1970 年 4 月，中央气象局《关于国家和区域气象中心的基本建设投资计划》经国家计委批复同意，总投资为 0.3 亿元。1973 年，国家计委批准了中央气象局《关于全球通信系统北京区域通信枢纽设计任务书》，全部投资确定为 0.26 亿元。1974 年和 1975 年，中央气象局投资均维持在 0.29 亿元的水平。1980 年初，财政部和中央气象局发出通知，仍在中央气象局直属基建投资中拨出 0.15 亿元划给地方气象部门，用于基层气象台站扩建业务和生活用房使用。

自 1983 年气象部门完成体制上划以来，至 2008 年共安排基本建设投资近 126 亿元，每个五年计划期的投入均有大幅增加。1983 年国家对气象事业的基本建设投资仅为 0.56 亿元，“七五”期间年均投入为 1.32 亿元，而“十五”期间年均投入增长到了 9.3 亿元，2008 年基本建设投资额为 1983 年的 22 倍。投入最高的年份为 2004 年，达到 14 亿元。同时，基本建设投资完成额也逐年递增，建设规模不断加大，近年来建设进度也有所加快。大规模的基本建设投资，为气象部门增添了大量固定资产，扩大了为社会提供气象服务的能力，产生了良好的社会和经济效益。

2. 重点工程建设投入

从“九五”开始，在“全面规划、重点推进”原则指导下，确定了重点发展领域，国家启动了包括气象卫星、大气监测自动化、短期气候预测和新一代天气雷达布网等大中型建设项目工程。

气象卫星工程　计划财务工作者积极争取国家发展改革委、财政部和原国防科工委对气象卫星事业的支持，30 年间，国家为气象卫星和卫星气象事业的发展建设的投入达到 42 亿元(不包括国防科研经费的投入)。其中：风云一号气象卫星应用系统工程(711-5 工程)投入 1.3 亿元；风云二号气象卫星应用系统工程(552-5 工程)投入 1.3 亿元；风云二号气象卫星双星管理系统工程投入了 0.6 亿元；风云一号 02 批气象卫星项目投入 6.9 亿元；风云二号 02 批气象卫星项目批准投资 24.1 亿元；风云三号气象卫星应用系统工程批准投资 7.9 亿元。

气象通信工程　1992 年 10 月，国家计委正式批准中国气象局建设“气象卫星综合应用业务系统”(9210 工程)。1998 年，9210 扩展工程建设得以批准。中央共投入建设资金 3.34 亿元，争取到全国省、地两级政府的配套资金 2 亿多元，基本解决了国家级的气象资料处理能力不足和全国气象部门通信不畅等问题。

大型计算机　1984 年从美国 CDC 公司引进了 2 台 Cyber 大型计算机和 1 套高速局域网设备，价值 314 万美元(约合 0.16 亿元人民币)，为 T42 数值预报业务提供了良好的计算环境。同年，“北京气象中心扩建工程”即建立中期数值天气预报系统，开展巨型计算机的选型，国家投入了近 0.5 亿元确定选用国防科技大学研制的“银河-Ⅱ”巨型机，1993 年 9 月安装调试完成。1993 年 1 月，中国气象局着手引进美国克雷研究公司的 CRAY C92 机，国家为此次引进工作投入了 1.3 亿元(其中李鹏总理亲自批准动用总理预备金 0.8 亿元)。在中国气象局的积极争取下,国家计委批准成立"北京高性能计算机应用中心",并将当时国内第一、国际先进、计算峰值速度 3480 亿次/秒,超过 1 亿元投资研制的"神威-Ⅰ"高性能计算机系统安装在国家气象信息中心,并安排了 700 万元的配套建设投资。

大气监测自动化工程 1999 年 8 月"大气监测自动化系统工程"启动实施。自 2000 年至 2006 年共安排中央投资 5.88 亿元,争取到各级地方政府的匹配资金超过了 2 亿元。

短期气候预测系统工程 2000 年启动了"短期气候预测业务系统(一期工程)"建设,到 2006 年基本建设完成,中央共投入了 5.26 亿元建设资金,完成了国家气候中心业务楼的建设、建成了国家级短期气候预测业务系统、引进了美国 IBM 公司计算峰值速度为 21 万亿次/秒的 C1600 高性能计算机系统、建成了区域级、省级和单列市级的气候业务系统和多个气候研究开放式实验室、配备了外场观测实验设施等。

全国新一代天气雷达网 2004 年 10 月国家发改委批准了《天气雷达近期发展规划(2005—2010 年)》,明确了 158 部雷达的组网、配套设施等内容的建设,原则上认可的中央投资达 35 亿元。

气象监测与灾害预警工程 气象监测与灾害预警工程项目依托现有站网和系统布局,分布于北京国家级中心和全国各省级气象局及各观测站点(部分新建),全面覆盖我国大部分陆地、内陆水面和近海区域,重点建设监测薄弱地区和灾害多发地区。主要建设内容包括预警指挥系统、气象灾害监测系统、信息传输系统、气象灾害预报预测系统、气象灾害专业服务系统和技术保障系统等 6 个系统。工程建设期为 5 年。

除上述提到的七大重点工程外,中国气象局抓住时机提升气象为国家重点工程服务的能力,还积极争取到一些较小的、但对气象现代化建设具有重要意义的重点工程。如:1999 年争取到"三峡工程气象服务保障系统"工程,国家投入了 0.81 亿元。该工程边建设、边服务,为"三峡工程"建设过程中和建成后运行提供了坚实的气象保障服务;2000 年争取国家投入 0.28 亿元,实施了"西北地区人工增雨工程"项目;2000 年还争取到芬兰政府贷款配合部门投资共 0.4 亿多元,引进芬兰 VAISALA 公司先进的自动气象站建设了"青海灾害性天气监测系统",实现了青海全省地处高海拔、高寒区等极为艰苦的国家级台站,的监测自动化;为配合国家对"三江源"地区的生态保护和治理工作,在青海省气象局的通力合作下,2007 年争取国家投入 1.6 亿元,启动"青海三江源保护区人工增雨工程”项目的建设。

通过这些工程项目的建设，极大地促进了气象现代化的建设，显著地提升了气象服务能力。

二、基层台站建设和改善

基层气象台站是气象事业的基石，台站基础设施建设是气象现代化的重要组成。基层气象台站基础设施主要是全国县级及其以下所有各类气象台站的业务类用房建设及与业务、服务工作密切相关的配套基础设施两大部分。

1. 基层台站建设和改善历程

我国绝大多数的基层气象台站始建于新中国建国初期和第二、三个“五年计划”时期。由于历史原因，基层气象台站基础设施建设相对滞后于气象现代化的发展，在一定程度上制约了气象服务能力的快速提高和各项职能的发挥。

气象部门自1983年有了国家的固定投入机制后，开始大力实施台站综合改善。台站危房翻建、改善供电、供水条件等工作从“七五”开始进行，但因投入有限，成效甚微。“八五”期间，中国气象局在资金极为有限的情况下启动了基层气象台站基础设施综合改善工作，五年间共投入5.38亿元，摸索出一条符合气象部门实际的发展建设途径，取得了一定的成绩。“九五”到“十五”期间，随着国家与各级地方政府对气象现代化的重视和投资力度的逐渐增加，各级气象台站基础设施建设有了投资保证，工程建设成效日趋明显，成为气象部门台站基础设施建设项目最多、投资最大、成效最为显著的时期。“九五”期间争取到的国家投入达7.48亿元；“十五”期间，国家累计投入气象台站基础设施建设资金约13.5亿元，是“九五”期间投资总额的近2倍(同时地方配套和自筹投资也达到6亿多元)，超过了同期全社会固定资产投资的增长幅度。有34%的台站新建业务用房近100万平方米，1000个左右基层台站进行配套设施改造，100多个艰苦台站配备了交通工具，完成了艰苦台站生活基地建设10万平方米，约40%的台站完成新一轮综合改造，基层气象台站的业务用房、观测场、通信、水电供暖、交通工具等基础设施状况得到明显改善，极大地改善了职工的工作生活条件。

进入新世纪，为充分实现国家对气象事业发展建设投入的总体效益，增强国家防灾减灾的总体能力，增强应对气候变化的能力，加快基层气象台站基础设施建设已成为我国气象事业发展和建设中日益突显的紧迫问题。“十一五”前三年，国家投入气象台站基础设施建设的资金为12.53亿元，实施基层台站综合改善项目 2000 多项。仅就 1991—2008 年,各级气象台站基础设施建设争取到国家资金投入达 38.71 亿元,其中 2003 年安排台站建设项目 804 个(含业务项目),总投资 5.67 亿元(其中中央投资 5.53 亿万元);2004 年安排台站建设项目 937 个(含业务项目),总投资 3.16 亿元(其中中央投资 3.11 亿元);2005 年安排台站建设项目 1069 个(含业务项目),总投资 6 亿元(其中中央投资 3.82 亿元);2006 年安排台站建设项目 1073 个(含业务项目),中央投资 4.29 亿元,;2007 年安排台站基础设施建设项目 664 个,中央投资 3.74 亿元;2008 年安排台站基础设施建设项目 766 个,中央投资 4.55 亿元;2009 年安排台站基础设施建设项目 586 个,中央投资 4.5 亿元。

随着投资力度的加大,基层气象台站的业务用房、观测场、通信、水电供暖、交通工具等基础设施状况得到明显改善,业已基本建成预报预警业务平台、预报会商室、决策服务室、测报值班室、农气分析室、计算机房、通信机房、人影指挥室、防雷检测业务工作室,各类气象科技服务工作室等业务用房,以及配电室、制氢房、档案资料库、设备备件库房、接待室、多室合一的会议室(学习室、阅览室等)、行政管理办公用房及人影作业炮库、车库等业务配套用房。同时,气象观测场,农(牧)业气象试验场,台站供电、供水、供暖、供气、排污设施,围墙、道路、护坡、台站环境以及交通工具等得到改善。在西部和高海拔、高寒地区的艰苦台站,还建设站区工作人员值班用房或采用轮换工作制台站的职工周转用房及基层台站工作生活基地等。上述台站建设和改善,有效地缓解了长期制约气象事业发展的瓶颈问题,为加快我国气象现代化的发展、建设"一流台站"奠定了较好的基础。

2. *基层台站建设成效显著*

台站面貌焕然一新。"十五"期间制定了《关于印发加强基层台站建设意见和指导标准的通知》和一系列项目建设管理制度,进一步规范了基层气象台站基础设施建设标准,促进了全国基层气象台站标准化建设进程。制定具有阶段性、可操作性的一流台站建设规划,按照分类指导、突出重点、分步实施的原则,针对台站发展不平衡、地方经济差异的特点,确定不同地域、不同发展时期的建设重点,促进台站全面发展。全面树立台站综合现代化的理念,做好基础设施建设规划,保证规划的完整性和连续性,按照"成熟一个、审批一个、建设一个"的建设和投资原则,切实避免分散投资,注重发挥投资的整体效益。多数省份气象局制定了本省的基层气象台站建设规划和台站建设标准,经过基础设施综合改善后的台站面貌焕然一新,涌现了一大批"花园式"台站。

基础设施全面改善。通过集中财力,充分调动行业、部门、地方和单位的积极性,形成对基层台站建设的长效投入机制。加强调控力度,统筹各项资金,引入市场经济机制,盘活现有存量资源,提高投资效益。在规划和实施国家大中型气象现代化建设项目时,加大对基层台站建设的投入比例,在基层台站现代化建设项目实施中,通盘考虑相应配套设施的投入,积极争取在地方政府设立地方气象事业建设项目,发挥项目带动的优势,改善业务办公条件,带动基层气象台站基础设施综合改造的建设。

促进基层台站协调发展。进一步贯彻和落实中央关于西部大开发的相关政策,继续加大对西部等经济欠发达地区基层台站的投入力度。对经济相对发达地区地方政府能给予资金支持的项目优先安排投资,坚持资金投入向西部和艰苦台站倾斜的原则,对条件艰苦、地方政府无力支持的台站,努力解决基础设施配套建设或改善工作生活环境等问题。在不同地区选择一些不同类型、具备代表性的台站试点,建立示范站,并通过试点,谋划规范基层台站建设标准,减少随意性和盲目性,避免建设工作的短期行为,注意控制办公、业务用房的建设规模,注重质量,保证了投资效益。

第五节　科学管理与办公自动化

气象科学管理与办公自动化是实现气象现代化建设的重要保障,也是实现气象现代化的重要手段和途径。60 年来,各级气象行政管理机构通过抓顶层设计、制定和实施事业发展计划、规划,认真履行各项行政事务管理职责,建立各级气象工作管理、指导、协调、服务等多个方面的科学决策机制、流程,有力地推动了行政管理目标的实现和科学决策的执行,较好发挥了气象管理行政职能。

一、决策科学化与民主化

在气象事业 60 年的发展历程中,历届党组坚持民主集中制,在决策前都要开展广泛的调查研究和决策咨询,广泛听取专家和群众的意见;在决策中尊重客观、尊重科学,坚持民主集中制,从多种决策方案中优中选优;在决策形成后加强对决策执行的跟踪检查,督促落实,同时注意总结在执行中发现的问题并及时纠正,促进了决策的科学化、民主化水平的提高。

1. 决策调研与咨询

早在 1980 年 11 月,原中央气象局党组就决定成立政策研究室,与局办公室合署办公。1982 年 8 月在局办公室内正式设置政策调研处。1988 年 10 月，正式成立政策法规司，原办公室政策调研处划归政策法规司。1991 年 9 月，原国家气象局决定成立国家气象局总体规划研究设计室。这些机构在气象事业发展和现代化建设过程中，积极发挥了决策前期的情况调研、政策研究和决策参谋作用，使得中国气象局党组在重大决策前务必有相关的研究成果和政策评估作为依据和支撑，有效地促进了各级领导的科学决策、民主决策。由这些机构以及相关机构承担完成的一些软科学研究成果，开展了气象事业适应和实现两个根本性转变的对策研究、气象科学管理体系课题研究、气象可持续发展战略研究、气象业务技术体制研究、新一代气象服务体系研究、国家安全与气候变化的适应与减缓战略研究以及气象服务效益评估项目可行性研究等多方面的研究。这些研究成果被广泛地应用到气象事业发展方针、政策的制定之中，为各级领导科学决策提供了重要的参考和依据。

在气象现代化进程中，中国气象局促进气象事业发展的一些重大决策，都是在先期深入调查研究和评估论证的基础上做出的。近年来，中国气象局党组每年至少分别召开 1 次全国气象局长研讨会以及老干部、青年、院士专家、部门基层台站负责同志座谈会等，采取多种形式广泛听取意见和建议。中国气象局党组还高度重视对重大决策的评估论证，为进一步规范先期深入调查研究和评估论证工作，2009 年组织制定了《重大决策咨询评估论证制度》。

2. 科学决策与民主决策

为有效保障科学决策和民主决策，按照民主集中制原则，历届党组坚持重大事项决策实行个别酝酿、民主讨论、集体决策制度。在做出重大决策前，根据需要，通过召开研讨会、座谈会等形式，听取专家学者、群众团体以及气象行业、基层气象部门等方面的意见和建议，不断提高决策的科学性。为进一步规范科学决策和民主决策，建立并不断完善机关工作制度，制定印发了《中国气象局集体研究事项责权划分》、《中国气象局议事规则》、《中国气象局机关若干常规综合管理工作规范》等一系列规范管理文件，有力地保证了科学决策和民主决策的实施。中国气象局为全国人大、国务院代行起草的法律、行政法规草案、重要文件和由局制定、颁布的部门规章，全局性工作计划、专项规划、重要业务改革方案、部门预算、重大项目立项、建设等重大事项，都由中国气象局领导班子集体讨论决定。各内设机构提请中国气象局领导班子讨论决定的重大事项，送分管局领导审定后由局长批准提交局务会议审议。涉及基础性、战略性研究和重大工程建设项目，都要经过专家或研究、咨询、中介机构的论证评估或法律分析，涉及相关部门的，要与这些部门的充分协商，涉及地方的，要事先征求地方政府或其相关部门的意见。

3. 督查督办与信息反馈

中国气象局历届党组都十分注重对决策落实情况的跟踪检查，尤其是狠抓对于涉及气象事业长远发展的重要决策部署落实，确保抓出成效。如1984年全国气象局长会议审议通过了《气象现代化建设发展纲要》，国家气象局以《纲要》为全面推进气象现代化建设的指南，狠抓落实，在国家级层面，从抓气象卫星、中期数值预报等气象现代化重点骨干工程入手；在省级层面，抓省以下的气象现代化试点和推广，通过上下结合，有力地推动了气象现代化建设，取得了重大成效。

中国气象局党组还要求各级领导班子建立健全科学决策机制，完善县级气象局“三人决策”（局长、副局长、纪检员）制度，凡“三重一大”（重大决策、重大干部任免、重大项目安排和大额度资金使用）事项，必须经集体研究决定。建立了政务公开，特别是财务公开制度。加强对司局级领导班子和领导干部执行民主集中制等情况的监督检查，组织党内和党外人士对单位领导班子执行民主集中制情况进行测评。同时严格执行领导干部问责制度，对不履行或不正确履行职责，造成不良影响和后果的领导干部进行问责，严肃追究给国家利益、公共利益和气象事业发展造成损害的责任。

2009年初，为加强对党组重要决策部署的贯彻落实，中国气象局成立了专门的督查督办机构，加强对中央批办事项、全国气象局长会议重点任务、重要会议决定和局领导重要批示事项，以及中国气象局重大工作部署和重要决定事项的督办落实，对于一些重要决策部署，在督办的过程中，及时发现问题、分析问题、反映问题，并适时进行通报，确保各项工作落到实处，也对决策的科学性、正确性进行验证反馈。

从重大决策的调研咨询、科学与民主决策到决策的督查督办与反馈，中国气象局党组继承和发扬了中国气象部门优良传统，逐步形成了一整套气象科学决策、民主决策机制。正是由于历届党组在科学决策方面的不懈探索与努力，在气象事业发展的各个阶段都做出了一系列重大的、关键的、且被历史证明是正确的决策。正是这些正确的科学决策，保障了气象现代化沿着正确的道路不断前进。

二、目标管理与综合考评

在气象现代化历史进程中，气象部门根据事业发展总目标和阶段目标，不断探索适合气象事业发展的科学管理方法和方式，逐步建立起以年度工作目标和部门人员为中心的系统管理方式，特别是自 1998 年以来，中国气象局开展了以目标管理为核心的综合考评工作，确保了气象现代化建设的有序进行，有力地推动了气象事业持续快速发展。

1. 探索科学管理方式

早在 20 世纪 80 年代初，一些基层气象台站就开始试行“目标管理”这一新的管理方法。国家气象局及时组织有关省局进行交流研讨，并于 80 年代中期至 90 年代初，试行了重点项目管理。1994 年 8 月，中国气象局在新疆乌鲁木齐召开全国气象局长研讨会上提出，要进一步加强现代化管理，提高科学管理水平，会议决定把目标管理作为新的管理方法在部门内推进。会后成立了科学管理课题组，研究了实施分类管理、分级管理、目标管理、归口管理、规范化管理等方法，提倡各单位根据本单位的情况选用一种或几种方式进行试用。中国气象局在综合运用和总结这五种科学管理方法的基础上，决定从 1998 年起在全国气象部门实行目标管理。

2. 完善目标管理体系

1998 年初，中国气象局制定了全国气象部门目标管理指标（43 大条 108 个小项），经过局长办公会议审定，决定作为局长会议文件提交 1998 年 1 月在上海召开的全国气象局长会议讨论，经修订后正式下发执行。当年度的目标管理指标为 18 大条 50 个小项。同时成立了目标管理领导小组，对全国各省（区、市）气象局、计划单列市气象局，中国气象局直属事业单位试行目标管理。当年 7 月份中国气象局组成了 7 个检查组，对 6 个省气象局和中国气象局 6 个直属单位上半年目标完成情况进行抽查，11 月开始进行年终考核。

1999 年 11 月，召开了直属事业单位目标管理座谈会，专题研究完善事业单位目标管理和中国气象局职能机构实行目标管理可行性问题。2001 年中国气象局对局机关 11 个内设机构试行目标管理。2002 年实行气象部门目标管理创新项目考评，并于当年 10 月在哈尔滨召开了东北三省一市目标管理座谈会进行总结。2003 年 9 月，召开了中国气象局各内设机构主要负责人参加的目标管理工作研讨会，总结了 5 年来的目标管理工作，会后制定印发了《中国气象局目标管理办法》。

2005 年，确定了目标管理工作要围绕中国气象局党组思路，指标制定要服务于服从于中国气象局党组中心工作，处理好了定性指标和定量指标的关系，突出定量指标的原则，对全国 9 项重点工作目标试行网上督查，探索目标管理网上考核。进一步严格了考核制度，在自评、审核、复核、综合考核评比的基础上，对目标管理考核结果在全国气象部门公示。同年9月，在湖北宜昌召开了全国气象部门目标管理专题研讨会，分析了目标管理的理论依据，及其效能和效果，确定了目标管理创新依据。

2006年，中国气象局进一步提出了目标管理创新要求和创新方法，包括创新责任体系、创新管理指标体系、创新评审程序、建立奖惩机制等。2007年建立起全国气象部门目标管理信息平台，实现了目标管理考评工作的网上填报与审核，大大提高了工作效率。

3. 初步建立气象综合考评体系

随着气象工作社会影响力的提升，政府和社会对气象工作的需求不断深入，用单一目标管理方式全面综合考查全部门工作成效的作法已不能满足新形势下气象事业发展要求。为全面客观评价中国气象局各单位贯彻落实局党组决策部署、积极推动本单位工作成效，不断提高公共气象服务的能力和水平，促进气象现代化体系建设，从2008年起，中国气象局开始进一步探索科学管理有效方式，研究目标管理综合考核办法与绩效考评办法。

2009年初，在以往目标管理的基础上，将机关效能考核、社会评价与政府评价纳入全部门考评，实施气象部门综合考评办法，初步建立起气象综合评价体系。制定了《气象部门综合考评办法》以及本年度机关工作效能考核方案、气象部门目标管理考核方案等一系列规范考评工作的文件，同时加大了督促检查工作的力度，有力地推动了领导决策的执行和重点工作任务的落实。

以目标管理为导向的气象综合考评工作，促进了气象部门管理理念的转变，加强了宏观管理和分类指导，增强了管理工作的透明度，提高了气象科学管理水平，对气象部门贯彻国家社会管理的各项强制性法规、制度，全面落实全国气象局长会议部署的重点工作任务，促进全部门常规管理工作质量的提高，推进气象事业持续健康发展等方面发挥了重要作用。

三、办公自动化

办公自动化是实现科学管理的重要手段和途径。气象办公自动化是充分利用信息技术，开发利用气象管理信息资源，促进行政管理信息共享，提高科学管理水平，服务现代气象业务发展，推进气象管理现代化的过程。“七五”期间气象部门开始着手建设，经历了从办公自动化到电子政务系统的不同发展时期。电子政务系统边建设边应用，经过不懈努力，相继建立起气象部门NOTES

邮件系统、公文无纸化传输系统以及政府门户网站等应用系统。

1. 办公自动化管理

1985 年 1 月，国家气象局召开局长办公会，研究决定筹建局机关办公自动化系统，在同年 6 月召开的全国气象部门办公室主任会议上，提出“七五”初期要逐步建立起气象工作业务管理和行政管理的现代化体系，以微电子计算机系统为主体，依托气象通讯线路组成网络。1987 年初步建成微机中文远程通信系统并投入准业务运行。1996 年成立了中国气象局机关信息管理中心，负责中国气象局办公自动化的规划、建设、运行和管理。2005 年更名为中国气象局电子政务中心。

加强统一规划。1992 年制定了《“八五”气象部门办公自动化系统项目建议书》，1996 年召开了办公自动化工作会议，首次将全国气象部门办公自动化列入“九五”气象事业发展规划。2000 年办公自动化列入“十五”气象科学管理计划。以后每年政务信息化建设均有较稳定的经费保障和技术支持。

2. 网络与信息系统建设

网络系统建设是政务信息化建设的基础，“九五”期间已建成中国气象局和各省（区、市）气象局、计划单列市气象局机关局域网和地市级远程终端，为电子政务的建设与应用提供了有力支撑。1998 年开始，中国气象局机关的计算机局域网联通，并依托中国气象局骨干网的不断升级改造升级。2005 年全国气象部门所有省级单位内部网都达到了千兆以太网或者百兆以太网，大大提高了信息交换速度。网络系统建设加快了全国气象部门管理信息系统建设进程，促使信息传输手段越来越先进，工作效率得到提升。

中文远程传输系统建设。早在 20 世纪 80 年代初期依托气象硬软件系统，气象部门自行开发了通过电报方式的传输软件，建立了中文远程通信系统。该系统在 1987 年大兴安岭火灾中信息传递方面发挥了重要的作用。1994 年中文远程通信系统由报路传输升级为话路传输，在汛期服务和政务信息传递方面发挥了重要作用。1998 年开始，中国气象局信息报送工作全部改为网上报送，同时气象工作信息、内部情况通报等信息刊物也通过网上进行传递。

内部电子邮件系统建设。1998 年在国家气象中心先行应用美国莲花公司 Domino/Notes 技术平台开发使用内部电子邮件系统，2000 年起正式建设全国气象部门内部电子邮件系统，中国气象局以 Domino/Notes 为技术平台，依托中国气象卫星 VSAT 信息网络系统，当年即建成了中国气象局、省局、直属单位、地市气象局互联的气象部门电子邮件系统，使之成为气象部门内部各种政务、业务管理快速信息交换的平台。为了加强气象部门 Notes 邮件系统的管理，保证气象信息传输工作安全有效，2002 年制定《气象部门 Notes 邮件传输管理办法（试行）》、《中国气象局机关 Notes 邮件用户管理办法（试行）》。2005 年 Notes 系统从卫星网转移到全国气象宽带上来，传输速度明显提高。目前 Notes 邮件用户数已达 1.1 万多个。

3. 电子公文系统建设

电子公文系统是管理科学化、制度化的重要内容和必要载体。中国气象局历来高度重视气象管理信息化建设，努力推进全国气象部门办公自动化建设。

综合信息发布平台。1998 年基于浏览器方式自行开发内部网站，实现了机关信息的快速发布。1999 年引进了 TRS 全文检索系统，实现了近 40 个全文数据库实时运转和信息全文检索。随着机关信息发布平台主页的改版升级，中国气象局机关与各直属单位之间的信息实现了便捷交流。2007 年机关信息发布平台与政务办公系统集成，扩大了内设机构与各直属单位工作交流的力度，并增加了预警信号、灾害信息、天气预报和天气实况等气象业务服务产品，初步实现了政务信息的共享。

机关政务办公系统。2000 年开始立项，经过近两年的设计开发，2003 年 6 月，中国气象局机关政务办公系统进入试运行，实现了机关内部文件、会议、领导日程安排、督查督办、出差等管理事项的网上审批和办理。政务办公系统的建成，不仅彻底改变了机关传统办公方式，实现了从公文起草一直到电子归档全过程无纸化办公，同时进一步规范了机关办公流程。同年中国气象局政务办公系统被办公自动化国际学术研讨会评为“2003 典型应用系统”。2006 年起对政务办公系统整体建设框架进行了大改版，集成了中国气象局内部与外部邮件系统等其他综合事项管理，建设了单点登录的系统门户，增加了各模块的相互关联、数据和日志的图表统计、手机短信发布会议通知等功能，办公效率进一步提高。

公文无纸化加密传输系统。应用电子印章等技术，建成公文无纸化加密传输系统，实现了中国气象局与各省级气象部门、各直属单位及之间绝密级以下公文的无纸化交换，完全替代原有纸质公文传输模式。该系统于 2003 年 6 月在全国气象部门开通，同年 11 月份局发文件正式运行，2005 年中国气象局各内设机构司局发文正式运行。公文无纸化加密传输系统的单轨运行，大大提高了公文传输速度，缩短了公文传输的时间，节约了公文印发和邮寄成本。

省级气象电子政务办公系统平台。2005 年，中国气象局办公室组织、安徽省气象局负责完成了省级气象电子政务办公系统的开发，2006 年开始在全国各省气象部门推广应用。该系统由内部信息、日常办公、电子邮件、电子公文、综合管理、文书档案、业务产品、个人助理、系统管理等 9 个模块组成,2007 年集成了电子印章功能,实现了省级到地市的无纸化公文传输。截至 2008 年 7 月底,31 个省级单位使用了省级气象政务办公平台,其中 15 家已经正式投入业务运转,为各省气象部门职工提供了快捷、方便、可靠的工作事务处理和内部信息的交流服务,实现了省气象局对地市和县级气象局的管理与信息共享。

4. 政府专网与门户网站建设

政府专网与中国气象局门户网站是气象部门向决策部门和社会公众提供服务的重要途径,是为社会大众获取气象服务信息和了解气象工作的重要窗口,也是中国气象局政务管理和履行行业管理职能的重要平台。

政府专网 上世纪 80 年代末期中国气象局与国务院办公厅通过红机拨号方式建立了第一代邮件系统,1999 年通过 64 K 红机专线,以网络方式与国办办公业务资源网互联,此网络与中国气象局机关内网物理隔离。2007 年升级为 2 M 宽带网。通过专网建设,实现了与国办互通电子邮件,向国办传送重要天气专报、政务信息、值班快报、请示报告,报送领导出差出访信息,接收国办会议通知、国务院文件,查询国务院及其他部门的法规性文件等。中国气象局与政府专网互联互通,在为国务院领导的决策服务及应急服务中发挥了重要的作用。各省(区、市)气象局都分别与当地省(区、市)政府的网络联通,开通气象服务及政务信息栏目,全国绝大部分地(市)也与当地党政部门接通了终端。

政府门户网站 1997 年创办了中国气象局政府网站(CMA 网),1999 年作为 40 多个部委共同倡导发起的政府上网工程单位之一,网站功能从仅提供单一的预报信息逐步向公众提供预报、服务及政务等综合信息扩展。2001 年 10 月进行了第一次改版,2002 年 10 月 1 日正式开通了英文版。2004－2008 年经过多次改版,网站的功能发生了质的飞跃,在保持浓郁气象特色的基础上,更加贴近社会公众。中国气象局政府门户网站 2003 年获得了“政府上网工程便民服务示范单位”称号。

伴随着气象现代化建设的不断推进,气象管理信息化建设取得了显著成绩,依托全国气象业务服务系统,初步建立了以公文无纸化为主要内容、以信息发布和综合事业管理为辅助、以全流程广覆盖为主要特征的中国气象局政务办公网。无纸化办公大大增强了气象部门信息化意识,有力地推动了计算机应用技术的普及,加快了信息资源的共享与应用。气象管理信息化也带动气象部门转变工作方式,大大促进机关工作作风转变,进一步提高了行政能力和效率,促进了气象决策的科学化水平。

第六节　党的建设与气象文化建设

党的建设工作和思想政治工作，是气象现代化建设的思想和组织保证，气象文化是气象现代化建设的精神动力。在气象现代化建设的进程中，气象部门坚持“两手抓，两手都要硬”的方针，全面贯彻党和国家的方针政策，大力加强思想道德建设、党的建设、精神文明创建和气象文化建设，加强气象新闻、出版、影视、科普宣传阵地建设，气象队伍的思想道德和科学文化素质得到显著提高，在推进气象现代化进程中发挥了重要作用。

一、党建与思想政治工作

党建与思想政治工作是武装气象人头脑，指导气象人实践，促进气象现代化建设工作的强有力的思想组织保证和精神动力。60 年来，各级气象部门高度重视党建与思想政治工作，不断探索建立健全党建工作机制及思想政治工作方式，开展党的先进性教育，以此推动气象现代化建设，带动和谐单位、和谐部门的建设。

1. 党的组织建设和思想政治工作

1954 年召开了转建后第一次全国气象工作会议，强调继承和发扬我党我军的光荣传统，加强党建与思想政治工作。自实行“双重领导，部门为主”的领导管理体制以来，各级气象部门积极配合地方党委抓基层台站党的建设，并以此为加强思想政治工作的重要内容。1990 年 1 月，国家气象局制定下发了《关于加强气象部门思想政治工作的决定》，并从组织上采取了一系列切实措施，成立了思想政治工作指导小组，下设办公室；各省气象局设立政工处，地市气象局设政工科，县气象局设立兼职政工人员，在气象部门形成了思想政治工作的组织管理机构。1994 年 11 月，在重庆召开了全国气象部门政治工作会议，对做好新时期思想政治工作进行探讨，提出在 2～3 年内实现“站站有支部，科室有党员”的目标。2006 年 11 月，中国气象局党组下发了《关于加强对党建工作指导的意见》，明确机关党委是“指导基层气象部门党建工作的工作部门”。2008 年印发《全国气象部门 2008 年党建和气象文化建设工作要点》，强调加强党的先进性建设，提高基层党组织建设水平，坚持“三会一课”，建立党员党性定期分析制度和支部工作考核制度，推动基层党组织活动内容和方式创新。

截至 2009 年 7 月底，全国 30 个省(区、市)气象部门(未含海南)、各直属单位和中国气象局机关共有党员 44243 名，占职工总数的 46%；共有各级党组 396 个，党委 44 个，党总支 262 个，党支部 3775 个。在历次改革和重大气象服务中，共产党员很好地发挥了先锋模范作用。在 2008 年抗击低温雨雪冰冻灾害、抗震救灾、奥运会残奥会三项重大气象服务表彰中，共表彰 223 人次，其中共产党员 161 人次；尤其是在抗震救灾气象服务表彰的 42 人次中，共产党员所占比例高达 86%。

2. 树立先进典型，弘扬优良传统和作风

20 世纪 50 年代，气象部门着重开展了人民军队光荣传统教育，特别是艰苦奋斗精神的教育。1957 年召开了全国气象系统先进工作者代表会议，毛泽东、朱德、邓小平等党和国家领导人接见了与会代表。1978 年召开了全国气象部门“双学”会议，李先念同志到会讲话，华国锋、叶剑英同志题词并接见了会议代表，勉励气象工作者再接再厉，取得更大的成绩。1985 年《中国青年报》等全国数十家报刊联合发起开展“为边陲优秀儿女挂奖章”活动，全国 71 名优秀气象工作者参加了在人民大会堂召开的“祖国为边陲优秀儿女挂奖章大会”。1989 年 4 月，在北京召开全国气象部门双文明建设先进典型表彰大会。1993 年开展了“一先两优”表彰活动，表彰了一批先进气象站（局）和优秀气象站（局）长、优秀青年气象工作者。全国气象部门还适时表彰每年的重大气象服务先进集体和先进个人。

新中国成立以来，气象部门先后树立了金龙浩（1981 年）、雷雨顺（1984 年）、覃国振（1986）、陈素华（1991 年）、陈金水（1996 年）、董立清（2002 年）、崔广（2007 年）等先进典型。1996 年，中国气象局授予三次进藏、在西藏工作 33 年的陈金水“模范气象工作者”称号，组织了事迹报告团在气象部门巡回报告。当年，陈金水被授予全国优秀共产党员称号，受到江泽民总书记的亲切接见。2008 年，为加强科技人员的职业道德建设，促进气象业务与科研工作的有效结合，中国气象局党组再次做出了开展向优秀共产党员、气象学家雷雨顺同志学习的决定。60 年来，共有 3626 个（次）单位获得省部级以上综合表彰，其中部门 2399 个（次），地方 1227 个（次）；6249 人（次）获得省部级以上表彰，其中部门 4358 人（次），地方 1891 人（次）。

3. 党风廉政建设

1990 年 2 月，国家气象局制定了《气象部门廉政建设的若干规定》。随后陆续制定了《气象部门各级纪检组（纪委）协助党组（党委）组织协调反腐败工作的暂行规定》、《重大项目投资决策责任追究办法》、《气象部门加强内部审计工作的意见》、《中国气象局党风廉政建设责任制实施办法》等制度。强化了《领导干部重大事项报告实施细则》、《领导干部收入申报制度实施细则》等具体规定，加强对领导干部的监督。自2002年起，中国气象局每年召集各省（区、市）气象局和直属单位主要领导述职述廉述学，两年召集一次全国省（区、市）气象局纪检组长集中（进京）述职述廉，各省（区、市）气象局党组对所辖市（地）气象局纪检组长也采取此举，并形成了工作机制。2006年将述职范围扩大到中国气象局各直属单位纪委书记。2005年7月制定了《关于落实〈建立健全教育、制度、监督并重的惩治和预防腐败体系实施纲要〉的具体意见》，2008年9月制定了《中国气象局贯彻落实建立健全惩治和预防腐败体系2008—2012年工作规划实施办法》，全面推进气象部门反腐倡廉建设。

自2002年开始，中国气象局每年都组织开展为期一个月的全部门党风廉正集中宣传教育活动，大力加强廉政文化建设，先后开展了廉政对联、廉政书画、廉政摄影作品、优秀廉政网站等评选活动，开展唱廉政歌曲，赠送廉政台历、廉政贺卡，发送廉政短信等活动。先后印发了《清风细雨气象新》、《阳光辉映事业路》、《气象廉政对联汇编》和《建设廉正文化促进事业和谐》等书籍和光盘，推出了廉政文化示范点35个。各单位普遍在网上编发了廉正电子刊物，开辟了廉政文化网页。

二、气象文化建设

气象文化是中国特色气象事业的重要组成部分。长期以来，气象部门的优良传统与作风、气象职业道德规范、精神文明载体和气象宣传格局，组成了具有部门特征和气象人品质的特色鲜明、内涵丰富的气象文化。

1. 职业道德建设

气象部门高度重视各个历史时期的职业道德教育，提倡钻研业务，树立严谨的工作作风。1952年开展了以“消灭错情”、“立功创模”为中心的竞赛活动，调动了气象人员钻研业务技术的积极性。20世纪50年代中期，国家开始大规模的经济建设，气象工作转向为经济建设服务，全国气象部门普遍进行了服务思想教育，牢固地树立服务思想。

1957年4月，邓子恢副总理在全国气象先进工作者代表会议上指出：提高业务质量的主要办法就是钻研业务，人人要从精通自己的业务做起，成为精通业务的内行。会议代表向全国气象工作者发出了“要杜绝涂改、伪造记录等责任性事故，进行诚实的、创造性的劳动”的倡议。

20 世纪 60 年代，为提高气象专业队伍素质，气象部门提出学习大庆精神、树立“三老四严”的工作作风，普遍开展能者为师、互教互学活动，开展现场会、观摩评比的大练基本功活动，极大地促进了气象人员业务水平的提高。

十年动乱结束后，各地气象部门以调整领导班子、健全规章制度、加强劳动纪律为主要内容，开展了一系列的台站整顿活动，有效地解决了规章制度废弛、气象业务和服务质量下降的问题。通过整顿，领导班子得到充实，规章制度逐步健全，广大气象人员遵章守纪的观念和质量第一的思想有所增强，气象业务和服务质量有了明显提高。

进入 20 世纪 80 年代，气象部门进一步加强了专业思想、职业道德、职业纪律的教育。先后组织编著了《气象职业道德概论》、《气象职业道德教程》，作为教材在气象部门大专院校中使用，为加强职业道德教育提供了基础理论依据和较完整的规范体系。各省（区、市）气象部门狠抓职业道德教育，制定和健全了岗位职业道德规范，从严要求，强化职业责任感。各省气象部门也开展了多种形式的职业道德教育活动，组织职工学习、检查有关规章制度执行情况，找出差距，堵塞漏洞，为做好气象服务提供思想和技术准备。

20 世纪 90 年代，职业道德建设更加规范。1997 年全国气象部门精神文明建设工作会议提出“要切实加强职业道德建设，大力倡导爱岗敬业、诚实守信、办事公道、服务群众、奉献社会的职业道德。”1997 年 1 月在《中国气象局党组关于加强精神文明建设的若干意见》中，要求完善岗位职业道德规范，使之更加健全、科学、准确，量化考核，便于操作。

1998 年经过中宣部批准，中国气象局公布了 20 个文明服务示范单位。1999 年，制定了《关于文明服务的规定》、《关于电视天气预报规范化服务的标准》、《关于气象信息电话规范化服务的标准》，在电视天气预报和气象信息电话两项工作中实行文明服务，并在《人民日报》等全国媒体公布服务监督电话，实行公开承诺。2000 年把规范化服务纳入目标管理内容进行考核，2001 年又将规范化服务延伸到县级台站。各省（区、市）气象局制定实施细则或办法，完善岗位职责、工作流程、质量检查考核办法，完善规章制度。

进入新世纪，紧紧围绕培育有理想、有道德、有文化、有纪律的气象职工这一根本目标，重视并加强职业道德建设，2007 年、2009 年，中国气象局与中国农林水利工会等联合举办全国气象行业地面气象测报技能竞赛，2008 年举办了气象预报技术竞赛，全部门掀起了学业务、学技术的岗位练兵热潮。

2. 精神文明创建

气象部门高度重视精神文明建设。1987 年 1 月，国家气象局制定了《气象部门加强社会主义精神文明建设的实施规划》，标志着气象部门精神文明建设进入一个新阶段。

党的十四届六中全会召开后，中国气象局成立了精神文明建设指导委员会，1997 年 1 月召开了全国气象部门精神文明建设工作会议。会后，中国气象局党组制定了《关于加强精神文明建设的若干意见》，要求广泛开展精神文明创建活动，每个台站都要争创当地文明单位，每个省气象局都要争创文明系统，用 10 年左右的时间把全国气象部门建成文明行业。这一规划为气象部门的精神文明建设制定了长远目标，也设计了长期有效的载体。当年，全国气象部门有 1000 多个单位被当地政府授予文明单位称号。

1998 年，中国气象局首次将精神文明创建工作列入全国气象部门年度工作目标管理项目，对各省（区、市）气象局精神文明建设工作进行督促检查。1999 年 5 月，中国气象局在合肥召开了创建文明行业研讨会，以此推动了创建工作全面开展。国庆 50 周年前夕，北京市气象台等 20 个单位被中央文明委表彰为全国创建文明行业工作先进单位，湖北省气象局和宁夏回族自治区气象局经地方推荐被表彰为全国精神文明建设先进单位。2000 年，在总结创建活动的基础上，中国气象局制定了《关于创建省级文明系统的若干规定》，对创建工作的基本要求、命名形式、表彰奖励及管理作了明确规定，使创建活动逐步规范化、制度化。到 2003 年 1 月，全国气象部门 31 个省（区、市）和 4 个计划单列市气象部门全部建成了文明系统。中国气象局机关被评为中央国家机关文明单位标兵。2004—2005 年，各级气象部门加强工作创新，抓“上档升级”活动，进一步巩固和发展创建成果。中央电视台在大型系列专题片《伟大的创造——创建文明行业巡礼》中，对气象部门的创建活动进行了宣传报道。

2006 年以来，气象部门主要开展了四项文明创建活动。一是创建文明机关活动，重点抓机关作风建设。二是创建文明台站标兵。每两年评选表彰一次，2006 年表彰了文明台站标兵 59 个，2008 年表彰了 68 个。三是深化创建文明单位活动。2008 年，中国气象局首次在直属单位中评选文明单位，授予国家气象中心等 5 个直属单位“文明单位”称号。四是创建文明社区，绿化美化环境，改造体育场所，建设群众休闲广场。中国气象局大院多次获得中央国家机关绿化先进单位、首都文明居民区等称号，连续 15 年获得中央国家机关文明单位称号，连续 6 年获得首都文明单位标兵称号。截至 2008 年底，全国 31 个省（区、市）气象部门全部被当地党委、政府或精神文明建设委员会授予“文明系统”（或文明行业）称号。全部门共有各级文明单位 2503 个，占应创单位的 99%。其中全国文明单位 56 个（次）、全国精神文明建设工作先进单位 140 个

(次),中国气象局机关经中央国家机关工委推荐被评为“全国精神文明建设工作先进单位”。

3. 气象文化活动

从新中国成立初期到“文化大革命”前,气象部门的文化活动主要以唱革命歌曲、看革命电影为主要内容,重要节日举办单位内部或单位与单位间的联欢。这个时期创作的以气象为题材的歌曲,如《我们是人民的气象员》、《如火年华》等,在气象院校和基层台站传唱。1953年春,军委气象局政治处组织创作了组歌《歌唱巴塘气象站》,成为新中国第一支歌颂气象工作者的歌曲,在当年中央国家机关文艺汇演中获创作和演出二等奖。社会文艺工作者也创作了不少气象文化作品和精品,如1965年创作的筝独奏曲《战台风》,表现了人类在自然灾害面前不畏艰难、勇敢豪迈的气魄和对未来必胜的信念。2004年,中国气象局文明办有奖征集气象歌曲,社会和广大气象职工积极参与,共征集到气象歌曲44首。

20世纪80年代中期,中国气象局举办《萌芽》奖气象文艺征文和有奖征联征谜活动,气象职工创作了不少小说、散文等作品。1995年中国气象局在北京举办了气象部门首届文艺汇演,各省(区、市)气象局、各直属单位和气象院校均选派了节目,汇演后中国气象局政工办将所有参演节目汇编出版发至基层,在气象部门掀起了文化活动高潮。

2002年,根据各省(区、市)气象部门大部分已建成文明系统的情况,中国气象局党组提出了加强气象文化建设的要求,召开了气象文化研讨会,对气象文化建设的内涵、气象文化建设与创建文明行业的关系等进行初步探讨。

2009年,为纪念新中国成立60周年和中国气象局建局60周年,组织了新中国气象事业60周年成就展、职工摄影展,组织气象事业发展60周年总结、气象现代化建设60年等图书的编写工作,举办第二届气象行业文艺汇演。同时,大规模开展了基层气象台站简史编纂活动,组织全国基层气象台站以史志形式记载台站发展历程,传承老一辈气象人的感人事迹,对气象职工进行爱国主义和革命传统教育。

4. 气象人精神

气象文化的精髓是气象人精神。2003年4月,中国气象局下发了《中国气象文化建设纲要》,提出了气象文化建设的任务是:凝练气象人精神,树立气象人形象,营造团结和谐、开拓进取的良好氛围,树立科学、高效的管理理念,加强气象文化基础设施建设。《中国气象文化建设纲要》的印发,标志着气象文化从研讨阶段转入了全面建设阶段。

2005年和2007年，分别在北京、山东烟台举办了第一届、第二届气象人精神演讲。2004年和2007年，分别在北京、江苏南京举办了两届气象行业运动会。2006年在广东举办了第一届气象行业文艺汇演。各省(区、市)先后制定了气象文化建设措施。四川和西藏分别举办了气象文化周。自2005年始，中国气象局划拨专项资金，为艰苦台站配备图书，并逐渐扩展到一般台站。建设科普教育基地和宣传教育阵地。一些台站建有气象科技画廊或具有现代气息的气象形象标识、展示气象人精神的宣传栏。

进入新世纪，全国各地气象部门均凝练并确定了本省(区、市)气象人精神，如“首都气象，首字为先”(北京)；“在贫困地区工作，观念不贫困，精神不贫困、工作不贫困”(贵州)；“云岭气象，服务永恒”(云南)；“高海拔，高标准；缺氧气，不缺志气”(西藏)等。1997年1月《中国气象局党组关于加强精神文明建设的若干意见》提出“在全国气象部门中开展铸造气象精神、树立气象人形象活动。”的要求。全国气象部门精神文明建设工作会议将气象人精神概括为：“继承和发扬老一代气象工作者艰苦奋斗、敬业爱岗、严谨求实、团结共事、无私奉献的气象人精神。”2008年召开全国重大气象服务总结表彰大会，国务院副总理回良玉出席会议。会议指出：“气象人精神和先进气象文化成为当代气象工作者凝聚力和创造力的重要源泉，有力支撑着广大气象工作者在历次重大气象保障服务中经受考验。”几代气象人艰辛努力、培育形成的气象人精神概括为“艰苦奋斗，爱岗敬业，精益求精，无私奉献”，成为对气象人精神凝练的新成果。

三、气象新闻宣传与图书出版

新闻宣传工作综合运用各类舆论工具，开展了形式多样、生动活泼的宣传活动，为气象现代化发展营造了良好的舆论环境。

1. 气象宣传管理

20世纪50年代初期至80年代，气象宣传工作一直处于探索发展时期。1989年4月，国家气象局发布了《气象宣传工作管理暂行办法》，明确了国家和省级气象宣传管理部门的职责，使气象宣传管理工作走上了正常化、制度化的轨道。

随着气象宣传管理制度的建立、宣传平台的完善、手段的改进、渠道的拓展，到2009年，初步形成了由中国气象局办公室归口管理各内设机构、各直属单位宣传工作以及指导各省气象宣传工作的宣传工作机制，并积极与社会主流媒体合作，建立起集影视、广播、报纸、图书、网站、新闻媒体等多种宣传手段为一体的内外联动的气象宣传新格局。

中国气象局与社会主流媒体开展合作，带动了各地气象局与当地媒体建立紧密联系，形成了内外媒体宣传合力，扩大了宣传效果，提升了社会影响力。1980 年 7 月，国家气象局首次与中央电视台合作，在中央电视台新闻联播中开播《天气预报》节目，实现了我国电视天气预报“零的突破”。进入 20 世纪 90 年代，各级气象部门也陆续与当地的电视台建立了合作关系，定时发布气象信息。2004 年开始，中国气象局与中央电视台、北京央视公众资讯有限公司合作，全面开展气象影视资讯信息在短信、声讯、无线移动视频点播、WAP 等方面的互动服务。2006 年 9 月，中国气象局与新华通讯社签订气象新闻信息共享与发布合作协议，2007 年各省（区、市）气象局与当地新华社分社签订合作协议。2008 年，中国气象局陆续与中央人民广播电台、人民日报社签订了合作协议。2009 年 1 月，中国气象局与新华通讯社签订了关于建立信息沟通机制备忘录。

围绕各时期气象工作中心任务，密切配合各项重要活动、重大事件等，气象宣传部门通过邀请记者采访、召开新闻发布会、开辟专栏、编发新闻通稿等方式，及时开展宣传。2007 年 1 月，中国气象局被国务院新闻办公室定为建立新闻发言人定时定点召开新闻发布会制度的部门。到 2009 年，中国气象局每年举办 12 次以上自主新闻发布会，同时积极配合国新办、中宣部，筹办或参与相关专题新闻发布会。

1986 至 2008 年，组织召开了三次全国气象宣传工作会，对气象宣传工作起到了重要指导和推动作用。1986 年 9 月，首次全国气象宣传工作会回顾了党的十一届三中全会以来气象宣传工作所取得的成绩和存在的不足，着重研究了未来 5 年气象宣传工作的方针、任务和措施，初步理顺了中央和地方气象宣传工作的管理关系。1992 年 12 月，第二次全国气象宣传工作会议提出了“八五”后三年的任务和措施。2008 年 5 月，第三次全国气象宣传工作会议分析了在中国特色气象事业加快发展的新形势下，气象宣传工作的新特点、新任务和新措施。

2. 气象期刊、报纸

新中国成立初期，气象事业百废待兴，气象期刊仅有《气象学报》一种。1950 年 10 月，军委气象局组建后创办了第一份气象期刊《天气》，后更名为《天气月刊》，并于 1958 年 1 月起公开发行。《天气月刊》起到了指导全国气象台站的业务学习、提供学习资料、解答技术问题和交流实际工作经验的作用，对新中国气象事业的发展做出了积极贡献。1954—1964 年，陆续创办了《气象简报》、

《气象学译报》、《农业气象》、《世界气象简讯》、《气象译丛》等期刊。“文化大革命”时期，气象期刊受到较大冲击，至1980年，正式期刊只有《气象》《气象学报》《气象知识》三种。1983年6月，经国家科委批准，《中国气象》月刊正式创刊，国内外公开发行。随着我国气象事业的飞速发展，气象期刊也呈现出勃勃生机，形成了种类齐全、专业层次配置得当、布局基本合理的气象期刊体系。至2009年，中国气象局主管的气象期刊有《中国气象年鉴》、《气象》、《气象学报(英文版)》、《气象知识》、《气象学报》、《气候变化研究进展》、《气象科技》、《应用气象学报》。各省(区、市)气象局、气象科研机构编印的气象科技类刊物多达几十种。

1988年，国家气象局决定以《中国气象》(1988年停刊)和《新长征报》(1979—1988年)为基础，创办《中国气象报》。作为气象部门唯一的行业报纸，《中国气象报》1989年4月5日正式创刊。20年来，《中国气象报》以从周二刊发展为周四刊，并发展到每期近8万份。2008年在奥运会期间创办的《奥运天气资讯》成为了我国唯一的专为奥运出版的具有公开刊号的报纸。

3. 气象图书出版

气象图书出版对普及气象知识，提高气象科技水平起到了重要作用。20世纪50—60年代，气象图书贫乏，气象科技人员为普及气象知识，撰写了《风》、《雨》、《雷》、《气象漫谈》、《灾害性天气》和《民间测天法》等书籍。1978年，中央气象局组建成立气象出版社，开始出版《地面观测规范》、《中国气候与农业》等气象专业图书，以及大、中专气象院校专业教材。到2009年，共计出版了5000多种专业图书，内容不仅涉及整个气象学科，还涉及到地理学、农业科学、环境科学以及空间科学等科学领域。同时，面向经济、面向民生，还出版了一大批气象科普类、电子信息类、管理科学类、生活保健类图书。气象期刊、报纸、图书等出版物在推动台站的业务、文化建设、人员培训和学术交流起到了积极作用。

4. 气象影视与展览

电影、电视、网络和大型展览作为现代社会重要的传播媒介，在气象宣传工作中有着其他传媒无可比拟的优势。

早在20世纪50年代，气象部门就与有关电影制片厂合作拍摄了气象电影《风》、《气象侦察员》、《雨》等影片。1959年，气象部门与八一电影制片厂合作，拍摄了有史以来第一部全面反映我国气象事业发展风貌的影片《天有可测风云》。北京电影制片厂摄制完成新中国成立以来第一部反映气象主题的故事片《耕云播雨》，并在全国播映。1964年，摄制了科教电影《台风》。1974年初，气象部门成立了第一个气象科教电影小组，摄制了我国第一部彩色气象科教片《观云测天》，在全国发行放映。20世纪80—90年代，气象部门先后支持和配合多家制片单位拍摄了《台风》、《高原气象》、《物候学与农时》、《云天奇观》、《寒潮》、《漂儿》、《笑傲云天》等多部气象科教片和气象影片，获得国际国内的好评。

气象部门充分利用电视这一最贴近大众的传播工具，取得了良好的宣传效果。1986年，国家气象局建成电视天气预报制作系统及演播室，独立制作电视《天气预报》节目。1987年起，气象电视节目进入快速发展时期。中央电视台8个频道、中央人民广播电台以及各地电视台陆续开设了由气象部门独立承担制作的气象节目。1990年，国家气象中心与中央电视台开通光缆传输系统，负责每天提供给中央电视台播放。1992年6月1日，建成至国务院的光缆传输系统，开始制作中南海《气象信息》节目。2005年1月，中国电信集团互联星空平台开播“气象频道”，中华世纪坛户外电子显示屏播放气象服务信息。2006年制作8集电视连续剧《北极光》，在中央电视台播出。2006年5月，中国气象频道正式开播。开播一周年时，中国气象频道成功接入中南海，成为唯一接入中南海的专业频道。截至2008年底，中国气象频道在全国30个省的174个地级以上城市落地，用户数逾1700万。

目前，全国31省(区、市)气象局全都开播了有主持人的电视天气预报节目，分别在200多个频道播出，333个地级市制作的气象节目在300多个频道上播出，1500多个县制作的气象节目在1700多个县级电视频道播出。2009年公众气象服务满意度调查显示，95.3%和97.6%的城市、农村受访者通过电视获取气象信息，远远超过其他气象信息获取渠道。

加强网络宣传。中国气象局门户网站(CMA)，创办于1997年，2002年10月1日正式开通了英文版。近年来各省(区、市)气象部门也建立了门户网站，各级气象网站与中国政府网、新华网、人民网、搜狐、新浪等多个互联网互动，实现第一时间预警发布和信息发布连线。目前，中国气象局中、英文网站的影响力显著增强。中国气象局各直属单位及各省(区、市)气象局均建立了外网网站，都已成为了气象部门对外宣传、对社会公众服务的重要渠道。

气象展览。长期以来气象展览在气象科普宣传中发挥着重要作用。1957—1959年，气象部门参加了三届全国农业展览会。1958年，全国农业展览馆建成并投入国庆10周年展览，馆内设立了气象分馆。1980年开始，经过3年多的修改、充实，气象局承担的全国农业资源及区划展览“气候资源”部分作为永久性展览内容。1985—2008年，气象局举办或参与了“全国计算机应用展览会”、“‘七五’重大科技攻关成果展览”、“全国气象系统第一届科技成果展示交流会”、“全国人才科技交流展览会”、“辉煌的五年——十四大以来经济建设和精神文明建设成就展览”等各类重要展览。2006 年 3 月 23 日，中国气象科技展厅开幕剪彩。2008 年 12 月，举办了“改革开放 30 年中国气象事业发展成就展”。

60 年来，气象现代化取得了伟大成就，气象部门党的建设和气象文化建设也取得了重大成就，为促进气象现代化发展做出了不可磨灭的贡献！

“雄关漫道真如铁，而今迈步从头越”。展望未来，气象事业发展永无止境，气象现代化也永无止境！气象科学管理和保障也将伴随着气象事业的发展和现代化水平的不断提升而不断发展和完善。一个行为规范、运转协调、公开透明、廉洁高效的科学管理体系和结构合理、功能齐全的科技支撑保障系统，必将为气象现代化又好又快的发展作出更大的贡献。

本章编写组成员：朱祥瑞　王志强　王邦中　张世英　杨晋辉　李丽军
王　立　李德善　刘仕清　缪旭明　郭淑颖　张钛仁
陈松军　高军丽　任振和　熊　毅　李冬梅　马春莉
郭　晋

参考文献

顾浩等. 2004. 中国水利现代化研究. 北京：中国水利出版社.
顾明等. 1992. 中国改革开放辉煌成就十四年(气象卷). 北京：中国经济出版社.
国家气象局计划财务司. 全国气象事业统计资料(1986—1990年各卷). 北京:气象出版社.
国家气象局人事劳动司. 1991. 全国气象部门领导班子建设会议文件选编. 北京:气象出版社.
刘英金主编. 2006. 风雨征程——新中国气象事业回忆录(第一集). 北京:气象出版社.
刘英金主编. 2007. 风雨征程——新中国气象事业回忆录(第二集). 北京:气象出版社.
刘英金主编. 2008. 风雨征程——新中国气象事业回忆录(续集). 北京:气象出版社.
罗荣渠. 2004. 现代化新论. 北京：商务印书馆.
马鹤年主编. 2001. 气象服务学基础. 北京：气象出版社.
马鹤年等. 2001. 气象服务学术研讨会文集. 北京：气象出版社.
秦大河,孙鸿烈主编. 2004. 中国气象事业发展战略研究. 北京:气象出版社
裘国庆等. 2000. 国家气象中心50年. 北京:气象出版社.
全国干部培训教材编审指导委员会. 2001. 全国干部学习读本——从文明起源到现代化. 北京：人民出版社.
王春虎. 2000. 气象通信网络和计算机系统工程. 中国工程科学,第2卷第9期
温克刚主编. 1997. 涂长望传. 北京：当代中国出版社.
温克刚主编. 1999. 辉煌的二十世纪新中国大记录——气象卷,1949—1999. 北京:红旗出版社.
温克刚主编. 2004. 中国气象史. 北京:气象出版社.
温克刚,刘英金等. 1998. 中国气象事业在改革开放中前进. 北京:气象出版社.
薛伟民等. 1984. 当代中国的气象事业. 北京：中国社会科学出版社.
章国材.2002.中国天情.北京:开明出版社,
郑国光主编. 2008. 气象部门改革开放三十周年纪念文集. 北京：气象出版社.
中国气象局.1998.中国气象事业在改革开放中前进.北京:气象出版社.
中国气象局. 2006. 合作 创新 发展 全面建设国家气象科技创新体系——全国气象科学技术大会文集.
中国气象局.《气象科技年报·2007》.
中国气象局.《气象科技年报·2008》.
中国气象局，科学技术部，国家科学技术工业委员会，中国科学院，国家自然科学基金委员会. 2006. 《气象科学技术发展规划(2006—2020)》.
中国气象学会. 2008. 大气科学学科发展回顾与展望——纪念改革开放30年. 北京：气象出版社.
中国气象局计划财务司. 气象统计年鉴(1993—2008年各卷). 北京:气象出版社.
中国气象年鉴编辑部. 中国气象年鉴(1986—2007各卷). 北京:气象出版社.
中华人民共和国气象法规汇编. 北京：气象出版社. 1949—2003年.
中华人民共和国气象法. 1999. 北京：气象出版社.
邹竞蒙,温克刚. 1997. 中国发展全书(气象卷). 北京：红旗出版社.